Wolfgang Nutsch
Handbuch der Konstruktion
Möbel und Einbauschränke

Wolfgang Nutsch

Handbuch der Konstruktion Möbel und Einbauschränke

Erweiterte und aktualisierte Neuausgabe

Deutsche Verlags-Anstalt

Haftungsausschluss
Dem Inhalt dieses Werks liegt der derzeitige Kenntnisstand in Wissenschaft und Technik zugrunde. Gerade im Bereich von Wissenschaft und Technik sind Kenntnisse und Erfahrungen einer raschen Änderung unterworfen. Wenn in Zeichnungen oder Text inhaltliche Fehler und Mängel enthalten sein sollten, können Autor und Verlag nicht haftbar gemacht werden.

MIX
Papier aus verantwortungsvollen Quellen
FSC® C014889

Penguin Random House Verlagsgruppe House FSC® N001967
Für dieses Buch wurde das FSC®-zertifizierte Papier
Tauro verwendet.

Aktualisierte Neuausgabe 2023
1. Auflage

Umschlagentwurf: Büro Klaus Meyer, München – Costanza Puglisi
Satz: ew print & medien service gmbh
Gesetzt aus der Helvetica
Druck und Bindung: Friedrich Pustet, Regensburg
Printed in Germany
ISBN 978-3-421-04134-0

www.penguinrandomhouse.de

Inhalt

Vorwort zur Neuausgabe 2023

Das Handbuch der Konstruktion »Möbel und Einbauschränke« ist inzwischen seit 50 Jahren auf dem Markt und in dieser Zeit zu einem echten Standardwerk geworden. Liebevoll der »Gelbe Nutsch« genannt, hat es vielen Auszubildenden, Studierenden, Konstrukteuren in Handwerk und Industrie sowie Innenarchitekten und Architekten in vielen, immer wieder aktualisierten Nachauflagen als wertvolle Arbeitsunterlage gedient. Auch die vorliegende Neuausgabe 2023 enthält zahlreiche Änderungen. So wurden zum Beispiel neue Plattenwerkstoffe aufgenommen, die Plattenbezeichnungen den neuen Normen angepasst, die Details von Möbeln und Einbauschränken durch neue Beschläge, die Elektrifizierung und den Einbau von Beleuchtung ergänzt.

Wolfgang Nutsch
Herbst 2023

Einleitung

Die Gestaltungsmöglichkeiten von Möbeln und Einbauschränken sind unübersehbar groß. Grenzen werden dem Entwurf allerdings durch die Gesetzmäßigkeiten des Materials und die Funktion der vorhandenen Beschläge gesetzt. Neue Materialien und neue Beschläge erlauben immer neue Gestaltungsmöglichkeiten, ohne die alten gänzlich abzulösen. Auch die Mode oder andere Nutzungsfunktionen werden das Gesicht der Möbel verändern. Bei näherer Betrachtung aber lässt sich feststellen, dass die einzelnen Konstruktionselemente selbst weniger der Mode unterliegen. In den unterschiedlichsten Entwürfen können also vollkommen gleiche Konstruktionselemente vorhanden sein. Das hat bei der Konzeption dieses Buchs dazu geführt, keine abgeschlossenen Objekte abzubilden, sondern die Einzelelemente der Möbel und Einbauschränke darzustellen und zu erläutern. Die Detailpunkte von Eckverbindungen, Schubkästen, Türen, Klappen, Einlegeböden, Wand-, Decken- und Fußbodenanschlüssen usw. sind durchweg im Maßstab 1:2 nach DIN 919 gezeichnet, die wichtigsten Maße nach DIN 406 eingetragen. Da viele Detaillösungen eng mit dem verwendeten Beschlag zusammenhängen, wurde besonderer Wert auf eine Angabe der Beschlagsfirmen gelegt.
Wird das Buch als Handbuch benutzt, wird man gern mit dem ausführlichen Sachwortverzeichnis arbeiten. Ist man als Entwerfer oder Konstrukteur über die Lösung eines Details unentschlossen, kann man den betreffenden Abschnitt durchblättern und aus den zahlreichen Möglichkeiten die geeignetste Lösung herausfinden. Für den Lernenden soll dieses Handbuch ein anspruchsvolles Lehrwerk sein, das systematisch durchgearbeitet werden kann. Damit wird dieses Buch für den Architekten oder Innenarchitekten, Konstrukteur und Praktiker ebenso wie für den Lernenden eine wertvolle Arbeitsunterlage.

1 Werkstoffe

Genaue Kenntnisse über die Eigenschaften der Werkstoffe sind die Voraussetzung für eine fehlerfreie Konstruktion. Besonders Holz und Holzwerkstoffe unterliegen eigenen Gesetzmäßigkeiten, die man bei ihrer Verarbeitung beachten muss. Einleitend werden deshalb die im Möbelbau vorkommenden wichtigen Werkstoffarten kurz beschrieben.

1.1 Vollholz, Massivholz

Zum Vollholz, auch Massivholz genannt, gehören alle Erzeugnisse oder Erzeugnisteile, die aus den Baumstämmen herausgeschnitten und eventuell spanabhebend weiterverarbeitet werden, ohne dass an dem Holzgefüge mechanisch oder mechanisch-chemisch etwas verändert wurde. Vollholz kommt als Bretter oder Bohlen, besäumt oder unbesäumt; als Leisten, rechteckig, quadratisch oder profiliert; als Latten, Kanthölzer oder Balken und auch als gehobelte Platten in den Handel.

Bretter sind breiter als 8 cm und weniger als 40 mm dick,
Bohlen sind breiter als 8 cm und 40 mm und mehr dick,
Latten sind weniger als 8 cm breit, haben einen Querschnitt von $< 32\ cm^2$,
Kanthölzer sind 6 cm oder weniger breit und weniger als 20 cm hoch,
Balken sind 7 cm oder mehr breit und 20 cm oder mehr hoch.

Massivholzplatten (Kurzzeichen SWP) bestehen aus in der Breite zusammengeleimten Holzbrettern oder Holzlatten (SC-Platten). Gehen die einzelnen Bretter oder Latten in den Massivholzplatten nicht auf der ganzen Länge durch, können diese aus kürzeren Stücken in der Länge mittels Keilzinken verleimt sein (NC-Platten).
Mehrlagige Massivholzplatten bestehen aus drei oder fünf Brettlagen, die kreuzweise miteinander verleimt sind (B 1.1-3).

1.1.1 Eigenschaften

Holz ist ein hygroskopischer Werkstoff, der sein Volumen und seine Querschnittsform bei Feuchtigkeitsschwankungen ändert. Es kann bei erhöhter

Feuchtigkeitsaufnahme quellen und bei Feuchtigkeitsentzug schwinden. Dieser Quellungs- und Schwindungsvorgang findet nur unterhalb des Fasersättigungsbereichs statt, der etwa bei 28 % bis 33 % Holzfeuchtigkeit liegt. In normal beheizten Innenräumen pendelt sich die Holzfeuchtigkeit bei 7 % bis 10 % ein. Die Holzfeuchtigkeit wird auf den darrtrockenen Zustand des Holzes bezogen.

Bemerkenswert ist, dass das Holz in seinen drei Hauptrichtungen unterschiedlich arbeitet. Am stärksten in tangentialer Richtung (parallel zu den Jahresringen), etwa halb so viel in radialer Richtung (in Richtung der Holzstrahlen) und am geringsten in axialer Richtung (parallel zur Markröhre). Die Schwind- und Quellmaße sind auch von Holzart zu Holzart unterschiedlich. Ausschlaggebend dafür ist der Zellwandanteil im Holz. Als Durchschnittswerte lassen sich folgende Schwindmaße angeben (B 1.1-1):

1. axial, in Richtung der Markröhre, 0,3 %,
2. radial, in Richtung der Holzstrahlen, 5 %,
3. tangential, in Richtung der Jahresringe, 10 %.

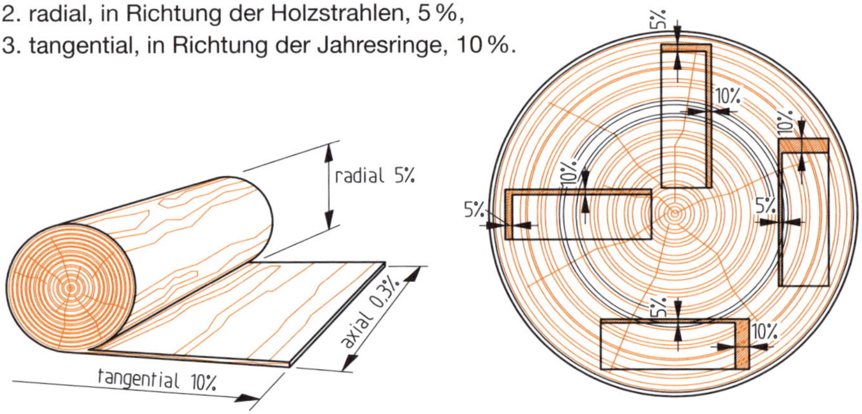

B 1.1-1 Darstellung der mittleren Schwindmaße in den drei Hauptrichtungen (links) und die Auswirkung der Schwindmaße beim Schnittholz aus verschiedenen Stellen des Stammes.

Durch die unterschiedlichen Schwindmaße im Holz ändern d. h. verzerren sich die Querschnittsformen der aus dem Stamm herausgeschnittenen Holzkörper. Neben der normalen Kantenverkürzung treten durch das Schwinden je nach Einschnitt Winkelveränderungen und Krümmungen auf (B 1.1-2).

Die Tatsache, dass Vollholz in Richtung der Jahresringe fast 35-mal soviel schwinden kann wie in der Länge und radial nur halb soviel wie tangential und dass sich je nach Einschnitt unterschiedliche Schwundformen ergeben können, muss zum fundamentalen Wissen aller gehören, die mit Vollholz konstruieren.

B 1.1-3 (Seite 15) Massivholzplatten (Kurzzeichen SWP). Oben: dreilagige und fünflagige Massivholzplatten, unten: aus Brettern oder Latten (Lamellen) verleimte Massivholzplatte (Kurzzeichen SC-Platten), bei in der länge verzinkten und verklebten Lammellen (Kurzzeichen NC-Platten).

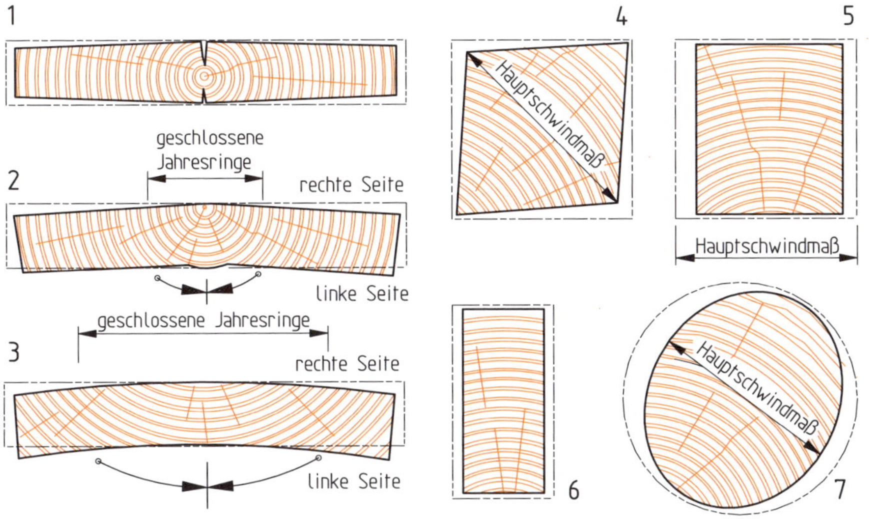

B 1.1-2 Die Schwundformen beim Schnittholz. 1 Herzbrett mit nahezu mittiger Markröhre, 2 Mittelbrett mit angeschnittener Markröhre, 3 Seitenbrett mit vielen nur einseitig angeschnittenen Jahresringen, 4 quadratisches Kantholz mit vorwiegend diagonal laufenden Jahresringen und 5 mit kantenparallelen Jahresringen, 6 Brettstück mit stehenden Jahresringen und 7 Verformung eines kreisrunden Querschnitts.

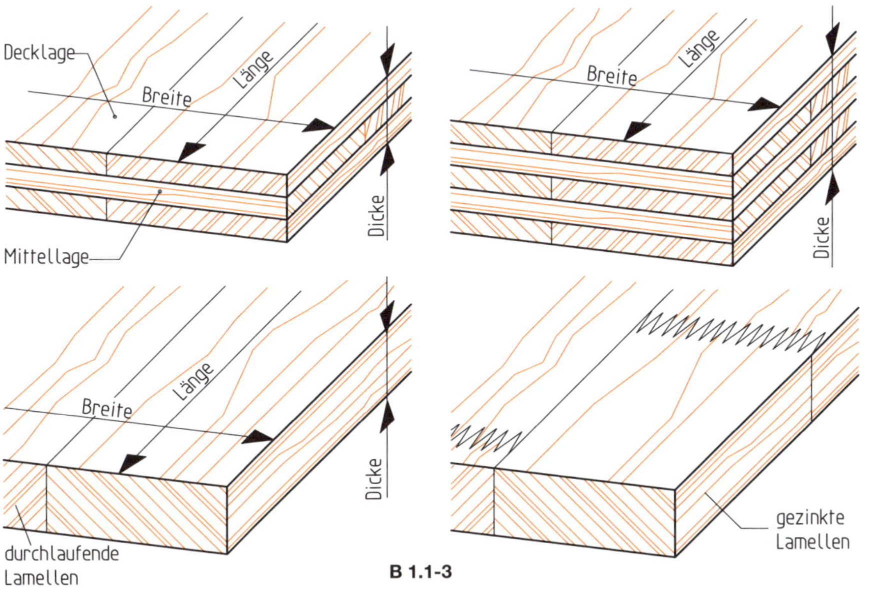

B 1.1-3

1.2 Sperrhölzer

Der Begriff »Sperrholz« kommt von den kreuzweise aufeinandergeleimten Holzlagen, sodass dadurch das geringe Längenschwindmaß und das große Breitenschwindmaß übereinanderliegen. Durch die feste Verleimung werden die einzelnen Holzlagen am Arbeiten gehindert – sie werden abgesperrt. Je nach Verleimungsart sind Platten für die Verwendung im Innenbereich (Kennnummer 1), Feuchtebereich (2) und im Außenbereich (Kennnummer 3) zu unterscheiden. Bei der Verwendung der Sperrhölzer im Feuchte- und Außenbereich ist aber zu bedenken, dass sich diese Klassifizierung nur auf die Verleimung bezieht.

1.2.1 Furniersperrholz

Bei Furniersperrholz, Kurzzeichen VP (Veneer Plywood), bestehen die kreuzweise aufeinandergeleimten Holzlagen aus Furnieren. Es weist mindestens drei Furnierlagen auf. Dickere Platten können aus 5, 7, 9, 11 und mehr Lagen bestehen (B 1.2-1).

Eigenschaften

Furniersperrholz hat eine höhere Festigkeit, Maßhaltigkeit und Formbeständigkeit als Vollholz. Es kann wie Vollholz mit den üblichen Holzbearbeitungswerkzeugen und -maschinen bearbeitet werden. Furniersperrholz wird für große ebene Flächen verwendet wie für Rückwände, Füllungen und Schubkastenböden. Es wird in den Dicken 4, 5, 6, 8,10 und 12 mm hergestellt, das dünne Flugzeugsperrholz in den Dicken 0,8; 1,2; 1,5; 2,0; 2,5; 3,0 mm und dickes Furniersperrholz, die sogenannten Multiplexplatten, in den Dicken 13, 16, 19, 22, 25, 30, 35, 40 und 50 mm.

Sonderausführungen

Je nach weiterer Bearbeitung der Oberfläche sind edelfurnierte, maserbedruckte, lackierte und kunstharzbeschichtete Furnierplatten und Furniersperrholz mit Schichtpressstoff- oder Metallauflage im Handel. Furnierschichtholzplatten, Kennzeichen LVL (Laminated Veneer Lumber) sind kein Sperrholz, weil hier die Furnierschichten vorwiegend in gleicher Faserrichtung liegen (B 1.2-1).

1.2.2 Stab- und Stäbchensperrholz

In der Regel besteht Stab- und Stäbchensperrholz aus drei Lagen, aus der dicken Vollholzmittellage, die aus 5 mm bis 8 mm breiten Stäbchen oder aus 24 mm bis 30 mm breiten Stäben zusammengeleimt ist, und den äußeren, im Holzfaserverlauf rechtwinklig zur Mittellage aufgeleimten Absperrfurnieren. Bei Stabsperrholzplatten mit Spanplattendecks bestehen die Außenschichten statt aus Absperrfurnieren aus dünnen Spanplatten.

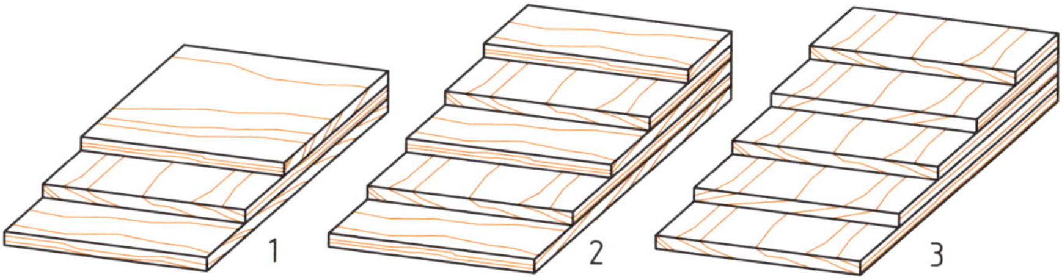

B 1.2-1 Furniersperrholz und Furnierschichtholz. 1 Dreilagiges Furniersperrholz, 2 fünflagiges Furniersperrholz, 3 Furnierschichtholz.

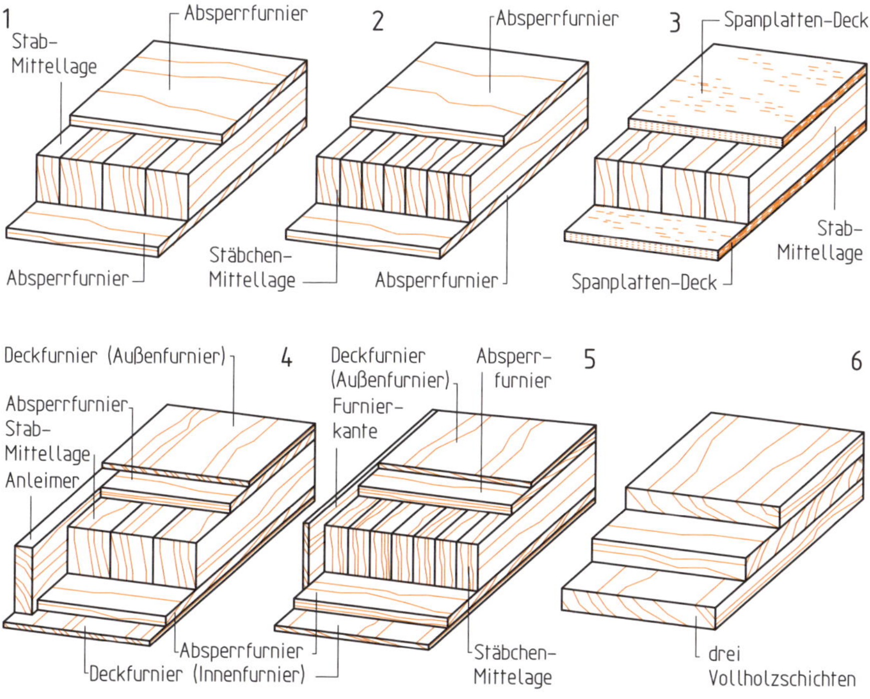

B 1.2-2 Verbundsperrholz. 1 Stabsperrholz, 2 Stäbchensperrholz, 3 Stabplatte mit Spanplattendecks, 4 Stabsperrholz mit Anleimer und beidseitig überfurniert, 5 Stäbchensperrholz, beidseitig furniert, mit Furnierkante, 6 Dreischichtplatte.

Je nach Aufbau der Mittellage sind Stabsperrholzplatten (Kurzzeichen ST) oder Stäbchensperrholzplatten (Kurzzeichen STAE) zu unterscheiden. Stab- oder Stäbchensperrholz wird beidseitig mit dünnen Edelfurnieren überfurniert, wobei die Faserrichtung der Sichtfurniere wieder in Richtung der Mittellage, also rechtwinklig zur Faserrichtung des Absperrfurniers verläuft (B 1.2-2).

Eigenschaften
Durch die Absperrung der mittleren Holzlagen bleiben die Flächen eben und schwinden nur gering. Dadurch lassen sich hiermit große, ebene Flächen schaffen. Stab- und Stäbchensperrholzplatten haben ein verhältnismäßig geringes Gewicht und sind leicht zu bearbeiten. Die Qualität der Platten ist besonders von der Art und Güte der Mittellagen und der Beschaffenheit des Absperrfurniers oder der Spanplattendecks abhängig.
Beim weiteren Überfurnieren muss die Faserrichtung des Edelfurniers in Richtung der Mittellage, also quer zur Faserrichtung des Absperrfurniers, verlaufen. Deshalb, und aus statischen Gründen, ist beim Plattenzuschnitt auf die Faserrichtung der Mittellage Rücksicht zu nehmen.
Stab- und Stäbchensperrholzplatten werden in den Dicken 13, 16, 19, 22, 25, 30 und 38 mm hergestellt. Spezielle Stab- und Stäbchensperrholzplatten können auch als Brandschutzplatten (B1) hergestellt werden.

1.3 Holzspanplatten

Holzspanplatten sind plattenförmige Holzwerkstoffe, die aus Holzspänen mit Kunstharzbindemitteln unter Einwirkung von Wärme und Druck hergestellt werden. Nach der Pressrichtung unterscheidet man Flachpressplatten und Strangpressplatten.

1.3.1 Flachpress-Spanplatten
Bei Flachpress-Spanplatten liegen die Späne durch die mattenförmige Vliesstreuung und anschließende flächige Pressung vorzugsweise parallel zur Plattenebene. Je nach Spänestruktur im Plattenquerschnitt sind ein-, drei- und mehrschichtige Flachpress-Spanplatten zu unterscheiden.
Man unterscheidet sieben verschiedene Plattentypen:

Plattentyp P1: Platten zur allgemeinen Verwendung im Trockenbereich.
Plattentyp P2: Platten für Möbel und Inneneinrichtungen zur Verwendung im Trockenbereich.
Plattentyp P3: Platten für nicht tragende Zwecke zur Verwendung im Feuchtbereich.
Plattentyp P4: Platten für tragende Zwecke zur Verwendung im Trockenbereich.
Plattentyp P5: Platten für tragende Zwecke zur Verwendung im Feuchtbereich.
Plattentyp P6: Hochbelastbare Platten für tragende Zwecke im Trockenbereich.
Plattentyp P7: Hochbelastbare Platten für tragende Zwecke im Feuchtbereich.

Im Möbel- und Innenausbau kommen vorwiegend drei- oder mehrschichtige Flachpress-Spanplatten (Kurzzeichen P2) mit sehr geringer Formaldehydausdünstung (Emissionsklasse E1) zur Anwendung (B 1.3-1).

Eigenschaften

Flachpress-Spanplatten lassen sich gut verarbeiten. Durch annähernd gleiche Biegefestigkeit in allen Richtungen der Plattenebene braucht auf die Bearbeitungsrichtung keine Rücksicht genommen zu werden. Die Platten haben ein gutes Stehvermögen, geringe Flächenausdehnung und eignen sich für großflächige Möbel- und Innenausbauteile. Sie können gestrichen, kunststoffbeschichtet und in beliebiger Richtung überfurniert werden. Sie werden in den Dicken (3), 6, 8, 10, 13, 16, 19, 22, 25, 28, 32, 36, 40, 45, 50, 60 und 70 mm hergestellt.

Kunststoffbeschichtete dekorative Flachpressplatten

Kunststoffbeschichtete Flachpressplatten (Kurzzeichen MFB P2) bestehen aus einer höher verdichteten, mehrschichtigen Spanplatte, die beidseitig mit dekorativen Kunststofflagen verpresst wurde. Sie sind oberflächenfertig, in vielen Farben, Dessins und Oberflächenstrukturen im Handel. Die harten Kunststoffoberflächen sind widerstandsfähig gegen heiße Topfböden und siedendes Wasser, gegen viele im Haushalt gebräuchliche Säuren, Laugen und Farbstoffe.

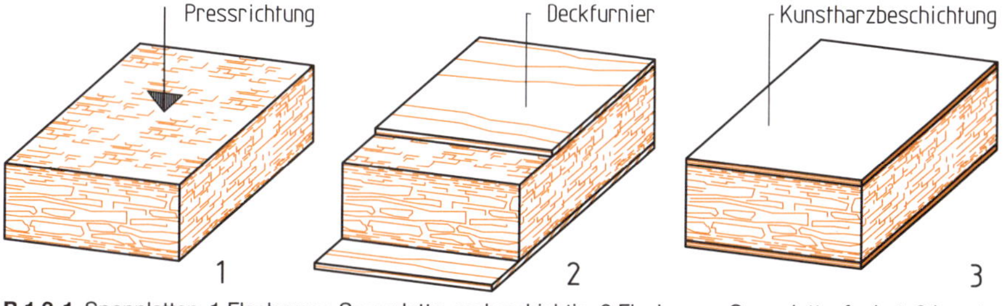

B 1.3-1 Spanplatten. 1 Flachpress-Spanplatte, mehrschichtig, 2 Flachpress-Spanplatte, funiert, 3 kunstharzbeschichtete (dekorative) Flachpressplatte.

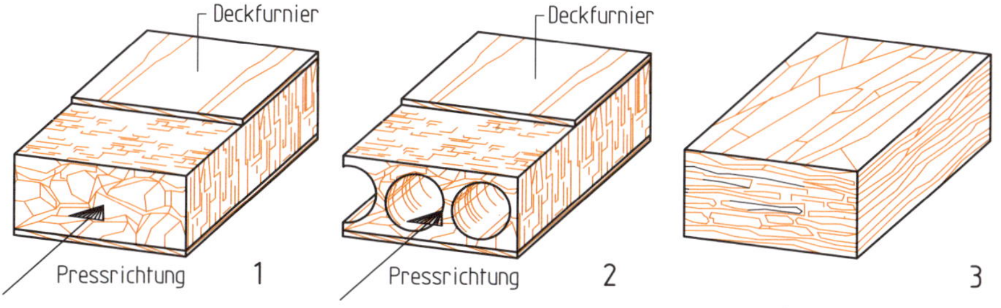

B 1.3-2 Besondere Spanplatten. 1 Strangpressplatte (ES), furniert, 2 Strangpress-Röhrenplatte (ET), 3 Langspanplatten (OSB-Platten).

1.3.2 Strangpressplatten

Beleimte Holzspäne werden in kontinuierlicher Folge durch einen Presskolben in eine Strangpresse mit beheiztem Presskanal gestopft. Auf diese Weise lassen sich Strangpressplatten als Vollplatte (Kurzzeichen ES) oder als Röhrenplatte (Kurzzeichen ET) herstellen. Durch die vorwiegend aufrecht geschichteten Späne haben Strangpressplatten nur eine geringe Biegefestigkeit und müssen zur Erhöhung der Stabilität beidseitig beplankt werden. Sie haben aber im Möbelbau keine Bedeutung und kommen lediglich bei einigen Montageelementen im Innenausbau wie Innentüren und Verkleidungsplatten zur Anwendung (B 1.3-2).

1.3.3 Langspanplatten

Langspanplatten, auch OSB-Platten genannt, sind Mehrschichtplatten aus langen, schlanken und mehr oder weniger ausgerichteten Spänen mit bestimmter Form und Dicke. Durch eine besondere Streuung liegen die langen Flachspäne in den Außenschichten vorwiegend in Längsrichtung der Platte und in der Mittelschicht in Querrichtung. Dadurch hat die Platte in der Längsrichtung die größere Biegefestigkeit. OSB/1 Platten eignen sich auch für den Möbel- und Innenausbau. Sie sind mit der Farbe blau gekennzeichnet (B 1.3-2).

1.4 Holzfaserplatten

Holzfaserplatten werden aus Holz oder anderen lignozellulosehaltigen Faserrohstoffen hergestellt. Sie erhalten ihre Konsistenz durch Verfilzung der zerfaserten Rohstoffe und durch die Adhäsion faserstoffeigener oder besonders zugesetzter Bindemittel. Ihre Eigenschaften lassen sich durch unterschiedliche Pressdrücke und Temperatureinwirkungen, Zugabe von vergüteten Stoffen und nachträgliche Oberflächenbehandlung dem späteren Verwendungszweck anpassen. Man unterscheidet nach der Festigkeit und Dichte der Platten poröse Holzfaserplatten, harte Holzfaserplatten und mitteldichte Holzfaserplatten.

1.4.1 Poröse Holzfaserplatten

Die porösen Holzfaserplatten (Kurzzeichen SB) werden gemäß ihrer Verwendung auch als Holzfaser-Dämmplatten bezeichnet. Sie haben ein loses Gefüge und weisen eine gute Schallabsorption und Wärmedämmung auf. Sie werden mit schlichten, weißen, gelochten oder geschlitzten Oberflächen hergestellt. Dicken: 6, 8, 10, 12 mm und für besondere Konstruktionen bis 50 mm.

B 1.5-1 (Seite 21) Verbundplatten. 1 Verbundplatte (Sandwichplatte SWAP) mit Wellstegmittellage aus Kraftpapieren, 2 mit Sechseckwaben-Mittellage

1.4.2 Harte Holzfaserplatten

Harte Holzfaserplatten (Kurzzeichen HB) weisen auf der Rückseite durch das Pressverfahren in der Regel eine Siebnarbung auf und sind auf der Sichtseite durch die blanken Pressbleche glatt. Die Farbe ist hell- bis dunkelbraun. Harte Holzfaserplatten lassen sich gut bearbeiten. Auf eine Verarbeitungsrichtung muss keine Rücksicht genommen werden. Allerdings weisen sie bei Feuchtigkeitsschwankungen Dimensionsveränderungen auf, die man bei der Verarbeitung berücksichtigen muss. Sie werden in den Dicken 1,6; 2; 2,5; 3; 3,2; 3,5; 4; 5; 6 und 8 mm hergestellt.

Harte Holzfaserplatten können mit kunstharzlackierter Oberfläche oder dekorativer Kunstharzbeschichtung (Kurzzeichen MFB HB) für Rückwände, Schubkastenböden usw. verwendet werden.

1.4.3 Mitteldichte Holzfaserplatten

Mitteldichte Holzfaserplatten (Kurzzeichen MDF) haben einen nahezu homogenen Aufbau. Sie werden für Möbelteile besonders dann eingesetzt, wenn Kanten und Flächen profiliert und abschließend deckend lackiert oder mit Folie kaschiert werden sollen. Durch den feinfaserigen Aufbau über den gesamten Plattenquerschnitt sind auch an den Kanten keine besonderen Anleimer erforderlich. MDF-Platten werden in den Dicken 6, 8, 10, 12, 16, 19, 22, 25, 28, 30, 32, 35, 40, 45, 50 mm hergestellt.

1.5 Verbundwerkstoffplatten

Verbundwerkstoffplatten bestehen aus einer Mittellage und den beidseitigen Decklagen. Die Mittellage kann aus Schaumstoff, aus Kraftpapieren in Wellsteg- oder Sechseckwabenform, aus Spanplatten- oder Hartfaserplattenleisten oder aus Span- oder Faserwerkstoffen bestehen. Die beidseitigen Deckplatten haben eine aussteifende Funktion. Sie bestehen aus Hartfaserplatten, Furnierplatten oder dünnen Spanplatten. Verbundwerkstoffplatten mit Schaumstoff-, Wellsteg-

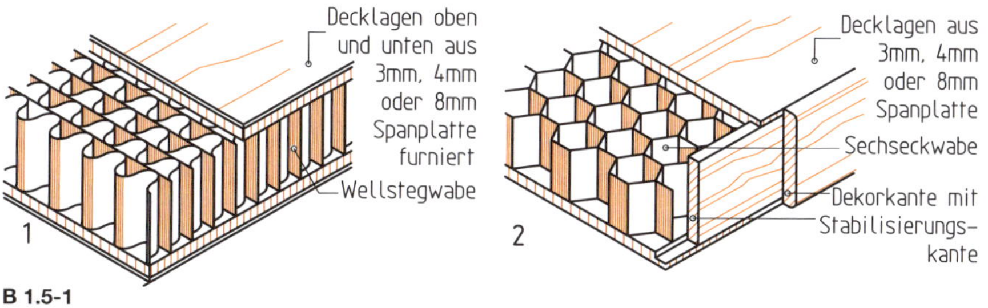

B 1.5-1

oder Sechseckwabenmittellage, sogenannte Hohlraumplatten, sind besonders leicht und trotzdem sehr biegesteif. Sie werden für Sperrtürblätter und dicke Möbelflächen verwendet. Bei dickeren Deckplatten lassen sich auch Beschläge gut an den Flächen befestigen (Bild 1.5-1 und Seite 72).

1.6 Furniere

Furniere sind dünne Holzblätter, die auf verschiedene Arten erzeugt und für technische oder gestalterische Zwecke verwendet werden können.
Nach dem Verwendungszweck sind Absperrfurniere, Unterfurniere, Gegenfurniere und Deckfurniere zu unterscheiden:
Absperrfurniere sind etwa 1,2 mm bis 3,6 mm dick und sollen in Sperrholzplatten das Quellen und Schwinden verhindern. (siehe Seite 17)
Unterfurniere, etwa 0,9 mm dick, sollen die Rissbildung in empfindlichen Deckfurnieren, wie bei Pyramidenmahagoni, verhindern. Zu diesem Zweck werden Unterfurniere auch quer oder diagonal zum Deckfurnier aufgeleimt. Gegenfurniere sollen das Verziehen einseitig deckfurnierter Platten verhindern, indem man sie auf der Gegenseite aufleimt. Das Aussehen der Gegenfurniere ist völlig belanglos, sie müssen nur jeweils dieselbe Dicke, Faserrichtung und Feuchtigkeit wie die Deckfurniere aufweisen.
Deckfurniere geben den Trägerplatten wie Holzspan-, Holzfaser- und Sperrholzplatten ein veredeltes Aussehen. Sie können je nach Einschnittart und Herstellungsverfahren schlicht und streifig, gefladert oder gewolkt sein. Sie sind je nach Holzart 0,5 mm bis 3 mm dick.
Nach dem Herstellverfahren sind Schälfurniere, Messerfurniere und Sägefurniere zu unterscheiden:
Schälfurniere können durch Rundschälen oder exzentrisches Schälen hergestellt werden. Bei der Herstellung von Rundschälfurnieren wird der Stamm zentrisch eingespannt und axial gegen das Messer gedreht. Das Ergebnis sind Furnierbänder mit mehr oder weniger stark gewolkter gleichförmiger Maserung. Bei der Herstellung von Exzenter-Schälfurnieren wird der Stamm oder Stammausschnitt exzentrisch eingespannt und gegen das Messer gedreht. Dadurch entstehen gefladerte oder auch streifig gemaserte Furniere, ähnlich wie bei den Messer-furnieren (B. 1.6-1).
Messerfurniere werden in einem hobelartigen Vorgang vom Stamm herunter gemessert. Je nach Schnittführung durch den Stamm erhält man schlicht gestreifte oder gefladerte Furniere (B. 1.6-1).
Sägefurniere werden durch Sägen mit großen Kreissägeblättern gewonnen. Wegen des hohen Verschnitts und der zeitraubenden Herstellung werden diese Furniere sehr teuer und nur noch selten hergestellt.

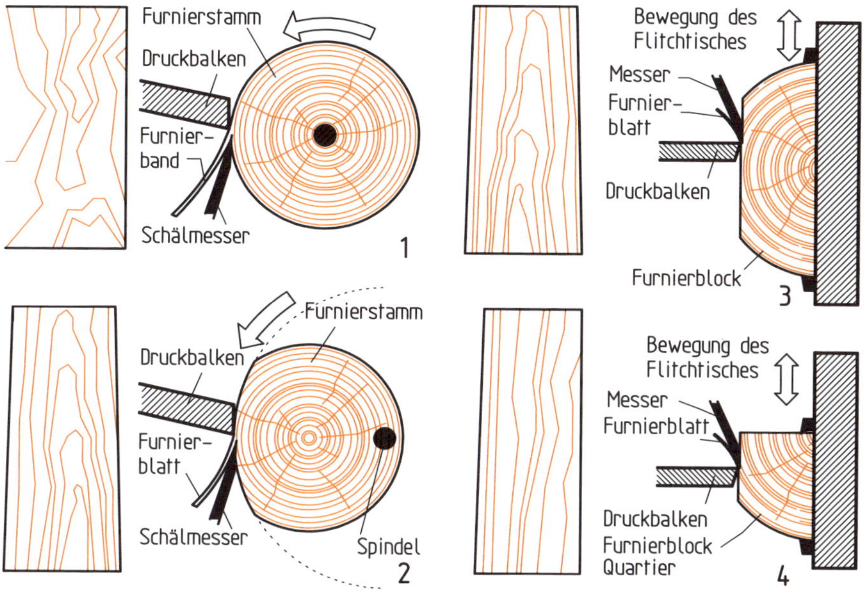

B 1.6-1 Einige Furnier-Herstellungsverfahren. 1 Schälfurnier. Durch Rundschälen entsteht ein Furnierband mit wolkiger, unregelmäßiger Maserung. 2 Exzentrisches Schälverfahren. Hierbei entstehen einzelne Furnierblätter mit weiter Fladerung. 3 Messerfurnier. Vom Halbstamm gemessert entstehen einzelne Furnierblätter mit gefladerter Maserung, ähnlich dem Schnittholz wie bei Brettern und Bohlen. 4 Messerfurnier von Quartieren weisen vorwiegend eine parallelstreifenförmige Maserung auf.

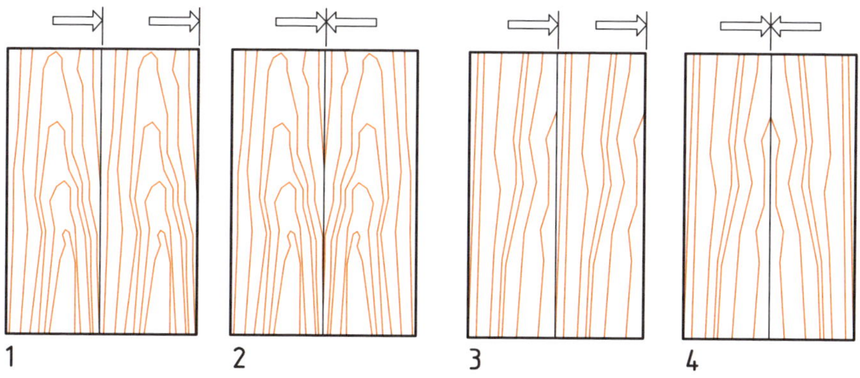

B 1.6-2 Furnierblätter können zur Herstellung breiterer Flächen miteinander verklebt werden. Man unterscheidet hierbei die verschobene (1 und 3), und die gestürzte Methode (2 und 4).

1.7 Belagstoffe

Belagstoffe eignen sich zum Beschichten von Holzspan-, Holzfaser- und Sperrholzplatten. Man unterscheidet dekorative Schichtstoffe, rollfähige Schichtstoffe, Folien und Linoleum.

1.7.1 Hochdruck-Schichtpressstoffplatten

Dekorative Hochdruck-Schichtpressstoffplatten (Kurzzeichen HPL) sind duroplastische Kunststoffe. Sie bestehen aus kunstharzgetränkten Hartpapieren, die eine Kernschicht bilden, dem Dekorpapier und dem abschließenden klaren melaminharzgetränkten Overlaypapier. Dekorative Hochdruck-Schichtpressstoffplatten sind in vielen Farbnuancen, Dessins und Oberflächenstrukturen im Handel. Sie sind unempfindlich gegen Alkohol, die meisten Säuren, Laugen und Fette. Sie sind lichtecht, geruchs- und geschmacksfrei und vertragen heiße Topfböden. Sie werden für besonders beanspruchte Oberflächen wie für Tischplatten, für Küchen- und Labormöbel und Theken eingesetzt. Schichtpressstoffplatten müssen besonders bei freistehenden Flächen immer auf beiden Seiten der Trägerplatte aufgeklebt werden. Dabei ist auf die Erzeugungsrichtung zu achten, die auf beiden Seiten gleichlaufend sein soll. Die übliche Dicke beträgt 0,9 mm oder 1,3 mm.
Schichtpressstoffplatten in Postforming-Qualität erlauben nach gezielter und ausreichender Erwärmung ein zweidimensionales Verformen wie über eine gerundete Plattenkante.

Schichtpressstoffplatten sind in folgende Typen klassifiziert:

Typ H Normale Platten für allgemeine horizontale Anwendungen.
Typ V Normale Platten für allgemeine vertikale Anwendungen.
Typ E Platten zur Verwendung im Freien.
Typ C Dicke Kompaktschichtpressstoffplatten.

Unterklassifizierung:

S Standardqualität.
G Für allgemeine Zwecke.
D Starke bis sehr starke Beanspruchung.
F Flammenhemmender Schichtpressstoff.
P Nachverformbarer Schichtpressstoff.

Beispiele:
Typ HD Schichtpressstoffplatte für horizontale, sehr starke Beanspruchung.
Typ CF Flammenhemmende Kompaktschichtpressstoffplatte.

Besondere Schichtpressstoffplatten können mit Sichtflächen aus Metallen wie Kupfer, Aluminium und Edelstahl in vielen unterschiedlichen Oberflächenstrukturen oder mit Sichbeton-, Altholz- und Natursteinoptik versehen sein.
Für spezielle Aufgaben können sie auch als Magnetplatten oder Spiegel hergestellt werden (Handelsnamen: Homapal, Resopal).

Kompaktschichtstoffplatten bestehen aus einem braunen bis schwarzen Kern, der beidseitig mit Dekorschichten versehen ist. Der Aufbau ähnelt dem der Hochdruck-Schichtpressstoffplatten. Kompaktschichtstoffplatten sind aber 3, 6, 8, 10 oder 12 mm dick und können somit für selbsttragende Konstruktionen, wie zum Beispiel für Türen, verwendet werden. Dadurch gehören sie eigentlich nicht mehr zu den Belagstoffen.

1.7.2 Rollfähige Schichtstoffe

Rollfähige Schichtstoffe sind kontinuierlich hergestellte dekorative Laminate (CPL) oder dekorative Polyester-Schichtstoffe (DPL) von 0,3 mm bis unter 0,8 mm Dicke, die in Rollen in den Handel kommen.
Rollfähige Schichtstoffe sind wie die HPL-Platten aufgebaut und weisen nahezu alle deren Eigenschaften auf. Sie werden besonders für Beschickungen von Platten mit angefrästen Rundungen oder für Schichtstoffkanten eingesetzt. Sie sind in der Regel auch durch Erwärmen nachverformbar.

1.7.3 Folien

Bei den Folien sind thermoplastische Folien wie PVC-Folien und duroplastische Folien wie Grundier- und Gegenzugsfolien zu unterscheiden. Thermoplastische Folien werden bevorzugt im Tiefziehverfahren zum Überziehen plastischer oder profilierter Oberflächen verwendet.

1.7.4 Linoleum

Linoleum wird aus einer Mischung von oxidiertem Leinöl, Harzen, Korkmehl und Farbstoffen hergestellt. Es wird auf Jutegewebe aufgepresst und in Bahnen hergestellt. Linoleum ist ein Naturprodukt, das auf Tische und Arbeitsflächen aufgeleimt wird. Die Kanten benötigen einen besonderen Schutz durch An- oder Umleimer.

1.7.5 Mineral-Kunststoffplatten

Mineral-Kunststoffplatten werden aus fein gemahlenen Mineralien wie Aluminiumhydroxid und Kunstharzen als Bindemittel hergestellt. Sie sind durchgehend gefärbt, haben ein steinähnliches Aussehen oder werden in verschiedenen Farben hergestellt. Sie sind miteinander ohne sichtbare Fugen verklebbar, unter Wärmeeinwirkung dreidimensional zum Beispiel für Sanitärobjekte verformbar oder können für Beläge flächig verarbeitet werden.

Mineral-Kunststoffplatten sind licht- und farbbeständig, beständig gegen viele Säuren und Laugen, sowie abrieb-, schlag- und verrottungsfest. Sie sind geschmacksneutral, hygienisch und lebensmittelunbedenklich. Sie sind leicht zu reinigen, zu pflegen und zu reparieren. Die Platten haben eine Dichte von 1750 kg/m³ und werden in Dicken von 3 mm bis 18 mm hergestellt (B 1.7-1).

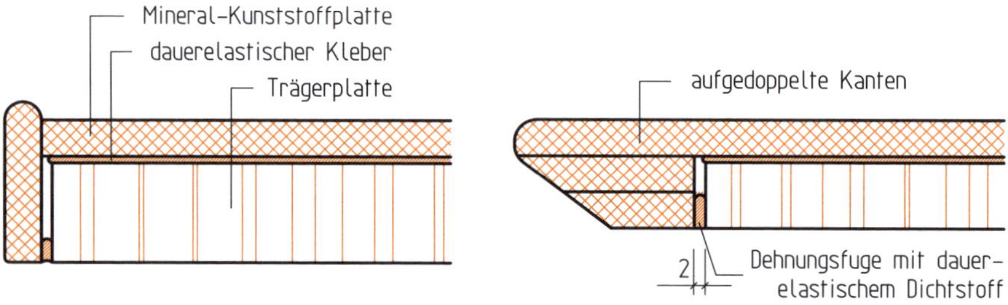

B 1.7-1 Belag und Kanten mit Mineral-Kunststoffplatten

2 Grundkonstruktionen

Möbel werden vorwiegend aus Vollholz oder Holzwerkstoffen hergestellt. Die Grundkonstruktionen sind vom Möbelentwurf unabhängig, müssen aber materialgerecht gefertigt sein. Zu ihnen gehören die Breitenverbindungen, die Eckverbindungen im Plattenbau, die Eckverbindungen im Rahmenbau sowie die Gestellverbindungen und der Kantenschutz.

2.1 Breitenverbindungen

Großformatige Holzflächen aus Vollholz werden in der Regel aus einzelnen Brettern zusammengefügt. Hier sind unverleimte und verleimte Breitenverbindungen zu unterscheiden. Besonders bei verleimten Verbindungen aus Vollholz müssen die Gesetze des Quellens und Schwindens des Holzes beachtet werden.

2.1.1 Unverleimte Breitenverbindungen

Bei unverleimten Breitenverbindungen werden die einzelnen Bretter so zusammengefügt, dass sie im einzelnen arbeiten, d. h. quellen und schwinden können, ohne dass dies sehr auffällt oder gar zu zerstörenden Erscheinungen an der Fläche führt. Darum dürfen die einzelnen Bretter höchstens 120 mm breit sein und müssen auf einer tragenden Unterkonstruktion befestigt werden.

2.1.1.1 Überfälzte Fugen

Die Bretter werden an ihren Seitenkanten wechselseitig gefälzt. Die Falztiefe beträgt genau die Hälfte der Brettdicken. Durch das Überfälzen entsteht in der Breite Holzverlust. Bei sich stark werfenden Brettern bleibt die Fuge nicht dicht. Die Unterkonstruktion, z. B. Querlatten, muss enge Abstände haben (B 2.1-1).

2.1.1.2 Gefederte Fugen

Die einzelnen Bretter werden an den Seitenkanten genutet. In die Nuten können Federn aus Furniersperrholz oder Hartfaserplatte, seltener aus Querholz, eingesetzt werden. Damit das Arbeiten des Holzes weniger in Erscheinung tritt, wird schon bei der Herstellung bewusst eine Schattenfuge vorgesehen. Bei dieser Verbindung entsteht in der Breite kein Holzverlust (B 2.1-2).

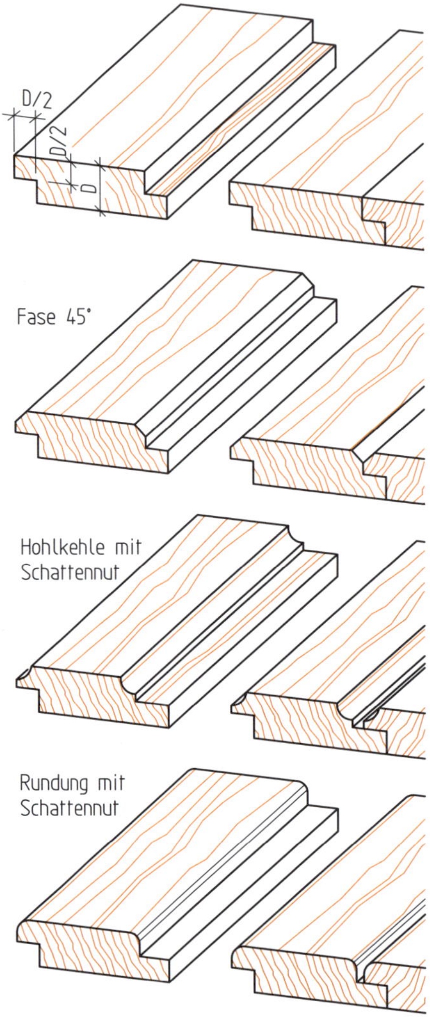

B 2.1-1 Die überfälzte Fuge.

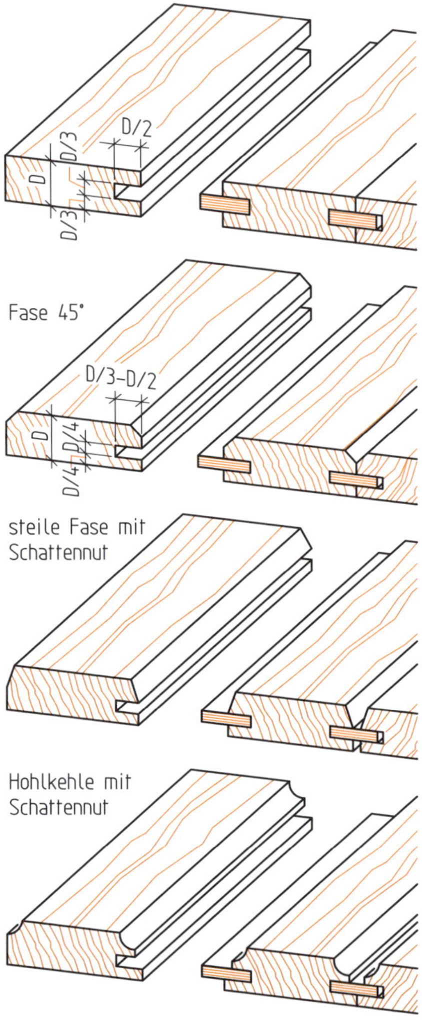

B 2.1-2 Die gefederte Fuge.

2.1.1.3 Gespundete Fugen

Bretter werden an der einen Kante mit einer Feder und an der anderen Kante mit einer Nut versehen. Die Verbindung kommt zustande, indem man die Feder des einen Bretts in die Nut des anderen Bretts führt. Die Fugen können durch Fasen, Profile oder Schattennuten betont werden. Die Bretter können sichtbar oder verdeckt genagelt oder mittels Klammern unsichtbar auf der Unterkonstruktion befestigt werden (B 2.1-3).

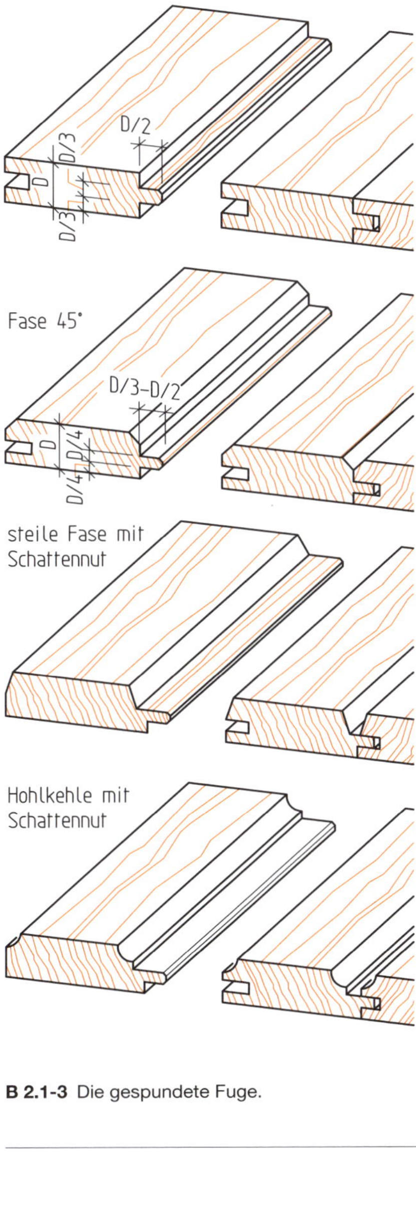

B 2.1-3 Die gespundete Fuge.

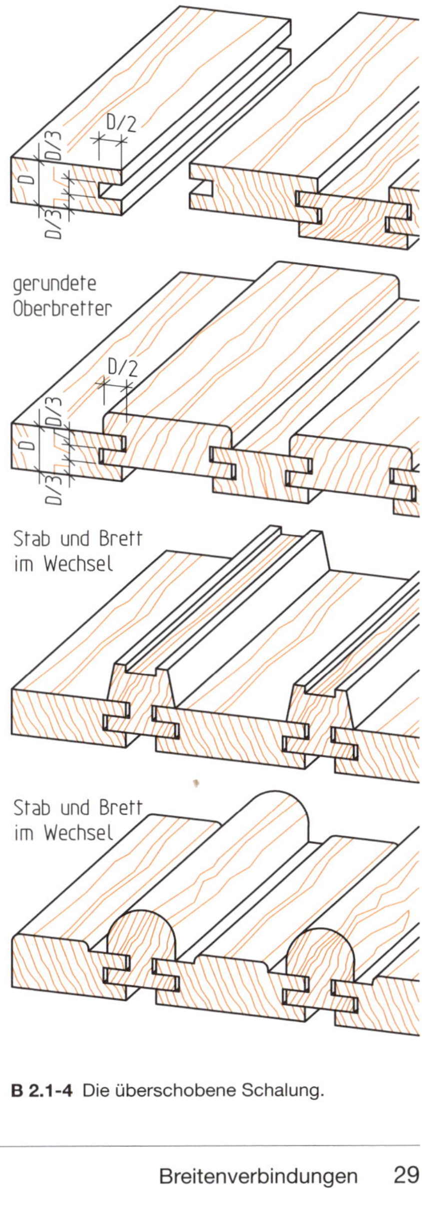

B 2.1-4 Die überschobene Schalung.

2.1.1.4 Überschobene Schalung

Die Bretter werden an den Kanten so genutet, dass die Dicke der Nutwange und die Breite der Nut gleich sind. So lassen sich die Bretter überschoben zusammenstecken. Die Bretter können mit profilierten Brettern oder schmaleren Leisten kombiniert werden. Dadurch erhält man eine sehr lebhafte Oberfläche (B 2.1-4).

2.1.2 Verleimte Breitenverbindung

Für breite Vollholzflächen wie Einlegeböden, Korpusseiten, schwere Arbeitsplatten wird man das Holz ohne sichtbare Fuge verleimen. Dabei muss unbedingt auf die Schwindrichtung des Holzes und das Schwindmaß Rücksicht genommen werden, wenn man Konstruktionsfehler vermeiden will.

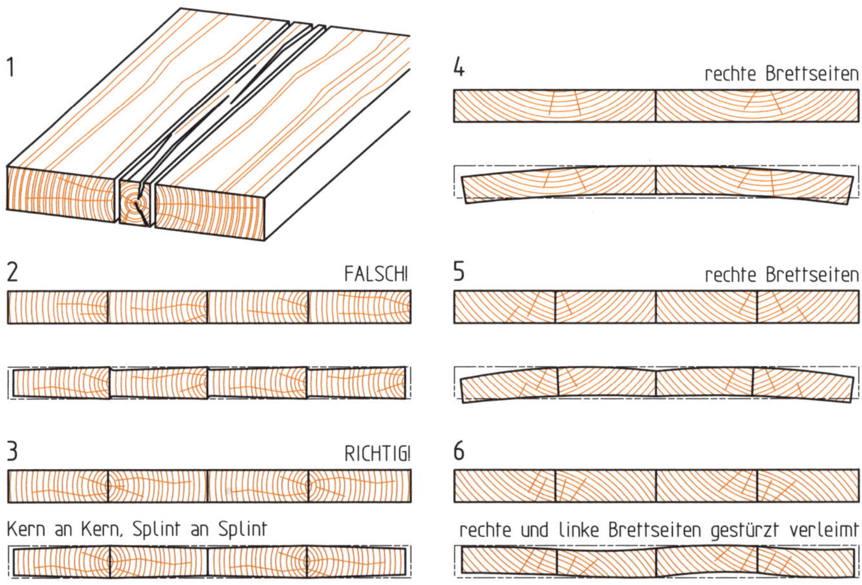

B 2.1-5 Verleimte Breitenverbindungen von Holzbrettern. 1 Bei Herzbrettern sollte die Markröhre wegen starker Rissbildung herausgeschnitten werden, 2 falsche und 3 richtige Verleimung von Holzbrettern. 4 Verleimung unaufgetrennter Seitenbretter, sie zeigen die natürliche Fladerung, 5 Verleimung von aufgetrennten Seitenbrettern, die rechte Seite liegt jeweils oben, 6 aufgetrennte Seitenbretter, gestürzt verleimt.

Leimfugen sind der Zwischenraum zwischen den beiden verleimten Brettern. Sie werden als dünn bezeichnet, wenn der Abstand der Leimflächen 0,1 mm beträgt. Sie können physikalisch durch Einwirkung von Kräften, Feuchtigkeit und Temperatur, chemisch durch Holzschutzmittel, Gase, saure oder alkalische Wasser oder auch biologisch durch Pilze und Insekten beansprucht werden.

Holzleimverbindungen sind nach DIN in vier Beanspruchungsgruppen unterteilt:

- Beanspruchungsgruppe D 1: Verleimung beständig gegen normale Temperaturen (unter 50 °C) und Holzfeuchtigkeit bis 15 %, z.B. für Möbel, Innentüren und Verkleidungen im Innenbereich.
- Beanspruchungsgruppe D 2: Verleimung beständig für kurze Einwirkung von Wasser und hohe Luftfeuchtigkeit z. B. für Möbel und Einbauten in Küchen und Badezimmern.
- Beanspruchungsgruppe D 3: Verleimung beständig bei häufiger kurzzeitiger Einwirkung von Wasser und hoher Luftfeuchtigkeit z. B. für Außentüren, Treppen und Fenster, die vor Witterungseinflüssen geschützt sind.
- Beanspruchungsgruppe D 4: Verleimung beständig bei häufig starker Einwirkung von Wasser und Kondenswasser z. B. bei Fenstern und Außentüren, Einbauten in Hallenbädern und Duschkabinen.

2.1.2.1 Stumpfe Leimfuge

Die Brettkanten müssen zum Verleimen winklig, eben und gerade gefügt werden. Eine gute Verleimung kann nur mit ausreichendem Pressdruck erfolgen.
Zum Verleimen von Vollholz gelten folgende Grundregeln:
Kernholz ist an Kernholz und Splintholz an Splintholz zu leimen. Bei Herz- und Mittelbrettern ist die Markröhre wegen starker Rissbildung herauszuschneiden. Bei der Verwendung von Seitenbrettern ist ein starkes Werfen zu beobachten. Muss beim Verleimen von Seitenbrettern keine Rücksicht auf die Holzfladerung genommen werden, sollte man auch diese in der Mitte auftrennen und gestürzt verleimen, sodass einmal die rechte Seite des Bretts und einmal die linke Seite oben liegen (B 2.1-5 und 6).

2.1.2.2 Sicherung und Vergrößerung der Leimfugen

Wird die Leimfuge besonders stark beansprucht, wie bei Arbeitsplatten von Werkbänken, ist es ratsam, die Leimfuge zu vergrößern und zu sichern. Diese Forderung – Sicherung und Vergrößerung der Leimfuge – wird besonders durch die Kronenfuge, durch die doppelte Nut- und Federfuge und durch die gezahnte Fuge erfüllt. Die Fugenausbildung ist stets vom Profil des Fräswerkzeugs abhängig. Auch Dübel und eingesetzte Federn können die Leimfuge zusätzlich sichern (B 2.1-6).

2.1.3 Stabilisieren verleimter Flächen

Breite verleimte Vollholzflächen können sich verformen und werfen. Sie können durch Hirnleisten, Gratleisten oder unsichtbar eingebohrte Alustangen daran gehindert werden.

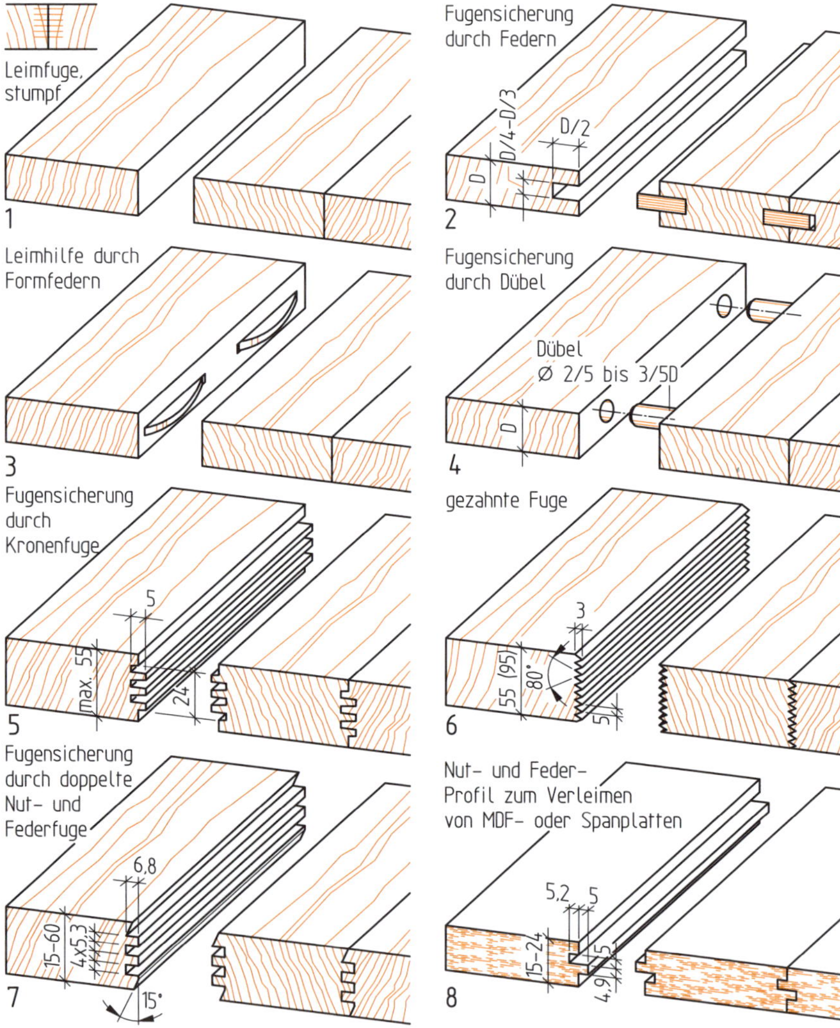

B 2.1-6 Stumpfe Leimfuge (1), Sicherung und Vergrößerung der Leimfuge (2 bis 8).

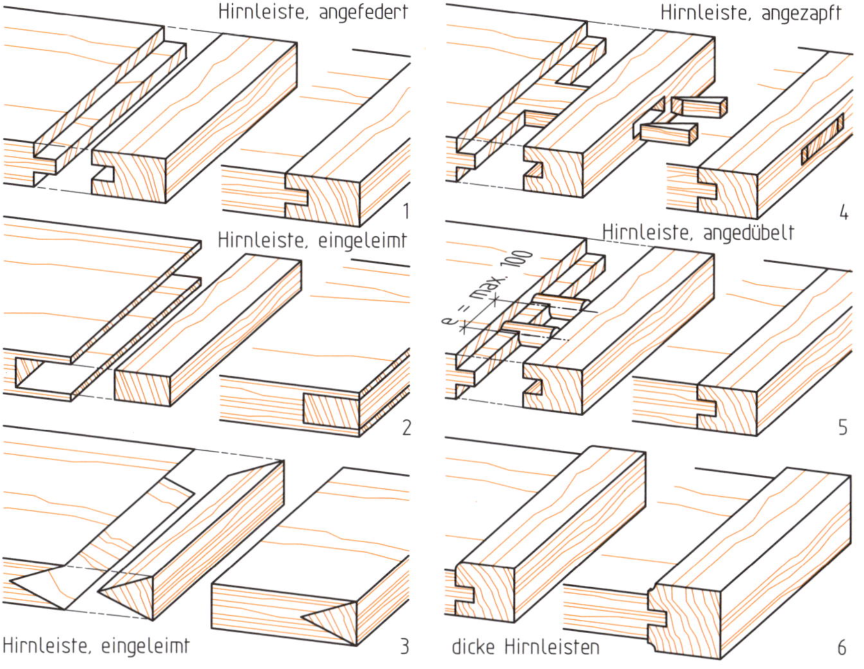

B 2.1-7 Hirnleisten, 1 angefedert und geleimt, 2 und 3 eingenutet und eingeleimt, 4 angezapft und sichtbar verkeilt, nur in der Mitte verleimt, 5 angedübelt und nur in der Mitte verleimt, 6 in der Dicke überstehende Hirnleistenformen.

2.1.3.1 Hirnleisten

Hirnleisten verhindern das Werfen von Vollholzflächen. Hirnleisten können vor die Brettenden gefedert, gezapft und gekeilt oder in die Hirnenden eingeleimt werden. Bei geleimten Hirnholzleisten sollte die Flächenbreite nicht mehr als 200 mm betragen. Hirnholzleisten an breiteren Böden dürfen nur in der Mitte mit dem Querholz verleimt oder verbunden sein, damit die Fläche in der Breite noch arbeiten kann (B 2.1-7).

2.1.3.2 Gratleisten

Gratleisten werden je nach Dicke der Vollholzfläche so bemessen, dass sie die verleimte Vollholzfläche eben halten können. Sie werden auf der Rückseite oder Unterseite der Fläche bis zu einer Tiefe von 1/3 der Plattendicke eingegratet. Die Gratschräge darf nicht weniger als 70° betragen. Damit das Vollholz an der Platte nicht abschert, sollte der Grat mindestens 50 mm von der Außenkante angeordnet sein. Grat- und Gratnut sind nach vorn um etwa 2 mm konisch, dadurch kann die Gratleiste in die Platte stramm eingekeilt werden. Die Plattenfläche muss auf der Gratleiste arbeiten können. Die Verbindung darf deshalb nicht voll verleimt werden (B 2.1-8).

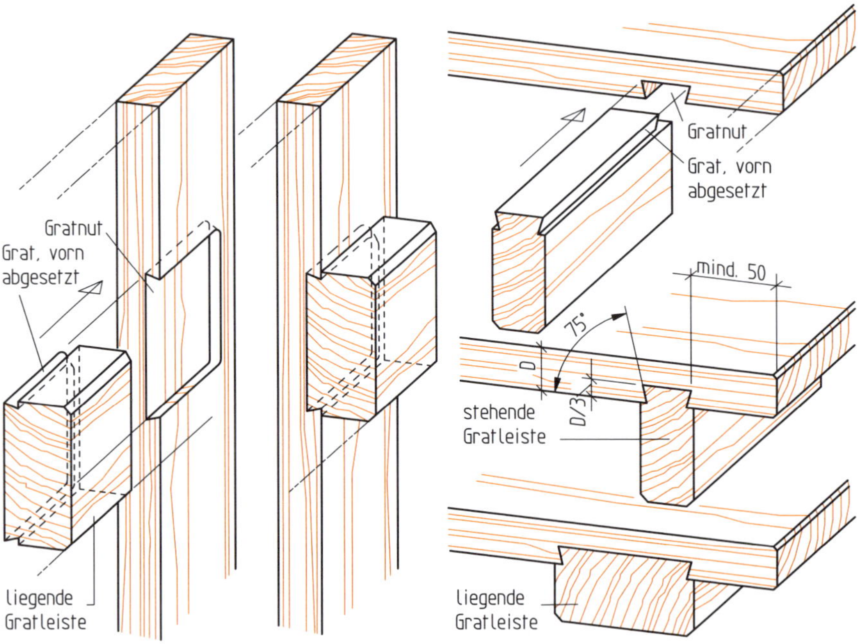

B 2.1-8 Gratleisten zur Stabilisierung verleimter Vollholzflächen.

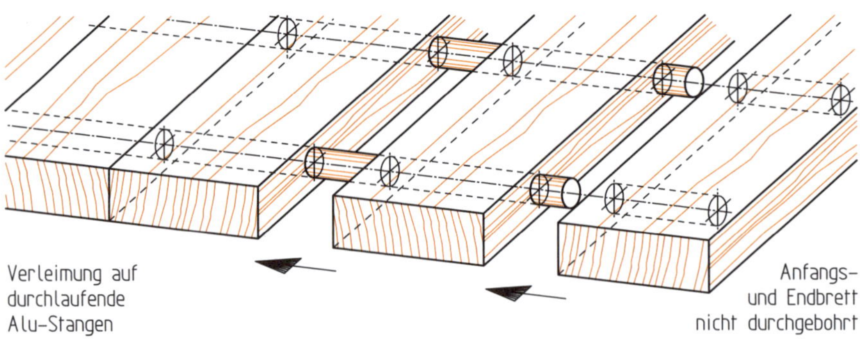

B 2.1-9 Verdeckt liegende Stabilisatoren.

2.1.3.3 Verdeckte Stabilisatoren

Bretter aus Vollholz können zum Verleimen von größeren Flächen zur Stabilisierung auf eingebohrte Aluminiumstangen aufgefädelt werden. Wichtig ist, dass die Aluminiumstangen in der Länge genügend Spiel haben, damit die Holzfläche schwinden kann (B 2.1-9).

2.1.3.4 Gratleiste aus Stahl

Um Massivholzplatten plan zu halten und am Verformen zu hindern, können auf der Flächenunterseite Gratleisten aus Stahl eingesetzt werden. Diese speziellen Gratleisten bestehen je aus zwei Gratteilen, die bei der Montage in die eingefräste Gratnut eingeklemmt werden. Durch die geteilte Konstruktion der Gratleiste kann diese auch in die Fläche eingesetzt werden, ohne dass die Gratnut an den Plattenkanten durchgefräst werden muss. Die Massivholzfläche kann auf der stählernen Gratleiste trotz des stabilen Einbaus ungehindert quellen und schwinden. Wenn gewünscht, kann an der Gratleiste auch eine Seilspannung befestigt und eine Abdeckschiene montiert werden (B 2.1-10).
Die Gratleisten aus Stahl gibt es in den Längen 650 mm, 850 mm und 1050 mm. Sie können aber auch je nach Bedarf gekürzt werden (BTA).

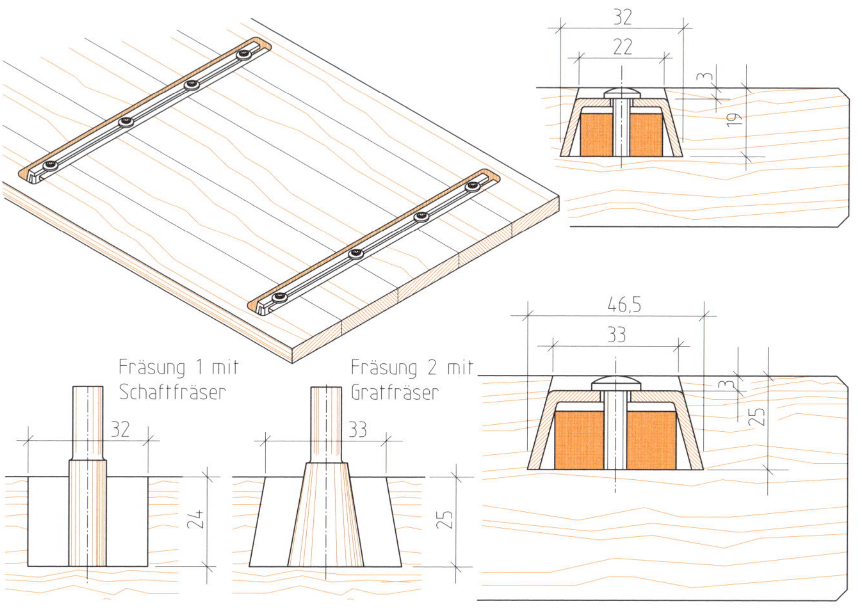

B 2.1-10 Gratleiste aus Stahl.

2.2 Eckverbindungen im Plattenbau

Bei Möbelkörpern, Kästen und Kisten müssen breite Flächen an den Ecken miteinander verbunden werden. Die Flächen können aus Vollholz, Sperrholz oder Spanholz sein und an den Ecken stumpf, auf Gehrung oder miteinander verzahnt zusammengefügt werden. Je nach Verwendungszweck und Qualität der Erzeugnisse, nach Art des zu verarbeitenden Materials oder nach den Gesichtspunkten des wirtschaftlichsten Fertigungsverfahrens können die Eckverbindungen verschieden ausgeführt werden (B 2.2-1).

2.2.1 Nageln

Einfachste Eckverbindungen können geleimt und genagelt werden. Die Nagelung hält besser, wenn man die Nägel schwalbenschwanzförmig einschlägt. Damit die Köpfe der Nägel weniger stören, verwendet man Drahtstifte mit gestauchten Köpfen, versenkt diese und kittet die Senklöcher anschließend aus. Um die Spaltwirkung des Nagels zu vermindern, kann man die Spitze stauchen. Bei einer zusätzlich verleimten Verbindung von Vollholzflächen ist folgende Grundregel zu beachten: Es darf nur Querholz mit Querholz und Langholz mit Langholz verbunden werden (B 2.2-2).

2.2.2 Ausgefälzte Eckverbindung

Der Vorteil dieser Eckverbindung liegt darin, dass man beim Zusammenfügen und Nageln der Teile einen Halt hat und die Leimfläche durch die Ausfälzung vergrößert wird. Die Verbindung eignet sich für alle Plattenwerkstoffe wie Sperrholz, Spanholz und auch für Vollholz. Sie kann bei einfachen Ladenregalen, Tresen usw. angewendet werden (B 2.2-2).

2.2.3 Stumpf eingelassene Verbindung

Böden können in Seiten in voller Dicke eingelassen, eingeleimt und genagelt werden. Die Einlasstiefe darf höchstens 1/3 der Seitendicke betragen. Die Verbindung wird vorwiegend bei Regalen aus Vollholz angewendet. Durch die Nut werden die Vollholzböden eben gehalten.

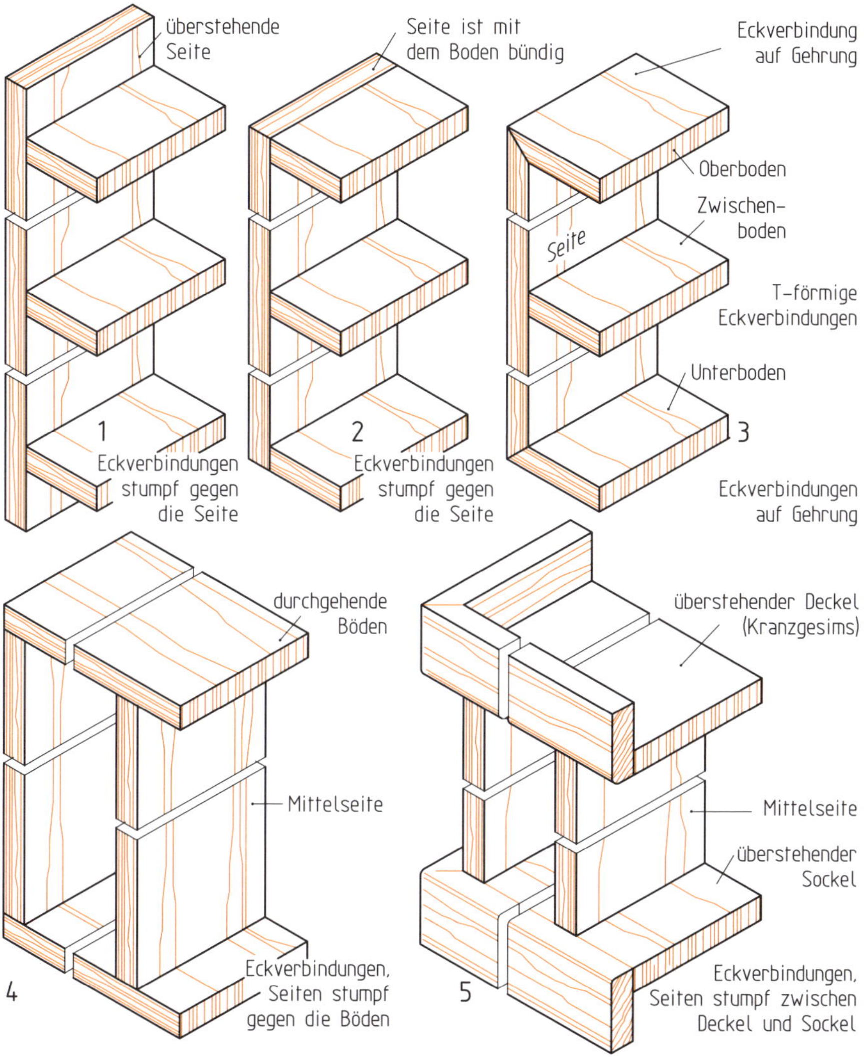

B 2.2-1 Eckverbindungen im Plattenbau. 1 Böden gegen die Seite verbunden, Seite steht oben und unten über, Vorteil: alle Querböden gleich lang, 2 Seite ist oben und unten bündig, 3 Außenecken auf Gehrung, Außenteile länger als Innenteile, 4 Oberboden und Unterboden läuft durch, alle Seiten sind gleich lang und laufen gegen die Böden, 5 Beispiel einer Sockel- und Deckelausbildung.

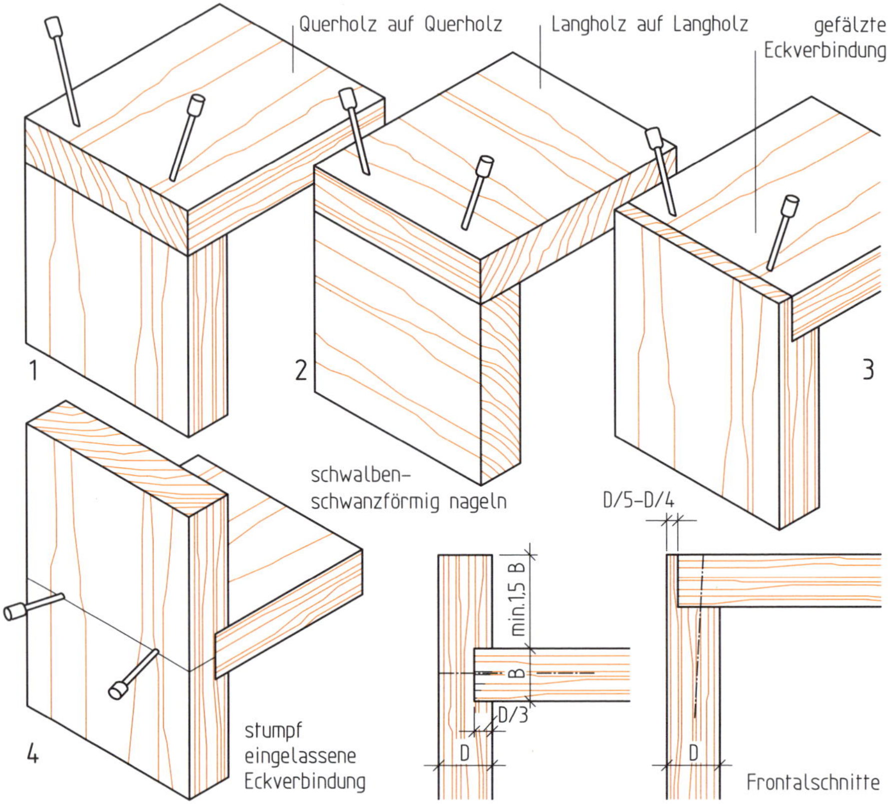

B 2.2-2 Genagelte Eckverbindung.

2.2.4 Federn

Beim Federn sind die Nut- und Federverbindung, die angefräste Federverbindung und die lose eingesetzten Federn zu unterscheiden. Ziel dieser Verbindung ist es, die Leimfläche zu vergrößern, eine Verleimungshilfe zu schaffen und die Flächen am Verformen zu hindern.

2.2.4.1 Eckverbindung durch Nut und Feder

Die Nut- und Federverbindung kann maschinell gut und schnell ausgeführt werden. Die Feder sollte ca. ¼, höchstens ⅓ der Bodendicke betragen und nicht tiefer als $^{4}/_{10}$ der Seitendicke eingenutet werden. Die Feder muss besonders bei Außenecken leichtgängig in die Nut passen. Eine zu stramme Eckverbindung würde schon beim Zusammenbau zerstört werden.

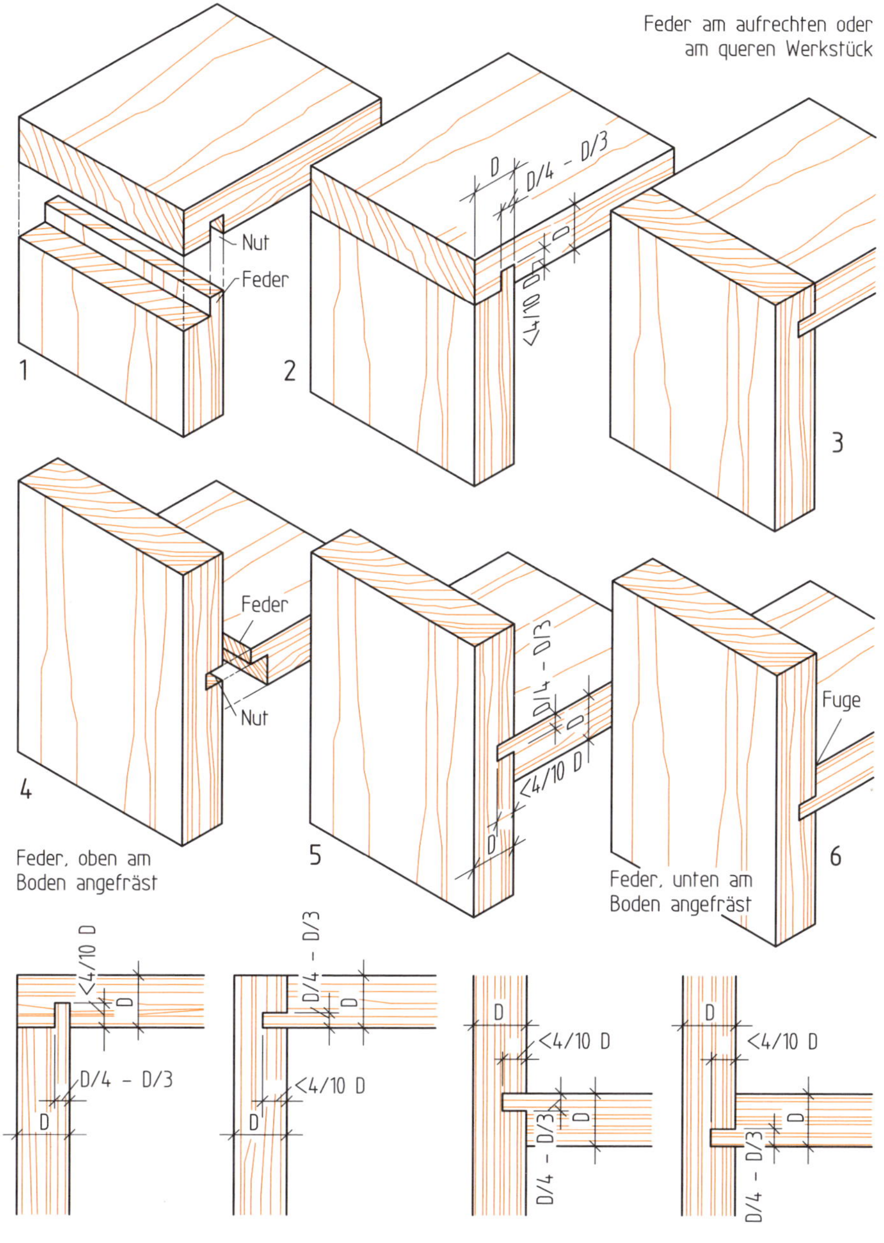

B 2.2-3 Nut- und Federverbindung.

Bei Zwischenböden kann die Feder oben oder unten angefräst werden. Wird sie oben angearbeitet, kann der Boden bei starker Belastung an der Feder aufspalten. Bei unten angefräster Feder wird sich bei Belastung und Durchbiegen des Bodens eine von oben sichtbare Fuge bilden.
Diese Eckverbindung eignet sich für Erzeugnisse aus Vollholz, weniger für Werkstücke aus Stabsperrholz oder Spanplatten, weil hier die stabilisierenden Beplankungen der Platten durchtrennt werden. Die Verbindung wird zusätzlich verleimt und kann in Ausnahmefällen zusätzlich genagelt werden. Sie wird für Regale, Türfutter, Schubkästen usw. angewendet (B 2.2-3).

2.2.4.2 Angefräste Federverbindung an Außenecken

Mit besonderen Fräsern können an den äußeren Korpusecken Federverbindungen angefräst werden. Ihre Form hängt jeweils von dem Profil des verwendeten Fräsers ab. In der Hauptsache wird durch das Profil eine Vergrößerung der Leimfläche erzielt. Die Korpusecken können mit Verdeck oder auf Gehrung zusammengefedert werden. Die Verbindung eignet sich für Möbel und Kästen aus Vollholz und Stabsperrholz (B 2.2-4).

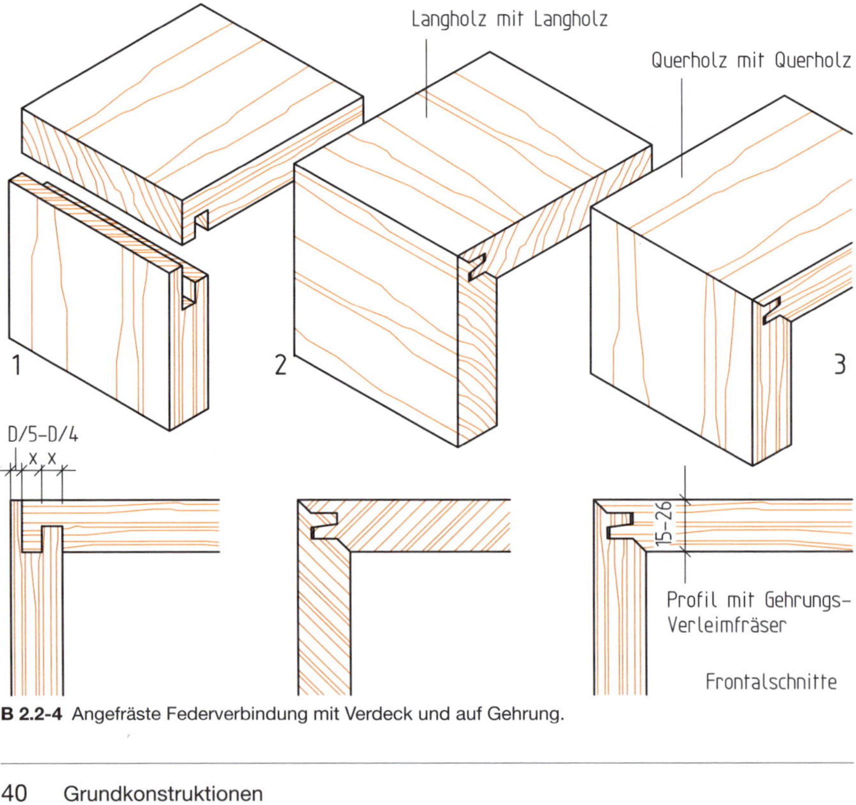

B 2.2-4 Angefräste Federverbindung mit Verdeck und auf Gehrung.

2.2.4.3 Eingesetzte Federn

Statt angeschnittener oder angefräster Federn können auch besondere Federn aus Furniersperrholz, Holzfaserplatte oder Querholz eingenutet werden (B 2.2-5). Bei auf Gehrung gefederter Ecke muss die Feder möglichst dicht an die Innenkante gesetzt werden, damit diese Feder so breit wie möglich sein kann.

Für gefederte Eckverbindungen sind einige besondere Federarten im Handel, die gewisse Vorzüge gegenüber den selbst hergestellten aufweisen. Es sind Formfedern, Kunststoff-Federn und Winkelfedern zu unterscheiden (B 2.2-6).

Formfedern haben eine nahezu elliptische Form, die dem Flugkreis des Nutfräsers entspricht. Der Vorteil dieser Feder liegt darin, dass die Kante nicht ganz durchgenutet werden muss, sondern nur im Einsetzverfahren an der entsprechenden Stelle für die Feder. Das Holz wird an der Eckverbindung nicht geschwächt, und man kann deshalb beim Einsatznuten wesentlich tiefer als beim durchlaufenden Nuten einfahren.

Abmessungen: Länge/Breite/Dicke 45/15/4; 55/19/4; 60/23/4 mm.

Sperrholz-Winkelfedern werden für auf Gehrung geschnittene Eckverbindungen verwendet. Der Vorteil dieser Feder liegt darin, dass die Nute parallel zur Boden- oder Seitenfläche verläuft und dadurch einfach einzufräsen ist. Sie ist zur Verbindung von Sperrholz- und Spanplatten geeignet.

Abmessungen: Breite/Höhe/Dicke 10/10/3; 12/12/4; 14/14/5; 16/16/6; 22/22/8 mm, Lieferlänge: 1000 mm.

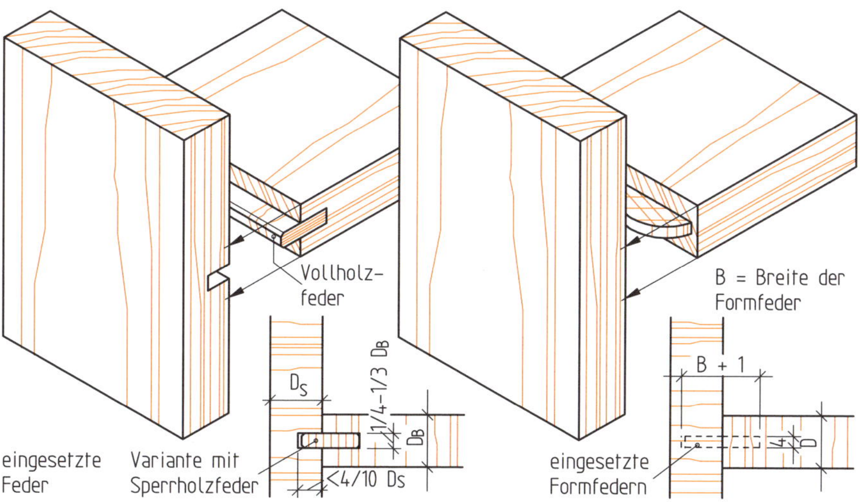

B 2.2-5 Eckverbindungen mit eingesetzter Feder.

Kunststoff-Federn weisen Leimrillen und -löcher zur besseren Verzahnung des Leims auf. Sie sind nur 2 mm dick und müssen mit dünnen Sägen eingeschnitten werden. Kunststoff-Federn gibt es als Winkelfedern, 90° für Gehrungsecken, 45° und gerade für stumpfe Anschlüsse. Sie sind für Vollholz, Sperrholz und Spanplatten in dünnen Dimensionen geeignet. Bei dickeren Platten können zwei Federn hintereinander gesetzt werden.

Abmessungen: Winkelfedern 90°/15/15/2 mm; 45°/15/6/2 mm; gerade Federn 35/2 mm.

Zweiteilige Formfedern aus Kunststoff ermöglichen stumpfe und T-förmige Eckverbindungen aus Plattenwerkstoffen ab einer Dicke von 16 mm. Die besondere Nutenform wird mit speziellen Nutfräsern und Handmaschinen hergestellt. Auch CNC-Bearbeitungszentren sind für die Herstellung der Nuten geeignet. Die Beschlagsteile werden dem Nutenumfang entsprechend in die Nuten eingeschoben. Nach der Leimangabe auf die Werkstückkanten können die Verbindungen zusammengeklopft werden. Durch die eigene Spannkraft des Beschlages sind zum Verleimen keine Schraubzwingen oder Pressen mehr nötig (Bild 2.2-6a).

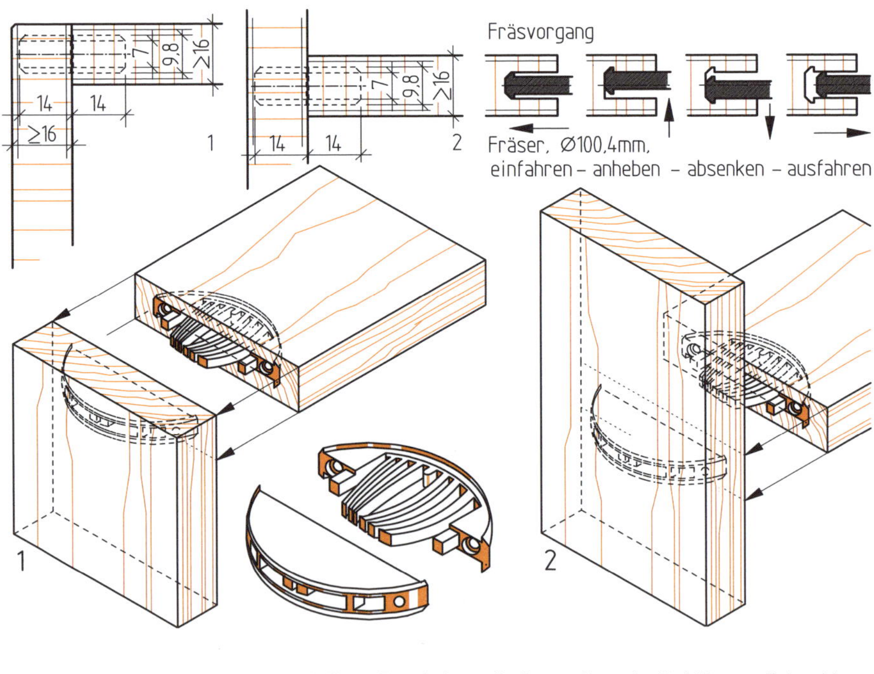

B 2.2-6a Eckverbindungen mit zweiteiligen Formfedern mit eigener Spannkraft, 1 Korpus-Eckverbindung, 2 T-förmige Eckverbindung (Tenso P-14/La).

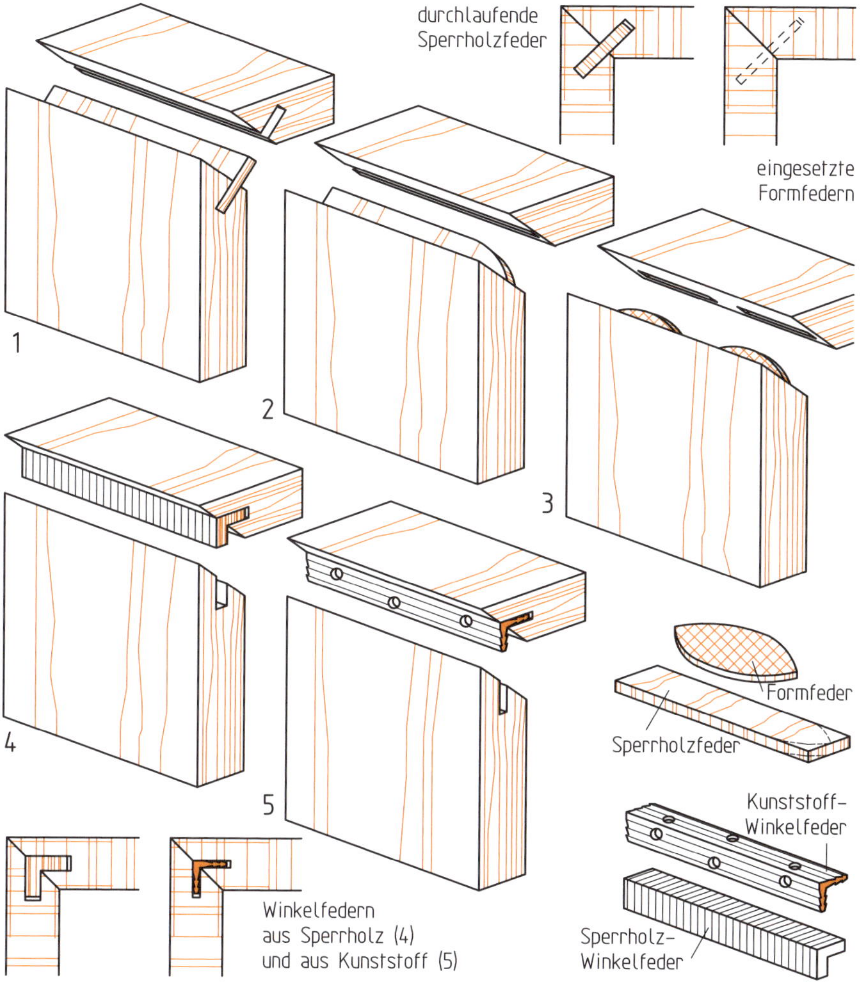

B 2.2-6b Eckverbindung auf Gehrung mit eingesetzten Federn.

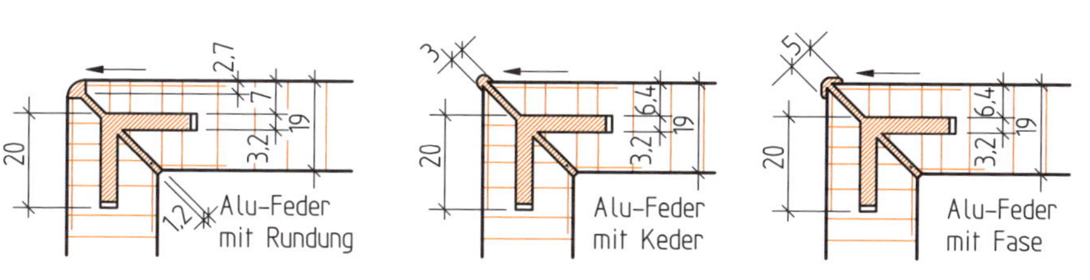

B 2.2-6c Eckverbindungen auf Gehrung mit besonderen Alu-Federn (Hä).

2.2.5 Graten

Das Graten ist eine Verbindung, die ausschließlich bei T-förmigen Verbindungen aus Vollholz angewendet wird. Die Verbindung besteht aus der Gratnut, die immer in die durchgehenden Teile eingeschnitten oder eingefräst wird, und dem Grat, der an die auf diese stumpf auftreffenden Böden oder Mittelseiten angearbeitet wird. Damit das Holz durch die Gratnut nicht zu sehr geschwächt wird, darf diese nicht mehr als ⅓ der Holzdicke eingeschnitten werden. Der Grat erhält eine Schräge von 70° bis 75°. Stärkere Schrägen sind zu vermeiden, weil sonst das Holz am Grat leicht abscheren kann. Grat und Gratnut sind nach vorn hin etwas konisch angeschnitten (ca. 1 mm bis 2 mm), damit diese wie ein Keil zusammengeschlagen werden können. Die Gratverbindung kann von Hand oder maschinell mit der Handoberfräse hergestellt werden. Man unterscheidet einseitige und zweiseitige Gratfedern. Wird bei Böden der Grat oben angeschnitten, wird oben an der Verbindung bei Belastung des Bodens eine Fuge sichtbar. Liegt beim Boden der Grat unten, bleibt die Fuge dicht. Damit das Vollholz seitlich neben der Gratnut nicht abschert, muss die Gratung mindestens 30 mm von der Außenkante der Fläche entfernt liegen. Weil hier Querholz mit Querholz verbunden wird, kann der Grat in der ganzen Länge eingeleimt werden (B 2.2-7).

B 2.2-7 (Seite 45) Gratverbindungen. 1, 2 und 3: Ausbildung der Gratung bei Böden. Der Abstand der Gratnut sollte von der Außenkante mindestens 30 mm betragen. Die Gratnut läuft in der Regel nicht über die ganze Fläche durch, sodass der Grat vorn abgesetzt werden muss. 4 Eingraten der Mittelseite. 5 Bei durchlaufender Gratnut kann diese an der Kante durch Anleimer oder Profilleisten abgedeckt werden.

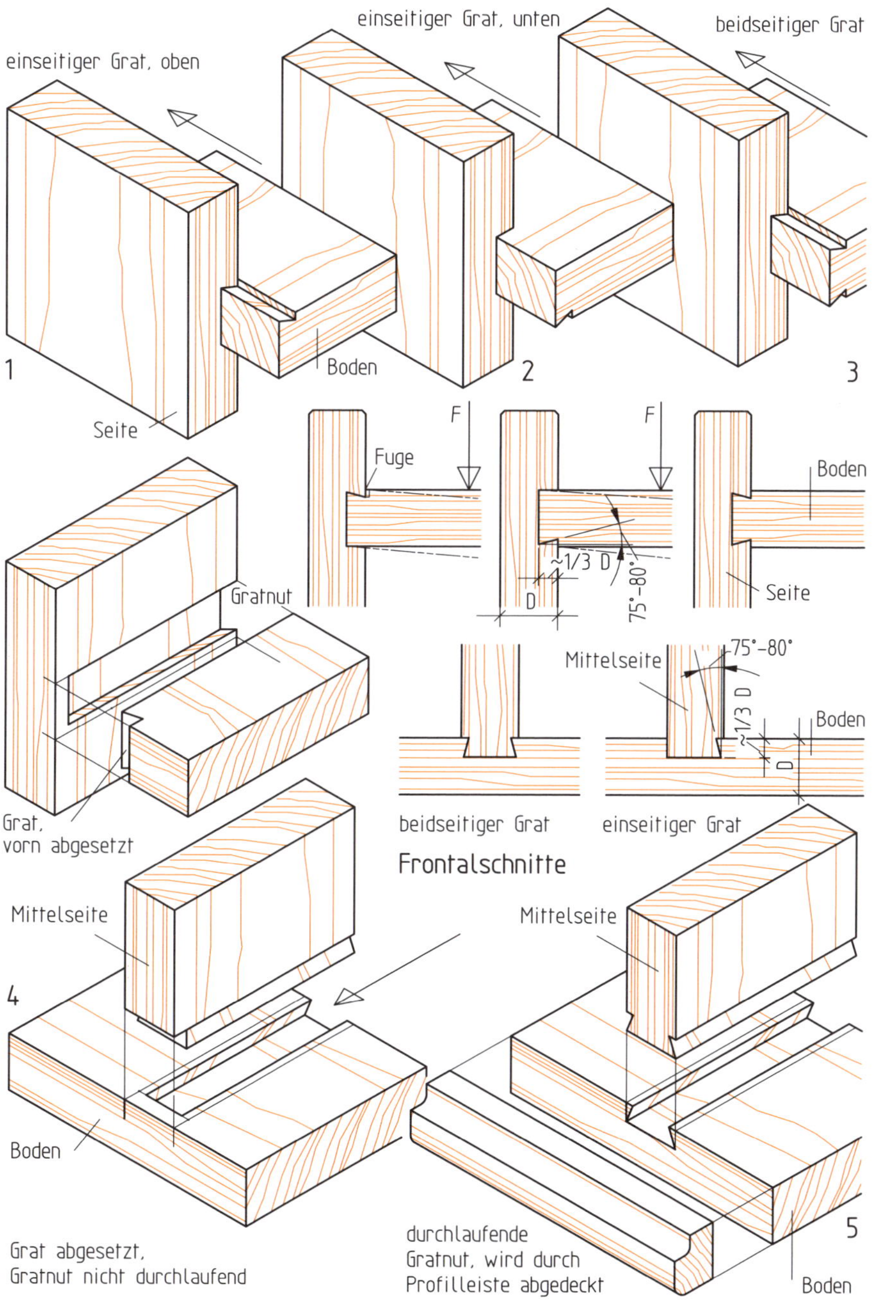
einseitiger Grat, oben
einseitiger Grat, unten
beidseitiger Grat
1
2
3
Boden
Seite
F
Fuge
F
~1/3 D
D
75°–80°
Boden
Seite
Gratnut
Grat,
vorn abgesetzt
Mittelseite
75°–80°
~1/3 D
Boden
D
beidseitiger Grat
einseitiger Grat
Frontalschnitte
Mittelseite
4
Boden
Mittelseite
Grat abgesetzt,
Gratnut nicht durchlaufend
durchlaufende
Gratnut, wird durch
Profilleiste abgedeckt
5
Boden

2.2.6 Zinken

Das Zinken ist eine alte handwerkliche Eckverbindung, die hauptsächlich bei Werkstücken aus Vollholz angewendet wird und weniger bei Teilen aus Sperrholz. Spanplatten eignen sich nicht für das Zinken. Die in Handarbeit hergestellte Zinkung ist teuer. Auch die maschinell hergestellten Zinken verleihen dem Werkstück ein handwerkliches Aussehen.

2.2.6.1 Einfache Zinkung

Bei der einfachen Zinkung bleiben die Verbindungselemente, die Zinken und Schwalben, sichtbar. Durch die keilige Wirkung der Zinken kann die Verbindung ohne Pressdruck verleimt werden. Sollen die Vorderkanten bei Vollholzmöbeln in der Ansicht auf Gehrung zusammenstoßen, kann man den ersten Zinken auf Gehrung absetzen (B 2.2-8).
Die einfache Zinkung wird bei Schubkästen, Regalen, Vollholzmöbeln usw. angewendet.
Die Zinkeneinteilung erfolgt normalerweise nach Augenmaß. Sie ist aber auch rechnerisch oder zeichnerisch möglich.

1. Möglichkeit:
Die Zinkenteilung wird auf der Mittellinie der Zinken vorgenommen. Man rechnet für die mittlere Schwalbenbreite annähernd die Holzdicke oder gleich zwei Teile und für die mittlere Zinkenbreite etwa die halbe Holzdicke, gleich ein Teil.
Daraus folgt:

Anzahl der Schwalben = Holzbreite / 3 × halbe Holzdicke
Anzahl der Zinken = Anzahl der Schwalben +1
Die Zinkenschräge wird wie in der Zeichnung (B 2.2-9) angegeben ermittelt.

2. Möglichkeit:
Die Zinkenteilung wird an der Innenkante der Werkstücke vorgenommen. Zinken und Schwalben werden hier gleich breit eingeteilt. Das Ergebnis ist auf eine ungerade Zahl auf- oder abzurunden. Die Zinkenschräge wird durch eine Schmiege angerissen, die im Neigungsverhältnis 1 : 6 oder 1 : 7 eingestellt ist (B 2.2-9).

2.2.6.2 Halbverdeckte Zinkung

Die halbverdeckte Zinkung wird angewendet, wenn die Zinkung an einer Seite nicht sichtbar sein soll. Die Dicke des Verdecks sollte etwa ¼ bis ⅓ der Holzdicke betragen. Es deckt das Hirnholz der Schwalben ab (B 2.2-10). Die Zinkenteilung kann nach den beiden gezeigten Möglichkeiten durchgeführt werden, jedoch ist statt der Holzdicke D die Ausstemmtiefe A einzusetzen (B 2.2-9).

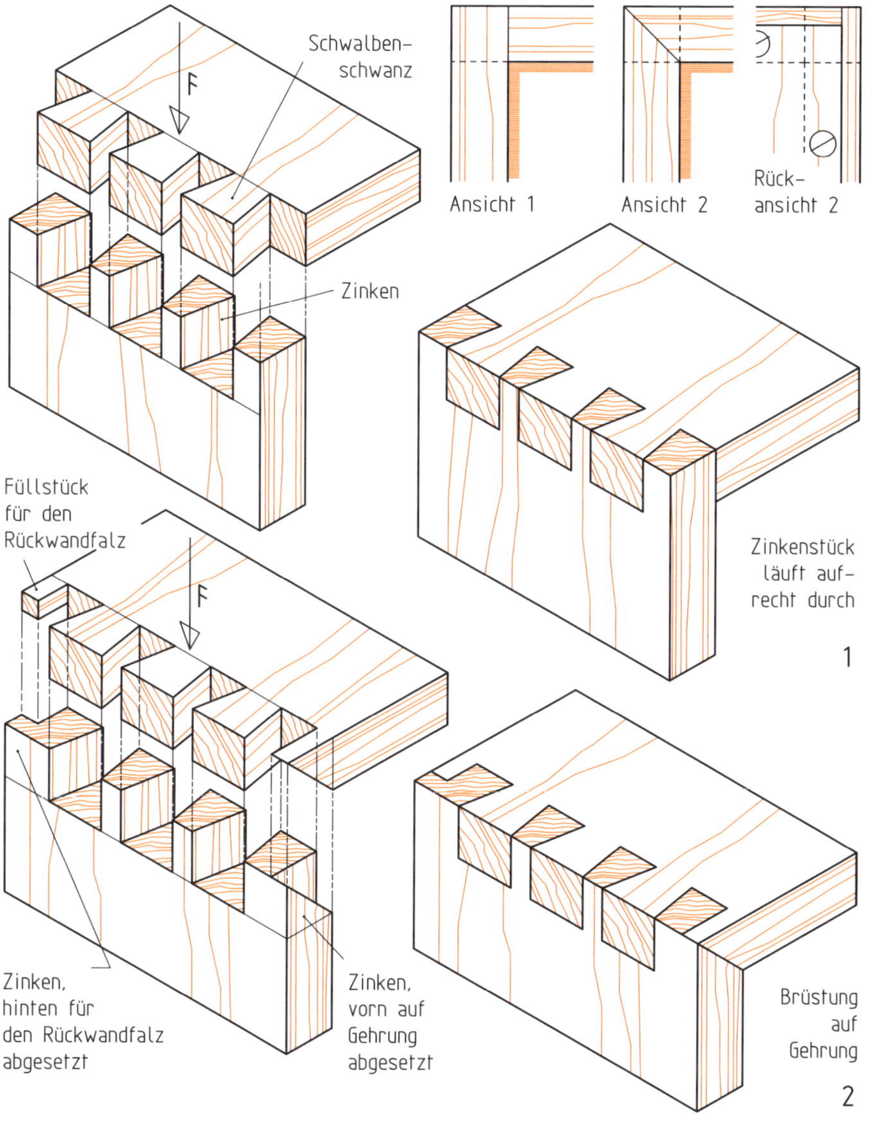

B 2.2-8 Einfache Zinkung, 1 an der Brüstung läuft die Seite aufrecht durch, 2 an der Brüstung laufen Oberboden und Seite auf Gehrung zusammen, an der hinteren Ecke wird der Rückwandfalz durch ein Füllstück abgedeckt.

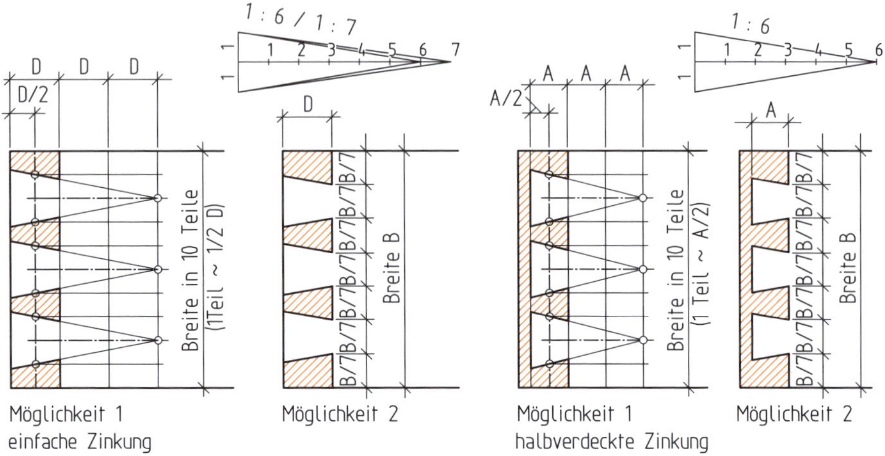

B 2.2-9 Schema der Zinkenteilung.

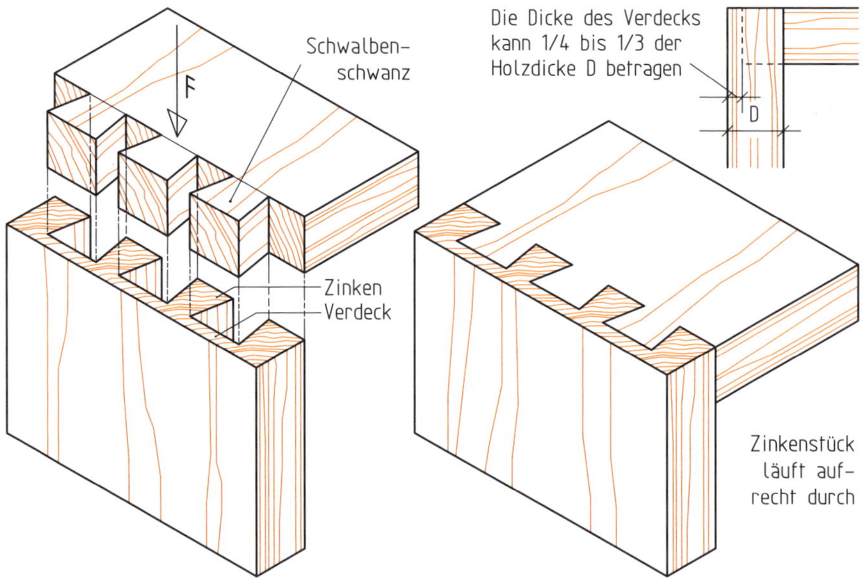

B 2.2-10 Halbverdeckte Zinkung.

Sollen die halbverdeckten Zinken an schräge Schubkastenvorderstücke angeschnitten werden, ist darauf zu achten, dass die Mittelachsen der Zinken und Schwalben parallel zu den Seitenkanten verlaufen (B 2.2-11).

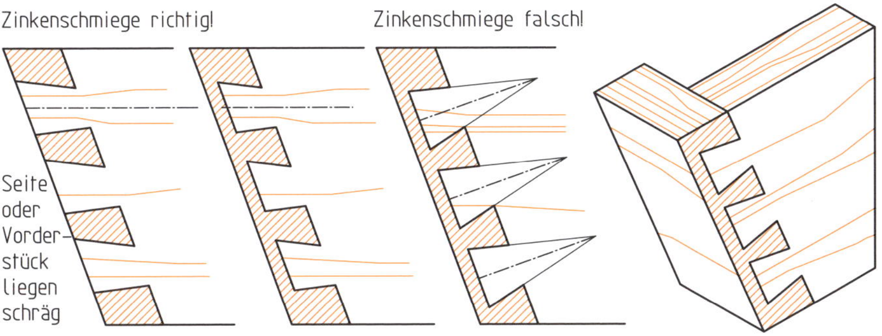

B 2.2-11 Zinken an schrägen Kastenstücken.

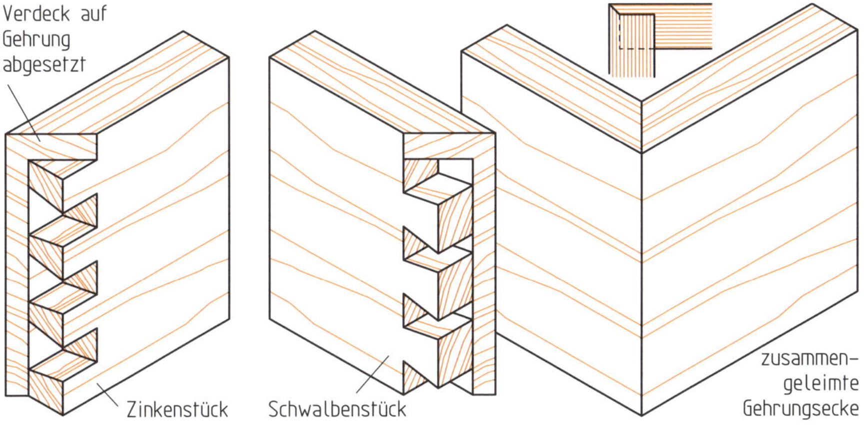

B 2.2-12 Gehrungszinkung.

2.2.6.3 Gehrungszinkung

Die Gehrungszinkung, auch verdeckte Zinkung genannt, wird nur noch selten angewendet. Da die Verbindungselemente unsichtbar sind, kann anstelle der Gehrungszinkung die praktische Dübelung oder Federung eingesetzt werden (B 2.2-12).

2.2.6.4 Fingerzinkung

Bei der Fingerzinkung verlaufen alle Schnitte parallel zueinander. Die Fingerzinken werden maschinell an der Fräse mit speziellen Fräserpaketen angefräst. Die Dicken der Fingerzinken und die Lücken der Verbindung sind gleich breit (B 2.2-13).

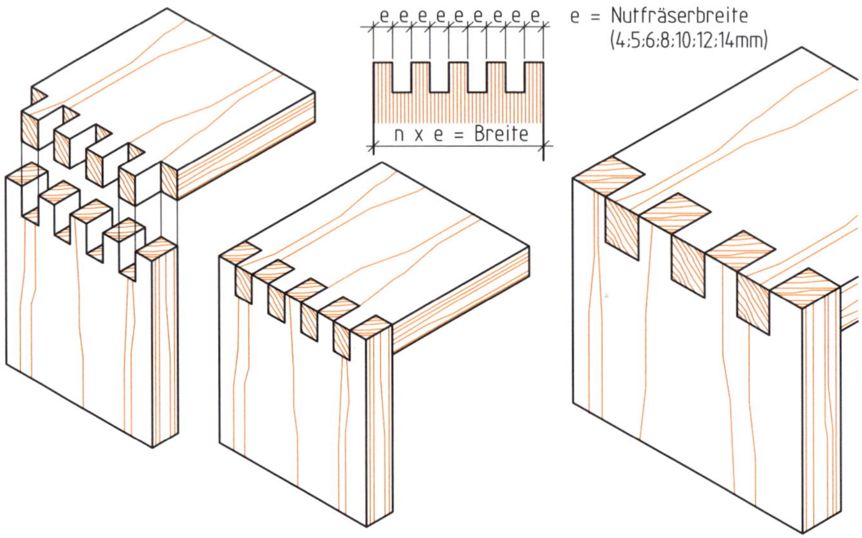

B 2.2-13 Fingerzinkung.

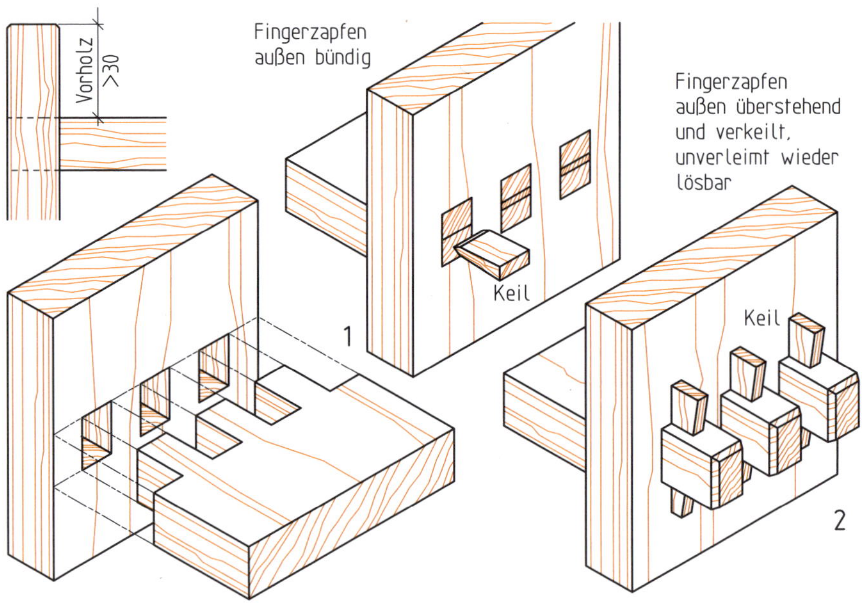

B 2.2-14 Fingerzapfen.

2.2.6.5 Fingerzapfen

Fingerzapfen wendet man bei einer T-förmigen Verbindung aus Vollholz an. Mittelböden werden hier in die Seiten eingezapft. Fingerzapfen und Zapfenlöcher werden von Hand angeschnitten oder ausgestemmt. Fingerzapfen können von außen verkeilt werden (B 2.2-14).

2.2.6.6 Maschinenzinkung

Die Handzinkung ist sehr zeitaufwendig und daher teuer. Wenn eine Zinkung verlangt wird, z. B. für Erzeugnisse aus Vollholz in stark schwankendem Klima, wird man bei großen Stückzahlen maschinell auf einer Zinkenfräse mit einem Gratfräser zinken. Durch die Form des Fräsers erhalten die Schwalben einen

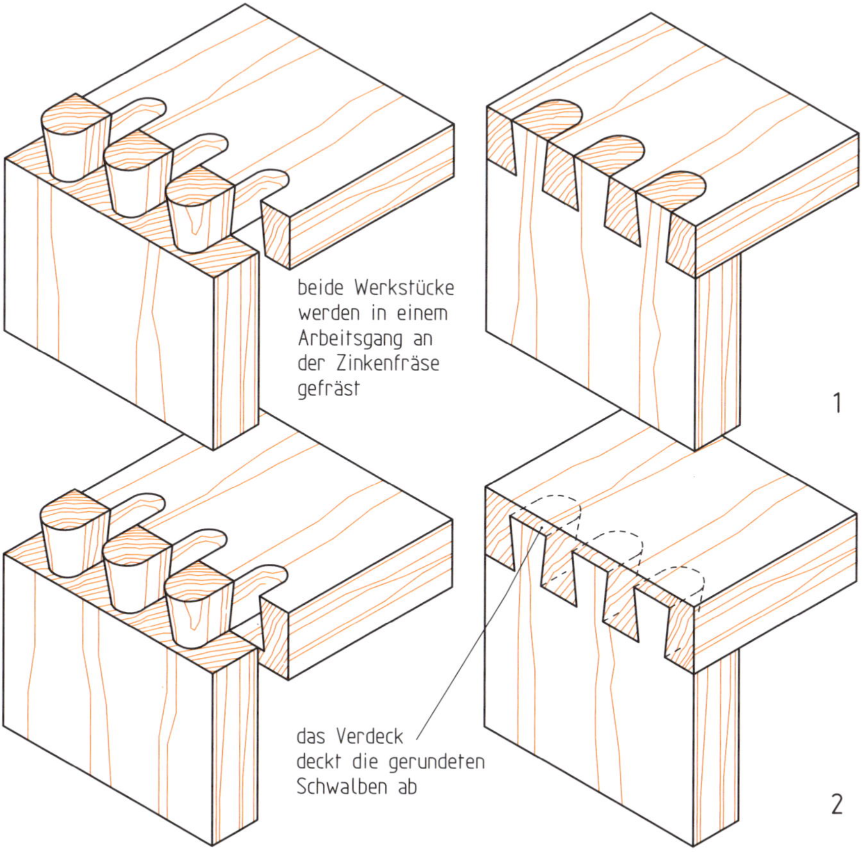

B 2.2-15 Maschinenzinkung, 1 offene Zinkung, 2 halbverdeckte Zinkung.

runden Grund. Mit der Maschine kann offen und halbverdeckt gezinkt werden. Bei der halbverdeckten Maschinenzinkung werden die Rundungen der Schwalben durch das Verdeck abgedeckt, sodass sie von einer Handzinkung nicht zu unterscheiden ist (B 2.2-15).

Mit besonderen Zinkenfräsen kann man heute eine scharfkantige Zinkung in beliebiger Breite und Größe herstellen, die sich von einer exakten Handzinkung nicht unterscheidet. Die Zinkenschräge beträgt hier 8°. Durch den Einsatz verschiedener Führungsschablonen sind mit dieser Maschine auch interessante Zierzinkungen möglich (B 2.2-16).

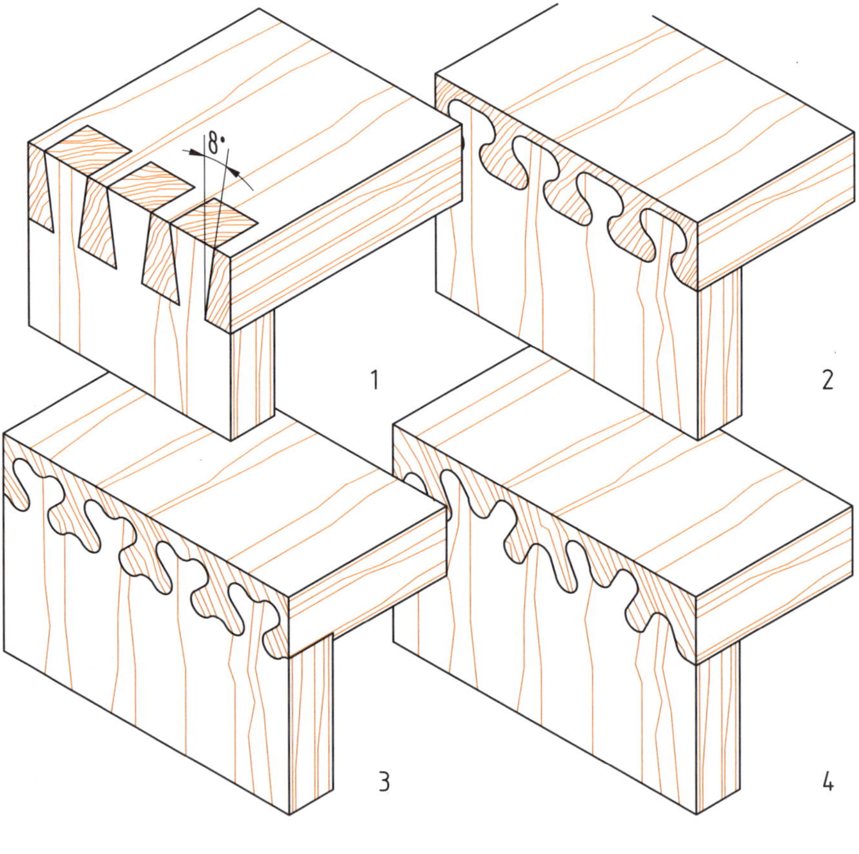

B 2.2-16 Maschinenzinkung, 1 scharfkantige Zinkung und 2 bis 4 Zierzinken (Le).

2.2.7 Dübeln

Dübel sind glatte oder geriffelte runde Holzstäbe, die zur Verbindung von Holzteilen in passende Bohrungen eingeleimt werden. Die Dübelung ist eine der häufigsten und einfachsten Verbindungen, die für Vollholz, Sperrholz- und Spanplatten gleich gut geeignet ist. Das Holz wird durch die nur stellenweise angeordneten runden Bohrlöcher kaum geschwächt. Durch die genaue Fixierung der Dübel und Dübellöcher lassen sich die Verbindungen leicht zusammenbauen. Die Dübelung ist gut für die automatisierte Teilefertigung und Korpusmontage geeignet.

2.2.7.1 Dübelung stumpfer Ecken

Böden können mit den Seiten stumpf zusammengedübelt werden. Der Durchmesser der Dübel kann ⅖ bis ½ der Bodendicke sein. Die Dübellänge sollte etwa das 2fache bis 2,5fache der Seitendicke betragen. Die Dübellochtiefe muss insgesamt größer als die Dübellänge sein, damit der überschüssige Leim beim Zusammenleimen der Verbindung im Dübellochgrund noch Platz hat. Der Abstand der Dübel sollte 200 mm nicht überschreiten, damit für den Boden noch eine ausreichende Lastverteilung gewährleistet ist. In der Regel werden die Dübel im vorderen Bereich wegen der hier auftretenden höheren Belastungen enger gesetzt. Der Minimalabstand, auch für die Dübelung schmaler Leisten interessant, liegt bei 25 mm oder 32 mm. Er wird durch die Rasterung oder Arretierung der Bohrer an Dübelmaschinen bestimmt. Häufig sind dann die weiteren Dübelabstände ein Vielfaches von 32 mm oder 25 mm.

Für Dübelungen von Vollholzböden an Vollholzseiten ist es ratsam, die Bodendicke in die Seiten einzulassen oder eine möglichst enge Dübelstellung zu wählen, um den Vollholzboden am Arbeiten zu hindern (B 2.2-17). Abmessungen der Dübel für Möbel: Durchmesser × Längen 5 × 25/30/35 mm; 6 × 25/30/35/40 mm; 8 × 25/30/35/40/50 mm; 10 × 30/35/40/50/60 mm; 12 × 35/40/50//60/80 mm.

2.2.7.2 Dübelung auf Gehrung

Zum Dübeln auf Gehrung geschnittener Ecken können gerade Dübel oder besser Winkeldübel verwendet werden.

Gerade Dübel sind rechtwinklig zur Gehrungsfläche einzubohren. Um die Dübellänge soweit wie möglich auszunutzen, müssen sie dicht an die innere Kante der Gehrung angeordnet werden.

Winkeldübel sind um 90° abgewinkelte Dübel aus Kunststoff. Die Ecken können vor dem Gehrungsschnitt parallel zur Boden- oder Seitenfläche gebohrt werden (B 2.2-18). Abmessungen der Winkeldübel: Durchmesser/Schenkellänge 6 × 25; 8 × 25/30 mm.

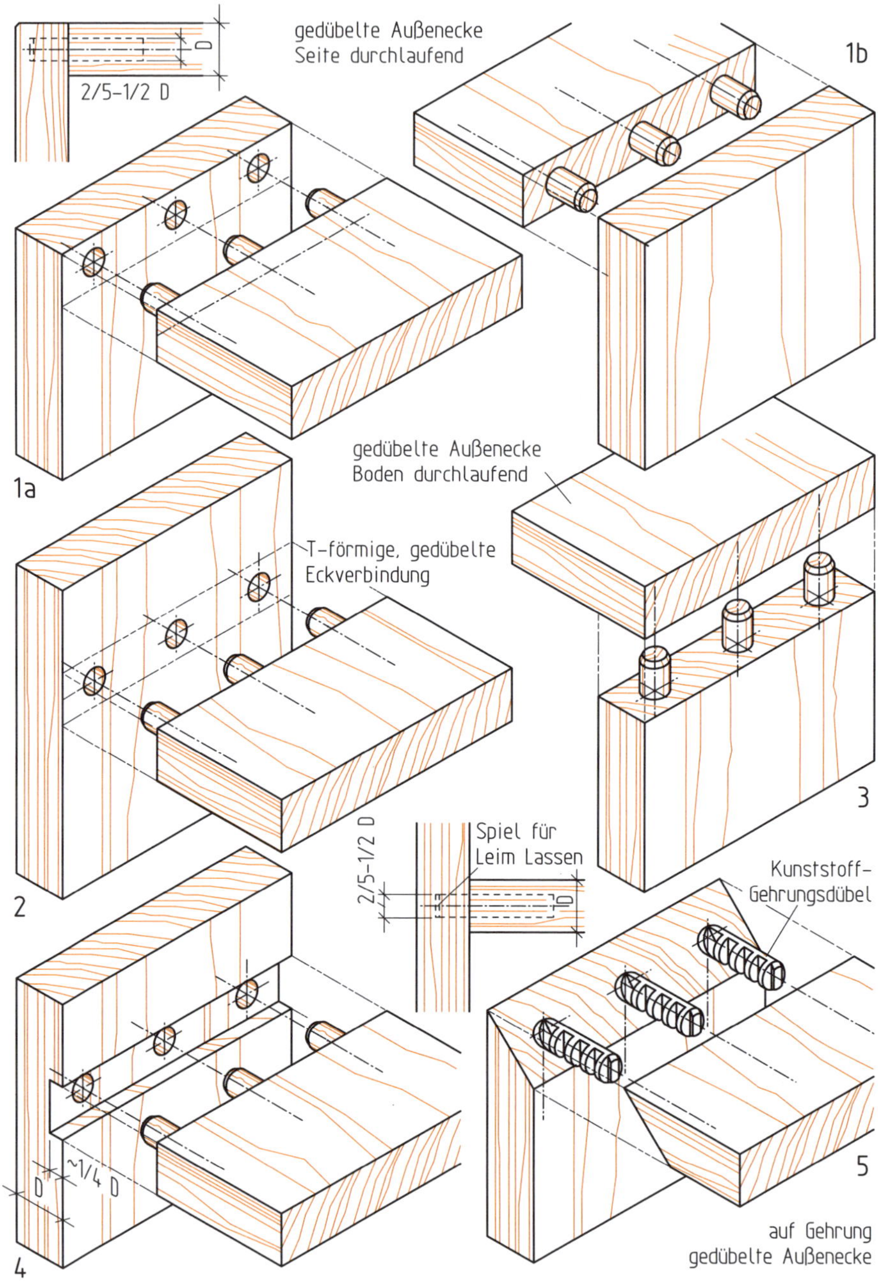

gedübelte Außenecke
Seite durchlaufend
D
2/5–1/2 D
1a
1b
gedübelte Außenecke
Boden durchlaufend
T-förmige, gedübelte
Eckverbindung
2
3
2/5–1/2 D
Spiel für
Leim Lassen
D
Kunststoff-
Gehrungsdübel
D
~1/4 D
4
5
auf Gehrung
gedübelte Außenecke

B 2.2-17

2.2.7.3 Flachdübel

Flachdübel, man könnte sie auch als lose Zapfen bezeichnen, sind flache, an den Kanten abgerundete Holzstücke, die in die zu verbindenden Holzteile eingefräst und eingeleimt werden. Hierfür sind spezielle Handmaschinen erforderlich. Sie verfügen über verschiedene, einstellbare Anschläge und sind mit einem Fräsbohrer bestückt, mit dem man die Langlöcher für die Flachdübel einfräsen kann. Flachdübel werden wie die üblichen Dübel zum Verbinden von Platten oder wie Zapfen zum Verbinden von Gestellen eingesetzt (Bild 2.2-18). Flachdübel gibt es in den Abmessungen:
Dicke × Nennlänge in mm 4 × 20; 5 × 30; 6 × 40; 8 × 40; 8 × 50; 10 × 50. Die Breite der Flachdübel ist abhängig vom Durchmesser des Fräsbohrers und wird von der Arretierung der Handmaschine (Fes) zum Fräsen des Langlochs vorgegeben. Sie beträgt ca. 16 bis 22 mm.

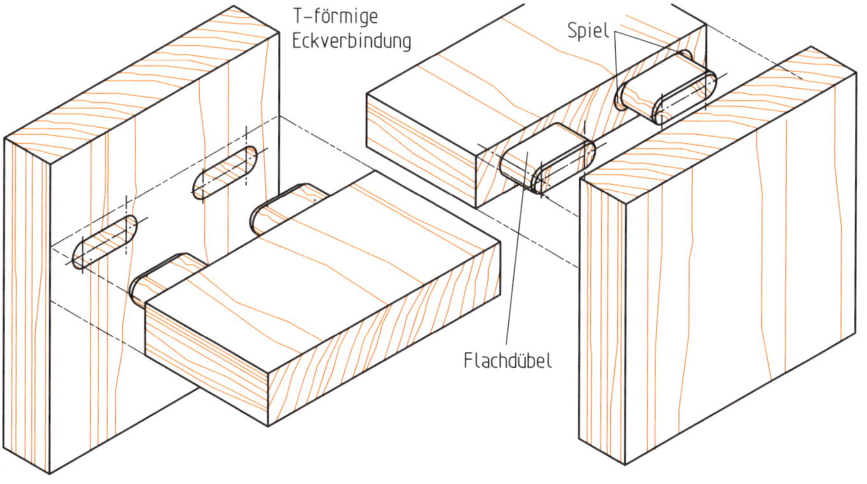

B 2.2-18 Eckverbindung mit Flachdübeln. Der vordere Flachdübel sitzt passgenau, die weiteren können mit Spiel in den gefrästen Dübelschlitzen eingefräst werden (Fes).

B 2.2-17 (Seite 54) Dübelung. 1a und 1b Außenecken bündig, Dübelung in die Seiten, 2 Außenecken überstehend, 3 Dübelung in den Oberboden, 4 eingelassener und gedübelter Vollholzboden, 5 Dübelung auf Gehrung.

B 2.2-19

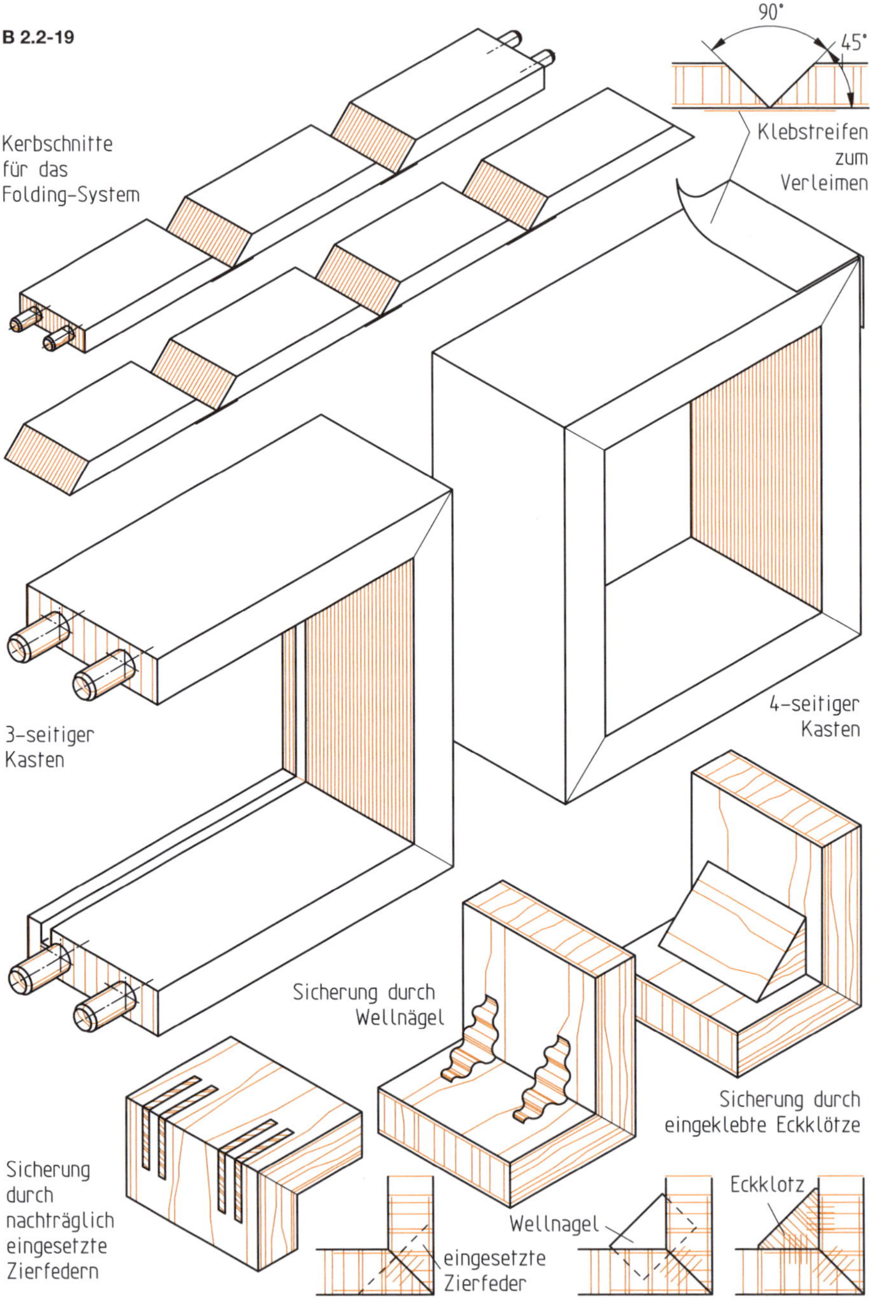

90°
45°
Kerbschnitte für das Folding-System
Klebstreifen zum Verleimen
3-seitiger Kasten
4-seitiger Kasten
Sicherung durch Wellnägel
Sicherung durch eingeklebte Ecklötze
Sicherung durch nachträglich eingesetzte Zierfedern
eingesetzte Zierfeder
Wellnagel
Eckklotz

2.2.8 Faltsystem

Das Faltsystem oder Foldingsystem ist ein industrielles Fertigungsverfahren, das Spezialmaschinen voraussetzt. In bereits fertig bearbeiteten Korpusabwicklungen werden im letzten Arbeitsgang, den jeweiligen Abmessungen entsprechend, Gehrungsnuten eingefräst oder eingesägt, sodass sich daraus ein vier- oder dreiwandiger Korpus falten und verleimen lässt. Zu diesem Zweck dürfen die Gehrungsnuten nur so tief eingeschnitten werden, dass die Außenschicht unverletzt bleibt. Das System eignet sich besonders für folienbeschichtete, aber auch furnierte Korpusse. Mit diesem Verbindungssystem können kleine Korpusteile wie Radio- und Fernsehgehäuse, Schubkästen und Sockel zusammengeleimt werden. Die Vorteile dieser Verbindung liegen in der rationellen Fertigungsmethode. Die Einschnittabstände können durch nummerische Steuerungen geregelt werden. Dadurch sind in den Größen sehr unterschiedliche Korpusse schnell herzustellen. Außerdem wird bei Dekoren und Furnieren das Bild nicht unterbrochen und läuft geschlossen um die Korpusecken herum (B 2.2-19).

2.2.9 Stumpf auf Gehrung verleimte Ecken

Durch die gute Klebkraft der Leime können Ecken auf Gehrung stumpf verleimt werden. Voraussetzung ist ein exakt passender Schnitt und eine gute Verleimung. Man wendet diese Eckverbindung bei kleineren Kästen, Sockeln und Säulenverkleidungen an. Als Leimhilfen werden Klebbänder eingesetzt, die nach der Aushärtung des Leims wieder gelöst werden können.
Stumpf verleimte Gehrungen können aber auch zusätzlich durch quer eingeschnittene Federn, die wie ein Zierelement wirken, oder bei unsichtbaren Innenflächen durch Leimklötze oder Wellnägel gesichert werden (B 2.2-19).

2.2.10 Lösbare Verbindungen

Um große Schränke zweckmäßig verpacken, transportieren und montieren zu können, wird man ihre Einzelteile lösbar miteinander verbinden. Hierzu steht eine Reihe Verbindungsbeschläge zur Verfügung, die – allein oder mit einer Dübelung kombiniert – die Korpusteile ohne Leim mechanisch durch Keilkräfte zusammenhalten. Im Wesentlichen sind die Einteilverbindungsschrauben, die Verschraubung in Quermutterbolzen, die Bettbeschläge, die Trapezverbinder und die Exzenterbeschläge zu unterscheiden (B 2.2-21 bis 51).

B 2.2-19 (Seite 56) Faltsystem und stumpf auf Gehrung verleimte Ecken. Nur wenn erforderlich kann zusätzlich eine Sicherung vorgesehen werden.

B 2.2-20 (Seite 58) Systeme lösbarer Eckverbindungen. 1 Einteilverbinder, Verbindungsschrauben, 2 Schrauben in Quermutterbolzen, 3 Dübel und Trapezverbinder, 4 Dübel und Exzenter-Verbinder, System 32 (25).

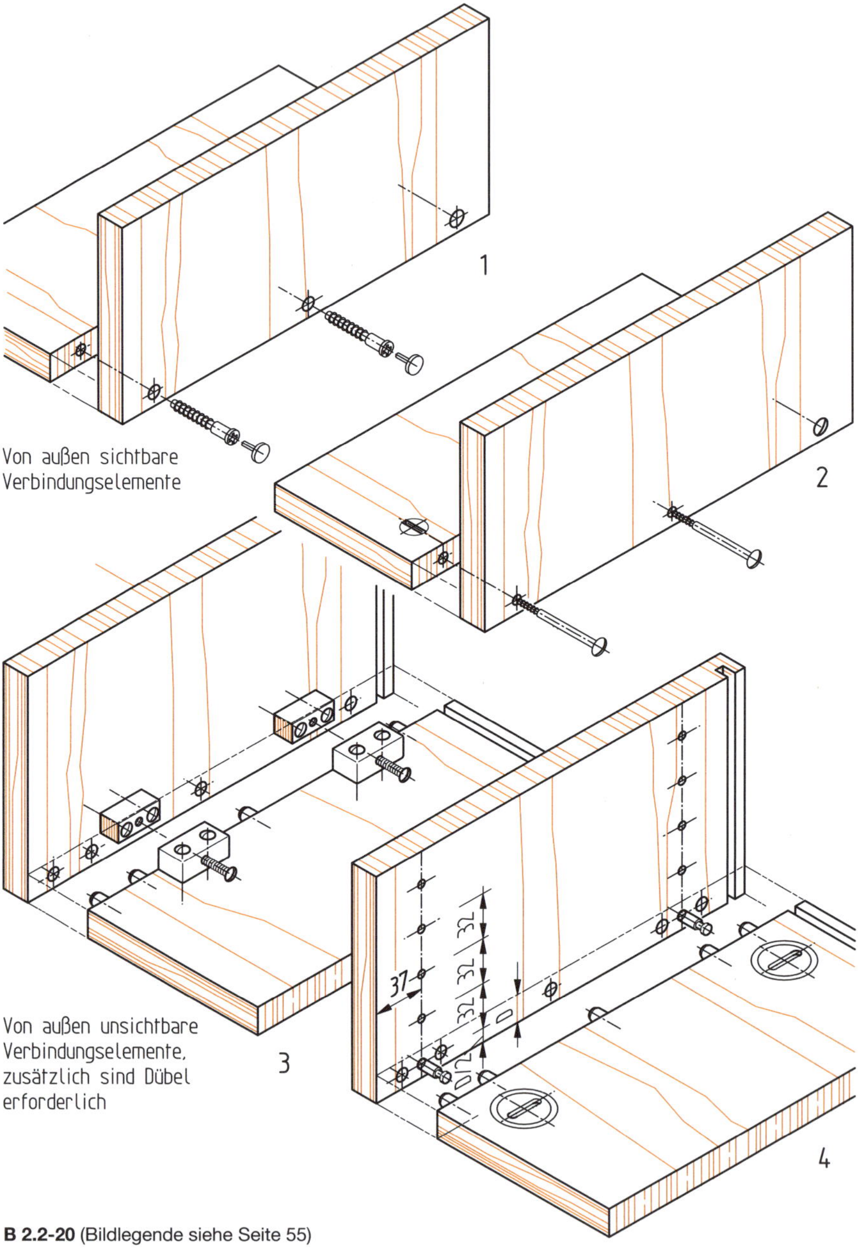

B 2.2-20 (Bildlegende siehe Seite 55)

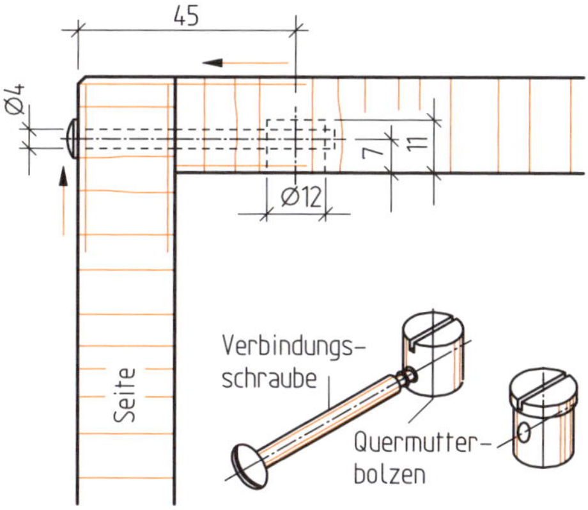

B 2.2-21

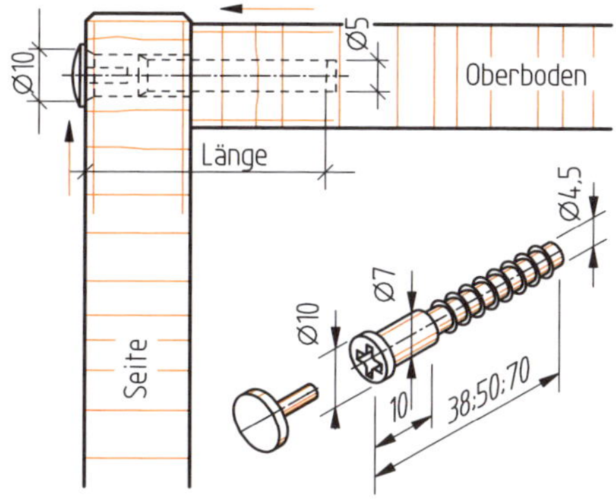

B 2.2-22

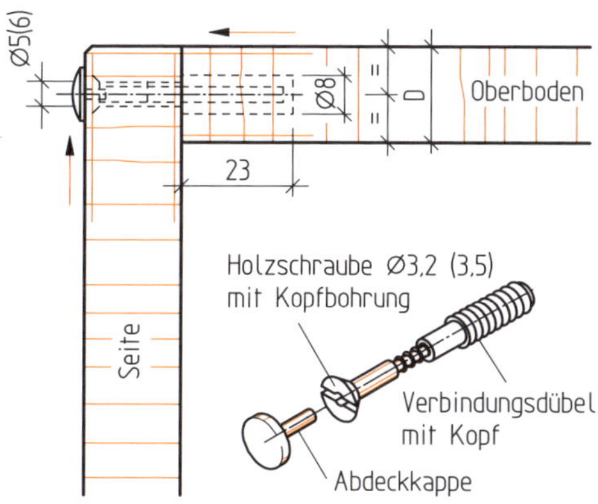

B 2.2-23

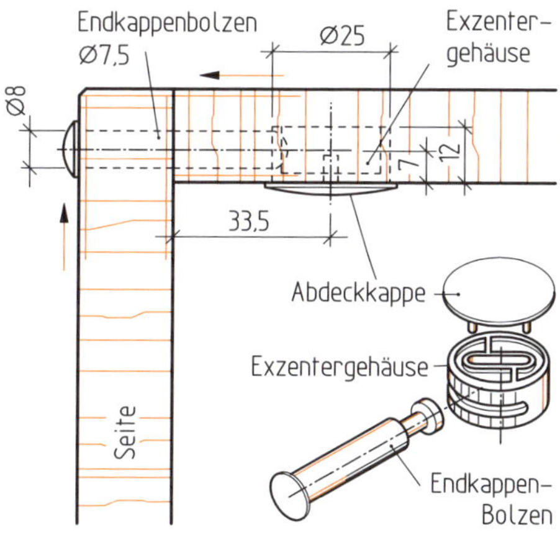

B 2.2-24

B 2.2-21 Verbindungsschraube, Stahl chromatiert, Quermutterbolzen aus Stahl oder Kunststoff für Plattenverbindungen (Hä, He).

B 2.2-22 Einteilige Verbindungsschraube für rationelle Eckmontage von Vollholz- und Holzwerkstoffplatten. Zusätzliche Dübelung ist nicht erforderlich (Hä, He).

B 2.2-23 Verschraubte Eckverbindung in Verbindungsdübel aus Kunststoff. Der Kopf des Verbindungsdübels ∅ 5 oder ∅ 6 wird in die Seiten eingebohrt. Zusätzliche Dübelung ist nicht erforderlich (Gi, sinngemäß Hä).

B 2.2-24 Von außen sichtbare Eckverbindung mittels Endkappendübel in Exzentergehäuse (Hä, He). Zusätzliche Dübelung ist empfehlenswert.

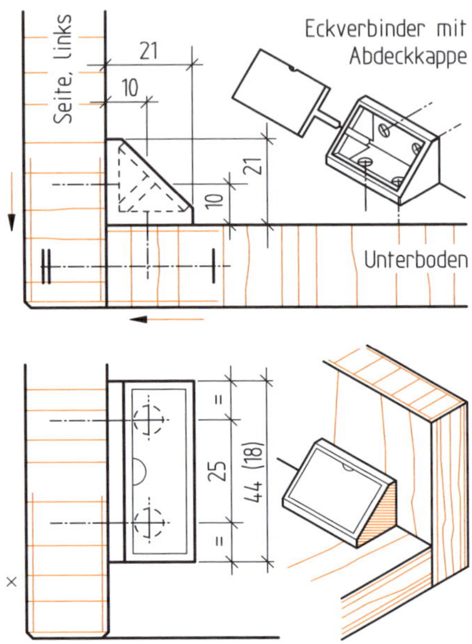

B 2.2-25

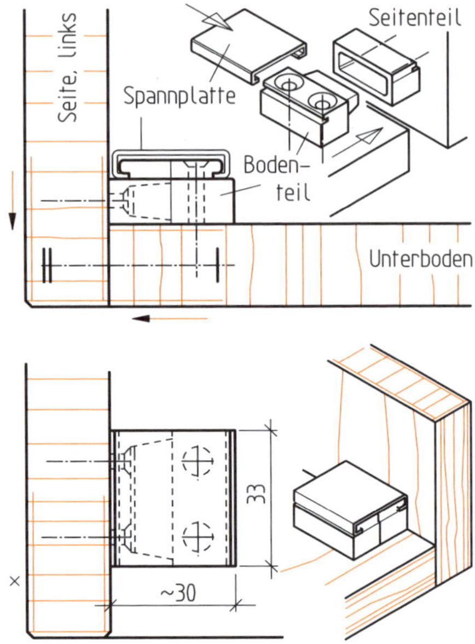

B 2.2-26

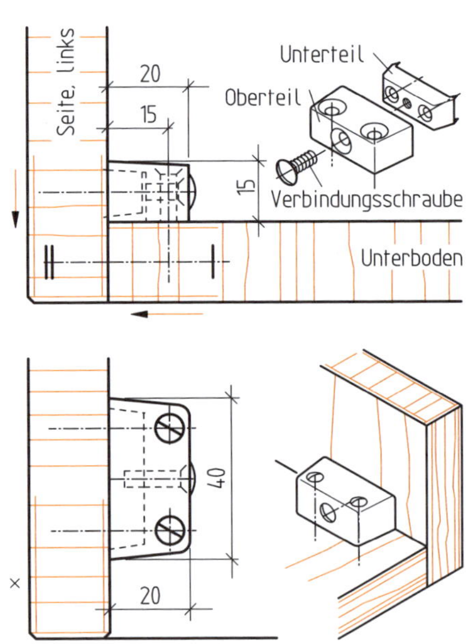

B 2.2-27

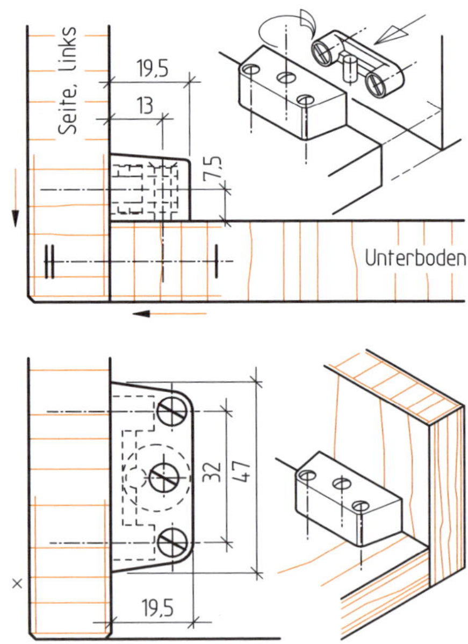

B 2.2-28

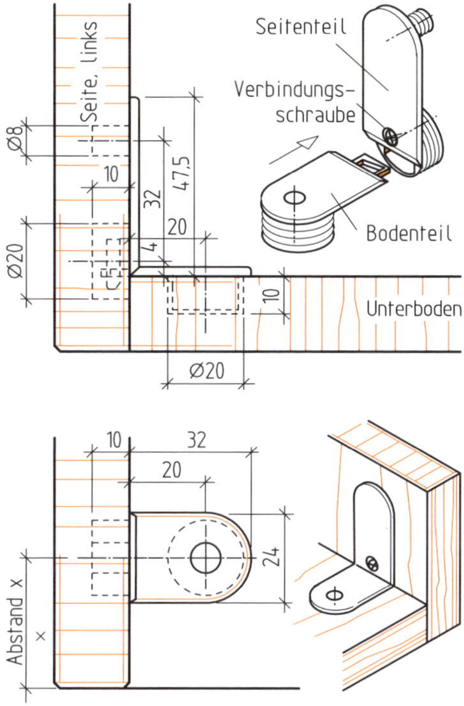

B 2.2-29

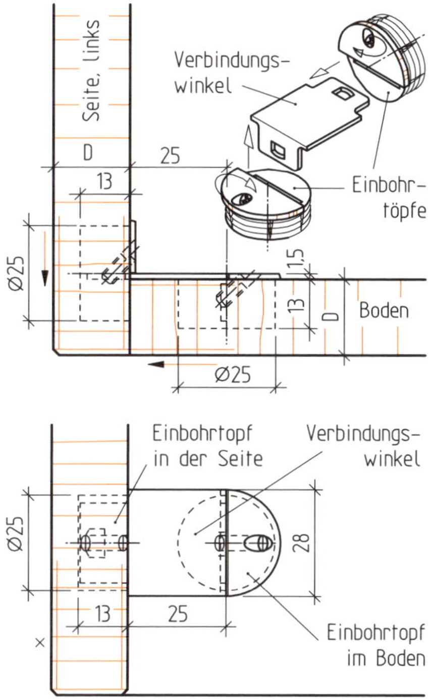

B 2.2-30

B 2.2-29 Verbinder zum Einbohren in Seite und Boden. Nur geringfügig überstehende Teile. Dadurch gut stapelbar und transportierbar. Leichte Montage mit Schraubendreher (Hä).

B 2.2-30 Verbinder zum Einbohren mit separatem Verbindungswinkel (Hä).

B 2.2-25 Eckverbinder zum Anschrauben an Seite und Boden aus Kunststoff. Die Schraubenköpfe werden durch die Abdeckkappe verdeckt (Hä).

B 2.2-26 Eckverbinder zum Anschrauben an Seite und Boden. Die Spannplatte aus Stahl, vernickelt, hält den Beschlag zusammen und verdeckt die Verschraubung (Hä).

B 2.2-27 Trapezverbinder zum Anschrauben an Seite und an Boden (Hä, He).

B 2.2-28 Korpusverbinder aus Kunststoff zum Anschrauben, auch zum Einpressen, in Seite und Boden. Die Teile werden durch einen kleinen Metallexzenter zusammengehalten (Bl).

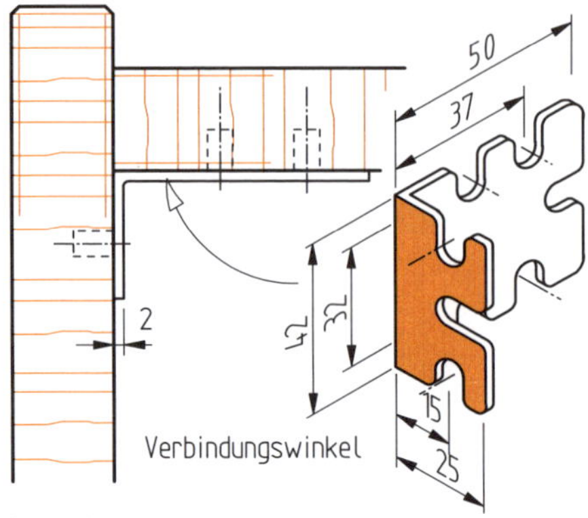

B 2.2-31

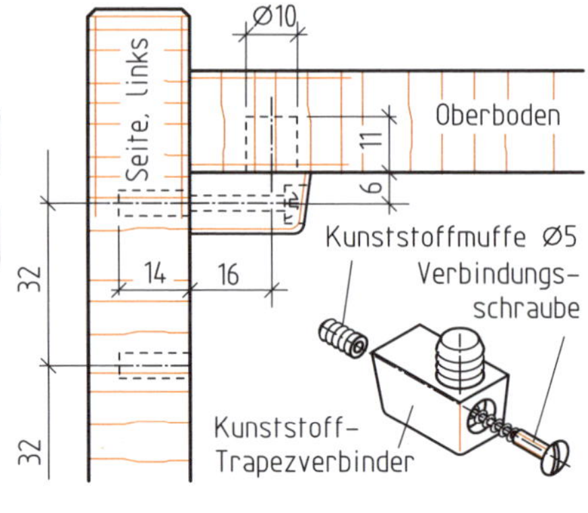

B 2.2-32

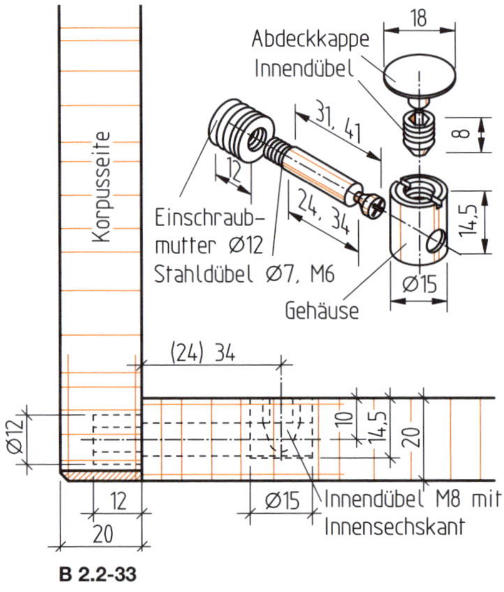

B 2.2-33

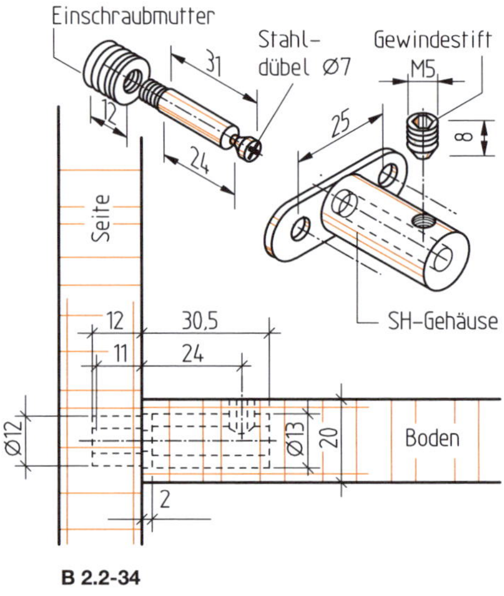

B 2.2-34

B 2.2-31 Verbindungswinkel, für System 32 (Lochreihenbohrung) geeignet (Hä, He).

B 2.2-32 Kleiner Trapezverbinder, für System 32 (25) (Lochreihenbohrung) geeignet (Hä, He, Ne).

B 2.2-33 Eckverbinder aus Stahl, bestehend aus der Einschraubmutter, die in die Korpusseite eingedreht wird, dem Gewindestift, dem Metallgehäuse, in das der Gewindestift einfasst und mit der Madenschraube befestigt wird. Eine flache Kunststoffkappe kann das Metallgehäuse abdecken (Scheu).

B 2.2-34 Eckverbinder aus Stahl, sinngemäß wie B 2.2-33, jedoch mit einem Metallgehäuse, das in die Bodenkante eingebohrt bzw. eingefräst werden muss. Der Vorteil ist, dass nur die kleine Bohrung (Ø 6 mm) von dem Beschlag in der Bodenfläche sichtbar ist (Scheu).

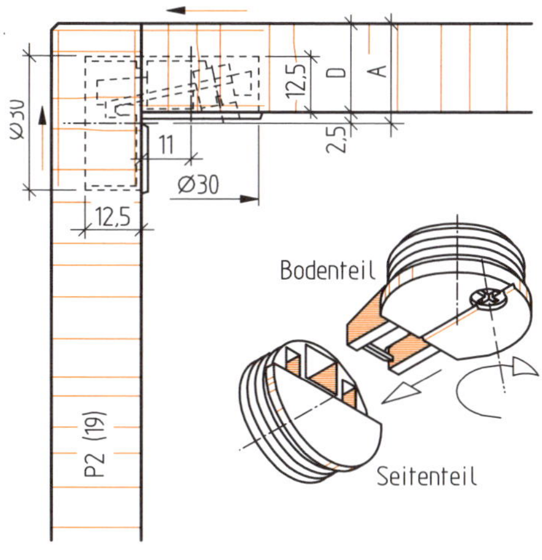

B 2.2-35

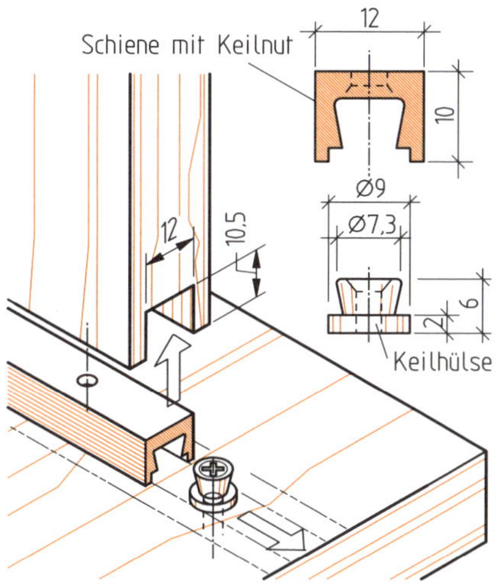

B 2.2-36

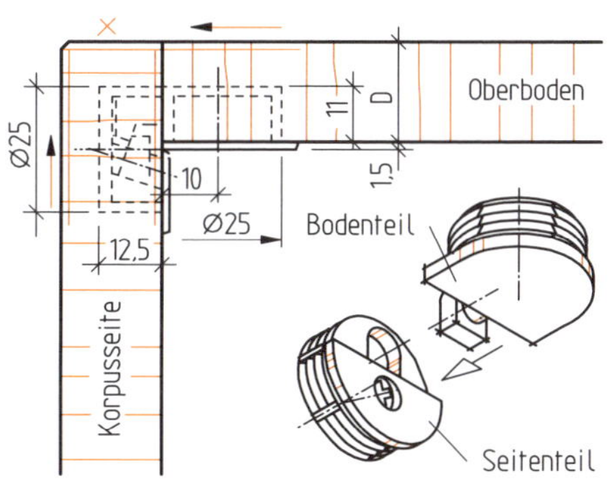

B 2.2-37

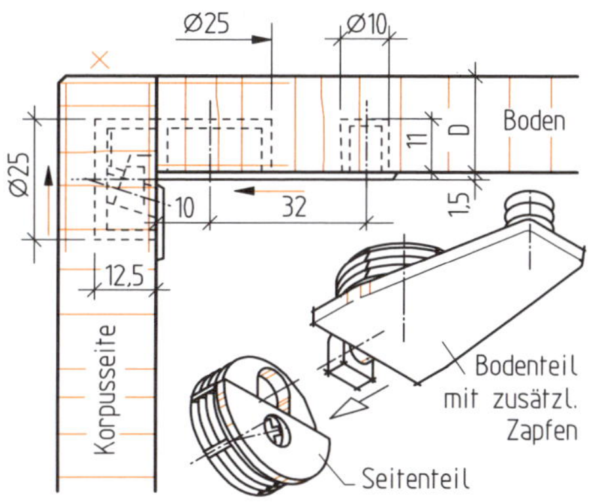

B 2.2-38

B 2.2-35 Verbindungsbeschlag, beide Elemente mit demselben Bohrer einbohrbar. Rastet beim Zusammenstecken ein und kann dann mit einem Schraubendreher nachgespannt werden (He).

B 2.2-36 Beschlag für T-förmige Plattenverbindungen, bestehend aus der Schiene mit der Keilnut, die in die Boden- oder Seitenschmalkante eingenutet und festgeschraubt wird, und den Keilhülsen, die mehrfach hintereinander auf die zu befestigenden Flächen geschraubt werden. So entsteht eine wieder lösbare »Gratverbindung« (Hä).

B 2.2-37 Verbindungsbeschlag, beide Elemente mit Durchmesser 25 mm einbohrbar. Die Teile werden durch eine kleine Exzenterschraube zusammengespannt (Bl).

B 2.2-38 Verbindungsbeschlag, sinngemäß wie B 2.2-37, jedoch weist das Bodenteil noch einen Verankerungsbolzen auf (Bl).

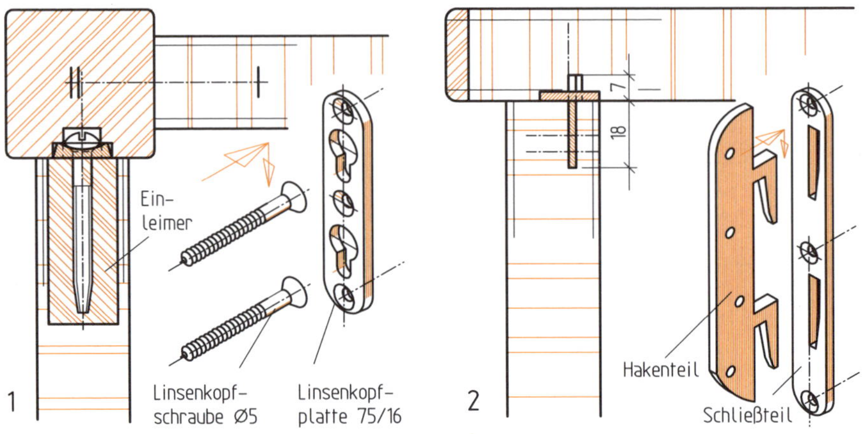

2.2-39 Bettbeschläge. 1 Linsenkopfbeschlag, 2 Hakenbettbeschlag (Hä).

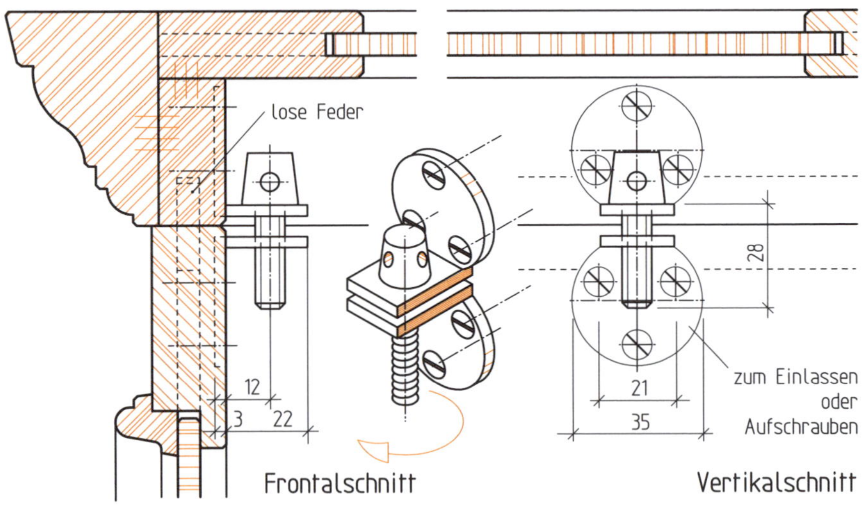

2.2-40 Schrankverbinder, sogenannter Hamburger Schrankverschluss, zum Aufschrauben oder Einlassen. Mit der Kreuzlochschraube lassen sich die Konstruktionsteile sehr fest miteinander verbinden. Dübel oder Federn sind zur Arretierung zusätzlich erforderlich (Hä).

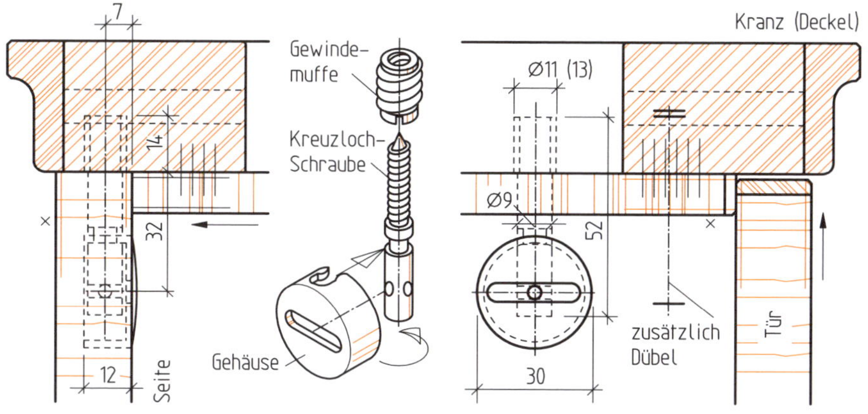

B 2.2-41 Kapsel-Verbindungsbeschlag. Die Konstruktionsteile werden mit der Kreuzlochschraube zusammengezogen (Hä, Hu).

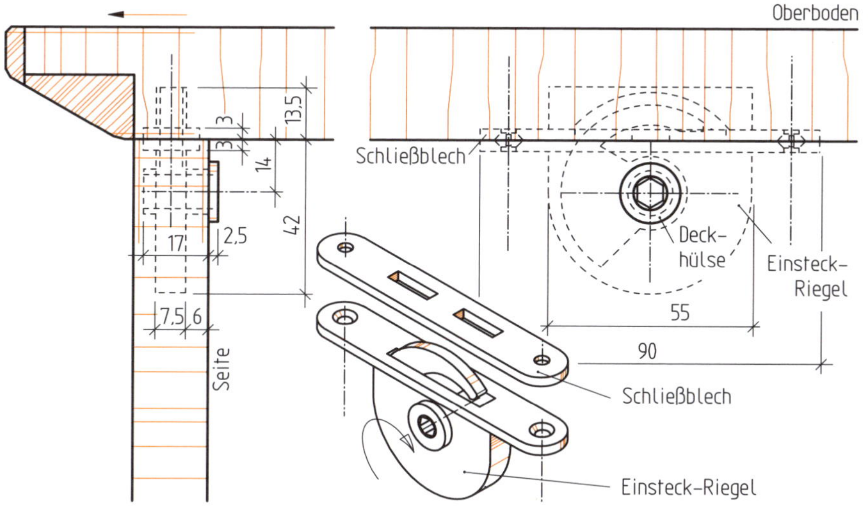

B 2.2-42 Verbindungsbeschlag, bestehend aus einem Einsteck-Exzenterriegel und einem Schließblech. Er kann maschinell eingefräst werden. Die Konstruktionsteile lassen sich leicht montieren und demontieren. In der Seitenfläche wird nur das Loch für den Sechskantschlüssel sichtbar, das aber durch eine Hülse abgedeckt werden kann (Hä).

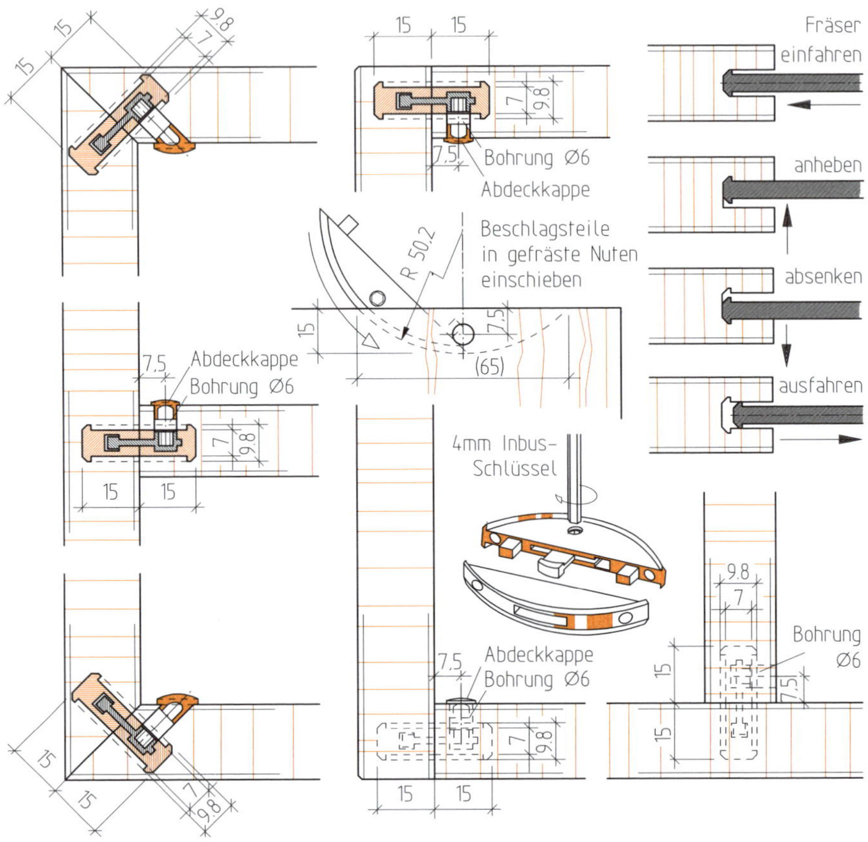

B 2.2-43 Eckverbindungen mit zweiteiligen Formfedern für zerlegbare Möbel und Einbauschränke aus glasfaserverstärktem Kunststoff. Der eingebaute Spannriegel wird mit einem Inbus-Schlüssel betätigt. Die besondere Nutenform kann mit speziellen Nutfräsern und Handmaschinen oder auch auf CNC-Bearbeitungszentren mit besonderem CAM/CAD-Programm hergestellt werden. Die Beschlagsteile werden dem Nutenumfang entsprechend in die Nuten eingeschoben. Kleber und Schrauben sind zur Befestigung nicht erforderlich.
Die Beschläge sind, bis auf die kleinen 6 mm-Bohrungen für das Einführen des Inbusschlüssels, bei zusammengebauten Werkstücken nicht sichtbar. Sie sind für stumpfe und T-förmige Eckverbindungen sowie für Gehrungsverbindungen mit Winkeln von 30° bis 135° geeignet. Eine zusätzliche Dübelung ist unnötig. Der Beschlag bei einer Einfrästiefe von 15 mm ist ab 16 mm dicken Platten, ein kleinerer Beschlag mit einer Einfrästiefe von nur 10 mm ab 13 mm Plattendicke einsetzbar. Die einzelnen Werkstücke können mit montierten Beschlägen ohne Beschädigung der Teile gestapelt werden (Clamex P14, La).

B 2.2-43a (Seite 67) Verbindungsbeschlag, geeignet für das sogenannte Nestingverfahren an CNC-gesteuerten Maschinen. Hier müssen nur die Flächen der Korpusteile bearbeitet werden. Das Bohren oder Nuten der Kanten kann entfallen (Cabineo, La).

2.2.10.1 System 32 (25)

Beim System 32 (25) sind die Schrankseiten als Systemwände verwendbar. Sie werden auf Spezialmaschinen mit vertikalen Lochreihen versehen. Die einzelnen Bohrungen haben einen Abstand von 32 mm oder 25 mm, einen Durchmesser von 5 mm und einen Abstand von der Vorderkante von 37 mm. An diese Seiten können Böden mit verschiedenen Beschlägen wie Trapezverbinder, Schrankverbinder mit Exzentergehäuse einseitig oder doppelseitig verbunden werden. Es ist bei Schrankwänden auch in der Mitte nur eine Seite und keine Doppelseite erforderlich. Die Verbindungen können wieder gelöst werden, dadurch ist jederzeit eine individuelle Umgestaltung der Schrankwand möglich.

Ein weiterer Vorteil ist, dass in dieses System die Bodenträger, die Montageplatten der Scharniere, die Magnetschnäpper, Anschlagpuffer, Schrankrohrlager, die Klappenbremsen und die Rollschubführungen für Schubkästen sowie auch die Klappenscharniere befestigt werden können.

Das System 32 (25) eignet sich besonders für große Kompaktschränke und Schrankwände, die in Einbauten und Fronten flexibel gestaltet werden sollen (B 2.2-44 bis 47).

2.2.10.2 Verbinder für Hohlraumplatten

Hohlraumplatten, auch Leichtbauplatten genannt, benötigen durch die lockere Mittellage wie Wellsteg- und Sechseckwaben besondere Verbinder. Weisen die Hohlraumplatten zum Beispiel 8 mm dicke Decklagen aus Spanplatten auf, können an den Flächen in der Regel Beschläge befestigt werden. Für stark belastete Verbindungen und für Hohlraumplatten mit dünnen Decklagen sind für die Befestigung der Verbindungsbeschläge spezielle Dübel einzusetzen, die in die Decklage eingebohrt und im Hohlraum gegen beide Decklagen verklebt werden. Die Funktion der Verbindungsbeschläge ist den Exzenterverbindern ähnlich, aber für die Hohlraumplatten besonders konstruiert. Bei einem in die Korpuskante eingebohrten Exzenter-Verbindungsbeschlag ist nur die kleine Bedienungsbohrung für den Exzenter in der Plattenfläche sichtbar (B 2.2-48 bis 51).

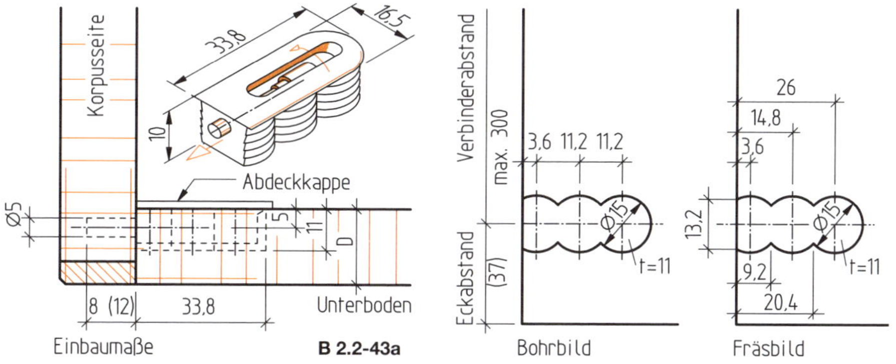

B 2.2-43a

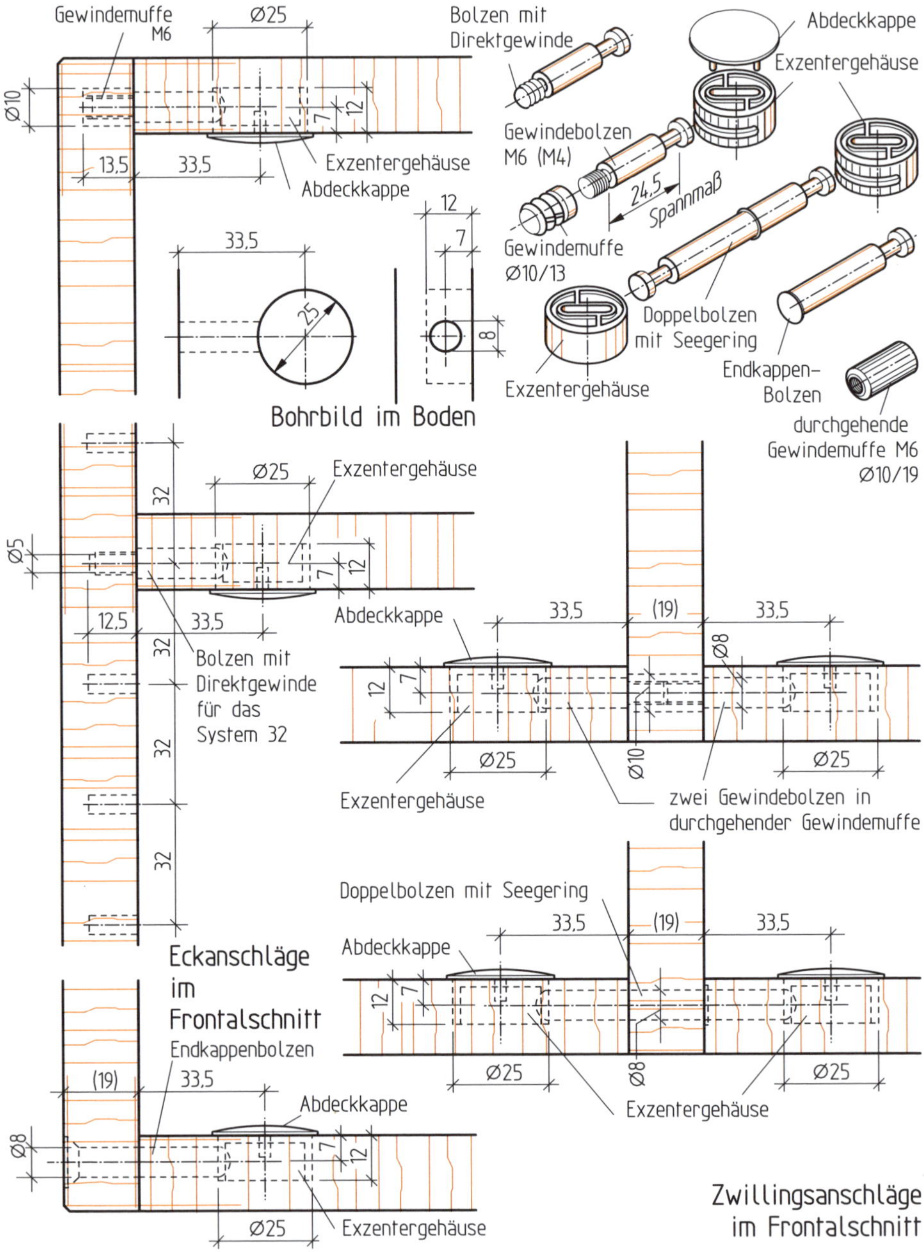
Gewindemuffe M6
Ø25
Ø10
13,5
33,5
Exzentergehäuse
Abdeckkappe
12
7
Bolzen mit Direktgewinde
Abdeckkappe
Exzentergehäuse
Gewindebolzen M6 (M4)
24,5
Spannmaß
Gewindemuffe Ø10/13
Doppelbolzen mit Seegering
Endkappen-Bolzen
durchgehende Gewindemuffe M6 Ø10/19
33,5
25
8
Bohrbild im Boden
Ø5
32
12,5
Bolzen mit Direktgewinde für das System 32
(19)
Ø8
zwei Gewindebolzen in durchgehender Gewindemuffe
Doppelbolzen mit Seegering
Eckanschläge im Frontalschnitt
Endkappenbolzen
Zwillingsanschläge im Frontalschnitt

B 2.2-44

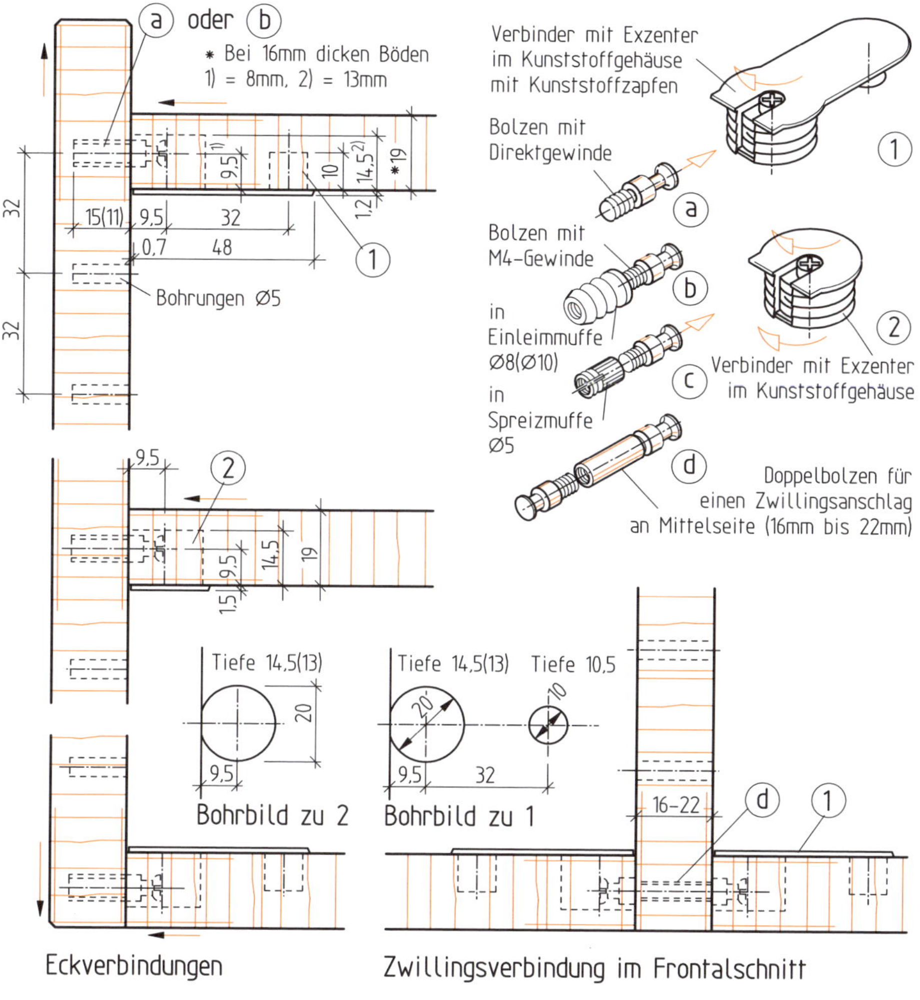

B 2.2-45 Schrankverbindungsbeschlag mit Exzentergehäusen und Verbindungsbolzen für das System 32 (25), sinngemäß wie vor B 2.2-44, jedoch laufen hier die Exzenter in Kunststoffgehäusen und lassen sich dadurch leichter anziehen (Hä, He, Hu).

B 2.2-44 (Seite 68) Schrankverbindungsbeschlag mit Exzentergehäusen und Verbindungsbolzen für das System 32 (25) (Lochreihenbohrung). Die Exzentergehäuse werden in die Konstruktionsböden eingebohrt, die Verbindungsbolzen werden entweder direkt in die Seiten oder in besondere Gewindemuffen, die in die Bohrungen gesetzt werden, geschraubt. Durch den Doppelbolzen oder beidseitige Bohrung der Mittelseiten können an eine Mittelseite beidseitig Konstruktionsböden angebaut werden. Somit ist keine Doppelseite erforderlich (Hä, He).

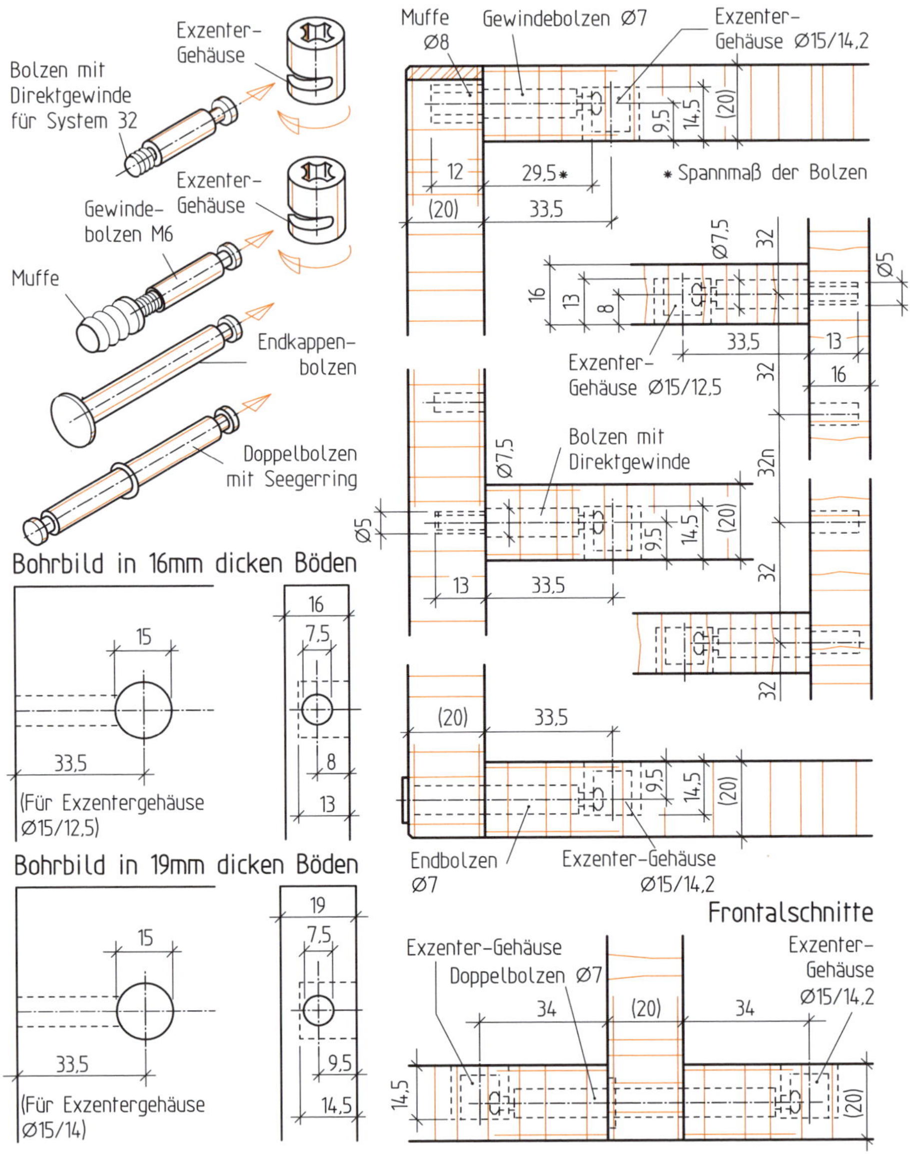

B 2.2-46 Verbindungsbeschlag mit besonders kleinem Exzentergehäuse, sonst sinngemäß wie B 2.2-44 (Hä, He, Gr).

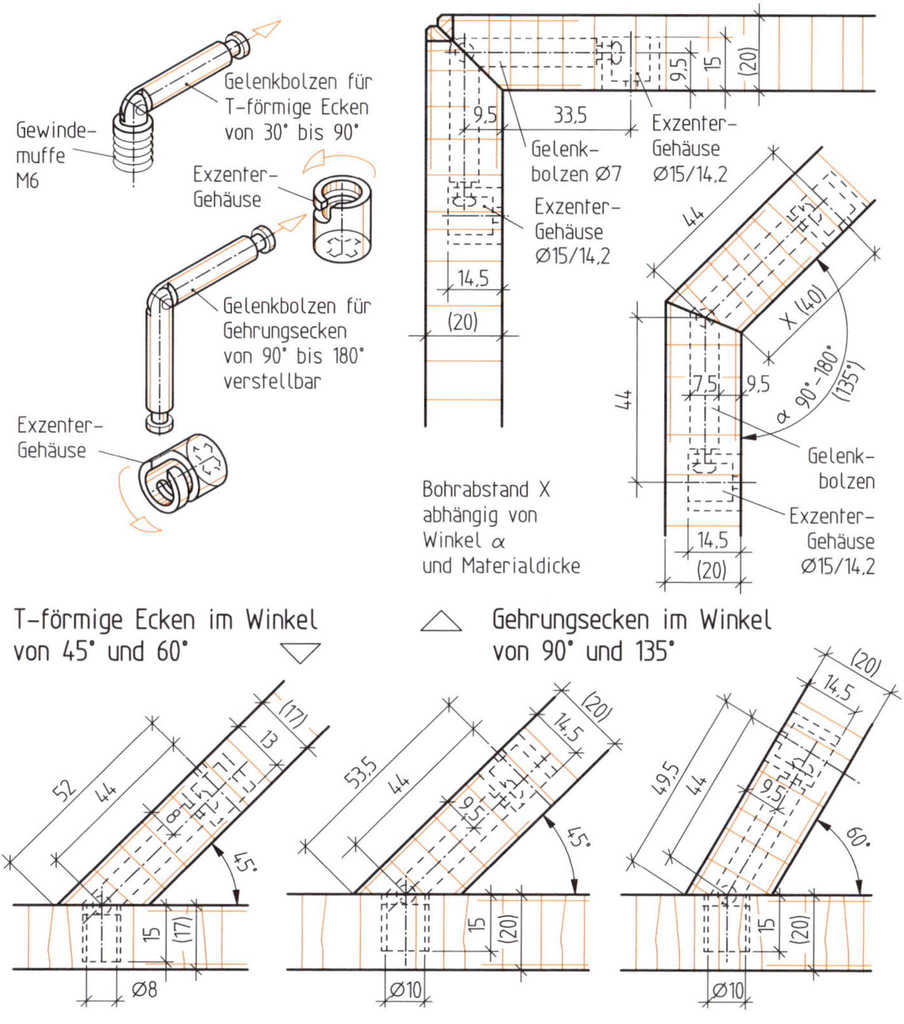

B 2.2-47 Verbindungsbeschlag mit kleinen Exzentergehäusen und mit Gelenk-Verbindungsbolzen. Dadurch lassen sich T-förmige Verbindungen und Gehrungsecken unter verschiedenen Winkeln herstellen (Hä, He, Gr).

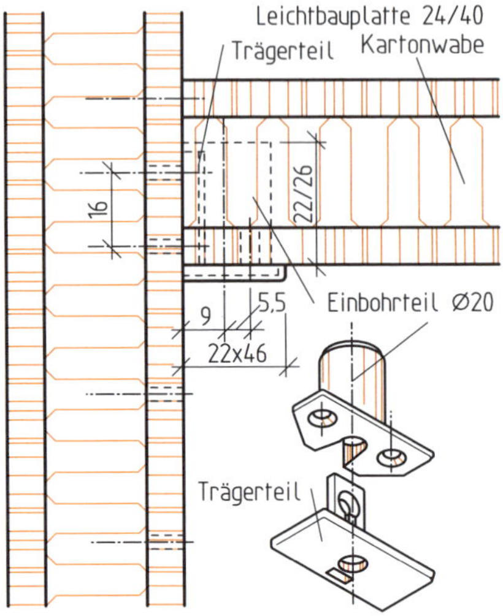

B 2.2-48

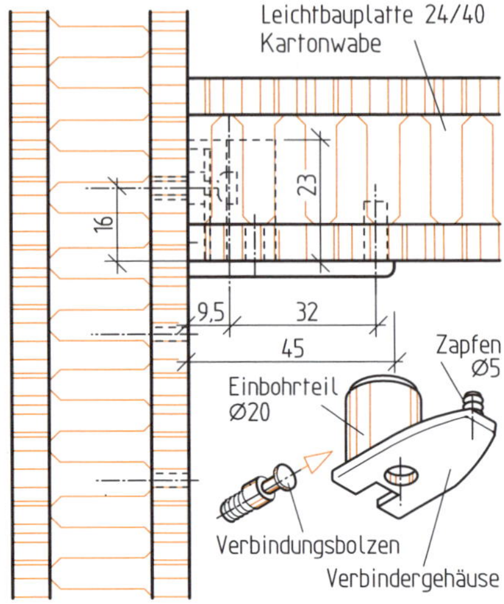

B 2.2-49

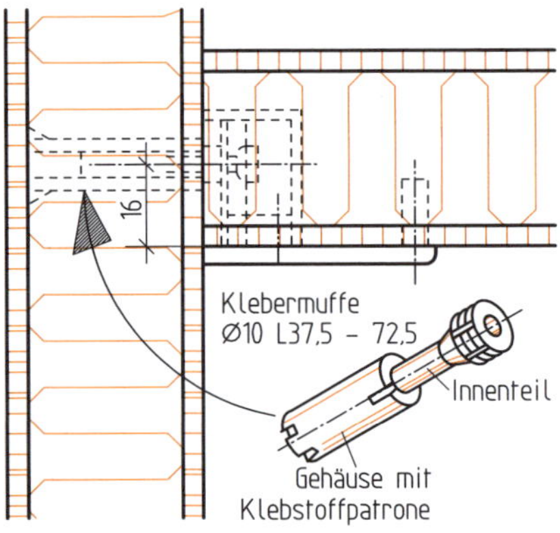

B 2.2-50

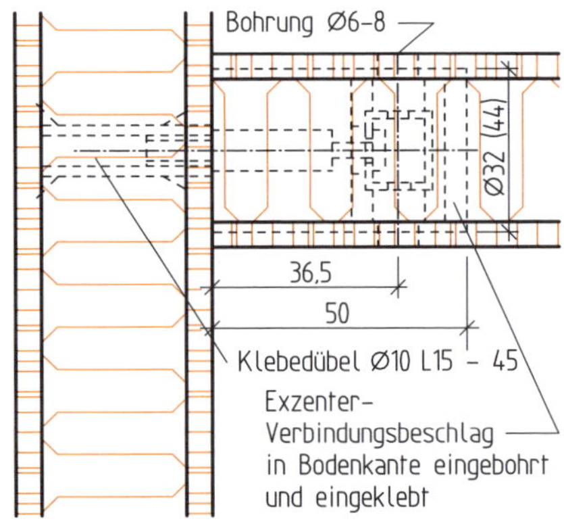

B 2.2-51

B 2.2-48 Verbindungsbeschlag für Hohlraumplatten mit dicken Decklagen. Die Trägerplatte kann mit speziellen Schrauben direkt an der Plattenfläche befestigt werden. Das Einbohrteil wird von unten in die Bodenkante eingebohrt und hier festgeschraubt (Hä).

B 2.2-49 Verbindungsbeschlag mit eingebautem Exzentergehäuse und einem Sicherungszapfen (Hä).

B 2.2-50 Bei Hohlraumplatten mit dünnen Deckschichten wird eine Klebermuffe eingebohrt und eingeklebt, an der der Exzenterbolzen sicher befestigt werden kann. Die Klebermuffe verfügt über ein Gehäuse mit einer Klebstoffpatrone, die beim Montieren den Klebstoff frei gibt (Hä).

B 2.2-51 Der Klebedübel, Längen je nach Plattendicke von 15 bis 45 mm, wird in die Decklage eingebohrt und durch Injektion mit Klebstoff im Hohlraum befestigt. Das Exzentergehäuse liegt in einem Kunststoffteil, das in die Plattenkante eingebohrt und durch Klebstoffinjektion verklebt wird. Nur die kleinen Bedienungsbohrungen sind in der Fläche sichtbar (He).

2.3 Eckverbindungen im Rahmenbau

Rahmenhölzer können an den Ecken durch Überplattung, Schlitz und Zapfen, Dübelung, Einstemm- oder Einbohrzapfen, durch eingelassene Federn und Minizinken verbunden werden. In der Regel werden diese Verbindungen verleimt. Im Möbelbau laufen die aufrechten oder die längsten Rahmenfriese durch, wenn sie nicht an den Ecken auf Gehrung zusammengeschnitten werden. Bei guten Arbeiten sind die Brüstungen dicht und bündig. In der Serienfertigung werden für die einfachere Schleif- und Montagearbeit die Brüstungen durch V-Fugen oder Sikkenfugen betont, oder die Querfriese werden dünner als die durchlaufenden Friese ausgehobelt. In die Rahmen können Füllungen eingenutet, eingefälzt und eingeleistet werden. Große Rahmen kann man durch Sprossen oder Mittelfriese in kleinere Felder unterteilen (B 2.3-1).

2.3.1 Überplattung

Die Überplattung, auch Überblattung genannt, ist eine einfache Eckverbindung für dünne Rahmenhölzer mit geringer Haltbarkeit. Die Verbindung wird besonders geschwächt, wenn die Überplattung auf Gehrung abgesetzt wird. Da beim Verleimen Querholz und Längsholz zusammenkommen, dürfen die Rahmen nicht breiter als 100 mm sein (B 2.3-2 und 3).

2.3.2 Schlitz und Zapfen

Eine haltbare und häufig verwendete Eckverbindung im Rahmenbau ist die Schlitz- und Zapfenverbindung. Der Schlitz sitzt meistens am aufrechten oder längeren Rahmenfries und der Zapfen am querlaufenden oder kürzeren. Die Verbindung kann mit einfachem Zapfen oder Doppelzapfen ausgeführt und auch einseitig oder beidseitig auf Gehrung abgesetzt werden. Die Verbindung ist für schlichte Rahmen, aber auch für innen und außen gefälzte oder profilierte Rahmenhölzer geeignet.

Falz- und Profilierungsmaße sind mit der Schlitzteilung abzustimmen. Da beim Zusammenbau Querholz und Längsholz miteinander verleimt werden, darf die Holzbreite höchstens 100 mm betragen (B 2.3-4 bis 13).

2.3.3 Gezapfte Verbindung

Bei der gezapften Verbindung wird der Zapfen in ein gestemmtes, gefrästes oder gebohrtes Zapfenloch eingeleimt. Diese Verbindung wird bei breiten Rahmenhölzern und bei Zargen von Fußgestellen oder bei Anschlüssen von mittleren Querfriesen an aufrechte Rahmenhölzer angewendet. Damit sehr breite Rahmenhölzer oder Zargen gegen Verdrehen und Verziehen gesichert sind, werden zum Konstruktionszapfen zusätzlich noch Nutzapfen angeordnet (2.3-14 bis 18).

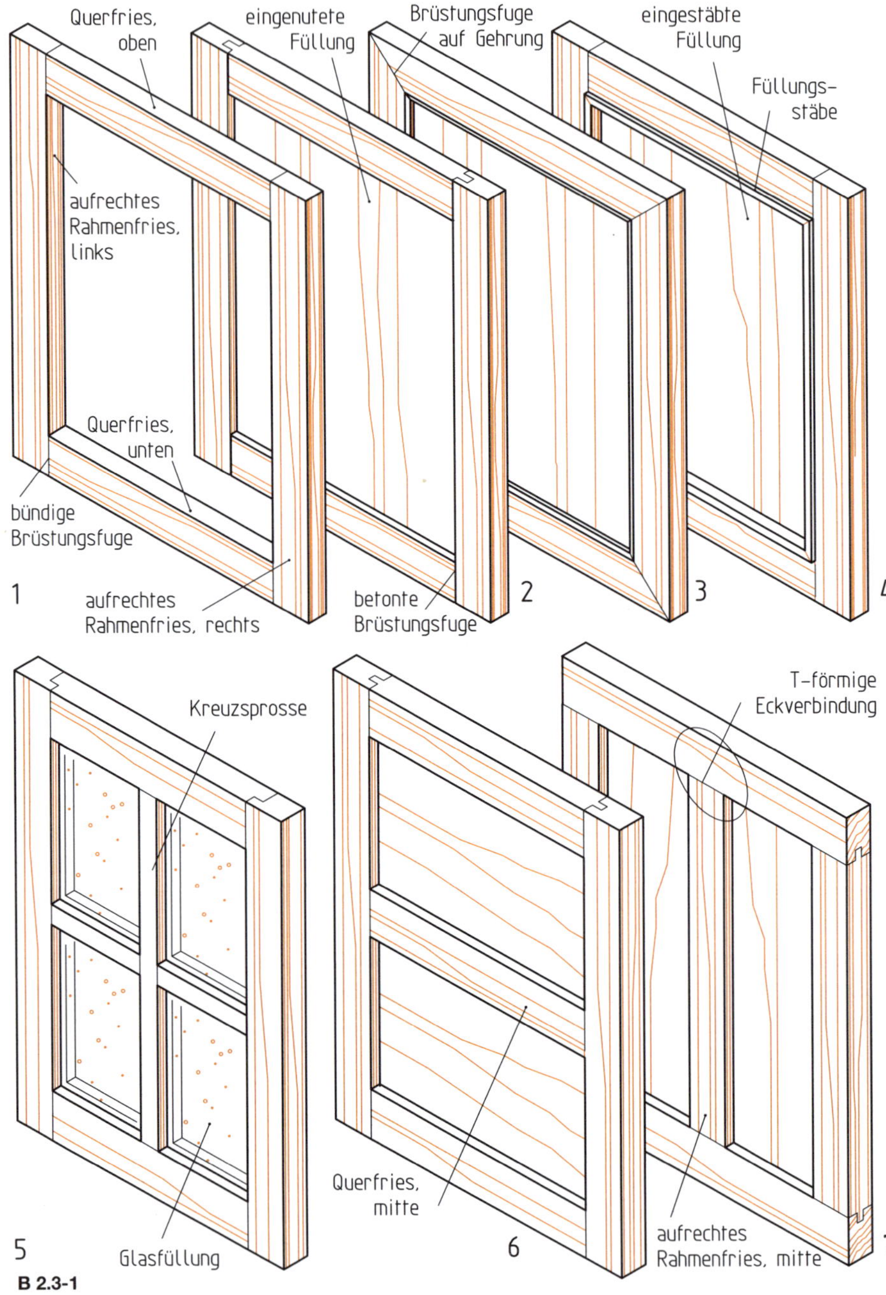
Querfries, oben
eingenutete Füllung
Brüstungsfuge auf Gehrung
eingestäbte Füllung
Füllungsstäbe
aufrechtes Rahmenfries, links
Querfries, unten
bündige Brüstungsfuge
1
aufrechtes Rahmenfries, rechts
betonte Brüstungsfuge
2
3
4
Kreuzsprosse
T-förmige Eckverbindung
5
Glasfüllung
Querfries, mitte
6
aufrechtes Rahmenfries, mitte
7

B 2.3-1

2.3.4 Gefederte Verbindung

Die gefederte Verbindung eignet sich für auf Gehrung zusammengeschnittene Rahmenhölzer. Der Vorteil der auf Gehrung gefederten Rahmenecken liegt darin, dass die Ecken an aufrechten und querlaufenden Rahmenfriesen gleich ausgebildet werden und dass die Innen- und Außenprofile an den Rahmenkanten umlaufen können. Zur Verbindung und Verleimungshilfe benutzt man Federn aus Vollholz oder Sperrholz. Dicke Vollholzfedern werden auch als falscher Zapfen bezeichnet (B 2.3-19 bis 22).

2.3.5 Mini-Keilzinken

Rahmenhölzer kann man auf Gehrung durch Mini-Keilzinken verbinden. Mit Spezialmesserköpfen werden die Mini- Keilzinken an die Rahmenfriese angefräst. Es stehen je nach Rahmengröße unterschiedliche Zinkenlängen zur Auswahl. Die Leimfläche ist hier um fast 50 % größer als bei Doppelzapfen. Diese Eckverbindungen weisen eine hohe Festigkeit auf, die besonders von der Genauigkeit und dem Pressdruck der Rahmenpresse abhängt. Durch Schwinden der Rahmenhölzer in der Breite infolge Nachtrocknen des Holzes können sich die Rahmenhölzer nach innen konkav verziehen (B 2.3-23).

2.3.6 Gedübelte Rahmenecken

Rahmen können an den Ecken stumpf, auf Gehrung, mit oder ohne Nutzapfen, mit Profil und Konterprofil zusammengedübelt werden. Die Verwendung von Nutzapfen ist dann angezeigt, wenn bei besonders breiten Rahmen ein Verdrehen der Querstücke verhindert werden soll. Für die Dübelung der Rahmenhölzer auf Gehrung können gerade Dübel oder Winkeldübel aus Kunststoff verwendet werden. Bei Rahmen mit profilierten Innenkanten können die Querstücke an der Brüstung ein Konterprofil erhalten. Dadurch wird die Leimfläche vergrößert, und bei Profilen, die sich zur Mitte hin verjüngen, entsteht in den Innenecken des Profils eine Gehrung (B 2.3-24 bis 31).

B 2.3-1 (Seite 74) Rahmen. 1 Werkstücke eines Rahmens. Bei liegenden Rahmen würde man die aufrechten Rahmenfriese als Längsfries bezeichnen, 2 Rahmen mit Nut für eine eingenutete Füllung, aufrecht durchlaufende betonte Brüstungsfuge, 3 Rahmenecken auf Gehrung zusammengeschnitten, dadurch keine Probleme bei der Profilierung der inneren und äußeren Rahmenkanten, 4 Rahmen mit Falz für eine eingestäbte Füllung, 5 Rahmen mit Kreuzsprosse für einseitig eingeleistete Glasfüllungen, 6 Rahmen mit Querfries und 7 mit aufrechtem Fries.

Legenden zu B 2.3-2 bis B 2.3-23 auf Seite 80

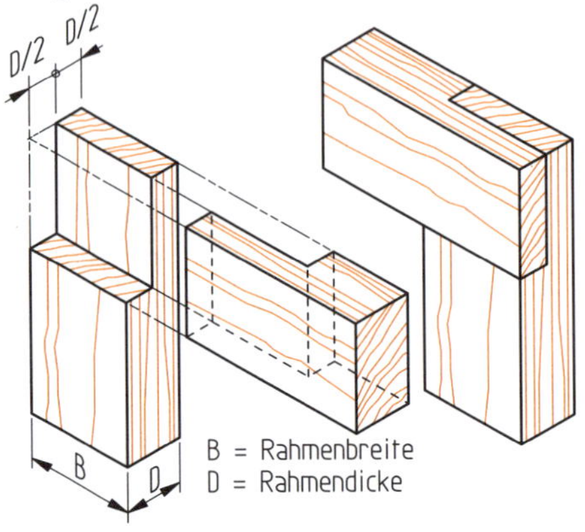

B 2.3-2

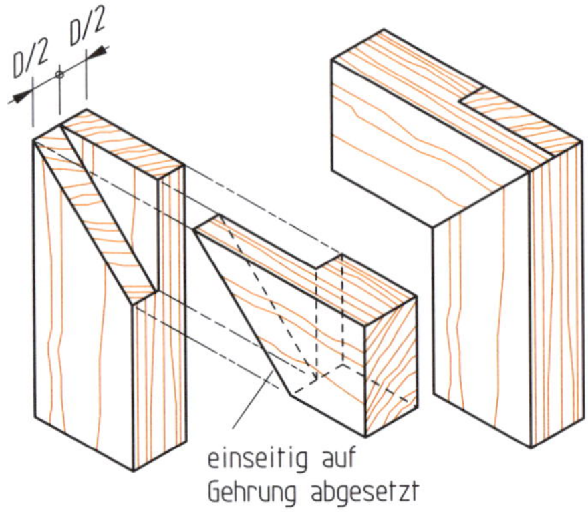

B 2.3-3

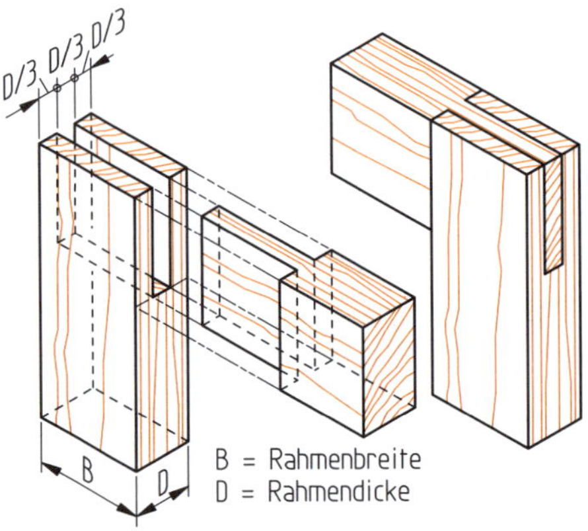

B 2.3-4

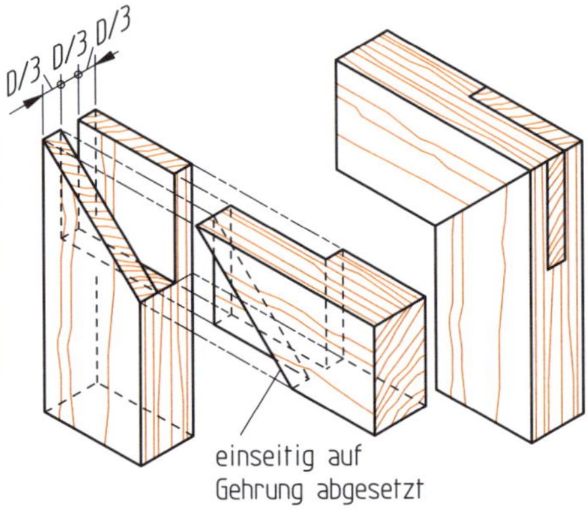

B 2.3-5

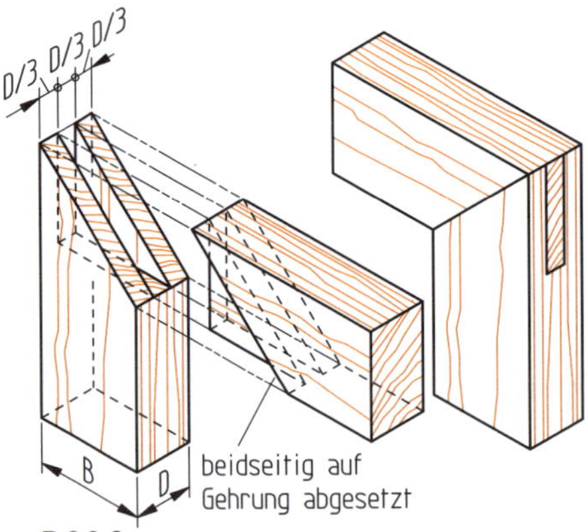

B 2.3-6

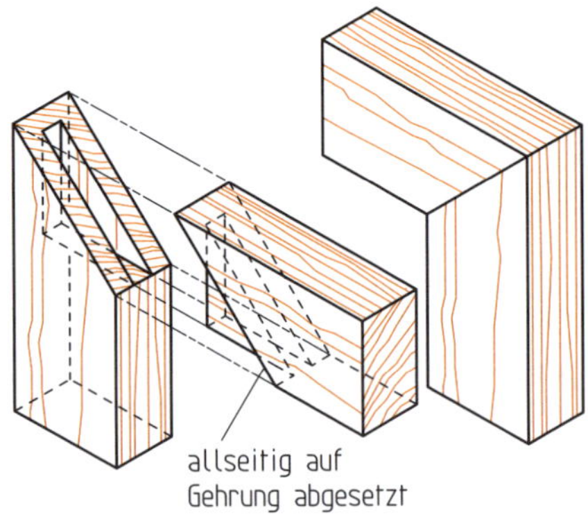

B 2.3-7

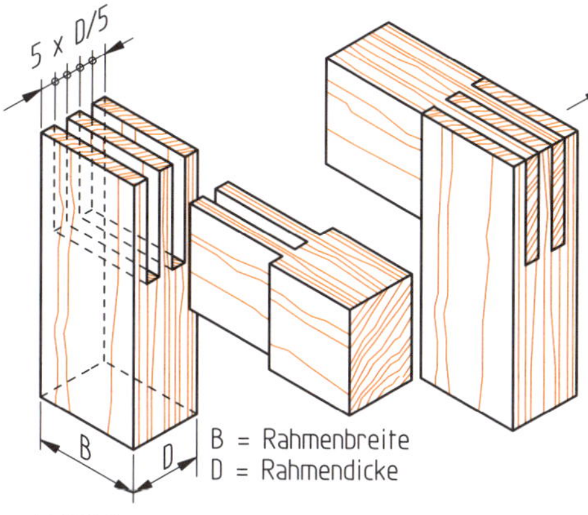

B 2.3-8

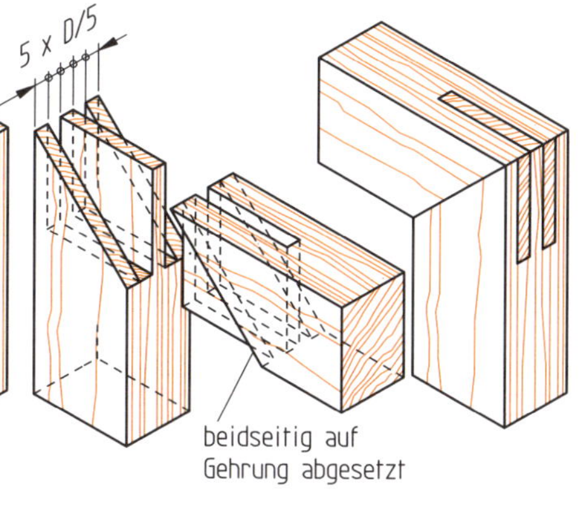

B 2.3-9

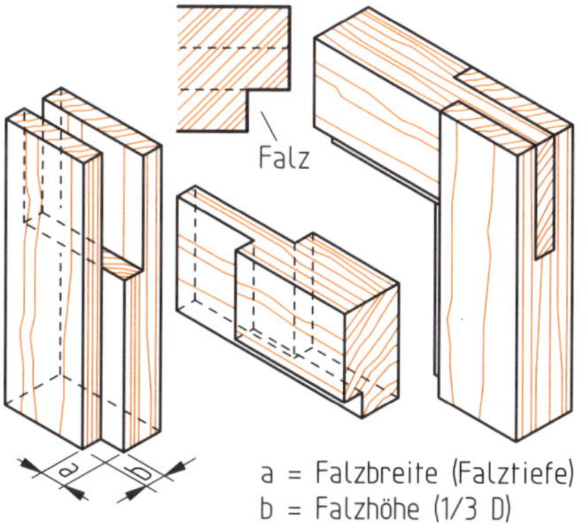

B 2.3-10

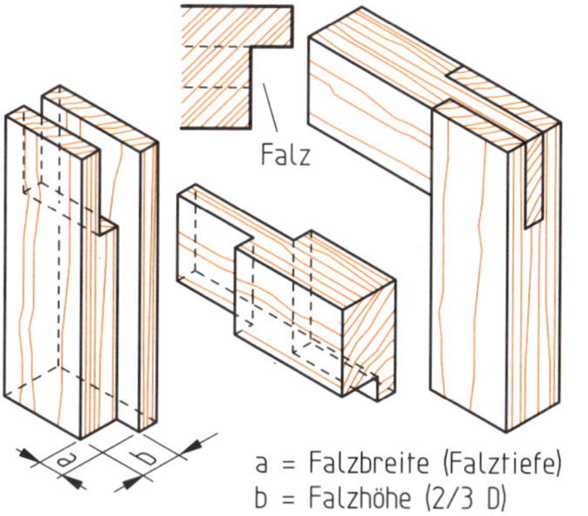

B 2.3-11

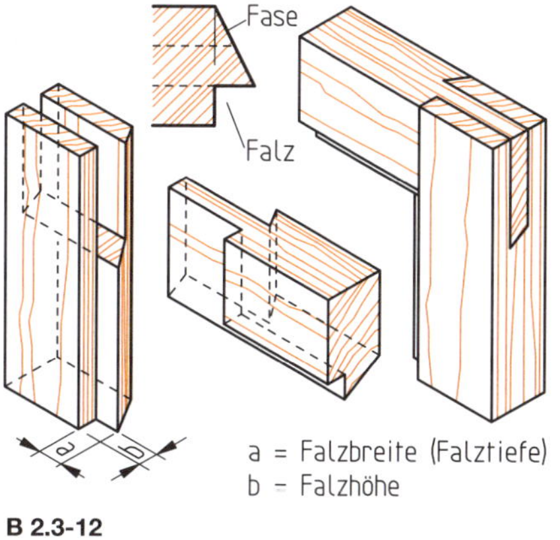

B 2.3-12

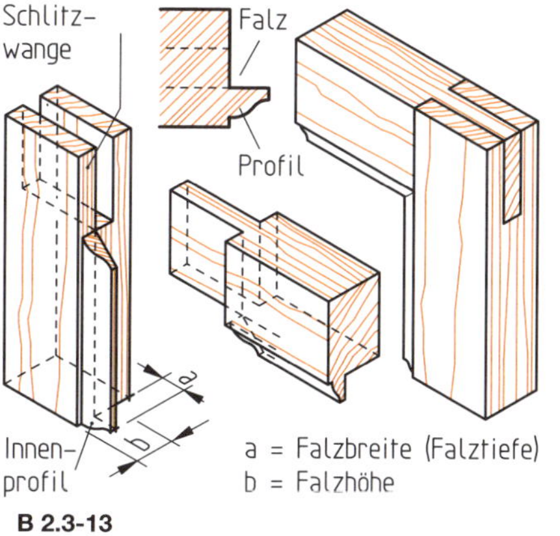

B 2.3-13

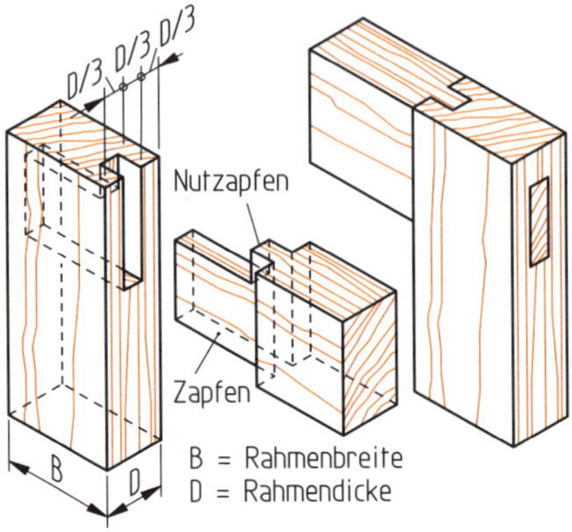

B 2.3-14

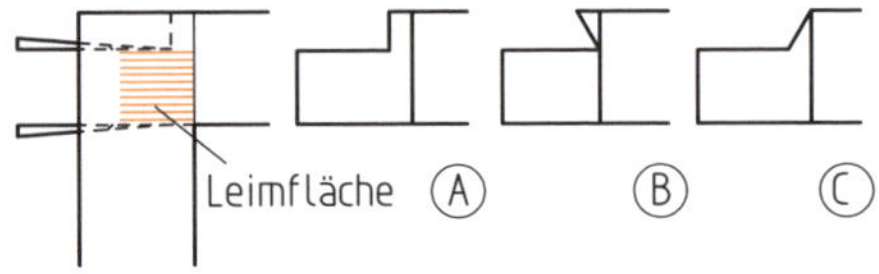

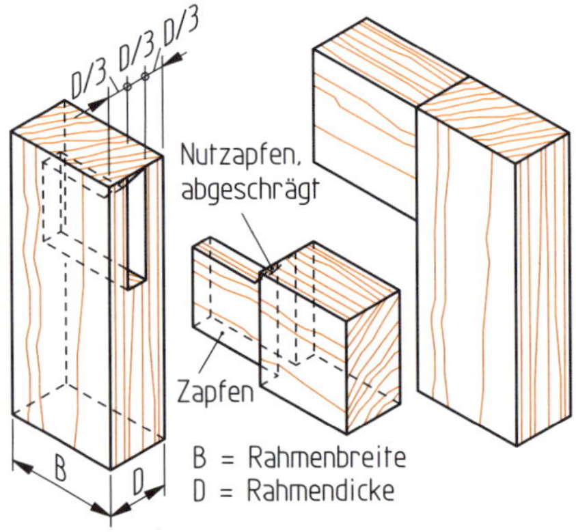

B 2.3-15

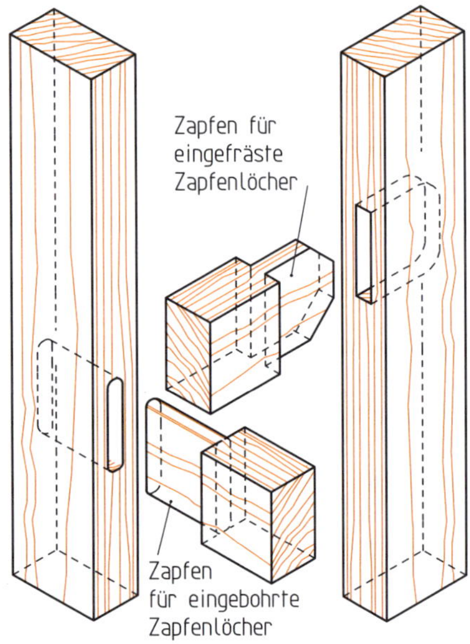

B 2.3-16

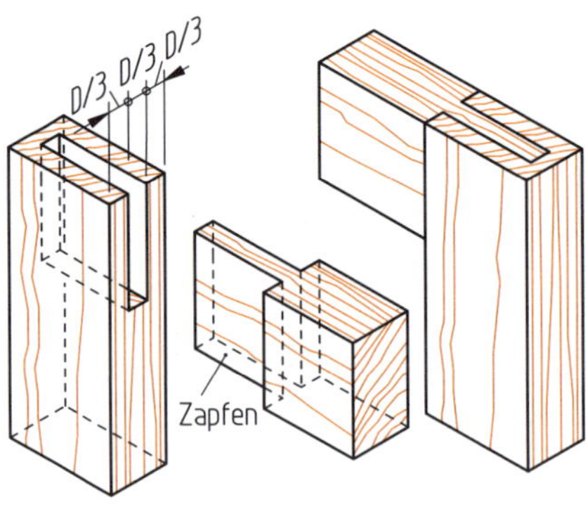

B 2.3-17

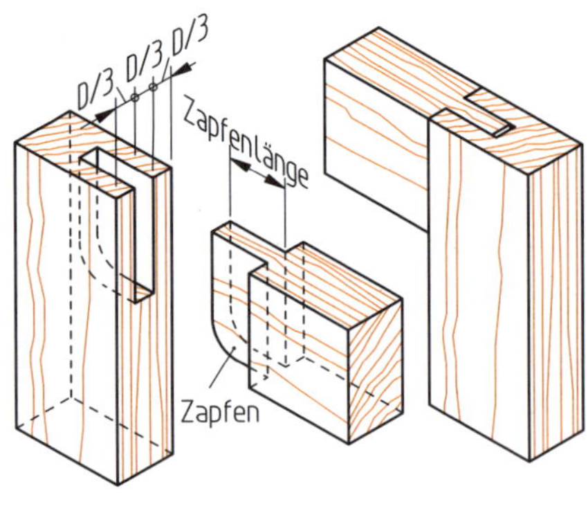

B 2.3-18

Bildlegenden siehe Seite 80

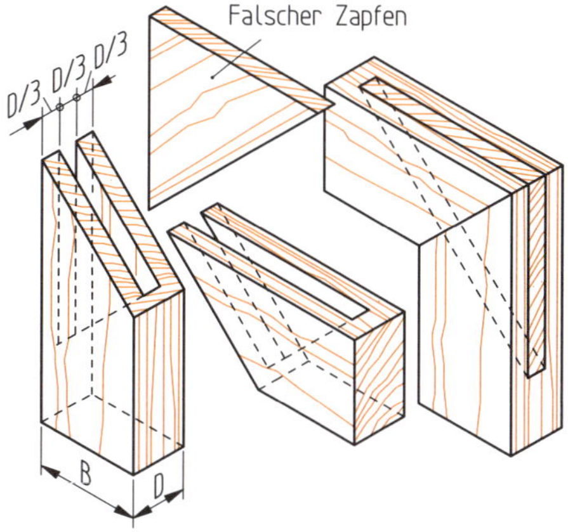

B 2.3-19

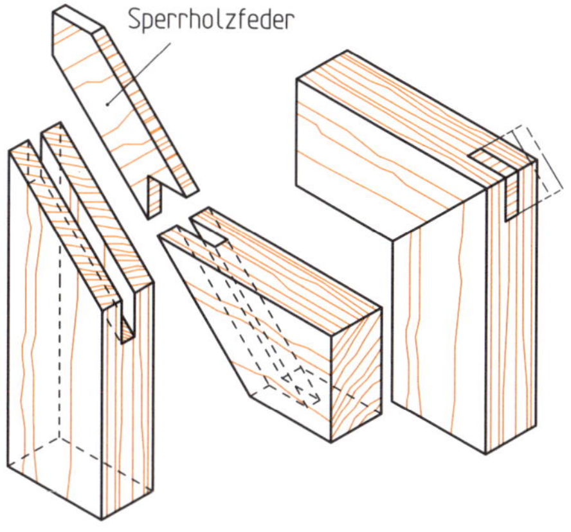

B 2.3-20

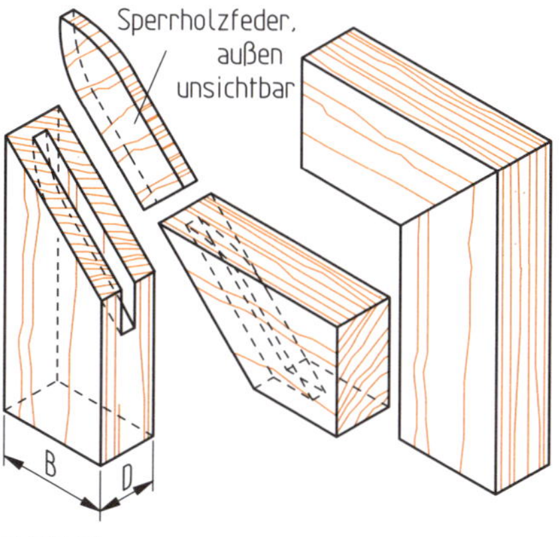

B 2.3-21

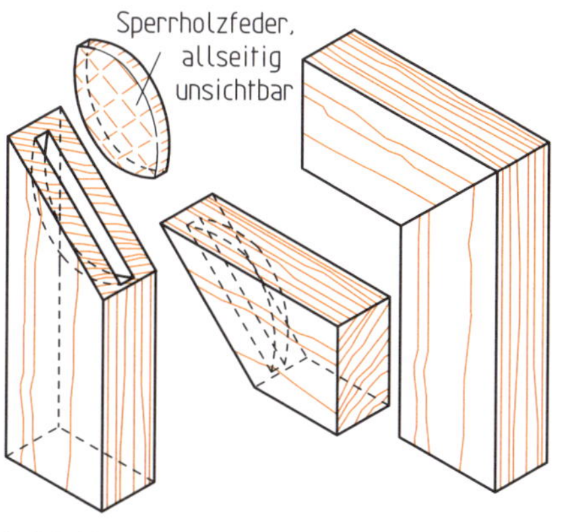

B 2.3-22

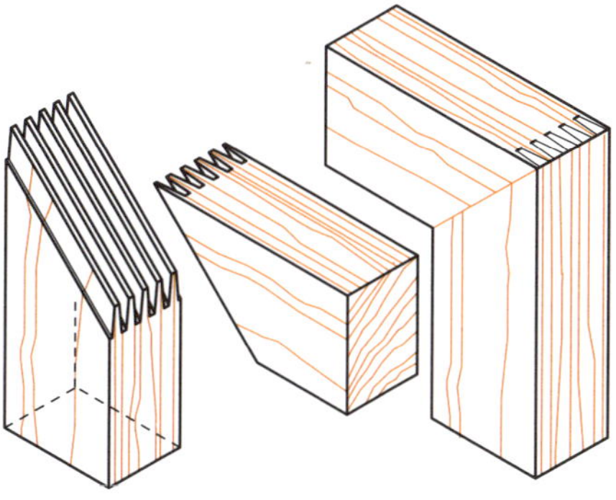

B 2.3-23

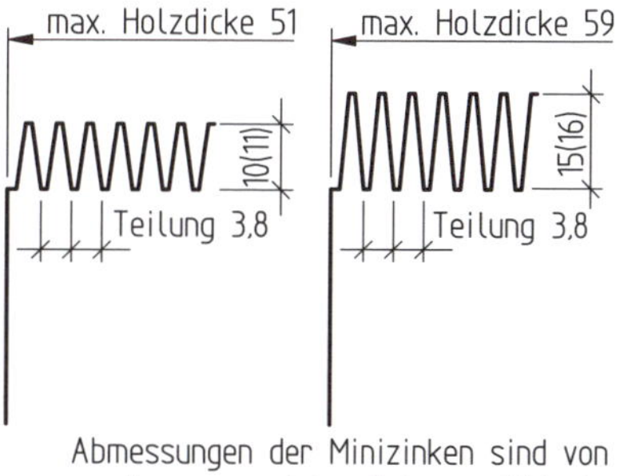

Abmessungen der Minizinken sind von den verwendeten Fräsern abhängig

Bildlegenden Seite 76 bis 79:

B 2.3-2 Überplattete Rahmenecke.
B 2.3-3 Auf Gehrung überplattet.
B 2.3-4 Schlitz- und Zapfenverbindung.
B 2.3-5 Schlitz- und Zapfenverbindung, einseitig auf Gehrung abgesetzt.
B 2.3-6 Schlitzwangen und Zapfen beidseitig auf Gehrung abgesetzt.
B 2.3-7 Gezapfte Verbindung, allseitig auf Gehrung abgesetzt.
B 2.3-8 Rahmeneckverbindung mit Doppelzapfen.
B 2.3-9 Doppelzapfen, beidseitig auf Gehrung abgesetzt.
B 2.3-10 Schlitz- und Zapfenverbindung, Rahmen mit 1/3 tiefem Innenfalz.
B 2.3-11 Schlitz- und Zapfenverbindung, Rahmen mit 2/3 tiefem Innenfalz.
B 2.3-12 Schlitz- und Zapfenverbindung, Rahmen mit Innenfalz und Fase.
B 2.3-13 Schlitz- und Zapfenverbindung, Rahmen mit Innenfalz und -profil. Das Profil muss innen auf Gehrung geschnitten und auf der Schlitzwange abgestochen werden.
B 2.3-14 Durchgestemmter Zapfen mit Nutzapfen. Die Verbindung kann bei breiten Rahmenhölzern von außen verkeilt werden. Verschiedene Nutzapfenformen A, B, C.
B 2.3-15 Nicht durchgestemmter Zapfen mit an der Kante unsichtbarem Nutzapfen.
B 2.3-16 Eingebohrter und eingestemmter oder eingefräster Zapfen.
B 2.3-17 Eingestemmter Zapfen ohne Nutzapfen.
B 2.3-18 Eingefräster Zapfen an Außenecken.
B 2.3-19 Rahmenecke auf Gehrung mit falschem Zapfen verbunden.
B 2.3-20 Rahmenecke auf Gehrung gefedert. Die durchgehende Feder aus Furniersperrholz wird an den überstehenden Ecken nach dem Verleimen mit den Rahmenaußenkanten und -innenkanten bündig geschnitten.
B 2.3-21 Rahmenecke auf Gehrung mit elliptischer Feder aus Furniersperrholz verleimt, die an den Außenecken unsichtbar ist.
B 2.3-22 Rahmenecke auf Gehrung mit allseitig unsichtbarer Formfeder.
B 2.3-23 Mini-Keilzinkenverbindung.

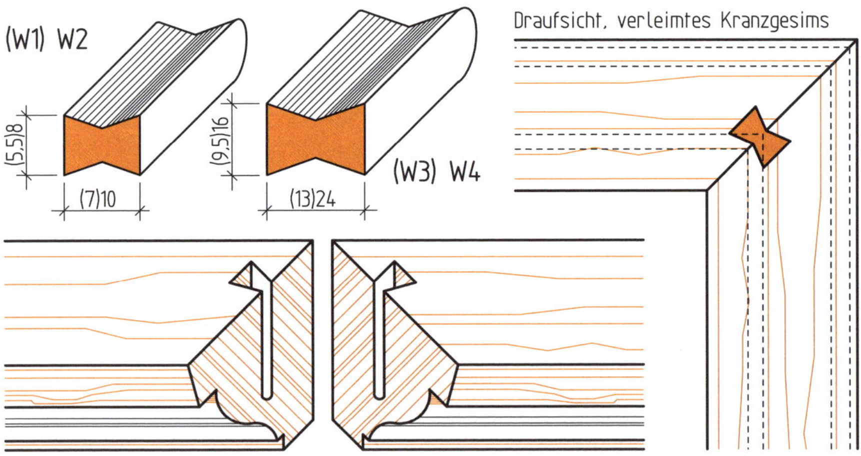

B 2.3-24 Auf Gehrung geschnittene Profile oder Rahmen stumpf verleimt und mit Hoffmann-Schwalbe von der nicht sichtbaren Seite gesichert. Sie ist in den Längen von 6 mm bis 60 mm (100 mm) erhältlich. Die Gratnuten werden mit besonderen Vorrichtungen oder an Spezialmaschinen eingefräst (Ho).

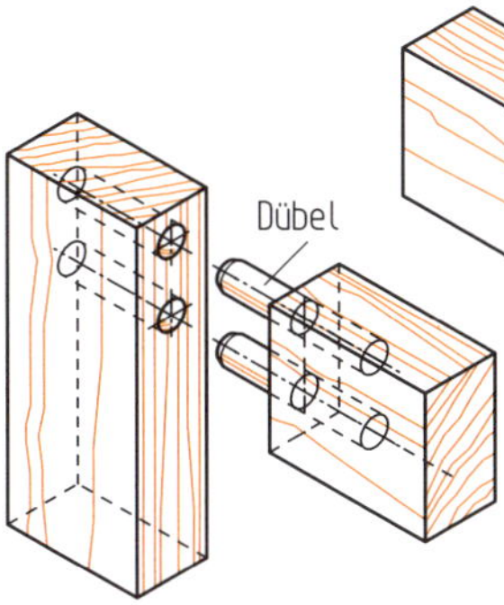

B 2.3-25

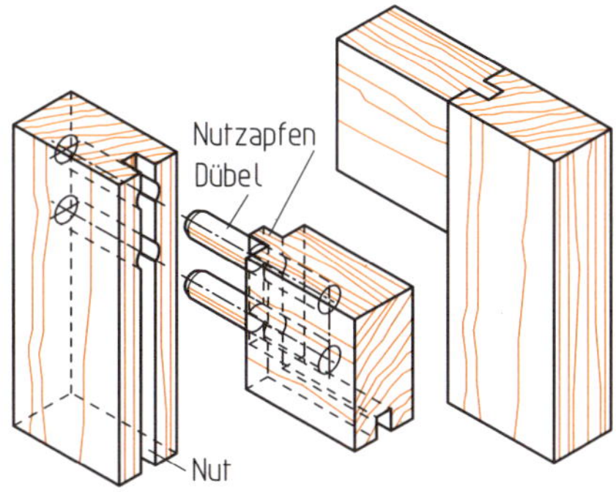

B 2.3-26

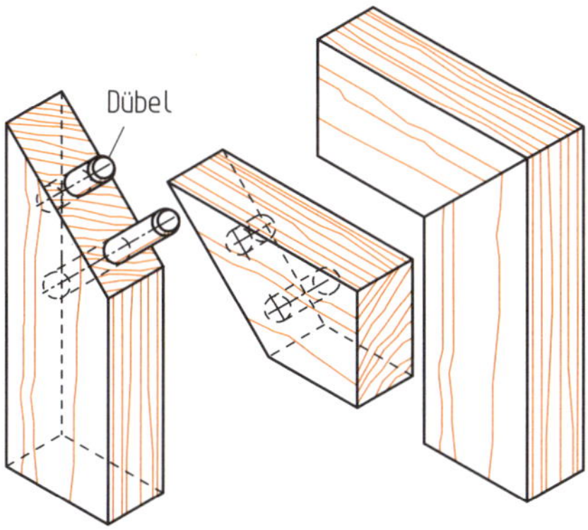

B 2.3-27

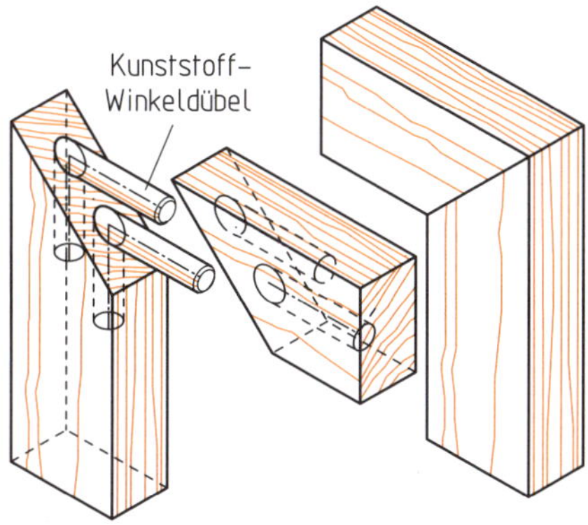

B 2.3-28

B 2.3-25 Stumpf gedübelte Rahmenecke.

B 2.3-26 Innen genuteter Rahmen an den Ecken mit Nutzapfen, der die Nut ausfüllt und die Rahmeneckverbindung zusätzlich stabilisiert, mit Dübeln verbunden.

B 2.3-27 Rahmenecke auf Gehrung gedübelt. Gerade Dübel rechtwinklig zur Schnittfläche gesetzt.

B 2.3-28 Rahmenecke auf Gehrung mit Kunststoff-Winkeldübeln verleimt.

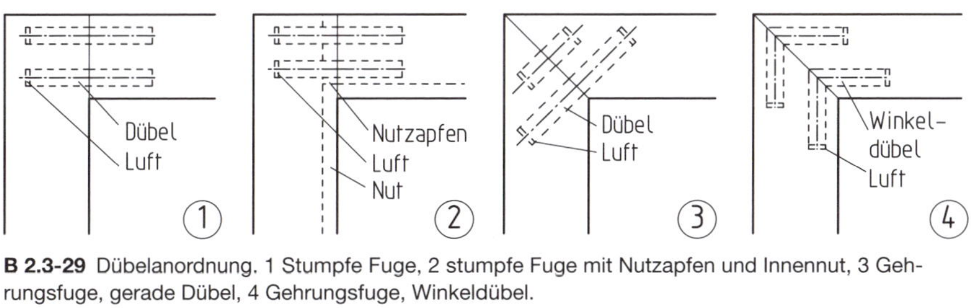

B 2.3-29 Dübelanordnung. 1 Stumpfe Fuge, 2 stumpfe Fuge mit Nutzapfen und Innennut, 3 Gehrungsfuge, gerade Dübel, 4 Gehrungsfuge, Winkeldübel.

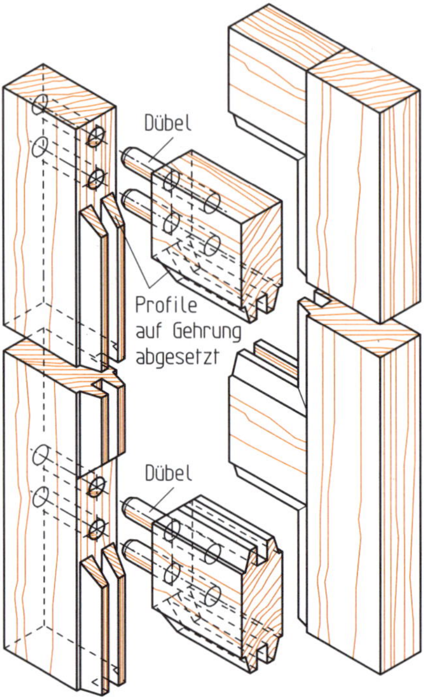

B 2.3-30 Dübelung einer Rahmen-Außenecke und einer T-förmigen Verbindung bei profilierten Rahmeninnenkanten. Die Profile sind auf Gehrung abgesetzt.

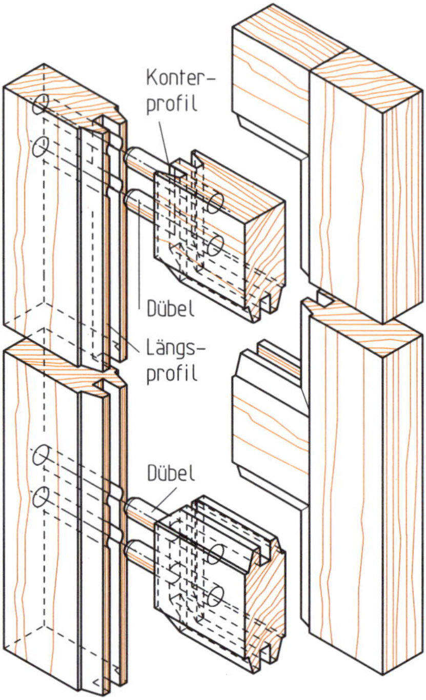

B 2.3-31 Dübelung einer Rahmen-Außenecke und einer T-förmigen Verbindung bei profilierten Rahmeninnenkanten, die sich kontern lassen.

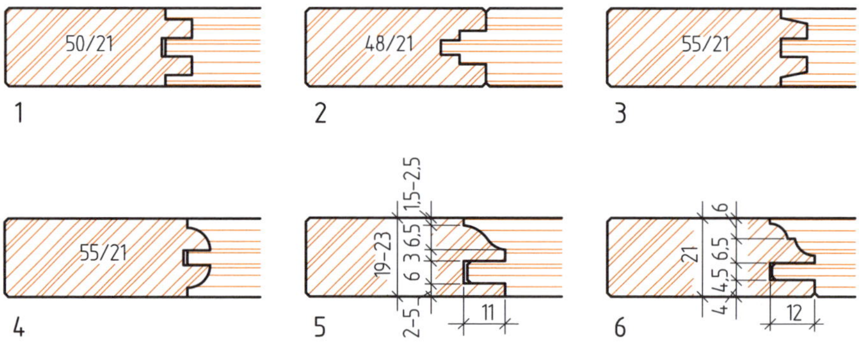

B 2.3-32 Profile, die sich zum Kontern eignen. 1 und 2 ergeben gerade durchlaufende Profilbrüstung, 3 und 4 innen und außen auf Gehrung erscheinende Profilbrüstung, 5 und 6 innen läuft die Brüstung gerade durch, außen (hier oben) erscheint durch das Kontern des Profils in den Innenecken eine Gehrung (Lei, Leu, Op).

2.4 Rahmen und Füllungen

In Rahmen können Füllungen aus Glas, Vollholz und Sperrholz, Spanplatte oder Holzfaserplatte eingebaut werden. Architektonisch haben die Füllungen die Aufgabe, die Flächen aufzugliedern – statisch sollen sie den Rahmen im Winkel halten. Darum müssen die Füllungen im Rahmen richtig eingebaut und verklotzt werden (B 2.4-1b).

Bei wertvollen Möbeln sind die Brüstungen der Rahmeneckverbindung bündig. Die Rahmenfriese können stumpf oder auf Gehrung zusammengeschnitten sein. Aus fertigungstechnischen Gründen, um die Rahmen besser zusammenbauen oder schleifen zu können, werden Sichtfugen vorgesehen oder die querverlaufenden Rahmenfriese einseitig oder beidseitig etwas dünner ausgehobelt als die durchlaufenden Rahmenfriese (B 2.4-2).

Füllungen können in Rahmen eingenutet, einseitig oder zweiseitig in Rahmen verleistet oder überschoben angeordnet werden. Glasfüllungen darf man für den Fall einer Reparatur nur einleisten oder man muss die Rahmenecken lösbar verbinden (B 2.4-1a).

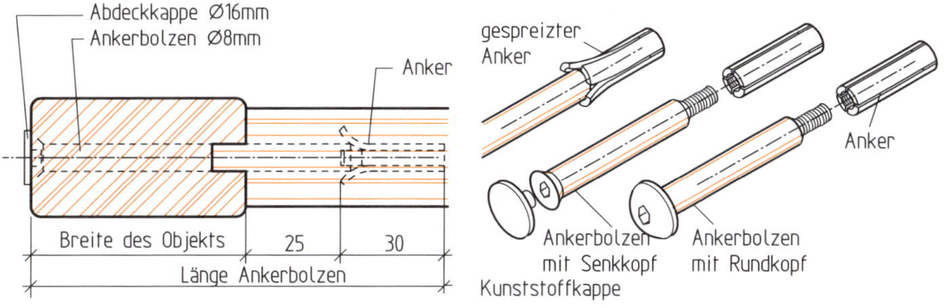

B 2.4-1a Verschraubte Rahmenecke.

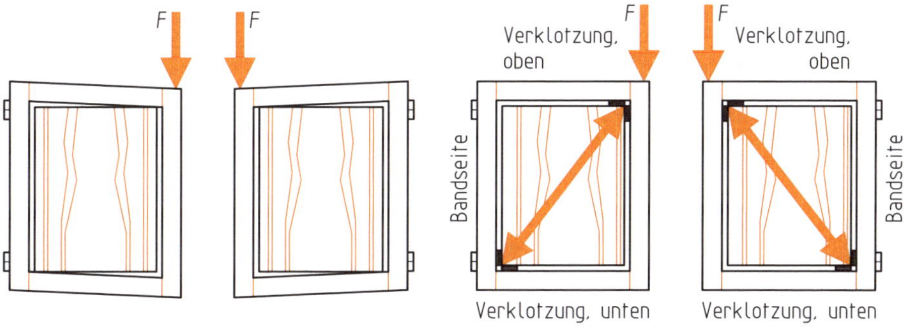

B 2.4-1b Rahmen und Füllungen. Füllungen müssen Rahmen im Winkel halten, z. B. durch Verklotzen in Richtung der Kraftdiagonale.

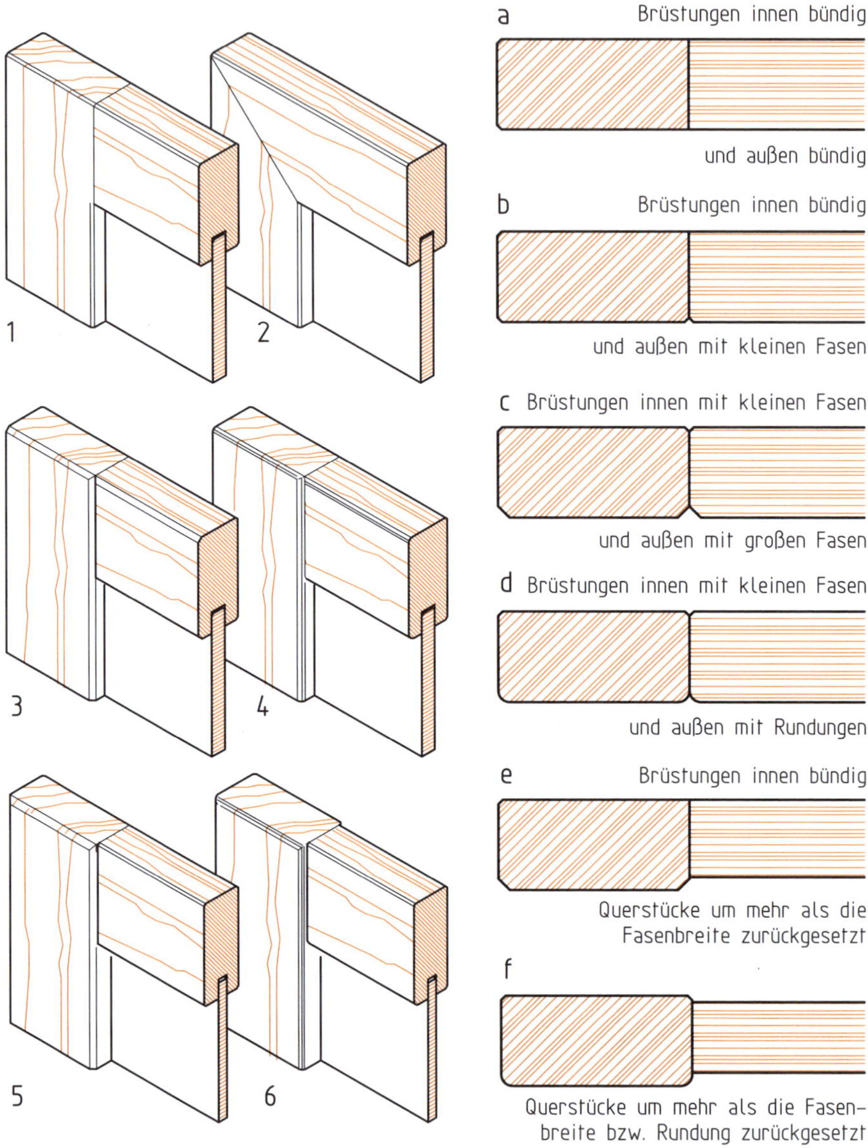

B 2.4-2 Ausbildung der Brüstungen bei Rahmenecken. 1 Stumpf, innen und außen bündig, 2 auf Gehrung, innen und außen bündig, 3 und 4 betonte Brüstung, durch Fasen oder Rundungen an innerer Rahmenkante und Brüstung des Querstücks, 5 außen zurückspringendes Querstück, 6 außen und innen zurückspringendes Querstück (die Querstücke sind dünner als die aufrechten Rahmenstücke).

2.4.1 Eingenutete Füllungen

Eingenutete Füllungen müssen beim Zusammenbauen des Rahmens eingesetzt werden. Bei Vollholzfüllungen muss die Nute tiefer sein als bei Sperrholzfüllungen, denn die Nutwange muss die Quell- und Schwindmaße der Vollholzfüllung abdecken können. Sind die Rahmenecken geschlitzt, ist die Nutbreite mit der Schlitzteilung abzustimmen (B 2.4-3 bis 6).

2.4.2 Einseitig verleistete Füllungen

Füllungen können in einen Falz gelegt und einseitig verleistet werden. Der Füllungsstab kann je nach Schmuckeffekt innen oder außen liegen. Mit dem Rahmen bündige Leisten sind zu vermeiden. Die Leisten sollten an den Rahmenkanten mindestens 3 mm vor- oder zurückspringen oder mit einer Schattennut vom Rahmen getrennt werden. Ausgefälzte Leisten haben den Vorteil, dass sie die Fuge am Rahmen abdecken, aber den Nachteil, dass sie für die Füllungsdicke genau eingepasst werden müssen (B 2.4-7).

2.4.3 Zweiseitig verleistete Füllungen

Im Rahmen mit glatten Innenkanten können die Füllungen durch innere und äußere Leisten gehalten werden. Häufig wird man die äußeren Leisten mit einem Falz versehen und einleimen. Sie bilden dann den Falz für die Füllung. Die innere Leiste wird dann eingeschraubt oder eingestiftet. Sie sollte bei Holzfüllungen nicht ausgefälzt werden, damit sie die Toleranzen aus Falzmaß und Füllungsdicke aufnehmen kann (B 2.4-8)

2.4.4 Überschobene Füllungen

Bei überschobenen Füllungen liegen die Füllungen teilweise auf dem Rahmen auf. Dadurch werden dickere Füllungen erforderlich. Ist die innere Seite der Konstruktion nicht sichtbar, kann man die überschobene Füllung aus dünnerem Furniersperrholz herstellen und durch Nutleisten oder -klötze befestigen (B 2.4-9).

2.4.5 Füllungen mit Kehlstoß

Bei besonders stark gegliederten Flächen können die Füllungen mit Kehlstoß eingebaut werden. Je nach Ausführungsart unterscheidet man Kehlstoßleisten und Kehlstoßrahmen (B 2.4-9).

2.4.6 Imitierte Rahmen und Füllungen

Um die Vorteile der furnierten Sperrholz-, Span- oder Faserplatten auszunutzen, ohne auf die architektonische Gliederung von Rahmen und Füllungen verzichten zu müssen, kann durch aufgeleimte oder eingeleimte Leistenrahmen, durch aufgeleimte dünne Rahmen oder Füllungen, durch Einfräsungen in der Fläche oder durch an die Kanten der Flächen angeleimte Profilleisten die Wirkung von Rahmen und Füllung vorgetäuscht werden. Solche Lösungen werden besonders für industrielle Fertigungen gewählt. Bei einseitig aufgeleimten Rahmen, Leisten und Füllungen muss aber mit einem Verziehen der Fläche gerechnet werden. Auf jeden Fall sind spannungsarme Kleber zu verwenden (B 2.4-10).

2.4.7 Sprossen

Durch Sprossen lassen sich die Rahmen in kleinere Füllungsfelder gliedern. Die Sprossen werden an den Kreuzungspunkten überschnitten. Dabei gehen in der Regel die aufrechten Sprossen an der Sichtseite durch. Bei schlichten geradkantigen Sprossen genügt eine einfache Überplattung. Bei profilierten Sprossen wird nur der Steg der Sprosse überplattet, der profilierte Teil der Sprosse muss auf Gehrung überschnitten werden (B 2.4-11).

Im Möbelbau ist man immer wieder bemüht, die Sprossen so zierlich wie möglich zu halten. Der Sprossensteg wird so dünn wie möglich aus Metall oder Kunststoff hergestellt und dann beidseitig verleistet, oder zierliche Sprossenrahmen werden auf die Glasflächen geklebt oder von hinten auf die Glasfläche geschraubt (B 2.4-12).

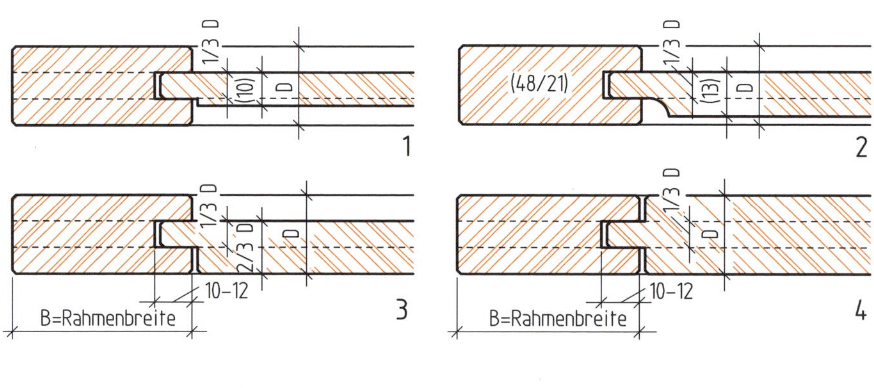

B 2.4-3 Eingenutete Vollholzfüllungen. 1 Einseitig abgefälzte Füllung, 2 einseitig gekehlte Füllung, 3 einseitig abgefälzte Füllung, Füllung mit einer Rahmenkante bündig, 4 beidseitig abgefälzte Füllung, innen und außen bündig.

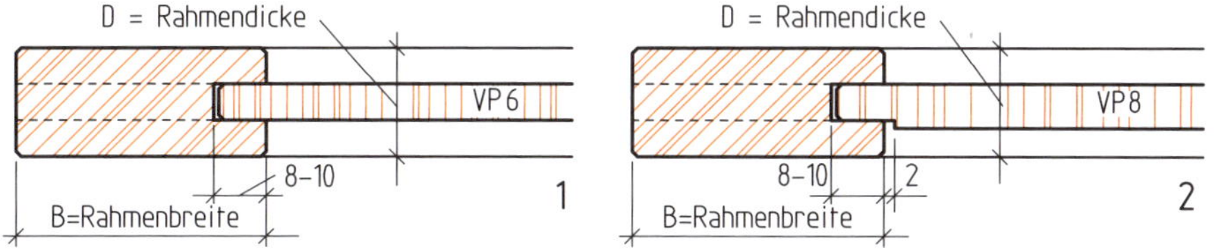

B 2.4-4 Rahmen mit eingenuteter Furniersperrholzfüllung. 1 Volle Dicke eingenutet, 2 durch einseitige Abfälzung auf die Nutbreite angepasst.

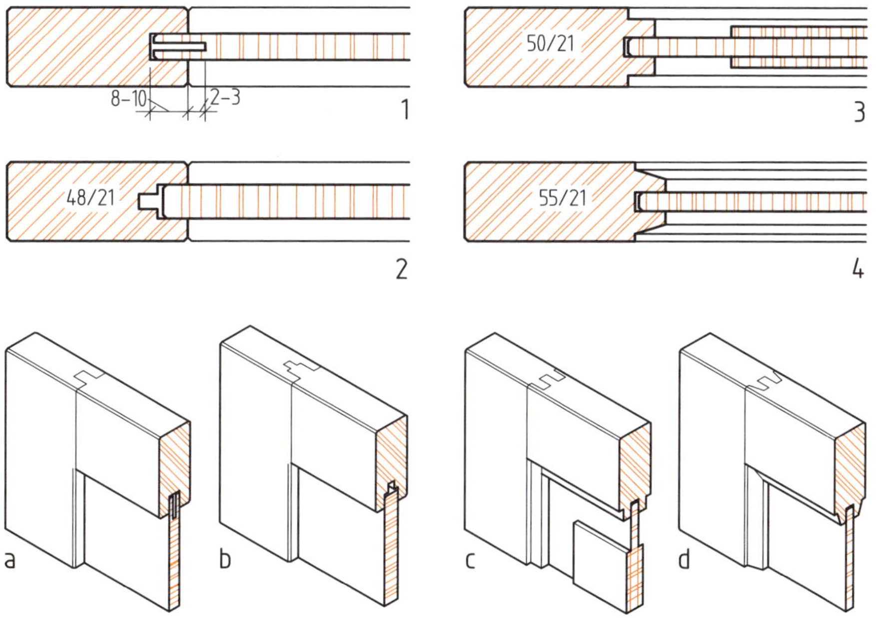

B 2.4-5 Rahmen mit eingenuteter, beidseitig sichtbarer Furniersperrholzfüllung. 1 Zum Ausgleich von Toleranzen sind die Sperrholzkanten genutet (a), 2 verhältnismäßig dicke Spanplattenfüllung, die Eckverbindung wird durch eine kleinere Nut erweitert (b), 3 beidseitig aufgedoppelte Füllung (c), 4 Rahmen innen genutet und mit Konterprofil versehen (d).

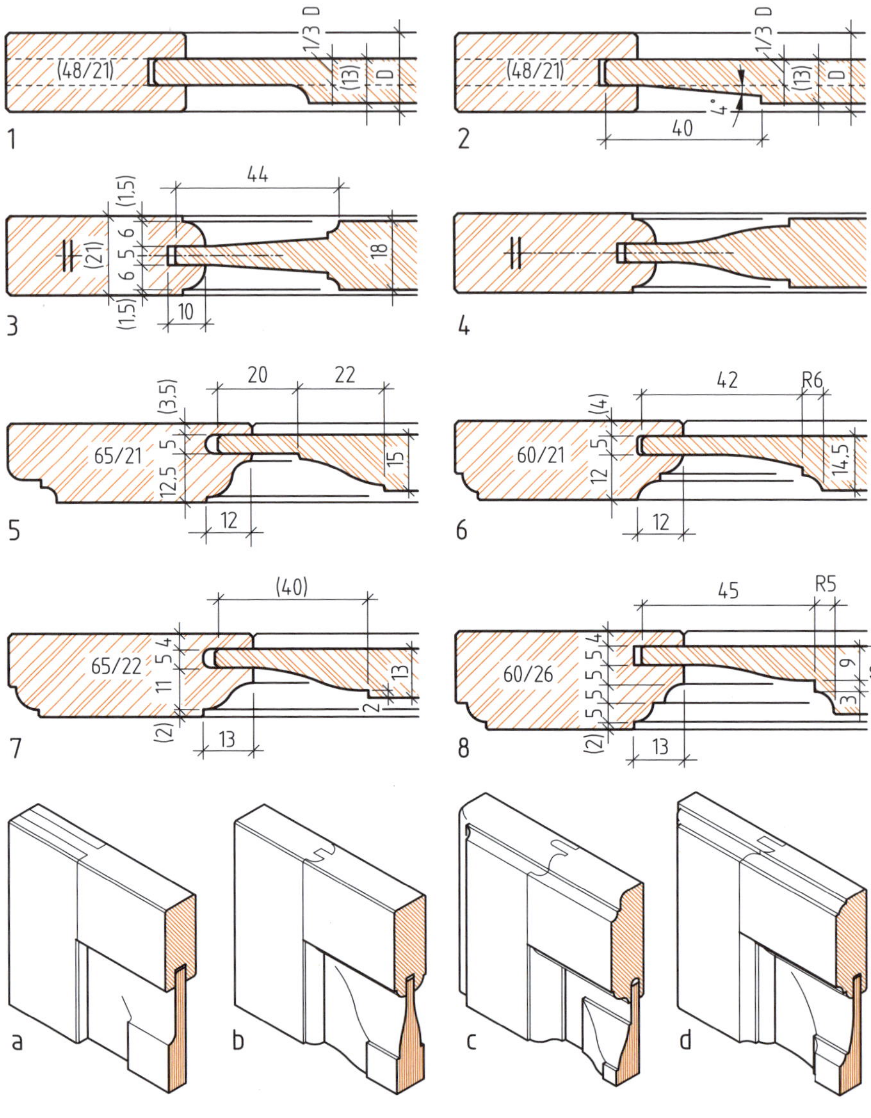

B 2.4-6 Rahmen mit abgeplatteten oder profilierten Vollholz- Füllungen. 1 Einseitig abgekehlte Füllung (a), 2 einseitig abgeplattete Füllung, 3 beidseitig abgeplattete und profilierte Füllung, Rahmenkanten innen profiliert, 4 beidseitig profilierte Füllung, Rahmenkanten innen profiliert (b), 5 bis 7 (c und d) einseitig profilierte Füllungen, Rahmenkanten innen und außen profiliert (Go, Lei, Leu, Op).

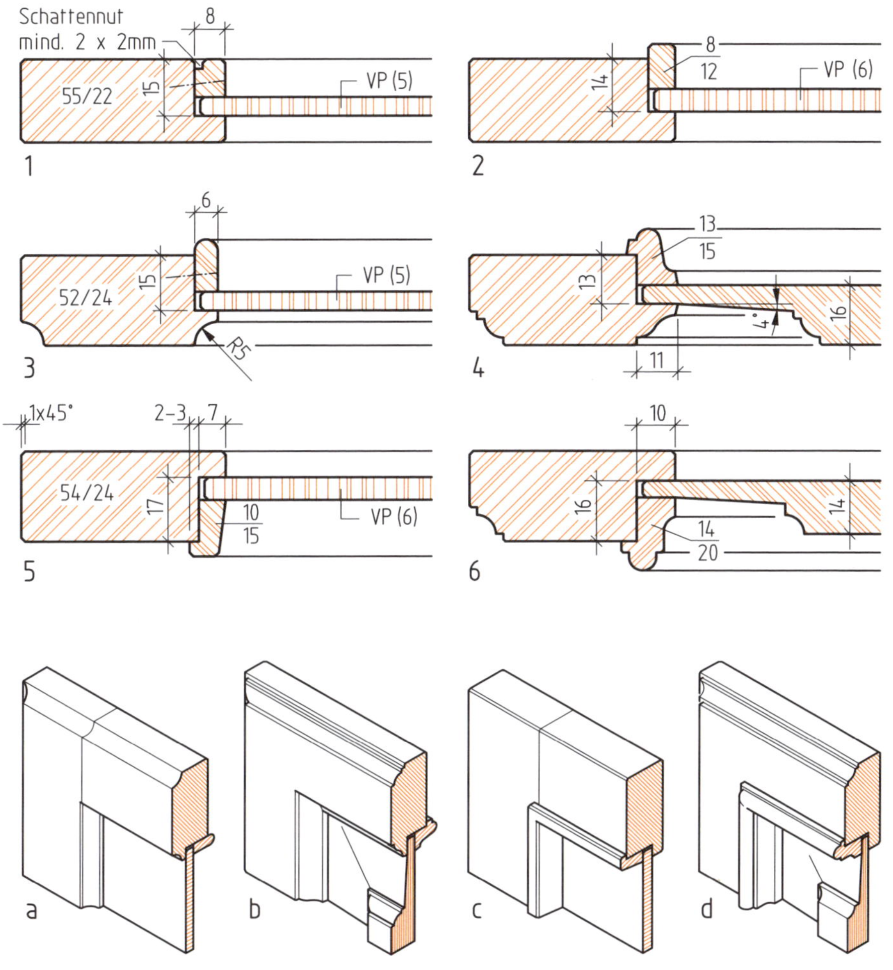

B 2.4-7 Einseitig eingeleistete Füllungen. 1 Füllungsstab mit Zierfalz (Schattennut), von innen verleistet, 2 vorstehender Füllungsstab, von innen verleistet, 3 vorstehender und abgerundeter Füllungsstab, von innen verleistet (a), 4 profilierter und ausgefälzter Füllungsstab, abgeplattete und profilierte Vollholzfüllung (b), 5 ausgefälzter Füllungsstab, von außen verleistet (c), 6 profilierter und ausgefälzter Füllungsstab, von außen eingeleistete, abgeplattete und profilierte Vollholzfüllung (d).

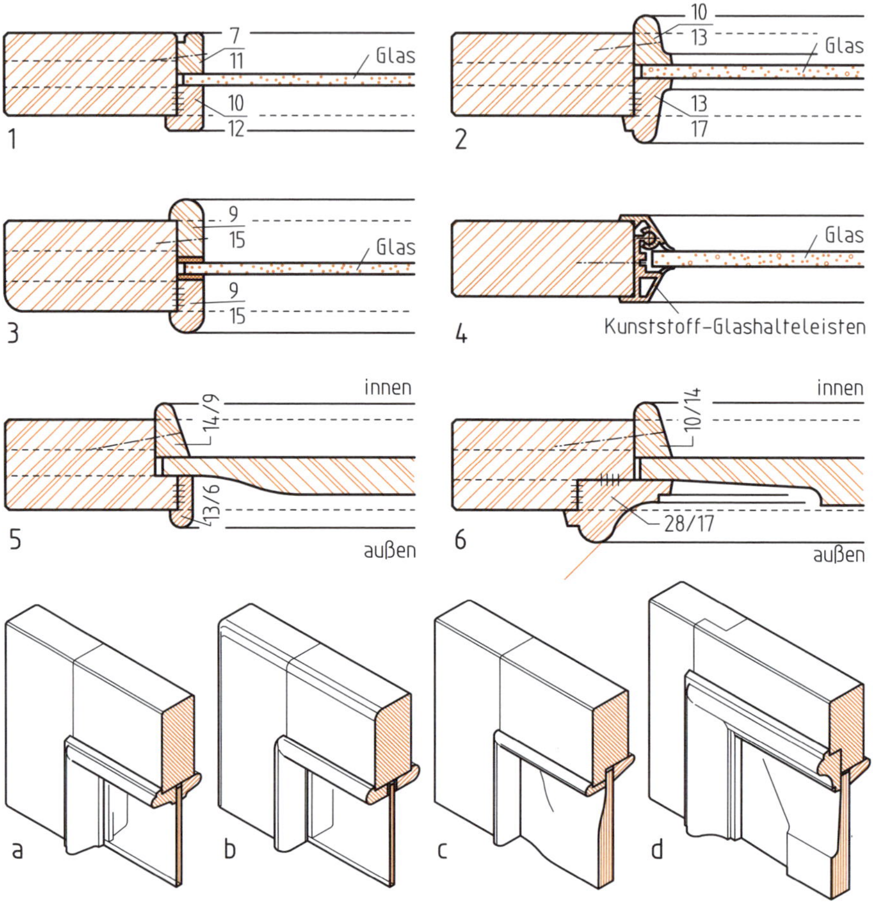

B 2.4-8 Zweiseitig eingeleistete Füllungen. 1 Äußere Leiste überfälzt und eingeleimt, innere Leiste bündig mit Schattennut, 2 profilierte Füllungsstäbe, äußerer überfälzt und eingeleimt, innerer vorstehend (a), 3 innerer und äußerer Füllungsstab ausgefälzt, der äußere ist eingeleimt; zum Toleranzausgleich wurden Vorlegebänder verwendet (b), 4 unsichtbar befestigte Kunststoff-Glashalteleisten, 5 Anschlag mit Zierleiste, innen mit Füllungsstab (c), 6 außen eingefälzte, breite und profilierte Anschlagleiste, innen eingeschraubter Füllungsstab (d).

B 2.4-9 (Seite 91) Dicke Füllungen und Füllungen mit Kehlstoß. 1 Füllungen und Rahmen bündig (a), 2 Füllung in den Rahmen überschoben eingebaut, 3 Rahmen mit außen bündiger Hirnholzfüllung, nur für kleinere Rahmen möglich, 4 Rahmen mit aufgedoppelter Hirnholzfüllung (b), 5 Vollholzfüllung in breiten Kehlleisten (c), 6 überschobener Kehlstoßrahmen (d), 7 und 8 Füllungen in Kehlstoßrahmen eingenutet.

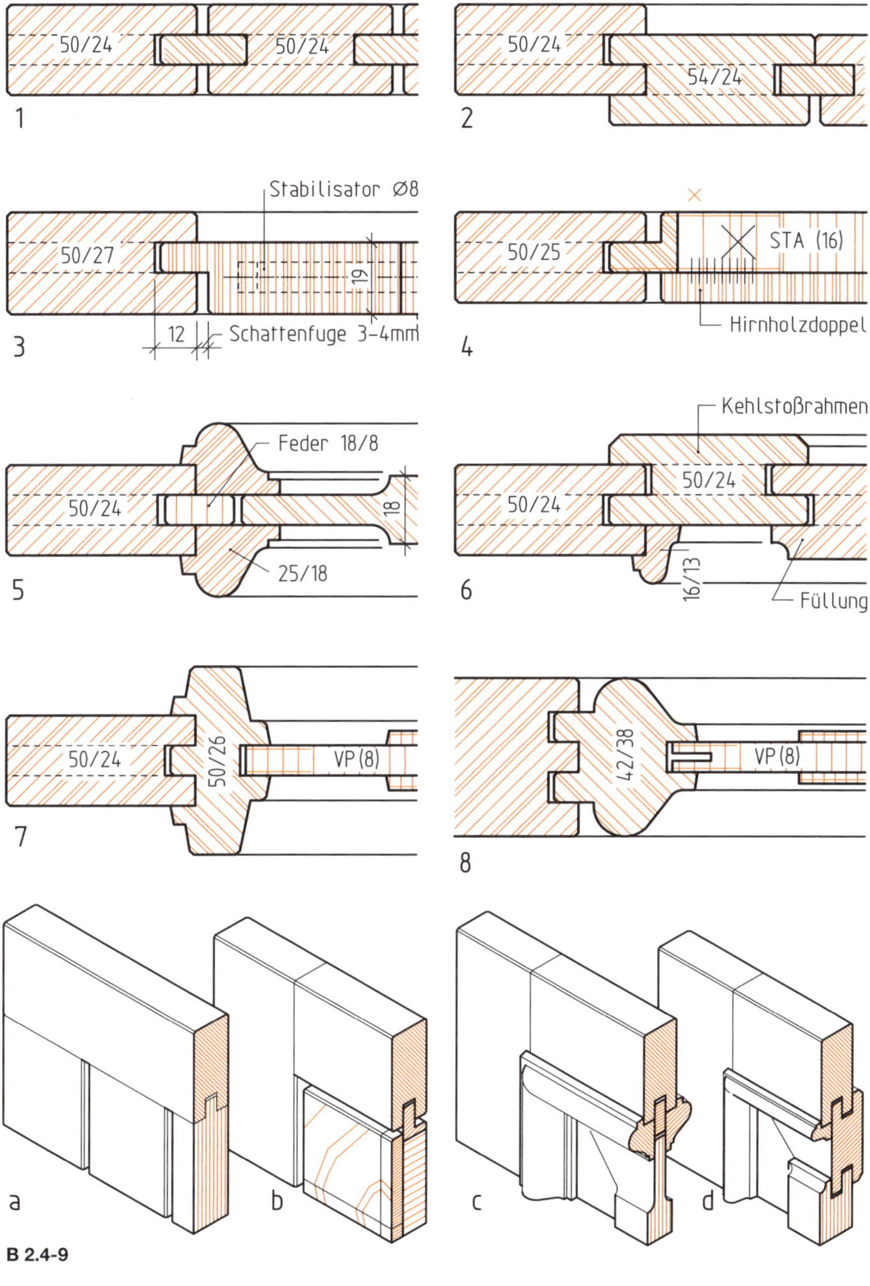

50/24
50/24
1
50/24
54/24
2
Stabilisator Ø8
50/27
19
12
Schattenfuge 3–4mm
3
50/25
STA (16)
Hirnholzdoppel
4
Feder 18/8
50/24
18
25/18
5
Kehlstoßrahmen
50/24
50/24
16/13
Füllung
6
50/24
50/26
VP (8)
7
42/38
VP (8)
8
a
b
c
d

B 2.4-9

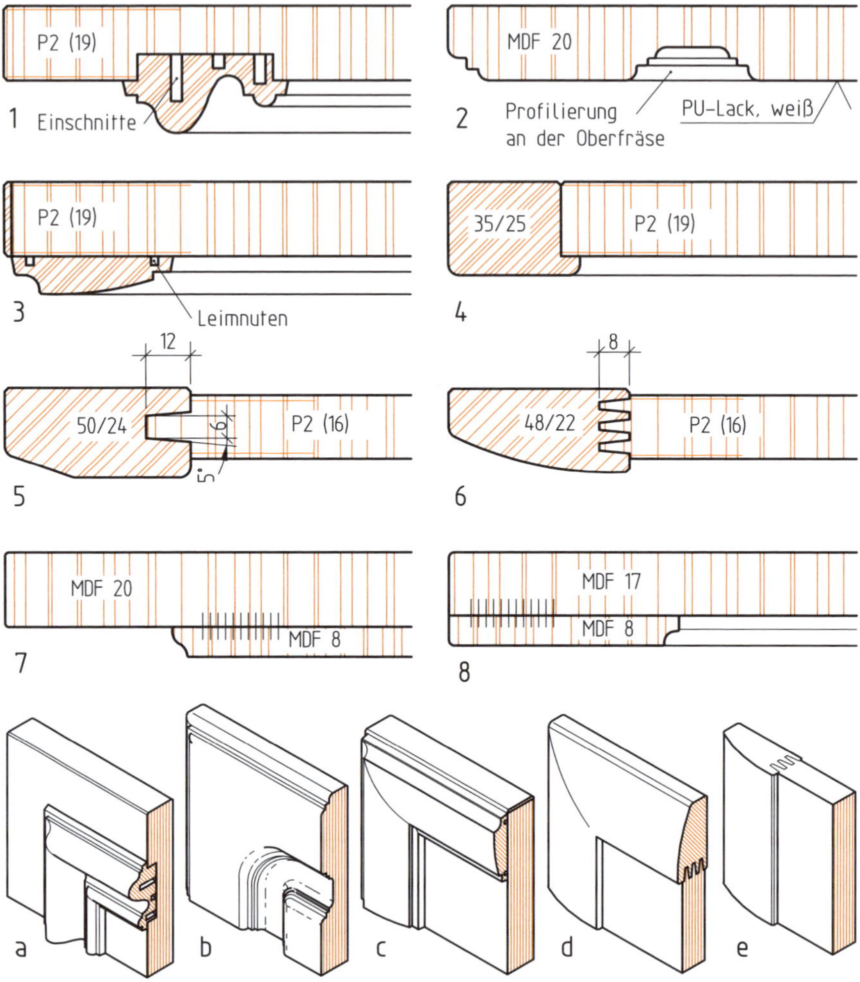

B 2.4-10 Imitierte Rahmen und Füllungen. 1 Furnierte Tür mit eingenutetem Profilleistenrahmen (a), 2 MDF-Platte mit profilierter Oberfläche (b), 3 furnierte Tür mit aufgeklebtem Profilleistenrahmen (c), 4 mit umlaufend angeleimten Vollholzkanten, 5 mit umlaufend (d) und 6 mit seitlich angeleimten Profilleisten (e), 7 und 8 Imitation durch MDF-Aufdoppelungen.

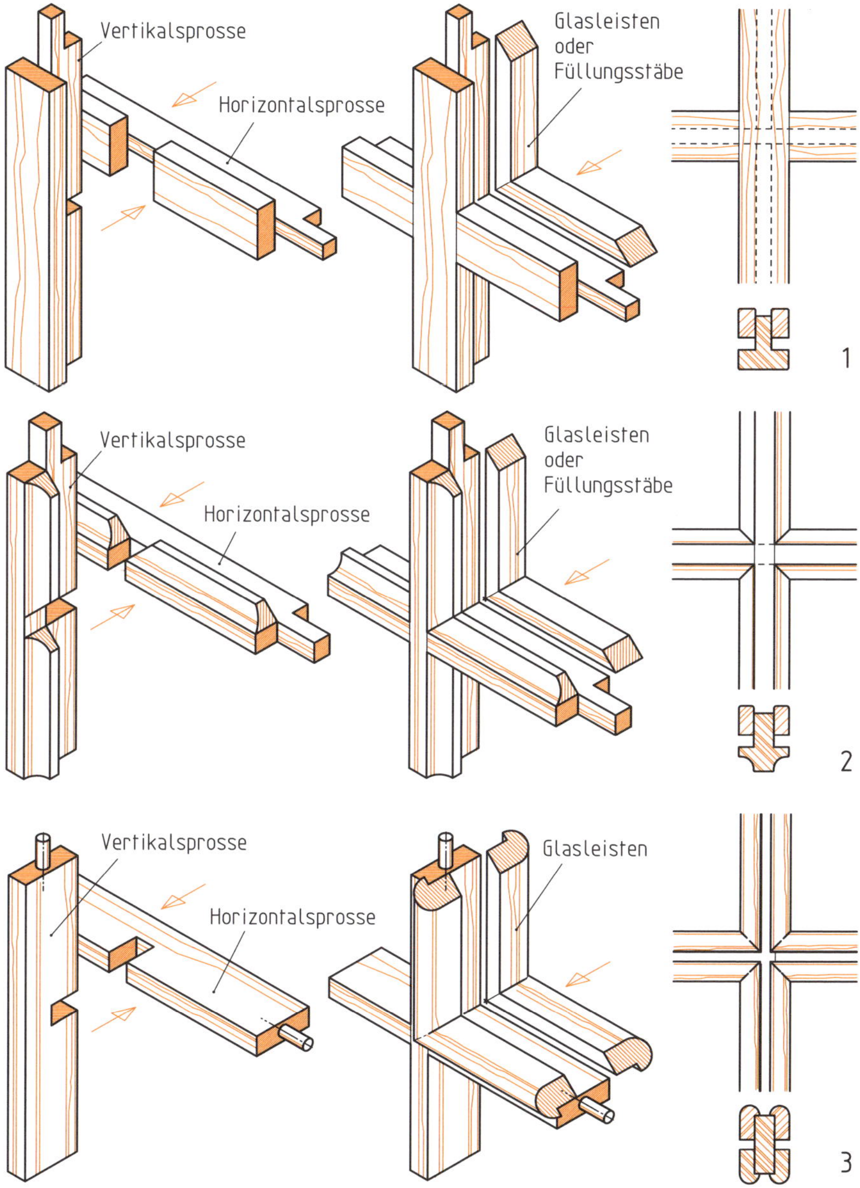

B 2.4-11 Sprossen und Sprossenkreuze. 1 Stumpf überschobenes Sprossenkreuz, nur bei geraden Kanten möglich, 2 profilierte Sprossen auf Gehrung überschnitten, 3 überschnittene Grundsprosse, beidseitig verleistet.

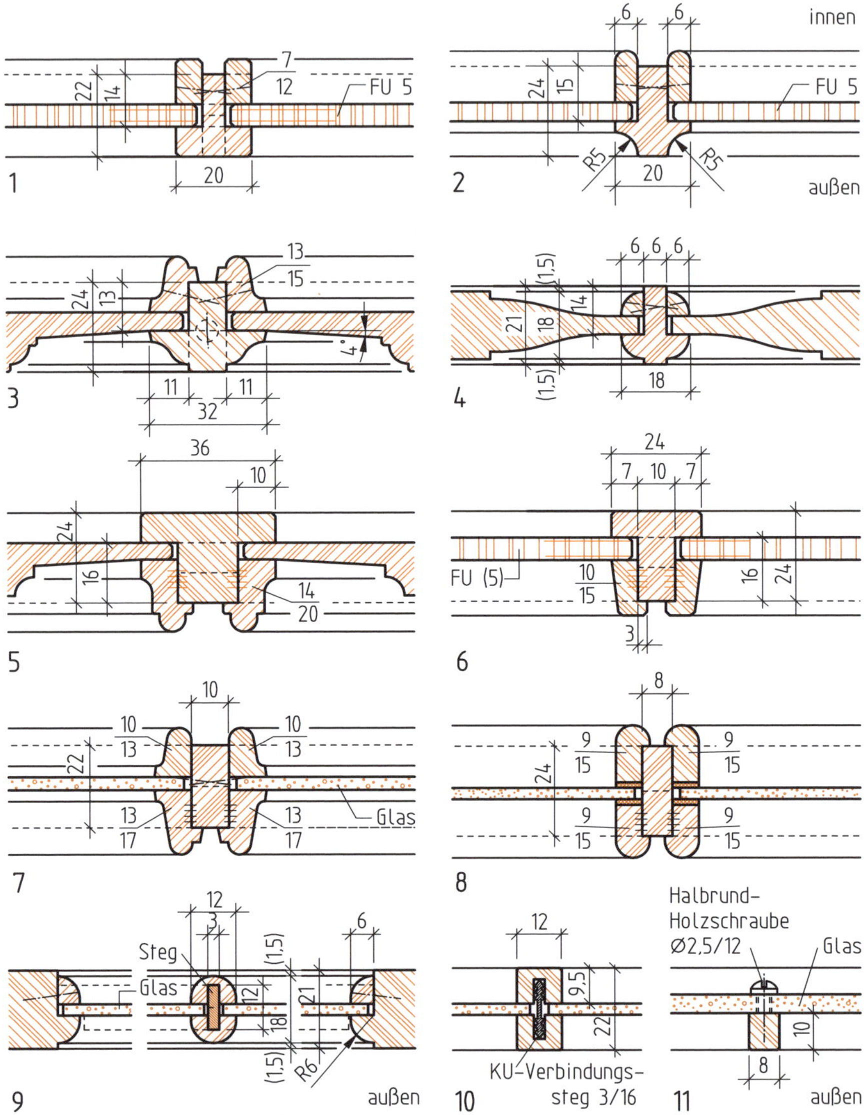

B 2.4-12 Sprossen und Füllungen. 1 Einfache Sprosse, Füllungen von innen eingeleistet, 2 profilierte Sprosse, von innen eingeleistete Füllungen, 3 stark profilierte Sprosse und Füllungsleisten, die ausgefälzt sind, 4 profilierte Sprosse mit zurückspringenden Füllungsstäben, 5 und 6 Sprosse von außen ausgefälzt und von außen eingeleistete Füllungen, 7 und 8 Grundsprossen mit beidseitig eingeleisteten Füllungen, 9 Metallsteg mit aufgesetzten Profilstäben, 10 Kunststoff-Verbindungssteg mit aufgefederten Holzleisten, 11 Scheinsprosse, aufgeklebt oder rückseitig aufgeschraubt.

2.4.8 Metallrahmen und Füllungen

Für den Bau von Möbeltüren gibt es Aluminium-Rahmenprofile, die silberfarben oder edelstahlfarben eloxiert sind. Sie können auf das benötigte Türformat zugeschnitten und vorkonfektioniert werden. Die Rahmenecken werden auf Gehrung geschnitten und rückseitig mit den erforderlichen Bohrungen für die Befestigung der in die Rahmenprofile einzuschiebenden Verbindungswinkel versehen. Außerdem können auch die Aussparungen für den Einbau der Topfscharniere auf der Rahmeninnenseite eingefräst werden. Bei den zweiteiligen Rahmenprofilen sind die Befestigungspunkte der Verbindungswinkel durch das Deckprofil nicht sichtbar.

Die Rahmen weisen Nuten für die Aufnahme von 4 bis 5 mm dicken Glasfüllungen auf. Als Klapperschutz können in die Nuten Kunststoffschienen eingelegt werden (B 2.4-13).

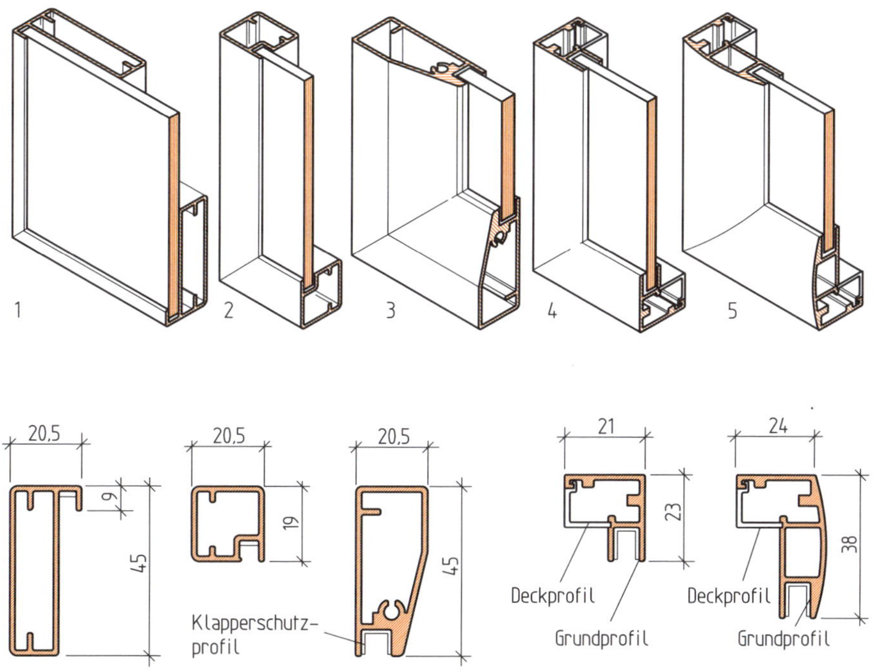

B 2.4-13 Aluminium-Rahmenprofile für Glasfüllungen. 1 Breites Rahmenprofil für große Türformate mit schmaler Sichtkante an den äußeren Rändern (Hä, He). 2 Zierliches Rahmenprofil (Hä, He). 3 Breites, zur Füllung hin abgeschrägtes Alu-Rahmenprofil (He). 4 und 5 Zweiteilige Alu-Rahmenprofile, bestehend aus dem äußeren Rahmenprofil und dem inneren aufklippsbaren Deckprofil (Hä).

2.5 Profile

Profile sind im Sprachgebrauch der Holzverarbeiter Auskehlungen oder Ausformungen von Leisten und Kanten, also schmückende Elemente, die durch ihre Gliederung, durch das Spiel von Licht und Schatten, die Erzeugnisse formal bereichern können.
Der Ablauf der Profile stellt sich am besten im Querschnitt dar. Als Grundelemente sind hier die Gerade und die Bogenlinie, als Kreis- oder Ellipsenlinie, zu erkennen. Je nach Verlauf der Geraden bezeichnen wir das Profil als Fase oder als Platte, je nach Verlauf der Kreis- oder Ellipsenlinie als Hohlkehle oder Stab. Profile, die durch die Kombination zweier gegenläufiger Kreis- oder Ellipsenbögen entstehen, werden Kamies genannt.
Profile können durch Kanten harte und durch Rundungen weiche Übergänge schaffen. Bei Überfälzungen und Füllungen können Profile den Übergang zwischen zwei Flächenebenen organischer herstellen und je nach Tiefe und Ausdruckskraft des Profils die Flächengliederung mehr oder weniger stark betonen. An Platten- und Werkstückkanten schwächen die Profile optisch die Materialdicke und formen die Kanten haptisch aus.
Um bei Profilen eine gute Form zu erreichen, ist es wichtig, dass es zu einem ausgewogenen Zusammenspiel dieser zwei bis drei Grundelemente des Profils – Gerade, Kreis- und Ellipsenlinie – kommt. Alte Meister legten Wert darauf, dass die Abstände der profilbildenden Kanten spannungsreich vielleicht im Goldenen Schnitt aufeinander abgestimmt wurden. Wiederholungen gleicher Profilelemente sind langweilig und zu vermeiden. Augenhöhe und der Wechsel zwischen Licht und Schatten sind zu berücksichtigen.
Das Profil darf nicht als Einzelelement betrachtet werden, sondern muss sich – in Gliederung, Form und Größe den Charakter des Gesamtprojekts unterstützend – einfügen. Häufig bildet ein Hauptprofil an Gesims, Sockel oder Seite die Dominante, der sich alle anderen Profile unterzuordnen haben. Ganz allgemein verlangen feine Hölzer und zierliche Möbel eine zartere Profilierung als grobe Hölzer und wuchtige Möbel oder Einbauten.
Als Gestaltungselement ist auch das Profil sparsam und mit gefühlvoller Sensibilität einzusetzen (B 2.5-1).

B 2.5-1 (Seite 97) Profilelemente und Profilgrundformen.

B 2.5-2 (Seite 98) Wirkung der verschiedenen Profile in der Untersicht und in der Draufsicht.

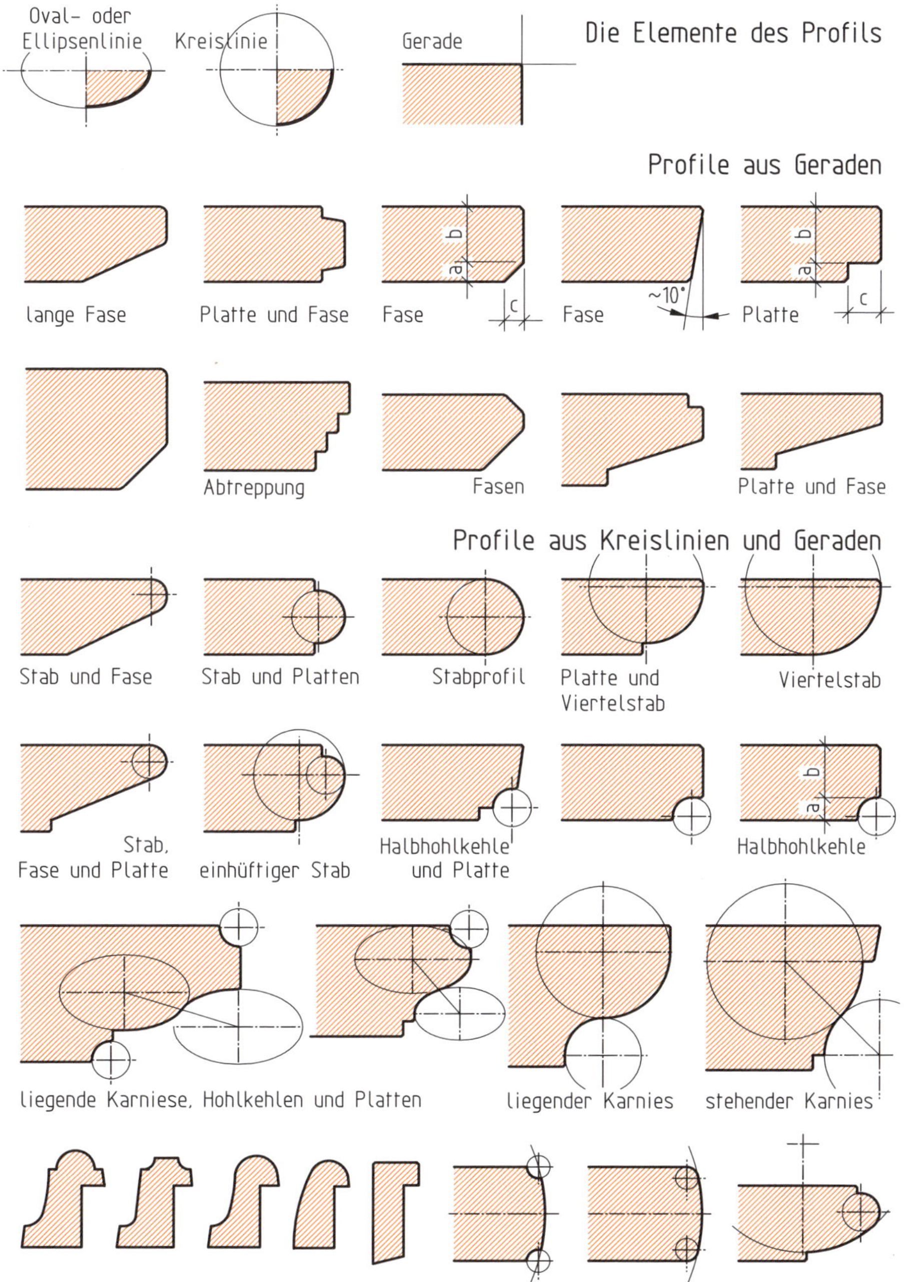
Oval- oder Ellipsenlinie
Kreislinie
Gerade
Die Elemente des Profils
Profile aus Geraden
lange Fase
Platte und Fase
Fase
b
a
c
Fase
~10°
Platte
b
a
c
Abtreppung
Fasen
Platte und Fase
Profile aus Kreislinien und Geraden
Stab und Fase
Stab und Platten
Stabprofil
Platte und Viertelstab
Viertelstab
Stab, Fase und Platte
einhüftiger Stab
Halbhohlkehle und Platte
b
a
Halbhohlkehle
liegende Karniese, Hohlkehlen und Platten
liegender Karnies
stehender Karnies
Profile für Füllungsstäbe
zusammengesetzte Kreislinien

B 2.5-1

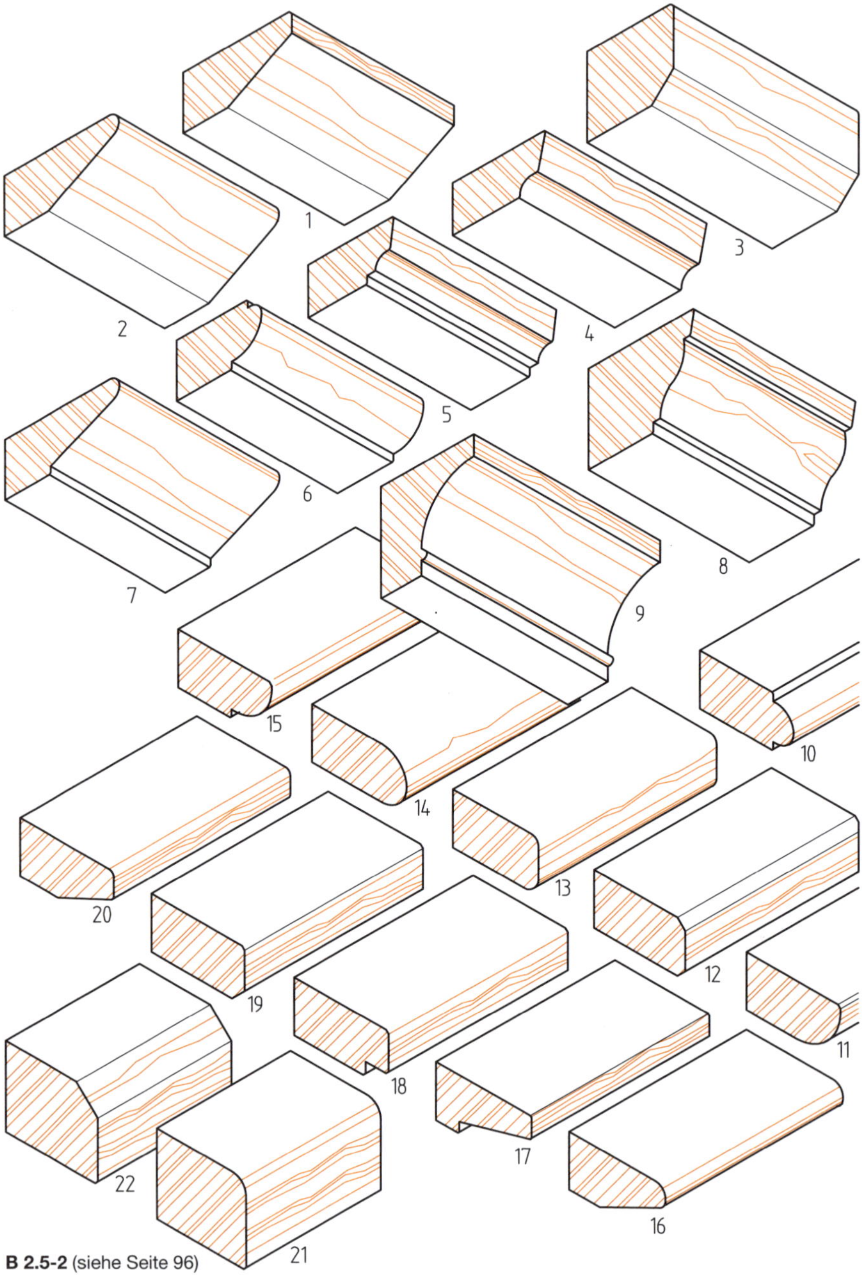

B 2.5-2 (siehe Seite 96)

2.6 Kantenausbildung

Furnierte oder kunstharzbeschichtete Platten müssen auch an den Kanten oder Schmalflächen sauber aussehen und gegen mechanische Beanspruchung wie Stoß geschützt werden. Deshalb werden die Kanten der Trägerplatten abgedeckt. Je nach geforderter Funktion, dem verwendeten Material und der Beanspruchung unterscheidet man Vollholzanleimer, -umleimer und -einleimer, Furnierkanten, Kunststoffkanten und aufgesteckte Metallkanten, angegossene Kunststoffkanten und das fugenlos um die Kanten herumgezogene Flächenbeschichtungsmaterial.
Bei furnierten Flächen werden vorwiegend Vollholzkanten als Anleimer oder Umleimer verwendet. Sie werden in der Regel vor dem Furnieren angeleimt. Umleimer sollte man an den Ecken auf Gehrung zusammenschneiden, damit hier kein Hirnholz sichtbar wird. Bei Schmalflächen mit Vollholzan- und -umleimern können die Kanten gut gebrochen, gefast, gerundet, ausgefälzt oder profiliert werden (B 2.6-1).
Übrigens sind aus sicherheitstechnischen Gründen bei einigen Möbelarten wie Büro-, Kinder-, Jugend- und Küchenmöbel bestimmte Radien für die Kantenverrundung und Eckenverrundung vorgeschrieben.
Bei kunstharzbeschichteten Platten werden in der Regel Kunststoffkanten verwendet, die nach dem Zuschnitt der Platten auf die Schmalflächen geklebt werden. Je dicker das Kantenmaterial, desto größer kann der Verrundungsradius sein (B 2.6-2).
Verwendet man Kunststoffkanten oder Metallkanten mit Federsteg, werden diese auf die genuteten Schmalflächen aufgesteckt. Mit geeigneten Maschinen lassen sich an die Kanten auch Kunststoffkanten in verschiedenen Farben angießen. Das Flächenbeschichtungsmaterial kann aber auch um die profilierte Kante fugenlos herumgeformt werden. Dies Verfahren wird Postforming genannt (B 2.6-3).

B 2.6-1 (Seite 100) Kantenschutz an Platten. 1 Vollholzanleimer nicht überfurniert (a), 2 dünner Vollholzanleimer, überfurniert (b), besonders bei dicken Anleimern kann sich die Leimfuge auch durch den Furnier abzeichnen, 3 Sperrholz- oder Spanplatte mit nach dem Furnieren angeleimter Furnierkante (c), 4 aufgedoppelte Platte mit dünner Vollholzkante, 5 mit Vollholz aufgedoppelte Span- oder Sperrholzplatte, anschließend mit dickem Anleimer versehen, 6 bei dünner Furnierkante wird sich die Leimfuge abzeichnen, 7 Plattenkante stark abgeschrägt und für Profilierung mit Vollholzeinleimer und -anleimer versehen, 8 Kante mit Anleimern versehen, abgeschrägt und überfurniert, 9 Furnier um die Schräge und die schmale Kante herumgezogen, 10 bis 12 Einleimer, 13 Anleimer mit Kronenfuge angeleimt, für stark belastete Kanten (d), 14 vorgefertigte Klemmkante (Os), aus Vollholz z. B. Ahorn (e), 15 Anleimer mit Leimhilfen zur genauen Fixierung, z. B. bei mit Linoleum oder Kunststoff beschichteten Platten (f).

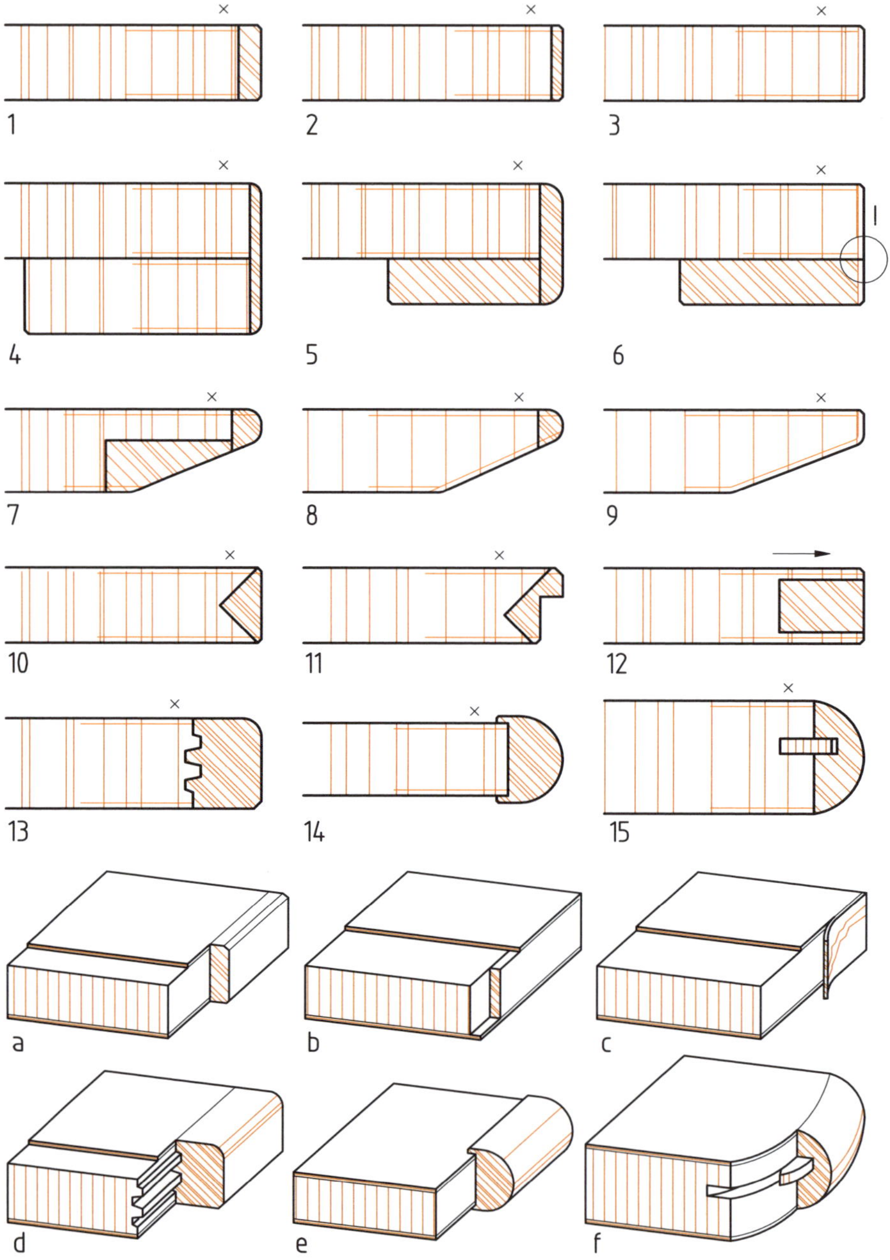

B 2.6-1 (siehe Seite 99)

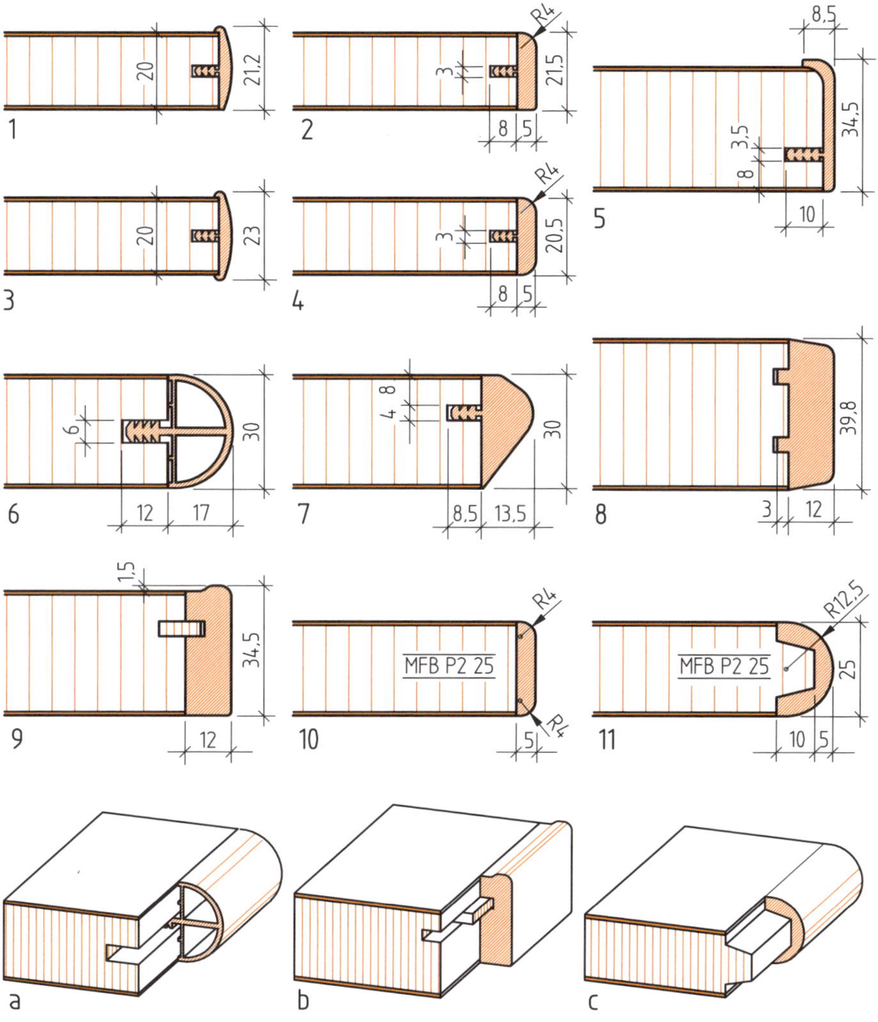

B 2.6-2

B 2.6-2 Metall- und Kunststoffkanten. 1–4 Stegkanten, einseitig oder beidseitig überstehend und flächenbündig, in Aluminium oder PVC (El, Os, Schü), 5 Kantenschutzprofil in Aluminium (Schü), 6 Hohlprofilkante in PVC (a), 7 Profilkante mit Steg in PVC, 8 Doppelstegkante in Acryl, 9 Acrylkante mit kleiner Wassernase (b), 10 und 11 melaminharzbeschichtete Spanplatten mit angegossener PU-Kante (c). Platte und Kante recycelbar (OS).

B 2.6-3 (Seite 102) Einseitig oder beidseitig profilierte Platten. Die HPL-Beschichtung ist nahtlos um die Profilkanten herumgezogen. 1–9 Auszug aus den Profilvarianten der Postforming-Spezialelemente (Pfl).

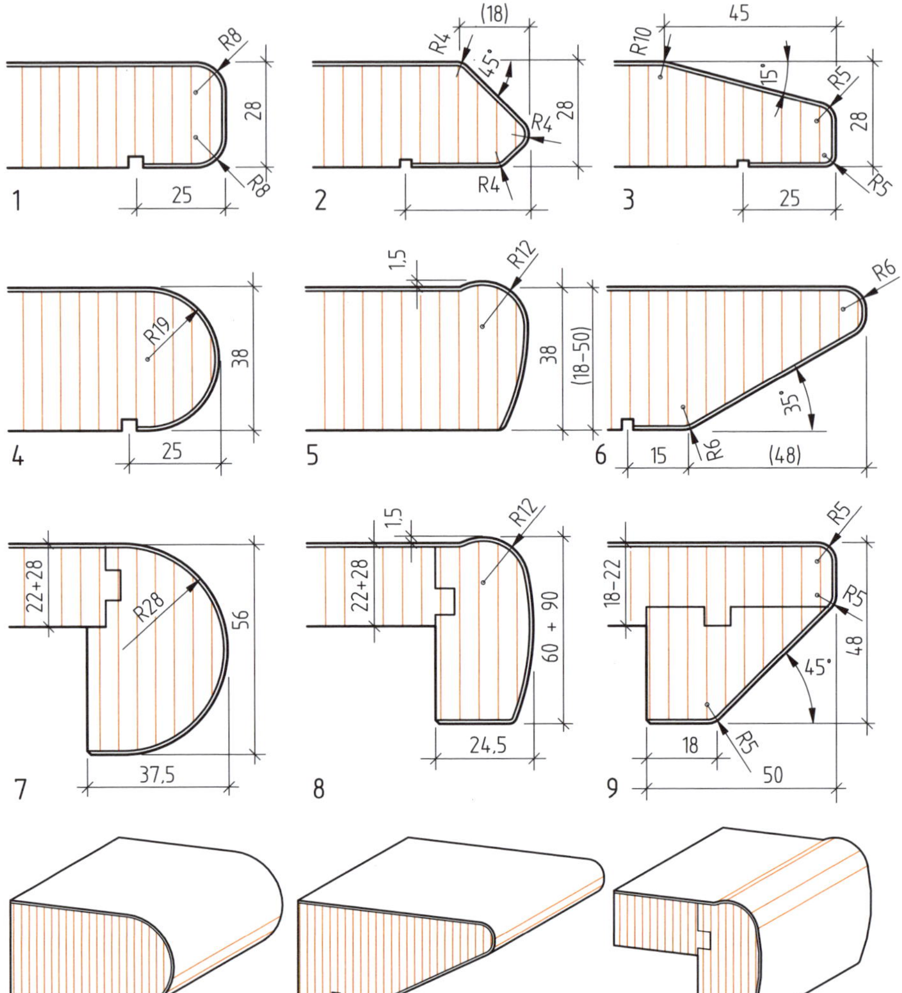

B 2.6-3 (siehe Seite 101)

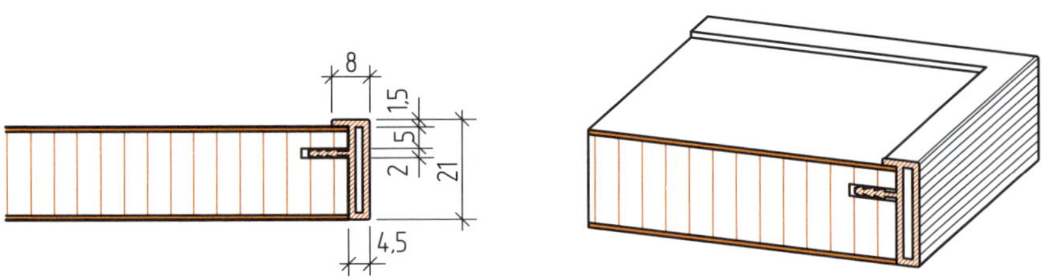

B 2.6-4 Alu-Zierkante, z. B. an Türkanten (Hä).

3 Möbel und Möbeldetails

Möbel haben als bewegliche (mobile) Einrichtungs- und Gebrauchsgegenstände verschiedene dem Menschen und seinen Bedürfnissen entsprechende Aufgaben zu erfüllen. Sie müssen nicht nur zweckmäßig, material- und fertigungsgerecht konstruiert, sondern auch formschön gestaltet sein.

3.1 Möbelbezeichnungen, Möbelteile und Möbelmaße

Die Bezeichnungen der Möbel und Möbelteile sind nicht alle genormt oder im deutschen Sprachgebrauch einheitlich festgelegt. Es wird versucht, die allgemein üblichen Begriffe zu benutzen. Bei den Möbelmaßen werden – wo vorhanden – die genormten Maße genannt. In den übrigen angegebenen Maßbereichen bleibt dem Konstrukteur ein breites Toleranzfeld für die Dimensionierung offen.

3.1.1 Möbelbezeichnungen

Möbel werden je nach Einsatzbereich und Funktion, je nach der Ausführung und des verwendeten Werkstoffs gemäß DIN 68871 und DIN 68880 in verschiedene Arten eingeteilt.
Nach dem Verwendungs- oder Einsatzbereich in Haus und Wohnung sind Wohn-, Speise-, Schlaf-, Kinder- und Jugendzimmermöbel, Badmöbel, Garderoben- und Dielenmöbel zu unterscheiden. In anderen Bereichen unterscheidet man z. B. Büromöbel, Schulmöbel, Kindergartenmöbel, Gartenmöbel, Labormöbel.
Nach dem Werkstoff oder der Ausführung unterscheidet man z. B. Holz-, Korb-, Kunststoff- und Metallmöbel sowie Polster- und Stilmöbel.
Stilmöbel sind im Gegensatz zu den mindestens 100 Jahre alten Antikmöbeln oder den Möbelreproduktionen neuzeitlich gefertigte Möbel, die lediglich Merkmale einer bestimmten Stilepoche aufweisen.
Bei Holzmöbeln sind Massivholz-, d. h. Vollholzmöbel zu unterscheiden, die mit Ausnahme der Rückwand und der Schubkastenböden durchgehend aus der benannten Holzart bestehen, sowie furnierte Möbel, bei denen die sichtbaren Teile aus der genannten Furnierart oder mehreren bezeichneten Furnierarten sein müssen, und kunststoffbeschichtete Möbel. Nach der Funktion teilt man in Behältnismöbel wie Kleiderschranke, Anrichten, Kommoden usw., in Kleinmöbel wie

Servierwagen, Blumentische, in Garderoben, in Liegemöbel und in Sitzmöbel ein. Nach der Verwendung im Raum sind Einzelmöbel und Systemmöbel wie An- und Aufbaumöbel und Endlosschränke usw. zu unterscheiden. Nach der Konstruktion teilt man in Korpusmöbel wie Schränke und Truhen, in Regale, dies sind Möbel mit offenen Fronten, und in Tische ein.

B 3.1-1a Verschiedene Einzelmöbel, 1 Truhe, 2 Schreibpult, 3 Kommode, 4 Schreibsekretär, 5 kleine Anrichte, 6 Vitrine, 7 TV-Board, 8 Sideboard oder Anrichte.

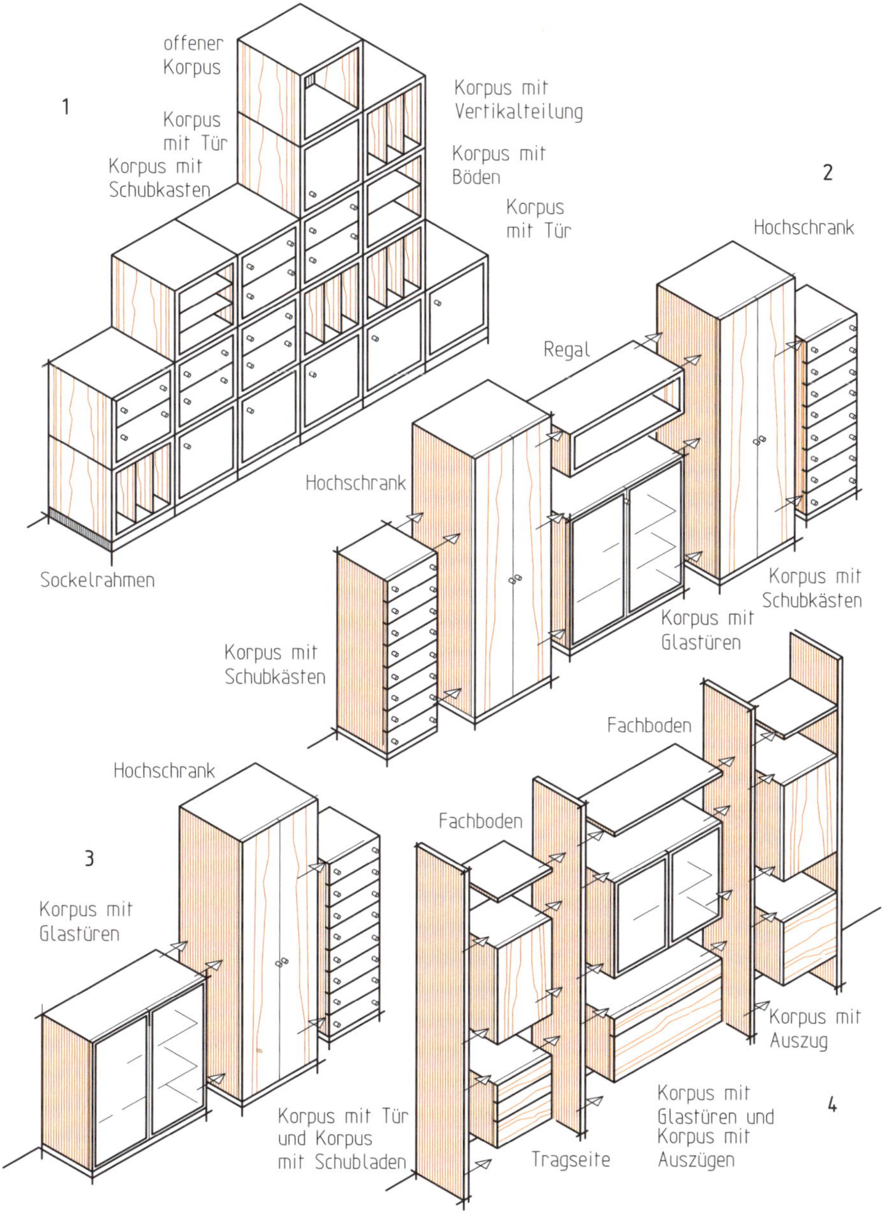
offener Korpus
1
Korpus mit Tür
Korpus mit Schubkasten
Korpus mit Vertikalteilung
Korpus mit Böden
Korpus mit Tür
2
Hochschrank
Regal
Hochschrank
Sockelrahmen
Korpus mit Schubkästen
Korpus mit Glastüren
Korpus mit Schubkästen
Fachboden
Hochschrank
Fachboden
3
Korpus mit Glastüren
Korpus mit Auszug
Korpus mit Tür und Korpus mit Schubladen
Tragseite
Korpus mit Glastüren und Korpus mit Auszügen
4

B 2.2-44

3.1.2 Möbelmaße

Die Maße der Möbel werden einerseits durch die Körpermaße des Menschen und andererseits durch die Bedarfsmaße der unterzubringenden Gegenstände bestimmt. Da die Möbel für Menschen verschiedener Größe gebaut werden, ist für die anthropometrische und ergonomische Gestaltung ein durchschnittliches Körpermaß zugrunde zu legen. Wichtig ist die richtige Wahl und Abstufung der Möbelhöhen. So müssen z. B. Sitzhöhe und Tischhöhe gut aufeinander abgestimmt, die Arbeitshöhen im Sitzen und Stehen richtig festgelegt und die oberste und unterste Greifhöhe im Sitzen oder Stehen beachtet werden. Die Größe des Möbelvolumens wird dagegen häufig vom Bedarf her bestimmt. Menge und Größe der unterzubringenden Gegenstände, das Platzangebot am Aufstellungsort und die Transportmöglichkeit beeinflussen unter anderem die Ausmaße des Möbels (B 3.1-1 und Tabelle 3.1-1 und 2).

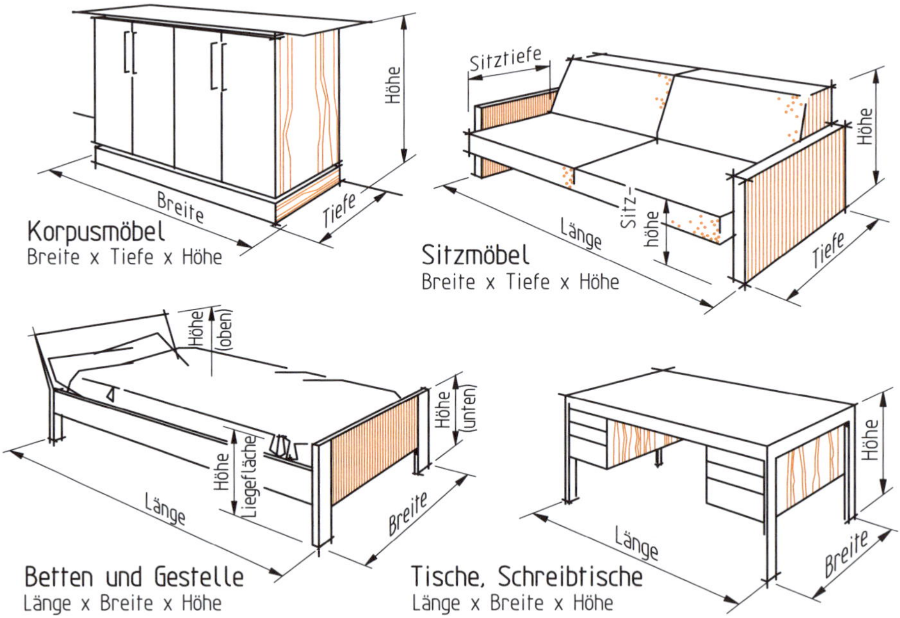

B 3.1-1 Maßbezeichnungen und -angaben bei den verschiedenen Möbelarten.

B 3.1-1b (Seite 105) Systemmöbel, 1 gleich große Korpuselemente mit unterschiedlichen Fronten wahlfrei zusammengestellt, 2 und 3 Anbaumöbel aus unterschiedlichen Möbelelementen gestaltet, 4 Schrankwand mit in Tragseiten eingehängten Böden und Schränken.

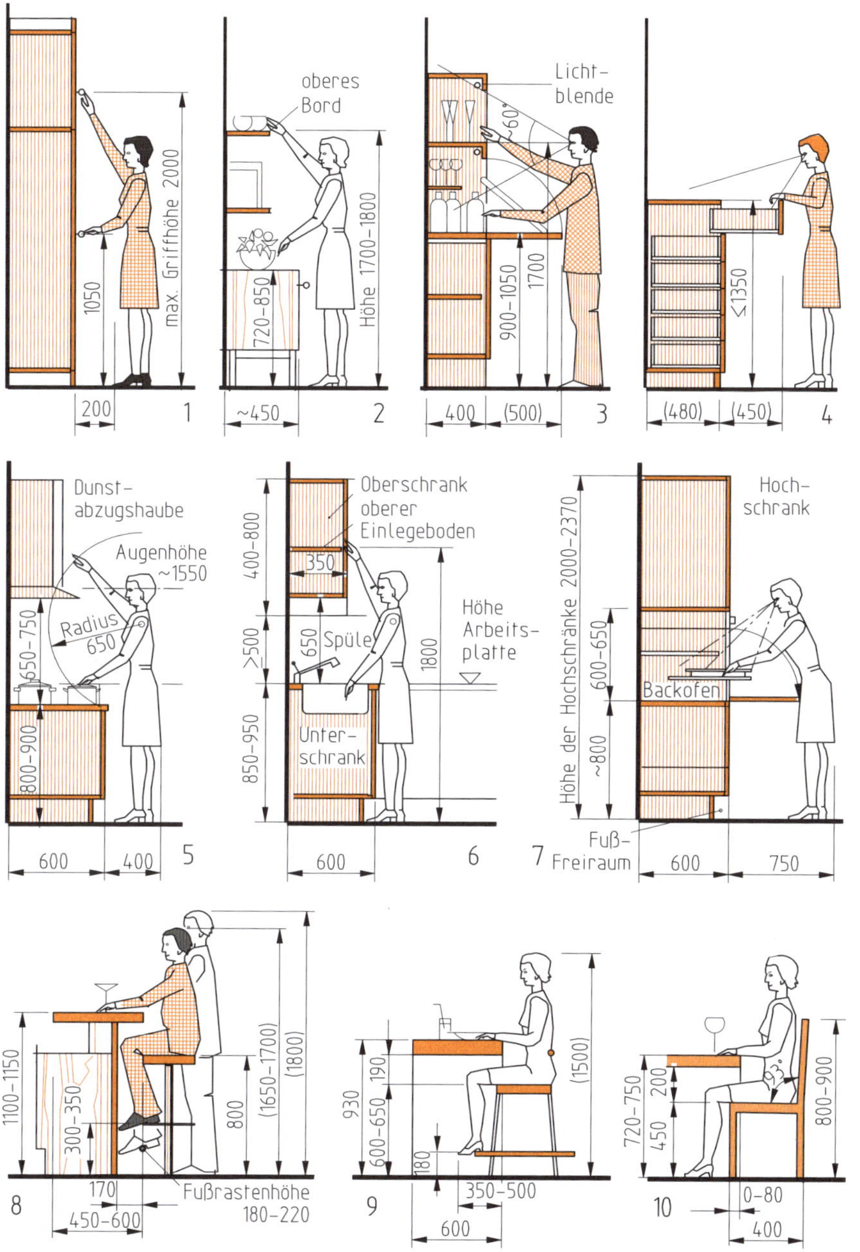

max. Griffhöhe 2000
1050
200
1
oberes Bord
Höhe 1700–1800
720–850
~450
2
Licht-blende
~60°
1700
900–1050
400
(500)
3
≤1350
(480)
(450)
4
Dunst-abzugshaube
Augenhöhe ~1550
Radius 650
650–750
800–900
600
400
5
Oberschrank
oberer Einlegeboden
350
400–800
>500
650
Spüle
1800
Höhe Arbeits-platte
Unter-schrank
850–950
600
6
Hoch-schrank
Höhe der Hochschränke 2000–2370
600–650
Backofen
~800
7
Fuß-Freiraum
600
750
1100–1150
300–350
800
(1650–1700)
(1800)
170
450–600
Fußrastenhöhe 180–220
8
930
190
600–650
180
(1500)
350–500
600
9
720–750
200
450
800–900
0–80
400
10

B 3.1-2

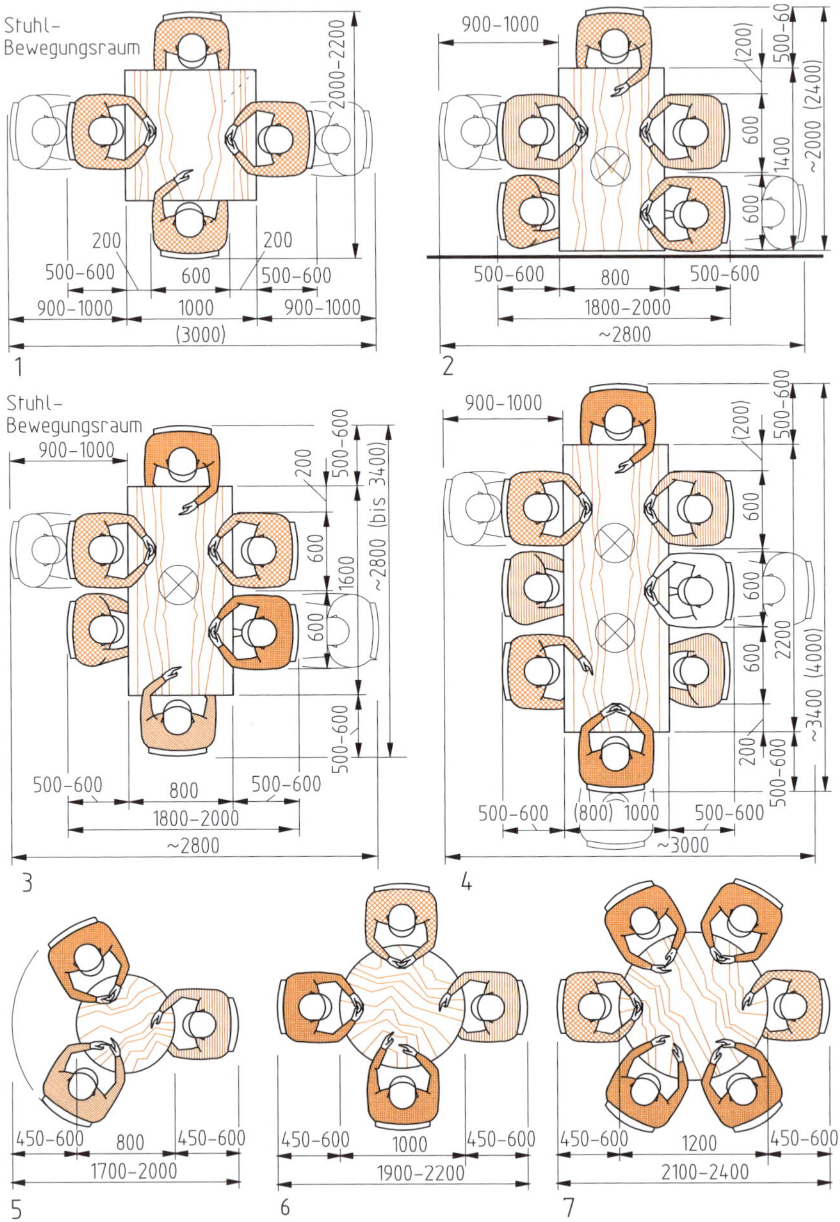

B 3.1-3 Tischgrößen in Abhängigkeit von der Anzahl der Bestuhlung.

Tabelle 3.1-1 Konstruktionshöhen der Möbel (in mm)

2300–2400	Hochschränke und Einbauschränke bis zur Decke, Kleiderschränke mit Aufsätzen
2000–2100	Oberkante (OK) der Oberschränke in Küchen (wenn nicht deckenhoch)
	Erreichbares Maß im Stehen
1800–2000	Anbaumöbel, Kompaktschränke im Wohnzimmer
1650–1900	Kleiderschränke, Wäscheschränke
1600–1750	Garderobenhaken- und Kleiderbügelhöhe
	Obere Greifhöhe im Stehen
1530	Hohe Registraturschränke
1500–1650	OK Kleiderstange oder Kleiderträger für lange Kleider (im Lichten)
1360–1410	Unterkante (UK) Hängeschränke in Küchen
1250	Oberster Schubkasten
1200	Oberster Greifbereich im Sitzen
1150–1400	Wohnzimmerschränke
1100–1300	Schreibsekretäre
1100–1150	Arbeitshöhe im Stehen, Theken- oder Bartischplatten
1050–1200	Stehpult
1050–1200	Augenhöhe im Sitzen
900	OK Kleiderstange oder Kleiderträger für kurze Kleidung (i.L.)
900–1120	Höhenverstellbare Bildschirm-Steharbeitsplätze
860–910	Arbeitsplatten in Küchen
800–850	OK Waschbecken
780–800	Barhocker
750–1200	Wäschekommoden
750–820	Stuhllehnen
720–1150	Dielenschränkchen
720–850	Anrichten
720–750	Auszugtische, Esstische, Sitzungstische, Aktenständer
720	Schreibtische (alte Schreibtische 750)
680–760	Höhenverstellbare Bildschirmarbeitsplätze
650–680	Schreibmaschinentische
650	Arbeitsplatten in Küchen für sitzende Tätigkeit
	Unterster Greifbereich im Stehen
	Mindesthöhe zwischen Herdplatte oder Spüle und Oberschrank
620	Freier Beinraum
570–700	Armlehnenhöhe (1½ Sitzhöhe)
500–600	Clubtische, Teetische, Servierwagen
500	Mindesthöhe zwischen Arbeitsplatte und Oberschrank (Küche)
450–600	Couchtische

B 3.1-2 (Seite 107) Ergonomisch bedingte Maße, 1 bis 3 Griff- und Greifhöhen, 4 Höhe oberster Schubkasten, 5 bis 7 sinnvolle Maße in Einbauküchen, 8 bis 10 Tischhöhen bei verschiedenen Sitzpositionen.

400–600	Nachttische
400–450	Stühle, Bänke (Sitzhöhe)
380–480	Höhenverstellbare Stühle
380–450	Hocker, Betten, Liegen
360–420	Sessel
300	Unterster Greifbereich im Sitzen
150–180	Fußbänke
100–180	Sockelhöhen in Küchen

Tabelle 3.1–2 Grundmaße einiger Möbel (in mm)

Möbelart	Breite/Länge	Tiefe/Breite	Höhe
Aktenregale	450–800	240–350	900–2000
Aktenschränke	500–1250	400–450	900–2000
Aktenständer	650	340	700–750
Anbaumöbel	500, 750, 1000, 1250 400, 600, 800, 1000, 1200	350–450 (480)	700–2000
Anrichten	900–2000	420–550	720–850
Beistelltische	500–650	350–450	500–650
Betten (Liegefläche)	1960 2060 2160 2000	860 960, 1060, 1560 1060, 1560 1400	380–430
Bildschirmarbeitstische	1200,1600	800, 900,1000	720
Bücherregale	400, 600, 800,1000 450, 900 500, 750, 1000	250–350	720–2000
Bücherschränke	900–2000	350–420	720–2000
Büromaschinentische	1200, 1600	600	650
Büroschreibtische	1560 1600	780 800	720
Clubtische	750, 800 ∅ 600, 700, 800	750, 800	500–600
Couchtische	900–1400 ∅ 600–1100	450–700	450–650
Damenschreibtische	800–1100	450–500	1100–1300
Doppelschläferbetten	2000	1400	300–430
Esstische	1200 1400 ∅ 1100–1250	800 900	720–750

Französische Betten	2060	1560	380–430
Hocker	380–450 ∅ 320–360	380–450	380–450
Herrenkommoden	850–1200	460–500	720–1200
Kinderbetten	1200 1300 1400 1500	600 650 700 750	900–1000
Kleiderschränke	600, 750, 900, 1000, 1250 1200, 1500, 1800–2400	580–650	1650–1900
Kleider-Hochschränke	1 M; 1,25 M; 2 M; 2,5 M*	540–580 (i.L)	2200–2350
Küchenoberschränke	300, 400, 450, 500, 600, 750, 800, 900, 1000 2 M; 2,5 M; 3 M*	320–350	500–650
Küchenunterschränke	300, 400, 450, 500, 600, 750, 800, 900, 1000 2 M; 2,5 M; 3 M*	540–600	860–910 mit Arbeitsplatte
Küchenhochschränke	300, 400, 450, 500, 600	540–600	2000–2100
Nachttische	400–650	320–450	400–600
Schreibsekretäre	800–1100	450–500	1100–1300
Schreibtische, klein	1200 1400	800, 900, 1000 700	720
Schreibtische, genormt	1600	800, 900, 1000	750
Schreibtische, groß	1800 2000	900 1000	750
Servierwagen	650–750	450–500	500–600
Sessel	700–800	700–850	360–420
Stühle	380–480	400–500	400–420
Vitrinen	500, 600, 700, 900, 1000, 1150	380–450	1500–1800
Wäschekommoden	850–1200	460–500	720–1150
Wäscheschränke	1000–1800	460–500	1650–1900
Wohnzimmerschränke	450, 500, 600, 750, 900, 1000, 1150, 1200 usw. anbaubar	380–450	1050–1650

Die angegebenen Maße sind zum Teil, z. B. für Küchen- und Büromöbel, genormt. Im übrigen stellen die angegebenen Maße nur einen Planungsrahmen dar, in dem sich die Dimensionen des Möbels bewegen können. Sie werden im einzelnen immer aufs neue von der Funktion des Möbels und der Proportion der Möbelfront zu bestimmen sein. Maße für barrierefreies Wohnen siehe DIN 18040-2.

*) M bedeutet metrisches Maßmodul, aus dem die Maße des Möbelprogramms durch ein Vielfaches dieses Moduls aufgebaut sind. M 1 ≙ 100 mm, M 3 ≙ 300 mm, usw.

3.1.3 Möbelteile

In großen Gruppen betrachtet, bestehen Möbel aus dem Möbelkorpus mit den Einbauten, dem Fußgestell bzw. dem Sockel und der Möbelfront. Der Möbelkorpus wird aus den Korpusseiten links und rechts, dem Oberboden und Unterboden, eventuell einer oder mehrerer fest eingebauter Mittelseiten oder Zwischenböden und der Rückwand zusammengefügt. Statt des Oberbodens werden zum Teil sogenannte Zinkleisten verwendet, und der Unterboden kann eine Rahmenkonstruktion sein, die durch einen Staubboden abgedeckt wird. In diesen Korpus

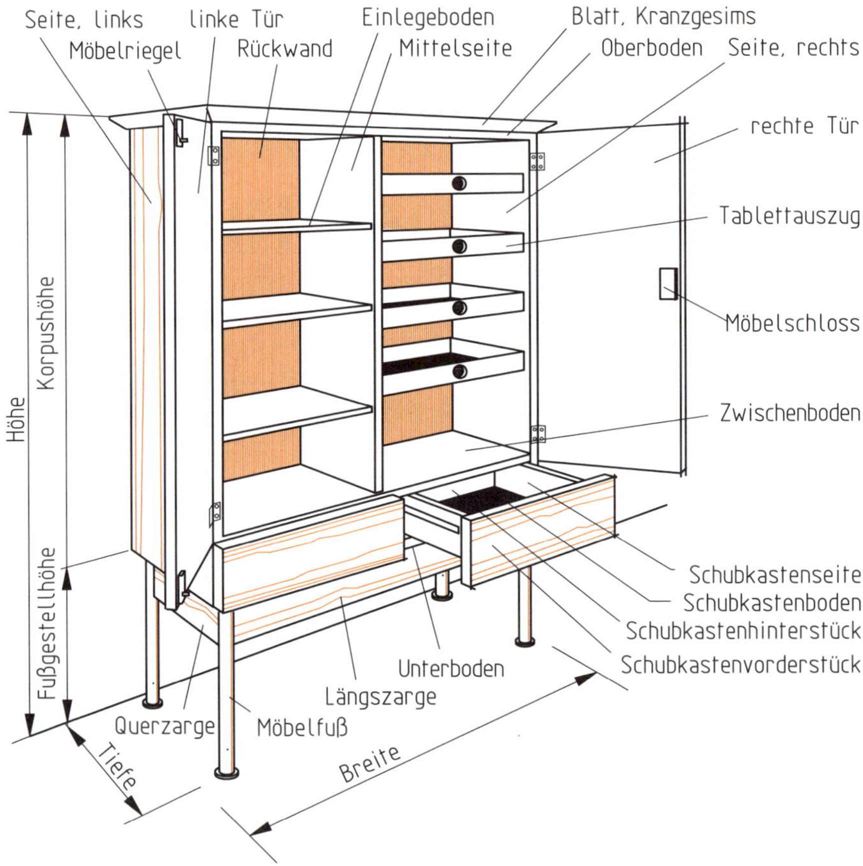

B 3.1-4 Möbelteile und Teilebezeichnungen.

lassen sich die Einlegeböden einlegen und Schubkästen, Auszüge oder Einsätze einsetzen. Für den klassischen Schubkasteneinbau können Traversleisten und Mittelsteg sowie Lauf, Streif- und Kippleisten erforderlich werden. Manchmal wird der Korpus oben noch durch eine Platte, auch Blatt genannt, abgedeckt oder durch ein Kranzgesims abgeschlossen. Der Korpus wird von einem Sockel, Sockelrahmen oder Fußgestell getragen, wenn nicht die Seiten oder Stollen direkt auf dem Fußboden stehen und dadurch die Ableitung der Belastungskräfte übernehmen (B 3.1-4).

3.2 Möbelgehäuse

Das Möbelgehäuse, auch Möbelkorpus genannt, kann je nach verwendetem Material, der Nutzung am Ort und den Transportmöglichkeiten auf unterschiedliche Weise konstruiert werden. Für Massivholzmöbel (Vollholzmöbel) sind die Brettbauweise, die Rahmenbauweise und die Stollenbauweise zu unterscheiden. Möbel mit furnierten oder kunststoffbeschichteten Flächen werden in Plattenbauweise hergestellt oder in der Mischung Rahmenbau mit Plattenbau oder Stollenbau mit Plattenbau.

3.2.1 Brettbau

Bei der Brettbauweise bestehen die Konstruktionsdetails wie Seiten, Ober- und Unterboden und Sockel aus Vollholz (Massivholz). Die Bretter werden zu breiten Flächen verleimt (siehe Breitenverbindungen). Die Rückwand und auch die Schubkastenböden können auch bei sogenannten Massivholzmöbeln aus Furniersperrholz bestehen. Als Eckverbindungen eignen sich die Gratverbindung oder das Maschinen- und Handzinken. Bei Vollholzkonstruktionen ist das Arbeiten der Holzflächen zu berücksichtigen. Die breiten Flächen können bei Feuchtigkeitsschwankungen quellen oder schwinden. Deshalb darf auf keinen Fall Langholz auf Querholz in voller Länge geleimt werden (B 3.2-1 bis 3).

3.2.2 Rahmenbau

Die Flächen, aus denen der Korpus gebildet wird, können aus Rahmen mit Füllungen bestehen. Die Rahmen sind in der Regel aus Vollholzfriesen gefertigt, die an den Ecken mit Schlitz und Zapfen oder mit Dübeln verbunden sein können. Die Füllungen bestehen entweder aus furnierten Sperrholz- oder Spanplatten. Sie können aber auch aus Vollholz hergestellt werden oder aus Glas sein. Die Füllungen werden in den Rahmen eingenutet oder eingefälzt und verleistet (siehe Eckverbindungen im Rahmenbau). Die Korpusflächen werden an den Ecken durch Dübel verbunden und verleimt oder bei großen Schränken lösbar mit Verbindern zusammengehalten (B 3.2-4).

3.2.3 Stollenbau

Beim Stollenbau weisen die Seitenflächen an den aufrechten Ecken Stollen auf, die bis zum Boden durchlaufen und das Möbel tragen. Die Flächen zwischen den Stollen und auch die Rückwand können aus Rahmen mit Füllungen bestehen oder aus furnierten Span- oder Sperrholzplatten. Bei den Eckverbindungen der Korpuselemente werden in der Regel Dübel, aber auch Federn verwendet (B 3.2-5).

3.2.4 Plattenbau

Bei der Plattenbauweise bestehen die Möbelflächen aus furnierten oder kunststoffbeschichteten Span-, Faser- oder Sperrholzplatten. Bei den Eckverbindungen werden meistens Dübel, aber auch Federn verwendet. Bei großen Schränken werden die Flächen an den Ecken gedübelt, aber lösbar mit Verbindern miteinander verbunden. Bei der Konstruktion im Plattenbau können die Seiten durchlaufen und die Böden in die Seitenfläche gedübelt werden oder umgekehrt, die Seiten werden in die Ober- und Unterböden gedübelt. Die Ecken lassen sich aber auch auf Gehrung zusammenbauen (siehe Eckverbindungen im Plattenbau). Die Möbelkorpusse können auf Sockel oder Fußgestelle gestellt werden, wenn die Seiten nicht als tragendes Element durchlaufen (B 3.2-6 und 7).

B 3.2-1 Massivholzmöbel in klassischer Brettbauweise. Die Böden sind in die durchlaufenden Seiten gegratet. Deshalb stehen bei dieser Bauweise die Seiten oben und unten über. Zum besseren Stand sollten die Seiten an der Unterkante ausgeklinkt werden. Die Verbindungen können verleimt werden.

Oben: Offenes Regal ohne Rückwand. **Mitte:** Mobelkörper mit Rückwand. Sie besteht aus Furniersperrholz und wird in die Seiten und im Unter- und Oberboden eingefälzt. Der Rückwandfalz darf an der Hinterkante der Seiten nicht durchlaufen, sondern ist auf Höhe der Gratnuten ein- oder auszusetzen. Die Sockelblende wird eingenutet. **Unten:** Möbelkörper mit eingegrateter Mittelseite. Sie ist um die Falztiefe schmaler.

In die Möbelkörper können Einlegeböden, Schubkästen oder Türen eingebaut werden.

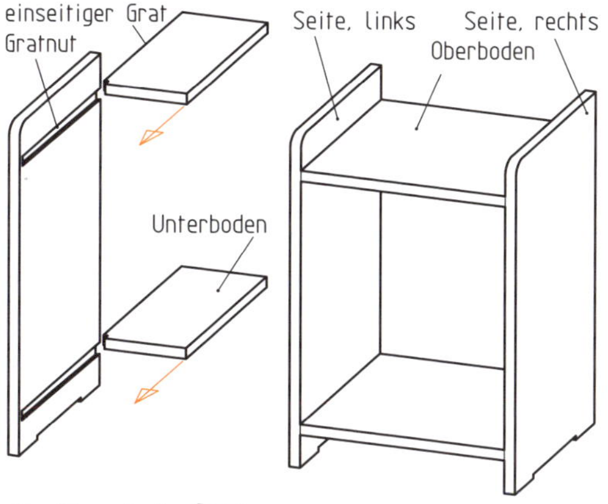

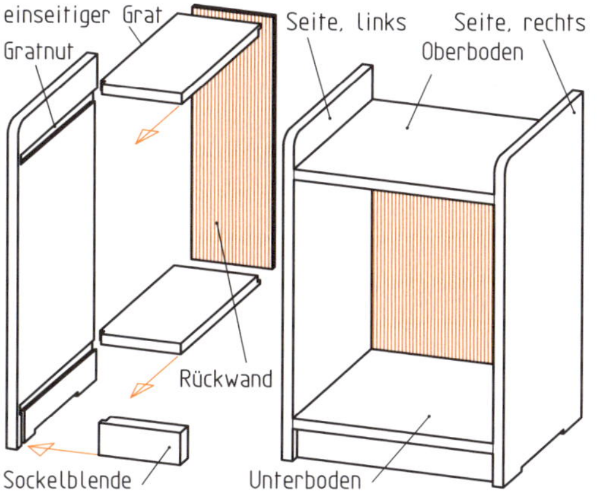

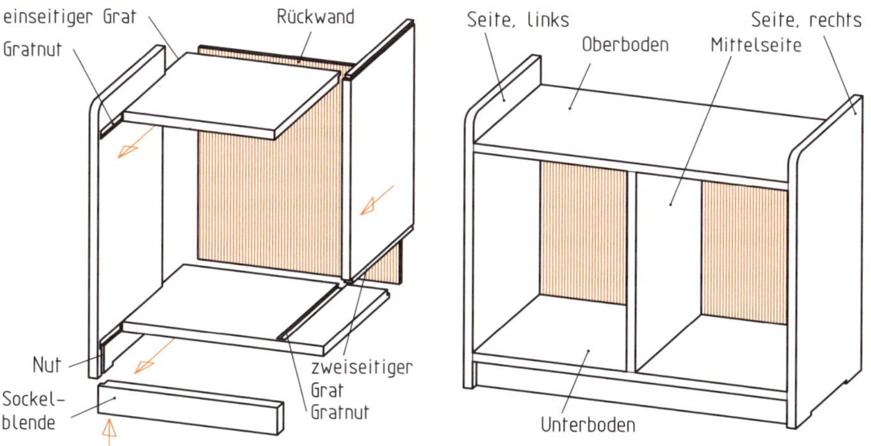

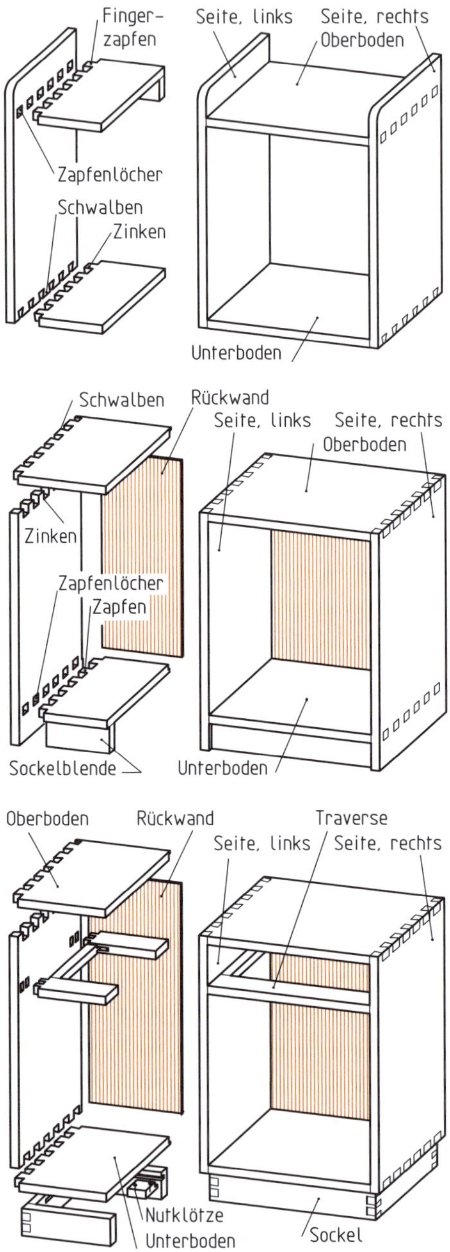

B 3.2-2 Massivholzmöbel in klassischer Brettbauweise. Die Verbindungen sind an den Außenecken sichtbar gezinkt und an den T-förmigen Verbindungen gezapft und dienen auch als Schmuckelemente. Die Verbindungen, besonders die T-förmigen, müssen meistens von Hand hergestellt werden. Die Verbindungen werden miteinander verleimt.

Oben: Regal, ohne Rückwand, z. B. als Hängeregal verwendbar. Der Oberboden ist oben durch eine Querleiste verstärkt, an der es aufgehängt werden kann. Wegen einer zu erwartenden höheren Bodenbelastung werden die Schwalben an die Seiten und die Zinken an den Unterboden angeschnitten. Aus optischen Gründen ist es aber auch umgekehrt möglich, denn die Verbindungen können auch bei Vollholz verleimt werden.

Mitte: Bei diesem Möbelkörper stehen die Seiten unten über, sodass der Unterboden eingezapft werden muss. Die oberen Ecken sind sichtbar gezinkt. Die Rückwand besteht aus Furniersperrholz. Sie wird in Seiten und Böden eingefälzt. Der Rückwandfalz ist am Unterboden auszuklinken. Am Oberboden wird ein kleines Füllstück belassen.

Unten: Allseitig gezinkter Möbelkörper mit eingefälzter Rückwand. Für den Einbau eines Schubkastens sind vorn und hinten im Möbelkörper Traversleisten eingezapft, in die die Laufleisten eingenutet sind. Diese dürfen bei Vollholzkonstruktionen nicht gegen die Seiten geleimt werden. Sie müssen sogar in der hinteren Nut so viel Luft haben, dass die Korpusseite quellen und schwinden kann. Auch der Sockel darf deshalb nicht allseitig angeleimt werden, sondern nur an der Vorderkante und muss sonst mit Nutklötzen oder Klammern befestigt werden.

B 3.2-3 Massivholzmöbel in handwerklicher Konstruktion.

Oben: Möbelkörper allseitig halbverdeckt gezinkt, Steg und Traversleisten für das Schubkastengehäuse eingezapft. Bei halbverdeckten Zinken ist die Eckverbindung außen an den Seiten nicht sichtbar, oben kann sie auch durch eine Platte oder ein Blatt abgedeckt werden. Die Rückwand besteht aus Furniersperrholz und ist allseitig eingefälzt. Der Sockelrahmen darf bei Vollholzböden nur angeschraubt und nicht geleimt werden.

Unten: Statt Oberboden werden Zinkleisten eingebaut, statt Sockel erhält der Möbelkörper ein Fußgestell. Der Möbelkörper wird durch ein überstehendes Blatt oder eine Platte abgedeckt, welche dreiseitig profiliert werden kann. Sie darf, wenn Seiten und Platte aus Vollholz sind, auch aufgeleimt werden. Das Fußgestell besteht aus den Füßen und den Quer- und Längszargen. Bei einem Unterboden aus Vollholz darf das Fußgestell nur vorn geleimt werden. Sonst sind zur Befestigung Nutklötze oder Klammern zu benutzen. In der Variante wurden statt des Unterbodens ebenfalls Zinkleisten eingebaut, die dann durch einen Staubboden abgedeckt werden. Die Fronten wie Schubkastenvorderstücke und Türen könnten in Brettkonstruktionen ausgeführt werden oder aus Rahmen mit Füllungen bestehen.

(Ähnlich könnte auch eine Konstruktion im Plattenbau aussehen, nur würde man statt der Zinken und Zapfen dann Dübel einsetzen und müsste die Platten mit Anleimern versehen.)

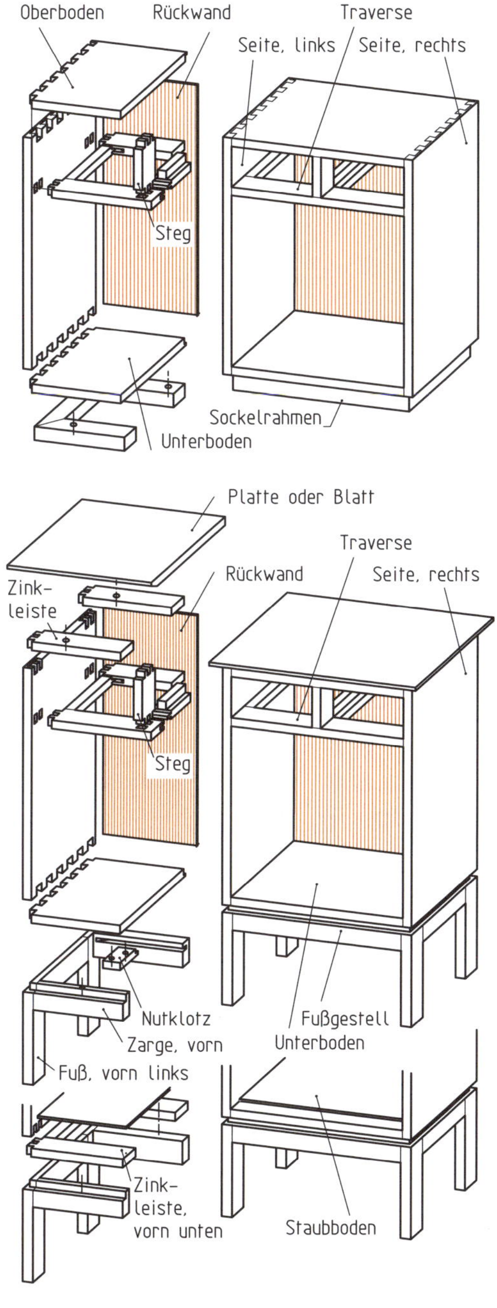

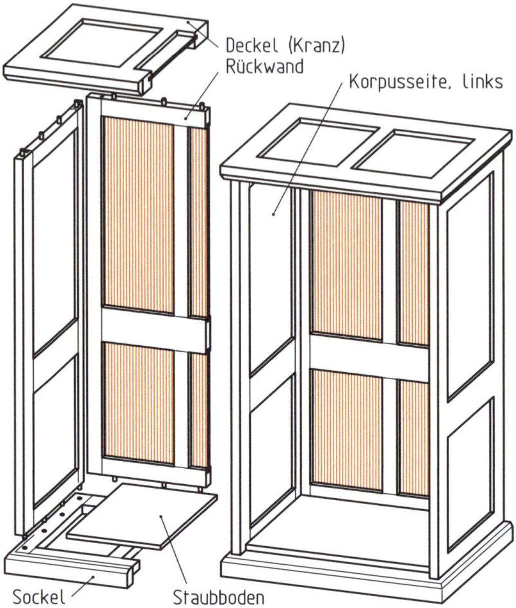

B 3.2-4 Möbelkörper in Rahmenbauweise. In die Rahmen werden Füllungen aus furniertem Sperrholz oder aus furnierten dünnen Spanplatten eingebaut. Statt der furnierten Flächen können auch mit Leder, Stoffen, Metallen oder Kunststoff belegte sowie bemalte Flächen oder auch Glas eingebaut werden. Der Reiz dieser Bauweise liegt in der formalen Gliederung der Fläche durch die Rahmen und Füllungen. Die Seiten werden in diesem Beispiel zwischen Sockel und Deckel eingebaut, bei großen Schränken lösbar miteinander verbunden, bei kleinen Schränken auch verleimt. Die Rückwand kann auch eingenutet werden.
Bei konsequenter Bauweise werden die Türen ebenfalls aus Rahmen und Füllungen bestehen.

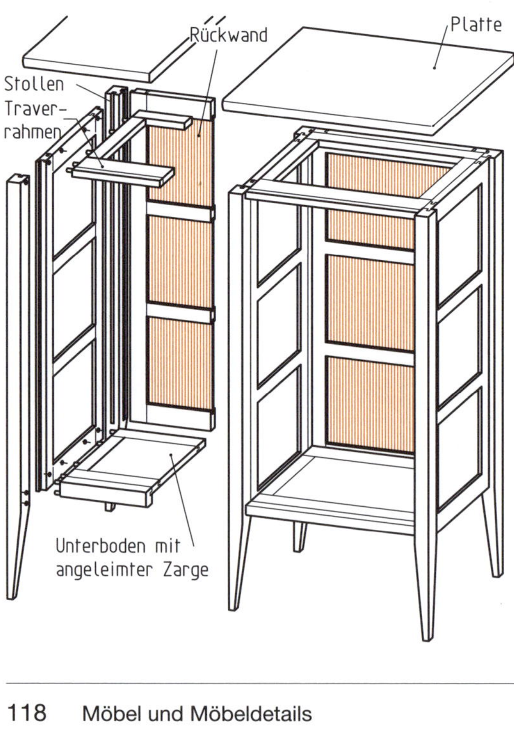

B 3.2-5 Möbelkorpus in Stollenbauweise. Merkmal dieser Konstruktion sind die an den Seitenkanten angebauten Stollen, die bis zum Boden durchgehen und das Möbel tragen. Die Seiten und übrigen Flächen können aus Rahmen und Füllungen bestehen, wie im Beispiel, oder auch aus Holzwerkstoffen. Die Stollen werden an die Seiten angeleimt und mit Dübeln oder Federn fixiert und bilden so ein vorgefertigtes Seitenteil. Dies wird mit den übrigen Teilen meistens mittels Dübel verbunden, bei großen Möbeln lösbar zum Zerlegen bei kleineren verleimt.
Je nach Ausführung der Seitenteile können die Möbelfronten aus Rahmen und Füllungen oder aus Plattenwerkstoffen gefertigt werden. Die Stollenbauweise ist besonders für den Bau von Vitrinen geeignet.

B 3.2-6 Möbelkörper in Plattenbauweise, Grundkonstruktionen.
Die Verbindungselemente sind vorwiegend Dübel, aber auch Formfedern. Die Teile werden bei kleinen Möbeln verleimt, bei großen Möbeln zerlegbar mit Verbindern zusammengehalten.

Oben: Durchgehende Seiten, die an Oberboden und Unterboden überstehen und das Möbel tragen. Die Vorderkante des Unterbodens ist durch ein angeleimtes Querstück verstärkt. Es vermindert die Durchbiegung des Unterbodens und erhöht die Winkelsteifigkeit des Möbels. Die Rückwand wird in Seiten und Böden eingefälzt. In den Seiten muss der Rückwandfalz ausgeklinkt werden. Kommen die Möbel mit Feuchtigkeit am Boden in Berührung wie in Bad und Küche, müssen die direkt am Boden stehenden Schmalflächen der Seiten mit Anleimern versehen werden.

Mitte: Durchgehende, aber mit den Seiten nahezu bündige Böden. (Die Schmalfläche der Seite sollte nie gegenüber der Bodenfläche zurückspringen, darum lässt man sie lieber etwas vorstehen, mindestens um Fasenhöhe der Kantenbrechung.) Unterboden, Zwischenboden und Oberboden sind gleich lang, die Mittelseiten werden dazwischengedübelt. Die Innenflächen müssen wegen der Rückwand schmaler zugeschnitten werden als die Außenflächen.

Unten: Ober- und Unterboden gehen durch, die Seiten, auch die Mittelseite, werden dazwischengedübelt.
Die Möbelgehäuse können auf Sockel, Sockelrahmen oder Gestelle gesetzt werden. Die Fronten können aus Plattenwerkstoffen, Rahmen und Füllungskonstruktionen oder Ganzglas bestehen.

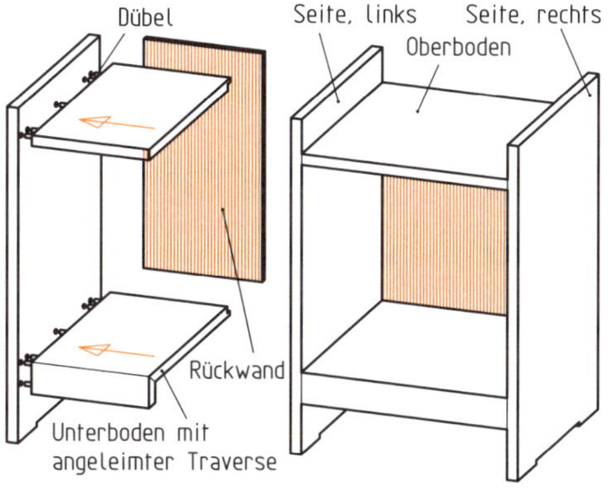

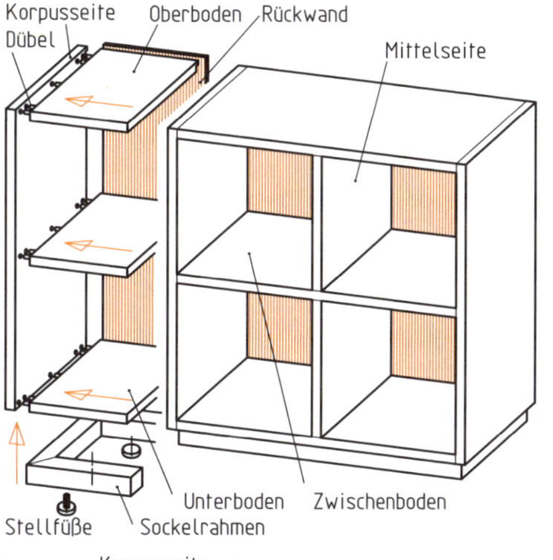

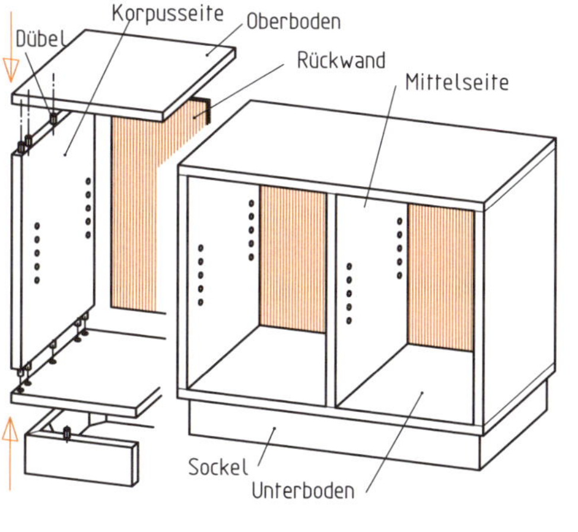

B 3.2-7 Möbelkörper in Plattenbauweise, Grundkonstruktionen.

Oben: Die Seiten laufen durch, und die Ober-, Unter- und Zwischenböden werden zwischen diese gedübelt. Für die Aufnahme der Rückwand sind hier nur die Seiten genutet oder gefälzt. Sie läuft über die hinteren Kanten der Böden und kann an diesen befestigt werden. Die Platte (der Deckel) und der Sockelrahmen stehen gegenüber Seiten und Front über und bilden den oberen und unteren Abschluss des Möbels.

Mitte: Der Möbelkörper ist oben auf Gehrung und unten stumpf gegen die Traverse und Sockel verleimt. Die Rückwand ist in Seiten und Oberboden eingefälzt oder eingenutet. Der offene Raum zwischen vorderer und hinterer Traversleiste wird durch einen Staubboden abgedeckt. Diese Konstruktionsmethode ist nur für kleinere Möbel anzuwenden.

Unten: Alle vier Kanten sind auf Gehrung verleimt. Die Rückwand kann eingefälzt oder eingenutet werden. Die Gehäuse können auf Sockel oder Gestelle gesetzt werden. Eine Konstruktionsmethode für kleinere Möbel.

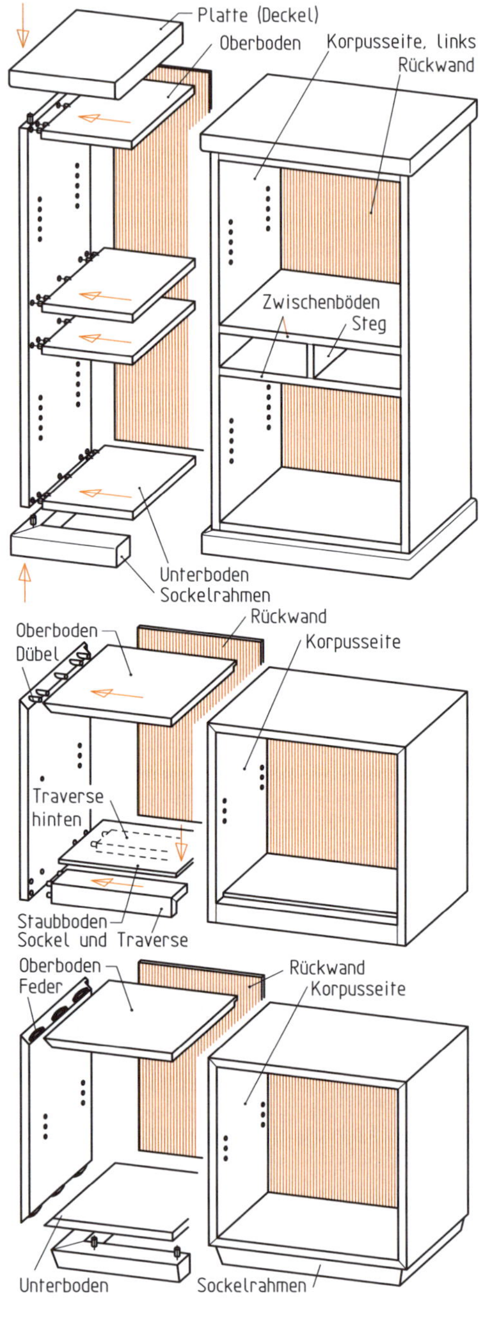

3.3 Fußgestelle und Sockel

Fußgestelle und Sockel haben die Aufgabe, das Möbel zu tragen. Sie müssen die Belastungskräfte aus dem Eigengewicht des Möbels und dem Gewicht der Gebrauchsgegenstände aufnehmen und in den Fußboden ableiten. Dabei darf der Unterboden des Möbels nicht mehr als 2 mm, bei stumpfeinschlagenden Türen z. B. nicht mehr als 0,5 mm bis 1 mm durchbiegen, um die Funktion der Frontteile störungsfrei zu gewährleisten. Außerdem haben Fußgestelle und Sockel für einen stabilen Stand des Möbels zu sorgen, d.h. das Möbel muss auch bei geöffneten Frontteilen kippsicher stehen (B 3.3-1 und 2).
Es sind Fußgestelle, Einzelfüße, Sockel, Sockelrahmen und Sockelblenden zu unterscheiden. Sie werden dann eingesetzt, wenn die Möbelkonstruktion nicht schon tragende Elemente wie durchlaufende Seiten, auf dem das Möbel steht, oder Wangen und Stollen vorsieht.
Die Ausformung und Dimensionen der Füße und Zargen, die Fußgestellhöhe sowie der Rück- oder Vorsprung des Gestells oder Sockels gegenüber den Korpuskanten, beeinflussen wesentlich die ästhetische Wirkung des gesamten Möbels.

3.3.1 Fußgestelle

Bei Fußgestellen sind die Füße oder Beine durch Zargen verbunden. Diese können in die Füße eingezapft, häufiger aber eingedübelt werden. Die Zargen müssen so bemessen werden, dass sie sich bei Belastung nicht mehr als 0,5 mm bis 1 mm durchbiegen. Ein stehendes Rechteckformat im Zargenquerschnitt ist statisch günstiger als ein querliegender Rechteckquerschnitt. Die Zargen müssen auch so bemessen sein, dass die Verbindungsmittel wie Dübel, Zapfen oder Schraubverbinder unterzubringen sind. Verbindung und Füße des Fußgestells müssen auch die Horizontalkräfte aufnehmen können, die durch seitliches Verschieben des Möbels auftreten können.

Die Konstruktion lässt viele Gestaltungsmöglichkeiten der Fußgestelle zu. Die Füße können quadratische, rechteckige, dreieckige oder runde Querschnittsformen aufweisen, gerade stehen oder ausgestellt angeordnet werden, parallelkantig sein oder sich nach unten hin verjüngen und geschweift ausgebildet sein (B 3.3-3 bis 5).
Die Zargen können mit den Außenkanten der Füße bündig sein oder geringfügig zurückspringen. Die alte handwerkliche Gestellverbindung ist die gezapfte Verbindung. Heute werden Zargen und Füße vorwiegend mit Dübeln verleimt. Gestelle können auch zerlegbar, mit Beschlägen verbunden sein (B 3.3-10,13 bis 20).

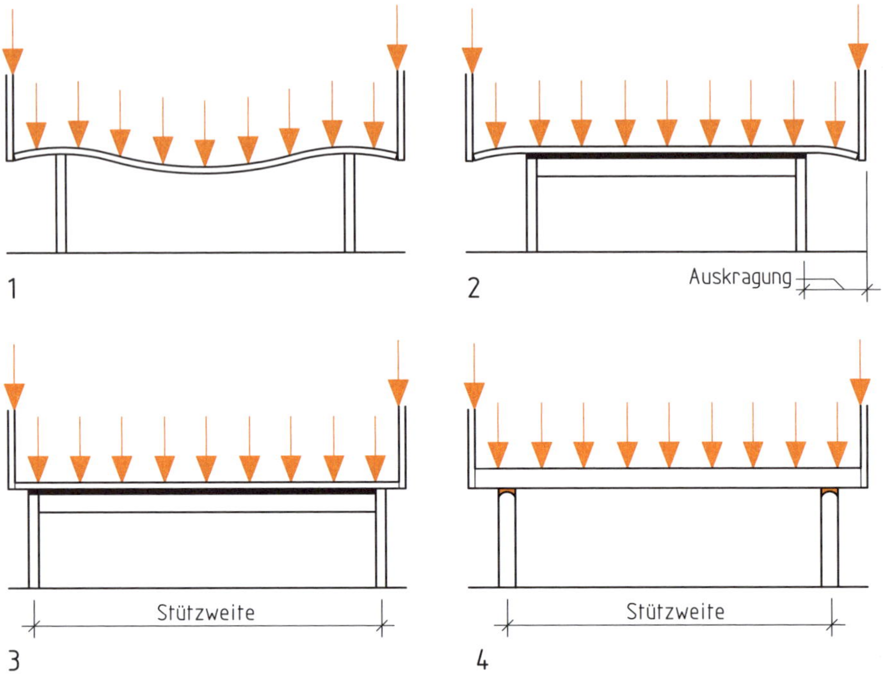

B 3.3-1

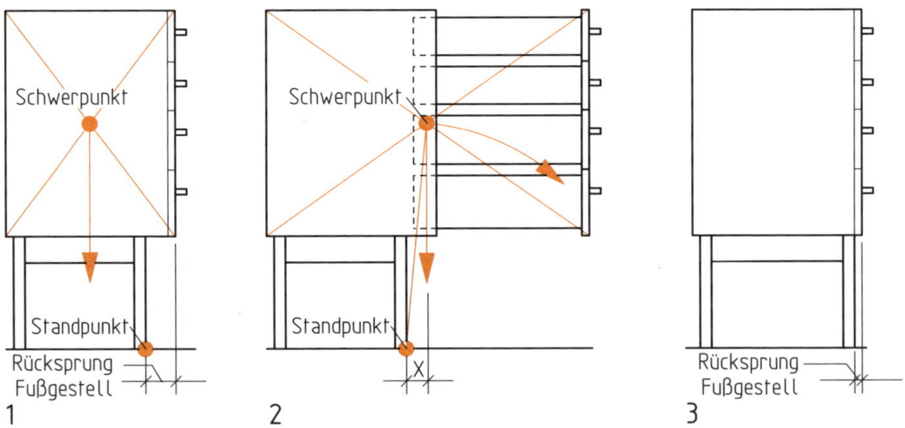

B 3.3-2 Standsicherheit der Möbel. 1 Fußgestelle dürfen nicht zu weit zurückspringen, da sonst die Standsicherheit nicht mehr gegeben ist. Besonders bei geöffneten Funktionselementen kann sich der Schwerpunkt des Möbels weit nach vorn verlagern (2).

3.3.2 Einzelfüße

Einzelfüße können aus Metall, Kunststoff oder Holz bestehen. Sie werden entweder unter den Unterboden geschraubt oder in den Sockelrahmen eingelassen, eingeleimt und eventuell verkeilt. Der Unterboden muss bei dieser Konstruktion eine ausreichende Dicke und Festigkeit aufweisen, damit er sich bei Belastung nicht durchbiegt. Die Einzelfüße müssen gut befestigt werden, um auch Horizontalkräfte aufzunehmen (B 3.3-21).

3.3.3 Sockel, Sockelblenden, Sockelrahmen, Sockelplatten

Sockel bestehen aus kastenförmig zusammengebauten Holzzargen. Damit das Möbel auf dem Boden nicht schaukelt, ist der Sockel an der Unterkante zur Mitte hin auszuklinken, sodass nur die Ecken aufstehen. Der Sockel springt gegenüber dem Möbelkorpus seitlich, vorn und auch hinten etwas zurück. Wird der Schrank an der Wand angepasst, können die Seitenteile des Sockels länger sein, damit auch dieser an den Fußleisten angepasst werden kann. In den Sockel können auch Höhenversteller eingebaut werden, die durch den Unterboden mit einem Schraubendreher verstellt werden können (B 3.3-18).

Sockel werden in der Regel aus Vollholz gefertigt, können aber auch aus Stabsperrholz, Span- oder MDF-Platten bestehen und furniert oder mit Kunststoff, Metall oder Linoleum belegt werden. Letztere sind an den Kanten gegen aufsteigende Feuchtigkeit, wie sie in Küchen und Bädern anfallen kann, durch Anleimer oder Kunststoffprofile zu schützen.

Sockelblenden werden entweder vor die Einzelfüße gesetzt oder zwischen die beiden durchlaufenden Seiten eingebaut. Sockelblenden lassen sich vielfach wieder abnehmen, weil sie vor die Füße oder die Korpusseiten mittels Schnäpper geklippst werden (siehe Kapitel Einbauschränke).

Sockelrahmen sind 40 mm bis 60 mm dicke Rahmen, auf die der Schrank aufgebaut wird. Damit der Schrank auf dem Rahmen nicht schaukelt, sind an den Ecken kleine Standplättchen aus Filz-, Holz oder Gummi oder niedrige Stellfüße anzubringen (B 3.3-21).

B 3.3-1 (Seite 122) Statische Aufgaben des Fußgestells oder Sockels. 1 Belastung des Unterbodens durch Gegenstände und Last aus den Seiten, eine Erscheinung, die bei zu dünnen Unterböden und angeschraubten Einzelfüßen auftreten wird, 2 ein Fußgestell mit Zarge, dass die Last durch Gegenstände aufnehmen kann, aber zu weit zurückspringt, sodass die Last aus den Seiten den Boden verformen, solche Verformungen führen zu Funktionsstörungen der Frontelemente, 3 bei geringem seitlichen Rücksprung des Fußgestells (Sockels) wird die Last aus den Seiten aufgenommen, besser für die Lastableitung in den Boden wäre eine direkte Auflage der Seite auf das Fußgestell (Sockel), 4 ein dicker oder U-förmig verstärkter Boden nimmt die Last aus Seiten und Last aus Gegenständen auf. Hier können Einzelfüße unter den Boden geschraubt werden.

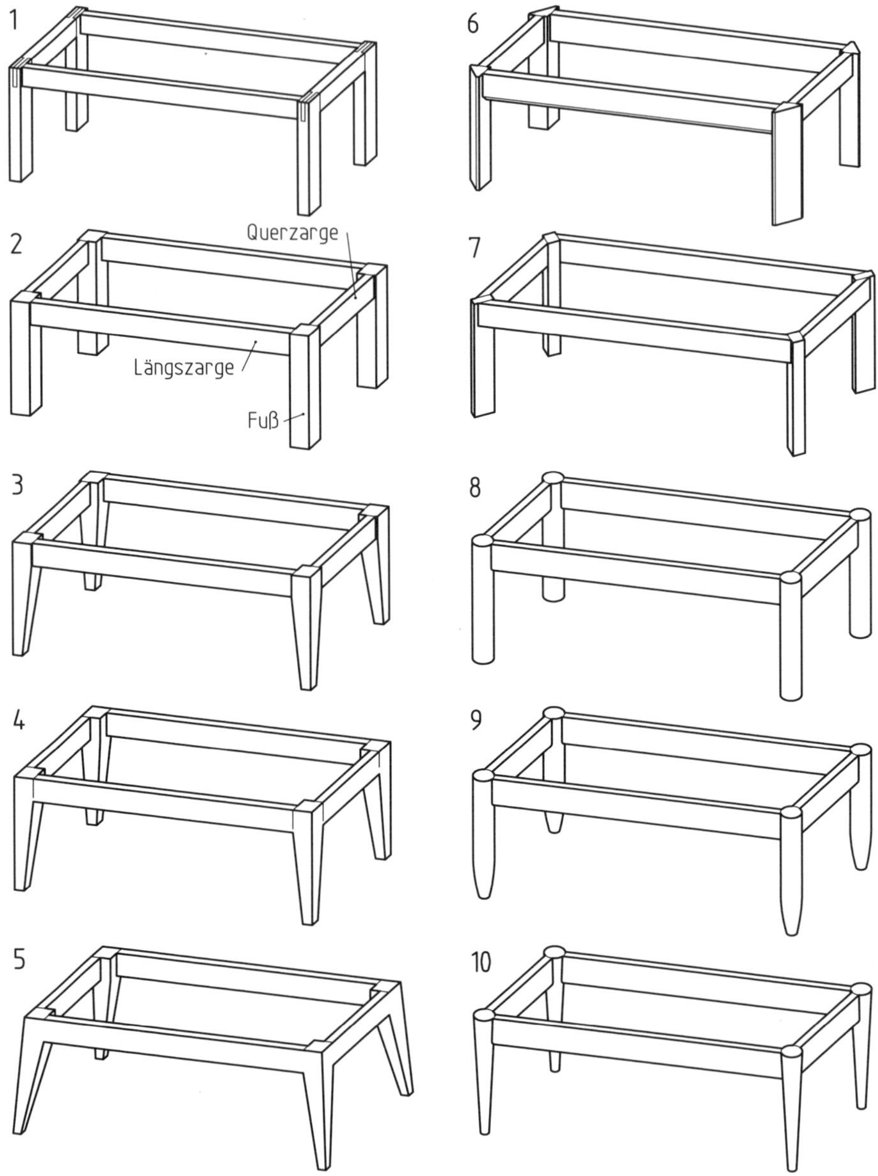

B 3.3-3 Bauarten von Fußgestellen (siehe Seite 127).

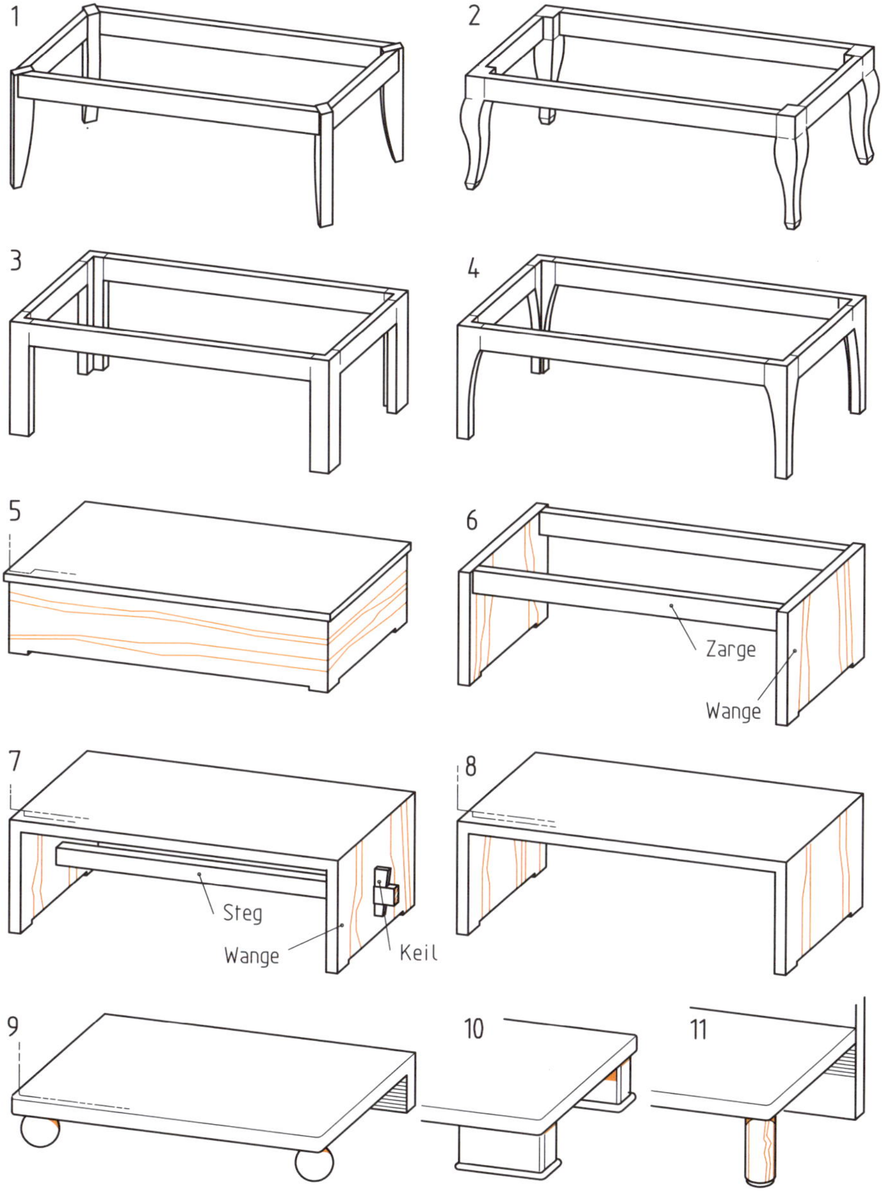

B 3.3-4 Bauarten von Fußgestellen (siehe Seite 127).

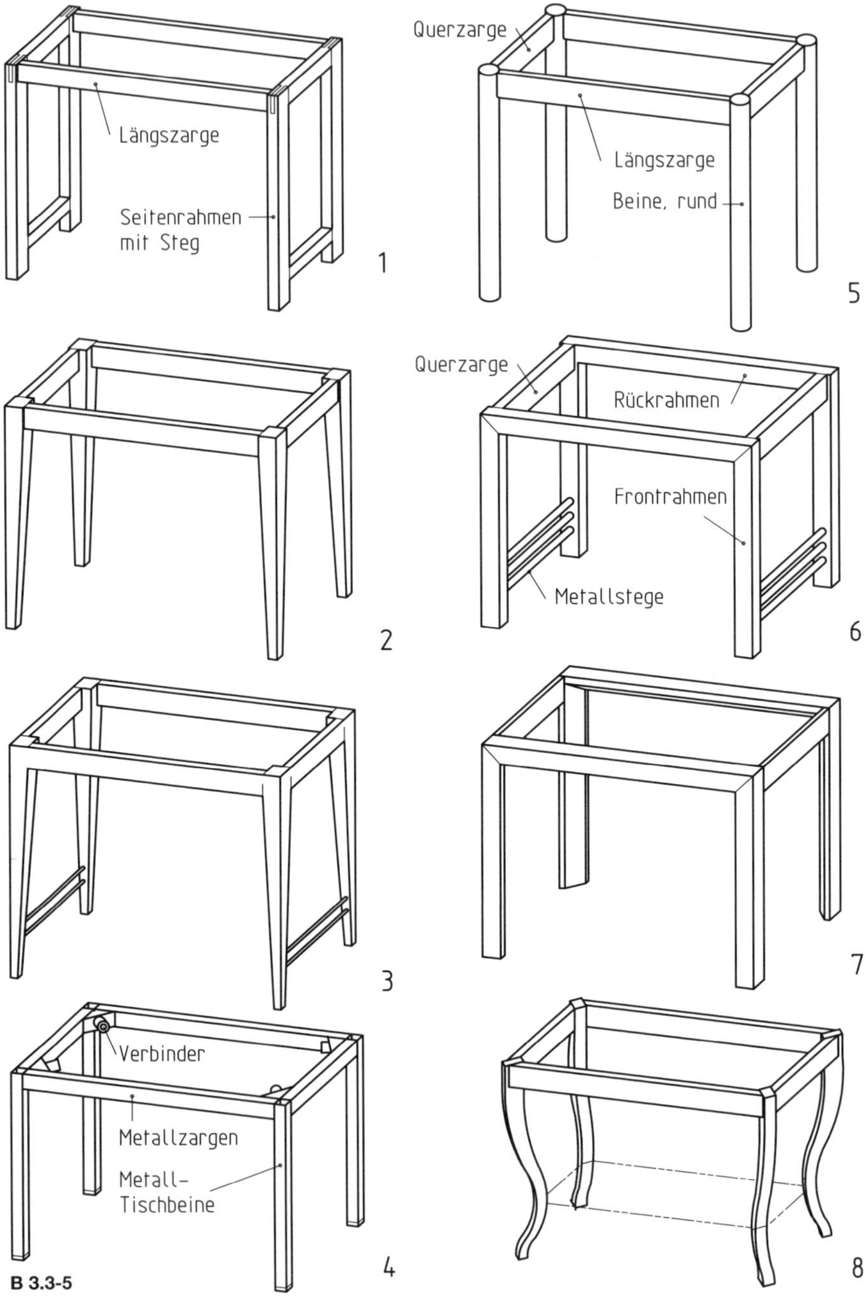
Längszarge
Seitenrahmen mit Steg
1
Querzarge
Längszarge
Beine, rund
5
2
Querzarge
Rückrahmen
Frontrahmen
Metallstege
6
3
7
Verbinder
Metallzargen
Metall-Tischbeine
4
8

B 3.3-5

Bildlegenden Seite 127 bis 125:

B 3.3-3 Bauarten von Fußgestellen. 1 Querzargen und Füße sind mit Schlitz und Zapfen miteinander verleimt, diese Seitenteile sind durch Längszargen miteinander verdübelt, 2 quadratische Füße, zurückspringende Zargen; diese können aber auch außen bündig gesetzt werden, 3 Füße verjüngen sich nach unten von innen, Zargen wurden zurückgesetzt angeordnet, 4 Zargen sind mit Füßen außen bündig, 5 schräg stehende, sich nach unten verjüngende Füße, Zargen mit Füßen bündig; schwierige Ermittlung der Zargen- und Fußschmiegen, 6 dreieckige Fußform, zurückspringende Zargen, 7 diagonal gestellte Füße, 8 zylindrische Füße, 9 parabelförmig abgedrehte Füße, 10 konisch gedrechselte Füße.

B 3.3-4 Bauarten von Fußgestellen. 1 Schräggestellte und ausgeformte Füße, 2 geschweifte Füße, 3 Winkelfüße, aus Brettern verleimt, 4 Winkelfüße ausgeschweift. 5 Sockelkasten mit Boden, 6 Wangengestell mit Zargen, 7 Wangengestell mit Steg, sichtbar verkeilt, 8 geschlossenes Wangengestell, 9 Sockelplatte, hinten z. B. abgewinkelt und vorn mit Kugelfüßen, 10 Sockelplatte mit Fußklötzchen und 11 mit untergeschraubten zylindrischen Füßen. Im Beispiel mit tragender Rückwand.

B 3.3-5 (Seite 126) Hohe Gestelle. 1 Seitenrahmen mit Steg, an den oberen Ecken sichtbar geschlitzt, werden durch Längszargen miteinander verbunden, die Längszargen dürfen nicht zu niedrig sein, da deren Verbindung mit den Gestellen allein die seitlichen Horizontalkräfte aufzunehmen haben, 2 Gestell mit quadratischen, sich nach unten verjüngenden Beinen. Die Zargen sind an den Brüstungen zurückgesetzt, bei 3 sind Zargenflächen und Beine außen bündig, hier sind noch kleine Zierstege eingebaut, 4 Metallgestell aus Systemelementen für Fixgrößen, bestehend aus Tischbeinen 30 × 30 mm, oder ∅ 60 mm, Zargen 28 × 40 mm bzw. 40 × 40 mm bei runden Füßen und den Verbindern (Hä, He), 5 zylindrische Beine, nur durch Zargen verbunden, 6 und 7 vormontierte Frontrahmen und Rückrahmen, die durch Querzargen und eventuell noch durch Stege miteinander verbunden sind, 8 Gestell mit diagonal gestellten geschweiften Beinen.

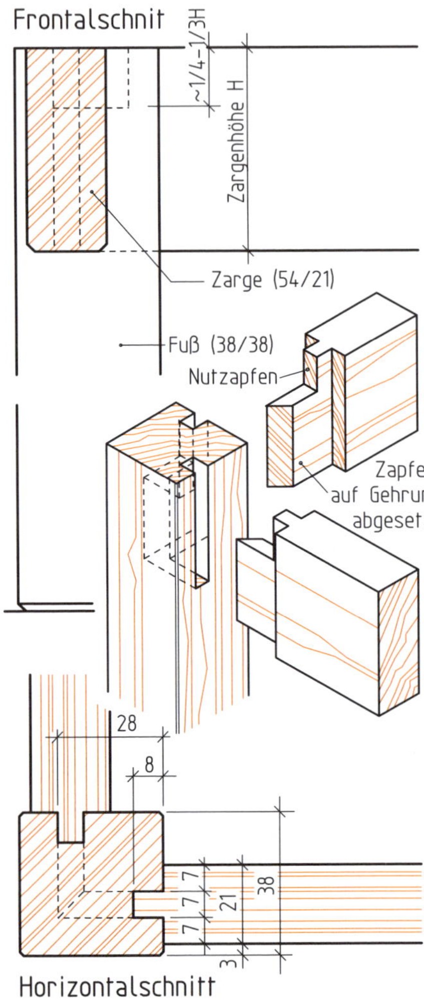

B 3.3-6

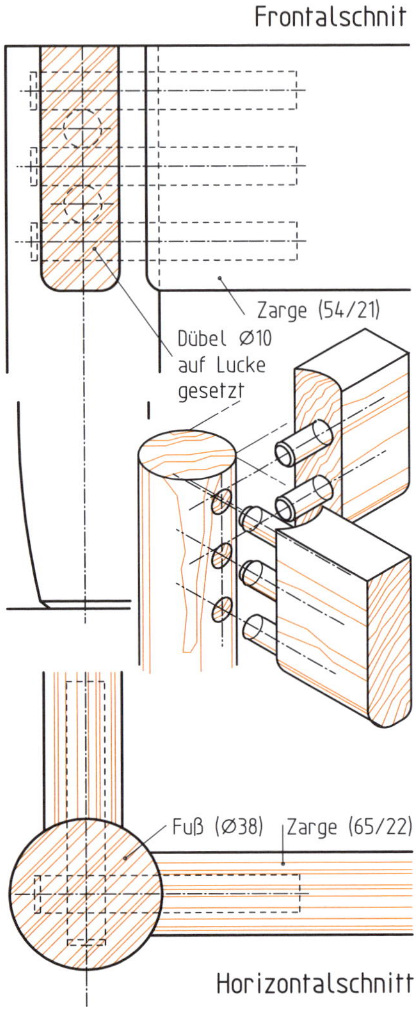

B 3.3-7

B 3.3-6 Gestellverbindung mit Zapfen und Nutzapfen. Um die Länge beider Zapfen möglichst auszunutzen, sind diese auf Gehrung geschnitten, und die Zargen werden so weit wie möglich nach außen zu den Kanten der Füße gesetzt.

B 3.3-7 Gestellverbindung bei runden Füßen. Die Zargen sind an den Enden durch eine Hohlkehle an die runden Füße angepasst. Die Dübel sind genau zur Mittelachse der Füße verlaufend anzuordnen. Sie werden in Quer- und Längszarge in der Höhe versetzt gebohrt.

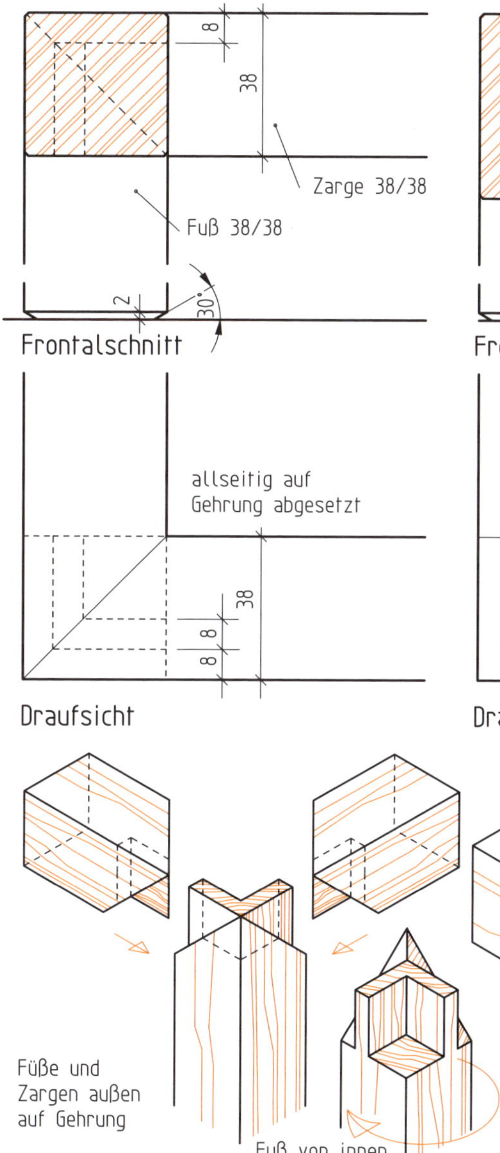

B 3.3-8

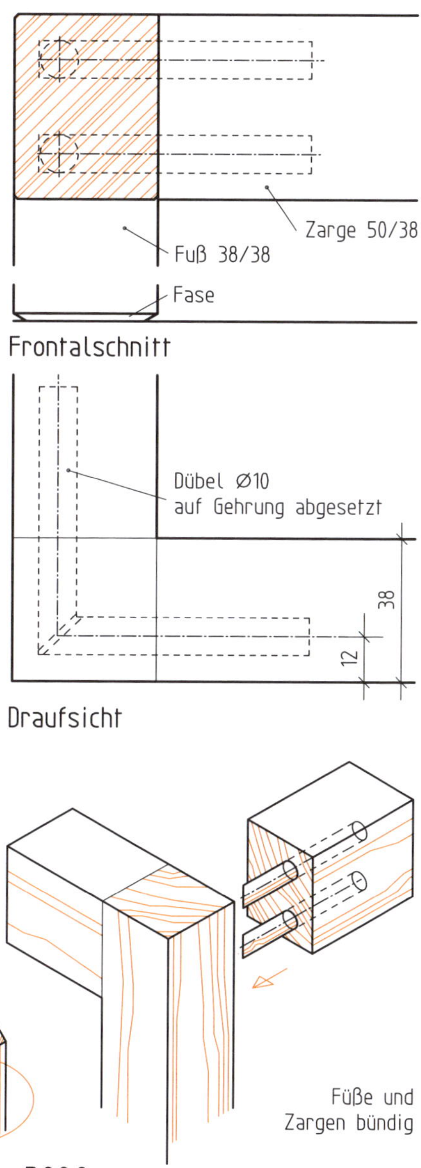

B 3.3-9

B 3.3-8 Gestellverbindung allseitig auf Gehrung, sogenannte Vitrinenecke. Diese Verbindung verlangt viel Handarbeit und ist nur für leichte Möbel geeignet.
B 3.3-9 Gedübelte Gestellverbindung. Zargen sind mit Kanten der Füße bündig.

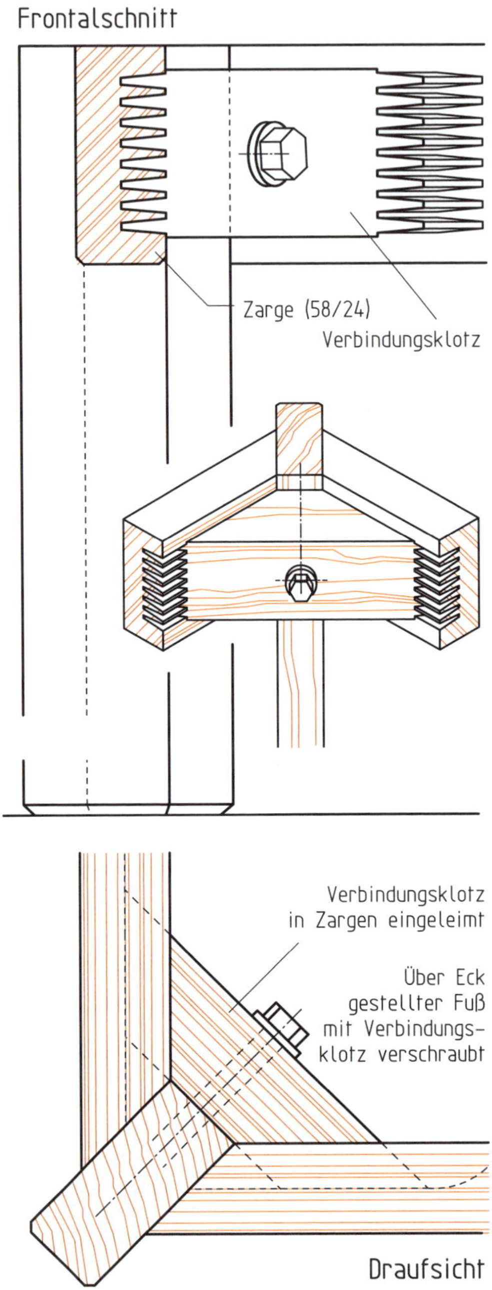

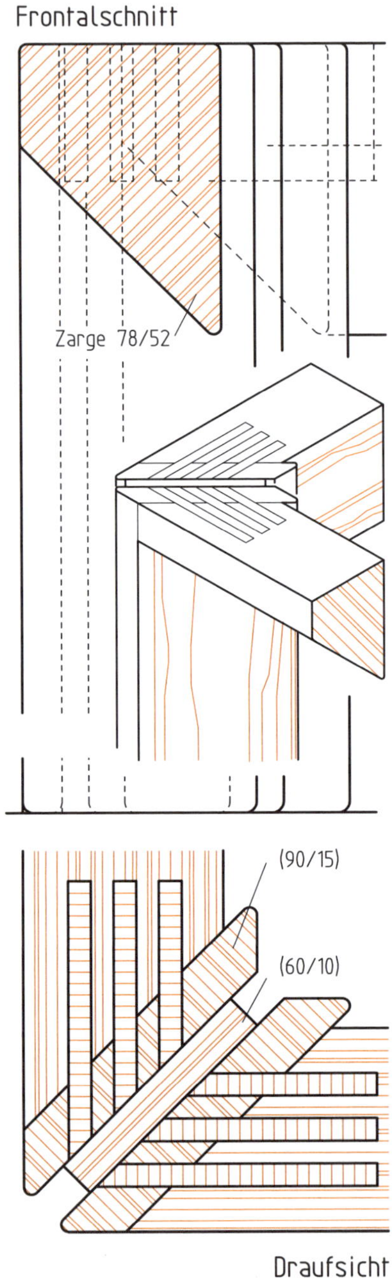

B 3.3-10 Gestellverbindung mit lösbaren Tischbeinen (links).
B 3.3-11 Gestellverbindung aus vorgefertigten Seiten- und Frontteilen (rechts).

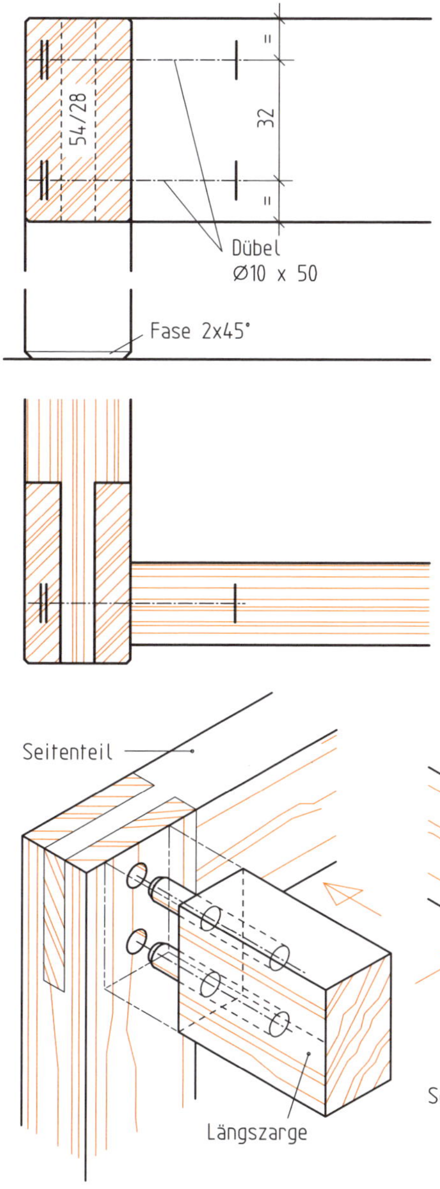

B 3.3-12

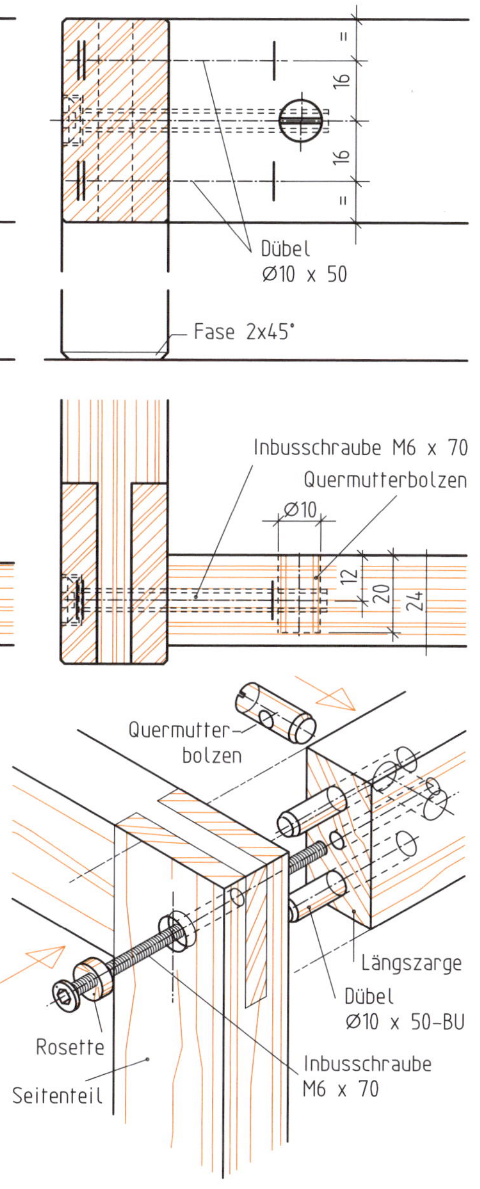

B 3.3-13

B 3.3-12 Seitenteile mit Zargen verdübelt und verleimt.

B 3.3-13 Seitenteile mit Zargen verdübelt und lösbar verbunden (Hä, He, Hu, Si).

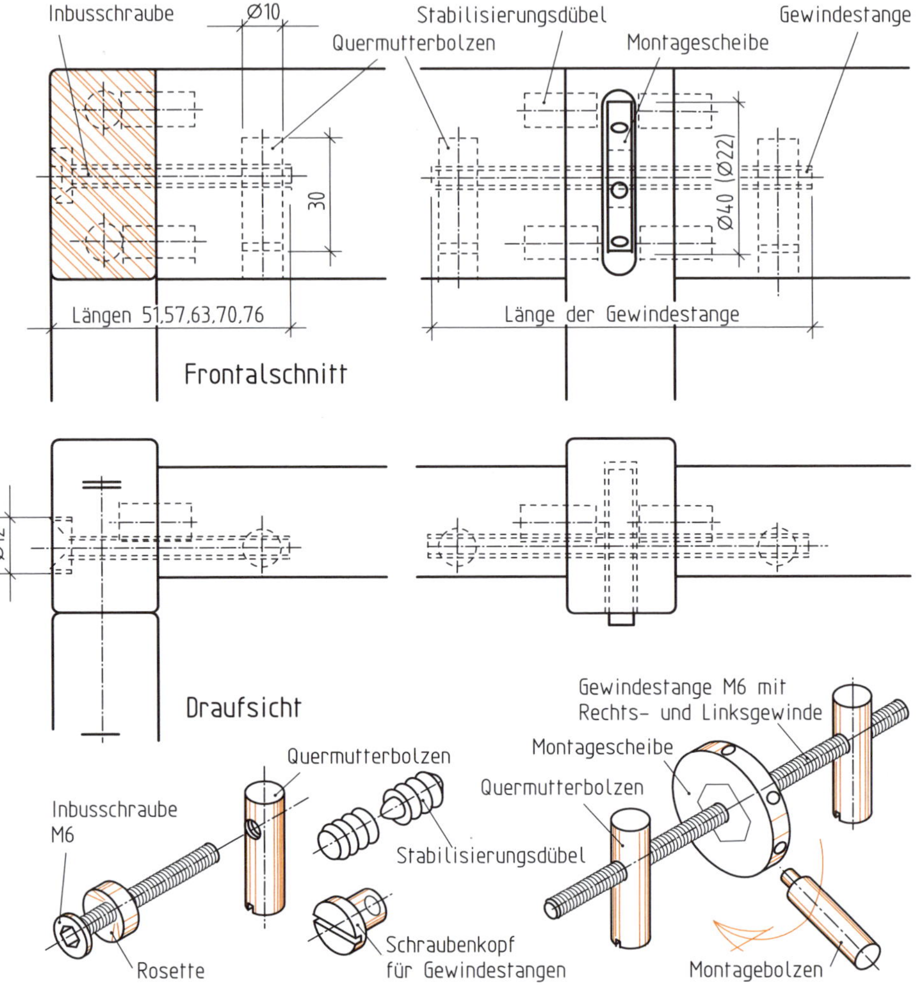

B 3.3-14 Seitenteile und Mittelfuß mit Zargen verdübelt und lösbar miteinander verbunden (Si).

B 3.3-15 (Seite 133) Seitenteile mit den Zargen durch Bettbeschläge lösbar verbunden (Hä).
B 3.3-16 (Seite 133) Zargen sind durch den Zargen-Tischbeinbeschlag verbunden. Die Tischbeine werden mittels Gewindeschrauben eingeschraubt (Hä).

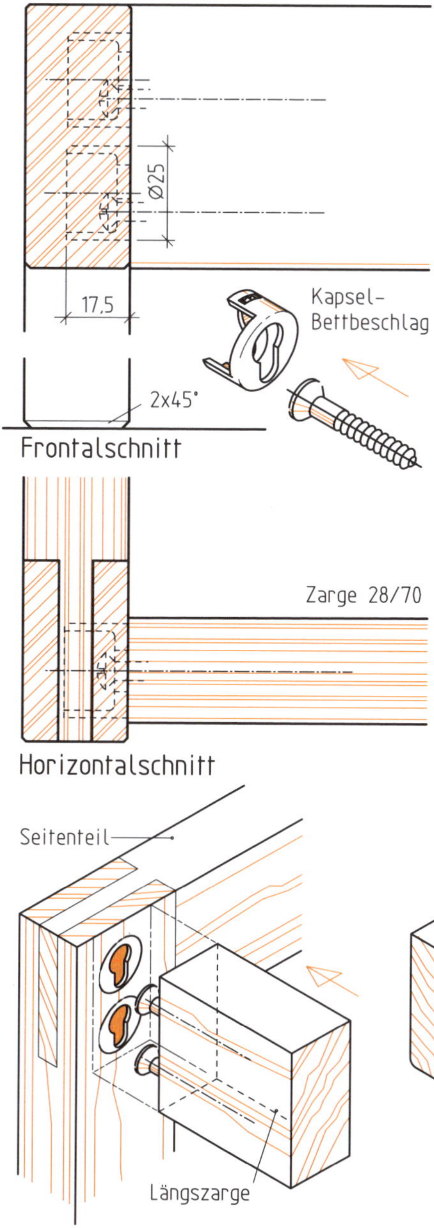

Ø25
17,5
Kapsel-
Bettbeschlag
2x45°
Frontalschnitt
Zarge 28/70
Horizontalschnitt
Seitenteil
Längszarge

B 3.3-15

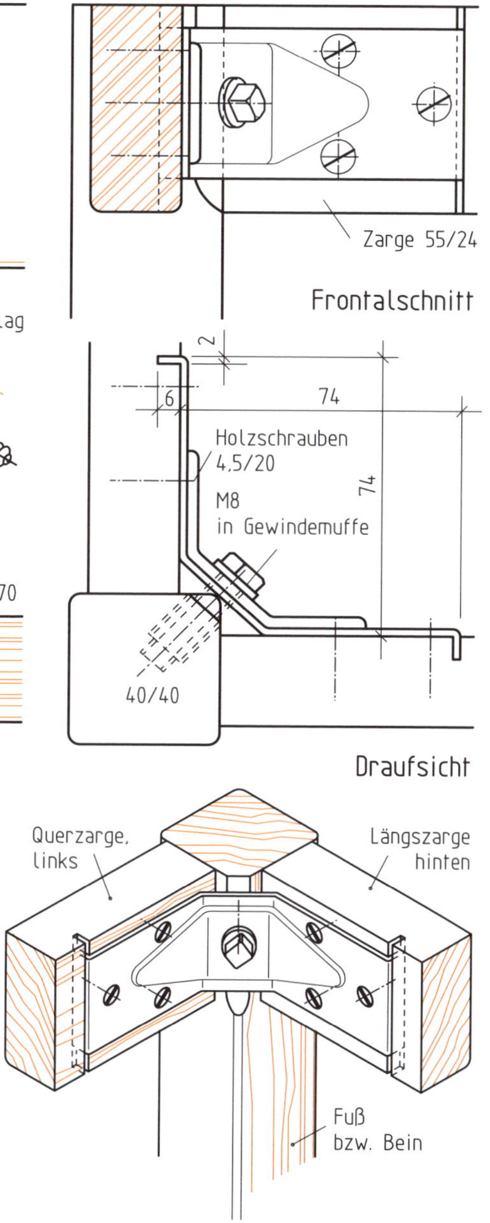

Zarge 55/24
Frontalschnitt
2
6
74
74
Holzschrauben
4,5/20
M8
in Gewindemuffe
40/40
Draufsicht
Querzarge,
links
Längszarge
hinten
Fuß
bzw. Bein

B 3.3-16

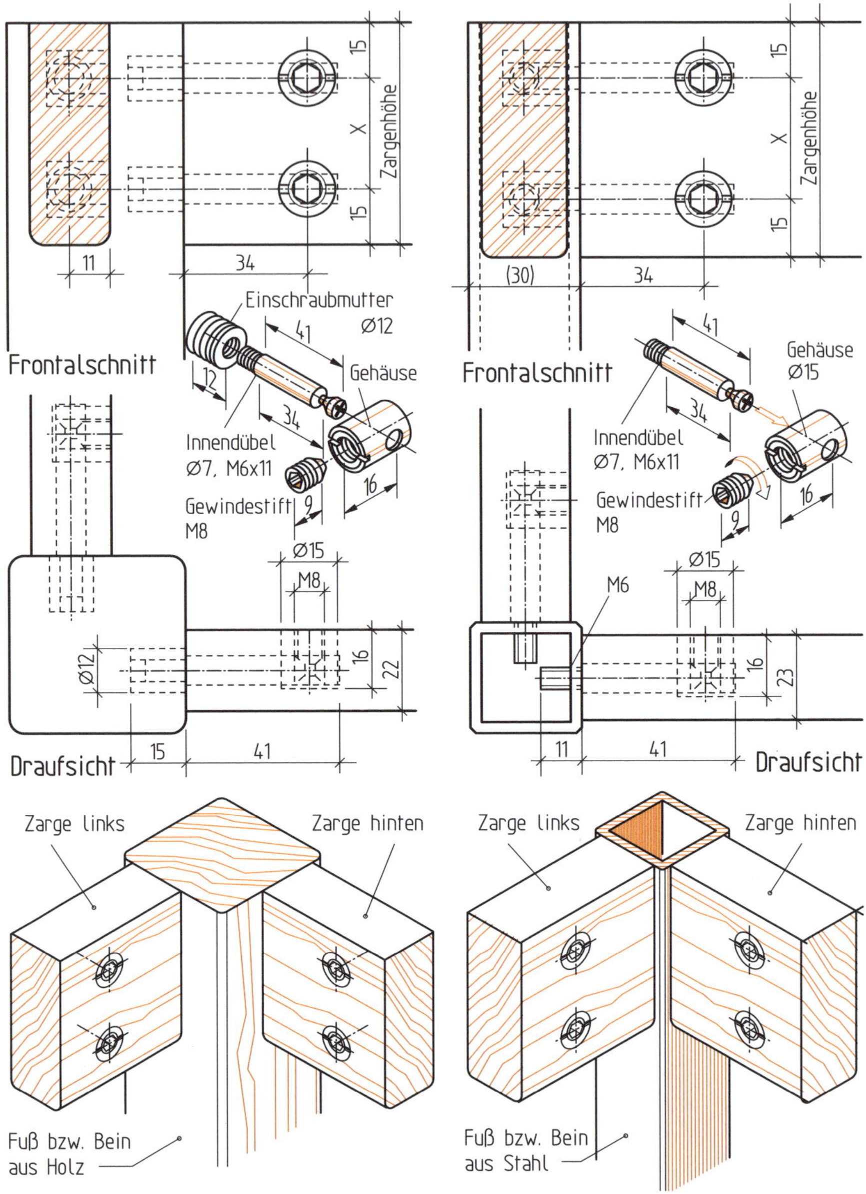

B 3.3-16a Lösbare Gestellverbinder. Links: In Holzfüßen oder -beinen werden Einschraubmuttern eingedreht, in die die Stahldübel eingeschraubt werden können. Diese passen in die Bohrungen der Stirnseiten der Zargen. Sie reichen bis in das quer von der Zargeninnenseite eingebohrte Metallgehäuse hinein. Dort werden sie durch die Madenschraube fest verbunden. Der Spannweg beträgt 3 mm. Rechts: In den Metallfüßen werden in die Rohrwandung Gewinde eingeschnitten. Dadurch entfallen hier die Einschraubmuttern (Scheu).

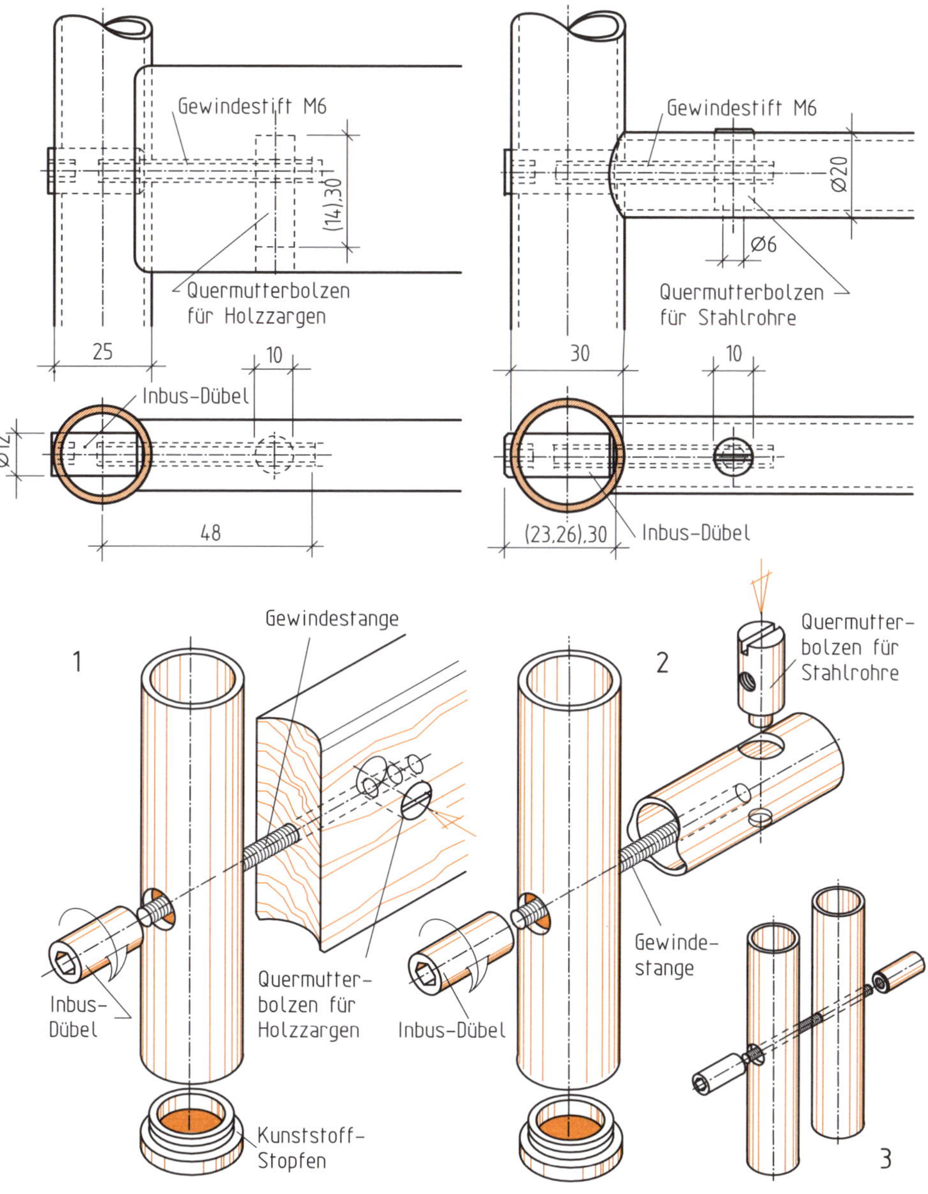

B 3.3-17 Gestelle aus Stahlrohren. 1 Stahlrohrbeine an Holzzargen geschraubt, 2 Stahlrohrbeine mit Stahlrohrzargen verbunden, 3 Koppelung von Stahlrohrbeinen (Si).

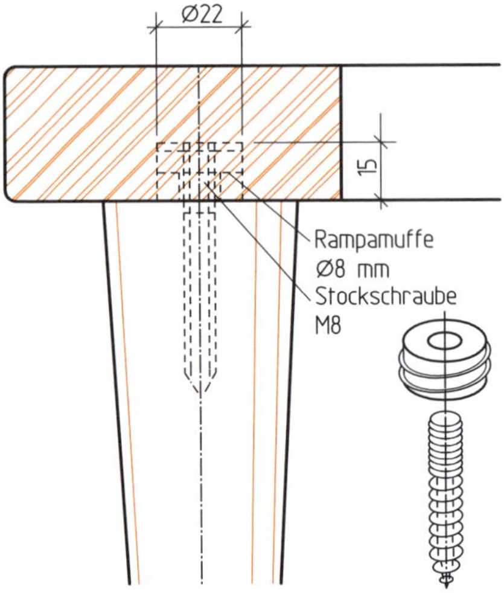

B 3.3-18

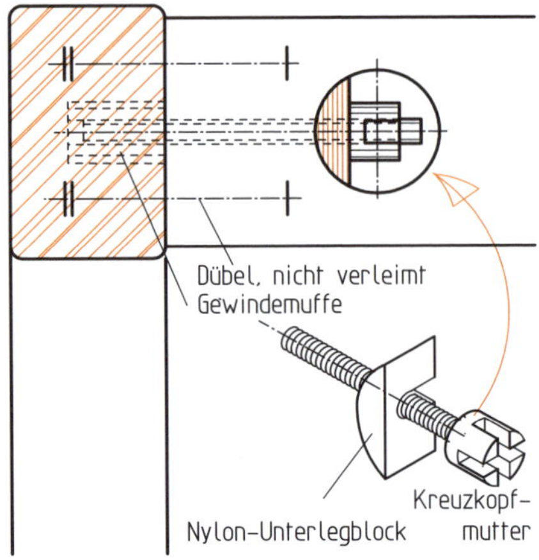

B 3.3-19

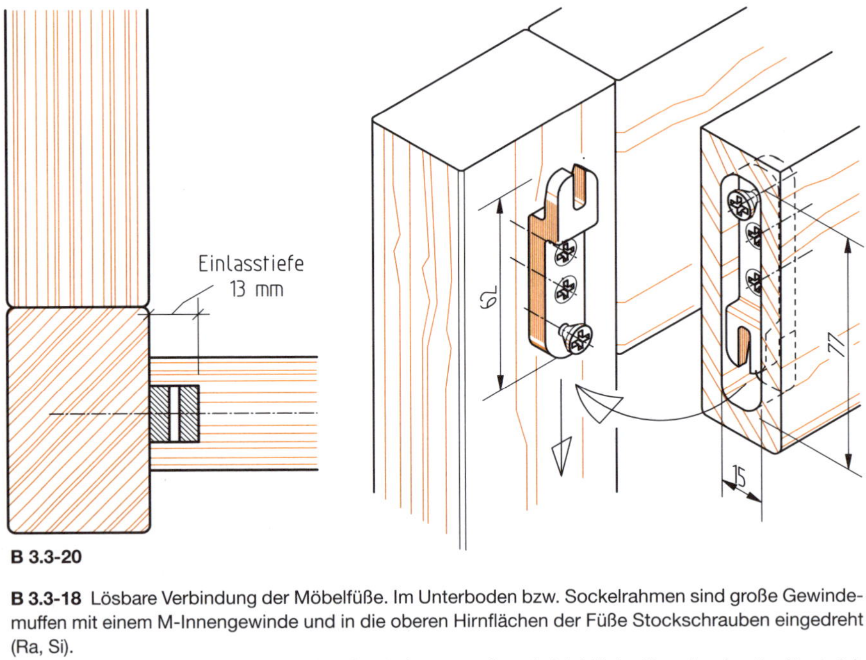

B 3.3-20

B 3.3-18 Lösbare Verbindung der Möbelfüße. Im Unterboden bzw. Sockelrahmen sind große Gewindemuffen mit einem M-Innengewinde und in die oberen Hirnflächen der Füße Stockschrauben eingedreht (Ra, Si).

B 3.3-19 In die Gewindemuffe wird eine Gewindestange eingedreht. Mit der Kreuzkopfmutter lässt sich die Verbindung anziehen. Eine zusätzliche Dübelung ist für die Stabilisierung der Zarge erforderlich (Si).

B 3.3-20 Stabiler Verbindungsbeschlag, der aus zwei gleichen Teilen besteht. Ein Teil ist auf den Gestellrahmen zu schrauben. Das Gegenteil ist im Hirnende der Zarge so tief einzulassen, dass auch das am Gestell aufgeschraubte Teil in der Ausfräsung Platz hat (Kn).

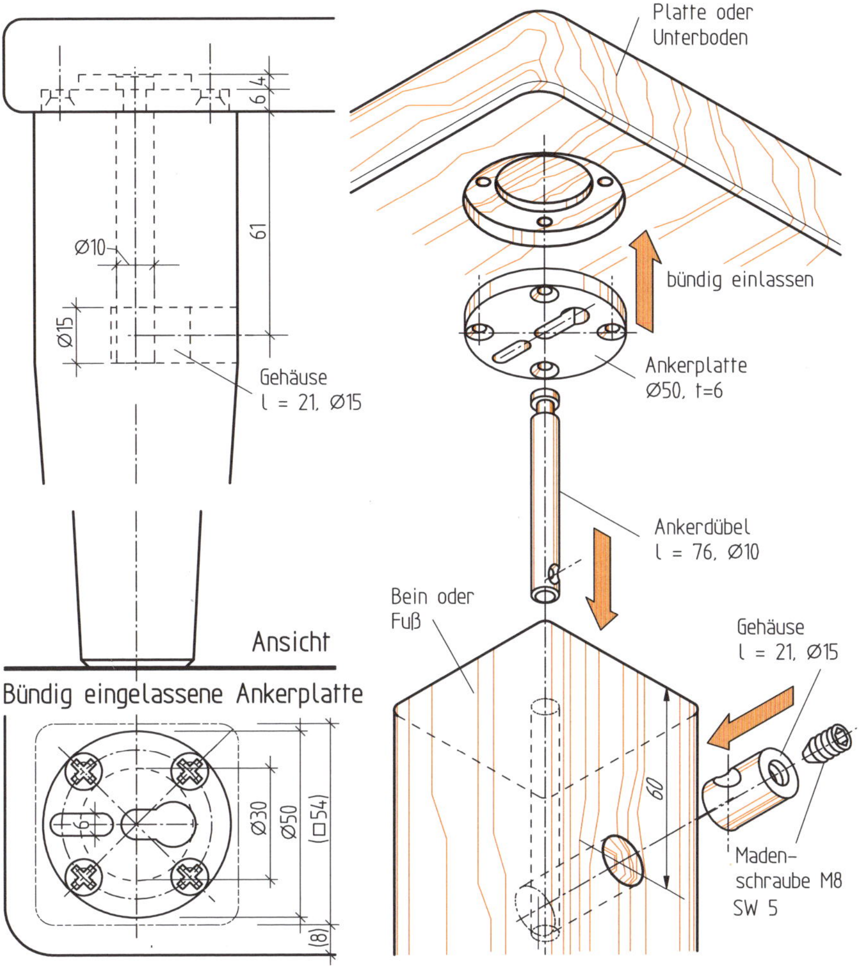

B 3.3-20a Lösbare Verbindung eines Holzfußes unter einer Holzplatte oder einem Möbel-Unterboden. In die Unterseite der Platte wird eine runde Ankerplatte eingefräst und festgeschraubt. In diese Platte fasst ein Ankerstift ein, der in die Hirnseite des Fußes eingebohrt ist und bis in das seitlich eingebohrte Metallgehäuse fasst. Mit einer Madenschraube wird der Ankerstift in dem Metallgehäuse arretiert. Für dickere Holzfüße gibt es Ankerplatten für zwei Ankerstifte (Scheu).

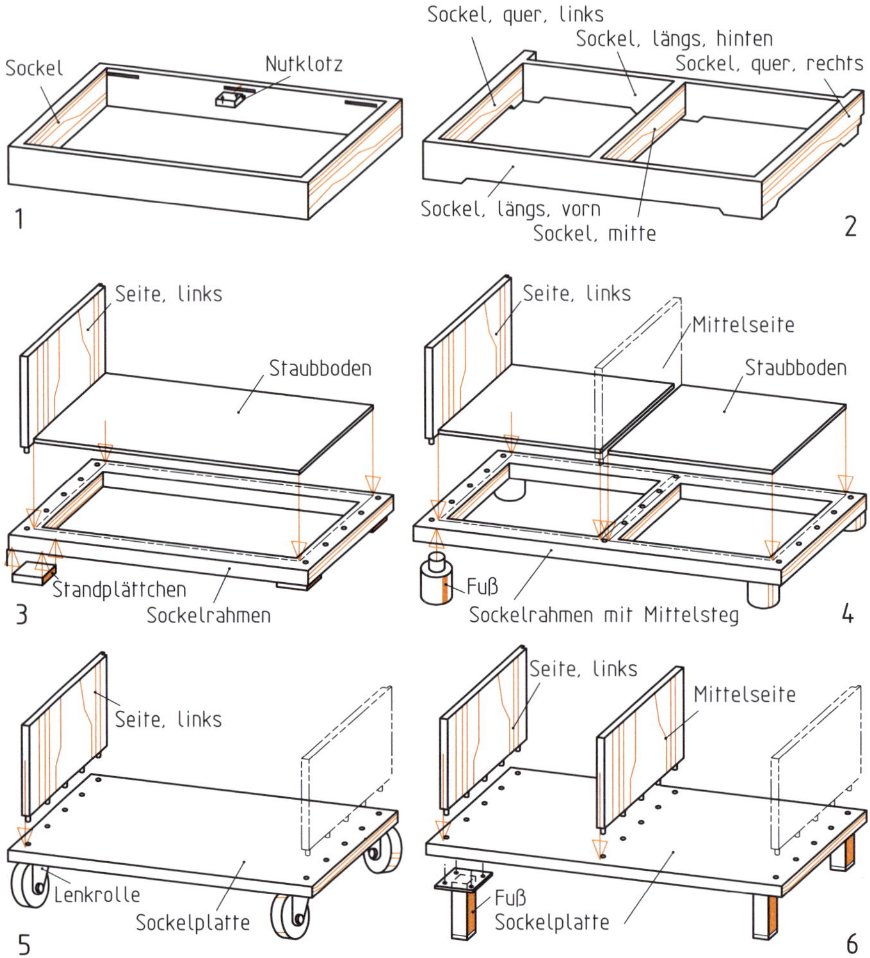

B 3.3-21 Sockel, Sockelrahmen und Sockelplatten. 1 Allseitig umlaufender Sockel. Bei Vollholzböden darf nur die vordere Kante unter den Boden geleimt werden, die hintere Kante ist mit Nutklötzen zu befestigen, 2 dreiseitiger Sockel, bei dem das hintere Sockelstück zurückspringt, um die Seiten gegen die Fußleisten anpassen zu können, 3 Sockelrahmen, er wird durch einen Staubboden geschlossen. 4 bei Mittelseiten ist in den Rahmen noch ein Mittelsteg einzubauen, 5 Sockelplatte auf Rollen, 6 Sockelplatte auf Einzelfüßen, die unter die Platte geschraubt werden. Hierfür sind nur dicke, biegesteife Platten geeignet.

3.4 Rückwände

Rückwände haben an Schränken zwei Aufgaben zu erfüllen. Sie sollen den Schrank rückwärtig abschließen und den Schrankkorpus im Winkel halten, um dadurch die störungsfreie Funktion von Türen und Klappen zu gewährleisten. Als Material können Plattenwerkstoffe wie harte Holzfaserplatten, Furniersperrholz, Spanplatten, bei dicken Rückwänden auch Stab- oder Stäbchensperrholz, aber auch Glastafeln und Metallbleche verwendet werden. Bei Massivholzmöbeln wird man die Rückwände auch aus Vollholz z. B. in Rahmen- und Füllungskonstruktion herstellen. Da der Material- und Fertigungsaufwand sehr groß ist, sind auch bei Massivholzmöbeln Rückwände in Holzwerkstoffen zulässig. Die Dicke der Rückwände beträgt bei harten Holzfaserplatten 3,5 bis 5 mm, bei Furniersperrholzplatten 4 bis 8 mm und bei Spanplatten 8 bis 10 mm. Gemäß VOB sollen bei Einbauschränken die Rückwände, wenn sie aus Furniersperrholz bestehen mindestens 6 mm, oder wenn sie aus Spanplatten sind, 8 mm dick sein. Die Oberfläche der Rückwände kann je nach Qualität der Möbel unbehandelt, furniert und mindestens einseitig oberflächenbehandelt oder kunstharzbeschichtet sein. Rückwände können auf verschiedene Weise eingebaut werden.

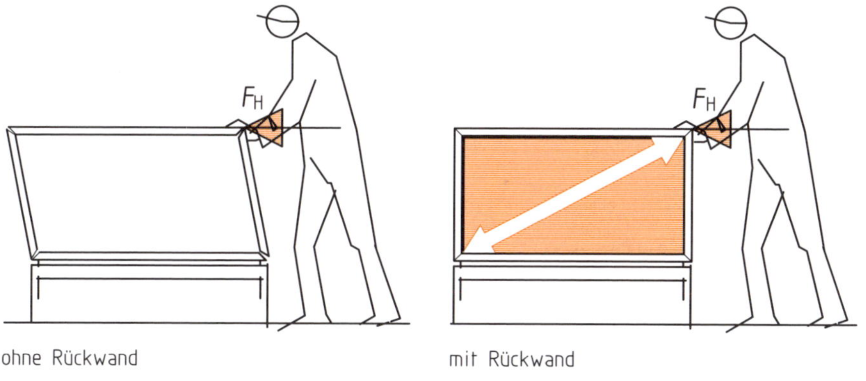

B 3.4-1 Statische Aufgabe der Rückwand.

3.4.1 Einbaumöglichkeit der Rückwände

Je nachdem, ob der Schrank von der Rückwand her sichtbar ist, ob die Seiten des Schranks an die Raumwand angepasst werden müssen oder ob die vorteilhafteste Montage ausschlaggebend ist, sind die verschiedenen Einbaumöglichkeiten zu unterscheiden. Vorwiegend bieten sich zwei Einbauarten an: die Befestigung in einem Falz oder in einer Nut. Da von der toleranzfreien Befestigung und dem Ausbeulverhalten der Rückwand wesentlich die stabilisierende Wirkung abhängt, ist eine starre und spielfreie Befestigung im Falz günstiger als loses Einsetzen in eine Nut. Eine zusätzliche Befestigung der Rückwände in Nuten durch Leimangabe, Stifte oder Rückwandverbindern ist hier zu empfehlen. Glasrückwände wird man dementsprechend verklotzen.

Bei großen Einbauschränken muss die Rückwand vom Innenraum des Schranks her eingesetzt und befestigt werden, weil der Schrank dicht an der Raumwand aufgestellt wird.

Einbaubeispiele sind in Horizontalschnitten dargestellt (B 3.4-1 bis 5).

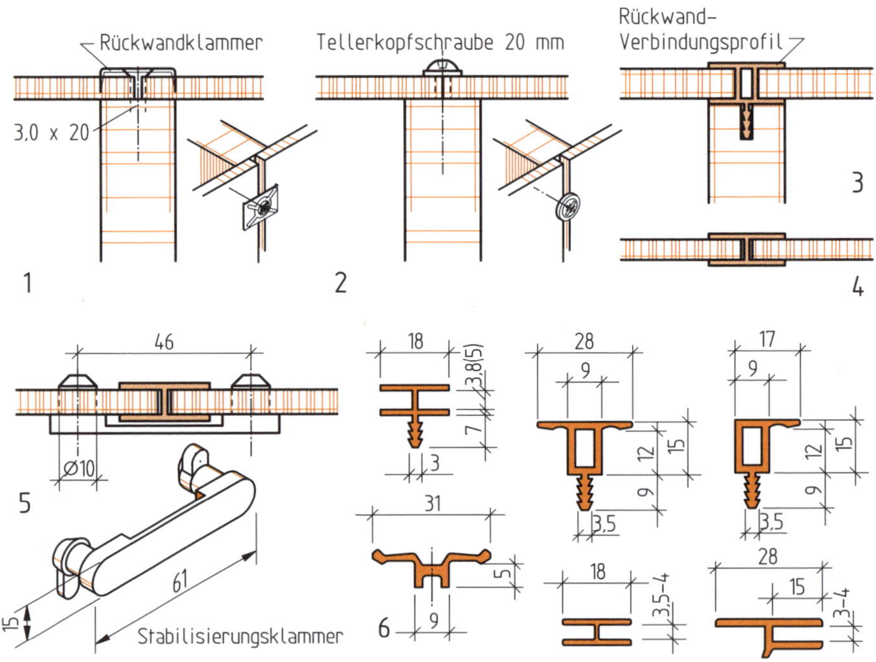

B 3.4-2

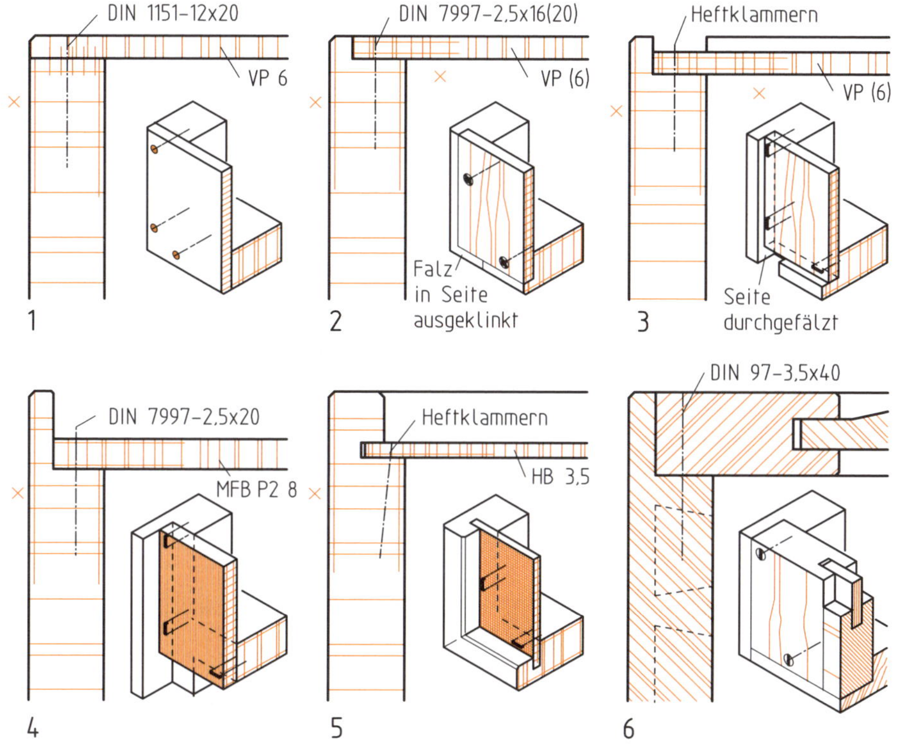

B 3.4-3 Rückwände und Rückwandbefestigungen. 1 Rückwand mit Seiten außen bündig aufgeleimt und genagelt. Die Kanten der Rückwand sind seitlich sichtbar, deshalb sollte diese Konstruktion nur bei eingebauten Schränken angewendet werden, 2 Rückwand im Falz eingeschraubt, Falzwange mit Rückwand bündig und bei 3 überstehende Falzwange, um einen Anschlag für das Klammergerät zu erhalten, 4 eingefälzte Rückwand mit großem Überstand der Falzwange, um diese an der Raumwand eventuell anpassen zu können, 5 eingenutete Rückwand mit der Möglichkeit, diese zusätzlich mit Heftklammern zu befestigen. In der Industrie werden die Nuten manchmal 4° schräg eingenutet, damit sich die Rückwand beim Verleimen der Möbelkörper in der Korpuspresse dicht an die innere Nutwange pressen kann und dadurch innen immer dicht ist, 6 Rückwand aus Vollholz in Rahmen- und Füllungskonstruktion. Wird nur bei Stilmöbeln oder besonderen Massivholzmöbeln angewendet.

B 3.4-2 (Seite 140) Rückwandstöße auf Mittelseiten. 1 Befestigung mittels Rückwandklammer, 2 Tellerkopfschrauben (Hä, He, Hu) oder 3 mit speziellem Rückwand-Verbindungsprofil (El, Ne), 4 freier Rückwandstoß in einem H-Profil (Hä, El, Ne), 5 Einsatz einer Stabilisierungsklammer (Hä, Ne), 6 verschiedene Rückwand-Verbindungsprofile (Hä, Ne).

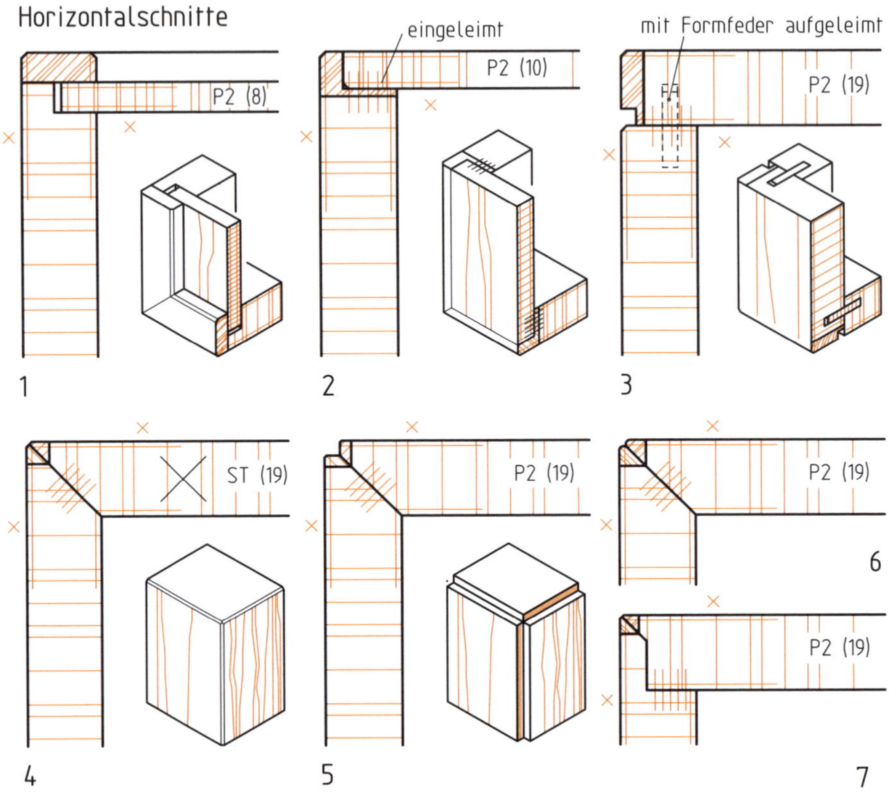

B 3.4-4 Rückwände in von der Rückseite her sichtbaren Möbeln. 1 Eingenutete Rückwand, solche Rückwände steifen den Schrank nicht gut aus, sie müssen gleich beim Verleimen des Möbelkorpusses mit eingebaut werden, 2 beidseitig furnierte Rückwand ist in den Falz der hinteren Korpuskante eingeleimt, die mit einem Anleimer versehen ist, 3 aufgefederte dicke Rückwand, die entweder durch Zierfalz oder durch kleinen Rücksprung von dem Möbelkörper getrennt wird, 4 bis 7 die Rückwände sind so dick wie die Korpusseiten und -böden. Sie werden allseitig auf Gehrung miteinander verbunden. Die Kanten können abgefast, gerundet oder mit Zierfalz versehen werden.

B 3.4-5 (Seite 143) Befestigung der Rückwände mit Beschlägen. Dies ist besonders bei eingebauten Schränken erforderlich, bei denen man die Rückwände vom Schrankinnenraum her montieren muss. 1 Rückwandverbinder in Kunststoff zum Einklippsen in die Rückwand. Er ist durch die vorgesehene Bohrung für das System 32 (25) geeignet (Hä, He und Hu sinngemäß), 2 zierlicher Rückwandverbinder in Kunststoff zum Einklippsen (Hä), 3 Rückwandwinkel zum Anschrauben an die Rückwand und die Seite, für das System 32 geeignet (Hä, Hu), 4 Universalwinkel, auch für die Rückwandbefestigung und das System 32 geeignet (Hä, He), 5 Rückwandverbinder in Metall zum Anschrauben an die Seite und die Rückwand, für das System 32 geeignet (He), 6 zierlicher Rückwandverbinder zum Einbohren. Die Rückwand wird durch Verkanten des Beschlags eingeklemmt (Hä).

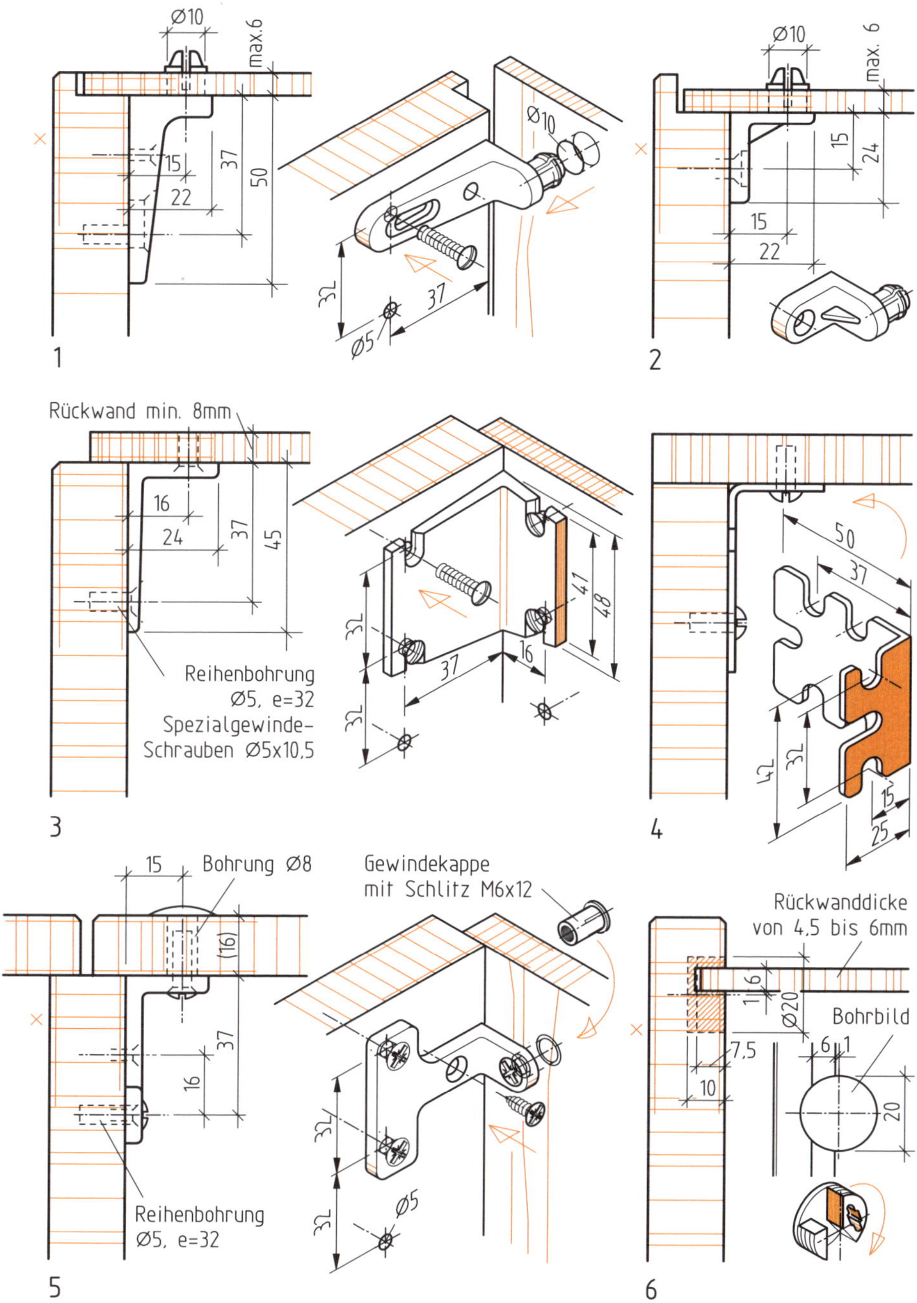
Ø10
max.6
15
22
37
50
Ø10
32
Ø5
37
1
Ø10
max. 6
15
24
15
22
2
Rückwand min. 8mm
16
24
37
45
Reihenbohrung
Ø5, e=32
Spezialgewinde-
Schrauben Ø5x10,5
32
32
37
16
41
48
3
50
37
42
32
15
25
4
15
Bohrung Ø8
(16)
37
16
Reihenbohrung
Ø5, e=32
Gewindekappe
mit Schlitz M6x12
32
32
Ø5
5
Rückwanddicke
von 4,5 bis 6mm
1,6
Ø20
Bohrbild
7,5
10
6,1
20
6

B 3.4-5

3.5 Einlegeböden

Einlegeböden, auch Fachböden und Tablare genannt, unterteilen die Schränke in mehrere Fächer. Sie haben die Aufgabe, die verschiedensten Gegenstände aufzunehmen und müssen dem Gewicht der Gegenstände und der Stützweite der Bodenauflager entsprechend dimensioniert werden.

3.5.1 Material und Größe der Einlegeböden

Das Format der Möbel-Einlegeböden wird in der Länge durch die lichten Schrankabmessungen und in der Breite durch die vorgesehene lichte Schranktiefe bestimmt. Die Dicke des Einlegebodens wird im Möbelbau 16 bis 22 mm betragen. Bei sehr zierlichen Böden mit geringer Stützweite und geringerer Belastung kann die Dicke bis auf 8 mm reduziert werden, und bei sehr stark belasteten Böden und bei größerer Stützweite wird das Maß von 22 mm auch überschritten. Für die im Möbelbau üblichen Böden aus 16 bis 22 mm dickem Holz gilt die Regel, dass die Länge nicht mehr als 1000 mm betragen darf, bei Belastung durch Bücher sogar nur 700 bis 800 mm. Längere Einlegeböden würden zu stark durchbiegen, wenn sie nicht noch einmal in der Mitte unterstützt würden (B 3.5-1).
Die DIN 68874 schreibt die Anforderungen und die Prüfung von Möbel-Einlegeböden und -Bodenträgern vor. Hiernach darf die maximale Durchbiegung der Einlegeböden nur 1/250 der Stützweite betragen. Wenn die Böden in Verbindung mit Schubkästen, Klappen und Türen stehen, darf die maximale Durchbiegung nur 1/300 der Stützweite sein. Man geht hier von vier Belastungsgruppen aus:
Belastungsgruppe L 25 = 25 kg/m² Nutzlast, z. B. leichte dekorative Gegenstände,
Belastungsgruppe L 50 = 50 kg/m² Nutzlast, z. B. Haushaltsporzellan, Wäsche,
Belastungsgruppe L 75 = 75 kg/m² Nutzlast, z. B. Bücher,
Belastungsgruppe L 125 = 125 kg/m² Nutzlast, z. B. schwere Bücher und Akten.
Einlegeböden können aus Vollholz, Stab- oder Stäbchensperrholz, beidseitig beschichteter Spanplatte, Glas und Metall bestehen. Da die Spanplatte die niedrigste Biegefestigkeit aufweist, ist sie für schwer zu belastende Einlegeböden nicht geeignet. Durch beidseitige Beschichtung mit Schichtpressstoff zum Beispiel, der vielleicht sogar um die Vorderkante herumgezogen wird, wird die Druck- und Zugzone des Bodens fester und wirkt nun der Durchbiegung entgegen. Die Faserrichtung der Vollholzböden und auch der Deckfurniere bei furnierten Einlegeböden verläuft stets parallel zur Stützweite.
In Vitrinen bestehen die Einlegeböden in der Regel aus 6 bis 8 mm dickem Glas. Selbstverständlich müssen auch die Bodenträger die Belastung des Bodens aufnehmen können. Zu schwache Bodenträger aus Kunststoff können zum Beispiel abscheren, oder bei sehr dünnen Bodenträgern wird der Lochlaibungsdruck zu groß, sodass diese dann aus der Bohrung herausgedrückt werden.

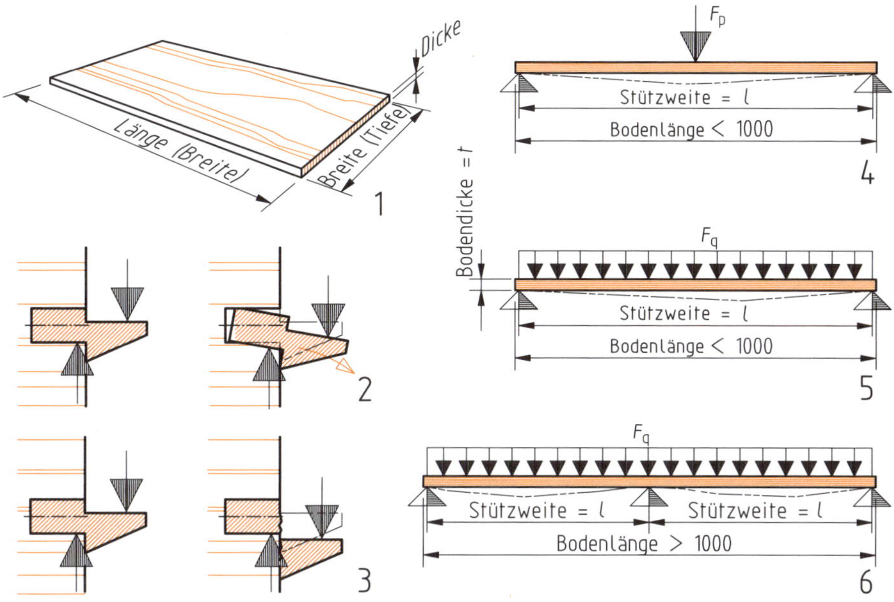

B 3.5-1 Dimensionen und Statik am Einlegeboden. 1 Ausdehnungen des Einlegebodens, 2 zu großer Lochlaibungsdruck bei Belastung des Bodenträgers, 3 zu große Scherbeanspruchung eines Kunststoffbodenträgers, 4 maximale Länge und Durchbiegung des Einlegebodens bei mittiger Einzellast, 5 bei gleichmäßig verteilter Last und 6 bei zusätzlichem Mittenauflager.

3.5.2 Einbaumöglichkeiten der Einlegeböden

Die Auflager für die Einlegeböden können aus durchgehenden Vollholzleisten, diese sind bei Vollholzböden erforderlich, Bodenträgernägeln, eingebohrten Bodenträgern usw. bestehen. Um die Fächer den jeweils unterzubringenden Gegenständen anpassen zu können, wird man die Einlegeböden in der Höhe verstellbar anordnen. Verstellmöglichkeiten lassen sich durch Zahnleisten aus Vollholz, durch Bodenträgerschienen aus Kunststoff oder Metall oder durch Lochreihen in den Schrankseiten und durch das System 32 oder 25 erreichen.
Es ist darauf zu achten, dass man die Einlegeböden auch nach dem Zusammenbau des Möbelkorpusses einlegen kann. Durch das Hochkippen wird die verlängerte Materialdiagonale statt der Bodenlänge wirksam, oder es lassen andere Grundrissformen ein nachträgliches Einlegen gar nicht erst zu.
Einlegeböden aus Glas sind an allen Kanten abzufasen. Die Glasbodenträger müssen durch ihre Konstruktion oder durch das Material ein Verrutschen der Böden verhindern (B 3.5-2 bis B 3.5-19).

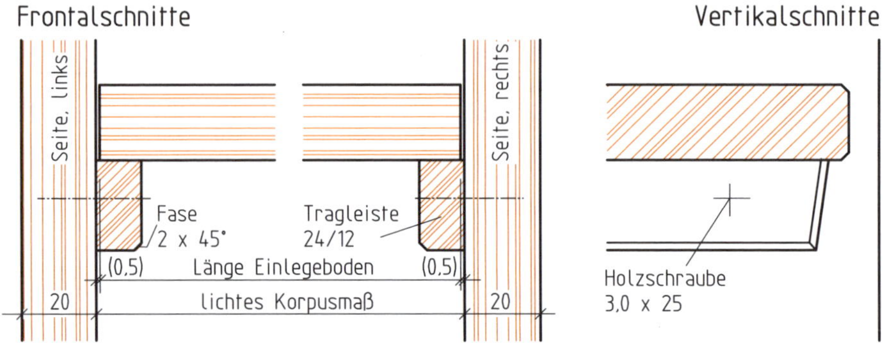

B 3.5-2 Vollholzböden auf Tragleisten, die an den Seiten angeschraubt sind.

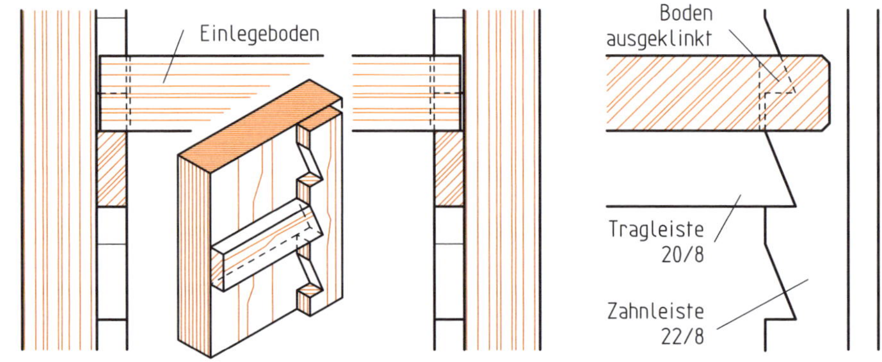

B 3.5-3 Vollholzböden auf Tragleisten, die in Zahnleisten fassen. Dadurch ist eine Höhenverstellung in den Zahnabständen möglich.

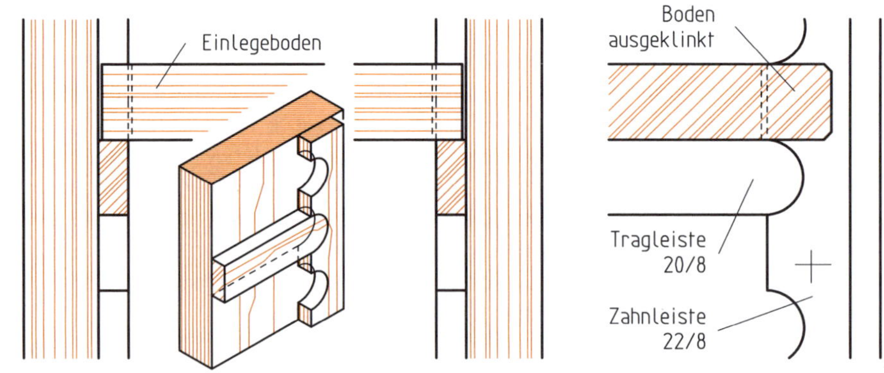

B 3.5-4 Durch das Herstellungsverfahren wie paarweises Bohren und Auftrennen ergibt sich eine andere Form der Zahnleisten.

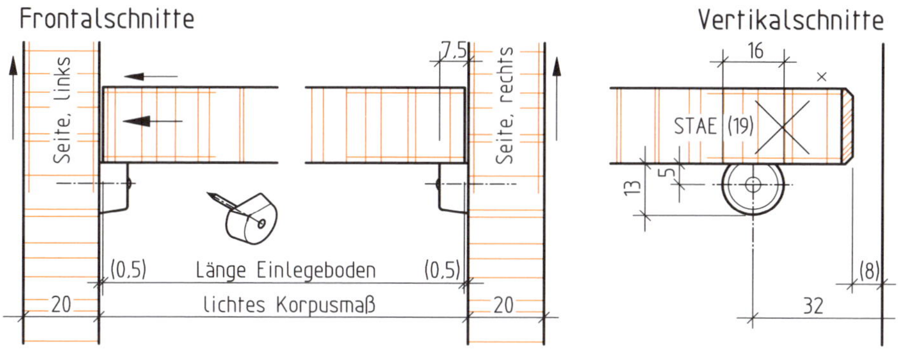

B 3.5-5 Einlegeboden auf Bodenträgernägel mit Kunststoffkappe (Hä, He, Ku).

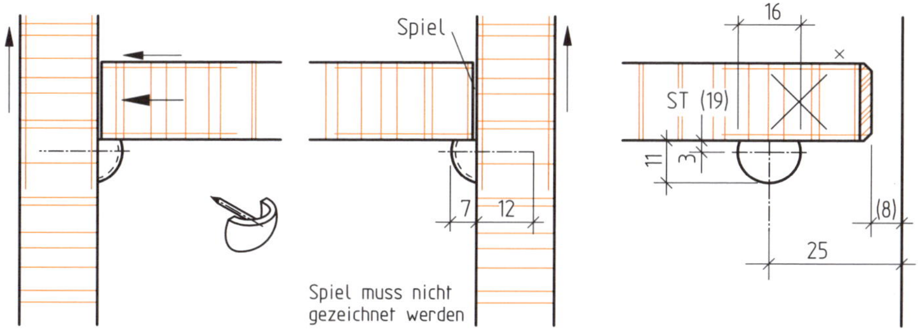

B 3.5-6 Einlegeboden auf Bodenträgernägel aus Stahl, messingfarben (Hä).

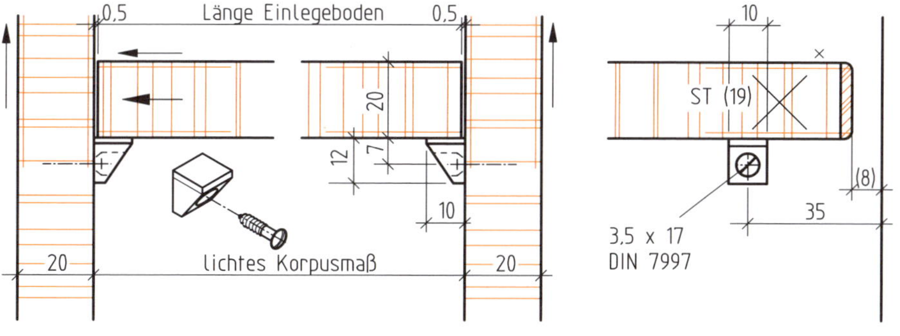

B 3.5-7 Bodenträger zum Anschrauben. Mit rutschhemmender Auflage auch für Glasböden geeignet (Hä).

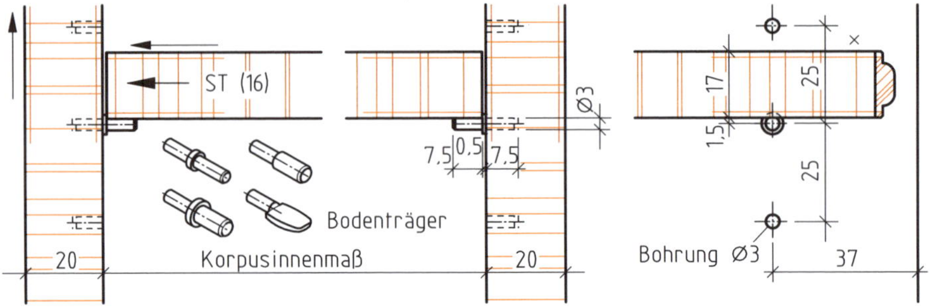

B 3.5-8 Zierliche Bodenträger für Bohrungen mit 3 mm Durchmesser. Nur für kleine und nicht stark belastete Böden geeignet (Hä).

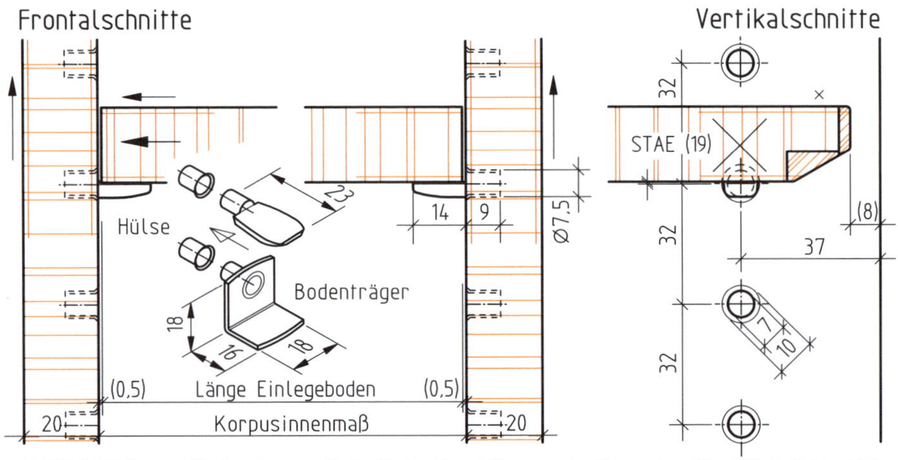

B 3.5-9 Böden auf Bodenträgern, die in Bodenträgerhülsen gesteckt werden. Verstellmöglichkeit ist durch mehrere, gruppenweise in die Seitenwand eingebohrte Hülsen gegeben (Hä, He).

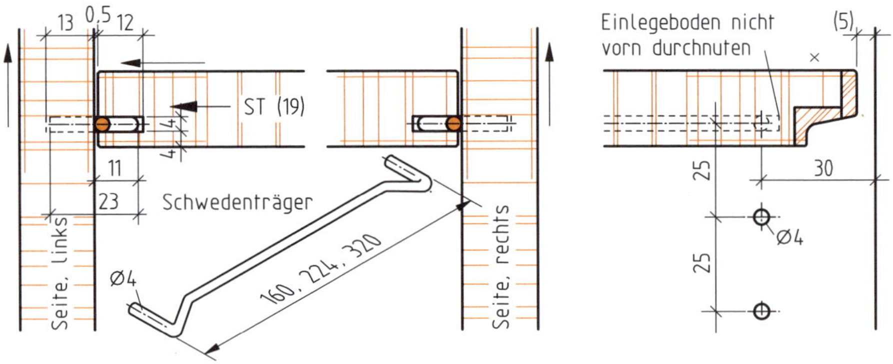

B 3.5-10 Böden auf Schwedenträgern aus 4 mm (5 mm) Stahldraht. Die Träger sind unsichtbar. Durch mehrere Bohrungen in den Seiten, gruppenweise übereinander angeordnet, ist eine Höhenverstellung möglich (Hä).

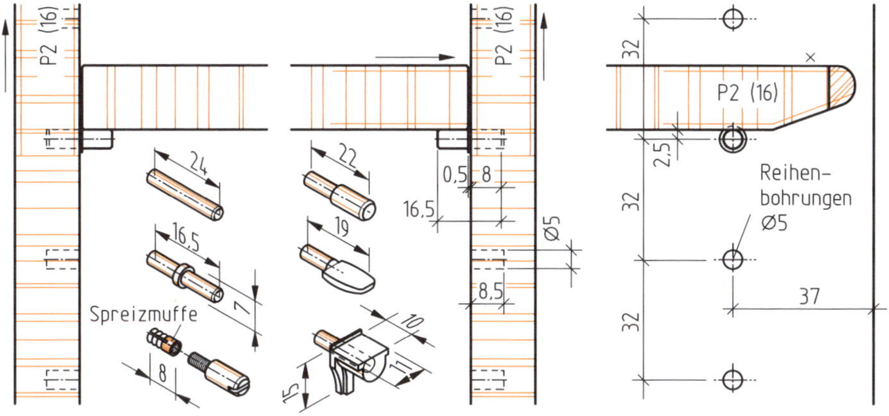

B 3.5-11 Bodenträger aus Stahl, für Reihenbohrungen mit dem Durchmesser 5 mm (Hä, He).

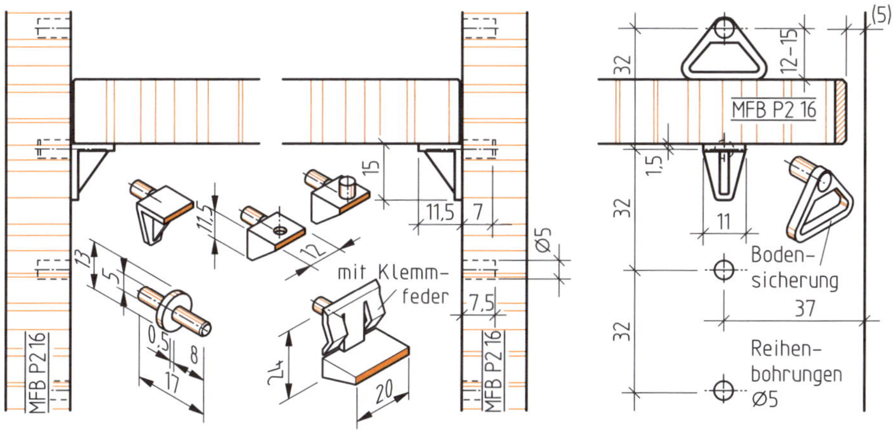

B 3.5-12 Bodenträger aus Kunststoff, geeignet für Reihenbohrungen mit dem Durchmesser 5 mm. Für kunststoffbeschichtete Böden können Bodenträger mit Rutschsicherungen, Klemmfedern oder besondere Bodensicherungen eingesetzt werden (Hä, He, Gi, Ku).

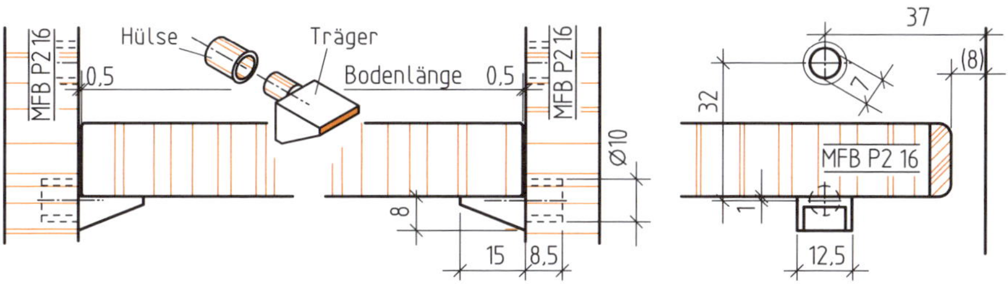

B 3.5-13 Bodenträger aus Kunststoff in Kunststoffhülsen (Hä, Ne).

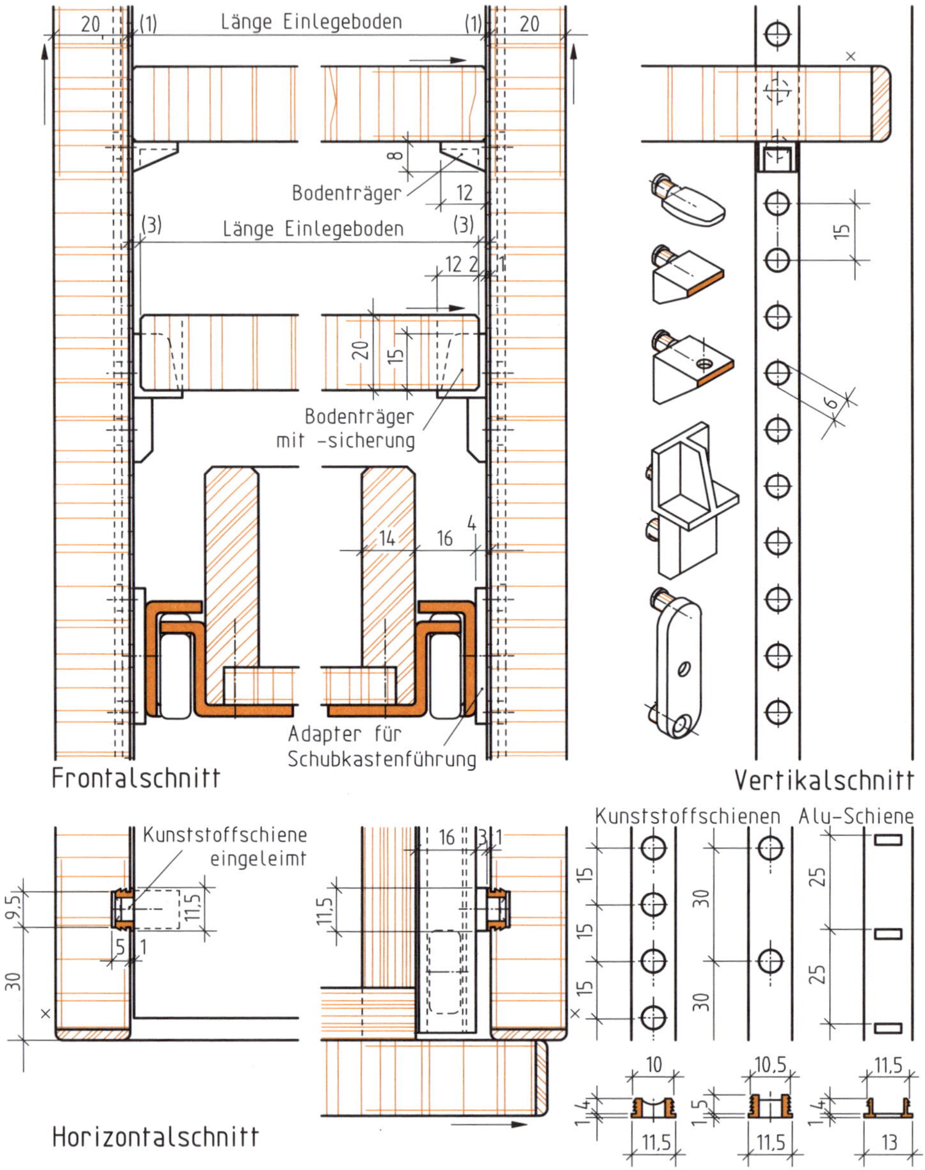

B 3.5-14 Bodenträger in Bodenträgerschienen. Die Bodenträgerschienen werden in die Korpusseiten eingenutet und die Bodenträger auf die gewünschte Höhe des Einlegebodens eingesetzt. Es stehen verschiedene Träger zur Auswahl. Durch die Verwendung eines Adapterstücks können auch Schubkastenführungen sowie Halterungen für Kleiderstangen (nicht dargestellt) montiert werden (Hä, He, Ht, Ne).

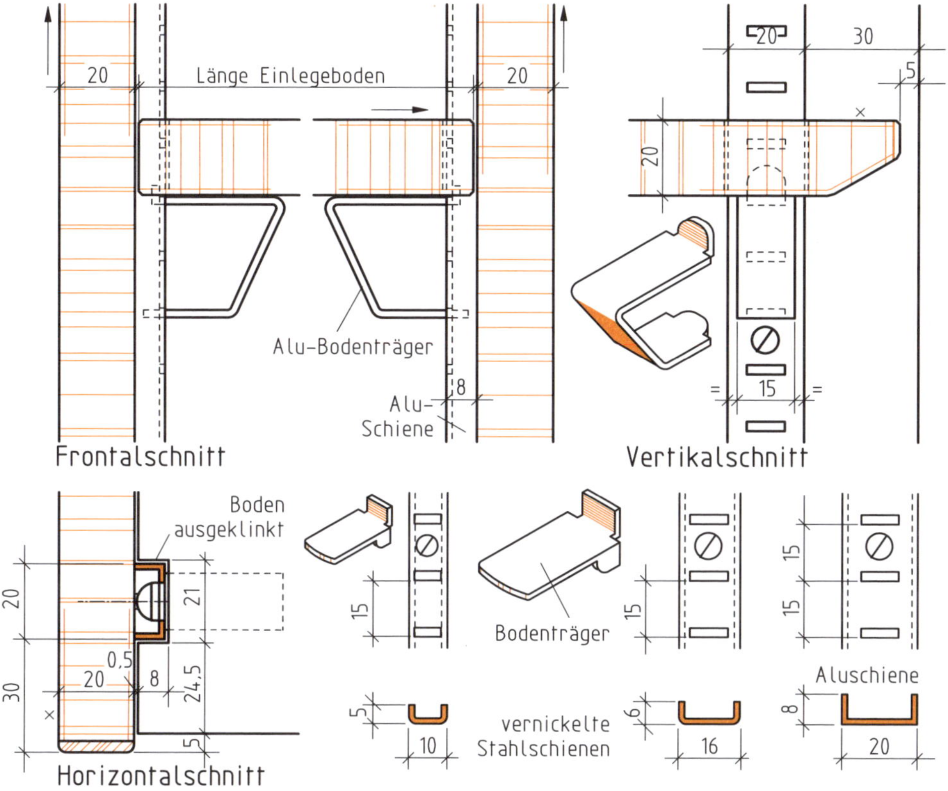

B 3.5-15 Bodenträger in Bodenträgerschienen (Hä, He).

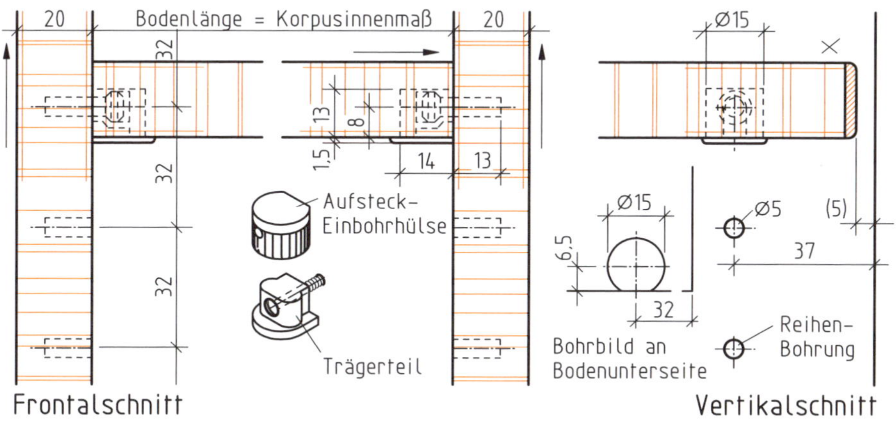

B 3.5-16 Zweiteiliger Bodenverbinder (Hä, He).

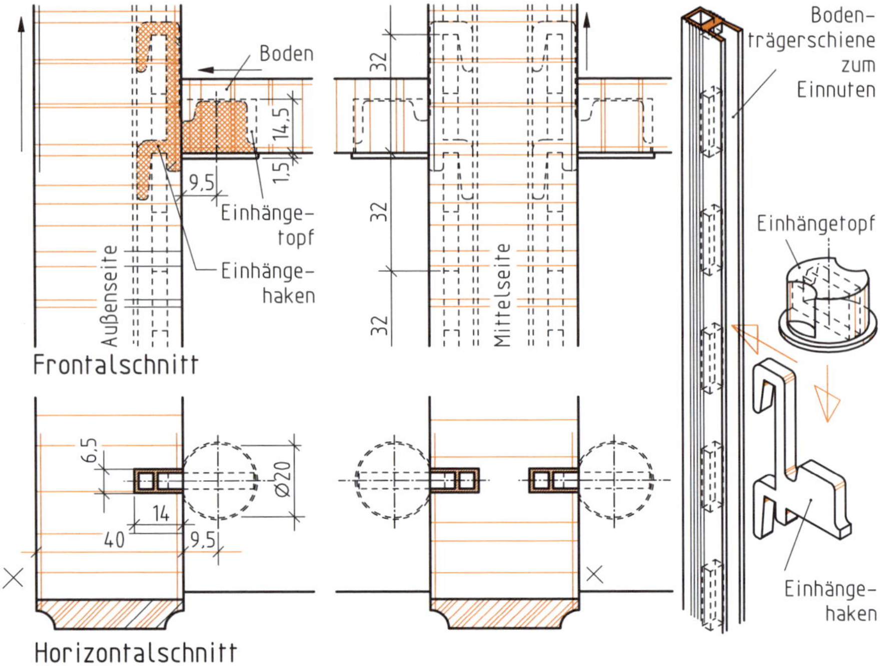

B 3.5-17 Eingenutete Trägerschienen und Bodenverbindungsbeschlag (Hä, Ht).

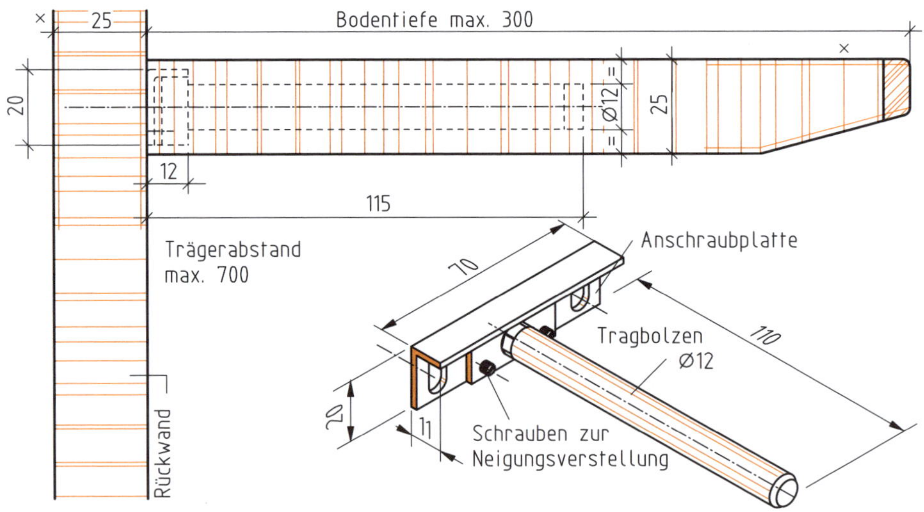

B 3.5-18 Tablarträger zum Befestigen auskragender Böden an einer Rückwand.

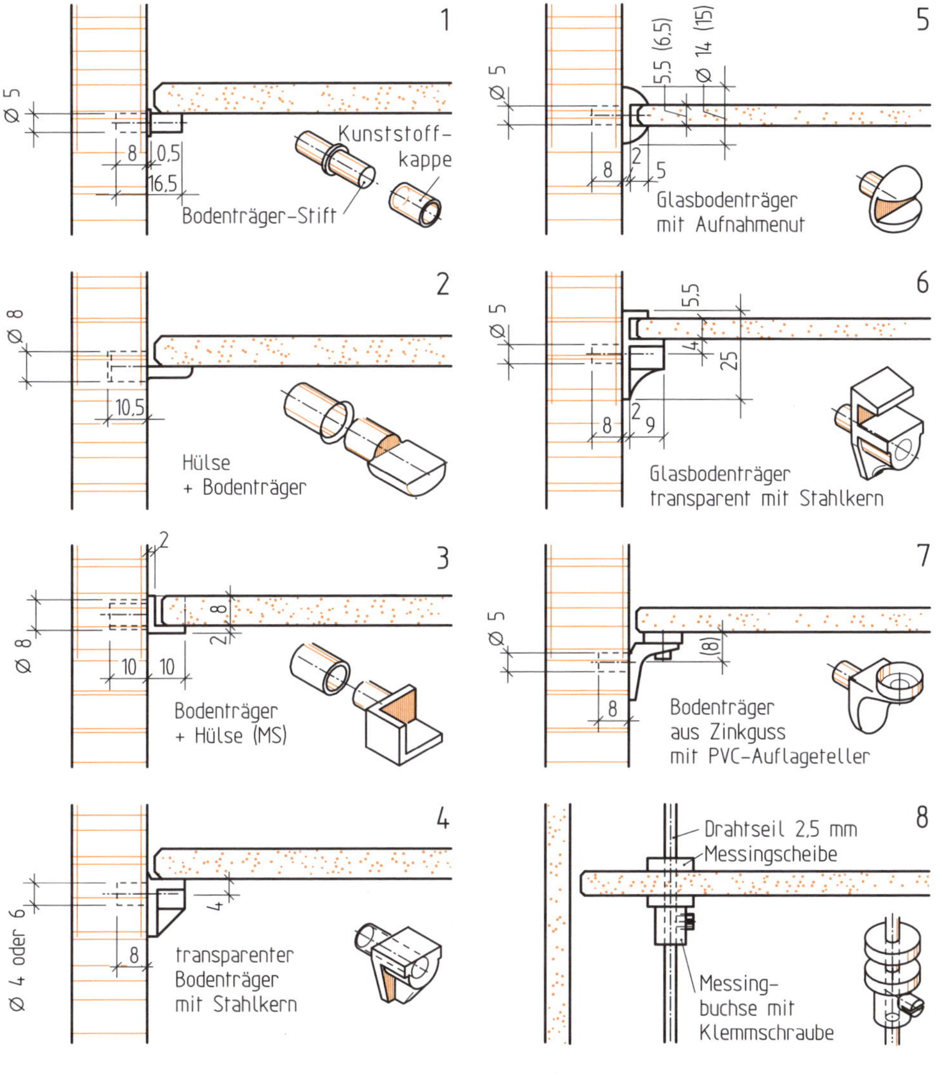

B 3.5-19 Glasbodenträger. 1 Stecker für 5 mm Bohrung; eine weiche Kunststoffkappe kann als Klapperschutz und Rutschsicherung auf den Stecker geschoben werden (Hä), 2 Bodenträger in Metallhülse, vermessingt (He), 3 Winkelbodenträger und Hülse aus Messing (Her), 4 transparenter Träger aus Weichplastik mit Stahlkern (Hä, He), 5 genuteter Glasbodenträger für bestimmte Glasdicken (Hä), 6 Glasbodenträger mit Bodensicherung (Hä), 7 Bodenträger mit saugender Auflageplatte (He). 8 Trägersystem mit Tragseilen, die auch zur Stromführung für Niedervoltlampen dienen können.

3.5.3 Ausfahrbare Fachböden

Gegenstände sind im hinteren Bereich auf Fachböden bei besonders tiefen Schränken, wie zum Beispiel bei Kleiderschränken, in der Regel nicht sehr gut zu erreichen. Deshalb sollte man solche Fachböden ausfahrbar machen. Hierfür sind mechanische Teilauszüge oder auch Vollauszüge geeignet, die auch für Schubkästen verwendet werden. Sehr wichtig ist, wie bei Innenschubkästen auch, dass der Türeinsprung berücksichtigt wird, damit sich die Fachböden bei 90° geöffneten Türen herausziehen lassen. Die Fachböden erhalten Randleisten, damit die Gegenstände beim Aus- und Einfahren des Bodens nicht von der Fläche rutschen, und an der vorderen Kante sollte auch eine gute Griffmöglichkeit bestehen (B 3.5-20).

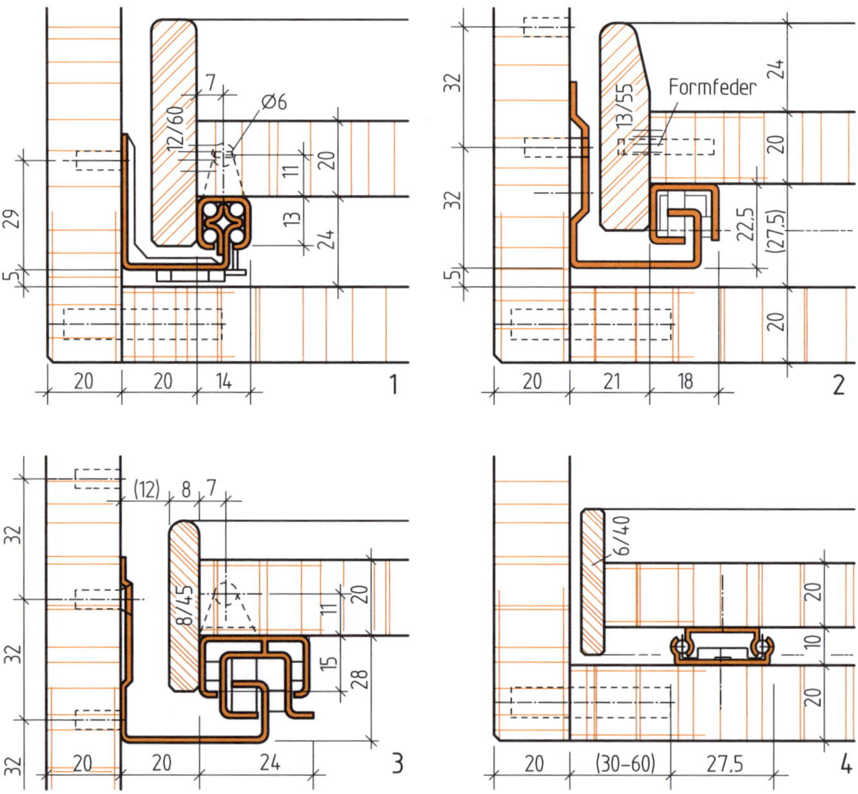

B 3.5-20 Ausfahrbare Fachböden. 1 Teilauszug, belastbar bis 25 kg (He). 2 Teilauszug mit Selbsteinzug, Tragkraft bis 30 kg (Bl, Hä). 3 Vollauszug mit Selbsteinzug, Tragkraft bis 50 kg (Bl, Hä). 4 Teilauszug, Tragkraft 12 kg, schwerere Ausführungen bis 70 kg. Auf absolut parallele Montage der Kugelführungen unter dem Fachboden ist zu achten (Hä, Scho).

3.6 Möbelfronten

Möbelgehäuse haben die Aufgabe, Gegenstände zweckmäßig geordnet aufzunehmen. Möbelfronten schließen den Möbelkorpus gegen unmittelbaren Zugriff, vor Einsicht oder gegen Verstauben ab. Je nach Handhabung, Platzbedarf beim Öffnen und Schließen oder nach benötigter Funktion sind Drehtüren, Schiebetüren, vertikale oder horizontale Rollläden, liegende, stehende oder hängende Klappen und Schubkästen zu unterscheiden.

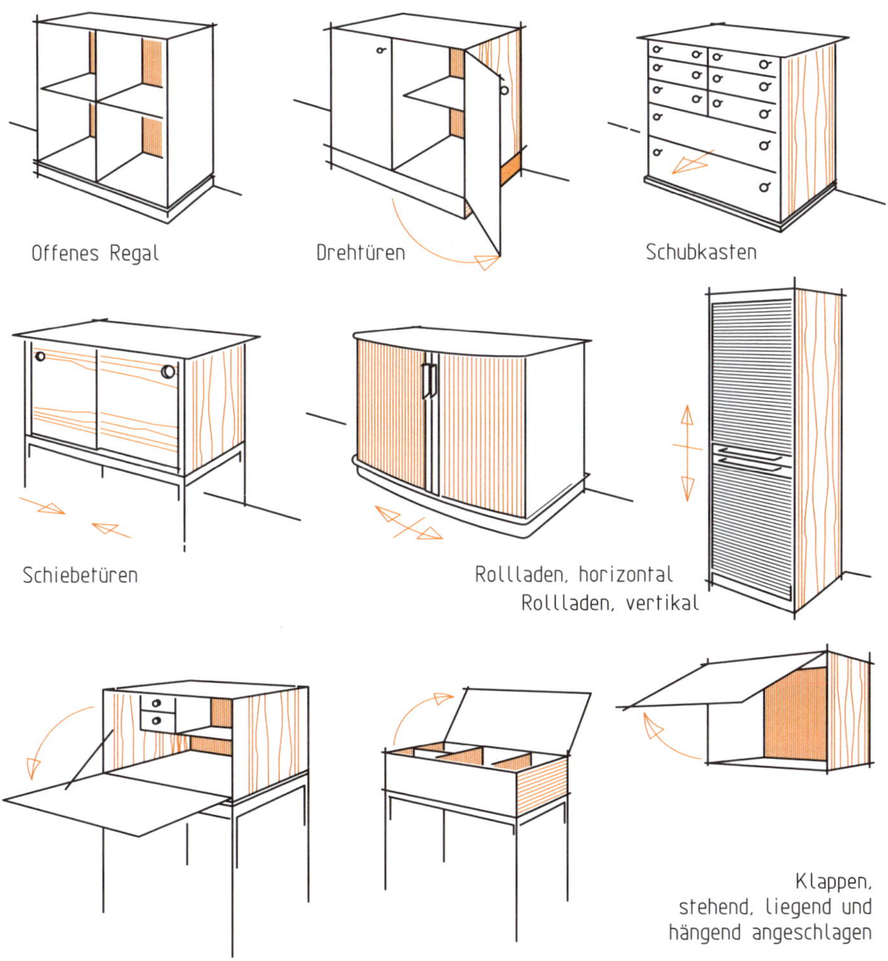

B 3.6-1 Möbelfronten

Die Teilungslinien dieser Funktionselemente gliedern sichtbar die Schrankfront. Die Konstruktion der Anschläge lässt die Kanten der Korpusseiten hervortreten oder sie werden teils oder ganz überdeckt.
Die Wahl der Grifflösungen und die Platzierung der Griffe bilden markante Fixpunkte. Alle diese Faktoren sind wichtige Gestaltungselemente, die beim Entwurf und bei der Konstruktion der Möbel zu beachten sind. Hier wird die enge Verflechtung zwischen den Aufgaben der Funktion, Konstruktion und Gestaltung der Möbel besonders deutlich (B 3.6-1).

3.7 Drehtüren

Schränke lassen sich durch Drehtüren verschließen. Sie sind an einer vertikalen Seitenkante angeschlagen und drehen sich um diese. Dadurch benötigen sie vor dem Möbelkörper einen ausreichend großen Bewegungsraum. Je nach Anzahl der Türen am Korpus spricht man von eintürigen, zweitürigen, dreitürigen usw. Schränken.

3.7.1 Arten der Drehtüren

Je nach Drehrichtung, Lage im Korpus und verwendetem Material sind folgende Türarten zu unterscheiden:
Nach der Drehrichtung kennt man Linkstüren und Rechtstüren. Bei Linkstüren sitzen die Bänder oder Scharniere auf der linken Seite der Tür, wenn man sie von außen betrachtet. Die verwendeten Bänder sind Linksbänder, und das Schloss ist ein Linksschloss. Bei Rechtstüren sind dies Rechtsbänder und ein Rechtsschloss. Bei zweiflügeligen Türen wird meistens die rechte Tür zuerst geöffnet, sie erhält das Schloss und die linke Tür, wenn erforderlich, die Riegel (B 3.7-1).
Nach dem verwendeten Material sind Massivholztüren (Vollholztüren), Lamellentüren, Türen aus Rahmen und Füllungen wie Holzfüllungen, Glasfüllungen, Textilfüllungen oder Metallfüllungen, Türen aus Holzwerkstoffen, furniert oder mit Kunststoff kaschiert, und Glastüren zu unterscheiden (B 3.7-2). Nach der Lage der Tür im Korpus sind stumpf einschlagende, überfälzte und stumpf aufschlagende Türen zu unterscheiden. Stumpf einschlagende Türen können mit der Korpuskante bündig sein oder gegenüber der Korpuskante zurück- oder vorspringen (B 3.7-3).

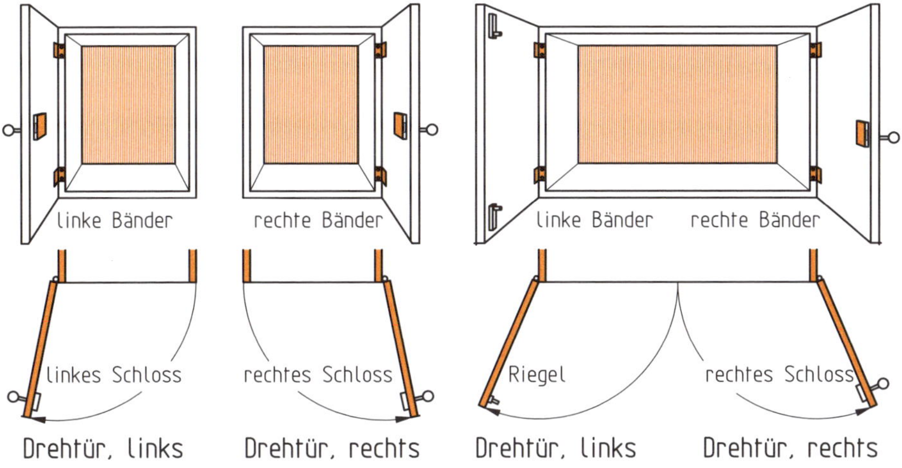

B 3.7-1 Drehrichtung der Türen

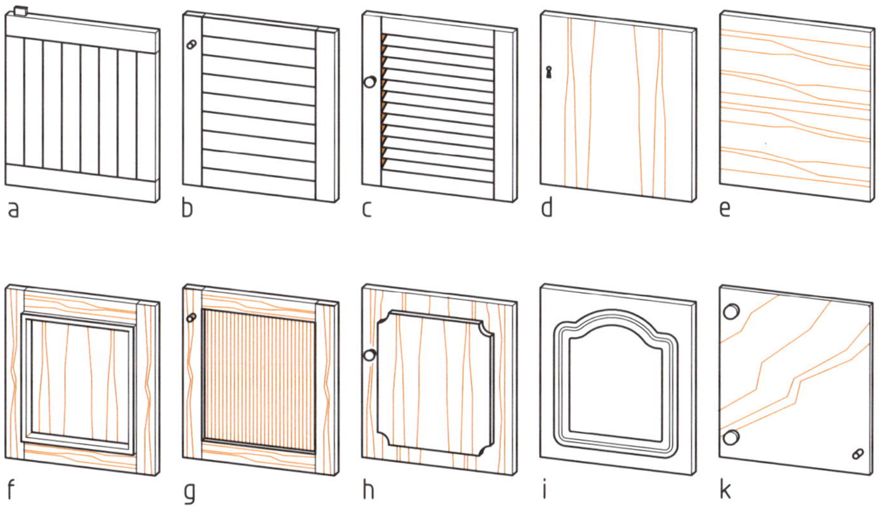

B 3.7-2 Türausführungen, (a) Vollholztür, aufrechte Verbretterung, (b) Vollholztür, quere Verbretterung, (c) Lamellentür, (d) aufrecht furnierte Tür, (e) quer furnierte Tür, (f) Tür aus Rahmen mit eingestäbter Holzfüllung, (g) Tür aus Rahmen mit Glasfüllungen, (h) furnierte Tür mit aufgesetzter Füllung, (i) Tür aus MDF-Platte mit Profileinfräsung, (k) Ganzglastür.

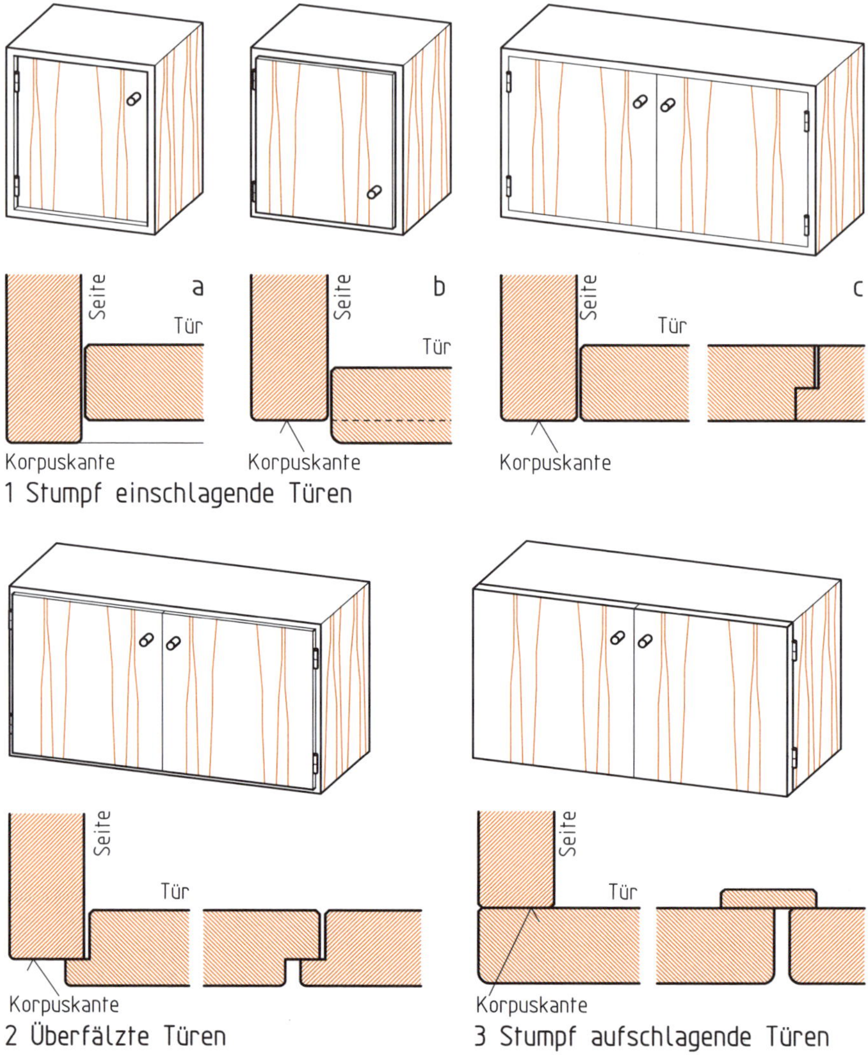

B 3.7-3 Anschlagarten und Lage der Türen im Korpus. 1a Stumpf einschlagende, zurückspringende Tür, 1b stumpf einschlagende, vorspringende Tür, 1c stumpf einschlagende, mit der Korpuskante bündige Tür, 2 überfälzte Türen und 3 stumpf aufschlagende Türen.

3.7.2 Format der Drehtüren

Drehtüren hängen seitlich an Bändern oder Scharnieren. Um diese nicht ungünstig zu belasten, sollte bei Drehtüren die Türhöhe möglichst größer als die Türbreite sein. Aus dem gleichen Grund ist die Breite der Drehtüren an Möbeln mit 650 mm begrenzt. Breitere Türen würden außerdem durch ihre Drehbewegung zu viel Raum vor dem Möbel beanspruchen (B 3.7-4).

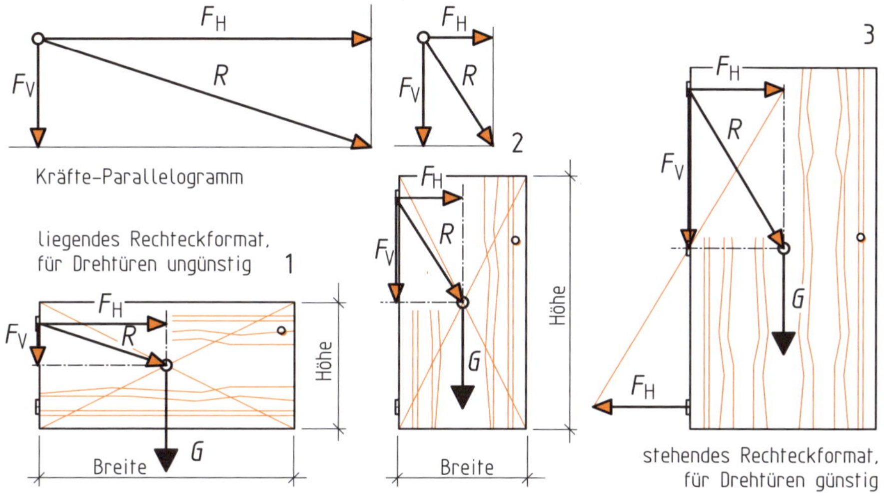

B 3.7-4 Format der Drehtüren. 1 Liegendes Rechteckformat ist ungünstig. Es ergeben sich verhältnismäßig große Zugkräfte am oberen Band, 2 das gleiche Format um 90° gedreht, 3 ein drittes Band in der Mitte bei hohen Türen kann die Tür am Verformen hindern. Horizontalkräfte aus dem Türgewicht sind hier jedoch nicht vorhanden.

3.7.3 Drehtüren aus Holz

Zu den Drehtüren aus Holz zählen alle Türen aus Vollholz, verbrettert oder als Rahmen mit Füllungen, und solche aus hölzernen Plattenwerkstoffen, die furniert, kaschiert oder kunstharzbeschichtet sein können. Man kann die Drehtüren aus Holz stumpf einschlagend, mit der Korpuskante bündig oder gegenüber der Korpuskante vorspringend oder zurückspringend oder stumpfaufschlagend sowie überfälzt an die Korpusseiten anschlagen. Nur bei ganz wenigen Bändern ist ein Anschlagen der Türen am Ober- und Unterboden erforderlich.

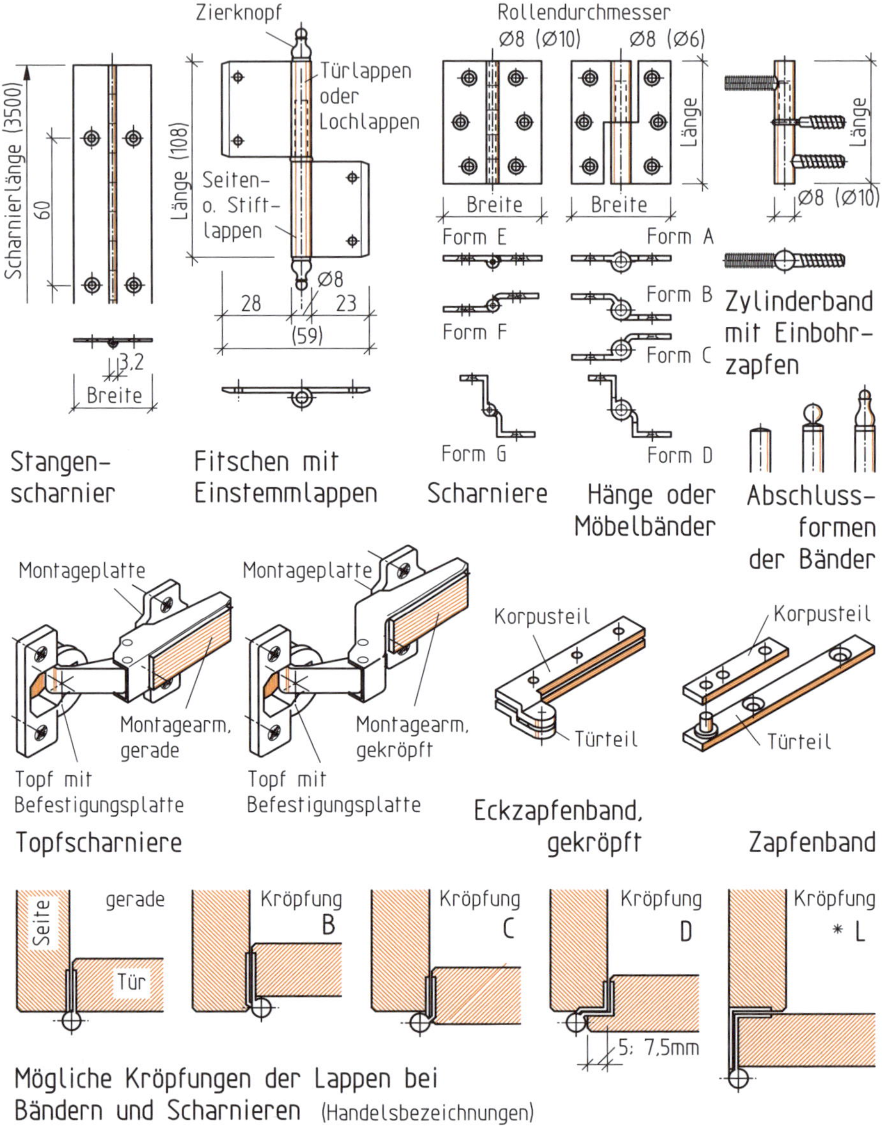

B 3.7-5 Übersicht über die gebräuchlichsten Bänder und Scharniere.

Beschläge: Je nach Anschlagart können verschiedene Bänder oder Scharniere verwendet werden. Als Bänder bezeichnet man im allgemeinen die aushängbaren, aus Stiftteil und Lochteil bestehenden Drehgelenke. Scharniere sind nicht aushängbar und haben meistens ein mehrgliedriges Gewerbe.
Die Bänder und Scharniere können je nach Anschlag der Tür unterschiedlich gekröpft sein. Für stumpf einschlagende Türen, die mit der Korpuskante bündig sind, kommen Bänder oder Scharniere mit geraden Lappen, für zurückspringende Türen mit Kröpfung B gekröpfte Lappen, für vorspringende Türen mit Kröpfung C gekröpfte Lappen und für überfälzte Türen die Kröpfung D zur Anwendung. Da die DIN für Scharniere, Hänge und Bänder jeweils andere Formbezeichnungen der Lappen verwendet, ist der Handel bei der seit Generationen geläufigen Bezeichnung Kröpfung geblieben und macht hier keinen Unterschied zwischen Scharnieren und Bändern (B 3.7-5).
Je nach Form des Gewerbes oder der Rolle sind Zylinderbänder, Stilbänder mit verschiedenen Zierknopfformen, Ei- oder Nußbänder zu unterscheiden. Stumpf einschlagende Türen lassen sich auch mit Zapfenbändern, eine sehr alte, aber heute noch gebräuchliche Bandart, anschlagen (B 3.7-15). Für stumpf aufschlagende Türen sind die von außen unsichtbaren Topfschamiere entwickelt worden. Sie bestehen aus dem Topf, der in die Türen einzubohren ist, und aus dem Montagearm, der mittels Montageplatte an die Korpusseite geschraubt wird. Die Neuentwicklungen gehen dahin, dass die Topfscharniere in den Topfbohrungen an den Türen werkzeuglos befestigt und die Montagearme ebenfalls werkzeuglos auf die Montageplatten aufgeklippst und einfach wieder gelöst werden können.
Topfscharniere gestatten in der Regel einen Öffnungswinkel von 95°, sind für Türen bis 20 mm Dicke geeignet und haben ein festgelegtes Überschlagmaß. Ferner drehen die Kanten der Türen heraus, sodass zwischen den Türen oder zwischen Tür und vorstehender Seite bestimmte Fugenabstände eingehalten werden müssen. Man verwendet für Eckanschläge in der Regel Topfscharniere mit geradem Montagearm und für Mittelanschläge Topfscharniere mit gekröpftem Montagearm, oder man gleicht die Differenzen durch Distanz-Montageplatten aus (B 3.7-6 und 7).
Es gibt besondere Topfscharniere, die einen größeren Öffnungswinkel oder sogar einen Haarfugenanschlag zulassen, und solche, die für dickere Türen oder für stumpf einschlagende Türen geeignet sind. Für Winkel-, Stollen- und Lisenenanschläge und auch zum Anschlagen von Ganzglastüren sind spezielle Topfscharniere im Handel. Die meisten Topfscharniere sind mit einer Federzuhaltung ausgestattet. Besondere Topfscharniere weisen zwischen Montagearm und Topf Federn oder kleine Hydraulikzylinder auf, sodass die Türen sanft und leise schließen. Bei Bedarf, z. B. bei kleinen Türen, kann die integrierte Dämpfung durch Verschieben eines kleinen Schalters am Topf deaktiviert werden.

Die Anzahl der an der Seitenkante anzuordnenden Bänder und Scharniere richtet sich nach dem Gewicht der Tür und nach der Stabilität und Art des Beschlags (B 3.7-8).
Drehtüren können durch Schnäpper, wie Rollen-, Kugel- oder Magnetschnäpper, und durch Bänder mit eingebauter Federzuhaltung zugehalten werden. Zum Verschluss der Türen eignen sich verschiedene Schlossarten.

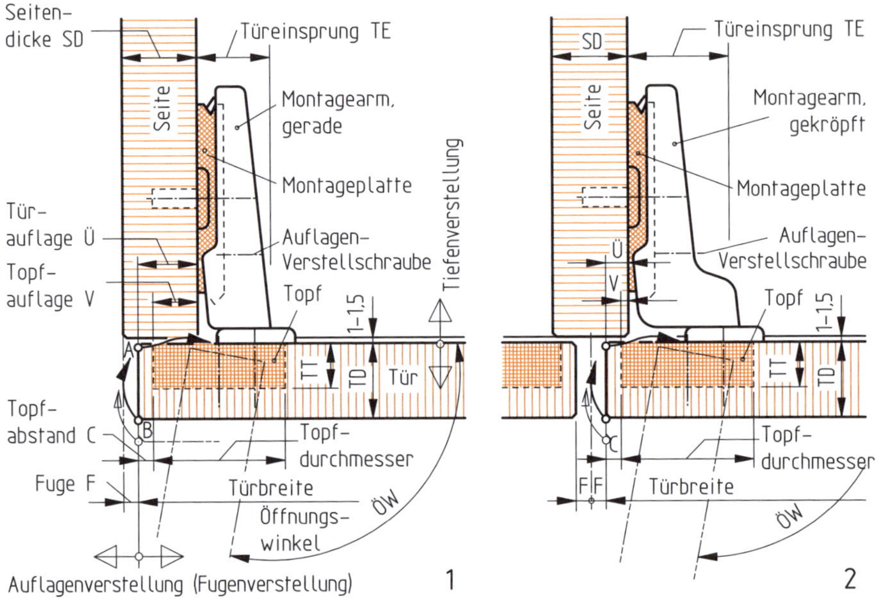

B 3.7-6 Kriterien und Teile des Topfscharniers. Bei jedem Topfscharnier ist das Topfauflagemaß V eine vorgegebene Konstante. V ist groß bei geradem Montagearm und klein bei gekröpftem Montagearm. Der Topfabstand C darf je nach Band 3 bis 10 mm betragen und das angegebene Maß nicht überschreiten, da sonst die Kante A der Tür auf der Korpusseite klemmt. Topfauflagemaß V und Topfabstand C ergeben zusammen das Türauflagemaß Ü. Das Maß Ü darf nicht überschritten werden, wenn man nicht die Funktion des Topfscharniers gefährden will. Es kann aber unterschritten werden, durch den Einsatz von Distanzmontageplatten. F ist die Mindestfuge, die eingehalten werden muss, damit sich die Kante B der Tür störungsfrei an benachbarten Flächen vorbeidreht. F ist wiederum von der Türdicke TD abhängig. Je dicker die Tür, desto größer Fuge F. Fuge F ergibt sich aus der Seitendicke SD minus Türauflage Ü. Die Topftiefe TT beträgt 11 bis 13 mm und begrenzt die Türdicke nach unten. Der Öffnungswinkel ÖW mit normalen Topfscharnieren angeschlagener Türen beträgt 92° bis 100°. Die Türen springen beim Öffnen ein. Dieser Türeinsprung TE kann für die Funktion von Einbauten wie Innenschubkästen von Bedeutung sein. Die Topfscharniere sind in der Regel vorjustiert und werden werkzeuglos auf die Montageplatten aufgeklippst. Durch Drehen der Versteilschrauben am Montagearm lassen sich aber das Auflagenmaß und die Luft zwischen Tür und Korpuskante geringfügig verstellen. 1 Eckanschlag mit Topfscharnier mit geradem Montagearm, 2 Mittelanschlag mit Topfscharnier mit gekröpftem Montagearm.

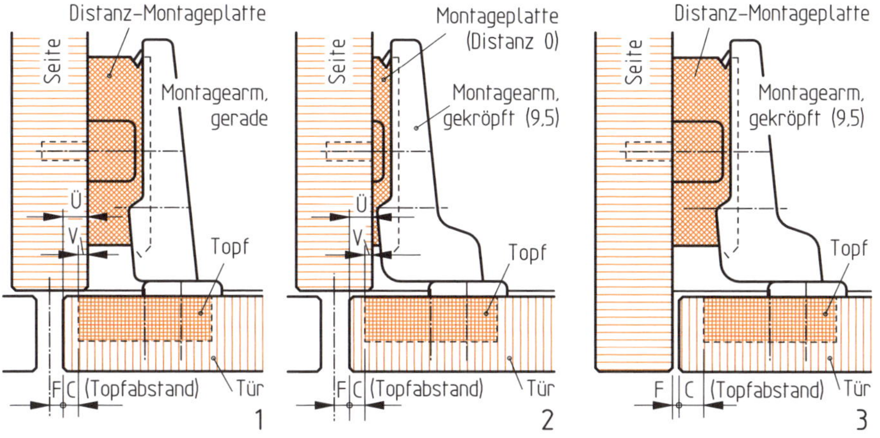

B 3.7-7 Einsatz von Distanz-Montageplatten. 1 Mittelanschlag mit Topfscharnier mit geradem Montagearm und mit Distanz-Montageplatte, 2 Mittelanschlag mit Topfscharnier mit gekröpftem Montagearm, übliche Lösung, 3 stumpf einschlagende Tür mit Topfscharnier mit gekröpftem Montagearm und Distanz-Montageplatte angeschlagen.

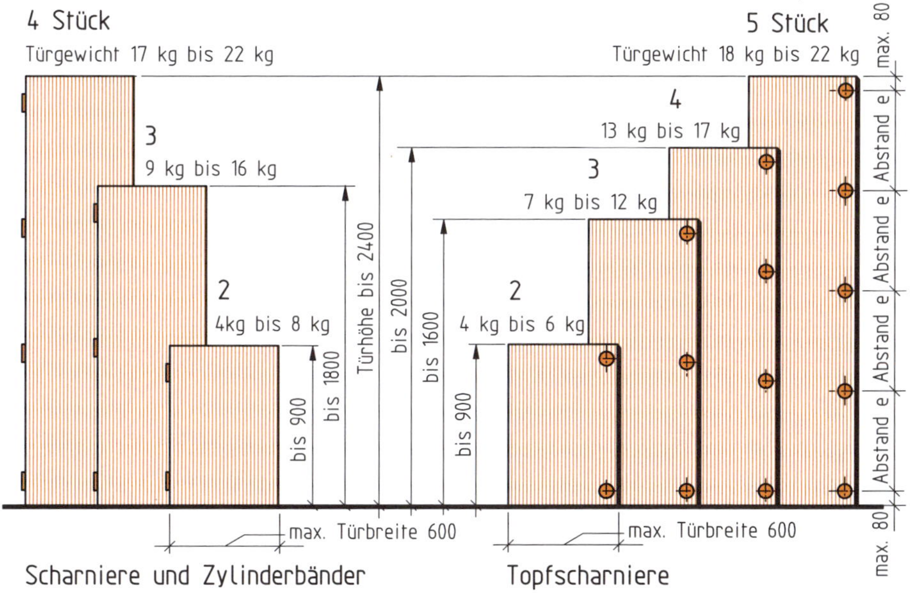

B 3.7-8 Anzahl der Bänder und Scharniere an Türen.

Aufschraubschlösser sind für die Montage die einfachste Schlossart. Sie werden aufliegend auf die Türinnenseite geschraubt. Einlassschlösser werden so in die Türinnenseite eingelassen, dass Schloss und Türfläche bündig liegen. Neuere Schlösser lassen sich maschinell vollständig einfräsen oder einbohren. Einsteckschlösser müssen in die Türkante eingefräst werden. Hier ist nur der Stulp des Schlosses sichtbar. Schubstangen- oder Drehstangenschlösser sind für höhere Möbeltüren über 1 m geeignet. Bei Türen über 1,50 m Höhe sollten diese Schlösser mit einer zusätzlichen Mittelverriegelung bestückt sein. Mit diesen Schlössern werden dann die Türen dreifach, in der Schlüsselhöhe sowie an der Ober- und Unterkante gehalten. Die Schlösser können mit Schlüsseln wie Nutenbart und Zuhaltungsschlüsseln verschlossen werden. Fast alle Schlossarten sind auch mit Zylinder, Oval- oder Rundzylinder erhältlich. Diese Sicherungsart lässt den Einbau von Schließanlagen zu, die auch die Zimmer- und Möbeltüren einschließen können (B 3.7-9 bis 11). Außerdem gibt es elektromechanische Schließanlagen. Mit einem Elektronik-Key können die Verschlüsse berührungsfrei oder mittels Tastatur oder Fingerprint (B 3.7–11a und 11b) geöffnet und verschlossen werden.

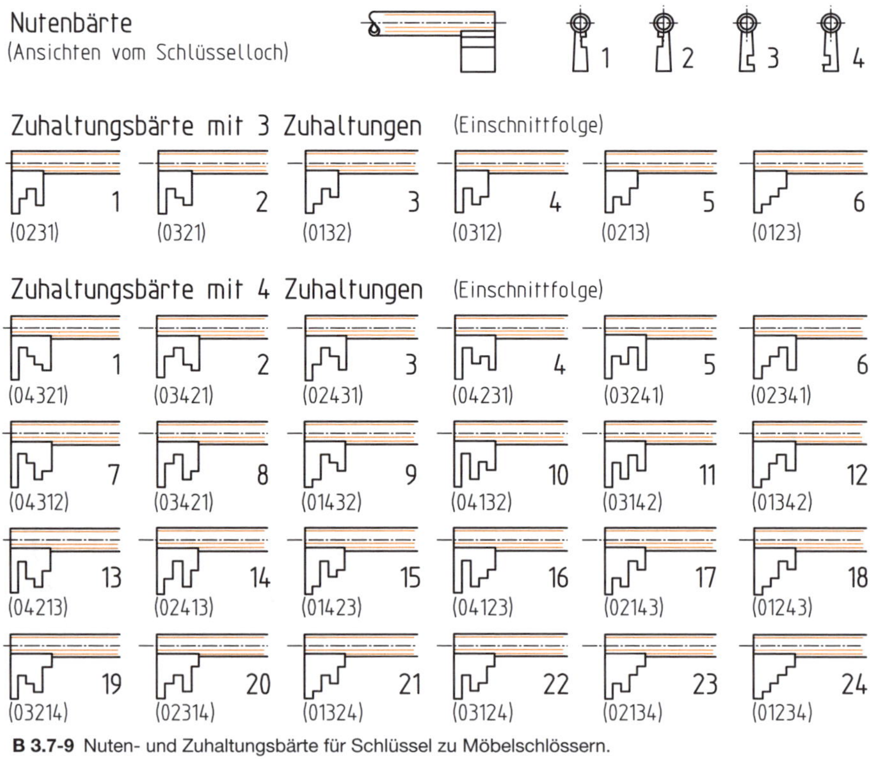

B 3.7-9 Nuten- und Zuhaltungsbärte für Schlüssel zu Möbelschlössern.

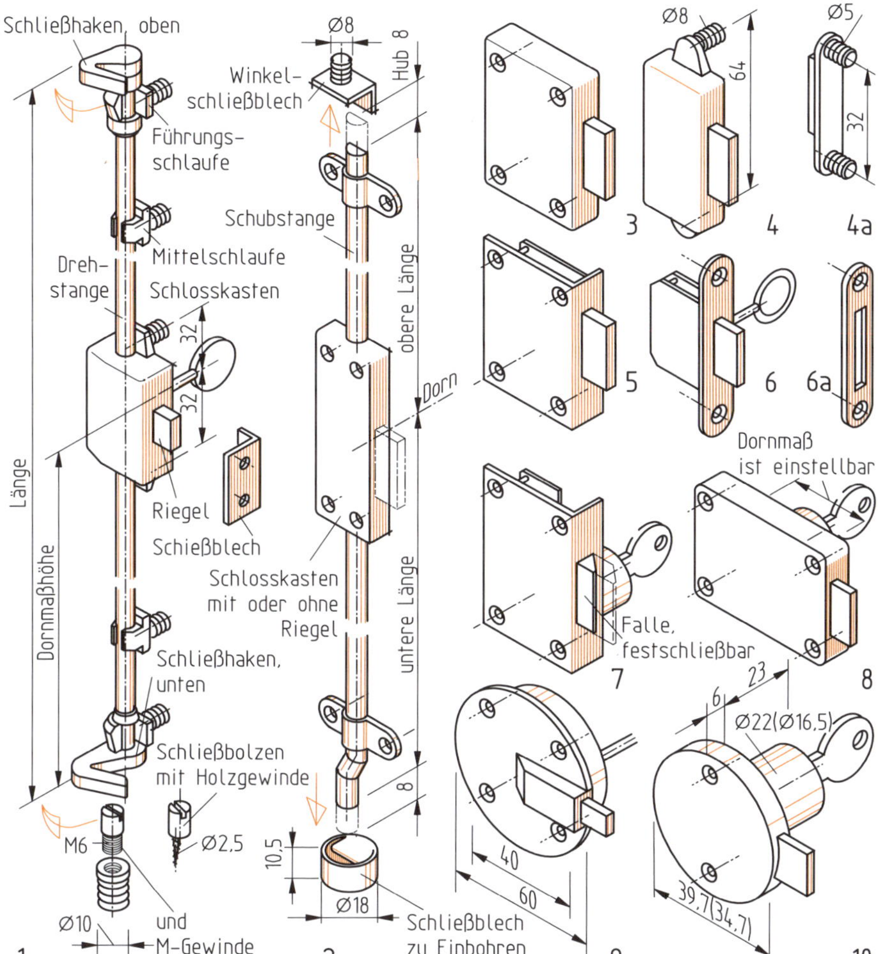

B 3.7-10 Schlösser für Drehtüren.

1 Drehstangenschloss mit dreifacher Verriegelung für hohe Schranktüren Dornmaß 15(16)–40 mm um 5 mm steigend, auch für Schließzylinder und abschließbare Drehknöpfe im Handel; zur Abdeckung der Stangen gibt es Abdeckleisten, (Dom, Hä, He, Hu, Ju, Ke, Sim),

2 Schubstangenschloss, in der Regel ohne Mittelverriegelung, zum Aufschrauben, auch zum Einlassen erhältlich (Dom, Hä, Ju, Her),

3 Aufschraubschloss, Dornmaße (10), 15, 20, 25 bis 50 mm, (Dom, Hä, Hu, Ju, Sim),

4 aufliegendes Schloss mit Einbohrzapfen, Dornmaße 15 bis 30 mm, (Hä, Hu, Sim), 4a Schließkloben zum Einpressen,

5 Einlassschloss mit Messingrückenplatte, Dornmaße 15 bis 50, 60, 70, 80 mm (Ju), auch für Schließzylinder,
6 Einsteckschloss mit einfräsbarem Stulp, Dornmaße (10)15 bis 50 mm (Dom, Hä, Ju).
6a Schließblech zum Einfräsen,
7 Falleneinlassschloss, Dornmaß 30 und 40 mm, mit Vierkantnuss 7 mm (Ju),
8 Aufschraub-Zylinderschloss mit variablen Dornmaßen von 15 bis 40 mm (Hä, Ju),
9 und 10 einbohrbare Einlassschlösser, Dommaß (19), 20 mm (Hu)

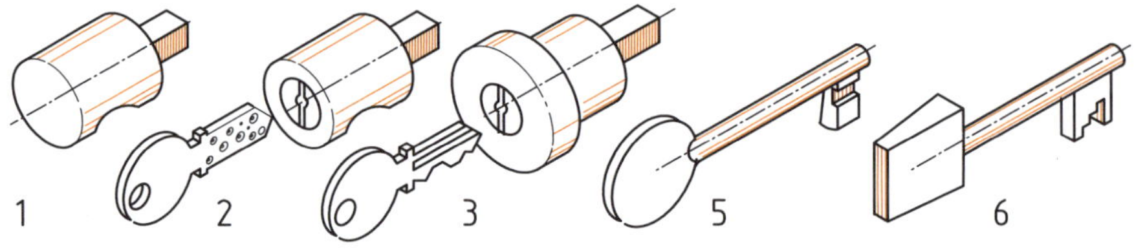

B 3.7-11 Schließsysteme, 1 Drehgriff, Vierkant 7 mm, 2 und 3 Drehgriffe mit eingebauten Schließzylindern, Zylinderschlüssel als Wendeschlüssel und mit Einschnitten, 5 Nutenbartschlüssel, 6 Zuhaltungsschlüssel.

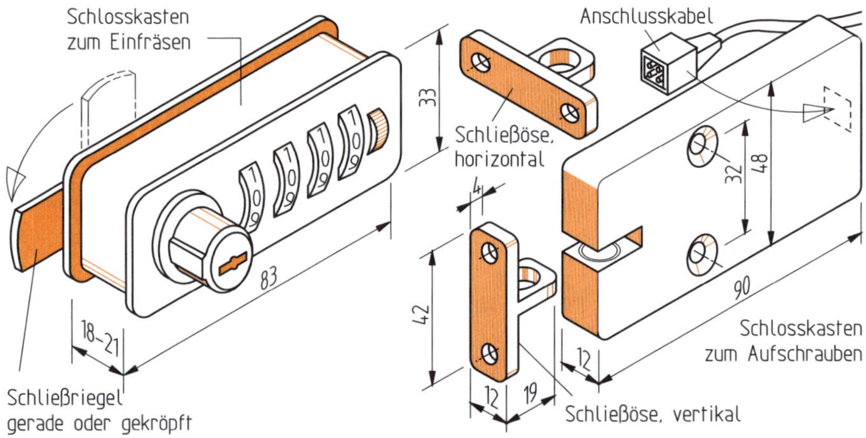

B 3.7-11a Spezielle Schlosssysteme. Links: Zahlenschloss mit frei wählbarer Codierung zum Einfräsen. Mit unterschiedlich ausgestatteten Schließriegeln für Drehtüren, Schiebetüren, Klappen und Schubkastenzentralverschlüssen geeignet (He).
Rechts: Elektromotorisch betriebenes Schloss für elektronische Schließsysteme an Möbeln mit Drehtüren, Schiebetüren, Rollläden und Schubkasten (Hä).

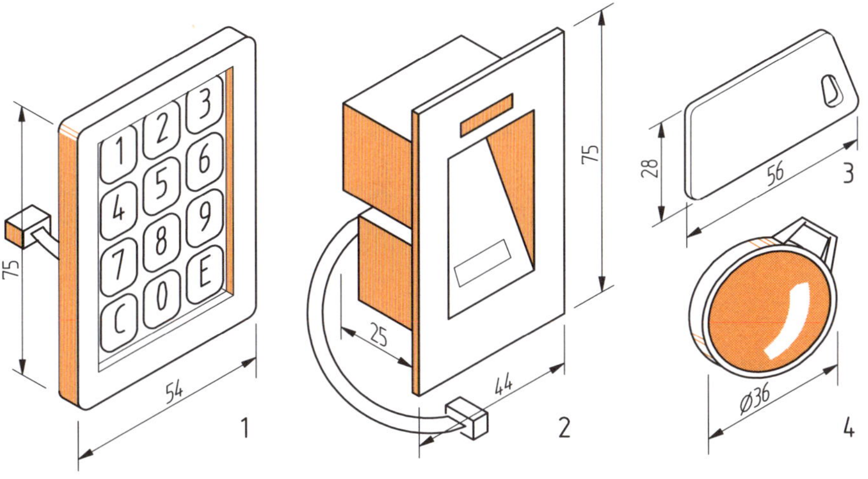

B 3.7-11b Elektronische Bedienungseinheiten und Schlüssel zur Betätigung von Motorschlössern. 1 Tastatur, ermöglicht 1 Milliarde Kombinationsmöglichkeiten; 2 Fingerprint-Schalter, für bis zu 50 verschiedene Fingerabdrücke; 3 und 4 Elektronische Schlüssel als Schlüsselanhänger, für vier unterschiedliche Schließrechte programmierbar (Hä, He).

3.7.3.1 Zurückspringend angeschlagene Türen

Bei zurückspringend angeschlagenen Türen liegt die Tür gegenüber den Korpuskanten zurück. Damit eine deutliche und ausdrucksvolle Schattenwirkung entsteht, sollte der Rücksprung der Tür 4 bis 6 mm betragen. Die Korpuskanten wirken wie eine Umrahmung der stumpf einschlagenden Türflächen. Die Türen müssen gut eingepasst werden, weil die Fuge zwischen Korpus- und Türkante sichtbar wird. Die Durchbiegung der Konstruktionsböden darf 0,5 bis 1 mm nicht überschreiten, da sich sonst die Türen nicht störungsfrei öffnen und schließen lassen. Um den Schrank besonders staubdicht zu schließen, sind hinter den Türen Staubleisten einzuleimen oder Dichtungsprofile einzusetzen. Zum Anschlagen zurückspringender Türen steht eine Vielzahl Bänder und Scharniere zur Verfügung, die zum Teil in der Möbelfront sichtbar sind und diese somit mit gestalten. Bei mit Zapfenbändern und auch mit Topfscharnieren angeschlagenen Türen sind die Bänder oder Scharniere von außen nicht sichtbar. Die Türanschläge sind im Horizontalschnitt als Eckanschlag teils auch als Mittel- oder Zwillingsanschlag dargestellt (B 3.7-12 bis 26). Die Verschlussmöglichkeiten sind im Vertikalschnitt und die Mittelverschlüsse im Horizontalschnitt gezeichnet (B 3.7-27 bis 32).

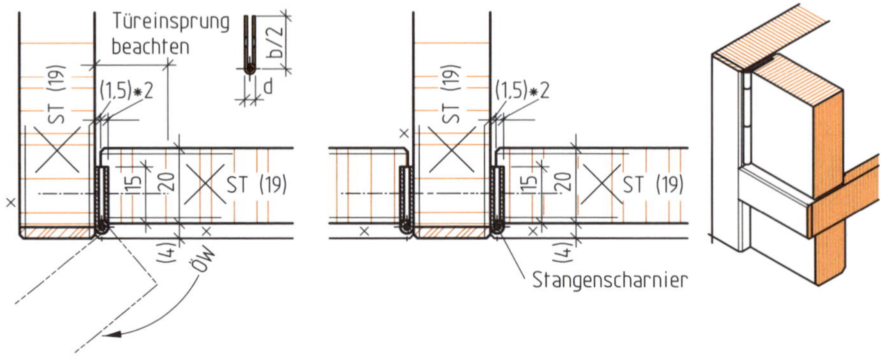

B 3.7-12 Türen sind mit Stangenscharnieren angeschlagen. Die Rolle des Scharniers ist in ganzer Türhöhe sichtbar. Der Öffnungswinkel der Tür beträgt mehr als 90°. Die Türen sind nicht aushängbar. Der Rollendurchmesser d beträgt etwa 3,3 oder 3,5 mm, die geöffneten Breiten b betragen 20, 25, 28, 32, 40 mm (Hä, He).

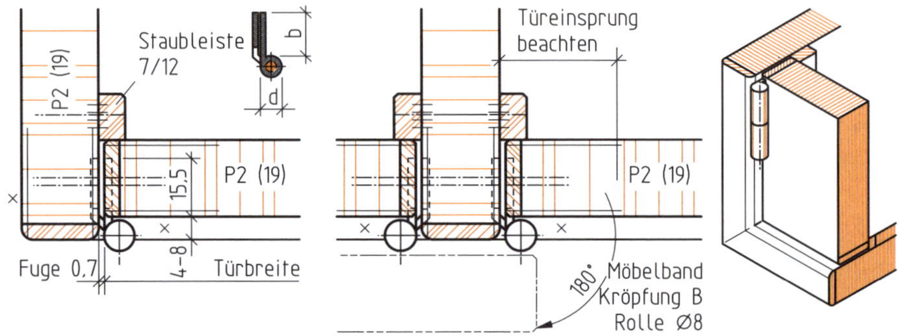

B 3.7-13 Türen mit Zylinderbändern, Kröpfung B (Form C), angeschlagen, d 6, 8, 10, 11 mm, b 16 mm. Rollenlänge 40, 50, 60, 80, 100 mm, DIN rechts und DIN links beachten. Ausführung in Messing matt, poliert, vernickelt, ohne und mit Zierknöpfen (FS, Hä, He, Pr sinngemäß).

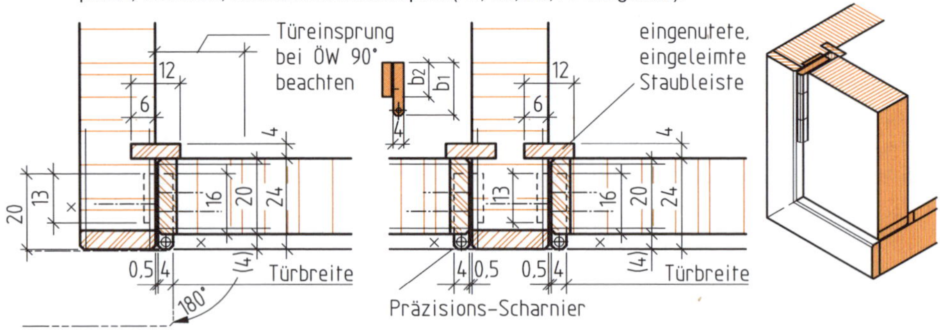

B 3.7-14 Türen mit speziellen Messingscharnieren angeschlagen. Sichtbare Rolle, Durchmesser d 4 mm, b1 20, 22, 25 mm, b2 13, 15, 18 mm, Bandlänge 45 mm (Her).

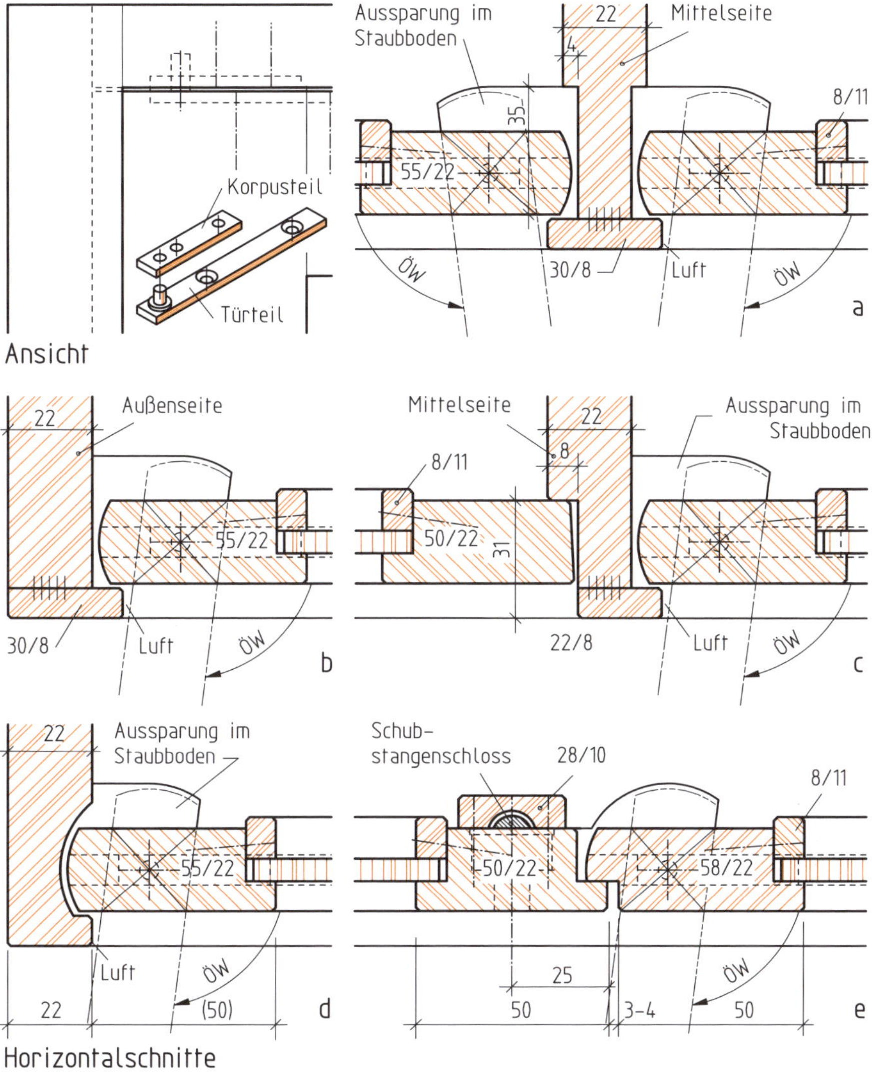

B 3.7-15 Türanschläge mit Zapfenbändern (Hä), (a) Doppelanschlag, die Bewegungsfugen sind durch eine Leiste abgedeckt, die Türen sind am Staubboden abgestoppt, (b) Eckanschlag, Seite mit aufgeleimter Leiste, (c) Mittelanschlag mit sichtbarer Mittelseite, (d) Eckanschlag, Seite ausgekehlt, (e) Türaufschlag und Türanschlag ohne sichtbare Mittelseite. Verschluss mit Schubstangenschloss, Schubstangen durch Leiste abgedeckt.

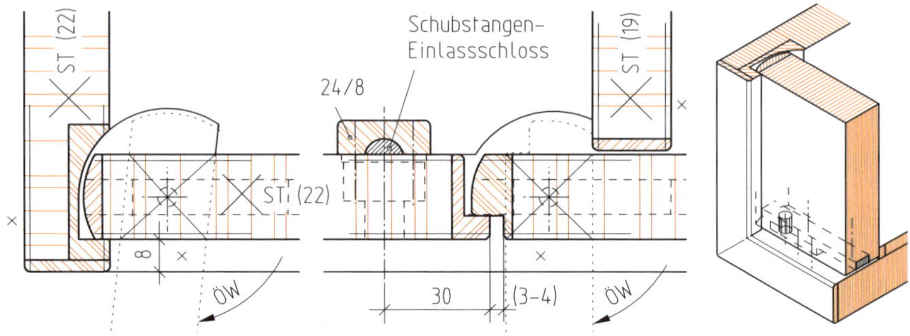

B 3.7-16 Türen mit Zapfenbändern angeschlagen, für Eckanschlag ist die Seite ausgekehlt, am Mittelanschluss sind die Türen überfälzt. Die Mittelseite ist in der Front nicht sichtbar.

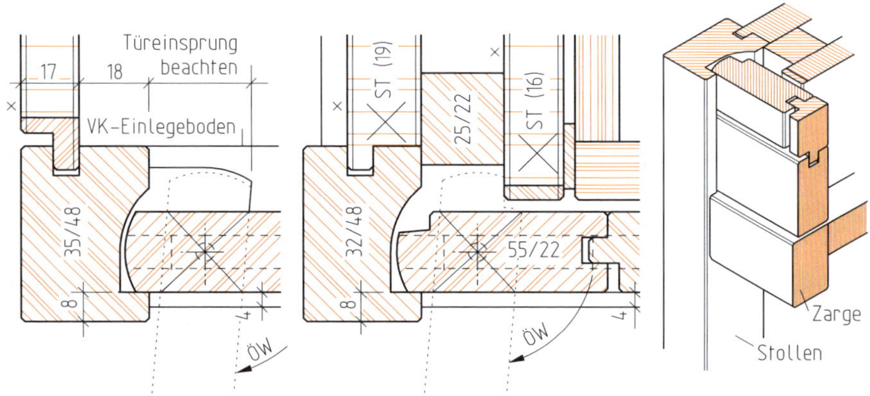

B 3.7-17 Stollenmöbel mit Türen, die mit Zapfenbändern angeschlagen sind.

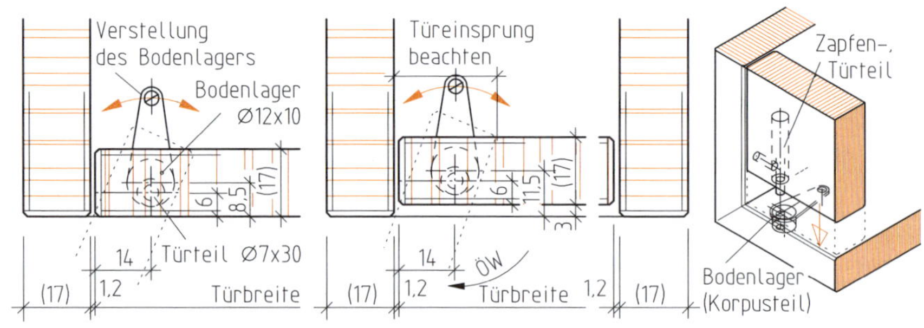

B 3.7-18 Türen mit einbohrbarem Türzapfenteil und Bodenbuchse angeschlagen. Dieser Beschlag ist nur für kleine Türen geeignet (Hä, He, Ne).

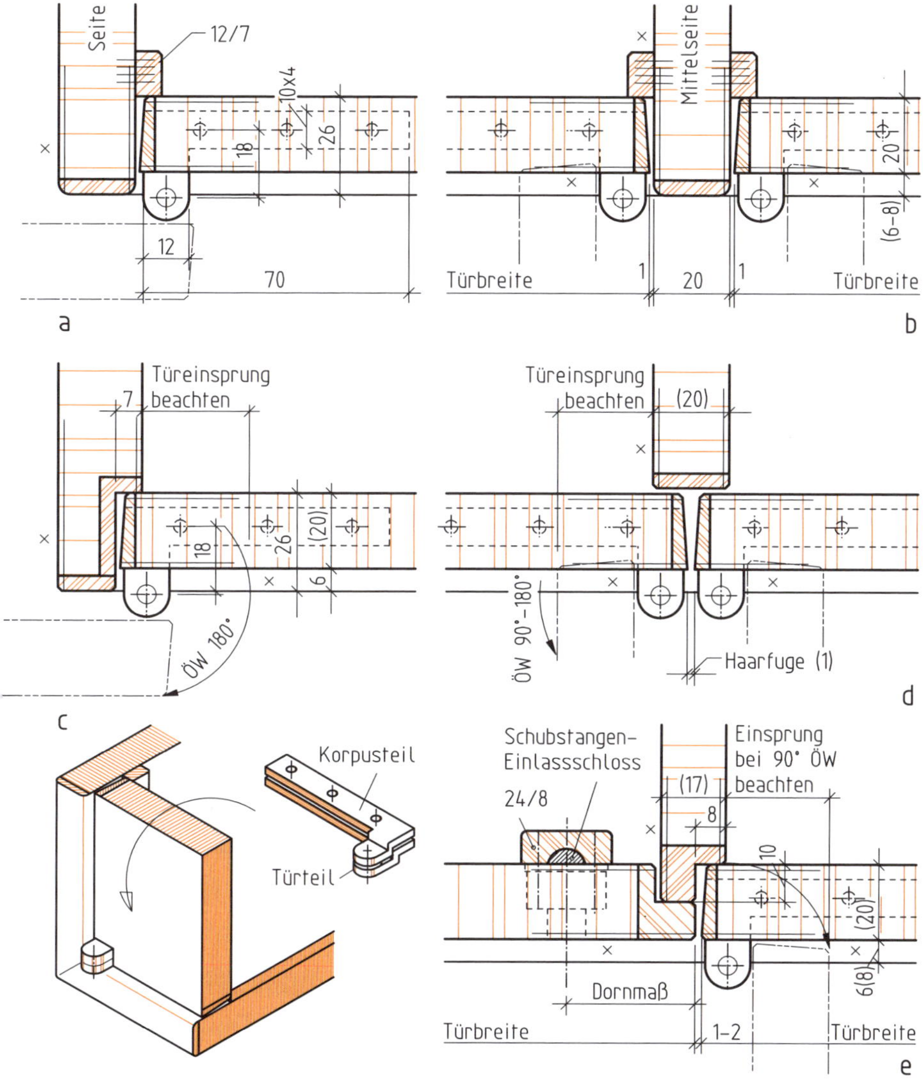

B 3.7-19 Türen mit gekröpften Eckzapfenbändern angeschlagen. Die kleine Rolle wird in der Korpusinnenecke sichtbar. Paarweise für rechte und linke Türen bestellen, (a) Eckanschlag, (b) Doppelanschlag, die Türen sind durch an die Seiten angeleimte Staubleisten gedichtet. (c) Eckanschlag, Seite für den Türanschlag ausgefälzt, (d) Zwillingsanschlag ohne sichtbare Seite, (e) Türanschlag und Türaufschlag, die Mittelseite wird abgedeckt (Hä, Her).

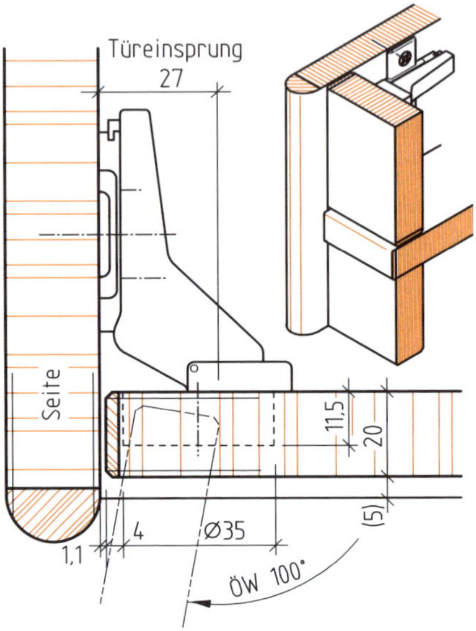

B 3.7-20

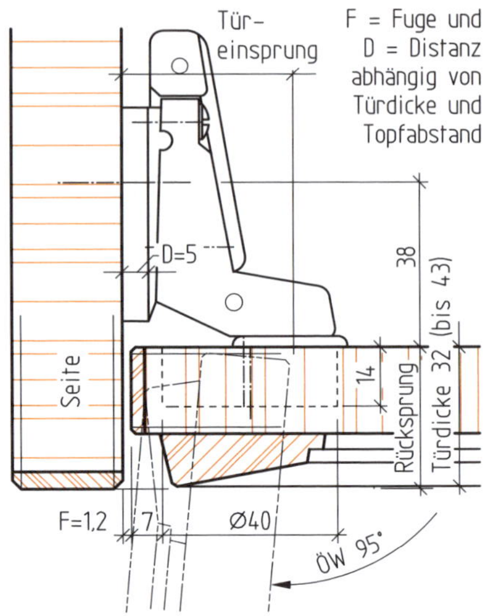

B 3.7-21

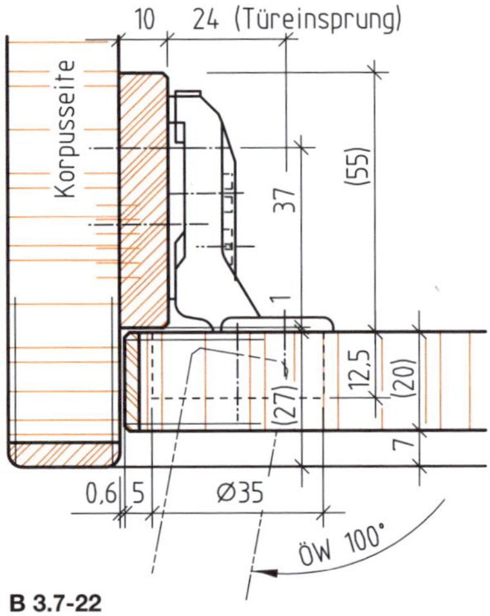

B 3.7-22

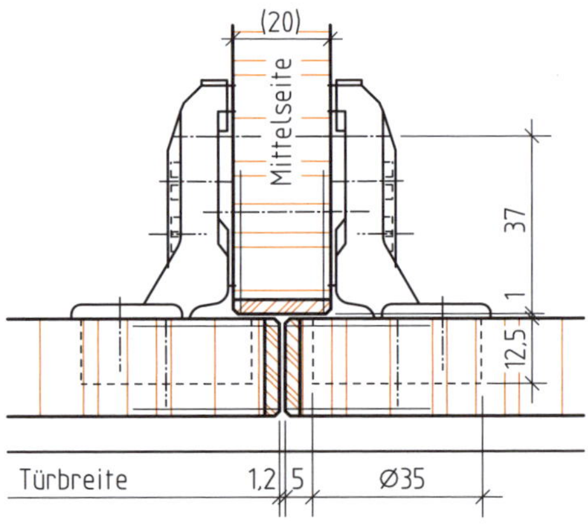

B 3.7-23

B 3.7-20 Tür mit Topfscharnieren angeschlagen, der Montagearm ist auf die Montageplatte aufgeklippst, der Topf kann für Schraubenmontage und werkzeuglose Pressmontage vorgesehen sein (Bl).

B 3.7-21 Dicke oder aufgedoppelte Tür mit stark gekröpften Topfscharnieren angeschlagen, Topfdurchmesser hier 40 mm (He).

B 3.7-22 Eckanschlag mit 10 mm gekröpftem Topfscharnier für Mittelanschläge auf einer Verstärkungsleiste montiert (He).

B 3.7-23 Doppelanschlag an einer Mittelseite, die Topfscharniere lassen Haarfugen zu (Me).

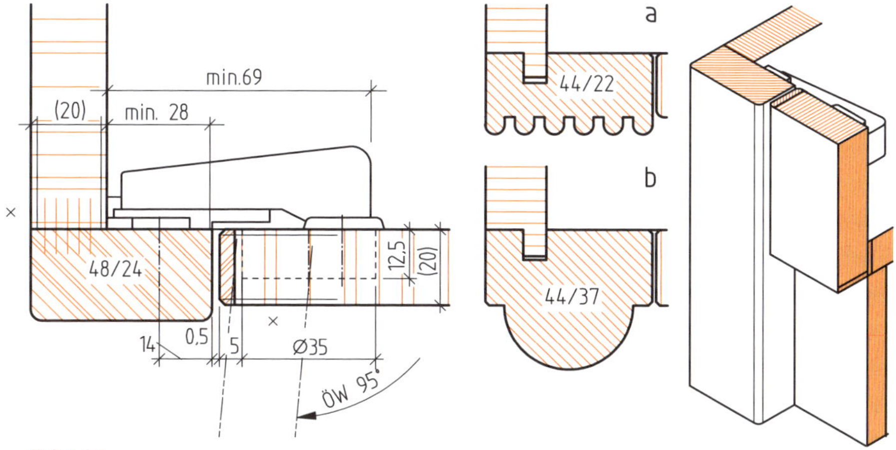

B 3.7-24

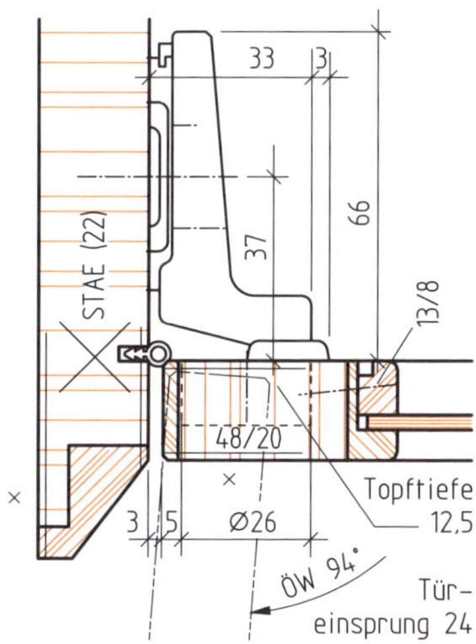

B 3.7-25

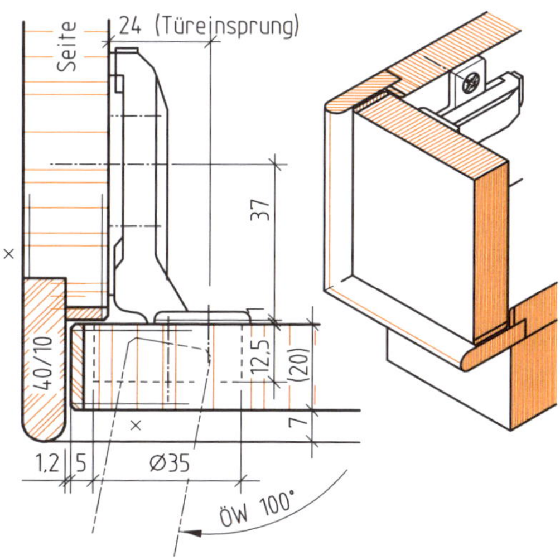

B 3.7-26

B 3.7-24 Tür mit besonderen Topfscharnieren, sogenannten Stollenscharnieren, angeschlagen (Bl).
B 3.7-25 Rahmentür aus schmalen Rahmen mit Vitrinen- Topfscharnier angeschlagen, Topfdurchmesser 26 mm (Bl).
B 3.7-26 Beispiel eines sogenannten Haarfugenanschlags mit einem Topfscharnier für Mittelanschläge, der Türeinsprung ist besonders für Schrankeinbauten zu berücksichtigen (Bl).

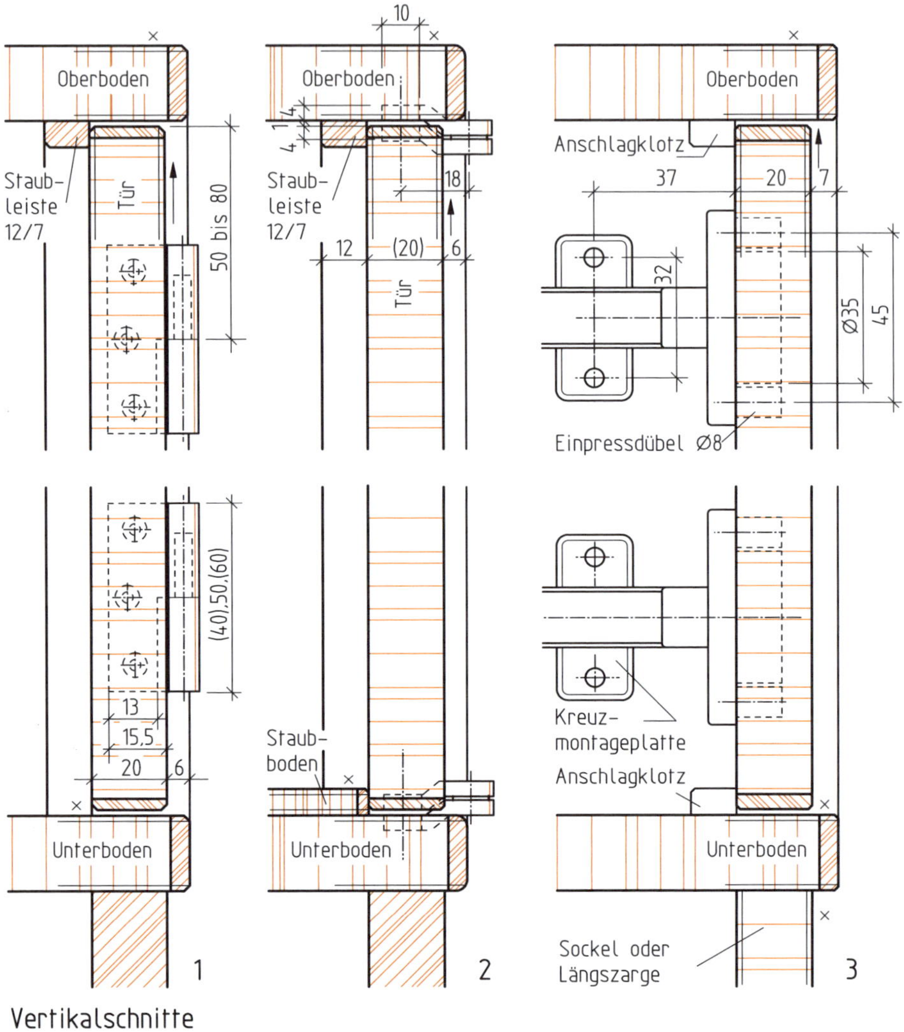

B 3.7-27 Vertikalschnitte durch zurückspringende Türen. 1 Anschlag mit Zylinderbändern, den Türanschlag bilden eingeleimte Staubleisten, 2 Anschlag mit gekröpften Eckzapfenbändern, der Türanschlag und die Staubdichtung werden durch eingeleimte Staubleisten und einen Staubboden erreicht, 3 Türanschlag mit Topfscharnieren. Die Türen werden am Ober-und Unterboden nur durch Anschlagklötzchen arretiert.

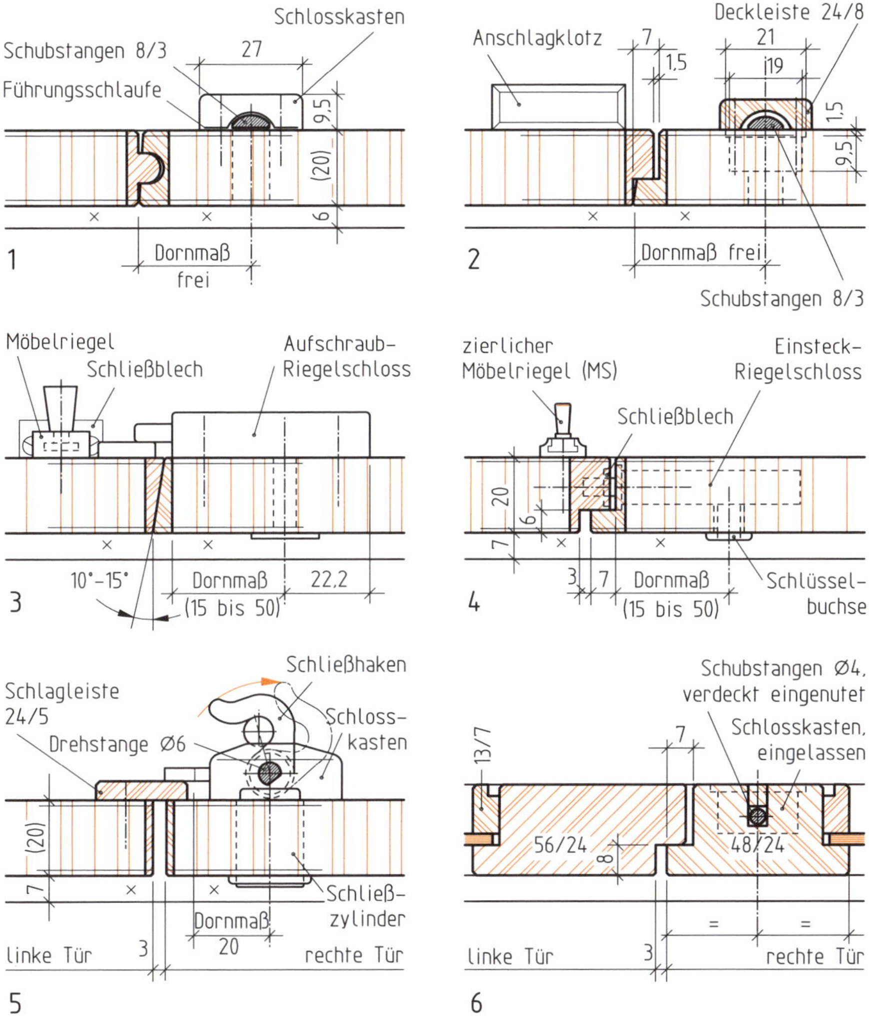

B 3.7-28 Verschlüsse zweiflügliger Türen. Damit die Türen nicht tiefer als gewünscht in den Korpus einschlagen, müssen sie durch Anschlagklötzchen oder -leisten arretiert werden. 1 Beide Türen werden durch eine Quetschfeder gehalten und müssen gleichzeitig geöffnet und geschlossen werden, der Verschluss erfolgt durch ein Schubstangenschloss (Dom, Hä, Ju), 2 die Türen sind am Mittelanschluss auf Haarfuge miteinander überfälzt, sie werden durch ein eingelassenes Schubstangenschloss verschlossen, die Schubstangen durch eine Leiste abgedeckt (Dom, Hä, Ju), 3 Verschluss der linken Tür durch einen Schubriegel, der rechten Tür durch ein Aufschraubriegelschloss, die Tür muss für den Schließriegel aufgedoppelt werden (Dom, Ha, He, Hu, Ju, Sim, Str), 4 überfälzter Mittelanschluss mit

Einsteck-Riegelschloss verschlossen, die linke Tür muss durch einen Riegel arretiert werden (Hä, He, Hu, Ju, Str), 5 Verschluss durch ein Drehstangenschloss mit Mittelverriegelung, die hinter die Schlagleiste fasst (Dom, Hä, He, Hu, Ke, Ju, Sim). 6 Verschluss durch ein vollständig eingelassenes Schubstangenschloss (Her).

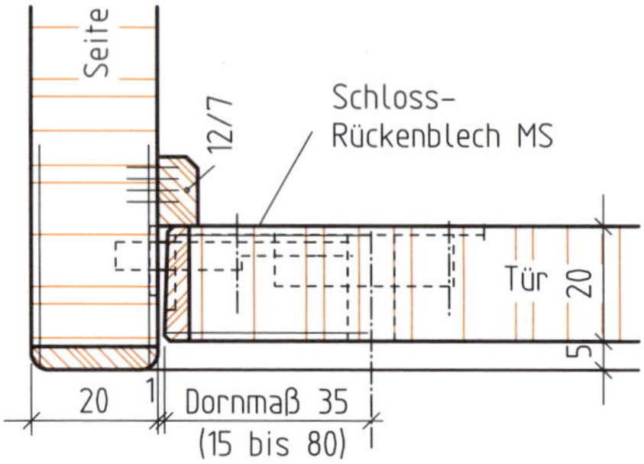

B 3.7-29

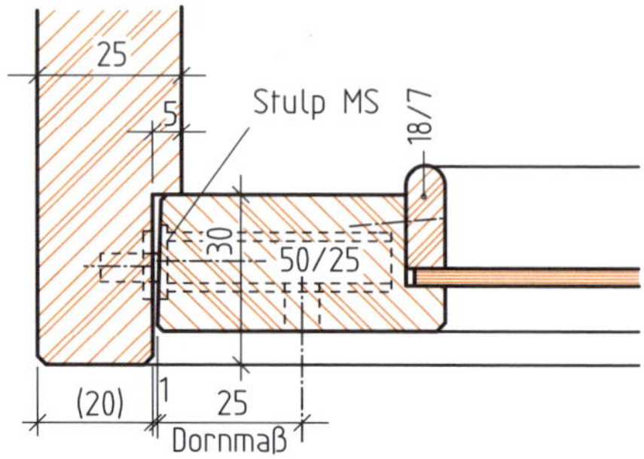

B 3.7-30

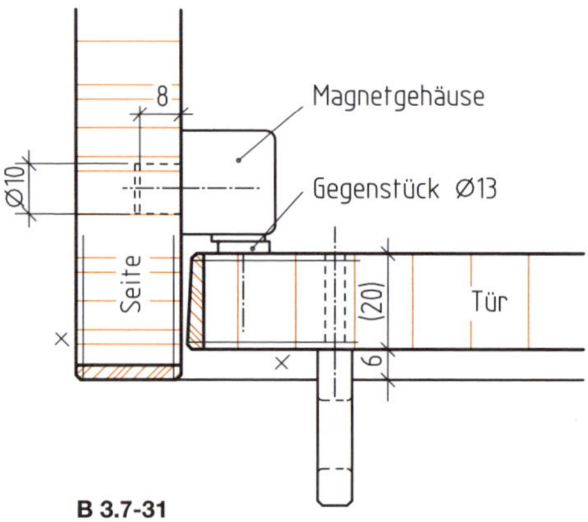

B 3.7-31

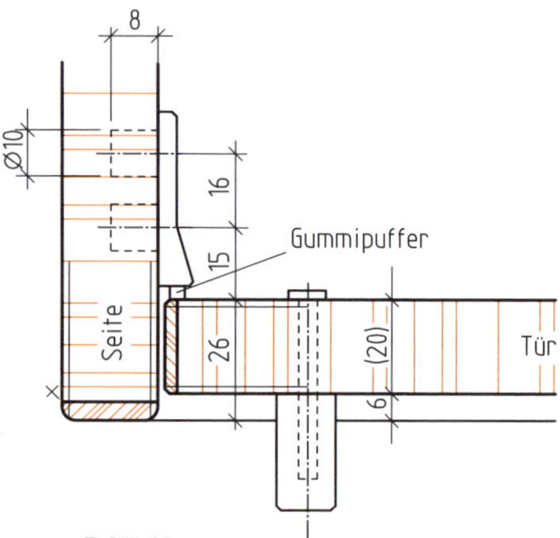

B 3.7-32

B 3.7-29 Verschluss einer einflügligen Tür mit Einlassschloss. Der Anschlag wird durch eine Staubleiste gebildet.
B 3.7-30 Verschluss einer einflügligen Tür mit Einsteckschloss. Für den Anschlag der Tür wird die Seite ausgefälzt.
B 3.7-31 Verschluss einer einflügligen Tür durch Magnetschnäpper (Hä, He, Hu, Ne, Sim).
B 3.7-32 Durch Verwendung von Topfscharnieren mit Federzuhaltung wird diese Tür verschlossen gehalten. Den Anschlag bildet ein einbohrbarer Türpuffer (Hä, Ne).

B 3.7-33 (Seite 177) Eckanschlag mit Stangenscharnier, b 20, 25, 28, 32, 40 mm, d 3,3; 3,5 mm. Das Scharnier ist in die Türkante eingefälzt, dadurch ist die Rolle des Bands fast abgedeckt.
B 3.7-34 (Seite 177) Eckanschlag mit Zylinderband, Kröpfung C (Form B), mit Lappen zum Einstemmen, rechten oder linken Anschlag beachten, d 6, 8, 10, 11 mm, b 16 mm, Länge 50 mm (Hä).

3.7.3.2 Vorspringend angeschlagene Türen

Bei vorspringend angeschlagenen Türen stehen die Türflächen gegenüber den Korpuskanten vor. Die Türen sollten je nach verwendetem Beschlag mindestens 4 bis 6 mm vorspringen, damit Ungenauigkeiten weniger auffallen und der Türanschlag nicht zu ausdruckslos wird. Die Türen müssen sehr genau eingepasst werden, da die Fuge zwischen Tür- und Korpuskante sichtbar ist. Andererseits darf die Durchbiegung der Konstruktionsböden nicht mehr als 1 mm betragen, da es sonst zu Funktionsstörungen beim Öffnen und Schließen der Türen kommen kann. Einige Anschlagbeispiele sind im Horizontalschnitt dargestellt (B 3.7-33 bis 42). Die Mittelanschlüsse, Verschluss- und Arretierungsmöglichkeiten der Türen sind sinngemäß wie bei den zurückspringenden Türen durchführbar (B 3.7-27 bis 32).

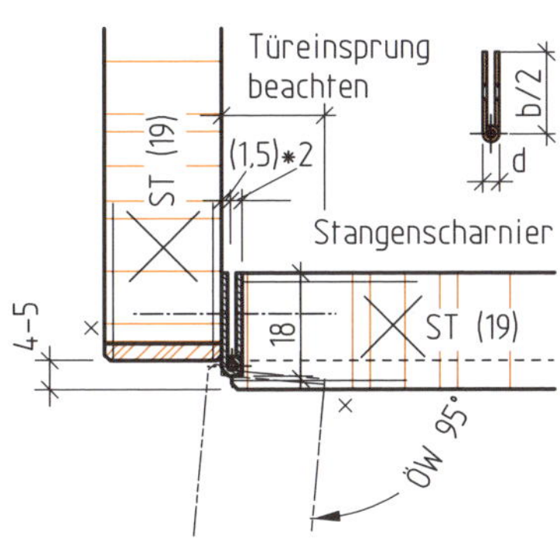

B 3.7-33

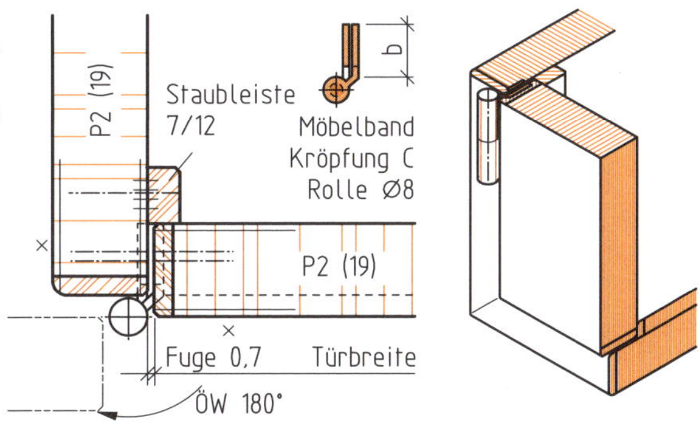

B 3.7-34

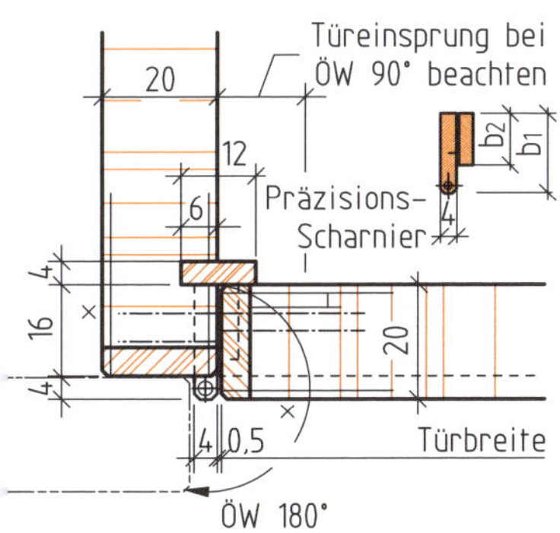

B 3.7-35

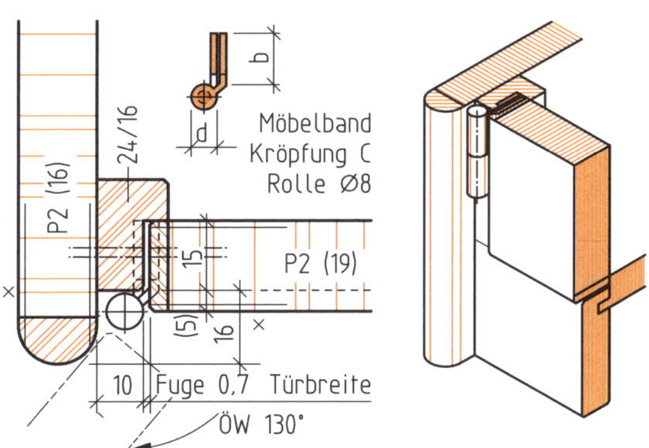

B 3.7-36

B 3.7-35 Messingscharnier zum Einstemmen, d 4 mm, b1 20, 22, 25 mm, b2 13, 15, 18 mm (Her).
B 3.7-36 Anschlag mit Zylinderband, Kröpfung C (Form B) an eine im Korpus umlaufende Beistoßleiste, dadurch entsteht zwischen Tür und Korpuskante eine Schattennut (siehe auch B 3.7-34).

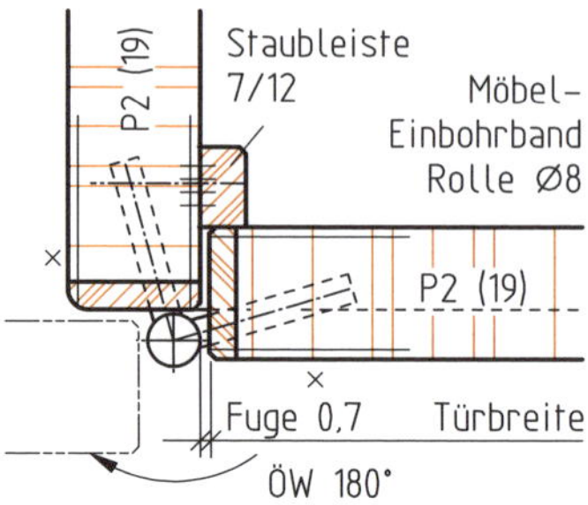

B 3.7-37

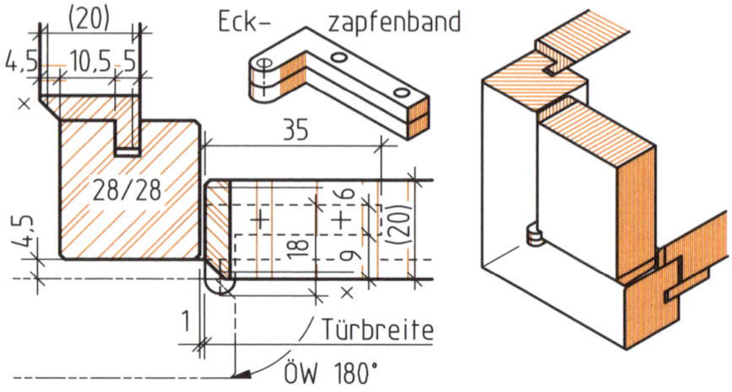

B 3.7-38

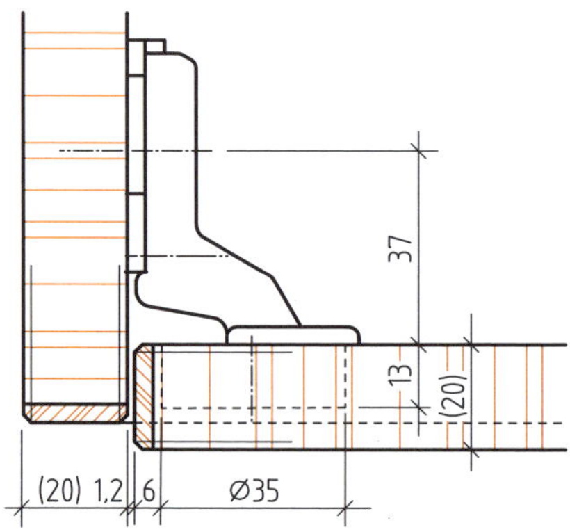

B 3.7-39

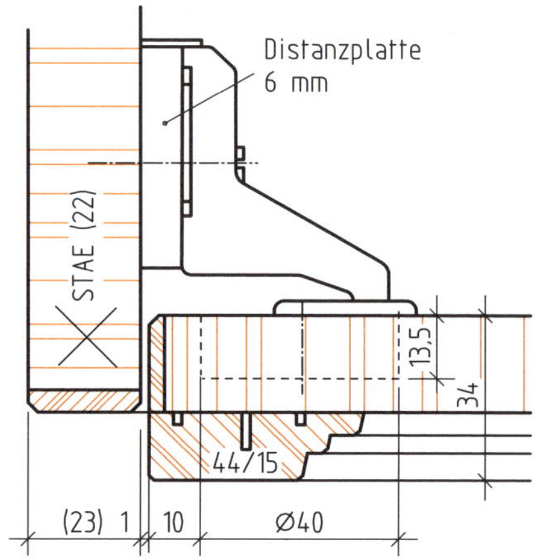

B 3.7-40

B 3.7-37 Anschlag mit Zylinderbändern mit Einbohrzapfen, Rollenlänge 38, 51, 70 mm (An, Hä, He sinngemäß).

B 3.7-38 Anschlag mit Eckzapfenband, ein Teil wird in Türkanten und ein Teil in Böden eingelassen. Paarweise für rechte und linke Türen bestellen (Her, Hä, El).

B 3.7-39 Anschlag mit stark gekröpftem Topfscharnier, für System 32 (25) geeignet (Bl, Gr, Hä, He, Wü).

B 3.7-40 Dicke, aufgedoppelte Tür mit weit gekröpftem Topfscharnier angeschlagen, Topfdurchmesser 40 mm (Wü).

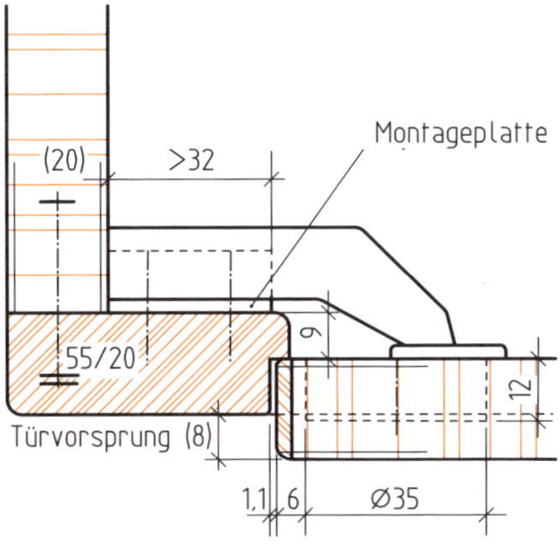

B 3.7-41

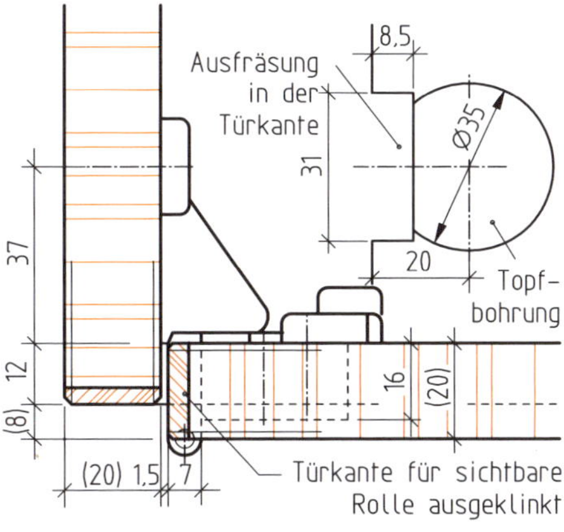

B 3.7-42

B 3.7-41 Anschlag mit Stollenscharnier. Der Platzbedarf hinter dem Stollen ist von Fabrikat zu Fabrikat unterschiedlich (Bl, Gr, Hä, He, Wü).
B 3.7-42 Tür mit Einbohrscharnieren mit sichtbarer Rolle angeschlagen (Gr, Ht, Hä, He, Wü).

3.7.3.3 Bündig angeschlagene Türen

Stumpf einschlagende Türen können so angeschlagen werden, dass sie mit den Korpuskanten bündig abschließen. Die Türen müssen sehr genau eingepasst werden, weil die Fugen gut sichtbar sind. Das geringste Werfen oder Verziehen sowie ungenaues Anschlagen der Tür fällt bei dieser Konstruktion auf. Auch dürfen sich die Konstruktionsböden nicht mehr als 0,5 bis 1 mm durchbiegen, da es sonst zu Funktionsstörungen der Türen kommen kann. Für eine zusätzliche Staubdichtung sind wie bei allen stumpf einschlagenden Türen Staubleisten oder Ausfälzungen der Seiten und Böden erforderlich. Die Anschlagbeispiele sind im Horizontalschnitt dargestellt (B 3.7-43 bis 57). Mittelanschlüsse, Verschluss- und Arretierungsmöglichkeiten der Türen sind sinngemäß wie bei den zurückspringenden Türen durchführbar (B 3.7-27 bis 32).

B 3.7-43 (Seite 180) Bündig einschlagende Tür mit Stangenscharnier angeschlagen (siehe auch B 3.7-12).
B 3.7-44 (Seite 180) Anschlag mit einem Zylinderband mit geraden Lappen. Die Lappen können zum Einstemmen eckig und zum Einfräsen rund ausgebildet, die Rollen mit oder ohne Zierknöpfe versehen sein. Rollenlänge 40, 50, 60, 80 und 100 mm, Rollendurchmesser d = 6,8 und 10 mm, b Lappenbreite 16 mm. Ausführung in Messing matt oder poliert, vernickelt matt oder poliert, brüniert und in Edelstahl. Bänder für rechte und linke Tür bestellen (FS, Hä, He).

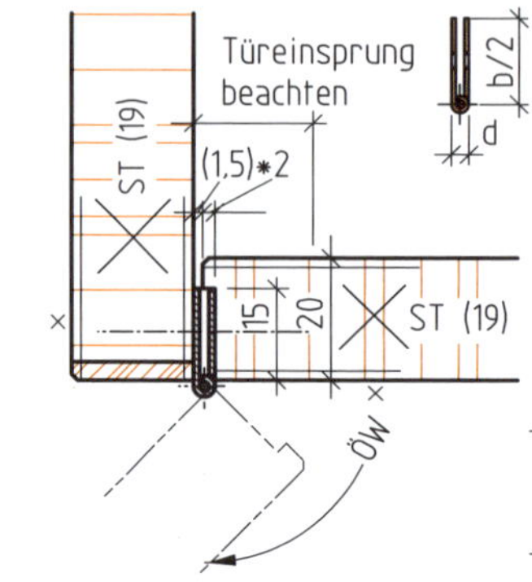

B 3.7-43

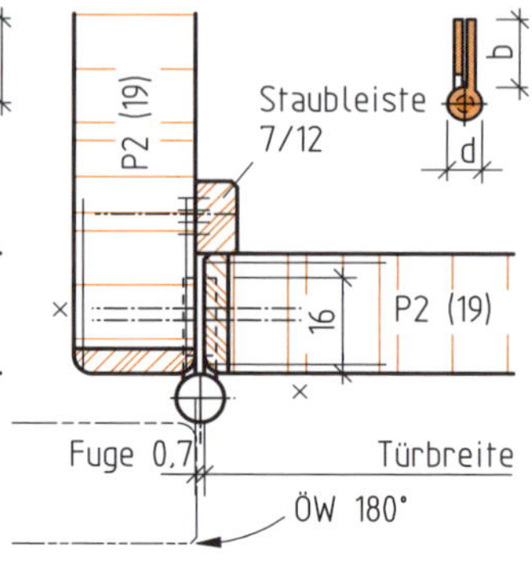

B 3.7-44

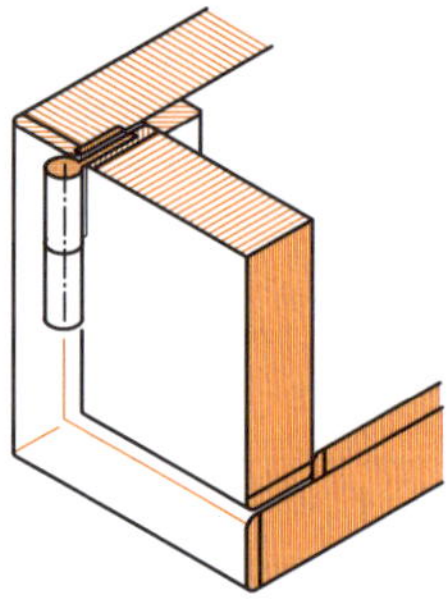

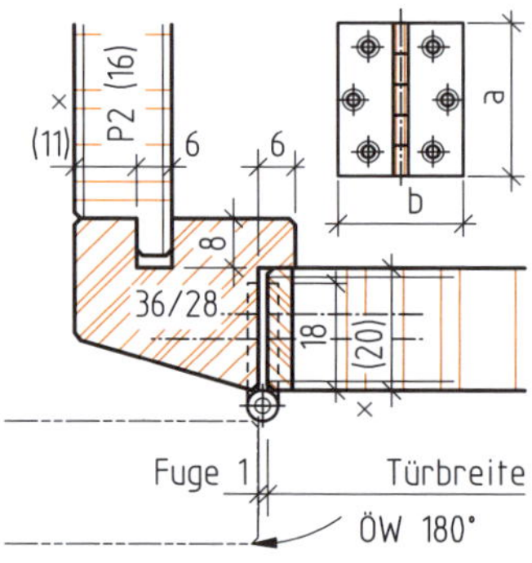

B 3.7-45

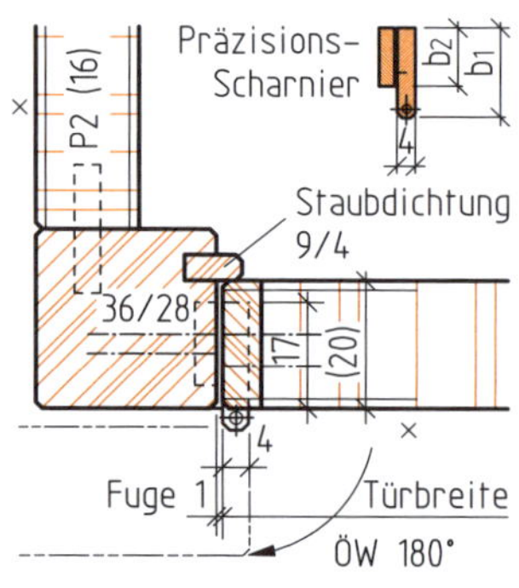

B 3.7-46

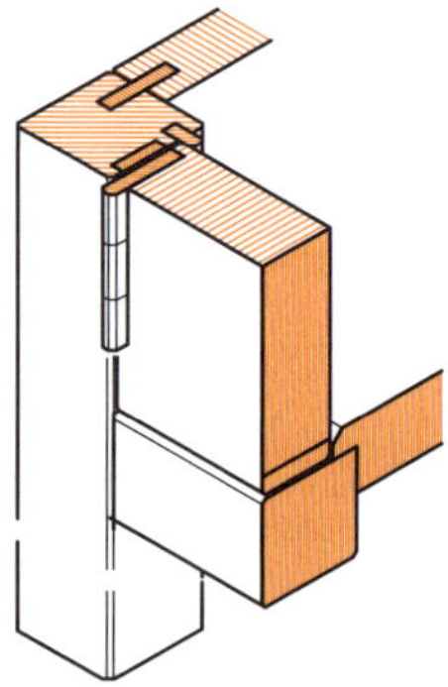

B 3.7-45 Tür eingefälzt mit Scharnieren angeschlagen, Rollendurchmesser je nach Größe 4; 4,5; 5; 6; 6,5 mm. Länge a : Breite b = 30 : 30 / 40 : 30 / 40 : 40 / 50 : 30 / 50 : 40 / 50 : 50 / 60 : 50 / 80 : 50 mm, Material in Messing matt, poliert, vernickelt, verchromt jeweils matt oder hochglänzend, brüniert (FS, Hä, He).

B 3.7-46 Tür mit Präzisionsscharnieren angeschlagen, sichtbare Rolle 4 mm, Länge 45 mm, Messing, auch vernickelt, verchromt oder versilbert (Her).

B 3.7-47 (Seite 181) Bündig einschlagende Tür mit frontal einfräsbaren Bändern angeschlagen, links und rechts beachten. Ausführung Messing patiniert, vernickelt, vergoldet (Gr).

B 3.7-48 (Seite 181) Eingefälzte, in der Front bündige Tür mit gekröpften Eckzapfenbändern angeschlagen (Hä, Her sinngemäß).

B 3.7-49 (Seite 181) Eingefälzte Tür mit stark abgefasten Außenkanten mit Einbohrbändern angeschlagen (An, Hä, He).

B 3.7-50 (Seite 181) Tür mit Eckzapfenbändern angeschlagen. Die kleine Rolle ist halb in den Boden und halb in die Tür einzulassen (Her, EL).

B 3.7-51 (Seite 181) Frontbündige Türen mit in der Front unsichtbaren, einbohrbaren Scharnieren angeschlagen, für kleinere Türen geeignet (Hä).

B 3.7-52 (Seite 181) Eingefälzte, außen bündige Tür, mit einfräsbaren, in der Front unsichtbaren Scharnieren angeschlagen. Die Scharniere haben einen gedachten Drehpunkt (Hä, He).

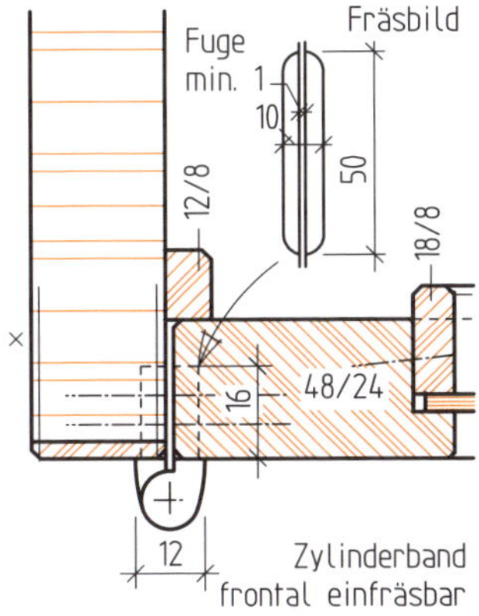

B 3.7-47

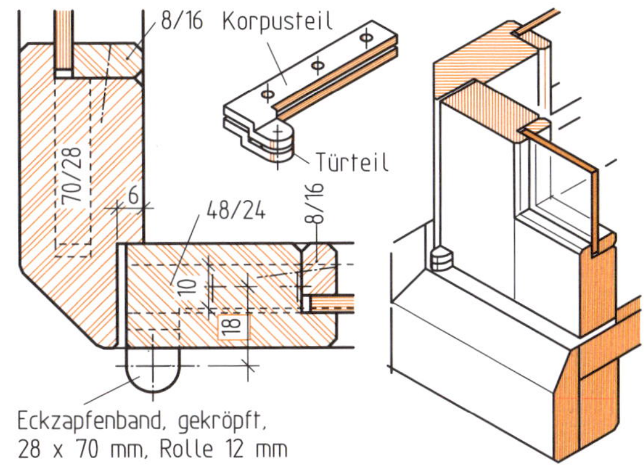

B 3.7-48

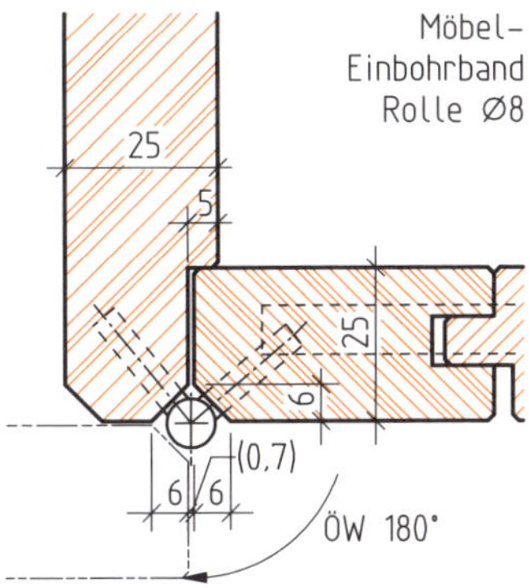

B 3.7-49

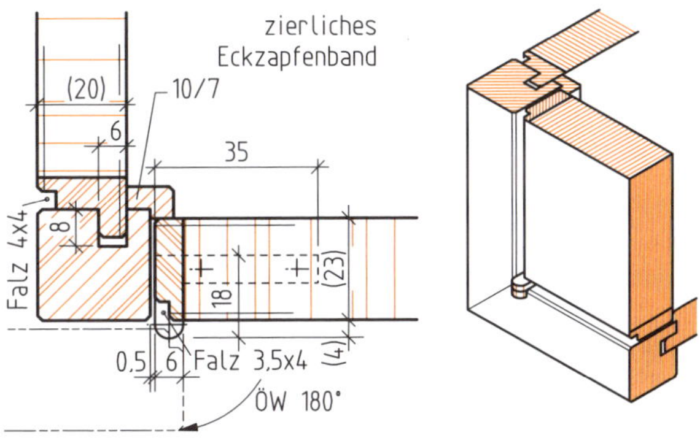

B 3.7-50

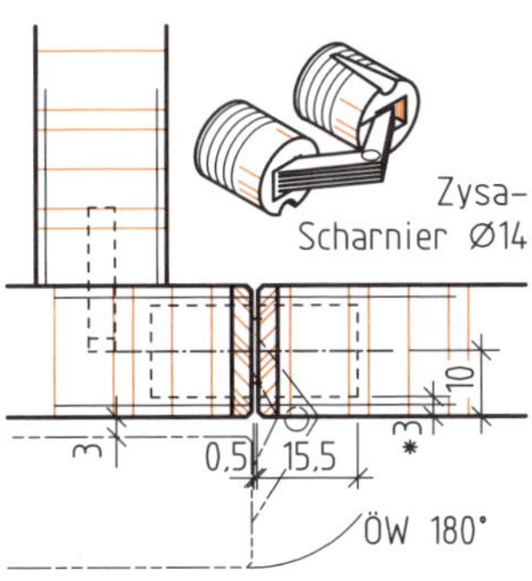

B 3.7-51

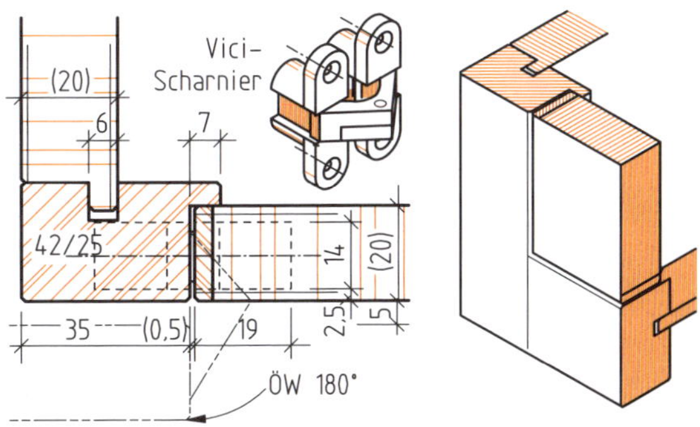

B 3.7-52

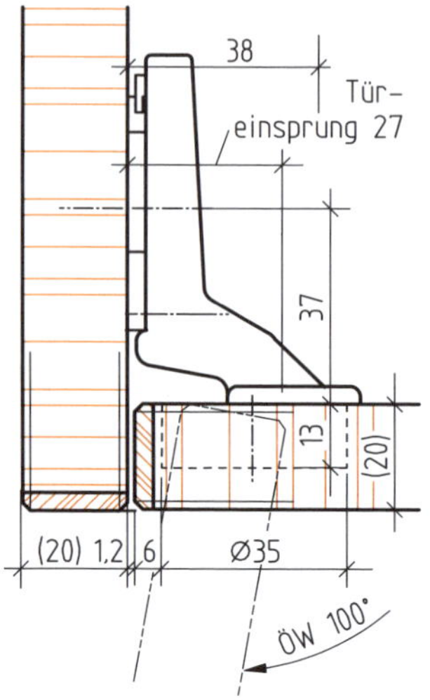

B 3.7-53

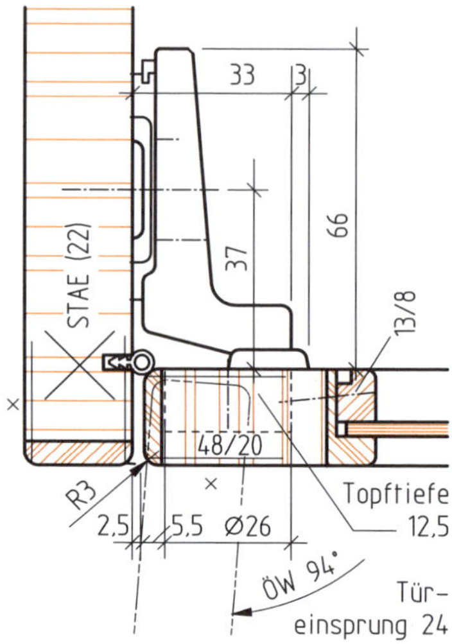

B 3.7-54

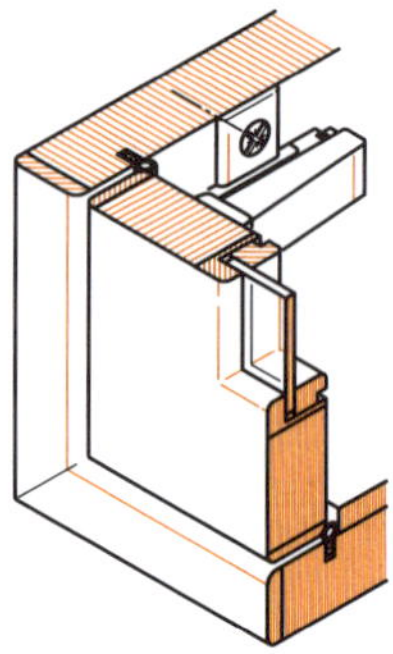

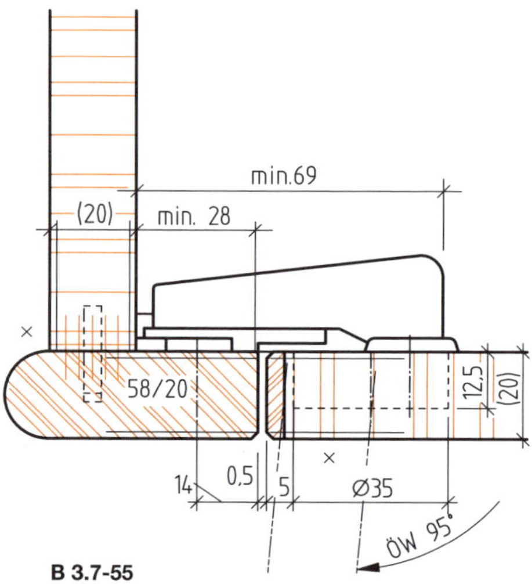

B 3.7-55

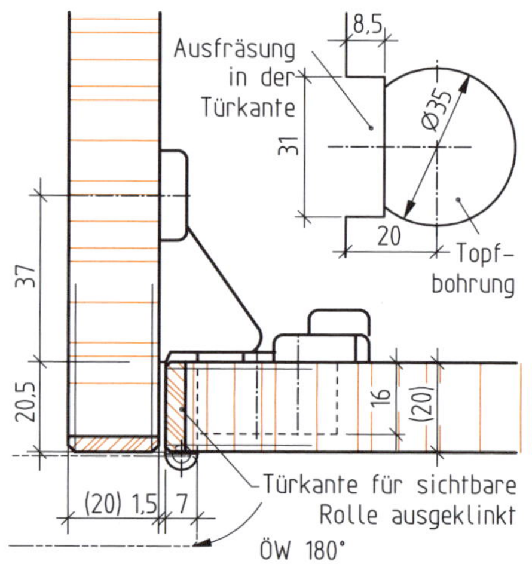

B 3.7-56

B 3.7-53 Tür mit stark gekröpften Topfscharnieren angeschlagen (Bl bei Gr, Hä, He sinngemäß).
B 3.7-54 Tür aus schmalem Rahmen mit zierlichen Topfscharnieren, Topfdurchmesser 26 mm, angeschlagen (Bl, bei Hä, He sinngemäß).
B 3.7-55 Eine mit der Lisene bündige Tür ist mit Stollenscharnieren angeschlagen (Bl, Gr, Hä, He).
B 3.7-56 Scharnier, einbohr- und einfräsbar, für System 32 geeignet, mit außen sichtbarer Rolle (Hä, He, Ht).

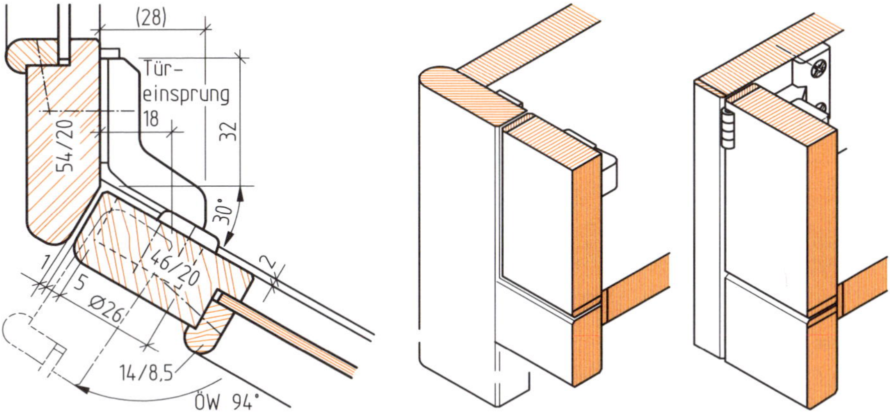

B 3.7-57 Rahmentüren mit zierlichen Vitrinen- Winkelscharnieren angeschlagen, für 30° und 45° (Bl). Die Abbildungen Mitte und rechts beziehen sich auf B 3.7-55 und 56.

3.7.3.4 Überfälzte Türen

Die Türen sind an den Kanten, d. h. an den Schmalflächen ausgefälzt, sodass der entstandene Überschlag die Fuge zwischen Korpusseiten sowie Ober- und Unterboden abdeckt. Die Türen sind durch die Überfälzung nahezu staubdicht und benötigen keine zusätzlichen Arretierungsleisten oder -klötzchen. Die Falztiefe beträgt je nach Türgröße und verwendetem Band 5,5 oder 7,5 mm. Bei furnierten Türen ist an den Schmalseiten ein dicker Anleimer aus Vollholz vorzusehen, der die Ausfälzung aufnehmen kann. Die Türen können entweder direkt an die Korpusseiten oder Stollen angeschlagen werden, oder an zusätzlich in den Korpus eingeleimte Beistoßleisten. Überfälzte Türen sind eine alte und aufwendige Anschlagart.

Die Beispiele überfälzt angeschlagener Türen sind im Horizontalschnitt dargestellt (B 3.7-58 bis 71) und die Verschlussmöglichkeiten und Mittelanschlüsse im Vertikal- oder in Horizontalschnitt (B 3.7-72 bis 78).

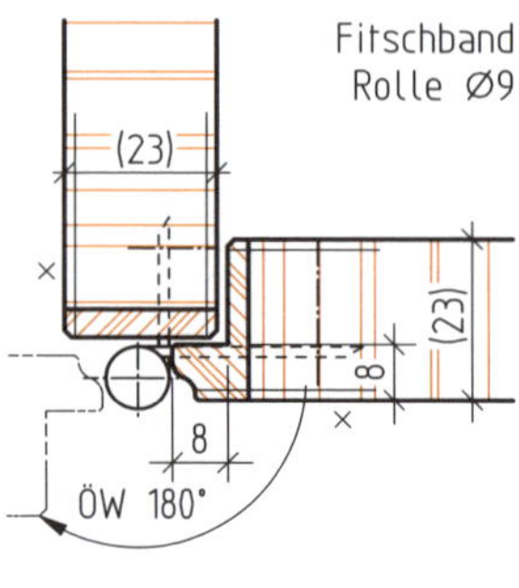

B 3.7-58

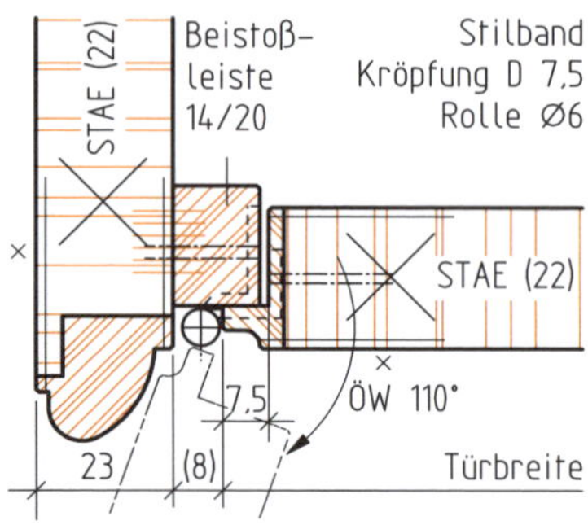

B 3.7-59

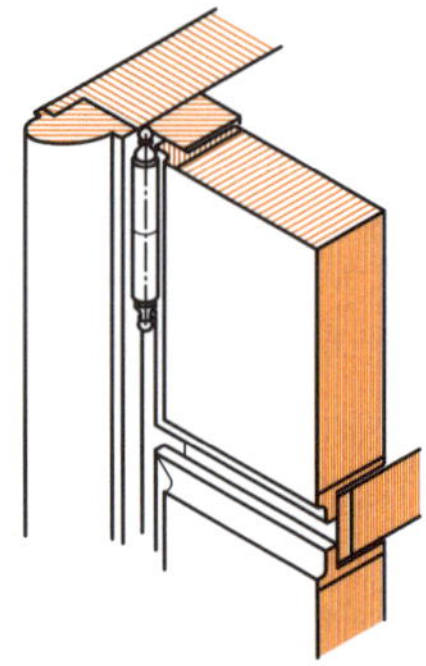

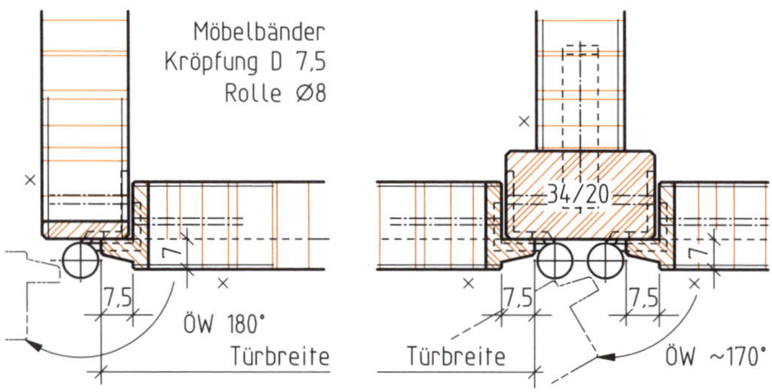

B 3.7-60

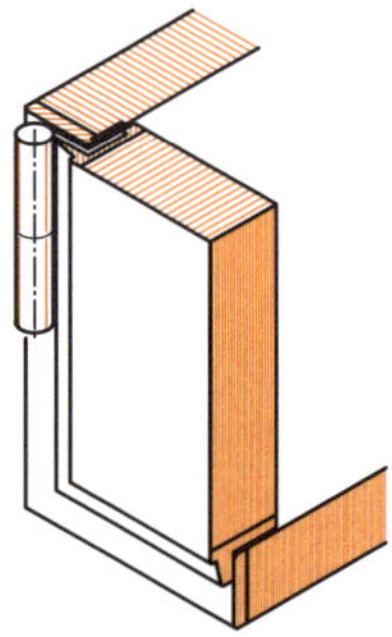

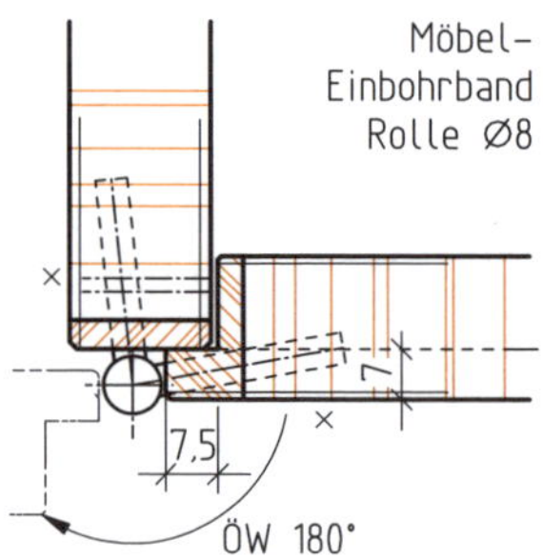

B 3.7-61

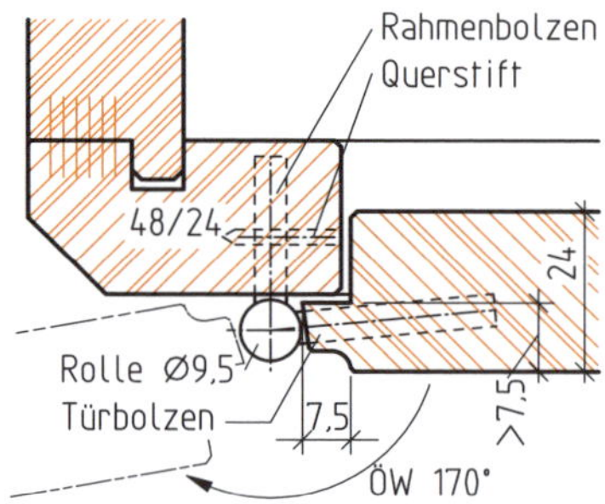

B 3.7-62

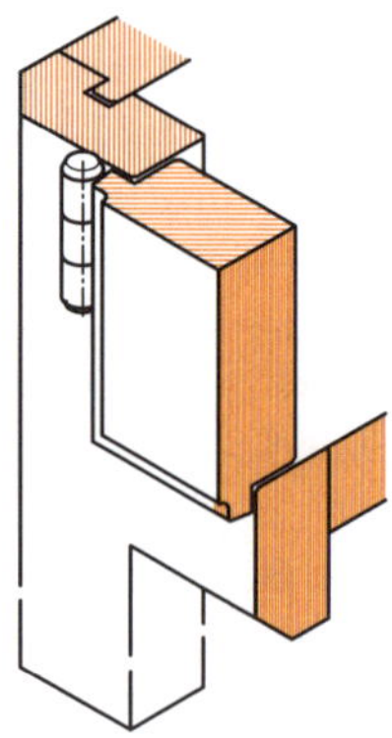

B 3.7-58 Überfälzte Tür mit Einstemmbändern (Fitschen) angeschlagen. Die eingestemmten Lappen müssen zusätzlich verschraubt werden. Ausführung in Messing poliert, brüniert, antikisiert (He) oder in Stahl (Hä). Rollendurchmesser 8,10 mm, Rollenlänge ohne Zierknöpfe 60, 80, 100,120 mm.

B 3.7-59 Tür an Beistoßleiste mit gekröpften Stilbändern, Kröpfung D, angeschlagen. Rollenlänge ohne Zierknöpfe 50 mm, Rollendurchmesser 6 mm (He).

B 3.7-60 Eckanschlag und Mittelanschlag überfälzter Türen mit Möbelbändern, Kröpfung D, Rollenlänge 40, 50, 60 mm, Messing poliert, matt, brüniert und vernickelt matt oder blank (FS, Hä, He, Pr singgemäß).

B 3.7-61 Eckanschlag mit Einbohrbändern. Die Anschlagdicke ist auf den Durchmesser der Einbohrzapfen abzustimmen (An, Hä, He, Pr).

B 3.7-62 Anschlag einer überfälzten Tür an eine Lisene. Der Rahmenbolzen wird zusätzlich verstiftet (An, Hä, He, Pr).

Bildlegenden Seiten 186 und 187:

B 3.7-63 Anschlag einer überfälzten Tür bei einem Stollenmöbel mit eingeleimter Beistoßleiste mit Einbohrbändern (An, Hä, He, Pr).

B 3.7-64 Anschlag mit Möbelbändern, Kröpfung D (FS, Hä, He, Pr).

B 3.7-65 und 66 Anschlag an Beistoßleisten mit zierlichen Möbelbändern, Kröpfung D. Die Schattenfuge zwischen Seite und Türkante kann dadurch sehr schmal sein (He).

B 3.7-67 Beispiele von überfälzten Türen bei Vitrinen, (a) Stollenmöbel mit verglasten Seitenrahmen und verglaster Rahmentür, (b) Seite als Rahmen mit Glasfüllung und verglaste Rahmentür an Beistoßleiste angeschlagen, Unterboden durch Traverse und Sockelblende verstärkt, (c) Vitrine mit geschlossener bis zum Boden durchgehender Seite.

B 3.7-68 Eckanschläge mit speziellen Falzscharnieren, sehr zierliche Rolle (Her).

B 3.7-69 Eckanschlag mit speziellen Falzscharnieren, deren Rolle halbverdeckt eingelassen ist (Her).

B 3.7-70 Eckanschlag einer überfälzten Tür mit speziellen Topfscharnieren. Hier ist in der Front kein Beschlag sichtbar (Wü).

B 3.7-71 Überfälzte Türen mit besonderen Topfscharnieren mit sichtbarer Rolle angeschlagen (Hä, He sinngemäß). Rolle mit oder ohne Zierknöpfe.

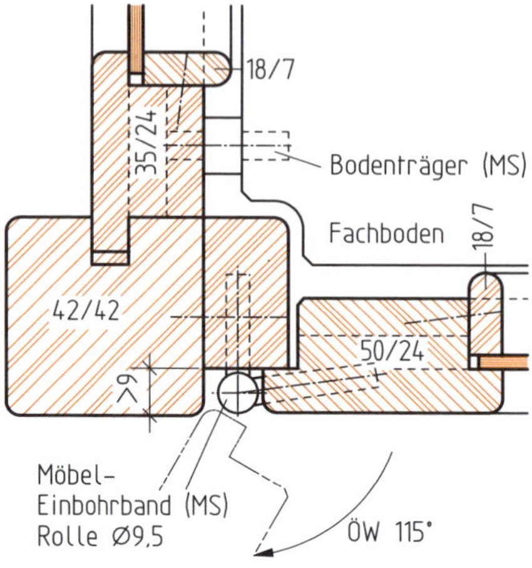

B 3.7-63

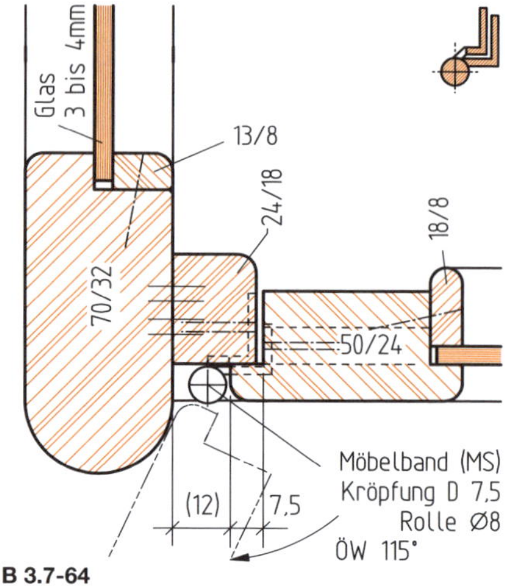

B 3.7-64

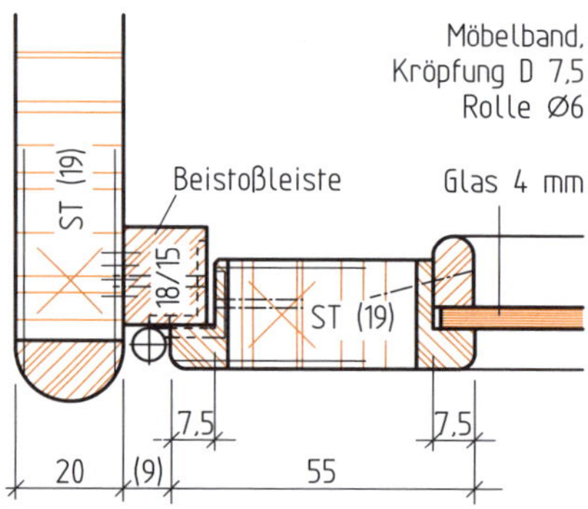

B 3.7-65

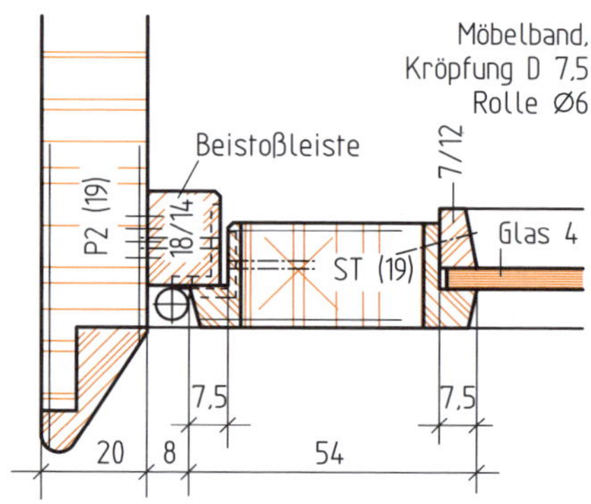

B 3.7-66

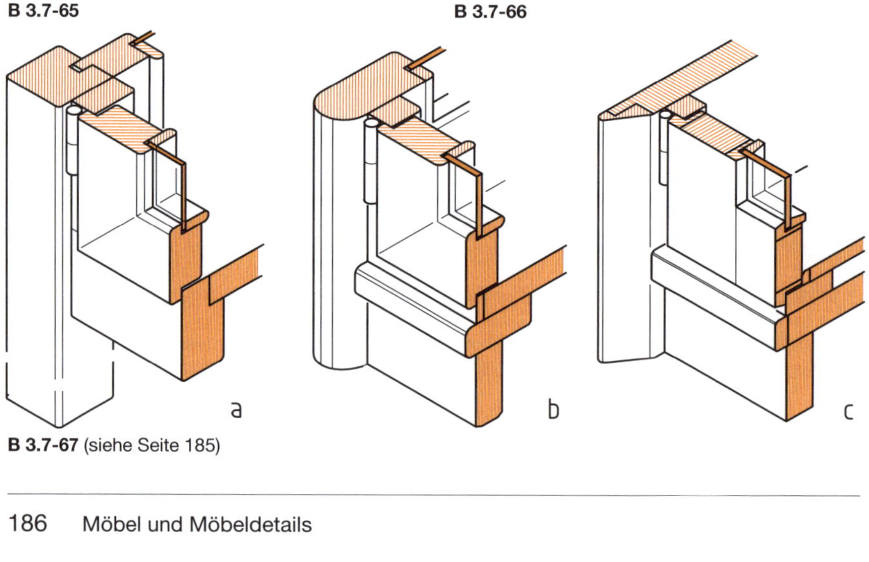

B 3.7-67 (siehe Seite 185)

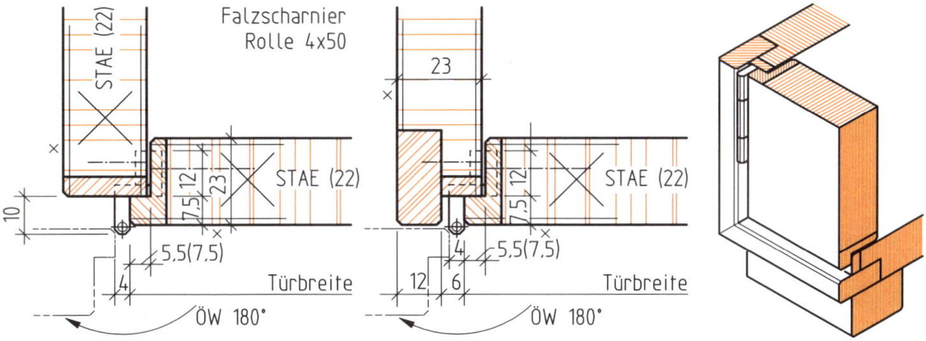

B 3.7-68

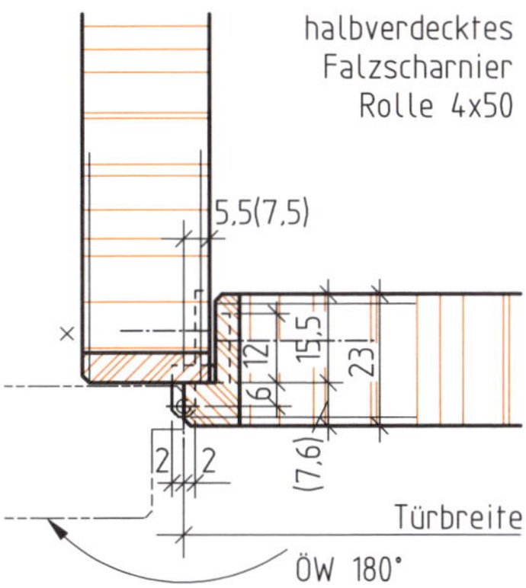

B 3.7-69

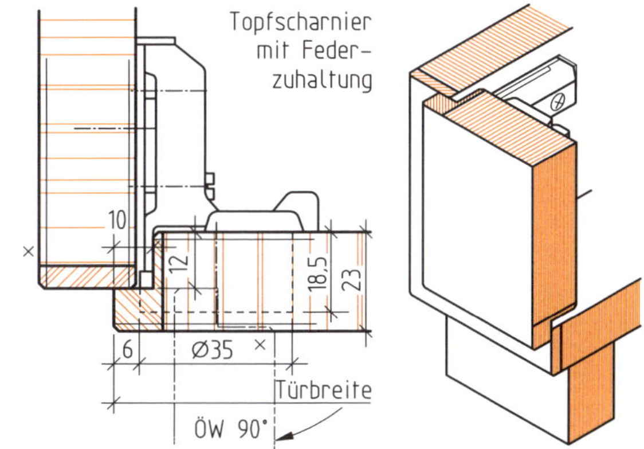

B 3.7-70

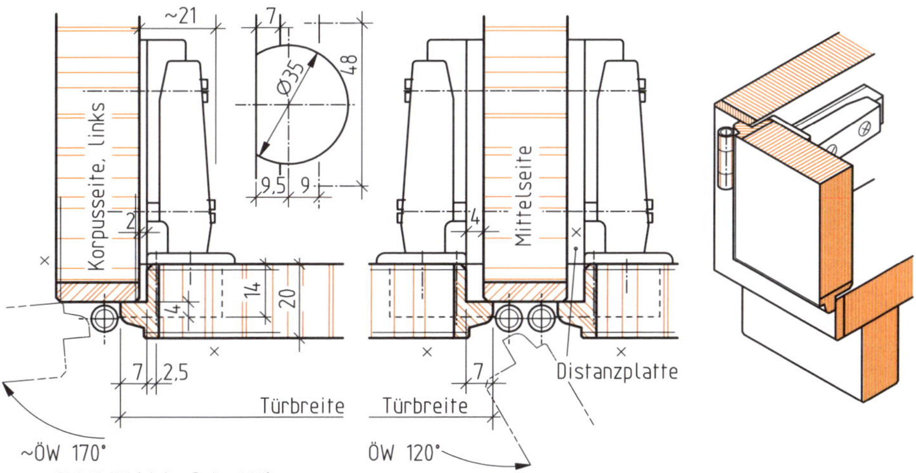

B 3.7-71 (siehe Seite 185)

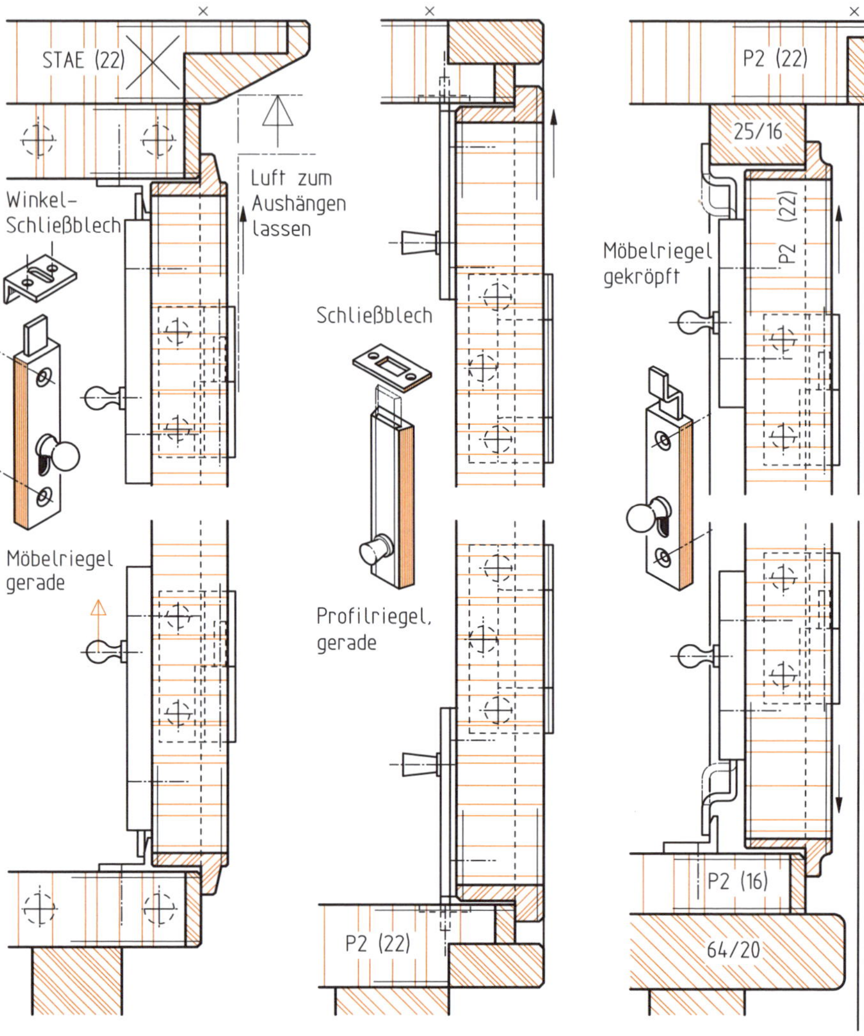

B 3.7-72 Vertikalschnitte durch überfälzte Türen mit Verriegelungsmöglichkeit des linken Türflügels. Links: Verriegelung mit geraden Riegeln hinter Winkelschließbleche. Auf dem Unterboden können die vorstehenden Schließbleche stören. Bei einem überstehenden Blatt muss beim Anschlag mit Möbelbändern für das Aushängen der Türen genügend Platz über den Türen vorgesehen werden. Mitte: Verriegelung mit kleinen Messingriegeln in flächenbündig eingelassene Schließbleche. Rechts: Gekröpfte Riegel fassen oben hinter die Beistoßleiste, unten hinter ein Winkelschließblech (Str, Hä, He, Hu).

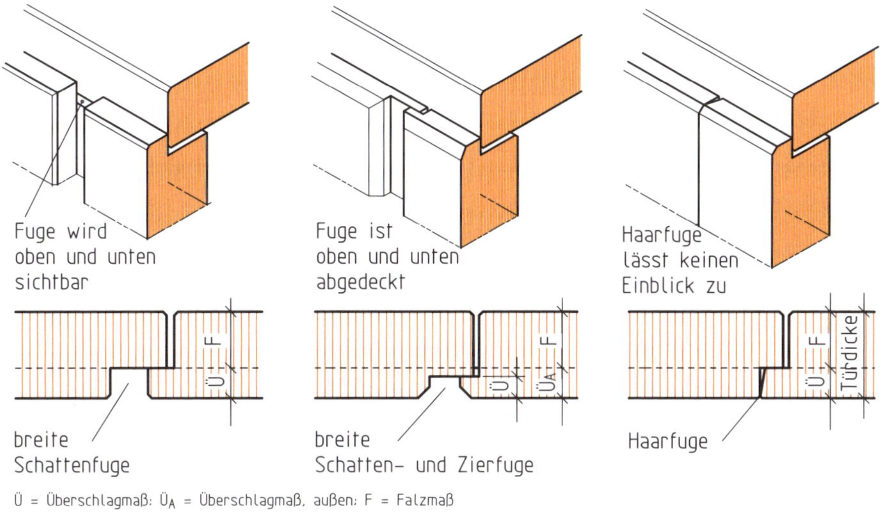

B 3.7-73 Ausbildung der Mittelanschlüsse, links: mit breiter Schattenfuge, das Spiel zwischen Oberboden und Falz wird sichtbar, Mitte: durch unterschiedliche Fälzung wird das Spiel im Falz abgedeckt oder rechts: durch die Haarfugentrennung der Türen nicht sichtbar.

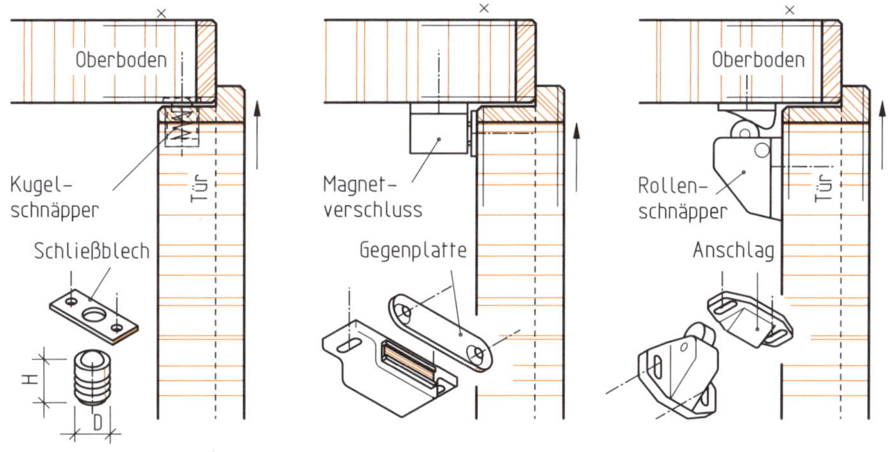

B 3.7-74 Verschluss überfälzter Türen am Oberboden. Links: mit eingebohrtem Kugelschnäpper, Mitte: mit aufgeschraubtem Magnetverschluss, rechts: mit aufgeschraubtem Rollenschnäpper (Hä, He, Ne).

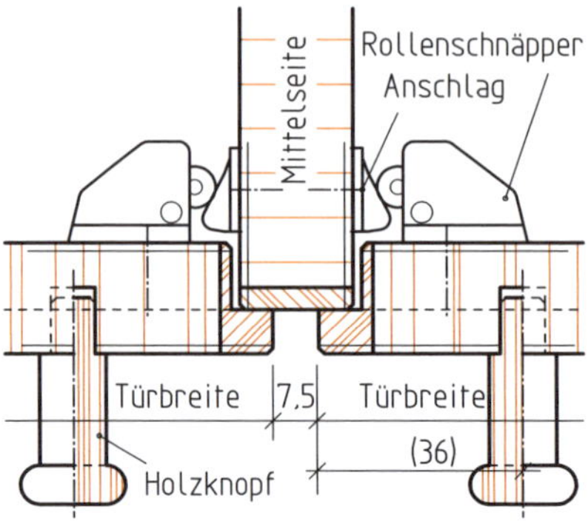

B 3.7-75

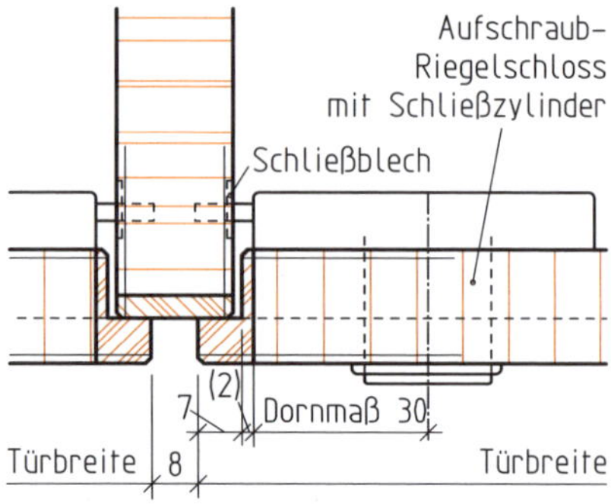

B 3.7-76

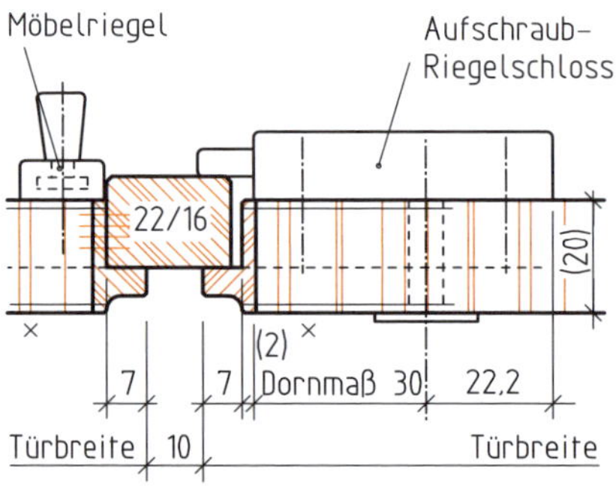

B 3.7-77

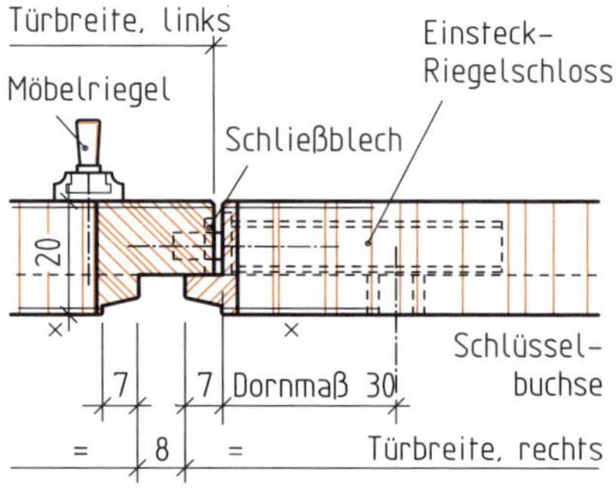

B 3.7-78

B 3.7-75 Verschluss überfälzter Türen an einer Mittelseite durch aufgeschraubte Rollenschnäpper.

B 3.7-76 Verschluss überfälzter Türen durch Aufschraubschlösser an einer Mittelseite (Hä, He, Hu.Ju).

B 3.7-77 Verschluss von Doppeltüren durch Riegel (linke Tür) und ein Aufschraubriegelschloss, dessen Riegel hinter eine eingeleimte Schlagleiste fasst.

B 3.7-78 Verschluss von Doppeltüren durch Riegel (linke Tür) und ein Einsteck-Riegelschloss, das nur in der Türkante sichtbar wird.

3.7.3.5 Stumpf aufschlagende Türen

Drehtüren schlagen stumpf auf die Korpuskanten auf, sodass diese durch die Türen ganz oder teilweise verdeckt sind. Dadurch entsteht eine schlichte Möbelfront, deren gestalterische Wirkung durch die Teilungslinien der Türen, durch die Türformate und natürlich auch durch das Furnierbild und die Gliederung der Tür durch Rahmen und Füllungen bestimmt wird. Stumpf aufschlagende Türen werden in der Regel mit Bändern oder Scharnieren angeschlagen, die in der Möbelfront nicht sichtbar sind. Hierfür ist besonders das Topfscharnier geeignet (siehe Seite 161 bis Seite 163). Es gibt aber auch einige Bänder und Scharniere, deren Gewerbe an den Seitenkanten der Türen sichtbar sind und somit die Gestaltung der Fläche beeinflussen. Um Unregelmäßigkeiten des Türanschlags zu vertuschen, sollten die Türkanten mit den Korpuskanten nicht bündig abschließen, sondern 2 bis 3 mm zurückspringen oder durch ein Zierfälzchen oder eine Hohlkehle von der Korpuskante getrennt werden. Wenn es der Beschlag zulässt, können auch einmal die Türen über den Korpus hinausragen. Bei stumpf aufschlagenden Türen kann die Staubdichtheit nur durch zusätzlichen Konstruktionsaufwand gelöst werden.

Eine Besonderheit sind die auf Gehrung aufschlagenden Drehtüren. Sie fassen auf Gehrung in die Korpuskanten ein und müssen mit speziellen Bändern angeschlagen werden (B 3.7-115 bis 118).

Die Anschlagbeispiele der stumpf aufschlagenden Drehtüren aus Holz sind in Horizontalschnitten dargestellt (B 3.7-79 bis 114), die Verschlussmöglichkeiten einflügliger Drehtüren und die Mittelanschläge von Doppeltüren in Vertikal- und Horizontalschnitten (B 3.7-119 bis 128).

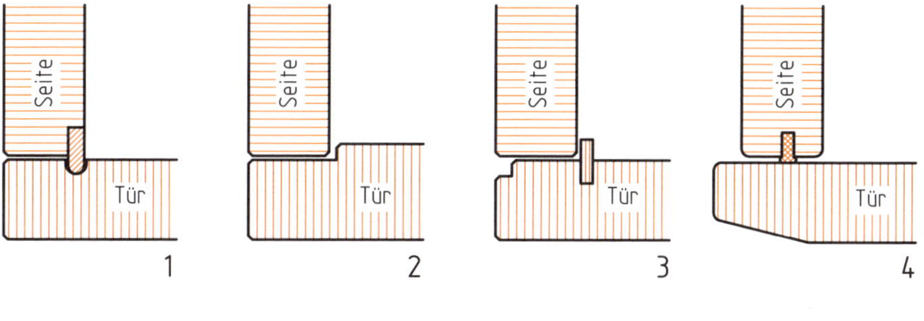

B 3.7-79 Staubdichtung stumpf aufschlagender Türen, wenn besonders gefordert. Sie wird nur bei besonders wertvollen Einzelstücken angewendet.

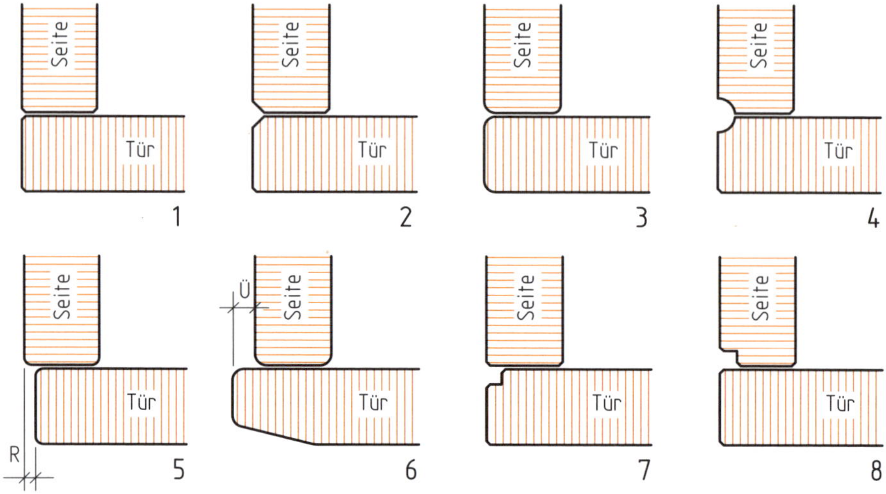

B 3.7-80 Lage stumpf aufschlagender Türen auf den Korpusseiten. 1 Korpusseite und Türkante außen bündig, 2 mit Fasen, 3 durch Rundungen an den Kanten oder 4 Hohlkehlen davon getrennt, 5 Türkante gegenüber der Korpusseite zurückspringend oder 6 vorstehend angeschlagen, 7 und 8 Tür und Korpuskante durch Zierfälzchen optisch getrennt.

Bildlegenden Seite 193:

B 3.7-81 Eckanschlag stumpf aufschlagender Tür mit Stangenscharnier. Die Rolle des Bands wird in ganzer Türhöhe sichtbar. Die Tür dreht aus, sodass keine zwei Möbelkörper nebeneinandergestellt werden können (siehe auch 3.7-12).

B 3.7-82 Eckanschlag mit Scharnieren. Die zierliche Rolle des Bands ist halb sichtbar (siehe auch 3.7-45).

B 3.7-83 und 84 Eckanschlag mit Möbelbändern mit geraden Lappen, Rollendurchmesser 6 oder 8 mm (siehe auch 3.7-44).

B 3.7-85 Stumpf aufschlagende Tür mit einfräsbaren Bändern angeschlagen (Gr).

B 3.7-86 Anschlag mit Zylinderbändern, Kröpfung B. Dadurch kann die Rolle im Zierfälzchen verschwinden. Rollendurchmesser d = 6 mm, Lappenbreite 17 mm (He).

Bildlegenden Seite 194:

B 3.7-87 Aufgedoppelte Tür mit Zylinderbändern, Kröpfung B, angeschlagen (He).

B 3.7-88 Aufgedoppelte Tür mit Zylinderbändern mit geraden Lappen angeschlagen (FS, Hä, He, Pr).

B 3.7-89 Stumpf aufschlagende, an den Kanten überstehende Tür mit Präzisionsscharnieren angeschlagen, b1/b2 = 20/13, 22/15, 25/18 mm (Her).

B 3.7-90 Stumpf aufschlagende Tür mit Präzisionsscharnieren angeschlagen. Die Rolle der Bänder liegt versteckt in der Schattennut.

B 3.7-91 Anschlag stumpf aufschlagender Türen mit Winkelbändern. Sie werden an der Anschlagseite der Tür in voller Breite sichtbar, b = 20, 23, 26 mm. Mehrere Schränke können dicht nebeneinandergestellt werden (Her).

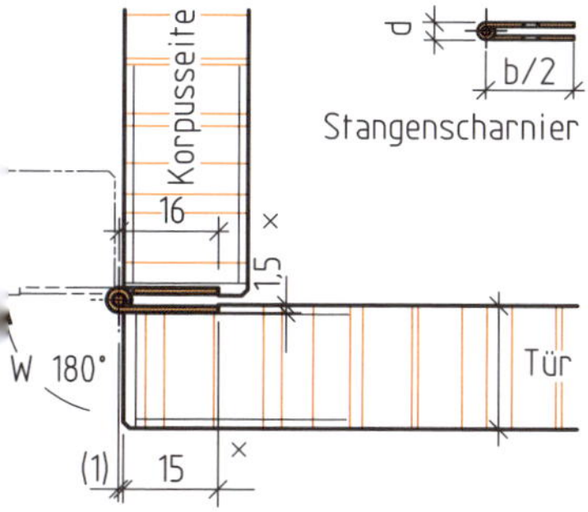

B 3.7-81

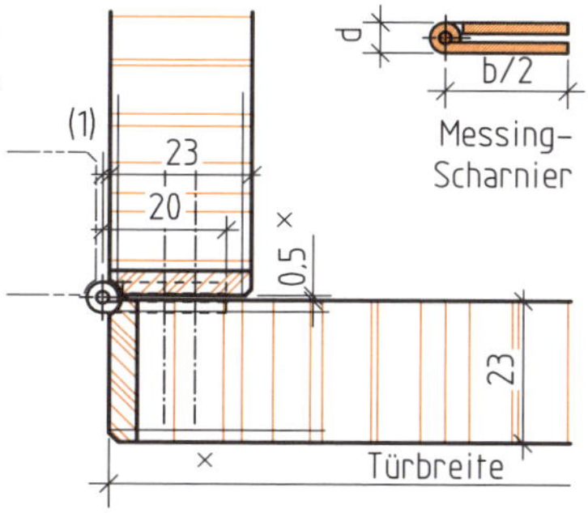

B 3.7-82

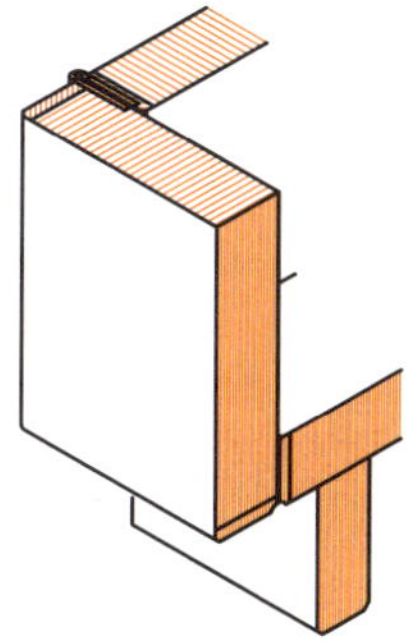

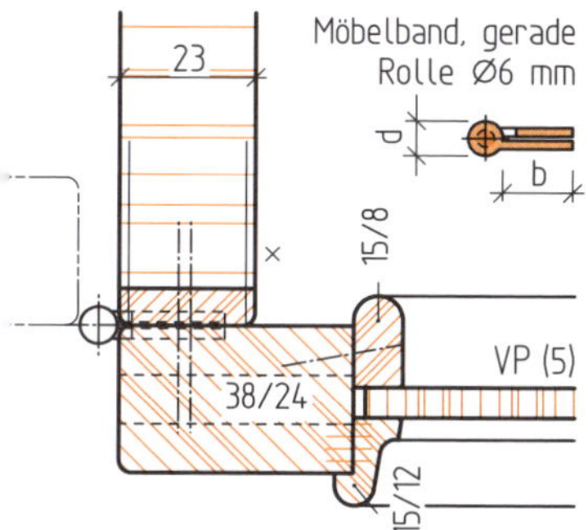

B 3.7-83

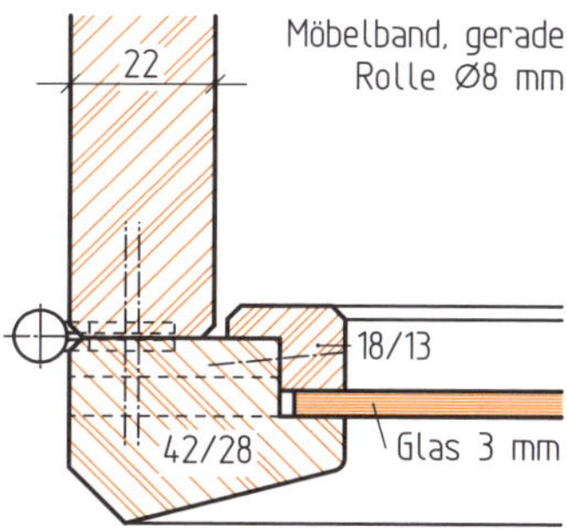

B 3.7-84

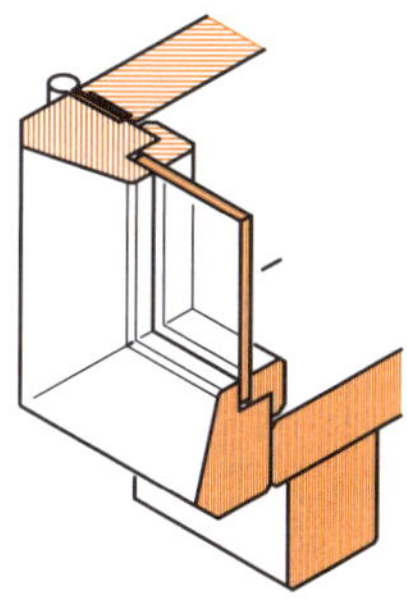

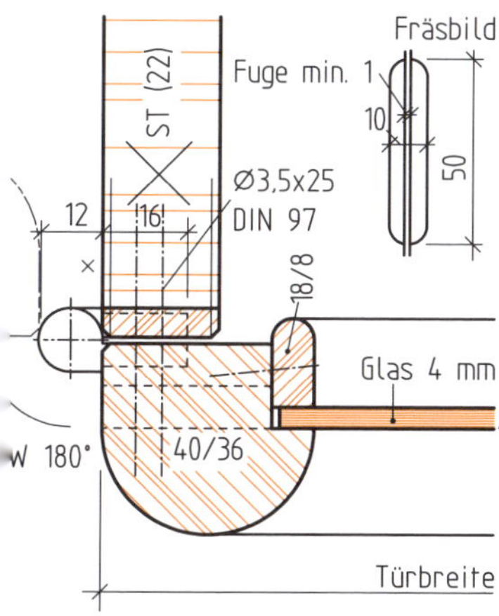

B 3.7-85

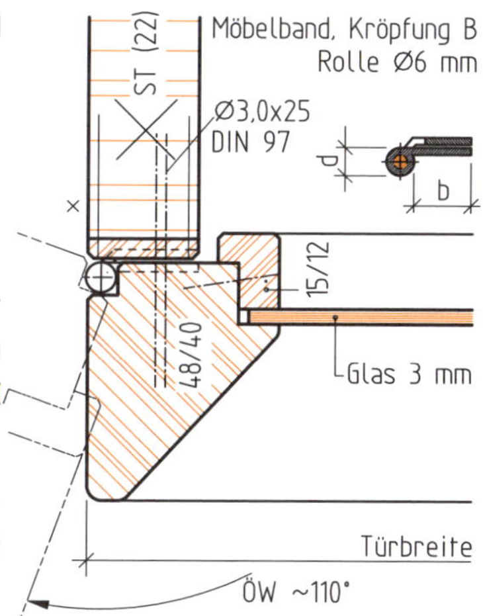

B 3.7-86

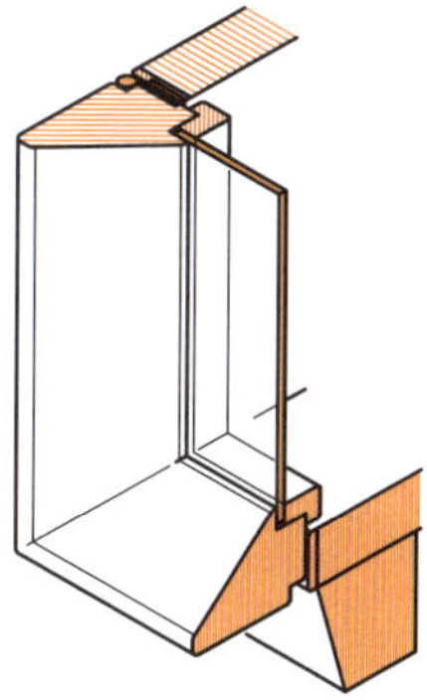

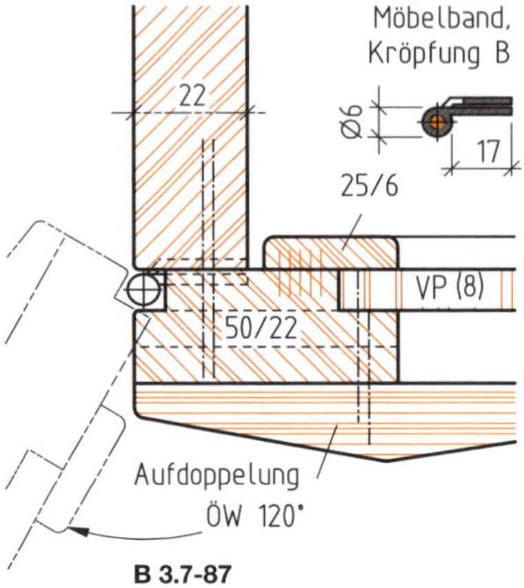

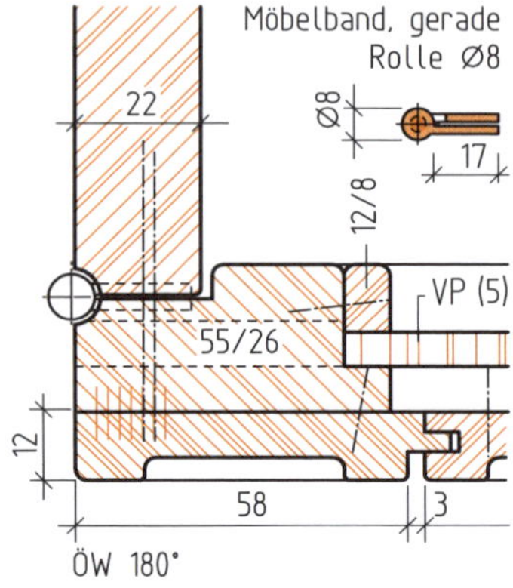

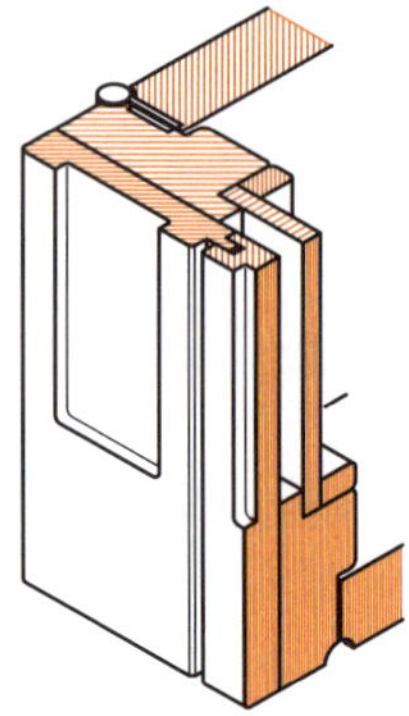

B 3.7-87

B 3.7-88

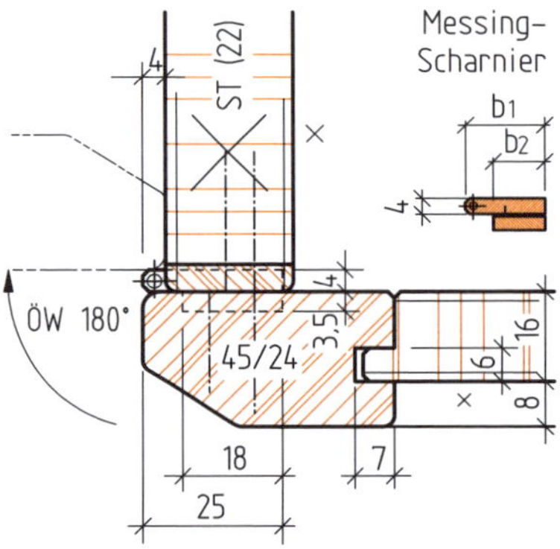

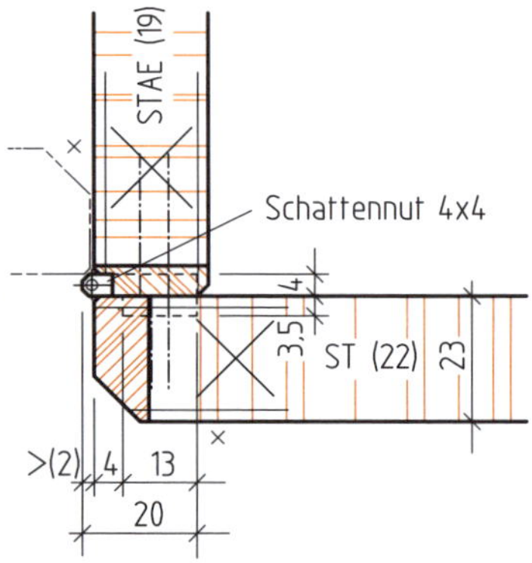

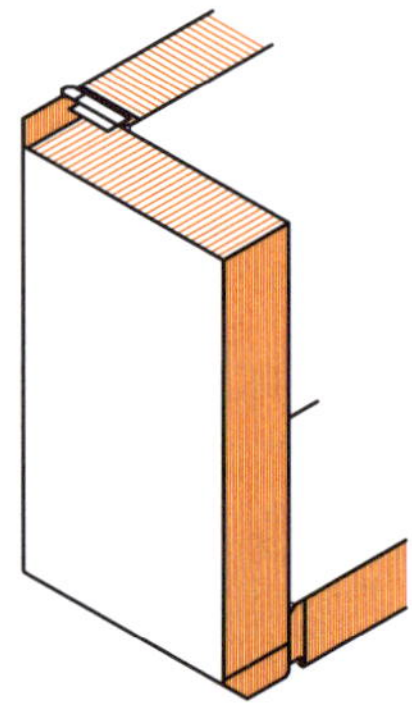

B 3.7-89

B 3.7-90

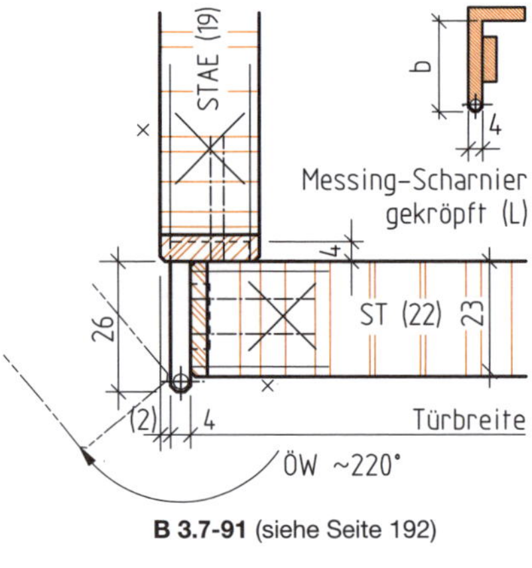

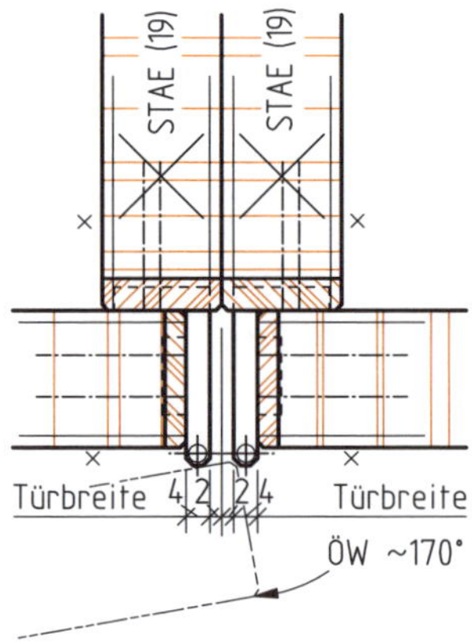

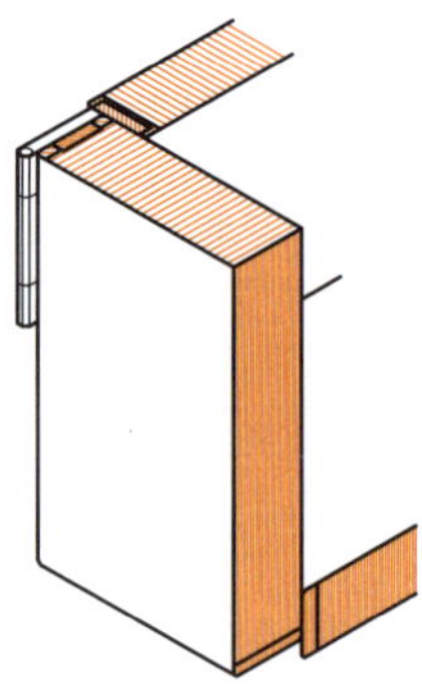

B 3.7-91 (siehe Seite 192)

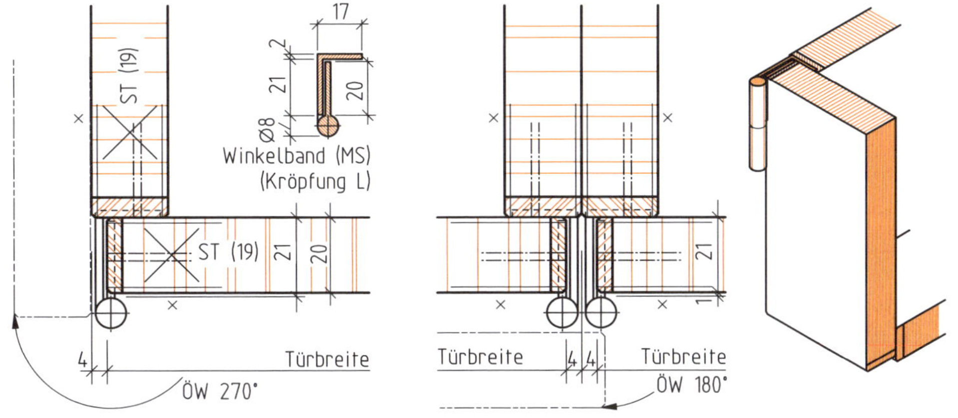

B 3.7-92 Anschlag mit Winkelbändern (Kröpfung L). Die Rollen der Bänder liegen auf der Tür, dadurch ergibt sich ein großer Öffnungswinkel, und die Schränke können nebeneinandergestellt werden (FS, Hä, He).

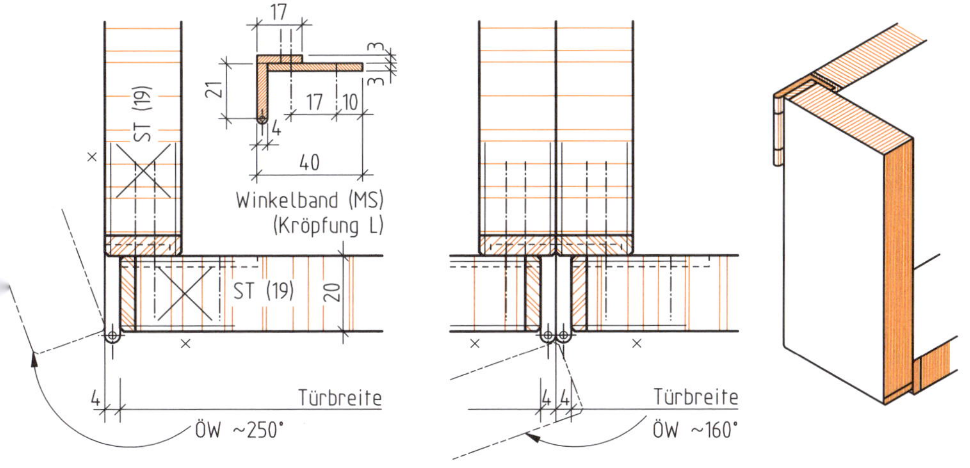

B 3.7-93 Neuform Winkelscharniere mit zierlicher Rolle (Hä, He).

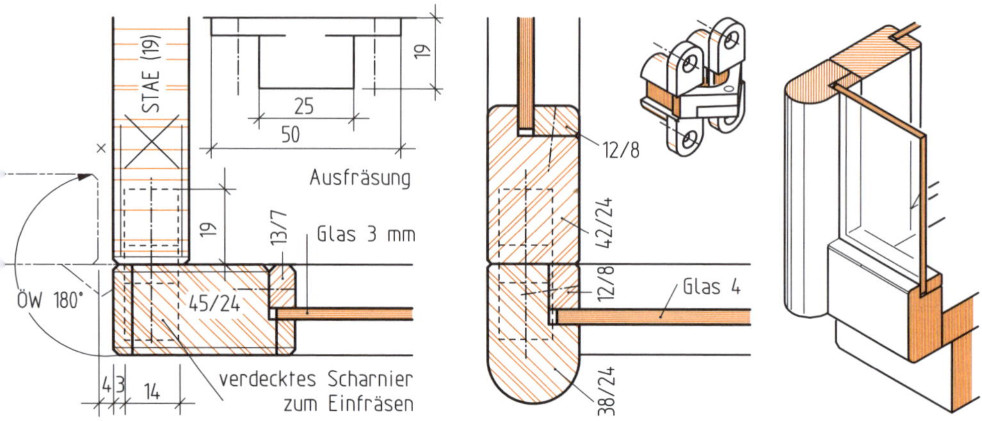

B 3.7-94 Vitrinentüren aus schmalen Rahmen mit Stabilo-, Soss- oder Vici-Scharnieren angeschlagen. Die Scharniere sind von außen nicht sichtbar. Sie haben einen gedachten Drehpunkt (Hä, He).

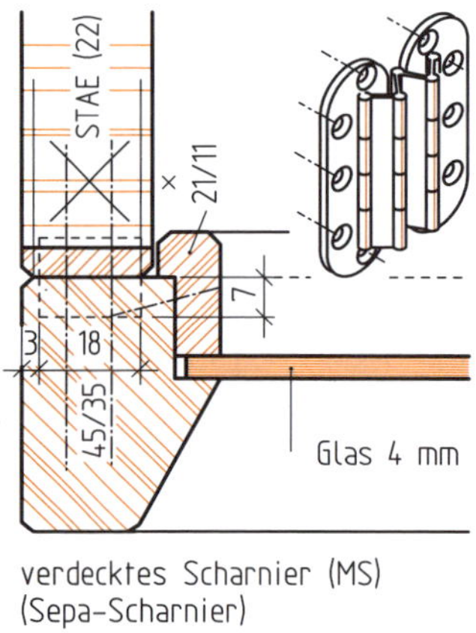

B 3.7-95

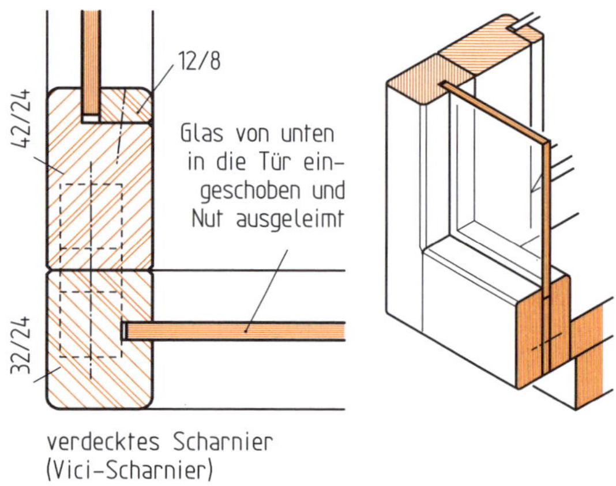

B 3.7-96

B 3.7-95 Vitrinentür mit verdeckt liegendem Sepa-Scharnier angeschlagen. Durch richtiges Verklotzen der Glasscheibe muss der Rahmen im Winkel gehalten werden (Hä, He).
B 3.7-96 Vitrine mit Glastür aus extrem schmalen, seitlichen Rahmen mit Vici-, Stabilo-Scharnieren angeschlagen (Hä, He).

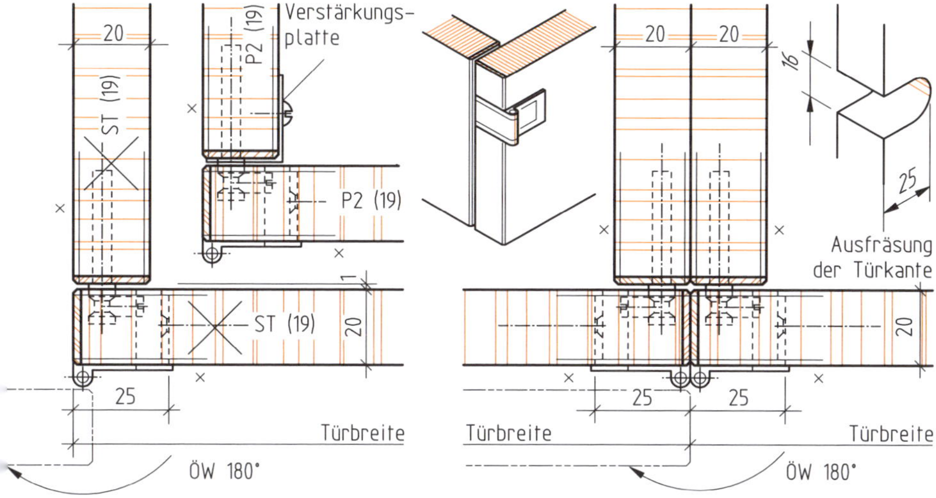

B 3.7-97 Stumpf aufschlagende Türen mit einfräsbaren Bändern angeschlagen. Die Bänder werden an der Anschlagseite in Kante und Front sichtbar. Bei Spanplatten empfiehlt sich eine zusätzliche Stabilisierung des Gewindebolzens durch eine Verstärkungsplatte (Pr).

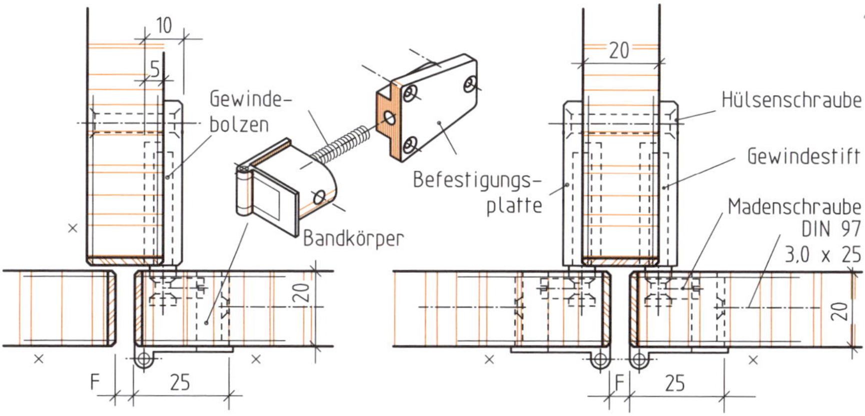

B 3.7-98 Mittelanschlag und Doppelanschlag mit einfräsbaren Bändern in besonderen Befestigungsplatten. Durch Lösen der Madenschraube sind die Türen aushängbar (Pr).

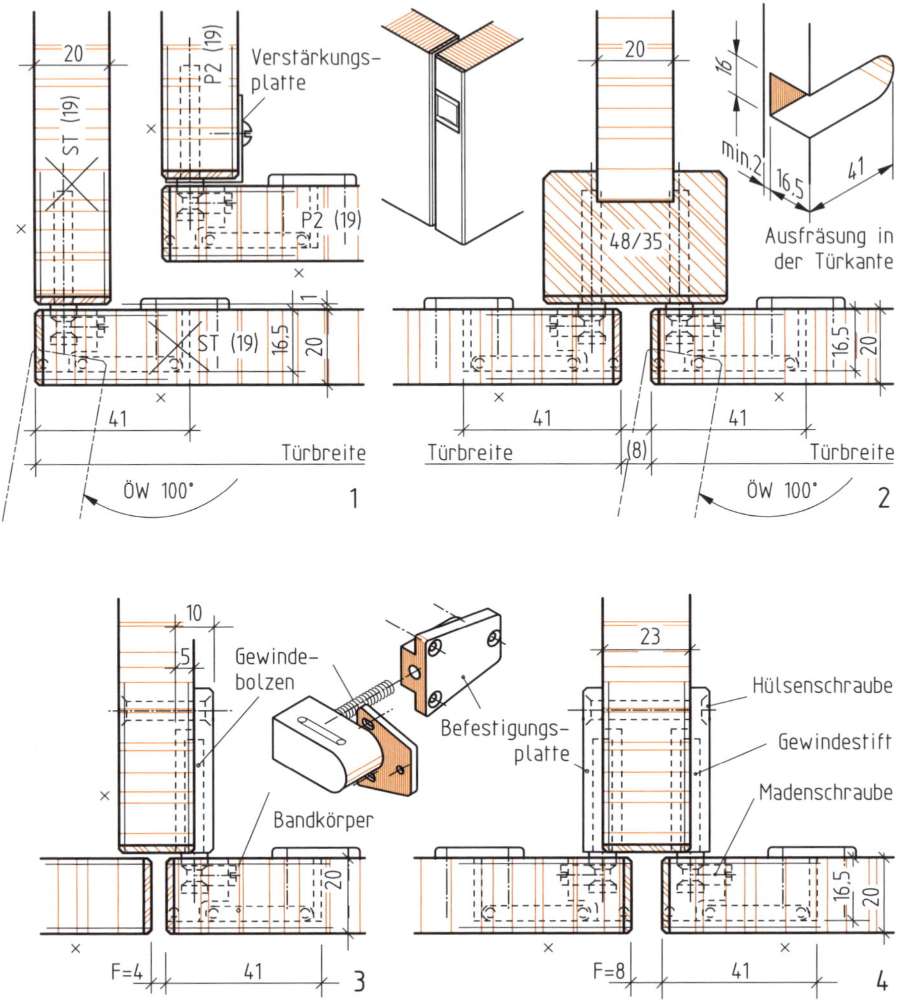

B 3.7-99 Stumpf aufschlagende Türen mit Einfräsbändern angeschlagen. Die Bänder werden nur in den Schmalflächen der Türen sichtbar. Die Türen können durch Lösen der Madenschraube ausgehängt werden. 1 Eckanschlag, ohne und mit Verstärkungsplatte, 2 Doppelanschlag auf verstärkter Mittelseite, 3 Mittelanschlag und 4 Doppelanschlag mit besonderen Befestigungsplatten (Pr).

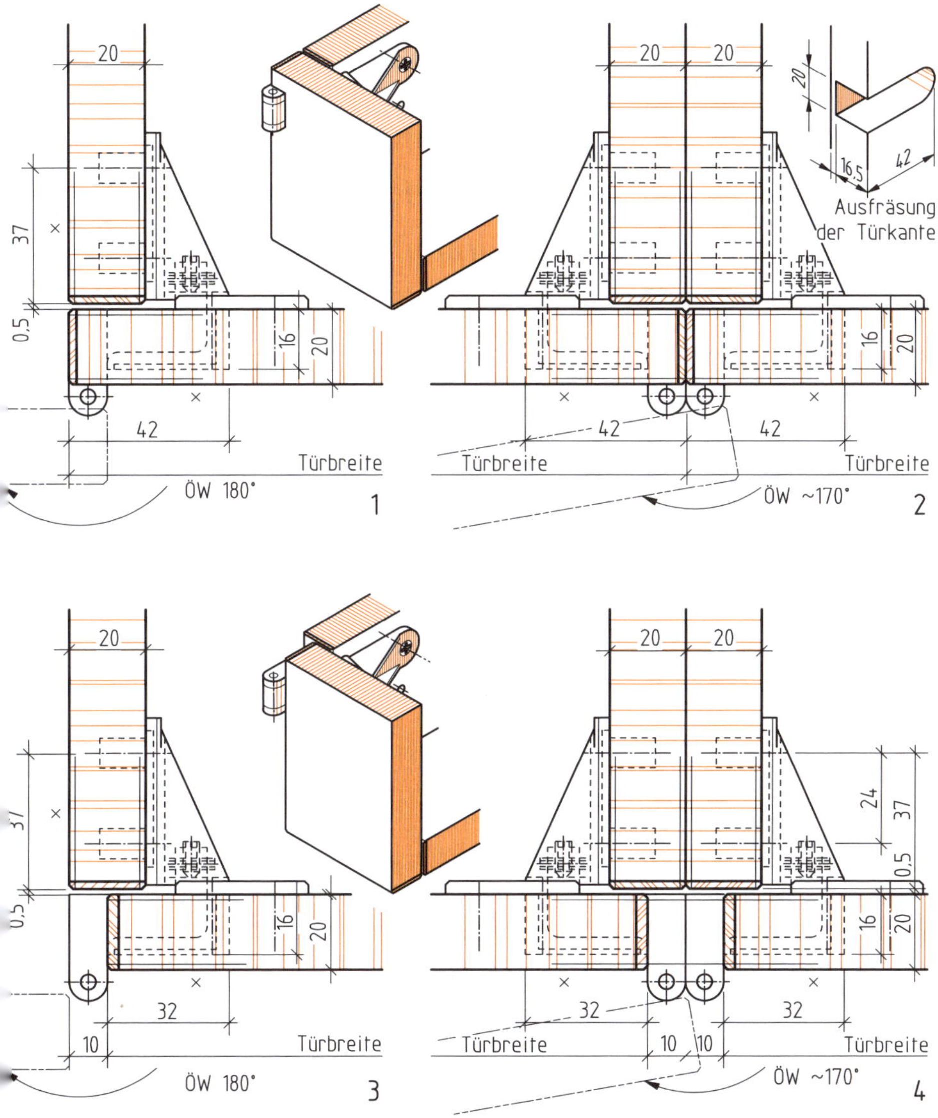

B 3.7-100 Stumpf aufschlagende Türen mit Einfräsbändern mit in der Front sichtbaren Rollen angeschlagen. 1 Eckanschlag, Rolle eingelassen, 2 die Schränke können dicht aneinandergestellt werden. Das Fräsbild zeigt die Maße bei nicht eingelassener Rolle zum Eckanschlag 3, dicht zusammengestellte Möbelkörper mit freien Bandrollen 4 (Pr).

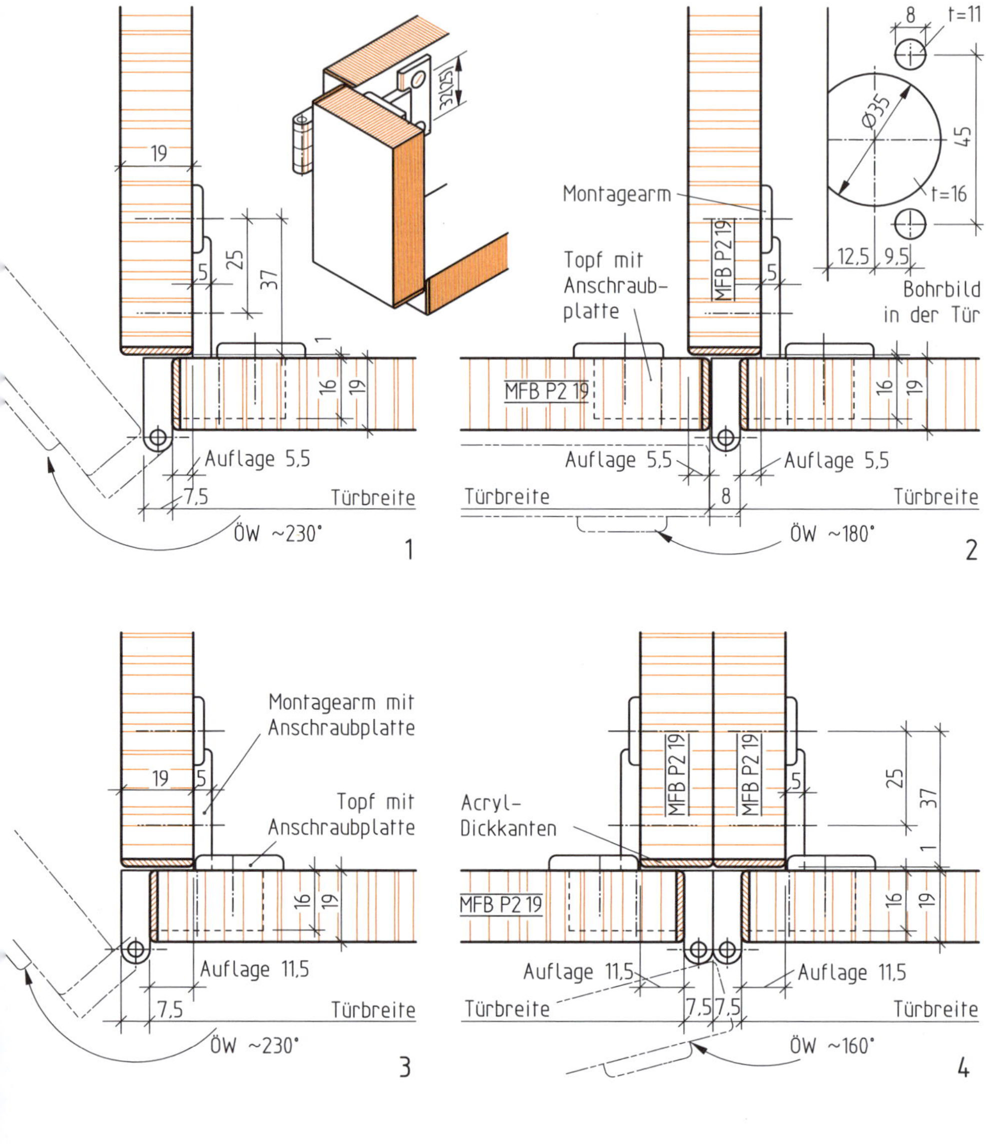

B 3.7-101 Einbohrbares Scharnier mit sichtbarer Rolle. Die Rolle kann in die Türkante eingelassen werden. Die Montagearme sind für das Lochreihensystem 32 (25) vorbereitet. 1 Eckanschlag mit geringer Türauflage, 2 Zwillingsanschlag an der Mittelseite, 3 Eckanschlag, Band mit Seite außen bündig, 4 die Schränke können dicht aneinandergestellt werden (Hä, He, Ht, Gr sinngem.).

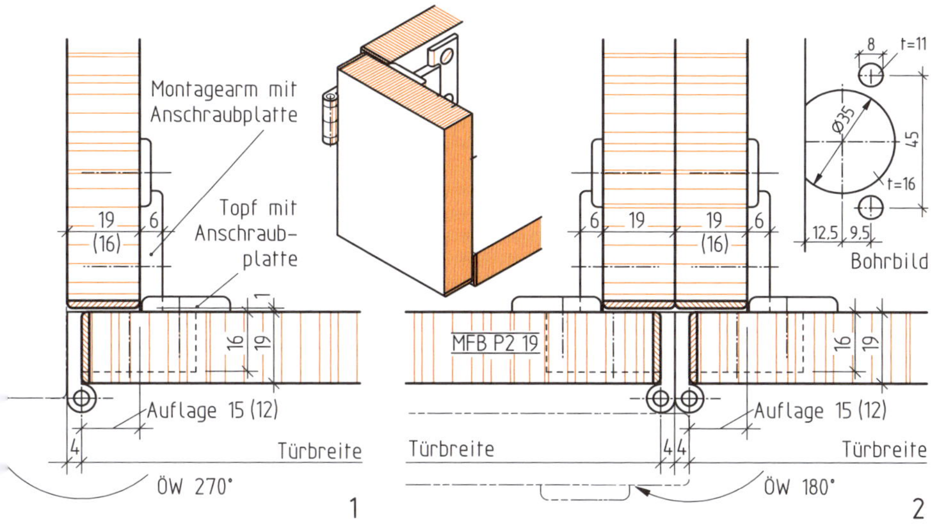

B 3.7-102 Einbohrbares Scharnier mit sichtbarer Rolle, die teils auf der Türfläche liegt. Das Band ist an der Seite nur 4 mm dick. Der Montagearm lässt geringe Höhenverstellung zu und ist für das System 32 geeignet. 1 Eckanschlag, 2 Möbel dicht zusammengestellt (Ht).

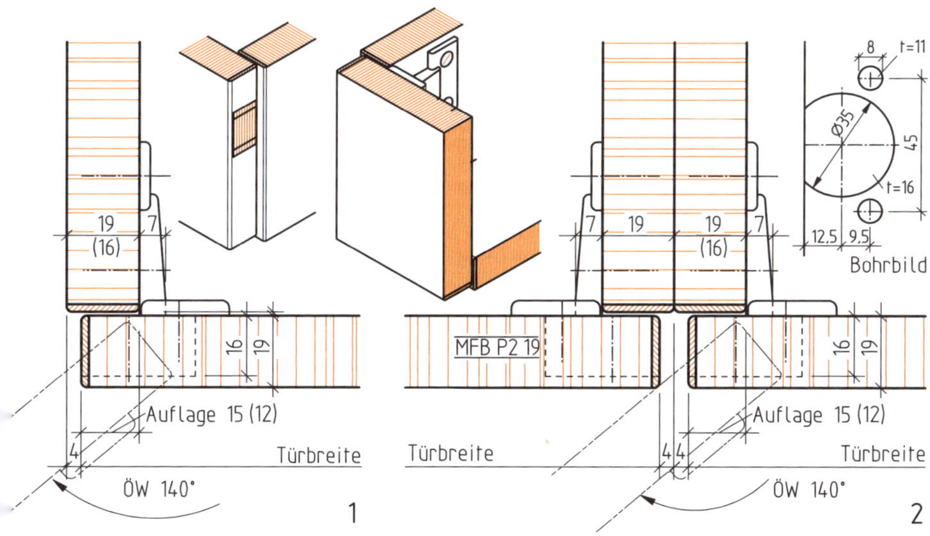

B 3.7-103 Einbohrbares Band ohne sichtbare Rolle. Ein Teil des Bands wird in der Schmalfläche der Tür sichtbar. 1 Eckanschlag, 2 bei nebeneinanderstehenden Schränken muss der Eckabstand 4 mm bei 19 mm Türdicke betragen (Ht, Gr sinngem.).

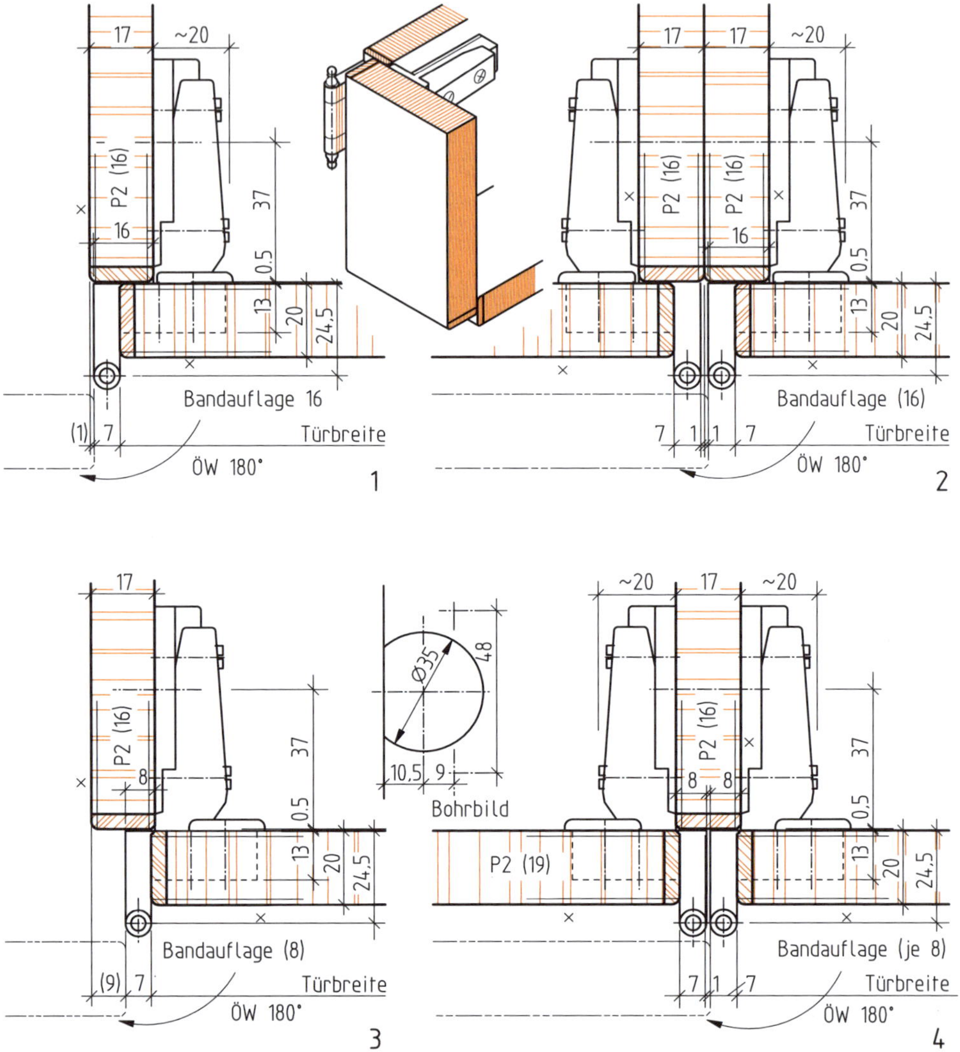

B 3.7-104 Topfscharnier mit sichtbarer Rolle. Die Rolle kann auch in die Tür eingelassen werden. 1 und 2 Eckanschläge an 17 mm dicken Seiten mit Bändern mit 16 mm Bandauflage, 3 Eckanschlag und 4 Doppelanschlag an 17 mm dicken Seiten mit Bändern mit 8 mm Bandauflage (Me, Hä, He sinngemäß).

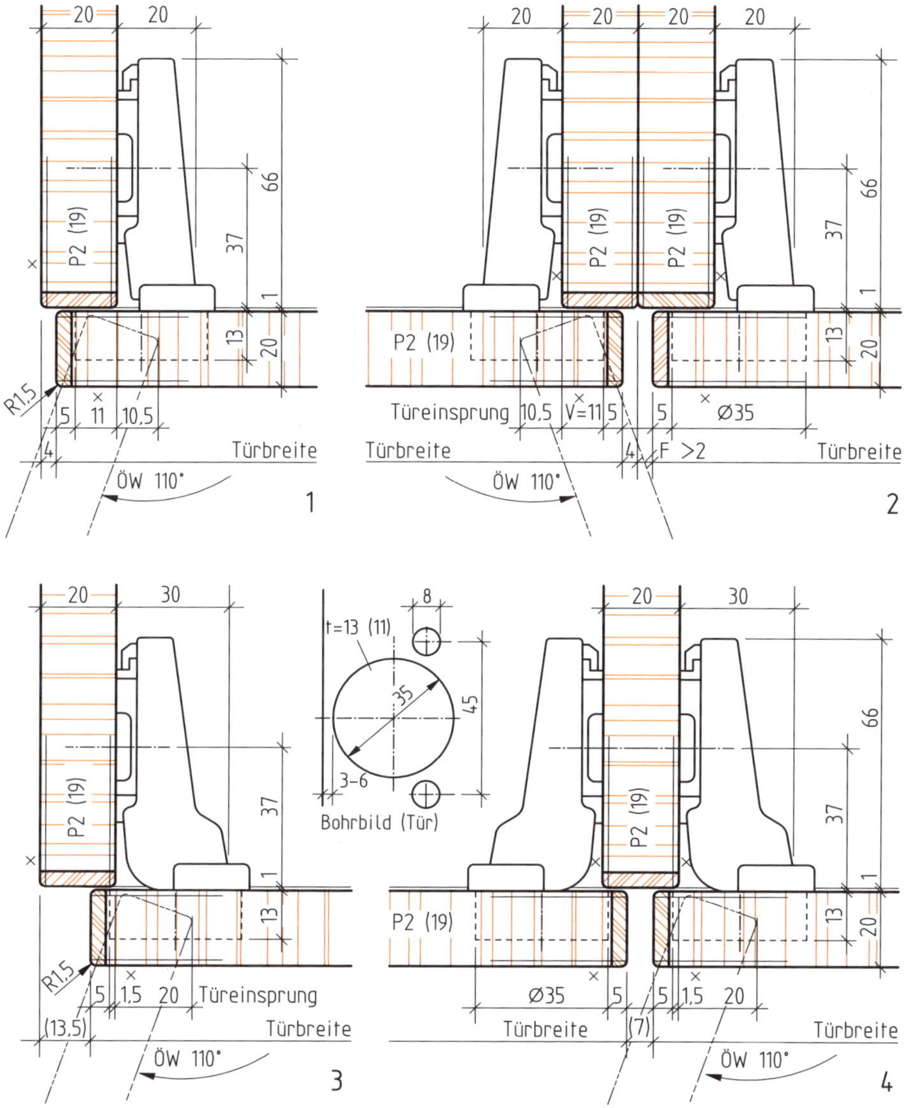

B 3.7-105 Stumpf aufschlagende Türen mit Topfscharnieren angeschlagen. 1 und 2 Eckanschlag mit 16 mm Türauflage; bei 4 mm Fuge gehen die Türen auch bei zusammengestellten Möbeln sicher auf, 3 Eckanschlag mit gekröpften Topfscharnieren, 6,5 mm Türauflage, 4 Doppelanschlag an einer 20 mm dicken Seite (Bl, Gr, Hä, He).

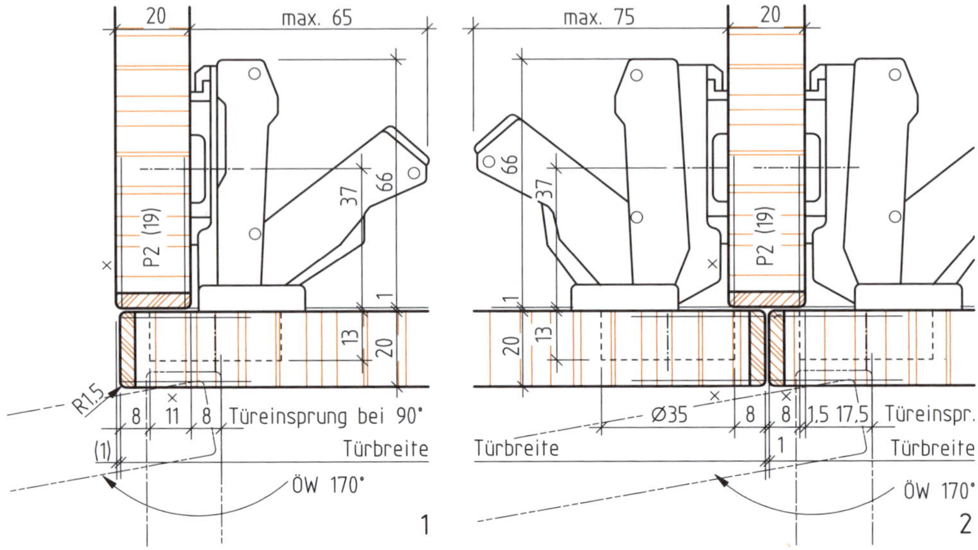

B 3.7-106 Stumpf aufschlagende Türen mit Weitwinkel-Topfscharnieren angeschlagen. 1 Eckanschlag mit 19 mm Türauflage, 2 Doppelanschlag auf einer Mittelseite mit 9,5 mm Türauflage je Tür und »Haarfuge« zwischen den Türen (Bl).

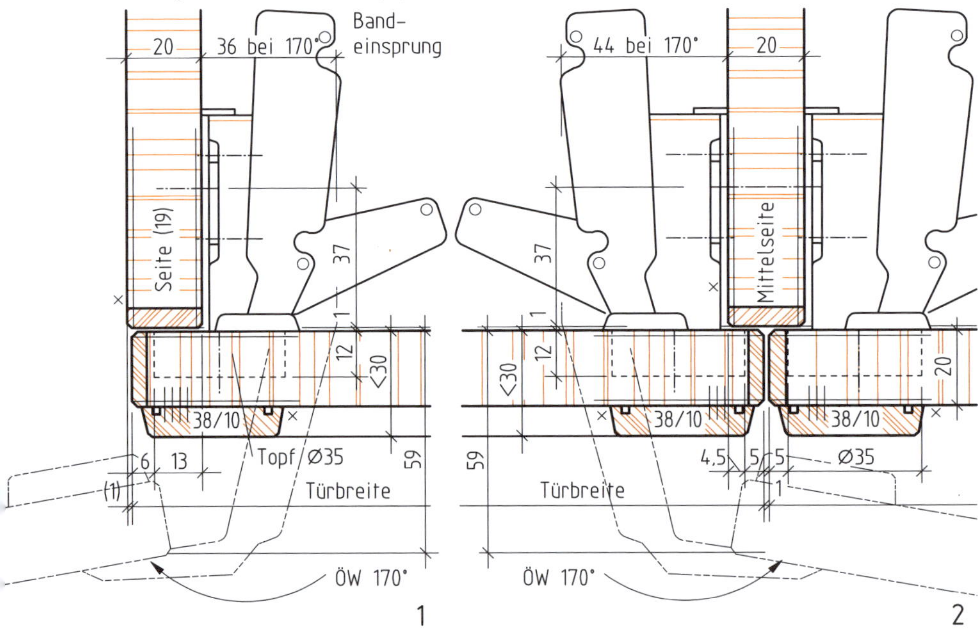

B 3.7-107 Stumpf aufschlagende, dicke Türen mit Weitwinkel-Topfscharnieren angeschlagen. 1 Eckanschlag mit 19 mm Türauflage, 2 Doppelanschlag mit 9,5 mm Türauflage je Tür und Haarfuge zwischen den Türen (Me, Bl, Gr sinngemäß).

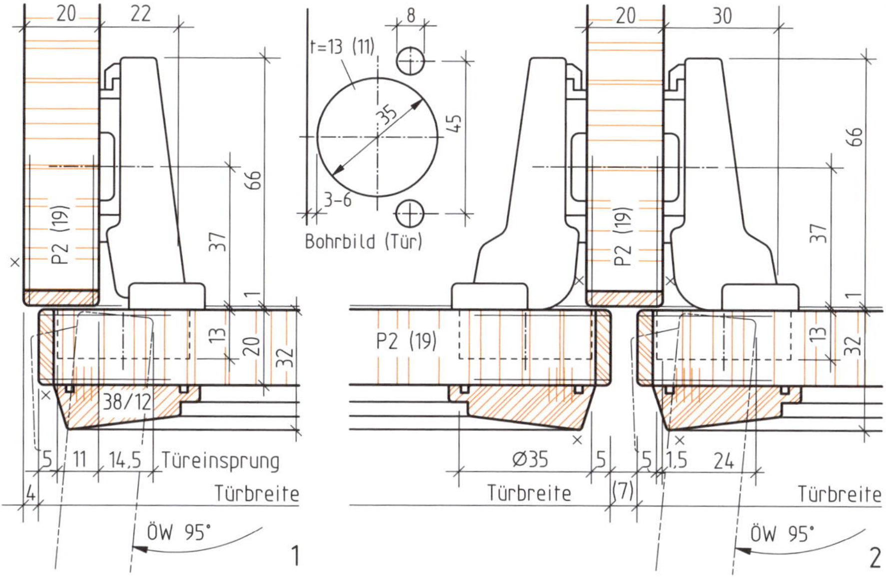

B 3.7-108 Dicke Türen mit Topfscharnieren angeschlagen. 1 Eckanschlag, Türauflage 16 mm, 2 Doppelanschlag, Türauflage je Tür 6,5 mm, Fuge bei 32 mm dicken Türen 7 mm (Bl).

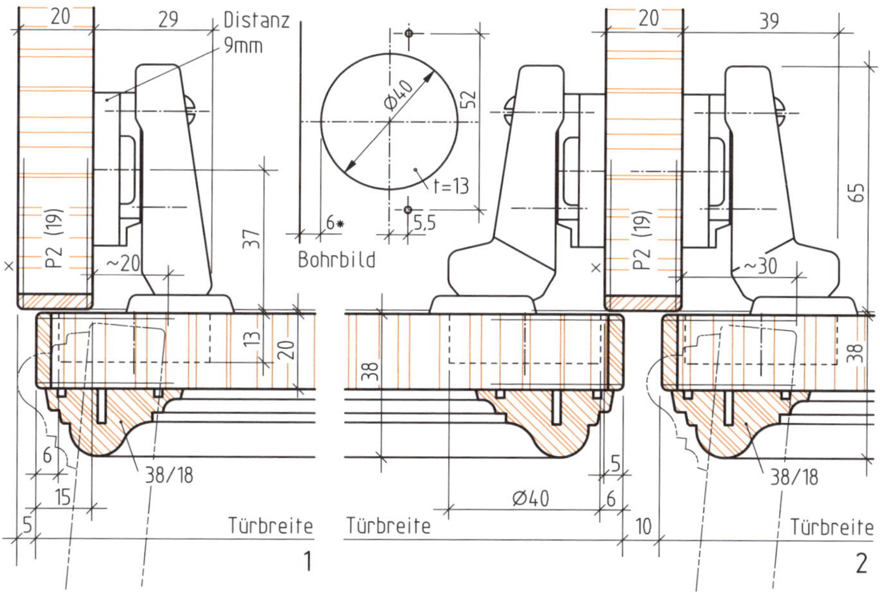

B 3.7-109 Dicke Türen mit Topfscharnieren, Topfdurchmesser 40 mm, angeschlagen. 1 Eckanschlag, 2 Doppelanschlag, Fuge 10 mm bei 38 mm dicken Türen (Hä, He).

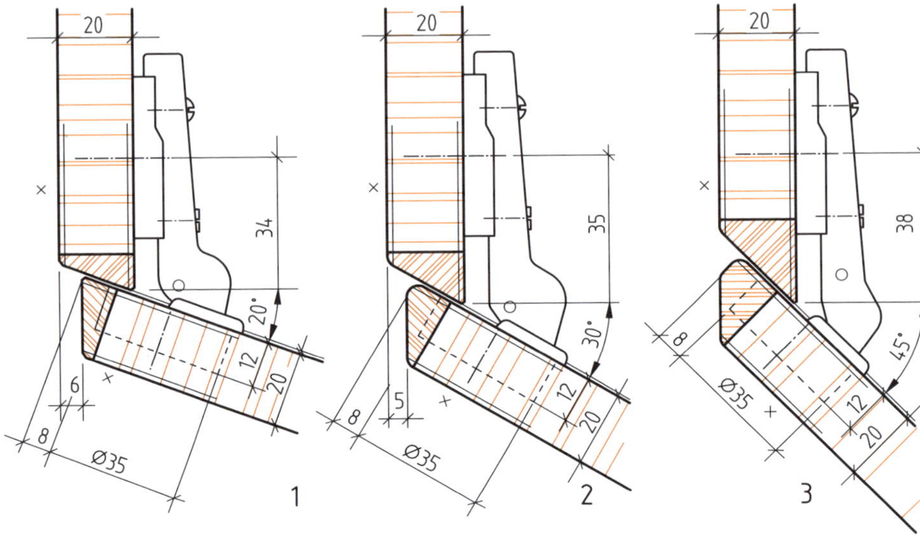

B 3.7-110 Stumpf aufschlagende Türen mit einem positiven Frontwinkel mit Topfscharnieren angeschlagen. 1 Frontwinkel +20°, 2 Frontwinkel +30°, Frontwinkel +45°. Durch Verwendung von Winkelplatten kann die Winkelstellung jeweils um 5° erhöht werden (Bl, Hä, He, Wü).

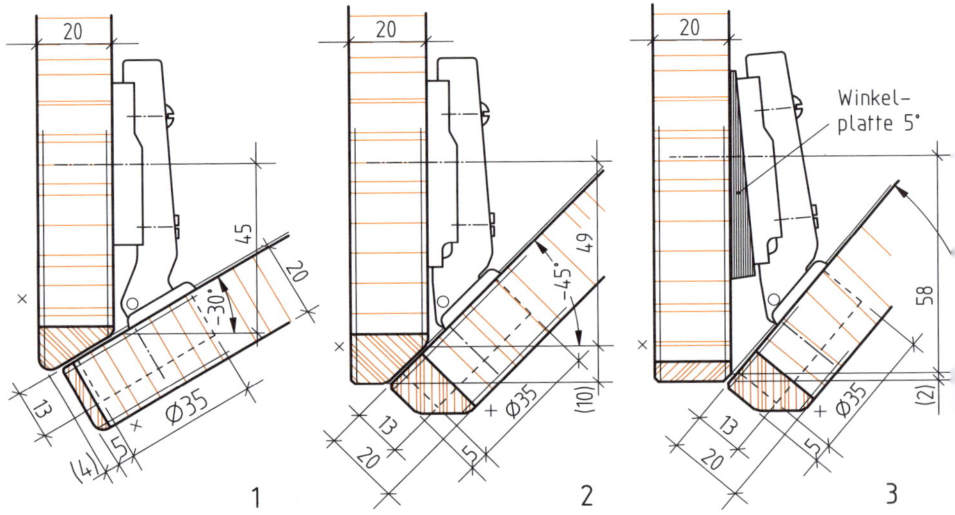

B 3.7-111 Stumpf aufschlagende Türen mit einem negativen Frontwinkel mit Topfscharnieren angeschlagen. 1 Frontwinkel −30°, 2 Frontwinkel −45°, 3 Frontwinkel −50°. Die Winkel können um 5° je benutzte Winkelplatte verändert werden (Bl, Hä, He).

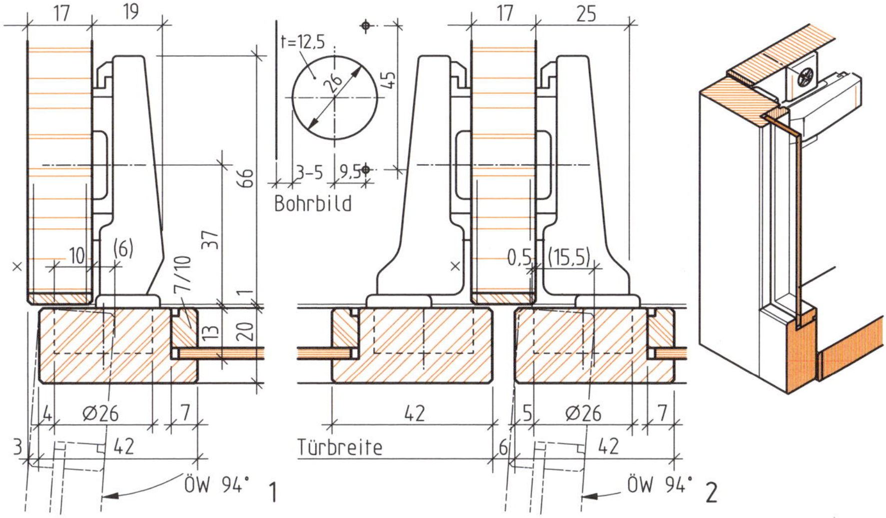

B 3.7-112 Stumpf aufschlagende Türen aus schmalen Rahmen mit Topfscharnieren, Topfdurchmesser 26 mm, angeschlagen. 1 Eckanschlag und 2 Doppelanschlag an 17 mm dicken Seiten (Bl).

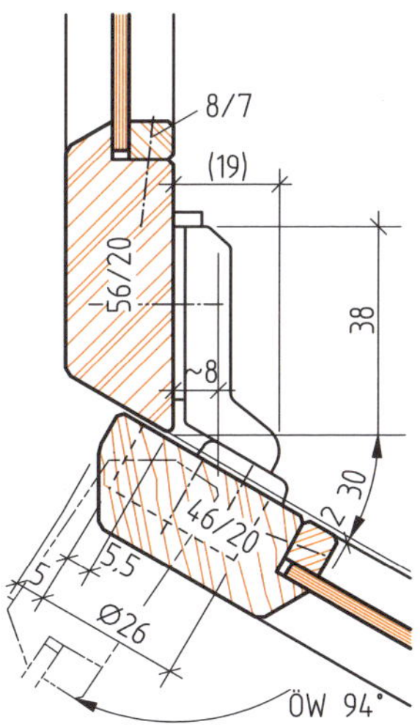

B 3.7-113

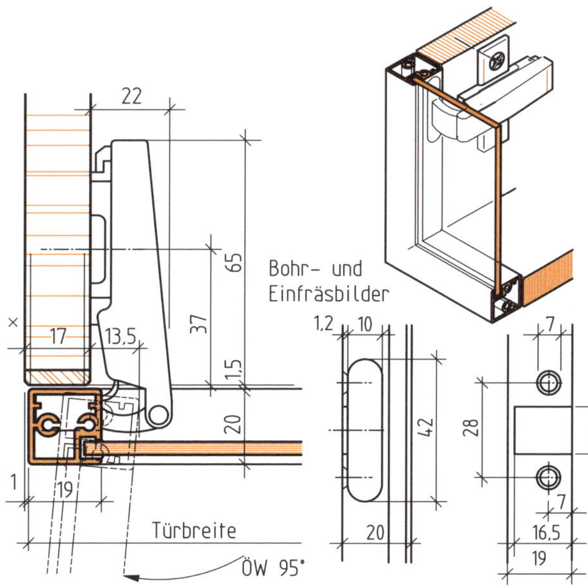

B 3.7-114

B 3.7-113 Zierliches Vitrinenscharnier, 30° Frontwinkel (Bl).
B 3.7-114 Topfscharnier für schmale Alu-Rahmen (Bl, He, Hä).

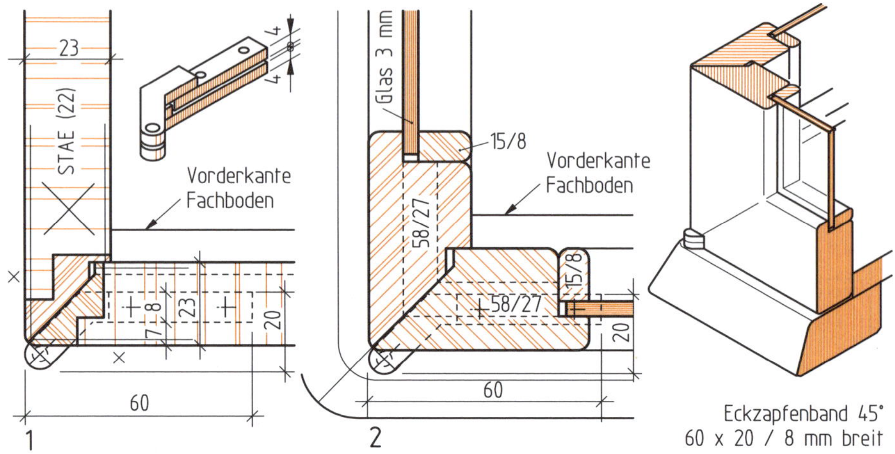

B 3.7-115 Seitlich auf Gehrung aufschlagende Tür, unten und oben stumpf einschlagend, mit abgewinkelten und gekröpften Zapfenbändern angeschlagen (Her). 1 Korpus im Plattenbau, 2 Vitrine in massivem Rahmenbau.

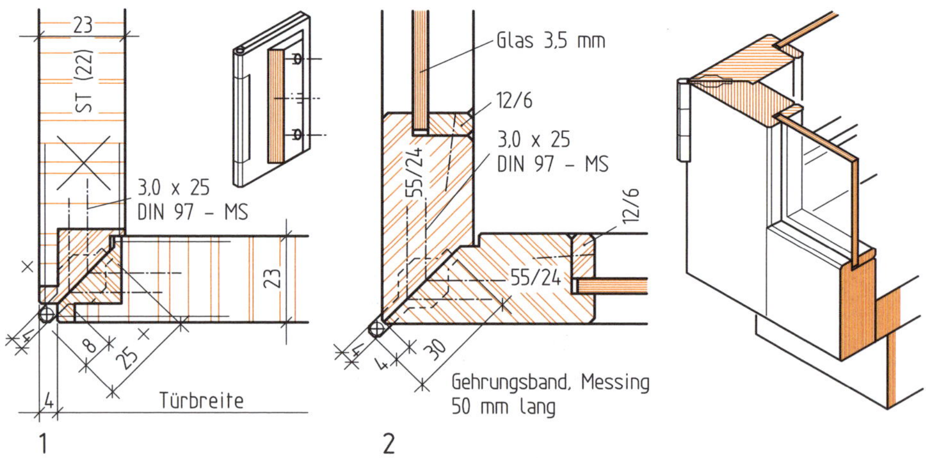

B 3.7-116 Seitlich auf Gehrung aufschlagende Türen mit besonderen Scharnieren angeschlagen, bei denen die Schrauben in Richtung der Plattenfläche eingedreht werden können. 1 Plattenbau, Ecke mit kleinem Fälzchen, 2 Vitrinenecke im Rahmenbau, das Scharnier steht vor (Her).

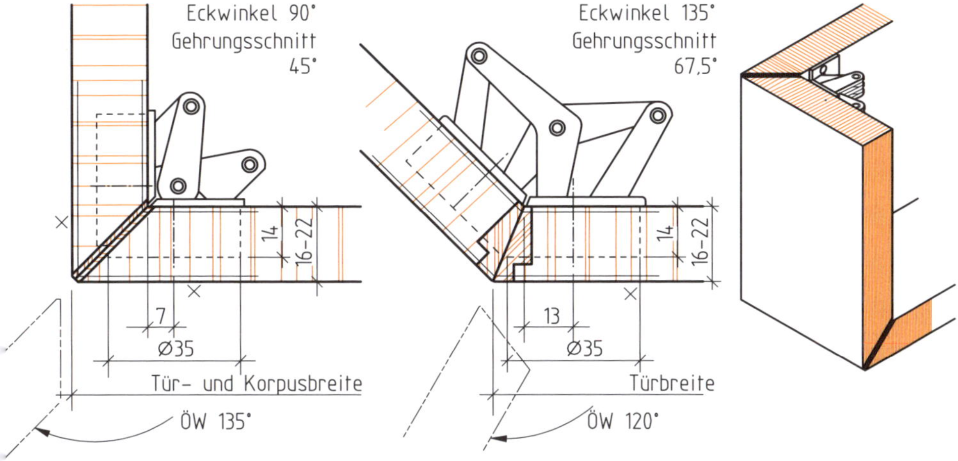

B 3.7-117 Allseitig auf Gehrung einschlagende Tür mit Spezial-Topfscharnieren angeschlagen (Hä).

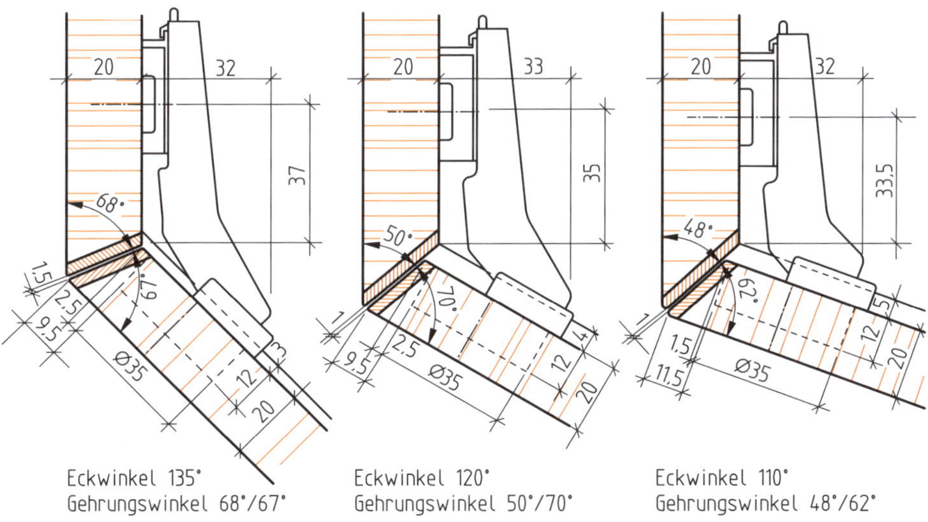

B 3.7-118 Seitliche auf Gehrung (falsche Gehrung) einschlagende Türen mit Topfscharnieren angeschlagen (Bl).

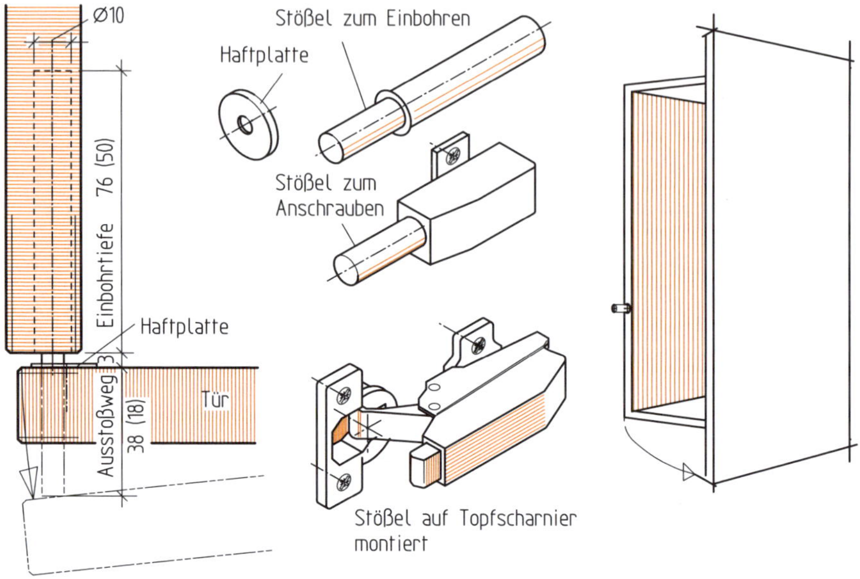

B 3.7-118a Stößel zum Öffnen griffloser, aufschlagender Türen. Durch leichtes Antippen wird die mit Topfscharnieren (ohne Federzuhaltung) angeschlagene Tür aufgestoßen. Die Stößel gibt es zum Einbohren und Anschrauben sowie zum Montieren auf dem Montagearm des Topfbandes. Je nach Türhöhe sind ein oder mehrere Stößel vorzusehen (Bl).

B 3.7-119 (Seite 211) Verriegelung stumpf aufschlagender Türen. Links: Verriegelung der linken Tür mit gekröpften Riegeln in Schließbleche (Hä, He, Str). Trennung der übereinanderliegenden Türen auf Haarfuge. Mitte: Verriegelung der linken Türen mit Messing-Profilriegel hinter Winkelschließblechen (Hä, Str). Trennung der übereinanderliegenden Türen durch eine Schattenfuge. Rechts: Zuhaltung der Tür durch Federzuhaltung im Topfscharnier. Zur Dämpfung der Schließgeräusche (Lärmbelästigung) wurden Gummipuffer angeordnet. Variante unten: Verschluss durch Drehstangenschloss.

B 3.7-120 (Seite 211) Verschluss stumpf aufschlagender Türen am Oberboden.
Links: mit Rollenschnäpper, Mitte: mit aufschraubbarem Magnetverschluss und rechts: mit Einbohrmagnet.

B 3.7-121 (Seite 212) Dämpfung der Schließgeräusche bei mit Federscharnieren angeschlagenen Türen. 1 Kunststoffkante mit Dichtungsprofilen in die Schmalfläche der Korpusseiten und Böden eingenutet (Ne), 2 in die Korpusseite einbohrbarer Dämpfungsanschlag (Ne), 3 eingenutetes Dichtungsprofil (Heb, Dev), 4 eingebohrter Dämpfungspuffer (Ne).

B 3.7-122 (Seite 212) Verschluss einer Rahmentür mit Aufschraubschloss mit Schließzylinder. Dieser sollte mittig auf der Rahmenbreite sitzen (Dom, Hä, He, Hu, Ju, Sim).

B 3.7-123 (Seite 212) Verschluss mit rundem Zylinder-Aufschraubschloss (Hä, Ju).

B 3.7-124 (Seite 212) Türzuhaltung durch überfurnierte Magnete (Hä, Ma).

B 3.7-125 (Seite 212) Verschluss mit zierlichem Schubstangenschloss, der Schlosskasten ist flächenbündig eingelassen (Her).

B 3.7-126 (Seite 212) Schnäpperelement mit separatem Magnetknopf zu öffnen. Von außen ist kein Verschluss sichtbar (He).

B 3.7-127 (Seite 212) Verschluss mit Flügelriegelschloss, das in die Korpusseite eingebaut ist, das Schließblech sitzt in der Tür. Das Schlüsselloch befindet sich in der Korpusseite (Hä, Ju).

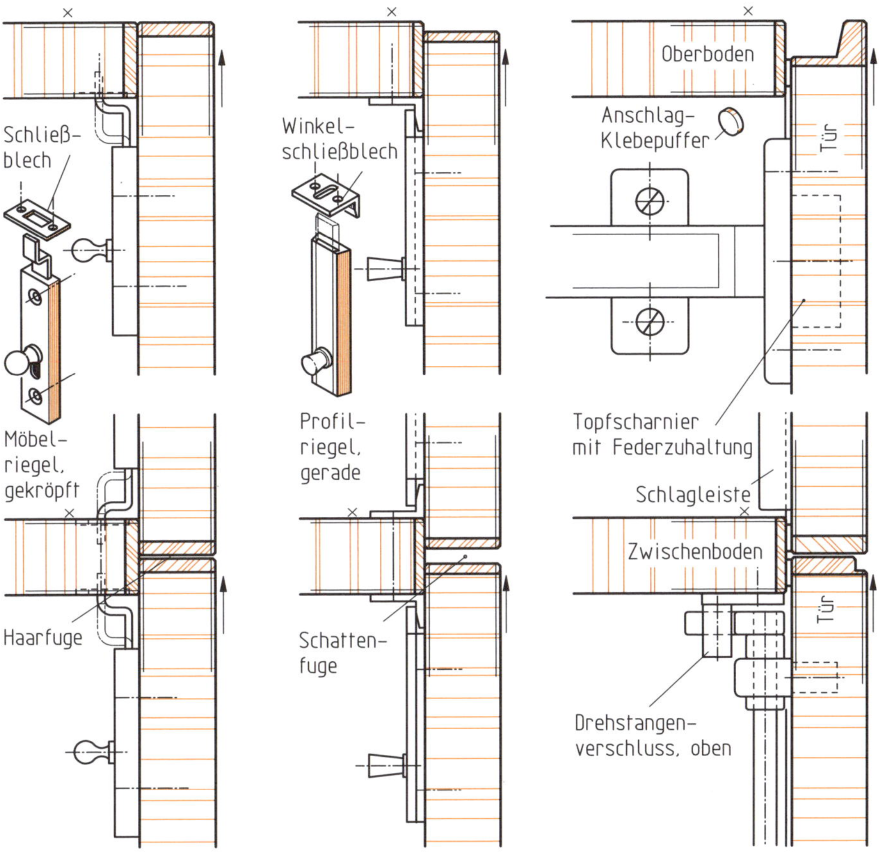

B 3.7-119

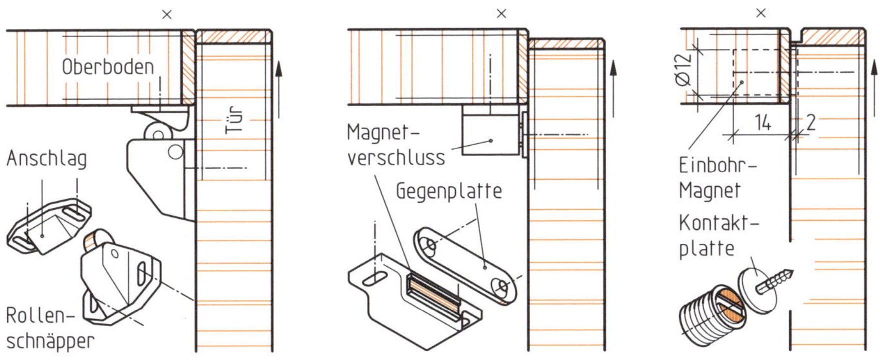

B 3.7-120

Bildlegenden siehe Seite 204

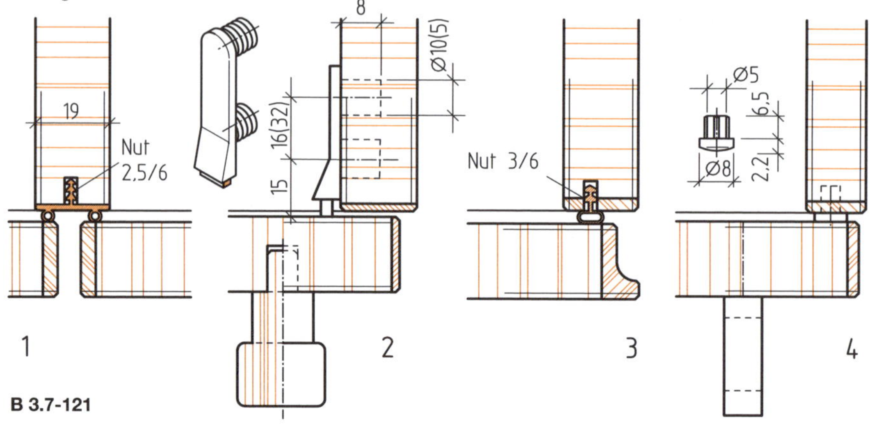

B 3.7-121

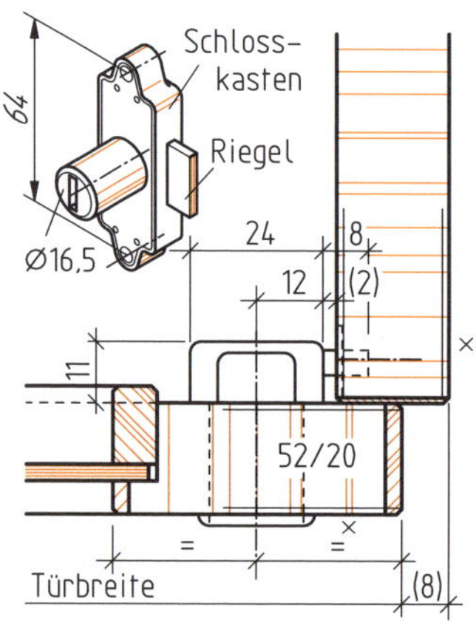

B 3.7-122

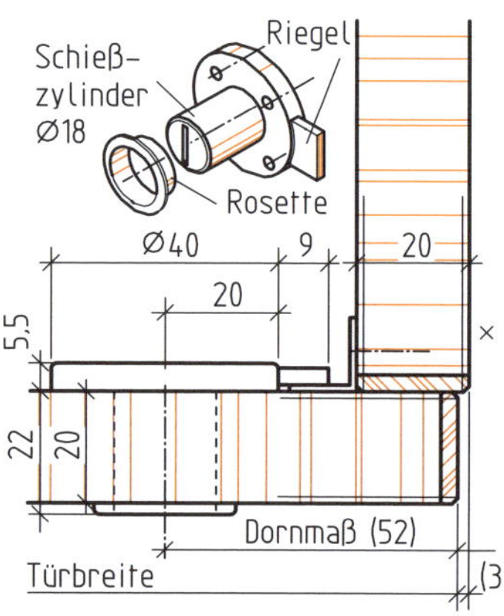

B 3.7-123

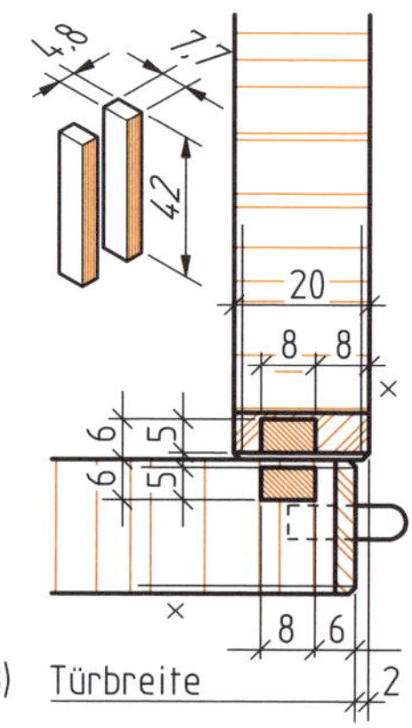

B 3.7-124

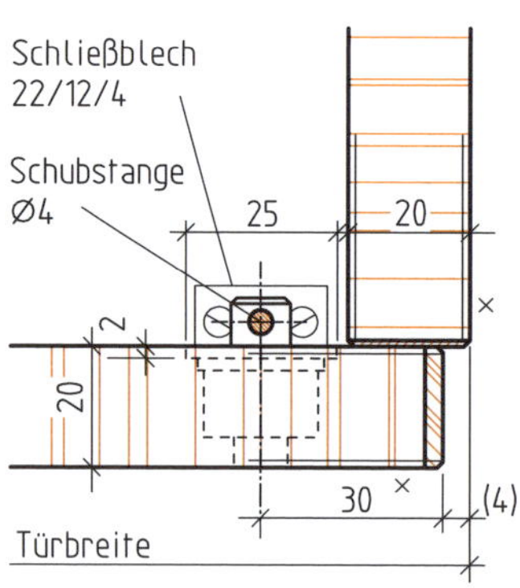

B 3.7-125

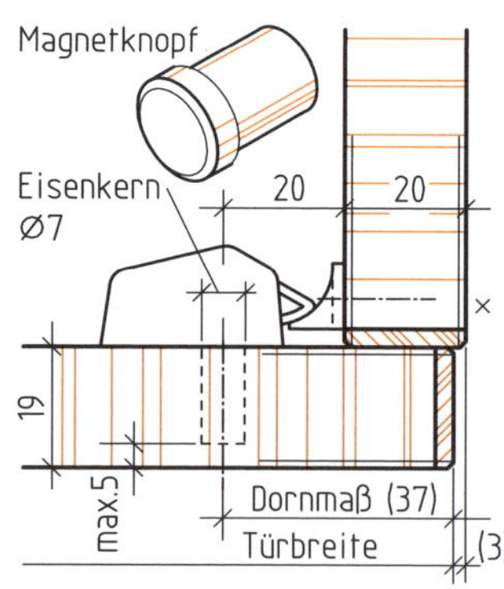

B 3.7-126

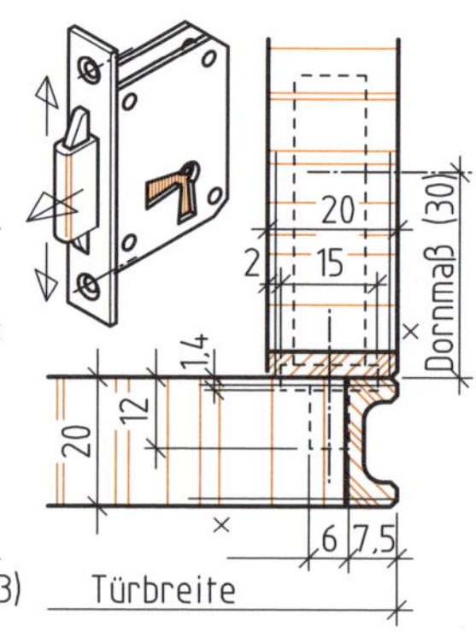

B 3.7-127

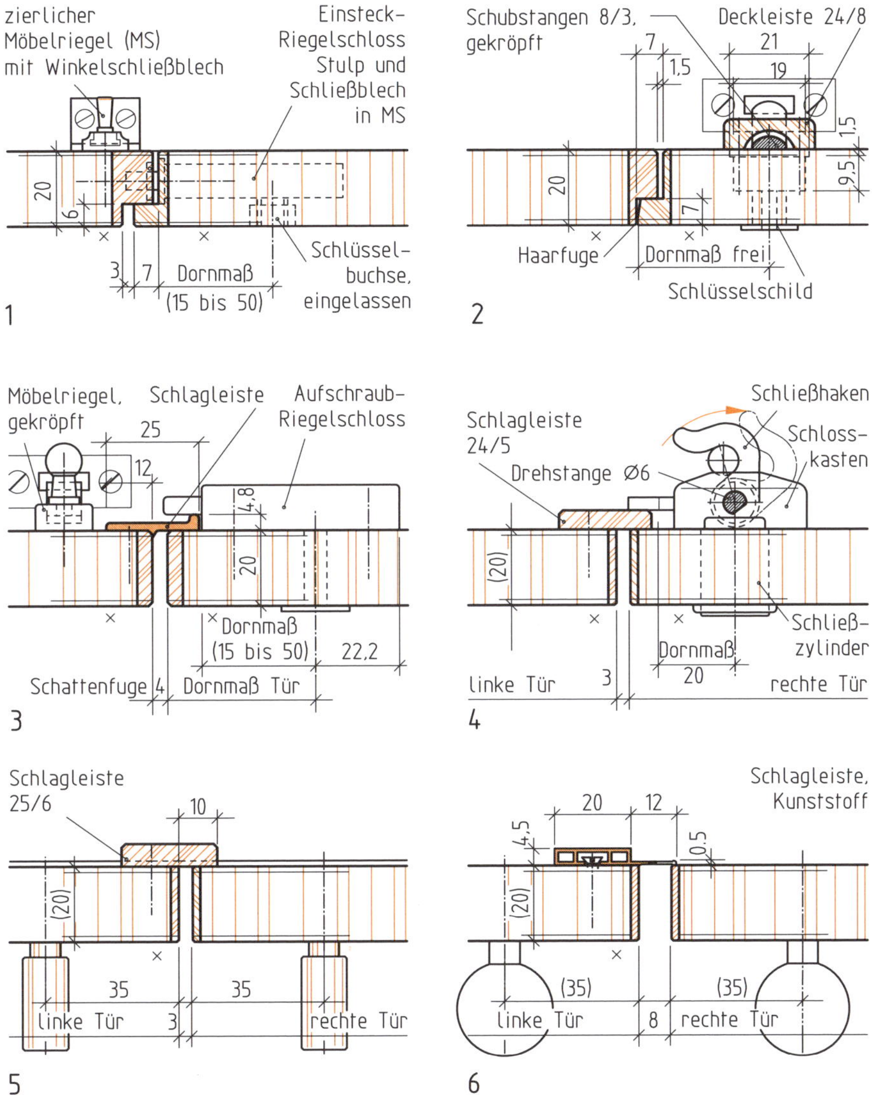

B 3.7-128 Mittelanschlüsse von Doppeltüren im Horizontalschnitt dargestellt. 1 Überfälzt mit Schattenfuge, Einsteck-Riegelschloss (Hä, Ju), 2 überfälzt mit Haarfuge, Verschluss mit Schubstangenschloss (Ju), 3 Verschluss mit Aufschraub-Riegelschloss; der Riegel fasst hinter eine Kunststoff-Schlagleiste (Dom, Hä, He, Hu, Ju, Sim), 4 Verschluss mit Drehstangenschloss; der Riegel fasst hinter die Schlagleiste (Hä, He, Hu, Ju, Sim), 5 Trennung der Türen durch Schattenfuge, die Türen werden durch die Federbänder zugehalten, 6 wie vor, jedoch mit einer Kunststoffschlagleiste an der Türtrennung. Durch die Weichlippe der Schlagleiste kann man die linke Tür auch vor der rechten öffnen (Ne).

3.7.3.6 Griffmöglichkeiten an Türen

Die Griffmöglichkeiten sollen zum Öffnen und Schließen der Türen griffgerecht gestaltet und praktisch auf der Möbelfront platziert werden. Die Grifflösungen tragen wesentlich zur Gestaltung des Möbels bei. Deshalb sind die Griffe unter Berücksichtigung ihrer Wirkung auf dem Möbel sorgfältig auszuwählen und mit ästhetischem Gespür auf der Fläche zu platzieren.

Bei eingebauten Schlössern kann man die Türen auch am Schlüssel öffnen. Dann ist auf eine gute Anordnung der Schlüsselbuchse, des Schlüsselschilds oder des Schließzylinders zu achten. An Hochschränken sollte der Griff in einer Höhe von 900 bis 1050 mm vom Fußboden angeordnet werden. Bei Oberschränken versetzt man die Griffe besser zur Unterkante und bei Unterschränken und niedrigen Anrichten besser zur Oberkante der Tür hin. Zum Greifen können neben Schlüsseln Knöpfe aus Holz oder Metall, Griffleisten, Bügelgriffe, Einlassgriffe, eingefräste Griffnuten oder Griffleisten aus Metall, Holz oder Kunststoff dienen. Das Angebot an Knöpfen und Griffen, wenn auch nicht alle haptisch und ästhetisch überzeugend, ist unübersehbar groß (B 3.7-129 bis 132).

Grifflose, stumpfaufschlagende Türen können durch eingebaute Stößel geöffnet werden. Die Türen öffnen durch Antippen (B 3.7-118a).

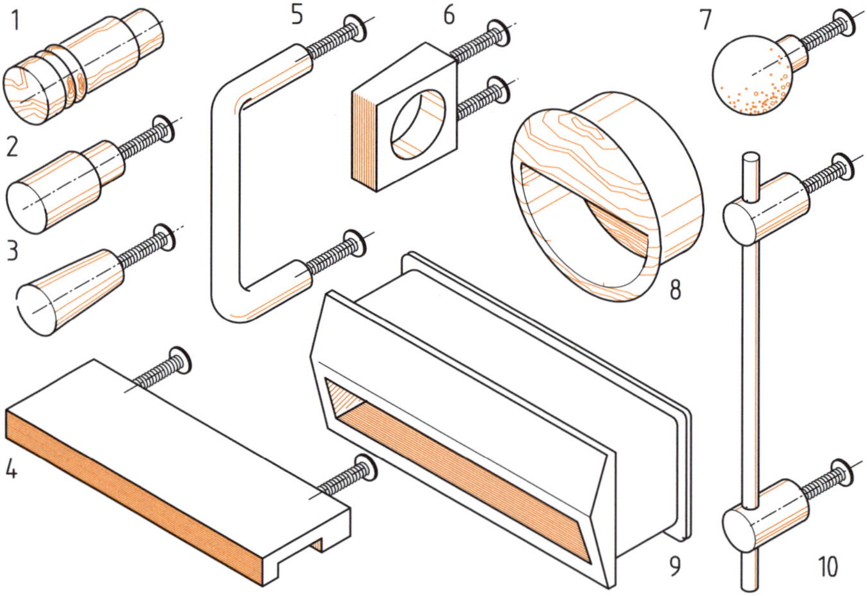

B 3.7-129 Griffarten. 1 Holzknopf, 2 und 3 Metallknöpfe, 4 Metallgriff, 5 Bügelgriff aus Metall oder Kunststoff, 6 kleiner Metallgriff, 7 Kugelknopf aus Weichgummi, 8 Holzmuschel, 9 einfräsbarer Metallgriff, 10 Griffstange (Gol, Ki, Hä, He, Hu).

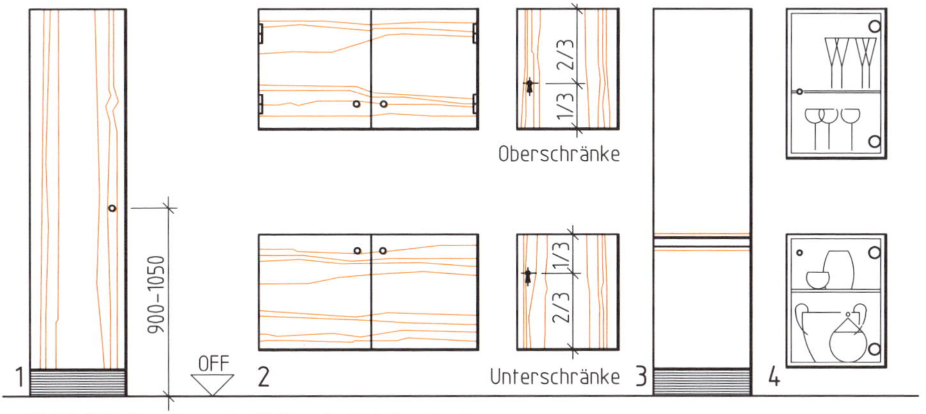

B 3.7-130 Anordnung der Griffe oder Schlüsselbuchsen.

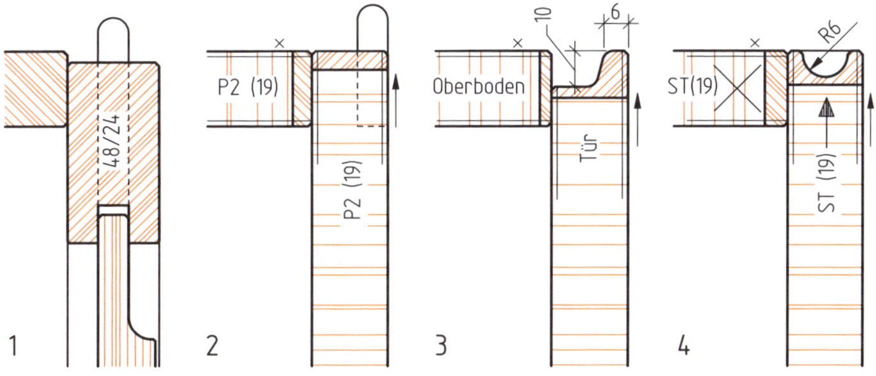

B 3.7-131 Griffmöglichkeiten an der Türoberkante.

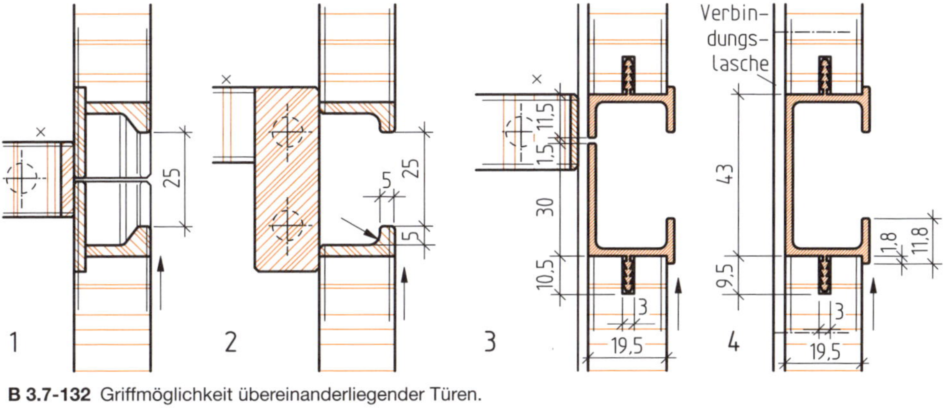

B 3.7-132 Griffmöglichkeit übereinanderliegender Türen.

3.7.4 Drehtüren aus Glas

Drehtüren aus Glas, seltener aus Acrylglas, werden rahmenlos mit besonderen Beschlägen am Möbelkorpus angeschlagen. Hier sind stumpf einschlagende und stumpf aufschlagende Anschlagarten zu unterscheiden. Für die Anbringung der Scharniere sind zum Teil Bohrungen oder bestimmte Aussparungen im Glas erforderlich. Die Kanten der Türen sind durch Fasen zu brechen. Die Glasdicke beträgt für Möbeldrehtüren 4 bis 6 mm. Bei der Auswahl der Beschläge sind das hohe Gewicht der Glastüren und die geplante Glasdicke zu berücksichtigen. Die Beschlaghersteller geben in ihren Katalogen Grenzwerte für die Türformate und die Glasdicke an.

3.7.4.1 Stumpf einschlagende Glastüren

Bei stumpf einschlagenden Türen bleiben die Korpuskanten sichtbar. Die Glastüren sind so in den Korpus einzupassen, dass sie allseitig von den Kanten zu den Korpusflächen mindestens 1 mm Luft haben. Manche Bänder oder Scharniere verlangen an der Anschlagseite 2,5 mm Spiel, das ist besonders zu beachten. Eine Staubdichtheit ist nur durch besondere Maßnahmen wie eingesetzte Gummilippen zu erreichen. Stumpf einschlagende Türen benötigen einen Anschlagpuffer, gegen den die Tür beim Schließen schlagen kann. Die Anschlagbeispiele mit verschiedenen Band- oder Scharnierarten sowie die Verschlussmöglichkeiten sind in Horizontalschnitten dargestellt (B 3.7-133 bis 153 und B 3.7-164 und 166).

3.7.4.2 Stumpf aufschlagende Glastüren

Die Glastüren schlagen auf die Korpuskanten auf. Dadurch wird ein Teil der Korpuskante abgedeckt. Das Überschlagmaß ist von Beschlag zu Beschlag verschieden und für eine störungsfreie Funktion zu berücksichtigen. Um das Schließgeräusch zu dämpfen, werden kleine Gummipuffer in die Korpuskanten eingebohrt oder aufgeklebt. In die meisten Bänder oder Scharniere ist eine Federzuhaltung oder ein Schnäpper eingebaut, sodass auf der Griffseite eine Zuhaltung entfallen kann. Außerdem können in die Montagearme auch Feder- oder Bremselemente eingebaut sein, die ein sanftes Schließen der Türen gewährleisten. Die stumpf aufschlagenden Glastüren müssen beim Einsatz von Topfbändern oder -scharnieren 1 bis 2 mm Spiel zur Korpuskante aufweisen. Dadurch ist auch bei diesen Türanschlägen keine absolute Staubdichtheit gegeben.

Anschlagbeispiele mit verschiedenen Bändern oder Scharnieren sowie einige Verschlussmöglichkeiten sind in Horizontalschnitten dargestellt (B 3.7-154 bis 163 und B 3.7-165 bis 169).

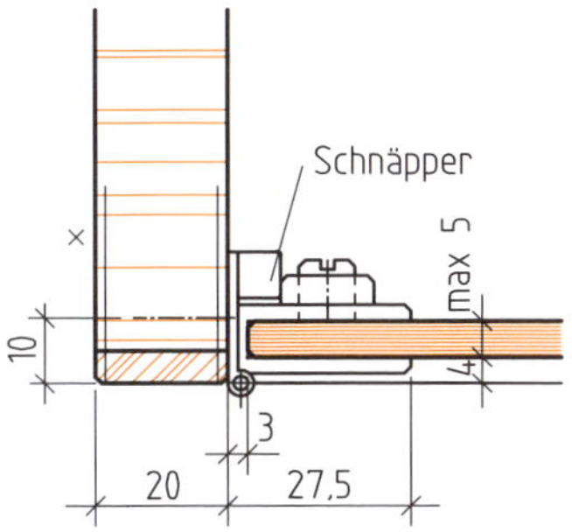

B 3.7-133

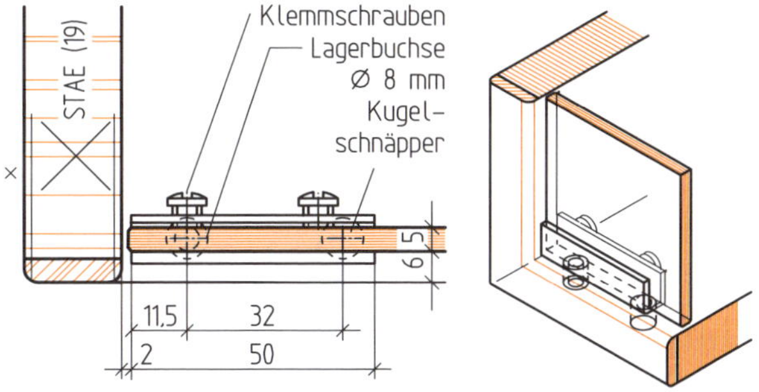

B 3.7-134

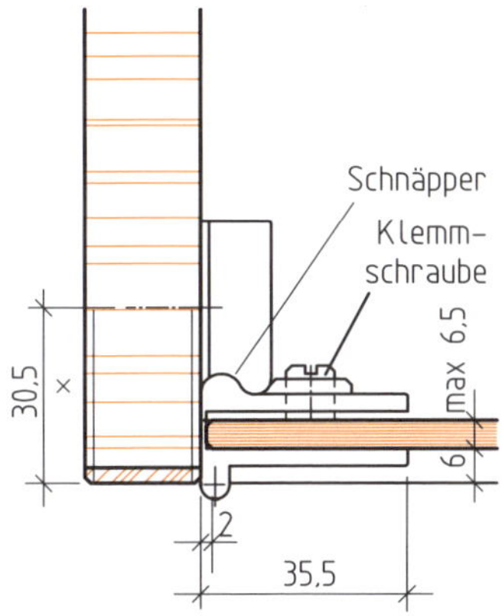

B 3.7-135

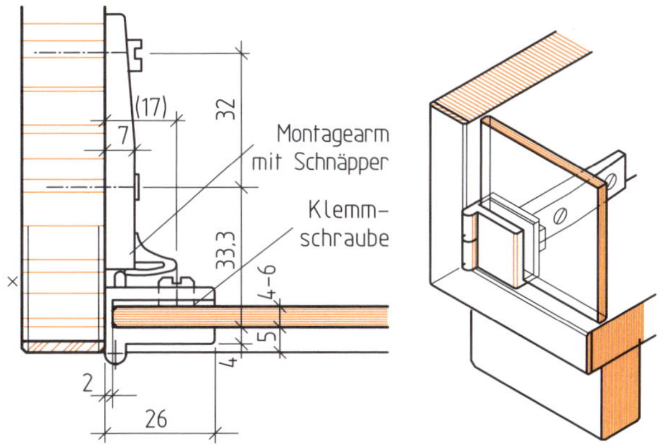

B 3.7-136

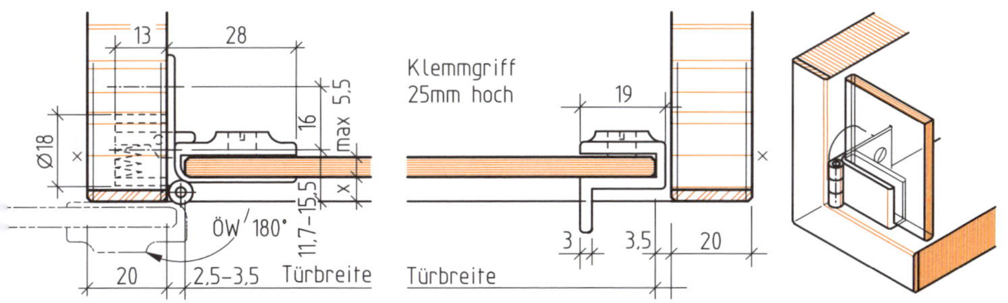

B 3.7-137

B 3.7-133 Zierliches Scharnier mit Schnäpper für einliegende Glastüren. Die Glastüren werden in der Ecke durch eine Schraube eingespannt. Vernickelt, schwarz (Hä, He).
B 3.7-134 Glastürband mit Drehzapfen und Kugelschnäpper (Hä, He).
B 3.7-135 Glastürscharnier für einliegende Ganzglastüren mit Schnäpper (Hä, He).
B 3.7-136 Glastürscharnier mit Montagearm und Schnäpper, vernickelt (Hä, Me).
B 3.7-137 Glastürscharnier zum Einbohren in die Korpusseite, Klemmgriff auf der Öffnungsseite (Pr).

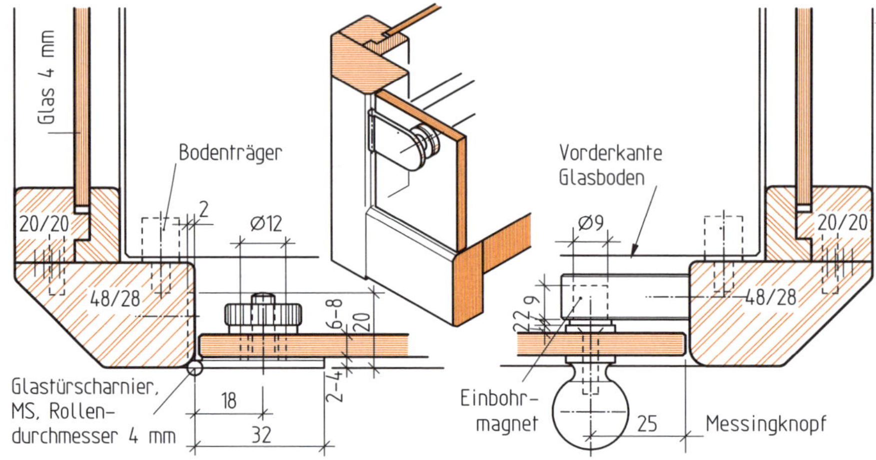

B 3.7-138 In die Glasfläche eingebohrtes Scharnier für einliegende Ganzglastüren, Messing matt oder matt vernickelt (Hä). Rechts: Verschluss durch Einbohrmagnet. Die Fangplatte ist hinter den Griff gesetzt, der Magnet in einen Metalldollen eingebohrt.

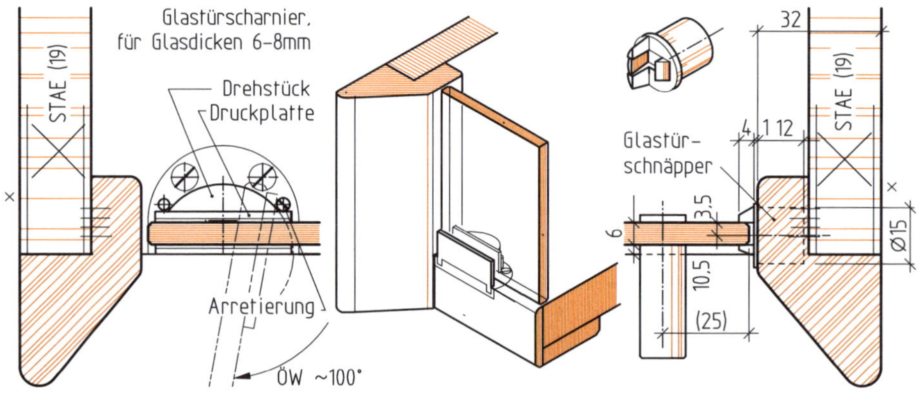

B 3.7-139 Glastürlager in den Kanten des Ober- und Unterbodens eingelassen. Die Glasscheibe muss nicht gebohrt werden. Die Tür wird an der Madenschraube arretiert, der Verschluss erfolgt durch den einbohrbaren Anschlagschnäpper (Hä).

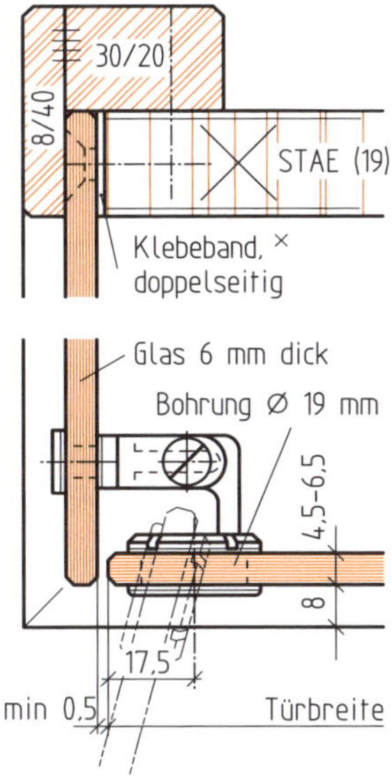

B 3.7-140

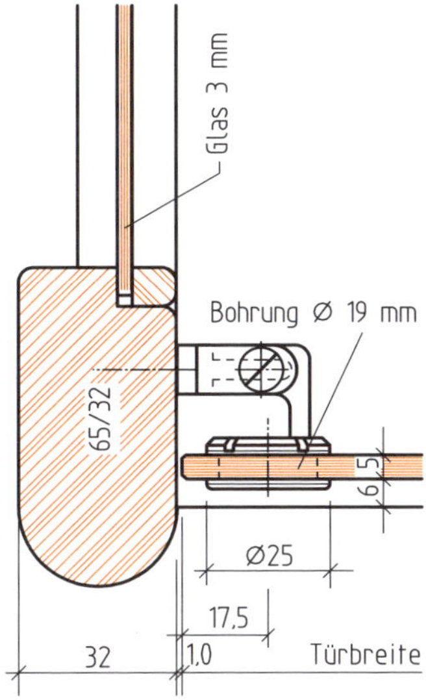

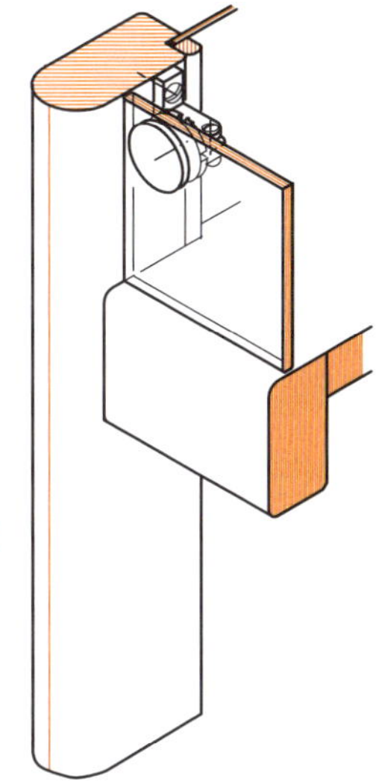

B 3.7-141

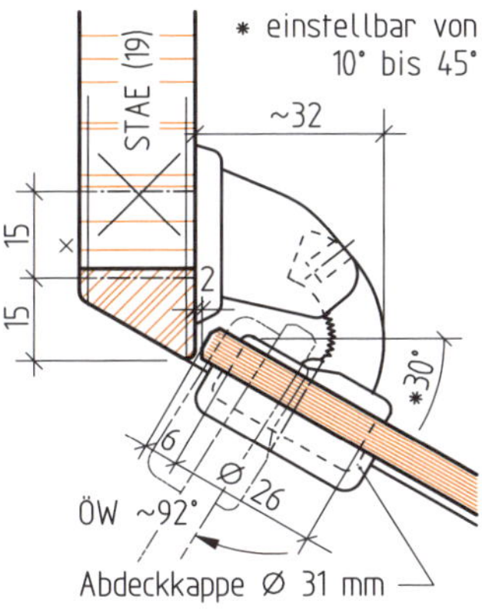

B 3.7-142

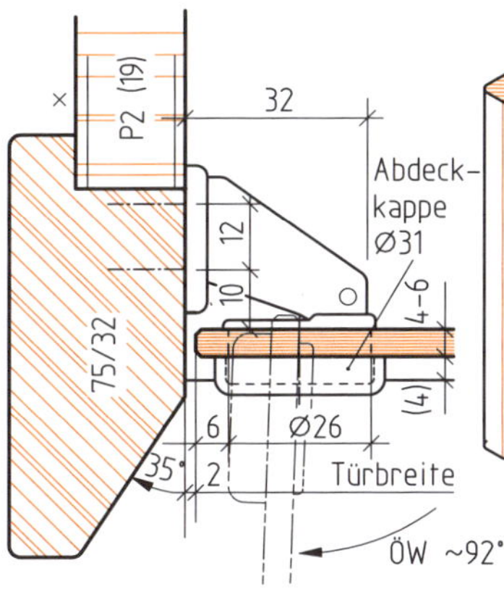

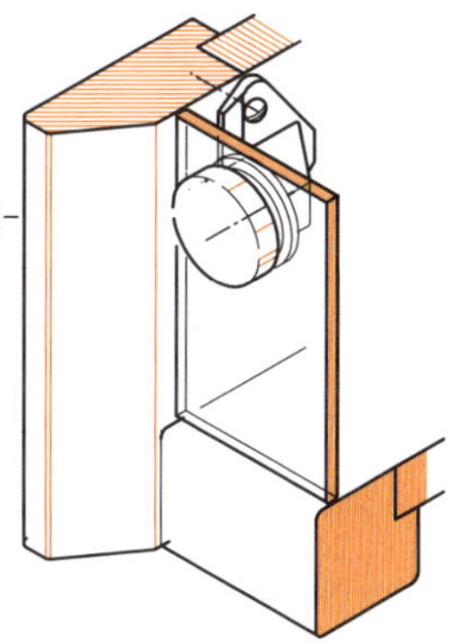

B 3.7-143

B 3.7-140 Glastürband zum Einschrauben in die Seite, hier aus Glas, und zum Einbohren in die Glasscheibe (Hä, He).

B 3.7-141 Glastürband für einschlagende Ganzglastüren am Stollen befestigt (Hä, He).

B 3.7-142 Glastürband mit eingebautem Schnäpper zum Einbohren in die Glastür. Das Band ist auf verschiedene Frontwinkel einstellbar. (Hä, Me).

B 3.7-143 Glastürband mit eingebautem Schnäpper zum Einbohren in die Glastür (Hä, Me).

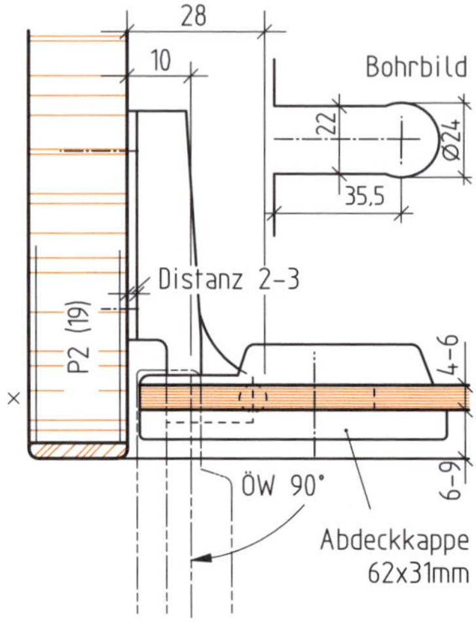

B 3.7-144

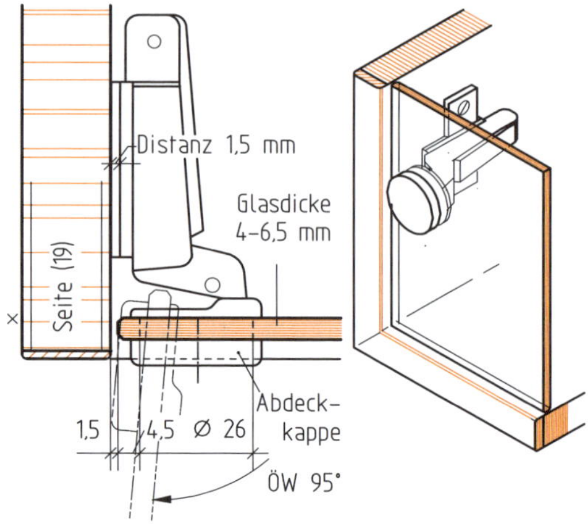

B 3.7-145

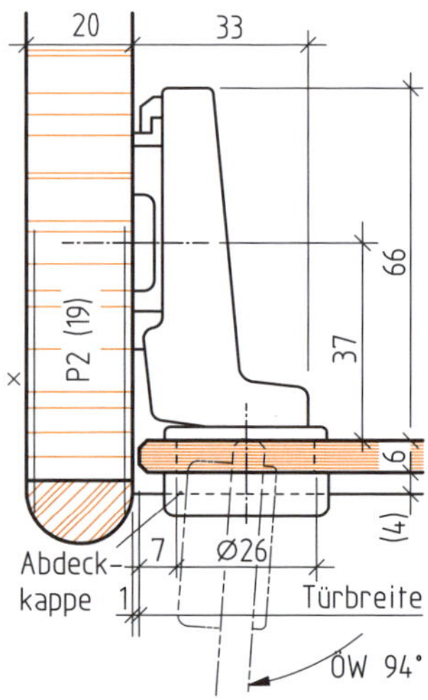

B 3.7-146

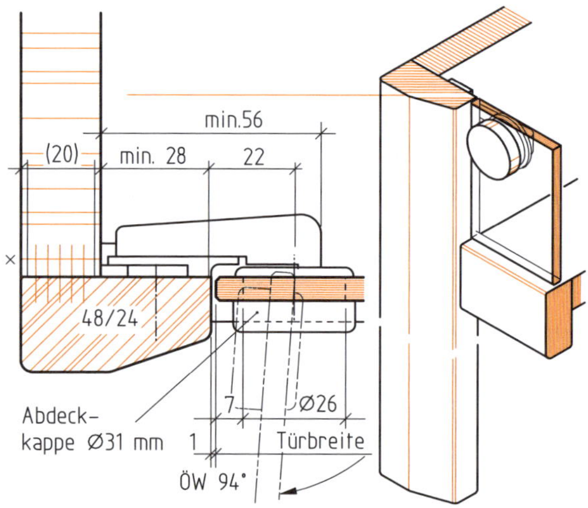

B 3.7-147

B 3.7-144 Glastürscharnier für einschlagende Glastüren mit Schnäpper. Das Scharnier muss in die Glaskante eingebohrt und eingeschliffen werden (Me, Hä, He sinngemäß).
B 3.7-145 Topfscharnier für einschlagende Glastüren mit Federzuhaltung. Die Glastür muss an den Kanten gebohrt werden (He).
B 3.7-146 Topfscharnier wie vor für einschlagende Glastüren mit Federzuhaltung (Bl).
B 3.7-147 Ganzglastür mit Stollenscharnieren angeschlagen (Bl, Hä, He, Wü sinngemäß).

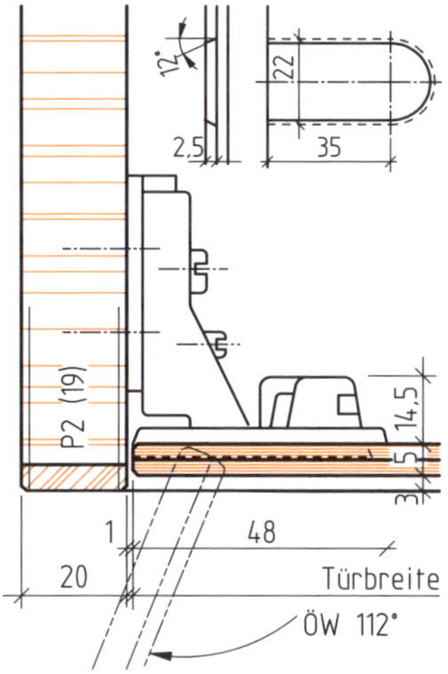

B 3.7-148

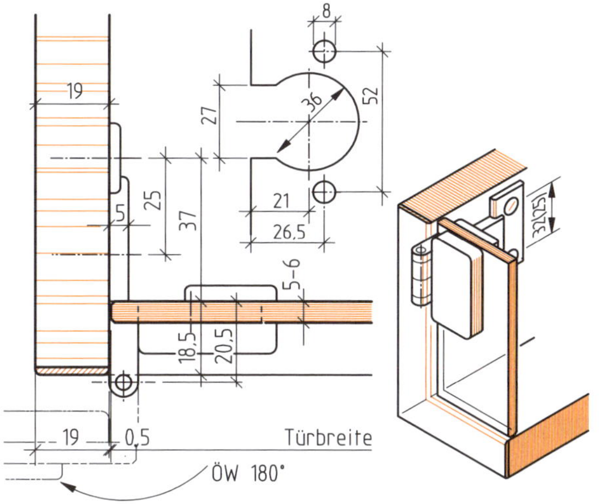

B 3.7-149

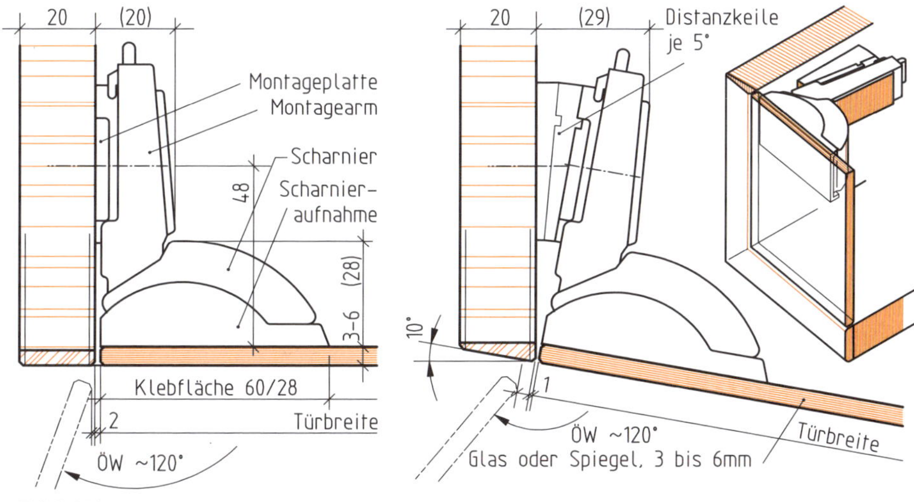

B 3.7-150

B 3.7-148 Spiegeltür mit Topfscharnieren mit Federzuhaltung angeschlagen. Die Scharniere werden in die innere Spiegelfläche eingeschliffeh und eingeklebt und sind von außen nicht sichtbar (Me).
B 3.7-149 Glastürscharnier mit sichtbarer Rolle (Hä, He, Pr sinngemäß).
B 3.7-150 Scharniere für Ganzglastüren und Spiegeltüren zum Aufkleben. Die Scharnieraufnahmen werden mit Glasklebern auf die Innenseite der Türen gesetzt. Die Scharniere müssen dann in diese und auch auf die Montageplatten der Seiten geklippst werden. Durch diese Trennung ergibt sich ein einfacherer und sicherer Transport. Rechts: Eckanschlag bei einem Frontwinkel von 10° durch Hinterlegen von Distanzkeilen (Bl).

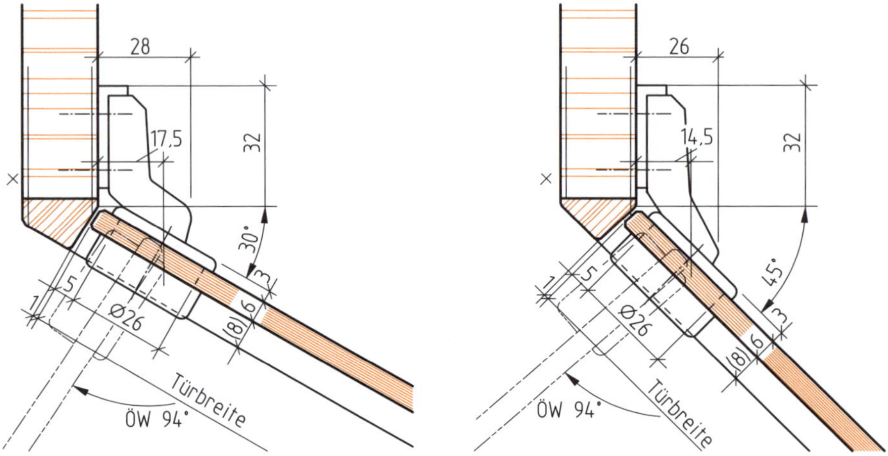

B 3.7-151

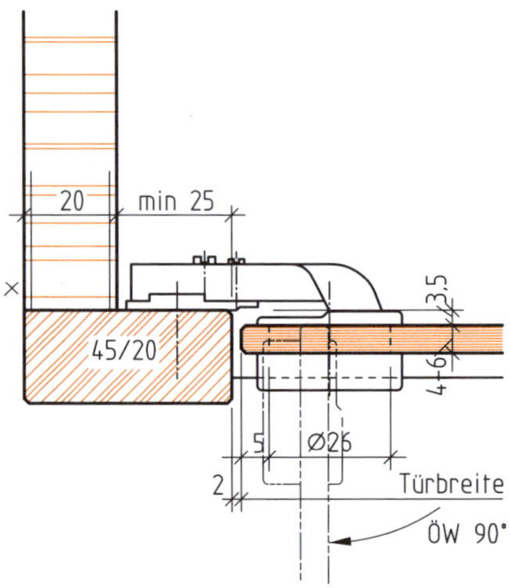

B 3.7-152

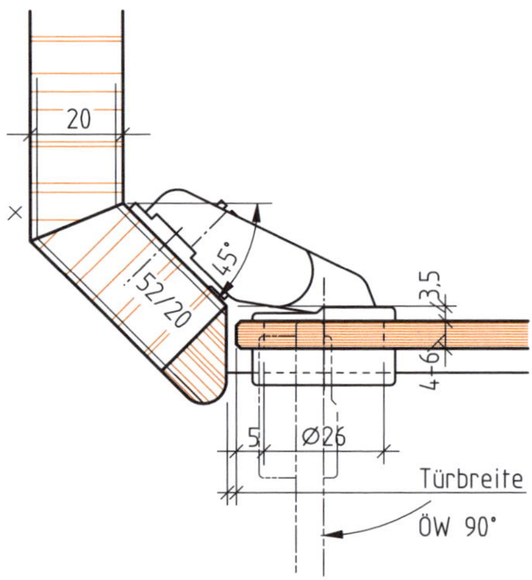

B 3.7-153

B 3.7-151 Ganzglastüren mit zierlichen Winkel-Vitrinenscharnieren angeschlagen für Frontwinkel 30° und 45° (Bl).
B 3.7-152 Einschlagende Ganzglastüren mit zierlichen Stollenscharnieren angeschlagen. Für die Befestigung der Montageplatte werden lediglich 25 mm benötigt (Hä, He, Wü).
B 3.7-153 Ganzglastüren mit zierlichen Stollenscharnieren an abgewinkelte Lisenen angeschlagen, im Beispiel mit 45°, auch für 30° oder frei einstellbare Winkel im Handel (Hä, He, Wü).

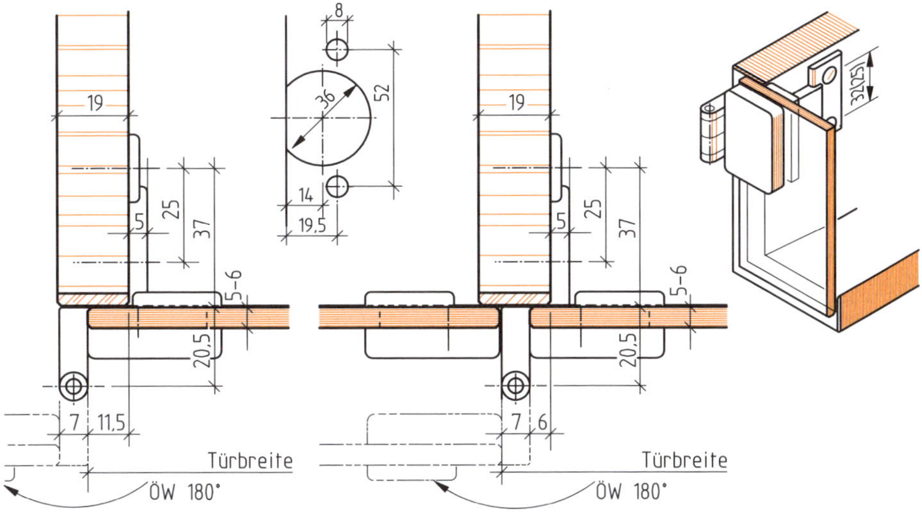

B 3.7-154 Aufschlagende Glastüren mit Scharnieren mit sichtbarer Rolle angeschlagen. Die Scharniere müssen in die Glastür eingebohrt werden. Links: Eckanschlag, rechts: Zwillingsanschlag an einer Mittelseite (He, Hä).

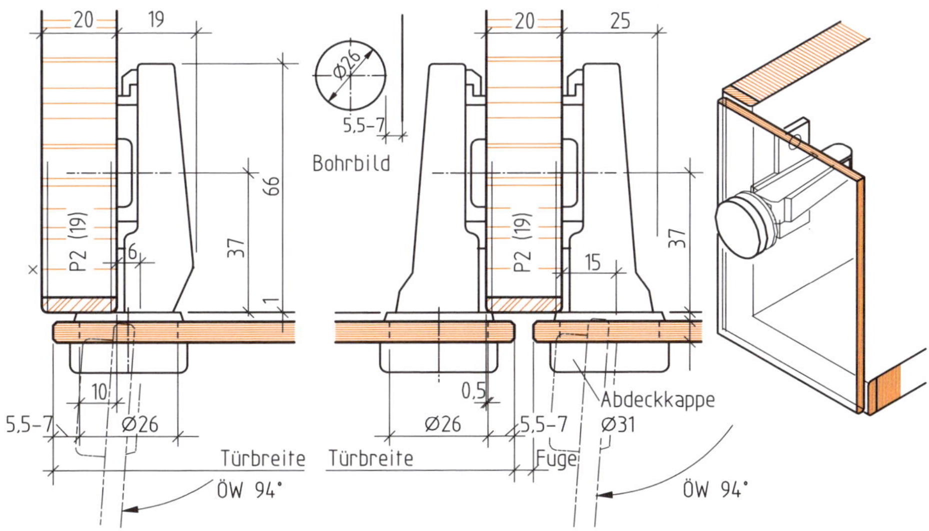

B 3.7-155 Aufschlagende Glastüren mit Topf-Scharnieren angeschlagen. Die Glastüren müssen für die Aufnahme der Bänder gebohrt werden. Links: Eckanschlag, rechts: Doppelanschlag an einer Mittelseite mit gekröpften Topfscharnieren (Bl).

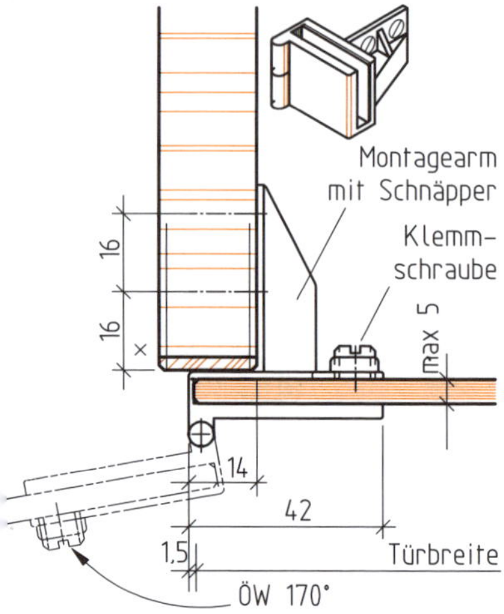

B 3.7-156

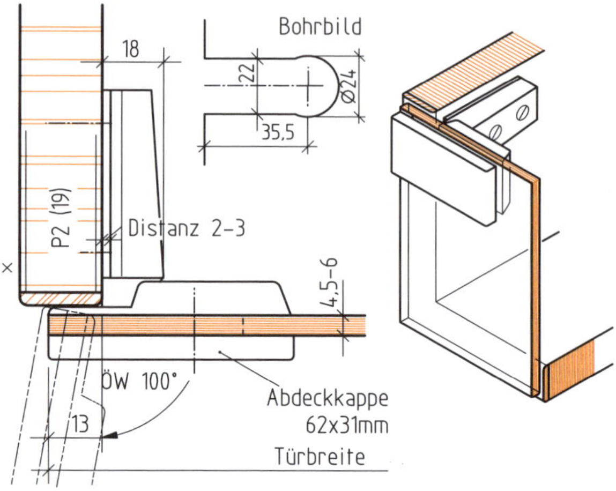

B 3.7-157

B 3.7-156 Aufschlagende Glastür mit Eckscharnieren angeschlagen. Die Glastüren werden in den Scharnieren durch Klemmschrauben und Klebbänder gehalten (Hä, He).
B 3.7-157 Scharniere mit eingebautem Kugelschnäpper müssen in die Ganzglastür eingeschliffen und eingebohrt werden. Türaufschlag maximal 13 mm (Hä, He sinngem.).

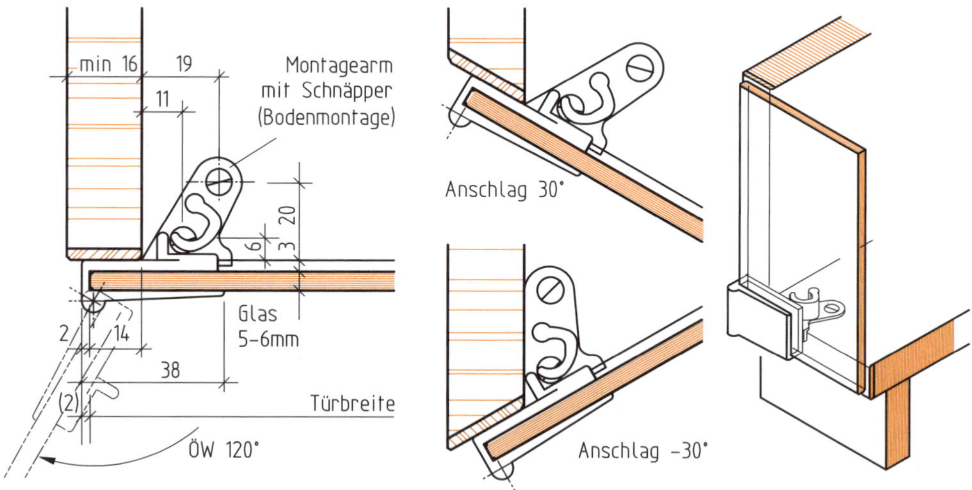

B 3.7-158 Glastürscharnier mit Schnäpper, das Anschläge von stumpf aufschlagenden Glastüren in verschiedenen Winkeln, von +30° bis −30° zulässt. Die Befestigung des Bands erfolgt am Oberboden und Unterboden, die Glastür wird in die Bänder eingeklemmt und muss nicht gebohrt werden (Hä).

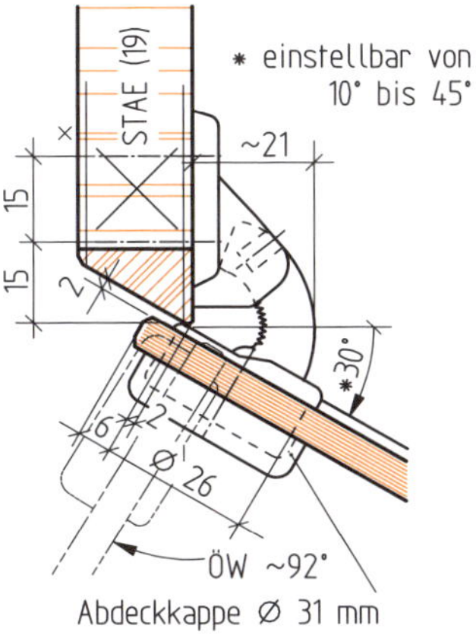

B 3.7-159

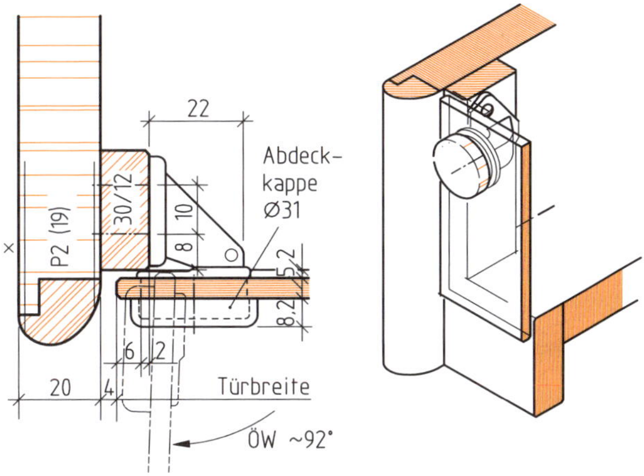

B 3.7-160

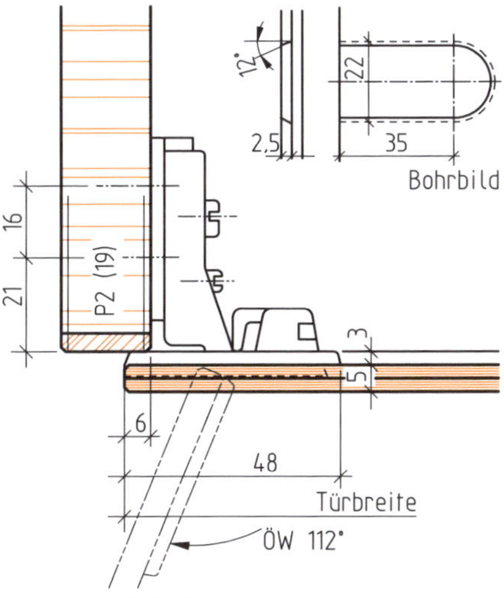

B 3.7-161

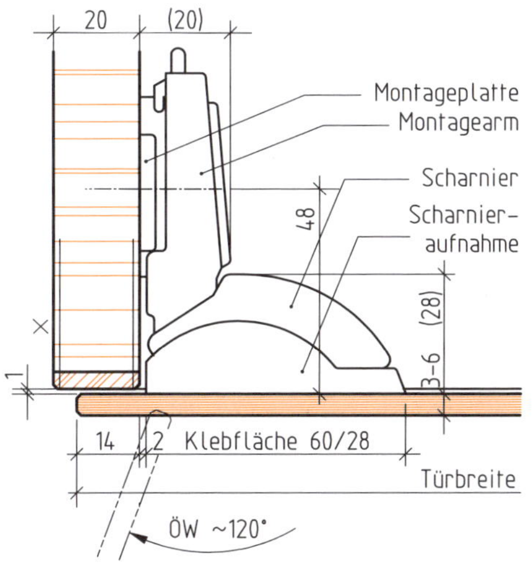

B 3.7-162

B 3.7-159 Zierliches Glastürscharnier für Frontwinkel von 10° bis 45° mit eingebauter Zuhaltung. Die Glasscheibe muss für die Aufnahme der Töpfe gebohrt werden (Hä, Wü).

B 3.7-160 Glastür mit zierlichem Scharnier an Beistoßleiste angeschlagen (Hä, Wü).

B 3.7-161 Scharnier für Spiegeltüren mit Schnäpper. Die Bandaufnahme wird in den inneren Spiegel eingeschliffen und eingeklebt. Türauflage maximal 6 mm (Wü).

B 3.7-162 Scharnier für stumpf aufschlagende Glas- oder Spiegeltüren zum Aufkleben. Die Scharnieraufnahme wird auf die Innenseite der Türen geklebt. Das Scharnier lässt sich sowohl in die Scharnieraufnahme als auch auf die Montageplatten an den Seiten klippsen (Bl).

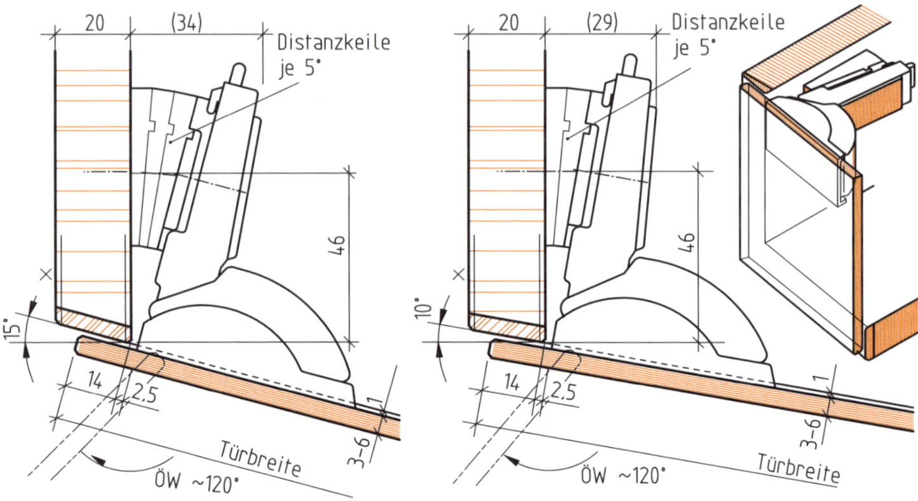

B 3.7-163 Scharnier zum rückwärtigen Aufkleben wie vor, jedoch für verschiedene Frontwinkel eingestellt. Die Winkelstufung von 5° wird durch Distanzkeile erreicht (Bl).

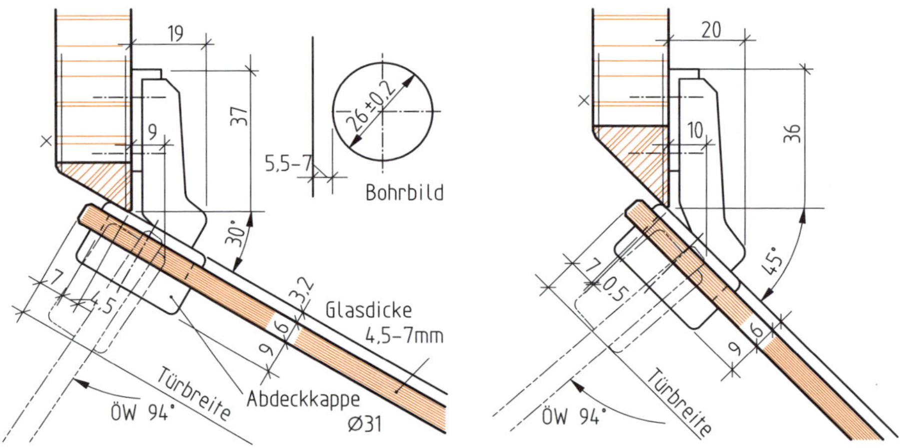

B 3.7-164 Stumpf aufschlagende Glastüren mit zierlichen Vitrinen-Topfscharnieren angeschlagen, für Frontwinkel von 30° und 45°. Türauflage maximal 7 mm (Bl).

B 3.7-165 (Seite 227) Verschluss einer einschlagenden Glastür mit einem Hebelschloss mit Schließzylinder und Griff (Ju, Hä). Türanschlagdämpfer zum Anschrauben oder Einpressen (Ne, Hä).
B 3.7-166 (Seite 227) Verschluss einer stumpf aufschlagenden Glastür mit einem Hebelschloss mit Schließzylinder (Ju, Hä, Dom).
B 3.7-167 (Seite 227) Verschluss einer einschlagenden Glastür mit einem Stiftverschluss, der in den Boden oder auch in die Seite fassen kann. Der Schließzylinder dient gleichzeitig als Griff (Hä, He, Hu).
B 3.7-168 (Seite 227) Verschluss wie vor, jedoch für stumpf aufschlagende Glastüren (Hä, He, Hu).

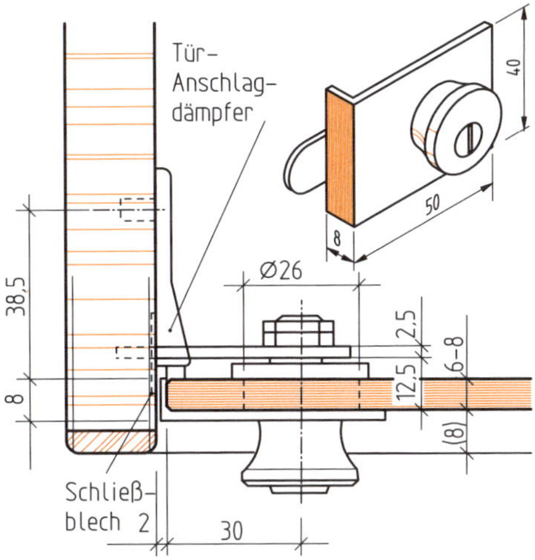

B 3.7-165

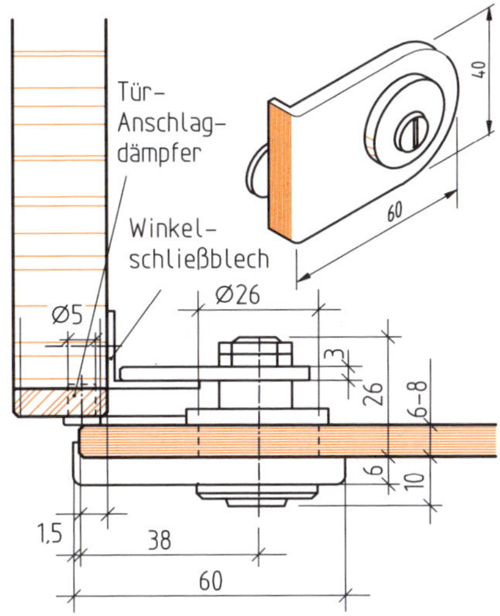

B 3.7-166

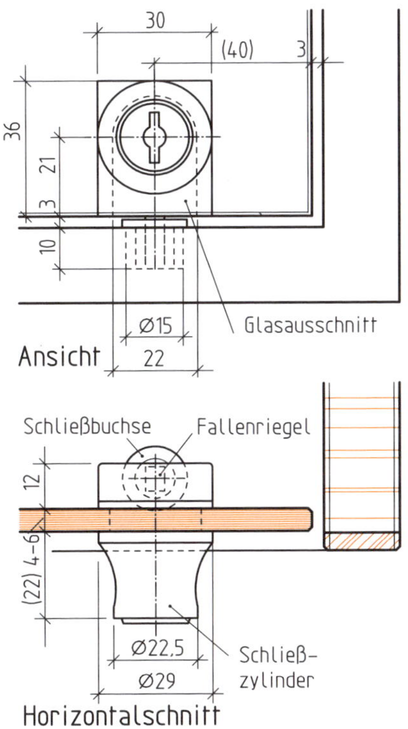

B 3.7-167

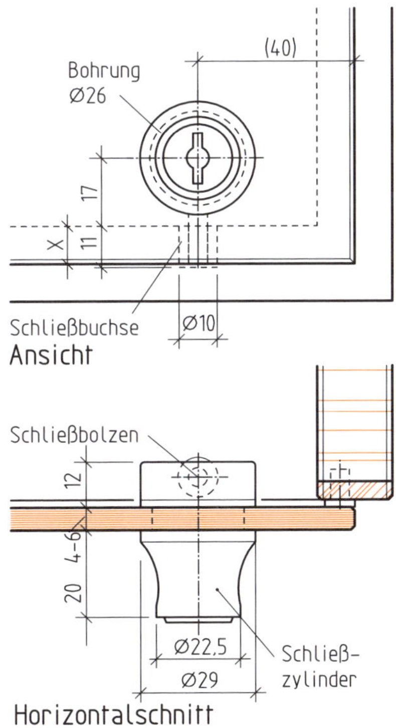

B 3.7-168

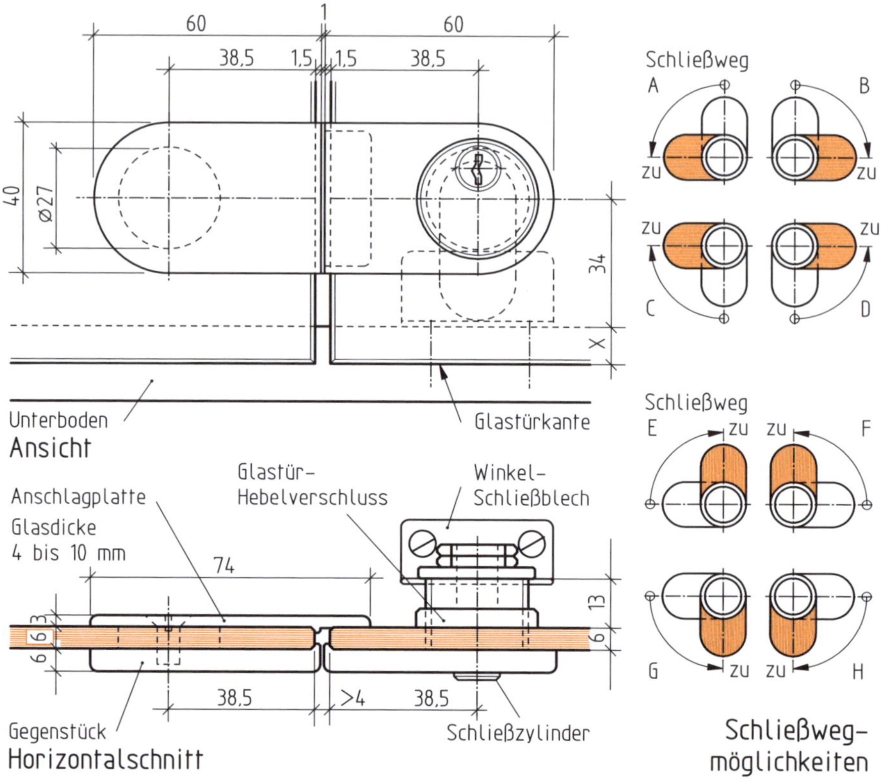

B 3.7-169 Verschluss einer zweiflügligen Glastür mit einem Hebelschloss mit Schließzylinder. Die Gegenplatte auf der linken Tür passt zum Schloss und wird wie das Schloss durch eine gleiche Bohrung in der Glastür befestigt. Je nach Anordnung des Schlosses sind verschiedene Schließwege zu berücksichtigen (Hä).

3.8 Schiebetüren

Schiebetüren werden durch seitliches Bewegen parallel zur Möbelfront geöffnet. Sie benötigen dadurch einen geringen Bewegungsraum vor dem Möbel. Sie werden immer dann angeordnet, wenn Drehtüren aus Platzmangel stören und wenn besonders großflächige oder breite Türen gewünscht werden. Der Nachteil der Schiebetüren liegt darin, dass nur eine Hälfte des Schrankraums geöffnet werden kann und der andere Teil durch die seitlich verschobenen Türen abgedeckt wird.

3.8.1 Arten der Schiebetüren

Je nach Führungssystem und verwendetem Werkstoff kennt man unterschiedliche Schiebetürarten. Es sind zu unterscheiden:

a) nach dem verwendeten Werkstoff:
undurchsichtige Schiebetüren, sie können für dünne Schiebetüren von 4 bis 10 mm Dicke aus Furnierplatten, harten Holzfaserplatten, Spanplatten, Kunststoff- oder Metallplatten bestehen. Dicke Schiebetüren ab 13 mm Dicke werden in der Regel aus Holzwerkstoffen wie Stab-, Stäbchensperrholz oder Spanplatten hergestellt. Die Türen können furniert, deckend lackiert oder mit Kunststoff oder Metall beschichtet werden. Durchsichtige Schiebetüren. Sie bestehen meistens aus Glas, seltener aus Acryl.

b) nach der Führungsart:
stehend geführte Schiebetüren mit Gleitern oder mit Rollenlaufwerk, hängend geführte Schiebetüren, meistens mit Rollenlaufwerk. Eine Sonderstellung unter den Schiebetüren nehmen die frontbündigen Schiebetüren sowie die Drehschiebetüren, Faltschiebetüren, Winkelschiebetüren und Vertikalschiebetüren ein.

c) nach der Anzahl der Schiebetüren im oder vor dem Korpus: einteilige, zweiteilige, dreiteilige usw. oder mehrteilige Schiebetüren

d) nach der Lage im Korpus:
im Korpus laufende Schiebetüren, Infront-Schiebetüren,
vor dem Korpus laufende Schiebetüren, Vorfront-Schiebetüren.
Oben im Korpus laufende und unten vor dem Korpus laufende Schiebetüren oder umgekehrt, Mixfront-Schiebetüren.

3.8.2 Format der Schiebetüren

Günstig ist ein liegendes Rechteckformat, bei dem die Breite größer als die Höhe ist. Es wird besonders für stehend laufende Schiebetüren gewählt. Hohe und schmale Rechteckformate dagegen kippen bei dieser Führungsart leichter aus den Laufschienen. Deshalb sollten Schiebetüren in hohem Rechteckformat hängend und rollend laufen. Präzise Schiebetürbeschläge sorgen auch bei solchen Türen für einen störungsfreien, leichten Lauf.

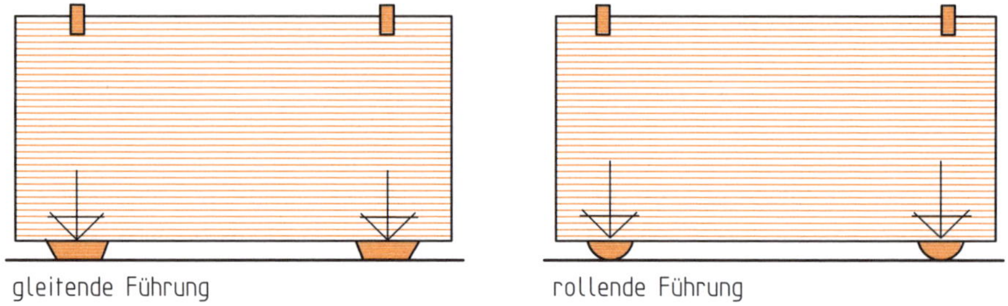

B 3.8-1 Stehend geführte Schiebetüren.

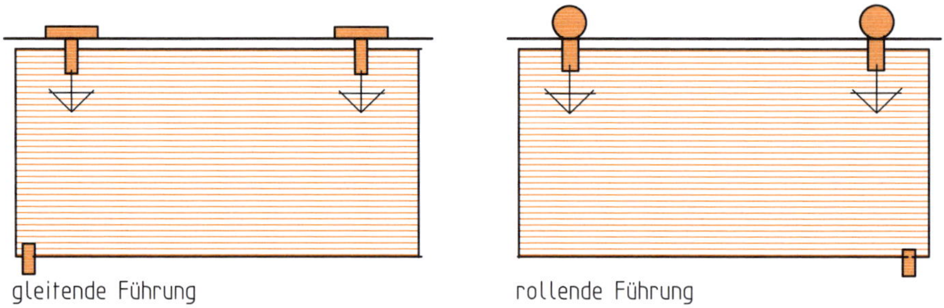

B 3.8-2 Hängend geführte Schiebetüren.

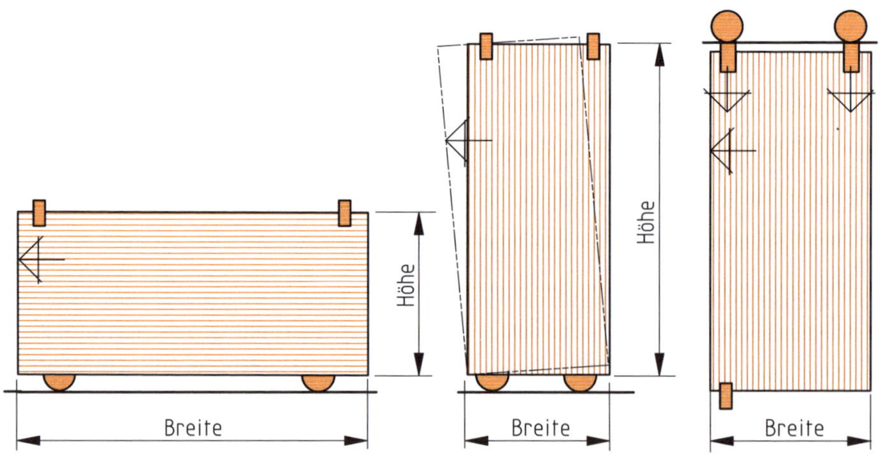

B 3.8-3 Auswirkung des Formats und des Führungssystems auf den Lauf der Schiebetüren.

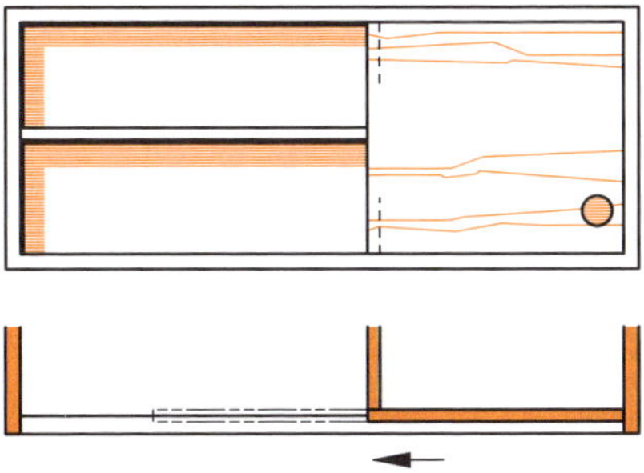

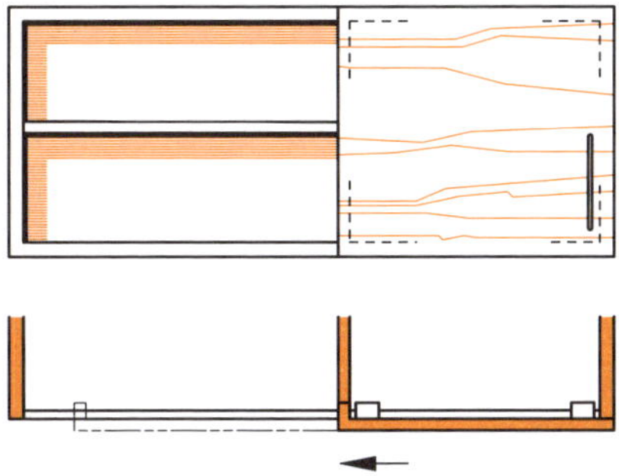

B 3.8-4 Einteilige Schiebetür im Korpus laufend.

B 3.8-5 Einteilige Schiebetür vor dem Korpus laufend.

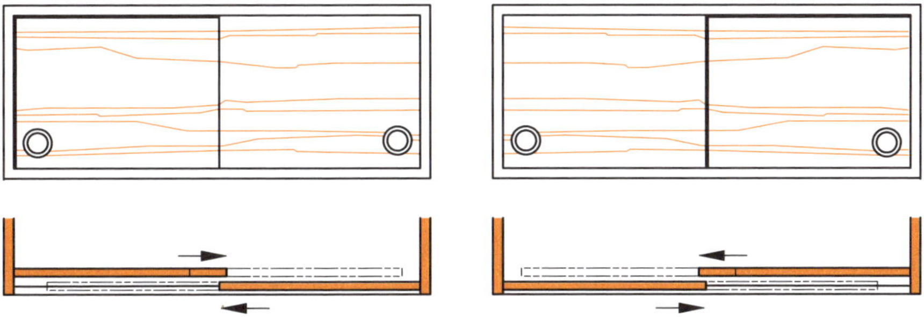

B 3.8-6 Zweiteilige Schiebetüren in unterschiedlicher Anordnung.

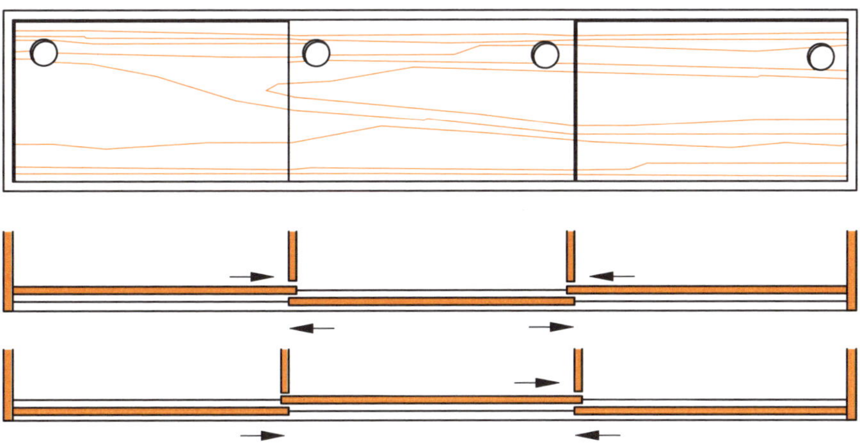

B 3.8-7 Dreiteilige Schiebetüren in unterschiedlicher Anordnung.

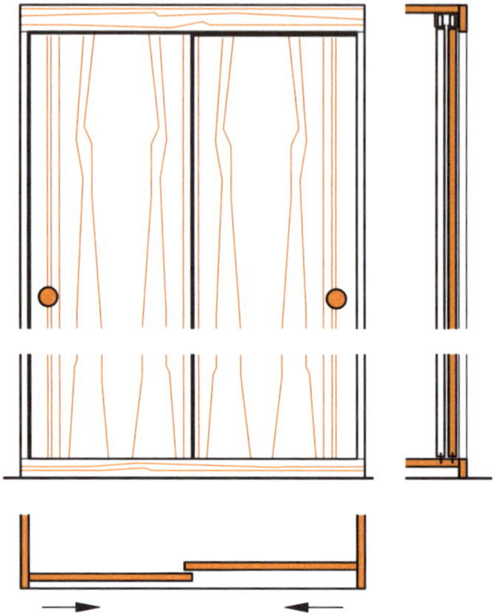

B 3.8-8 Hängend im Korpus geführte, hohe Schiebetüren.

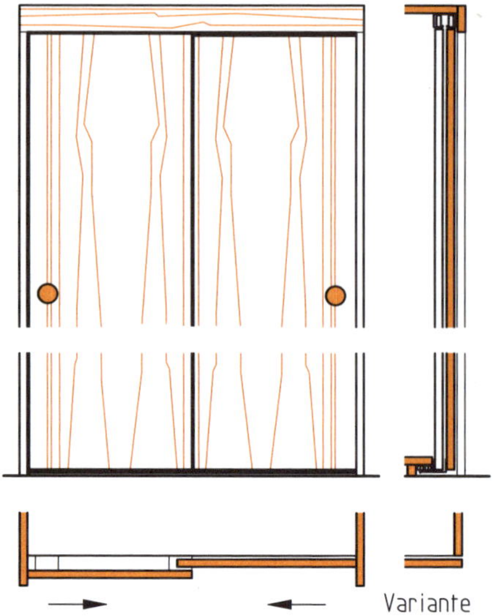

B 3.8-9 Oben im Korpus laufende und unten vor dem Boden geführte, hohe Schiebetüren.

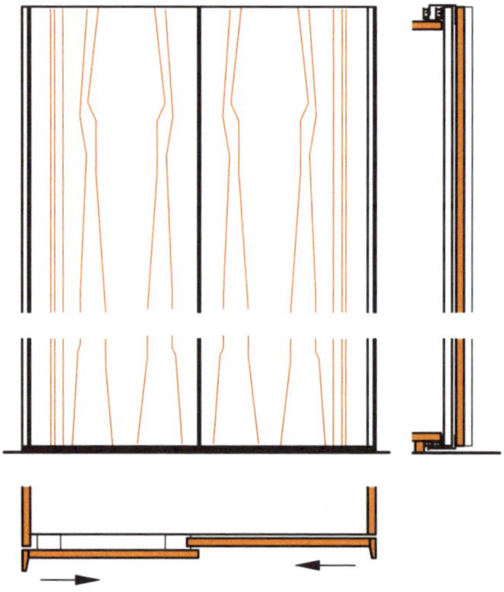

B 3.8-10 Hängend vor dem Korpus geführte, hohe Schiebetüren.

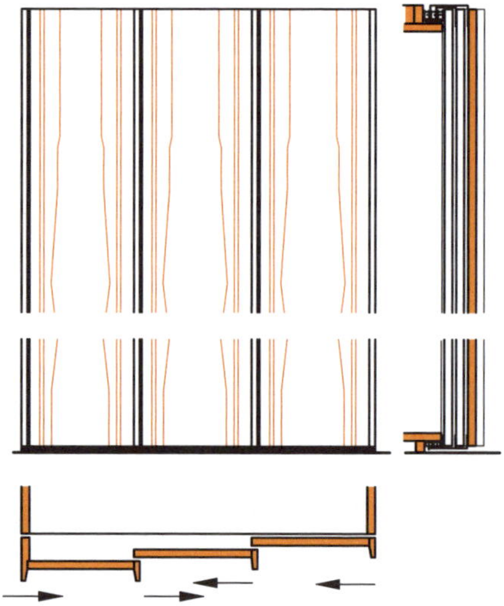

B 3.8-11 Hängend vor dem Korpus geführte Dreifach-Schiebetüren. Dadurch kann der Schrankinnenraum zu zwei Drittel der Breite geöffnet werden.

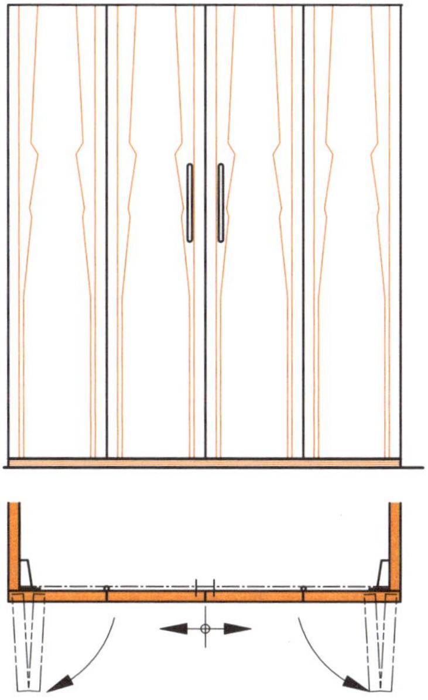

B 3.8-12 (siehe Seite 235)

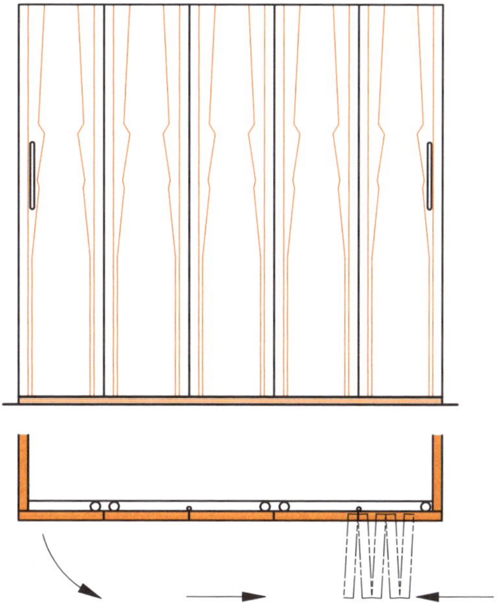

B 3.8-13 (siehe Seite 235)

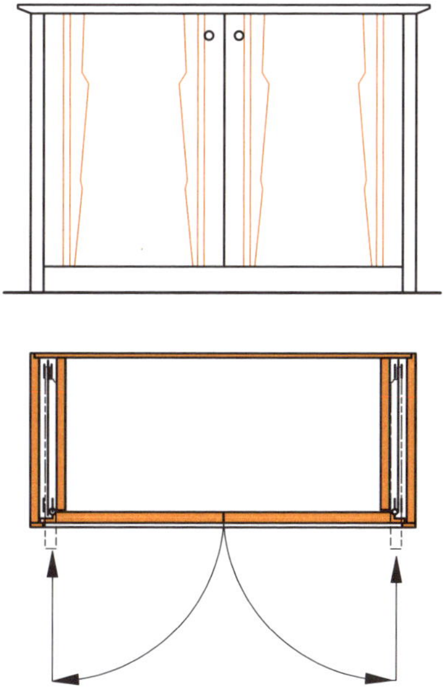

B 3.8-14 (siehe Seite 235)

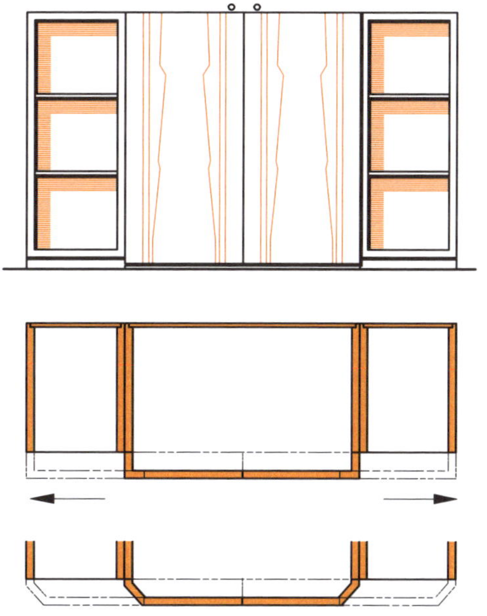

B 3.8-15 (siehe Seite 235)

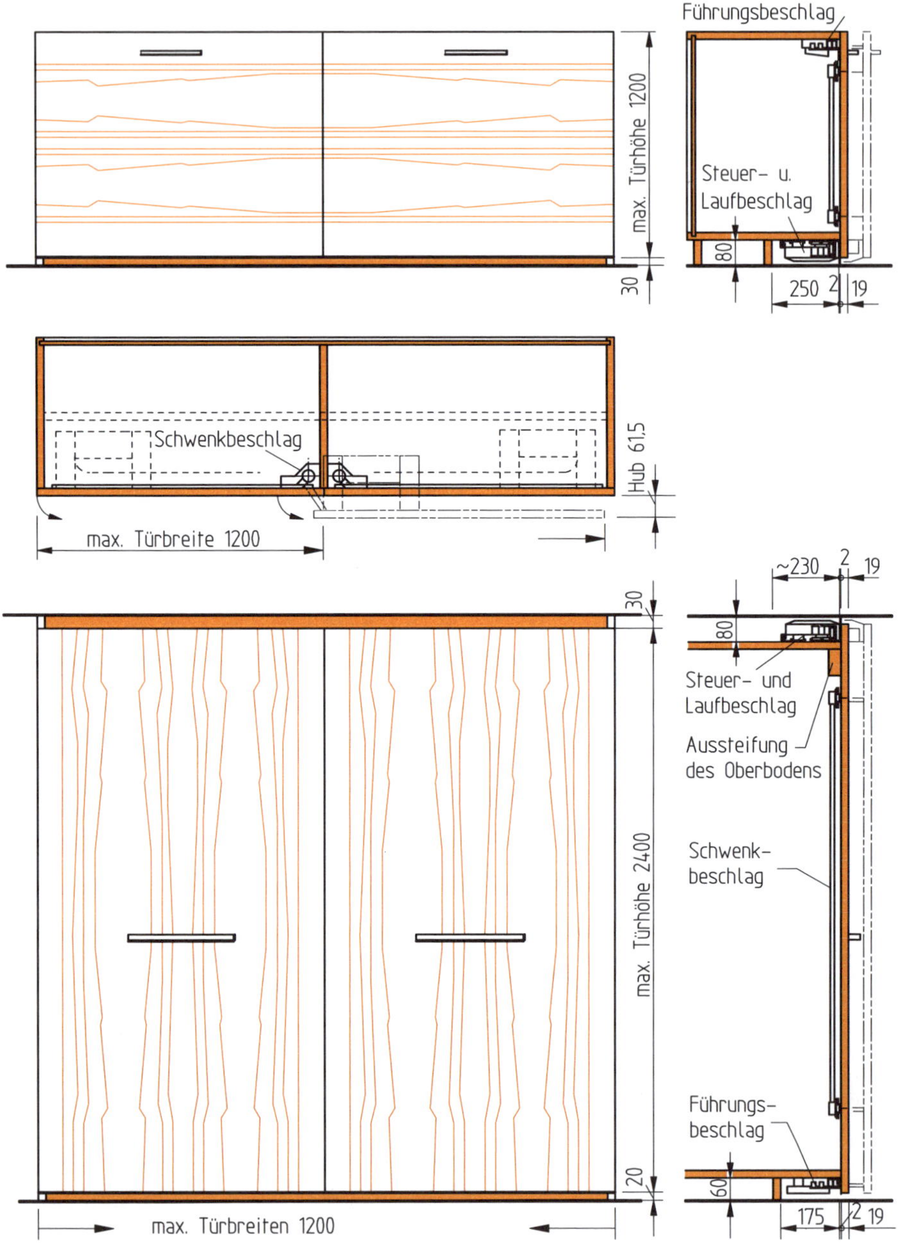

B 3.8-16 (siehe Seite 235)

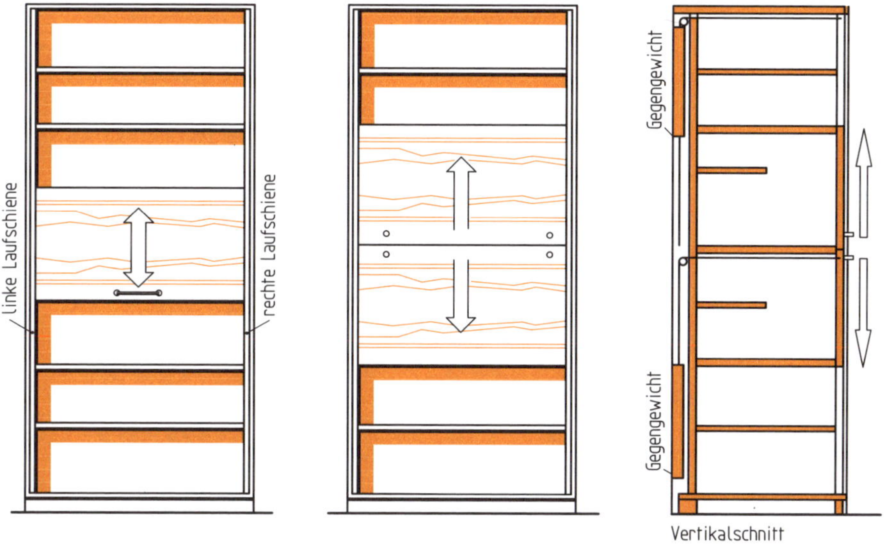

B 3.8-17 Vertikal-Schiebetüren. Links: einteilige Vertikalschiebetür, kann nach oben und unten, vor und in der Front verschoben werden. Die Laufschienen sind vorn an den Korpusseiten montiert. Sie können auch auf die Korpuskanten geschraubt werden. Rechts: zwei Vertikalschiebetüren, die jeweils nach oben bzw. nach unten zu verschieben sind. Es gibt auch Beschläge, bei denen sich die beiden Vertikalschiebetüren synchron auseinanderbewegen oder wieder schließen. Diese Türen benötigen ein Gegengewicht, das entweder auch im Laufbeschlag untergebracht sein kann, oder über Seilrollen hinter der Rückwand laufen (Hä, He).

Bildlegenden Seite 233 und Seite 234:

B 3.8-12 Faltschiebetüren. Sie sind paarweise mit Topfscharnieren an den Korpusseiten angeschlagen und laufen hängend am Oberboden. Durch die gefaltete Tür wird vor dem Schrankraum weniger Platz benötigt als bei einer geöffneten Drehtür (Hä, He).

B 3.8-13 Mehrgliederige Faltschiebetüren, die paketweise aufgefaltet und wahlfrei vor dem Korpus verschoben werden können (EK, Ha, Hä, He).

B 3.8-14 Drehschiebetüren. Sie lassen sich bei 90° Öffnung parallel zu den Korpusseiten in den Korpus einschieben, sodass sie in geöffneter Stellung nicht stören (Ha, Hä, He).

B 3.8-15 Vorfront-Synchron-Schiebetüren. Beim Öffnen und Schließen einer Schiebetür bewegt sich die andere durch eine Seilzugverbindung der Laufwerke in gleicher Weise (Hä, He).

B 3.8-16 Flächenbündige Schiebetüren. Beim Öffnen hebt die Schiebetür um ca. 60 mm ab und lässt sich parallel zur Front verschieben. Oben: Der Steuer- und Laufbeschlag (für ca. 20 kg Türgewicht) ist unter dem Unterboden, der Führungsbeschlag unter dem Oberboden montiert. Unten: Bei Hochschränken wird der Steuer- und Laufbeschlag (für ca. 40 kg Türgewicht) auf dem Oberboden, der Führungsbeschlag unter dem Unterboden montiert (Ek, Hä).

B 3.8-18 Winkelschiebetüren. 1 Winkelschiebetüren in L-Form, synchron und flächenbündig gegeneinander laufend; 2 Winkeltüren in L-Form, übereinanderliegend gegeneinander verschiebbar (Detail Seite 266); 3 Winkelschiebetüren bei einer freistehenden Anrichte in U-Form (Ek).

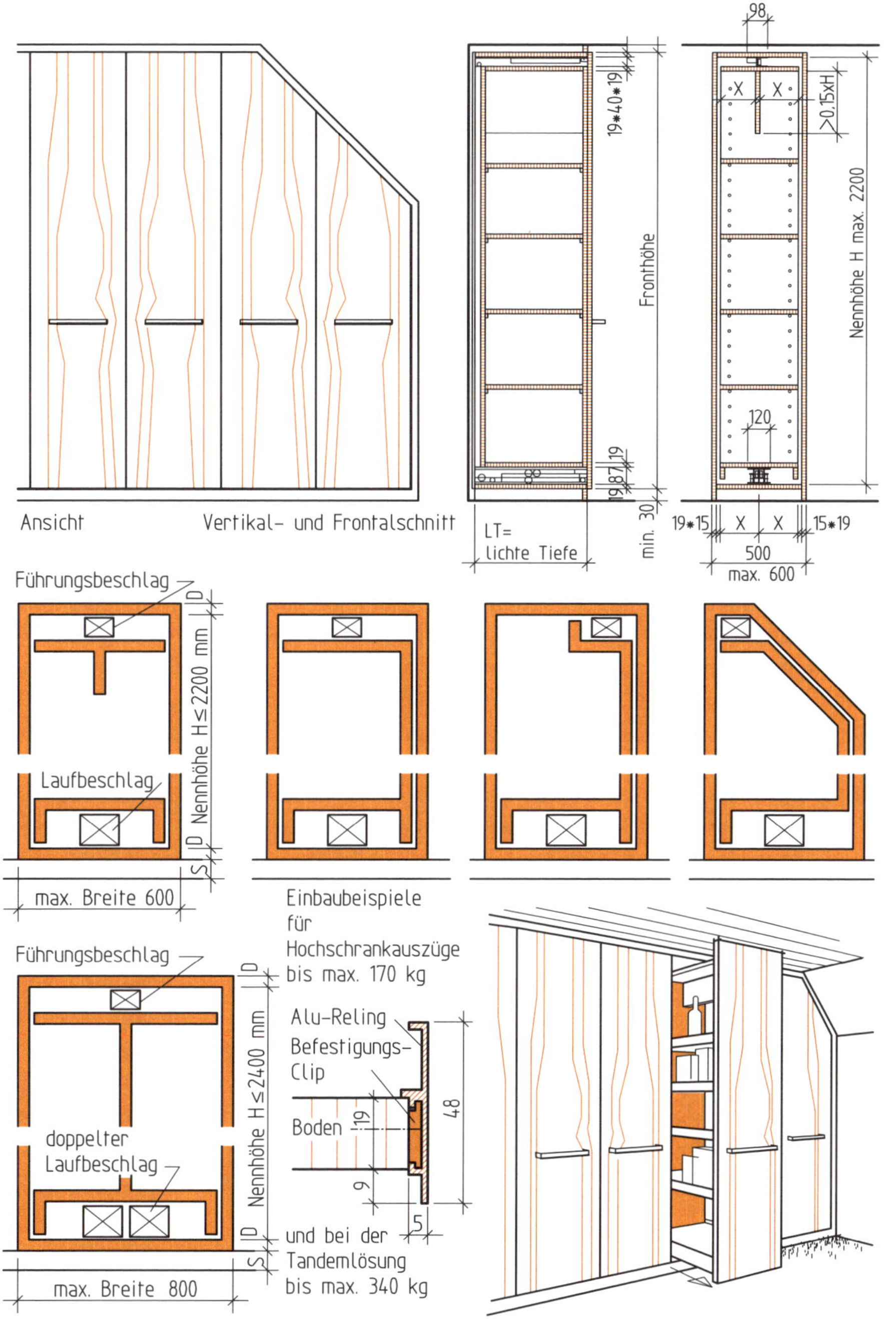

B 3.8-19 (siehe Seite 238 und Seite 275)

3.8.3 Stehend geführte Holzschiebetüren

Stehend geführte Schiebetüren ruhen auf ihrer Unterkante auf Gleitern oder auf einem Rollenlaufwerk und werden an der Oberkante durch Führungsbeschläge in der senkrechten Lage gehalten. Je nach Größe, besonders aber je nach Gewicht der Schiebetüren sind unterschiedliche Beschläge zu verwenden. Die Aufgabe der Schiebetürbeschläge ist es, die Reibungsfläche so klein wie möglich zu halten, um damit einen leichten Lauf zu erreichen.

3.8.3.1 Beschlagsysteme

Kleine Schiebetüren aus dünnen Furnier- oder harten Holzfaserplatten bis 10 mm Dicke können in Nuten im Unter- und Oberboden geführt werden. Eine Verbesserung der Laufqualität kann durch Verminderung der Reibung, zum Beispiel durch Auslegen der Nuten mit Kunststoff erreicht werden. Größere und dickere Schiebetüren laufen in der Regel auf Laufschienen aus Kunststoff, die in den Unterboden des Möbels eingelassen sind. Sie können vorstehend oder als U-Schienen ausgebildet sein. Für vorstehende Schienen werden die Türunterkanten genutet und Gleiter oder Rollgleiter eingelassen. Für U-Schienen sind an der Türunterkante vorstehende Gleiter oder Laufrollen einzusetzen. Die Gleiter, Rollgleiter oder Laufrollen sind möglichst weit an die Außenkante der Tür zu setzen, um das Kippmoment der Tür zu verringern und einen stabilen Lauf zu erreichen. Oben werden die Schiebetüren in Nuten eingesetzt oder mit besonderen Führungsbeschlägen in Lage gehalten. Zum Einsetzen und Herausnehmen der Schiebetüren ist bei manchen Konstruktionen in den oberen Nuten ein ausreichend großer Raum vorzusehen. Dies altbewährte Beschlagsystem ist für Türgewichte bis 10 kg und vorwiegend für liegende Rechteckformate geeignet (B 3.8-20 bis 31).
Bei schwereren Türen wird man stabilere Laufrollen einbauen oder besondere Schiebetürbeschläge verwenden. Diese lassen Türgewichte bis 70 kg zu. Es sind in der Regel Laufwerke mit kugelgelagerten und kunststoffummantelten Rollen, die in oder auf Aluschienen leicht und geräuscharm laufen. Am Oberboden sind Führungsschienen für die Führungsrollen oder -gleiter vorgesehen. Solch schwere Schiebetüren laufen in diesen Beschlägen sehr leicht und sollten in den Endstellungen deshalb abgebremst und abgestoppt werden. Bei vorstehenden Griffen sind auch Auflaufsicherungen einzubauen, damit man sich nicht die Finger beim Auflaufen der Türen klemmen kann (B 3.8-28 und 29). Da bei allen Schiebetüren die Lauf- und Führungsschienen an Böden befestigt sind, dürfen diese nicht durchbiegen (max. 1/500). Außerdem ist auf eine exakte Parallelität zwischen der Führungs- und der Laufschiene zu achten.

B 3.8-19 (Seite 237) Frontauszüge, die wichtigsten Maße bei Hochschränken und Systemskizzen zu den Einbaumöglichkeiten des Beschlags (Ek).

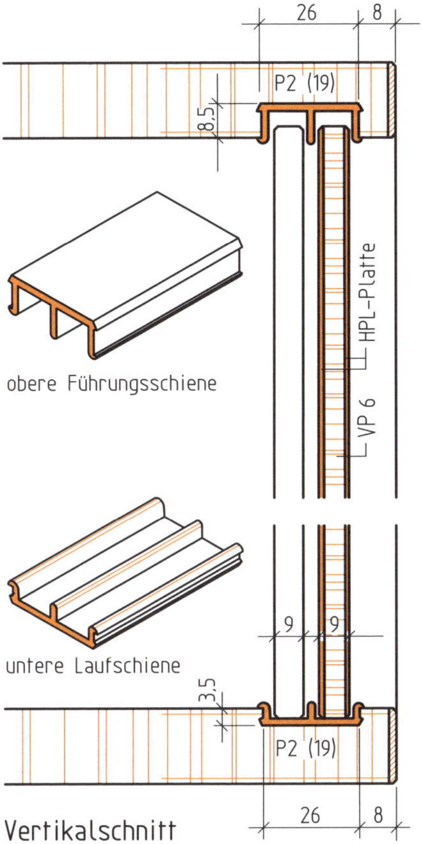

B 3.8-20

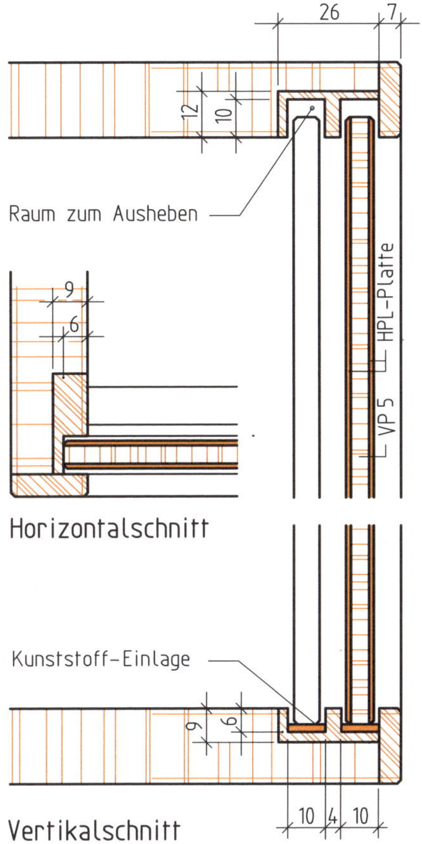

B 3.8-21

B 3.8-20 Dünne Schiebetüren laufen in eingenutetem Lauf- und Führungsschienen aus Kunststoff. Die Führungsschiene im Oberboden ist tiefer als die Laufschiene im Unterboden. Dadurch können die Schiebetüren eingesetzt und wieder herausgenommen werden (El, Ne).

B 3.8-21 Leichte, dünne Schiebetüren laufen in Nuten, die im Oberboden und im Unterboden eingefräst sind. Die Laufnuten sind mit Kunststoffstreifen ausgelegt. Die Führungsnuten im Oberboden sind so tief, dass ein Ausheben der Türen möglich ist.

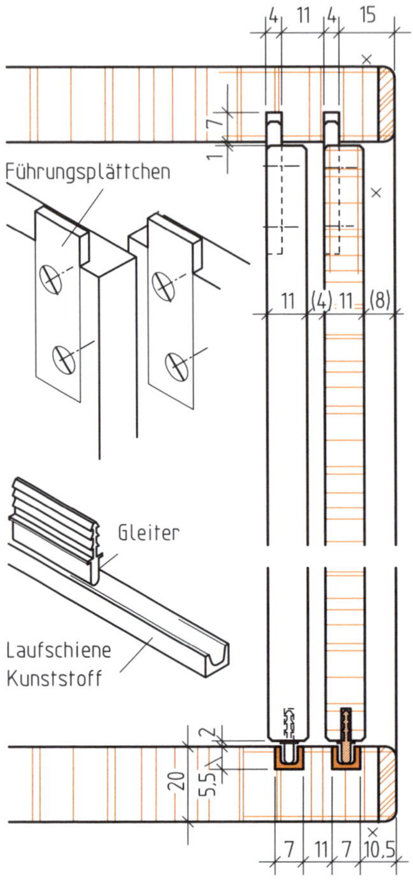

B 3.8-22

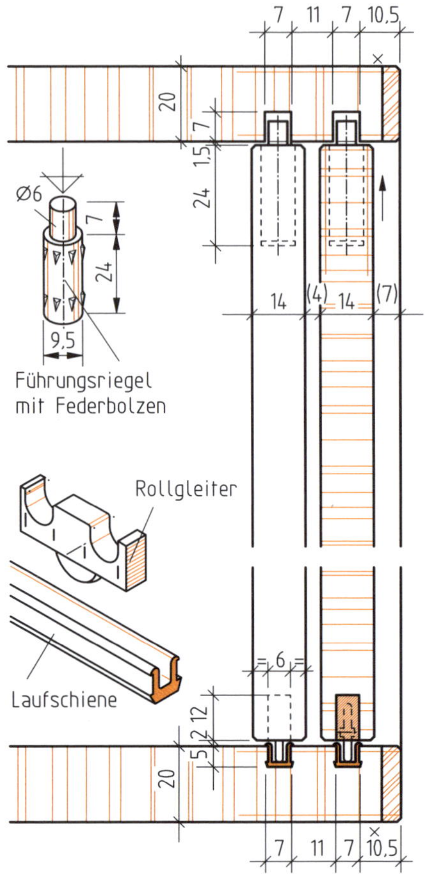

B 3.8-23

B 3.8-22 Kleine Schiebetüren gleiten mit vorstehenden Gleitern in U-Schienen aus Kunststoff, die in den Unterboden flächenbündig eingenutet sind. An der Oberkante werden die Türen durch kleine Hartholzplättchen in Nuten im Oberboden geführt (El, Hä, Ne).

B 3.8-23 Schiebetüren laufen mit Rollgleitern mit vorstehender Nylonlaufrolle in U-Schienen, die in den Unterboden eingenutet sind. Die in der Oberkante der Türen an den Ecken eingebohrten kleinen Führungsriegel mit Federgleitzapfen fassen in die im Oberboden eingefrästen Nuten. Zum Ein- und Aussetzen der Türen wird der Gleitzapfen mit einem kleinen Montagehebel heruntergedrückt (Hä, Ne).

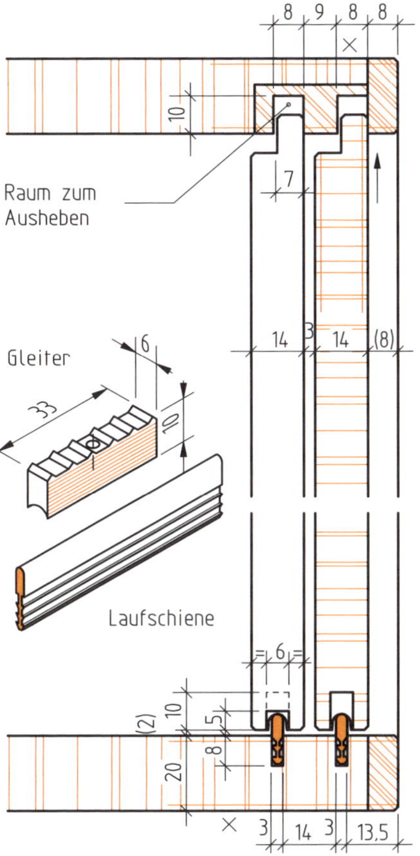

B 3.8-24

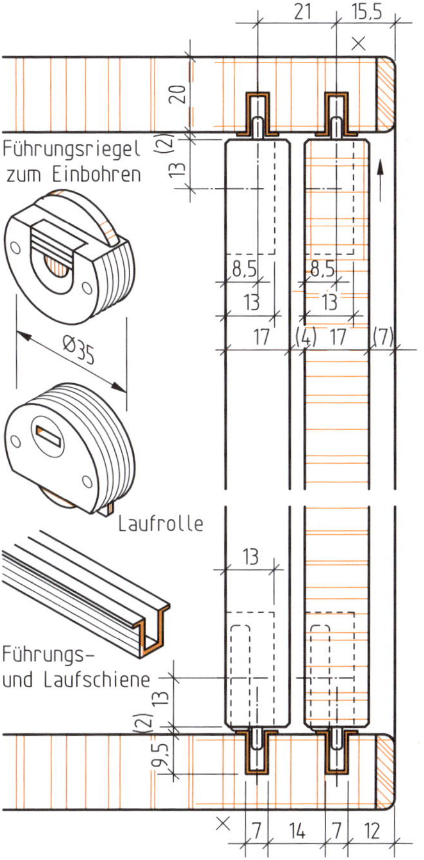

B 3.8-25

B 3.8-24 Schiebetüren in klassischer Konstruktion. Im Unterboden sind die Laufschienen eingenutet, in den Oberboden die Führungsnuten eingefräst. Die Türen sind an der Unterkante genutet, und zum leichteren Lauf werden an den Enden die Gleiter eingesetzt. An der Oberkante werden die Türen abgefälzt. Die Türen können durch Anheben eingesetzt und herausgenommen werden (Hä, Ht, Ne).

B 3.8-25 Schiebetüren mit besonderem Führungs- und Laufrollenbeschlag angeschlagen (Türgewicht bis 20 kg). In den Ober- und Unterboden werden U-Schienen aus Kunststoff in gleicher Weise eingenutet. Dadurch sind nur wenig Maschinenumstellungen erforderlich. Die Laufrolle läuft auf der U-Schiene. Sie ist zum Ausrichten der Tür höhenverstellbar. Zum Ein-und Aussetzen der Tür wird der Führungsriegel zurückgenommen (Hä, Ha und He sinngemäß).

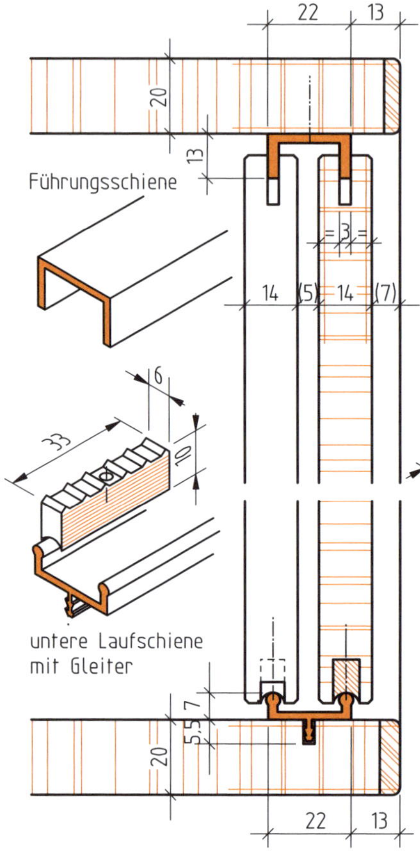

B 3.8-26

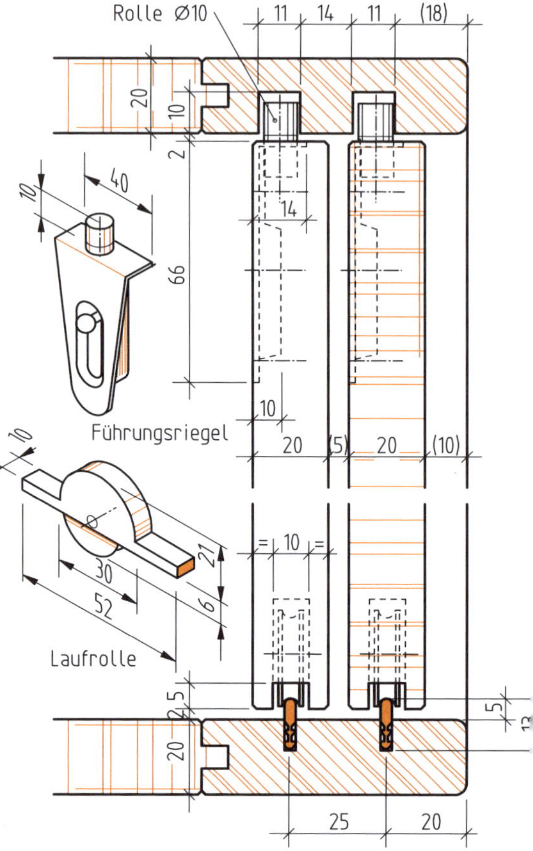

B 3.8-27

B 3.8-26 Schiebetüren mit eingenuteten Gleitern laufen auf einer Doppellaufschiene mit Steg, die in den Unterboden in eine Nute eingesetzt wird. An der Oberkante werden die Türen so genutet, dass sie an den Wangen einer U-Schiene geführt werden können. Unten und oben wird zwischen Türkanten und Böden eine breitere Schattenfuge sichtbar (El, Hä).

B 3.8-27 In die Unterkanten der Schiebetüren sind kugelgelagerte Laufrollen mit einer Tragkraft von 20 kg eingelassen, die auf eingenuteten Laufschienen laufen. Oben werden die Türen durch Führungsriegel geführt, die in der Rückseite der Türen eingelassen sind. Durch Zurücknehmen der Führungsrolle können die Türen eingesetzt oder herausgenommen werden (Hä).

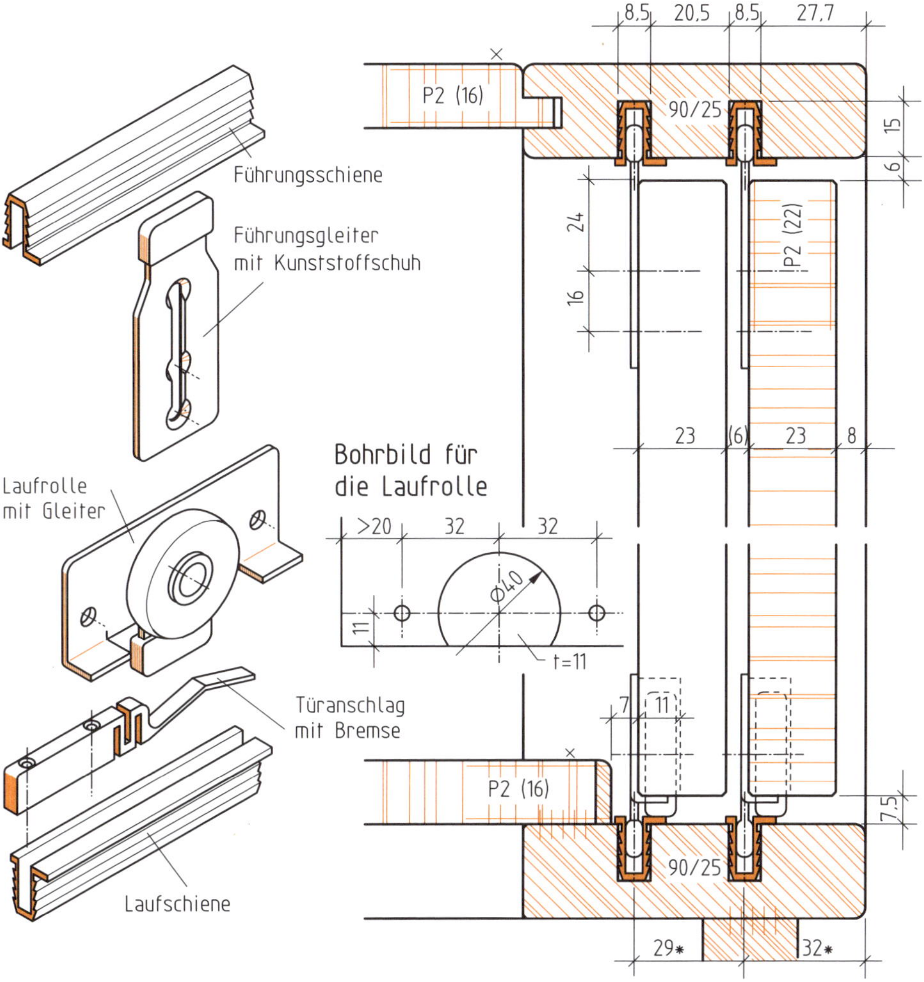

B 3.8-28 Schiebetüren mit Führungs- und Laufrollenbeschlag für Türgewichte bis 40 kg angeschlagen. Die Beschlagteile laufen in U-Schienen, die in gleicher Weise in Ober- und Unterboden einzunuten sind. Zum Herausnehmen müssen die Schrauben am Gleiter etwas gelöst und der Gleiter zurückgenommen werden. Durch die kugelgelagerten großen Rollen läuft der Schiebetürbeschlag besonders leicht, sodass zum Abstoppen die Türanschläge mit Bremse in die Nuten einzubauen sind (He).

B 3.8-28b Die Ausfräsungen in der Rückseite der Schiebetüren sind für die Lauf- und Führungsbeschläge gleich, auch die Lauf- und Führungsschienen. Die Schiebetüren werden mit den Laufwerken auf die Laufschiene gesetzt und die Kunststoffgleiter in die obere Führungsschiene geschoben. Die Türluft an den Korpusseiten kann durch Drehen des Exzenterbolzens im Laufwerk eingestellt werden. Die oberen und unteren Schienenpuffer müssen so eingestellt sein, dass Führungs- und Laufbeschlag gleichzeitig anschlagen (Ha).

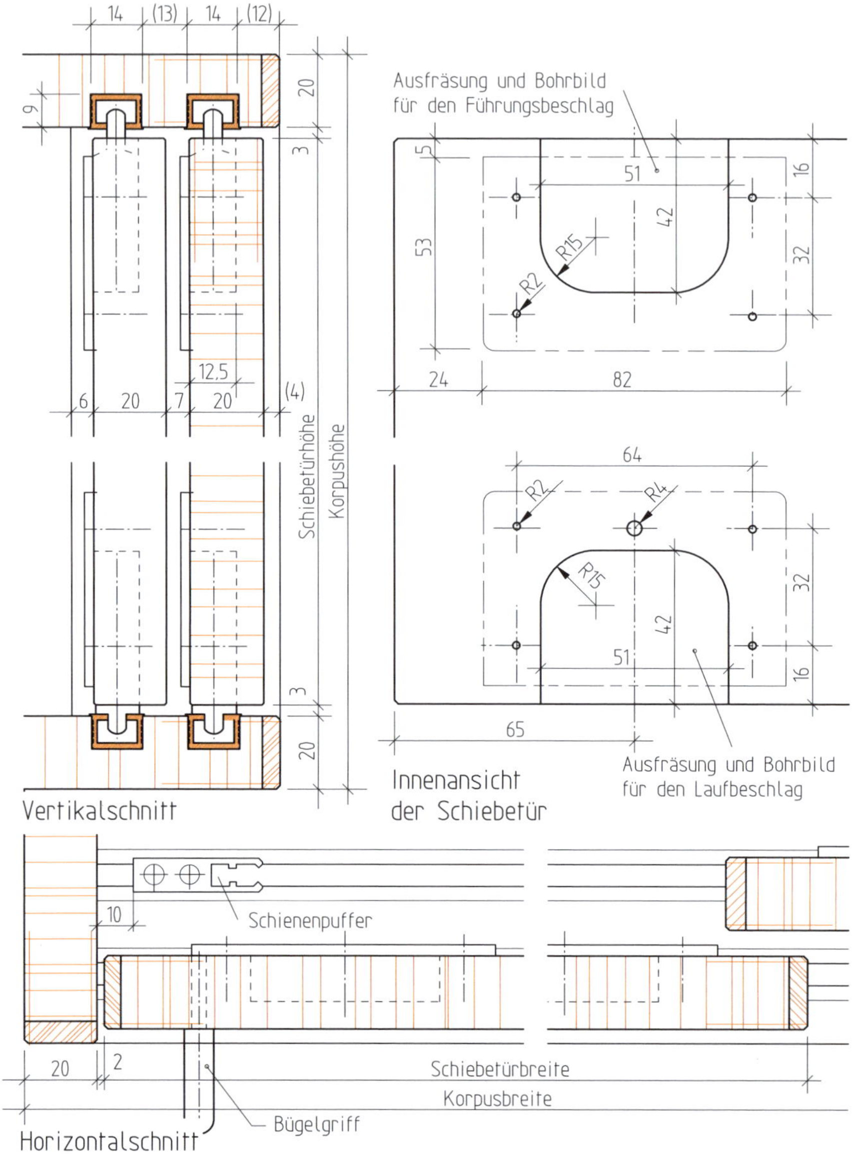

B 3.8-28b (siehe Seite 243)

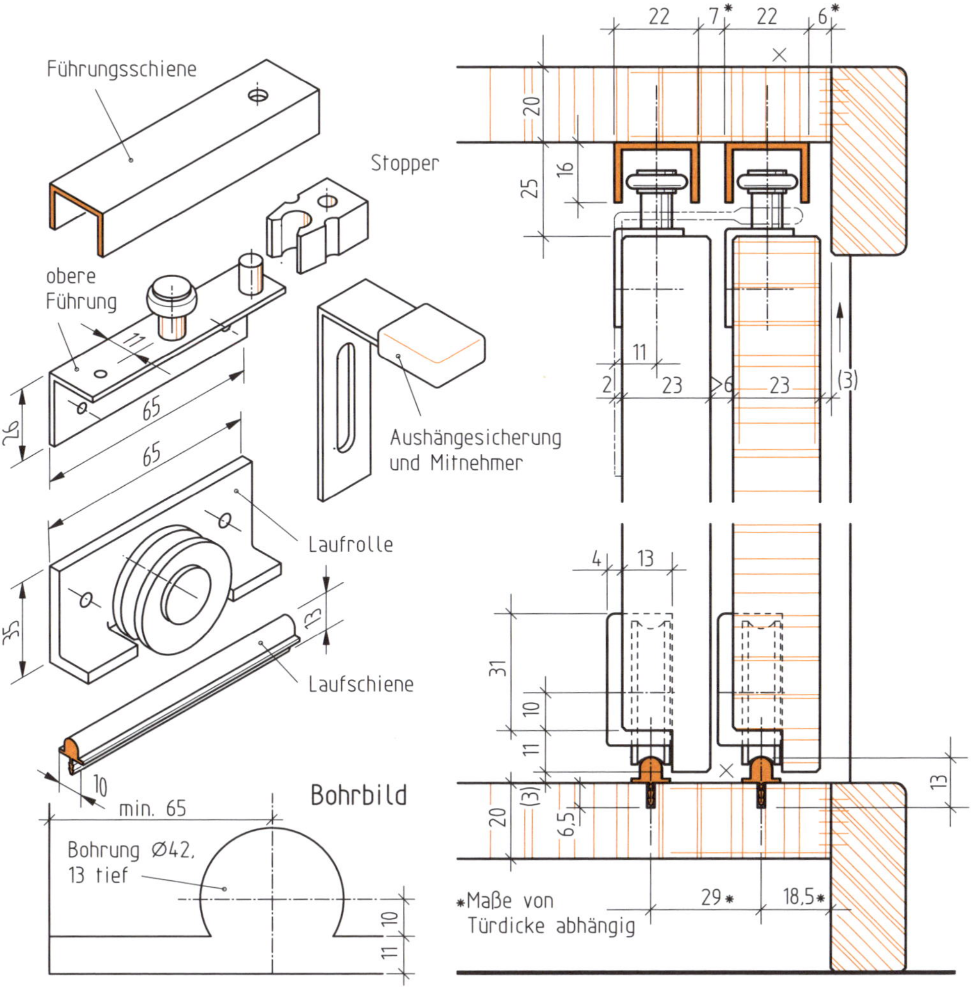

B 3.8-29 Große Schiebetüren mit Führungs- und Laufrollenbeschlag für Türgewichte bis zu 40 kg angeschlagen. Die Laufrollen laufen auf Aluminium-Laufschienen, die in den Unterboden einzunuten sind. Die Führungsrollen laufen in U-Schienen aus Aluminium, die unter den Oberboden geschraubt wurden. Die Türen müssen in den Endstellungen abgestoppt werden und können zusätzlich Aushängesicherungen und Auflaufsicherungen erhalten (Hä, Ha sinngemäß).

B 3.8-30 (Seite 246) Vor dem Korpus laufende, stehend geführte Schiebetüren. Die Schiebetürbeschläge sind für Türdicken von 20 und 27 mm sowie für Türgewichte von 20 kg, 35 kg und 60 kg ausgelegt. Die Laufwerke weisen ein Exzentergehäuse auf, das eine Verstellung der Schiebetüren in der Höhe von + 4 mm und – 2 mm zulässt. Die Schiebetüren lassen sich ein- und aushängen, indem man die federnd gelagerten Führungsrollen aus der Führungsschiene hebt (Ek, Hä).

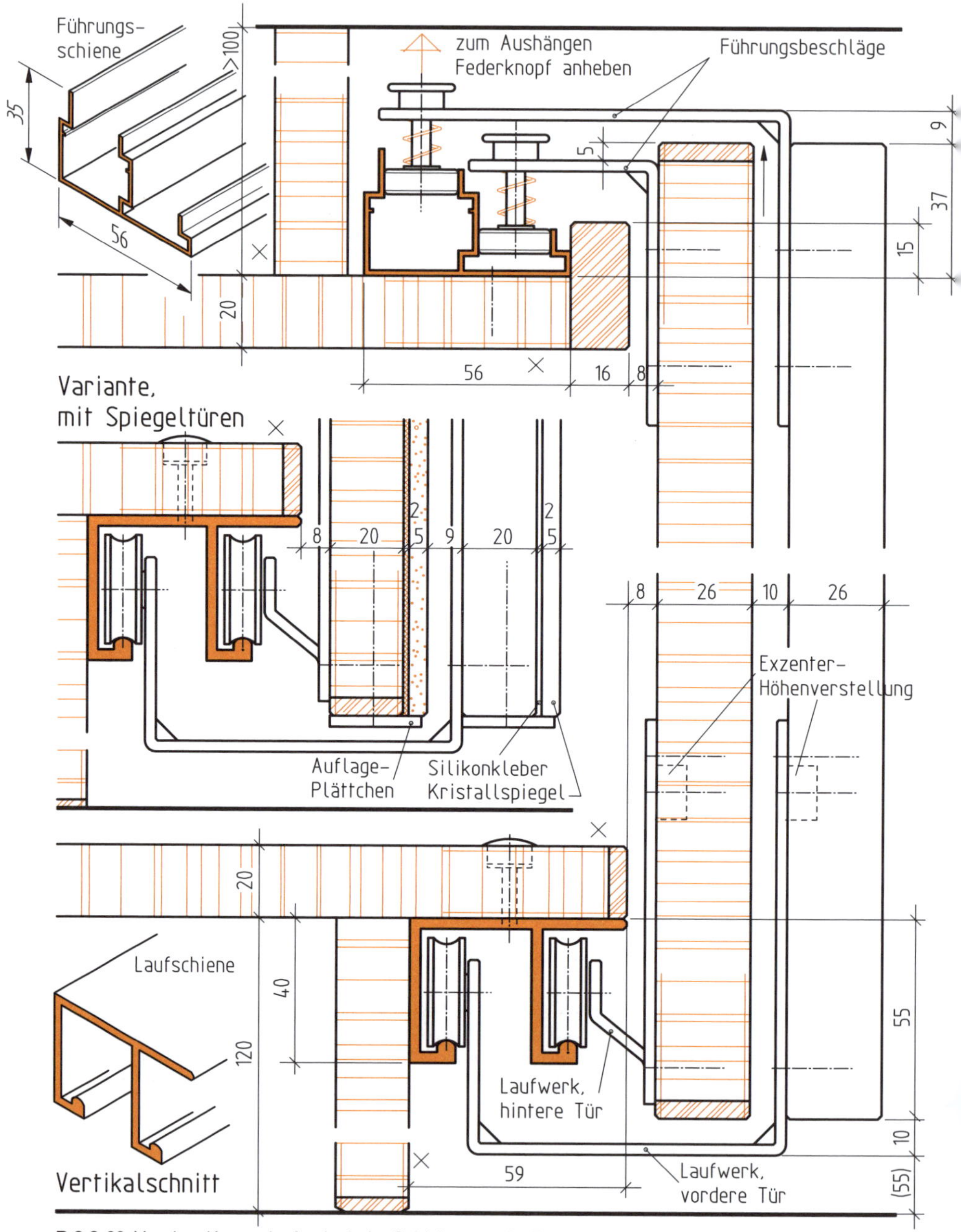

B 3.8-30 Vor dem Korpus laufende, hohe Schiebetüren für Türgewichte bis 35 (60) kg (Hä).

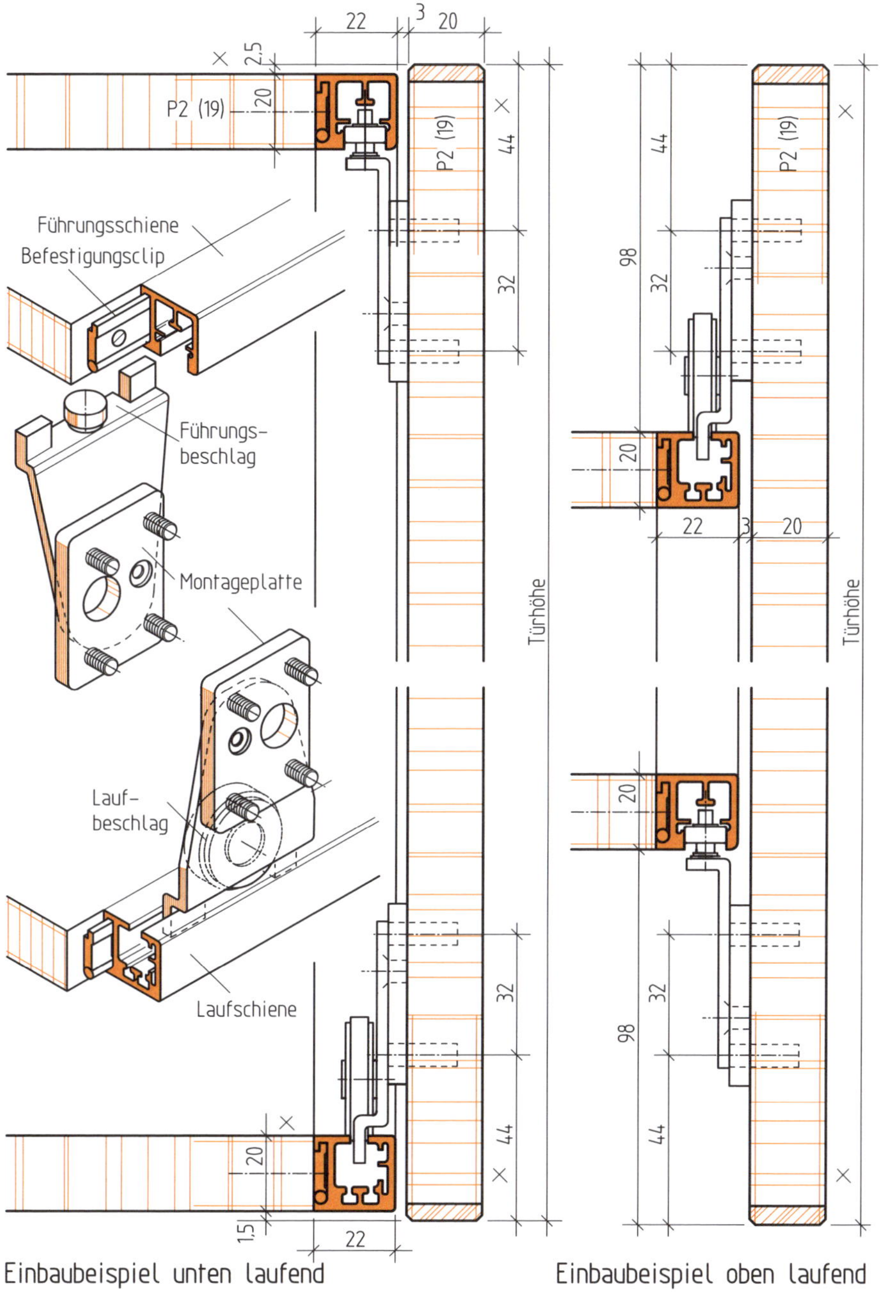

B 3.8-31 Schiebetürbeschlag vor Regalböden (Ek).

3.8.4 Hängend geführte Holzschiebetüren

Schiebetüren können mit Rollenbeschlägen, die an der Türoberkante montiert sind, in Laufschienen eingehängt werden. Die Laufschienen sind entweder im Oberboden des Möbels eingelassen oder an diesen angeschraubt. Unten werden die Schiebetüren durch Führungsnocken oder durch Führungsbeschläge, die in Führungsschienen laufen, in der richtigen Lage gehalten. Da die Schienen unter dem Unterboden befestigt und die Führungsnocken nur stellenweise, jeweils an den Enden der Türen eingesetzt werden, ist die Oberfläche des Unterbodens völlig glatt und durch keine Nuten oder Schienen unterbrochen. Je nach Beschlag kann man hängende Schiebetüren im Korpus, vor dem Korpus laufend oder als Mixfront anordnen. Sie können einteilig, zweiteilig oder mehrteilig ausgebildet sein. Um ein Verkanten der Türen beim Verschieben zu vermeiden, sind die Laufrollen und Führungsgleiter so weit wie möglich an die Außenkanten der Türen zu setzen.

Rollenbeschläge für Möbelschiebetüren gibt es für Türgewichte bis 70 kg. Selbstverständlich müssen so schwere Schiebetüren in den Endstellungen abgebremst und abgestoppt werden. Ferner sind auch Auflaufsicherungen der Schiebetüren untereinander so vorzusehen, dass man sich an den Griffen nicht die Finger klemmen kann.

3.8.4.1 Beschlagsysteme

Hängend geführte Schiebetüren benötigen am Oberboden Laufschienen, in denen die Schiebetüren mit den an den Oberkanten montierten Laufwagen eingehängt werden. Sie sind gegen unbeabsichtigtes Aushängen zu sichern. Bei in der Front laufenden Schiebetüren werden die Laufschienen unter dem Oberboden montiert, bei vor der Front laufenden werden sie auf den Oberboden, bei einigen Beschlagsystemen auch gegen die Kante geschraubt. Bei der Befestigung der Laufschienen ist darauf zu achten, dass sich die Schienen nicht verziehen oder durchbiegen. Die untere Führung wird bei im Korpus laufenden Schiebetüren in der Regel durch Führungsnocken erreicht, die auf dem Unterboden befestigt werden. Die Türen können hier in ganzer Dicke von der Führung umfasst werden oder in einer Nut in der Türunterkante laufen. Vor der Front geführte Schiebetüren benötigen besondere Führungsschienen, die unter den Unterboden oder an dessen Kante befestigt werden, und Führungsbeschläge, die an den unteren Ecken der Schiebetüren zu montieren sind. Wichtig ist eine genaue Parallelität der oberen Lauf- und unteren Führungsschiene, da die Beschläge nur sehr geringe Toleranzen auffangen können (B 3.8-32 bis 40).

Zusätzlich können am Oberboden mechanische Dämpfungssysteme eingebaut werden, die zur Endstellung der Schiebetüren ein automatisches sanftes Schließen ermöglichen.

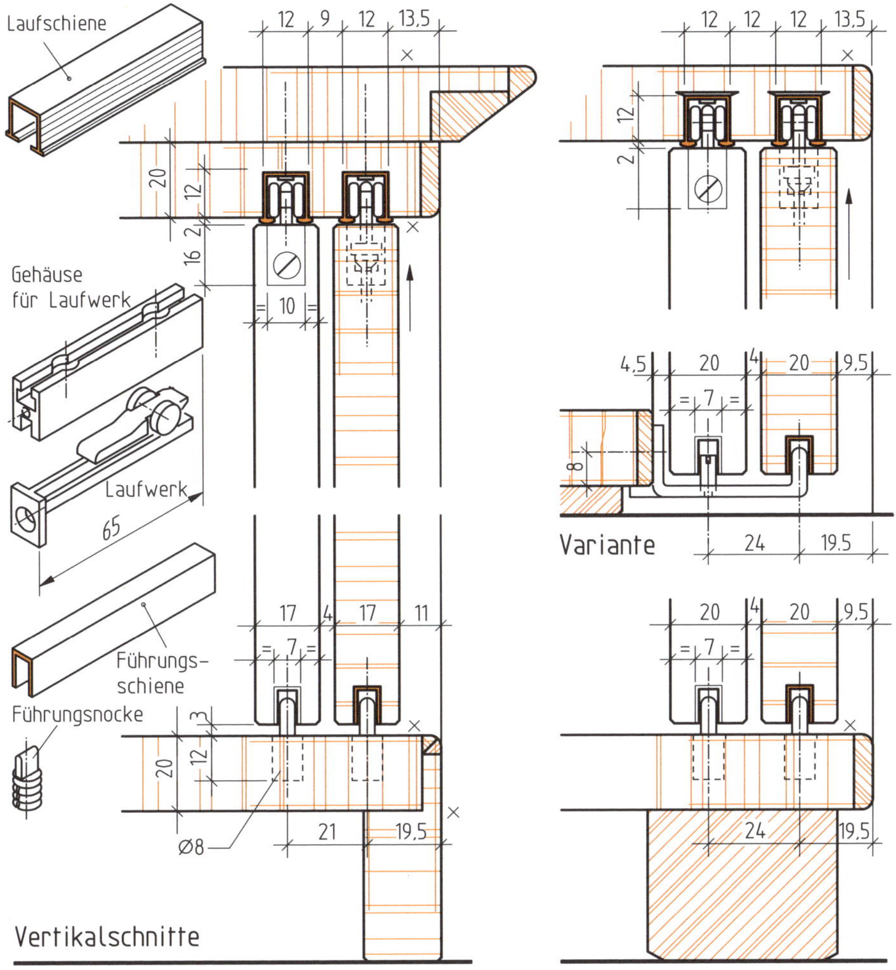

B 3.8-32 Schiebetüren mit zierlichem Rollenlaufwerk für Türgewichte bis 15 kg und Türdicken von 16 mm bis 20 mm. Die Gehäuse für das Laufwerk werden seitlich in die Oberkante der Türen eingenutet, in die dann jeweils das Laufwerk eingeschoben und festgeschraubt wird. Die Laufschienen werden in den Oberboden eingenutet und hier durch Drehriegel (rechts oben) oder durch Schrauben (links oben) befestigt. Die untere Führung erfolgt bei innen liegenden Türen durch Führungsnocken oder bei vor dem Boden laufenden Türen durch einen besonderen Beschlag, der an die Kante des Unterbodens zu schrauben ist. In jedem Fall sind die Unterkanten der Türen für eine Führungsschiene zu nuten (Ek, Hä).

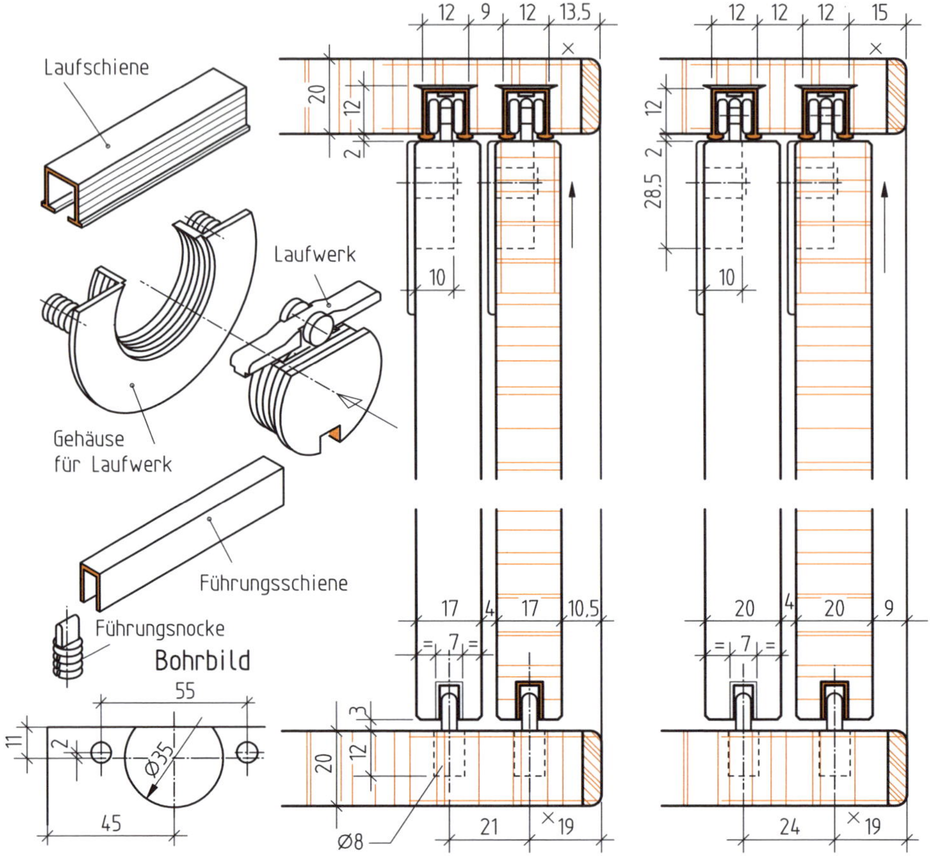

B 3.8-33 Hängend geführte Schiebetüren mit zierlichem Rollenlaufwerk für Türgewichte bis 15 kg und Türdicken von 13 bis 20 mm. Die Laufschienen werden in den Oberboden eingenutet und durch einen Drehriegel befestigt. In die Oberkante der Tür werden die Gehäuse von der Rückseite her in eine Bohrung gepresst, in die dann die Laufwerke eingeklippst werden können. An der Unterkante der Türen werden U-Schienen aus Kunststoff zur Führung über die Führungsnocken eingenutet. Dadurch sind keine störenden Schienen im Boden erforderlich. Die Führungsnocken werden im Bereich der mittleren Überlappung der Schiebetüren (20 bis 30 mm) in den Unterboden eingebohrt. Die Laufschienen können bis auf einen Radius von 1,60 m gebogen werden, sodass der Beschlag auch für runde Schiebetüren geeignet ist. Außerdem können Holztüren mit Glasschiebetüren (siehe B 3.8-73) kombiniert werden (Ek, Hä).

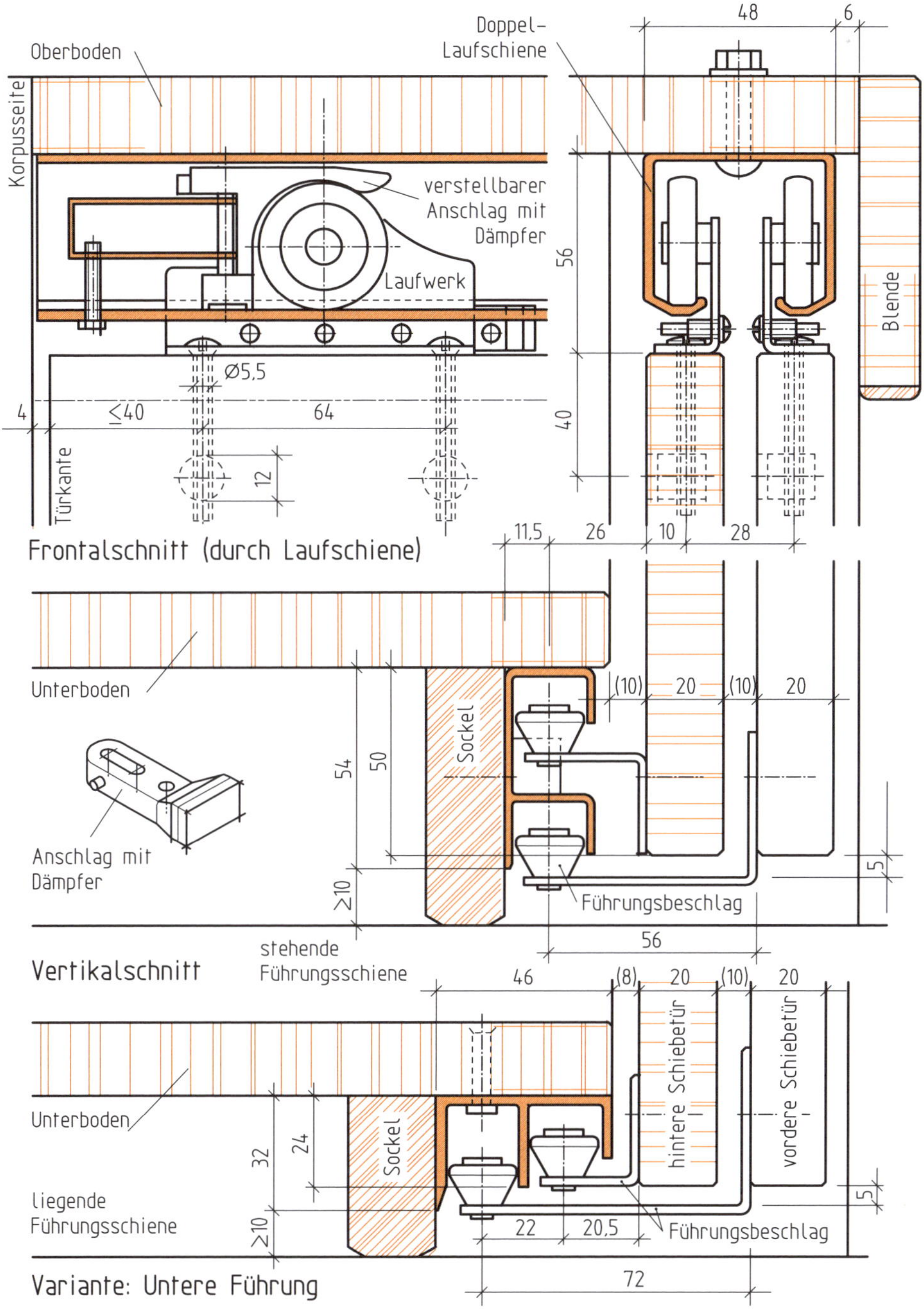

B 3.8-34 Schwere Schiebetüren (siehe Seite 255)

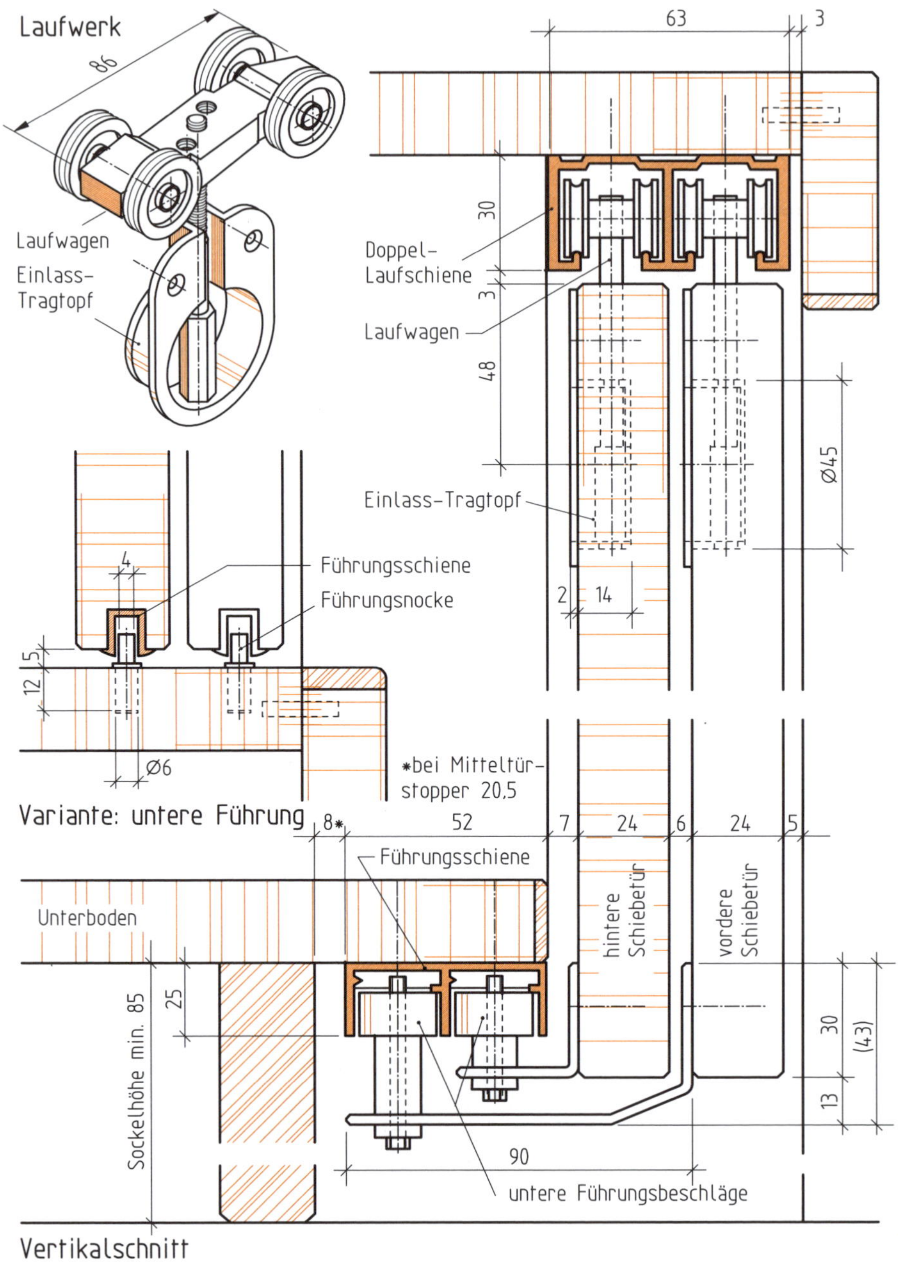

B 3.8-35 Schwere Schiebetüren (siehe Seite 255)

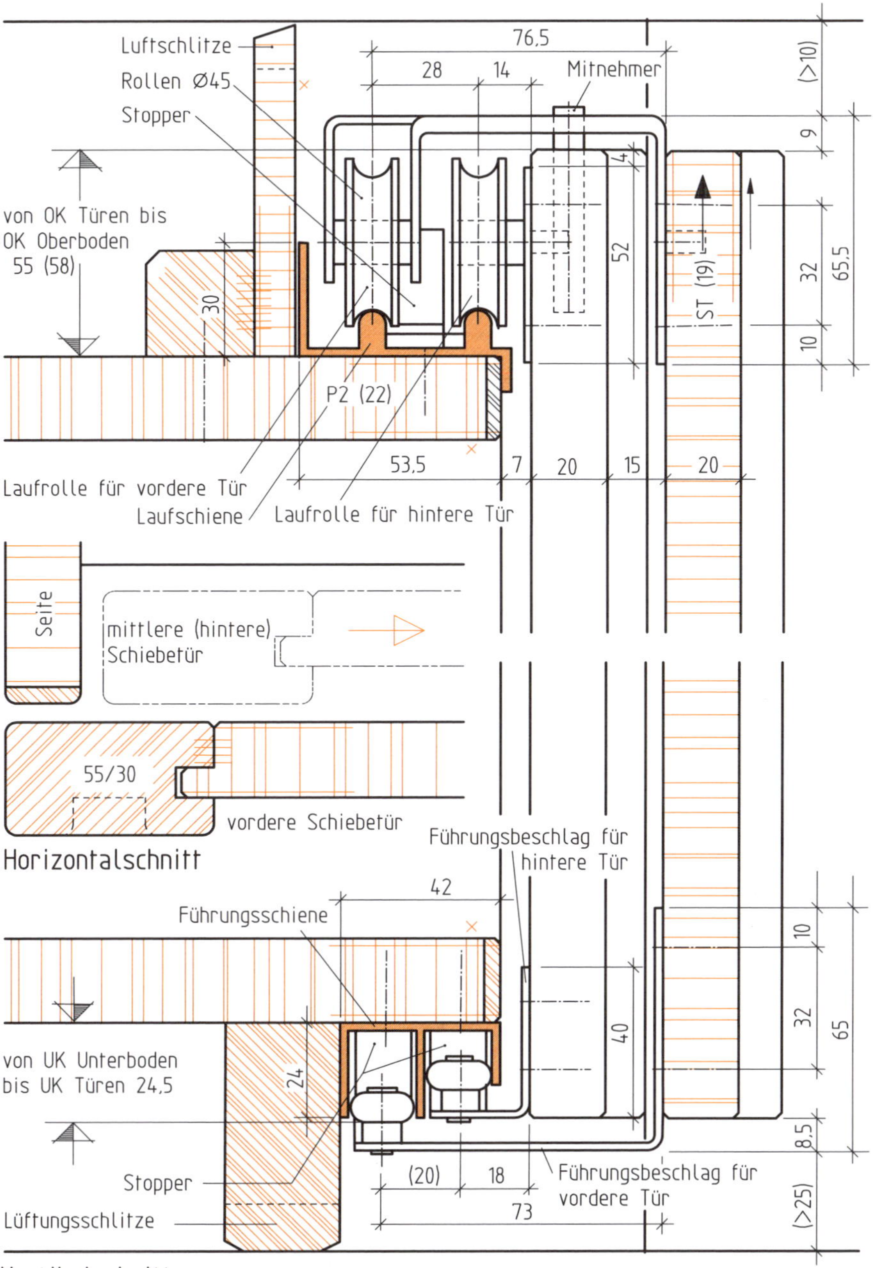

Vertikalschnitt

B 3.8-36 (siehe Seite 255)

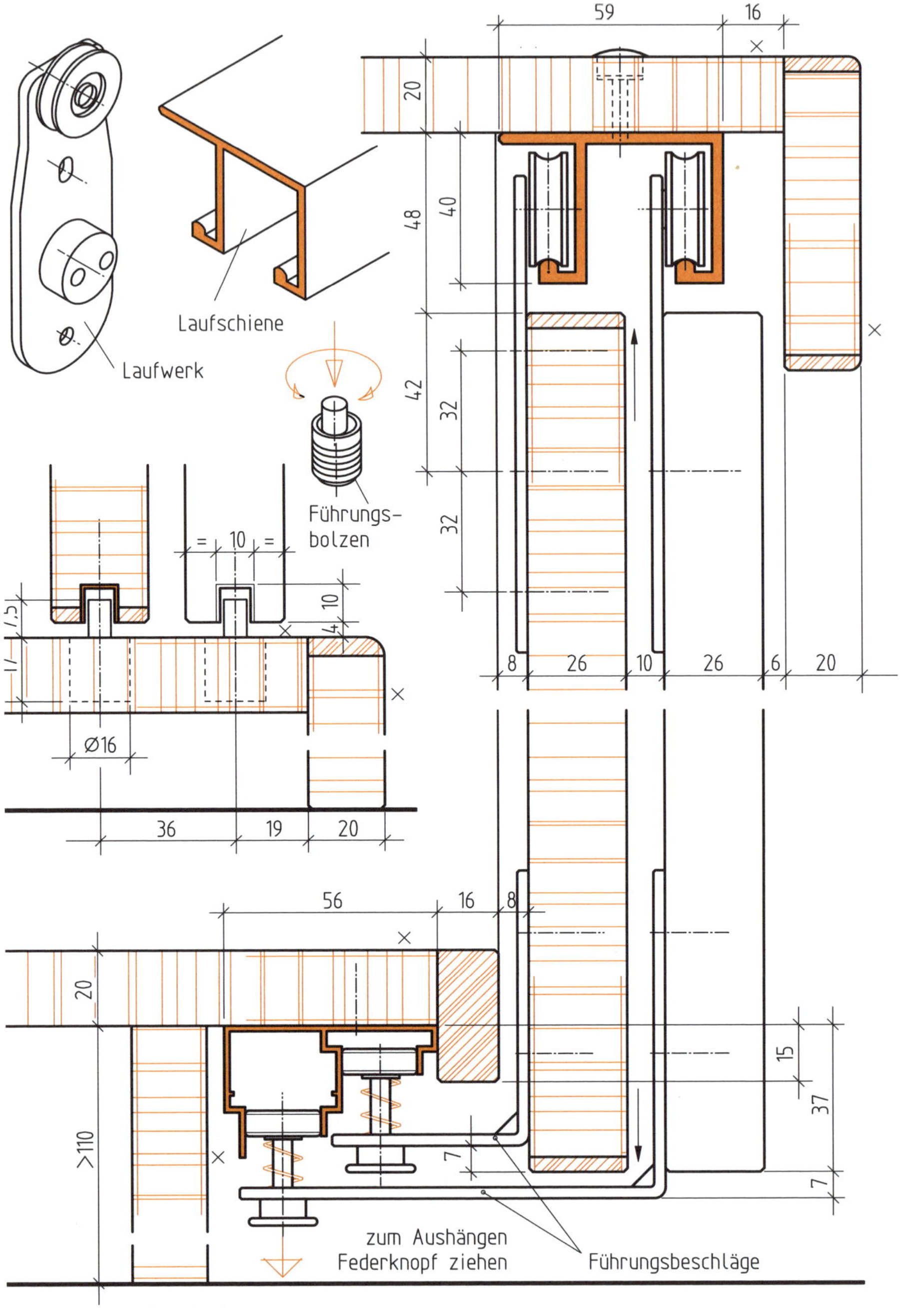

B 3.8-37 (siehe Seite 255)

B 3.8-34 (Seite 251) Schrankschiebetürbeschlag für oben in und unten vor dem Korpus laufenden schweren Türen bis 75 kg. Die Laufschiene wird unter den Oberboden montiert und durch eine breite Blende abgedeckt. Das Laufwerk wird mittels Gewindeschrauben in Quermutterbolzen an der Oberkante der Tür befestigt. Eine Gewindeschraube am Laufwerk verhindert ein unbeabsichtigtes Aushängen der Tür. Unten werden die Schiebetüren vor dem Unterboden durch einen besonderen Führungsbeschlag geführt. Verschiedene Führungsschienen erlauben unterschiedliche Sockelhöhen auf Kosten des Sockelrücksprungs (He, Hu).

B 3.8-35 (Seite 252) Schwere Schiebetüren. Das Laufwerk kann mit zwei Rollen für Türgewichte bis 40 kg oder mit vier Rollen für Türgewichte bis 70 kg ausgestattet sein und für Türdicken von 20, 23, 26 und 30 mm umgerüstet werden. Der Tragtopf wird rückwärtig in. die Schiebetüren eingebohrt. Tragtopf und Laufwagen sind durch einen Gewindebolzen miteinander verbunden. Durch ihn ist auch eine exakte Höhenjustierung der Tür möglich. Die Laufwagen laufen in einer extrem niedrigen Doppellaufschiene. Unten können die Schiebetüren im Korpus durch Führungsnocken in Lage gehalten werden oder durch einen besonderen Führungsbeschlag vor dem Unterboden geführt werden. Schwere und hohe Schiebetüren sind in der Führungs- und in der Laufschiene abzustoppen und mit Auflaufsicherungen zu versehen (Ha, Hä).

B 3.8-36 (Seite 253) Vor dem Korpus laufende, hohe Schiebetüren für ein Türgewicht bis 50 kg und für Türdicken bis 26 mm. Die Schiebetüren laufen auf dem Oberboden und werden unter dem Unterboden geführt. Bei raumhohen Schränken sind keine Blenden erforderlich. Die Schiebetüren sind durch seitlich angefederte Griffleisten gegen Durchbiegen gesichert. Die leicht laufenden Türen sind in den Endstellungen abzustoppen und gegen Auflaufen durch Türmitnehmer zu sichern (Hu, Ha, Hä sinngemäß).

B 3.8-37 (Seite 254) Schiebetürbeschlag für oben und unten in oder oben in und unten vor dem Korpus laufende schwere Schiebetüren bis 60 kg Gewicht. Das Laufwerk wird rückwärtig an die Schiebetüren geschraubt. Eine Exzenterbuchse erlaubt eine Höhenverstellung von ± 3 mm. Bei einer unteren Führung der Schiebetüren im Korpus sind Führungsbolzen eingebohrt, die sich niederdrücken und sich exzenterförmig verstellen lassen, um die Schiebetüren einsetzen und in der richtigen Lage fixieren zu können. Bei einer Führung vor dem Unterboden sind die Führungsrollen federnd gelagert, um die Türen einhängen zu können (Ek, Hä).

Zum sanften Verfahren der Schiebetüren in die Endstellung können bei fast allen schweren Schiebetürbeschlägen zusätzlich Dämpfungssysteme am Oberboden eingebaut werden. Sie bestehen im Wesentlichen aus den Dämpfungsbeschlägen, die entweder auf oder unter den Oberboden geschraubt werden können, und den Mitnehmern, die an die Rückfront der Schiebetüren zu schrauben sind. Bei u-förmigen Laufschienen bieten einige Hersteller auch zierliche Dämpfungsbeschläge an, die in die Laufschienen eingebaut und mit den Laufwagen verbunden werden können (Ha, He, Hä, Ek).

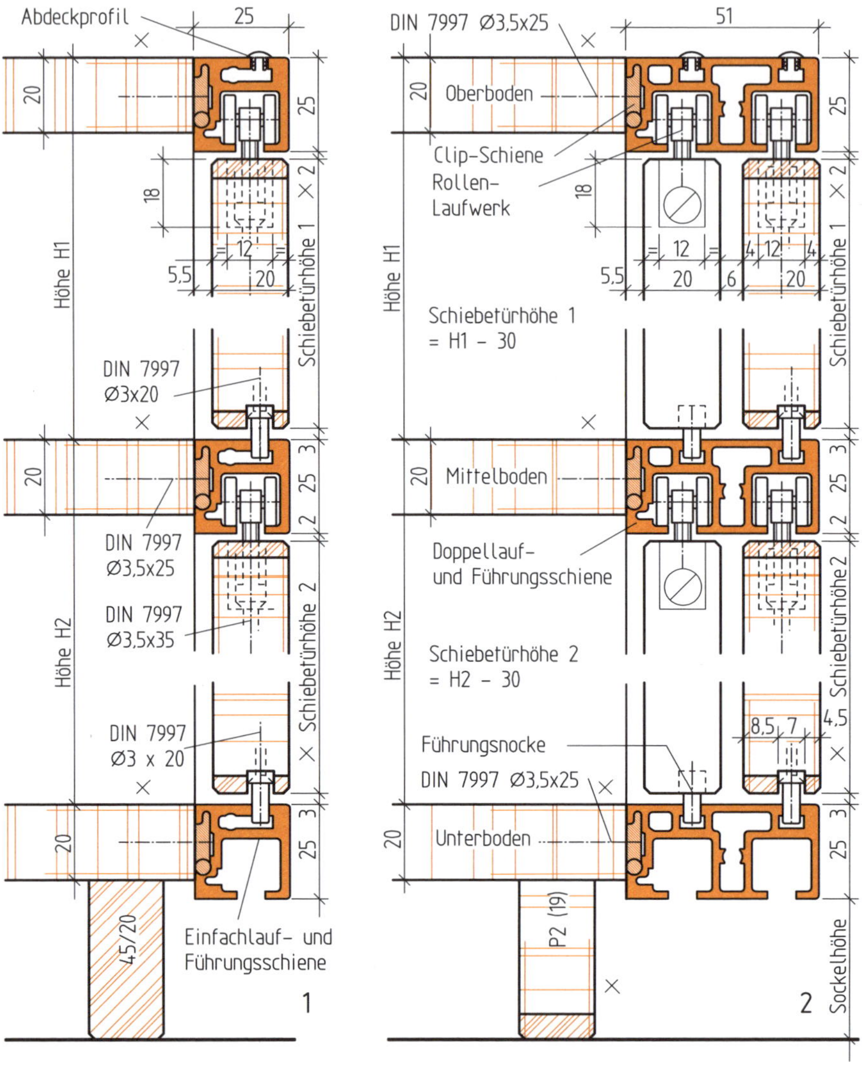

B 3.8-38 Schiebetüren vor Regalböden laufend. Die Alu-Schienen sind sowohl als Laufschienen als auch als Führungsschienen geeignet. Sie werden mittels Sicherheitsclips auf den Schmalkanten der Böden befestigt. An den oberen Schienen werden die Führungsnuten durch Abdeckprofile geschlossen. 1 Konstruktion mit Einfachlauf-Führungsschienen, 2 mit Doppellauf-Führungsschienen (Ek, Hä).

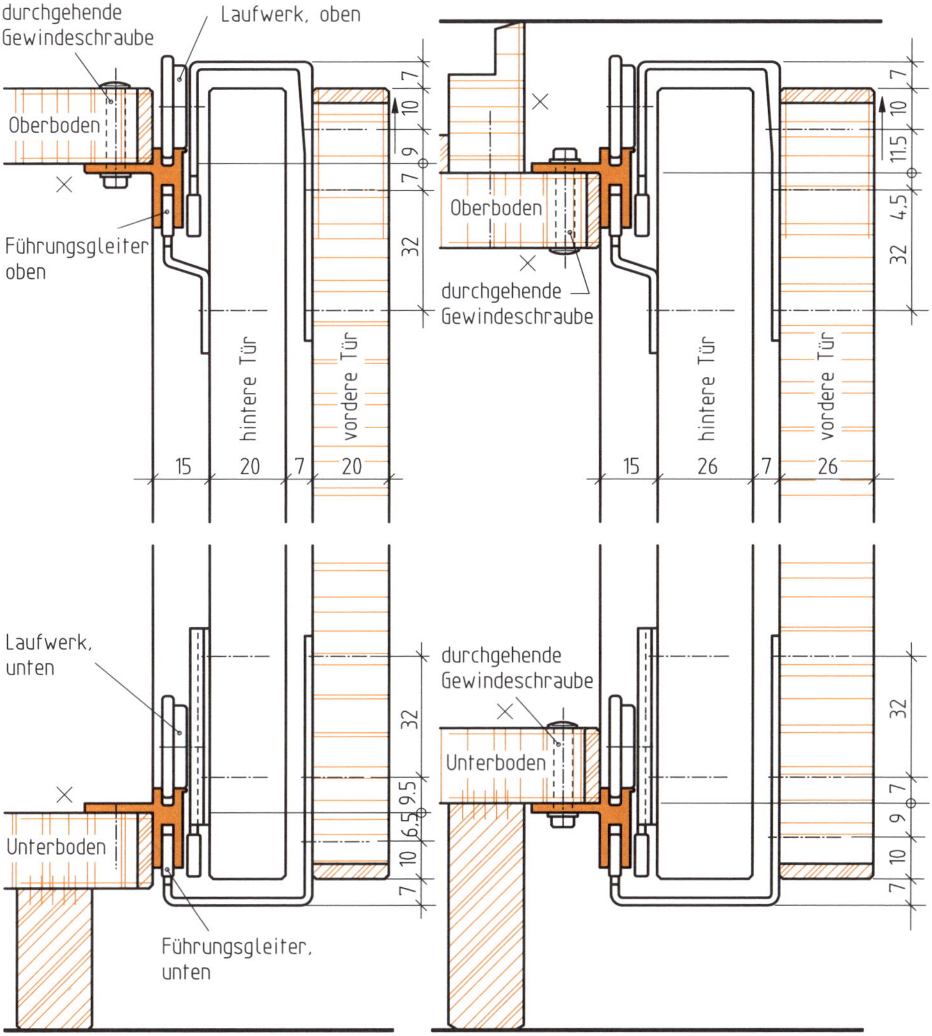

B 3.8-39 Vor dem Korpus laufende Schiebetüren. Der Schiebetürbeschlag ist einrollig für 20 kg und zweirollig für 30 kg schwere Schiebetüren ausgelegt. Beide Schiebetüren, die hintere und die vordere, werden in einer Lauf- und Führungsschiene geführt. Diese kann auf oder unter die Böden montiert werden. Die Beschläge sind für Türdicken von 20 mm und 26 mm vorbereitet (Ha, Hä).

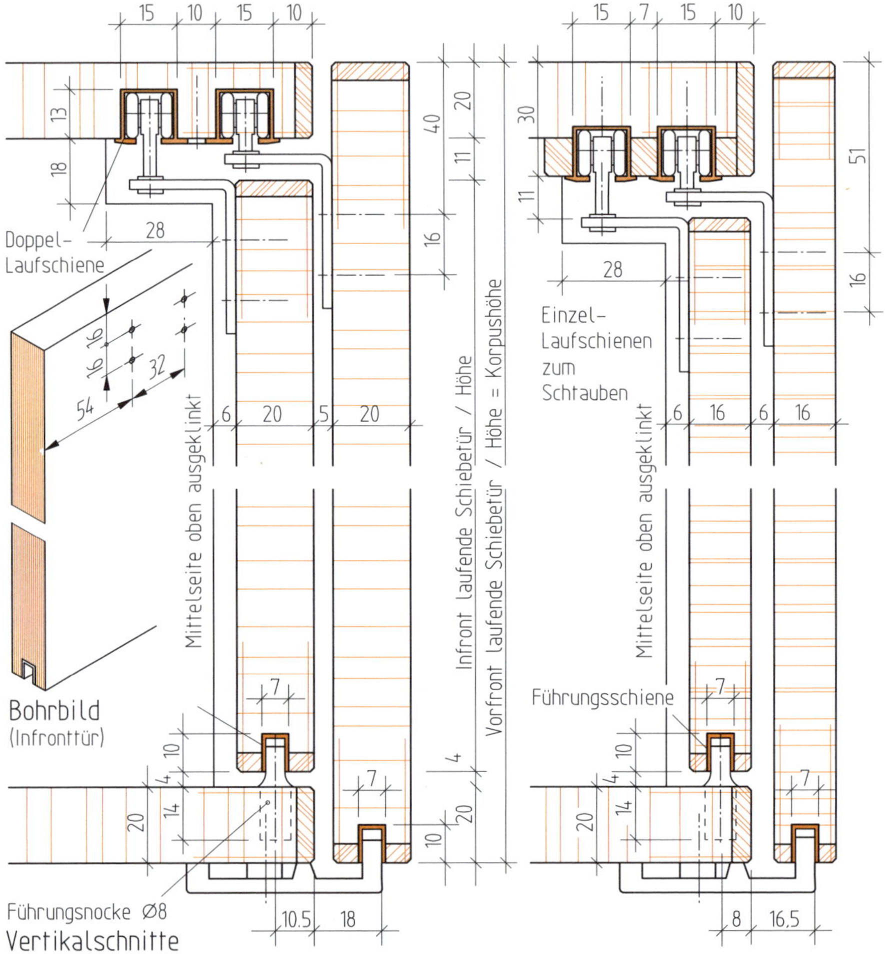

B 3.8-39a Oben laufende Mixfront-Schiebetüren. Beispiel: Die mittlere Schiebetür läuft vor der Front, die beiden seitlichen Schiebetüren in der Front (Hä).

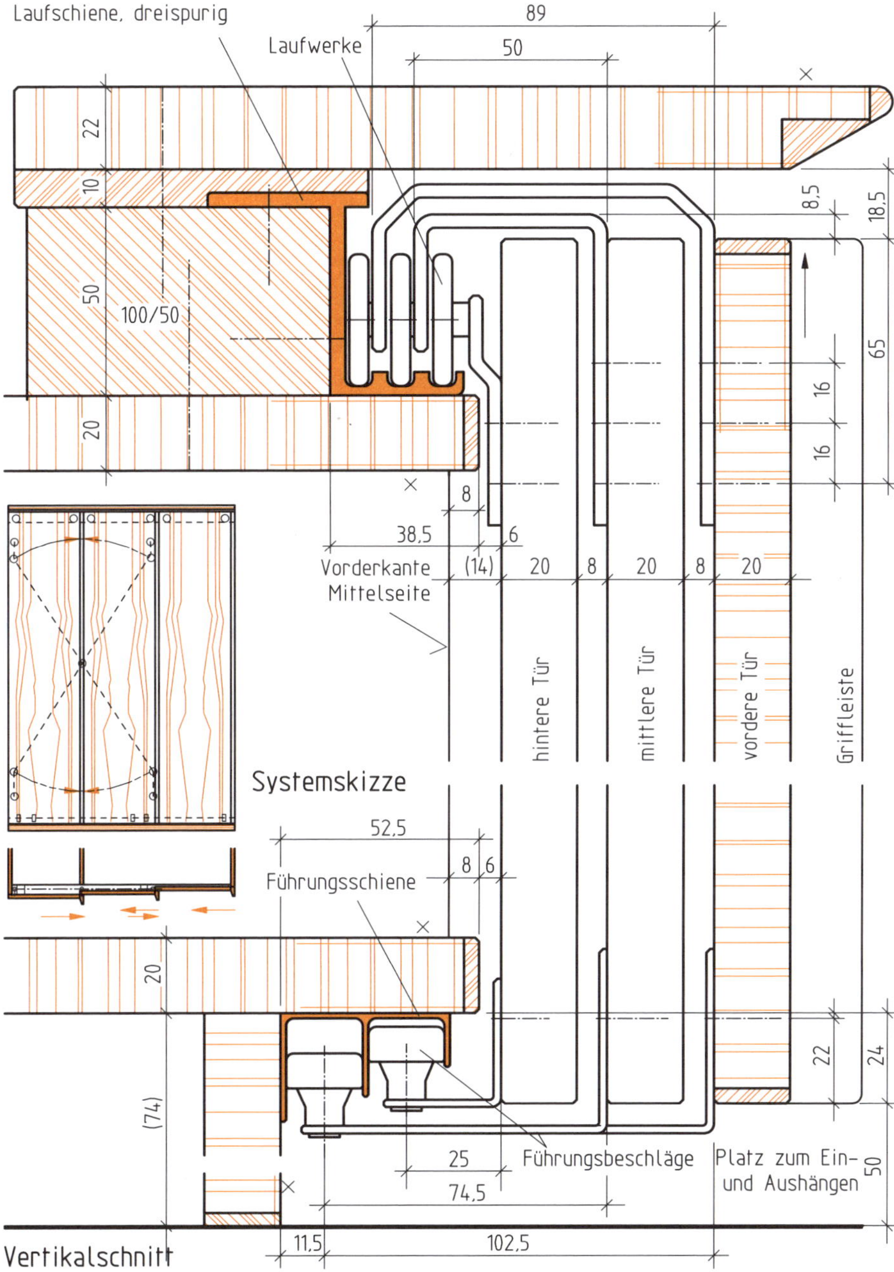

B 3.8-40 Dreiteilige Teleskopschiebetüren (siehe Seite 260)

3.8.5 Seiten- und Mittenanschlüsse

Schiebetüren können seitlich stumpf gegen die Seiten laufen. Bei dieser Lösung werden die Fugen zwischen Schiebetürkanten und Korpus sichtbar. Besser ist es, die Fugen durch Lisenen oder Beistoßleisten abzudecken oder die Schiebetüren in eingefräste Nuten der Seiten laufen zu lassen. Vor der Front laufende Schiebetüren können auch über die Seitenkanten geführt werden.

In der Mitte laufen die Schiebetüren 2 bis 3 cm übereinander. Soll bei zweiteiligen Schiebetüren die mittlere Kante der vorderen Tür genau in der Mitte des Schranks liegen, muss die hintere Tür um das Überschlagsmaß breiter sein. Auf Wunsch kann hier eine besondere Staubschutzleiste eingebaut werden.

Zum Öffnen und Schließen der Türen werden seitlich Griffmöglichkeiten vorgesehen. Dies können eingelassene Griffmuscheln aus Metall, Kunststoff, Holz, aufgesetzte durchlaufende Griffleisten oder Griffstangen sein. Die beiden Schiebetüren werden so gegeneinander arretiert, dass beim Übereinanderschieben der Türen der Griff auf der hinteren Tür nicht überdeckt wird und ein Klemmen der Finger ausgeschlossen ist. Bei vor der Front laufenden, hohen Schiebetüren werden bevorzugt über die gesamte Türhöhe reichende Griffleisten angeleimt, um der Gefahr des Durchbiegens der Schiebetür entgegenzuwirken.

Schiebetüren können gegen unbefugten Zugriff auch verschlossen werden. Man unterscheidet einen Verschluss der Schiebetüren an den Korpusseiten und im Überschlag der Schiebetüren. Für den Verschluss an den Korpusseiten eignen sich das Zirkelriegelschloss und das Flügelriegelschloss. Im Türüberschlag kann man zum Verschließen Druckzylinderschlösser oder Zylinder-Schwenkriegelschlösser einsetzen, die hinter die mittlere Kante der zurückliegenden Tür fassen und beide Türen dadurch gleichzeitig verschließen (B 3.8-41 bis 45).

B 3.8-40 (Seite 259) Dreiteilige Schiebetüren werden teleskopartig und geräuscharm geöffnet und wieder geschlossen. Dadurch kann der Schrankraum bis zu 65 % geöffnet werden. Die Laufwerke und Führungen benötigen drei Laufspuren. Hinter den Schiebetüren ist versteckt ein Scherensystem angebracht, welches für den Synchronlauf der Türen sorgt. Das Türgewicht ist mit 20 kg, die Türbreite mit 500 bis 600 mm, die Türdicke mit 20 mm und die Türhöhe mit ca. 2400 mm begrenzt. Der Oberboden darf unter Belastung nicht mehr als 1,5 mm durchbiegen und ist deshalb ausreichend zu verstärken (He).

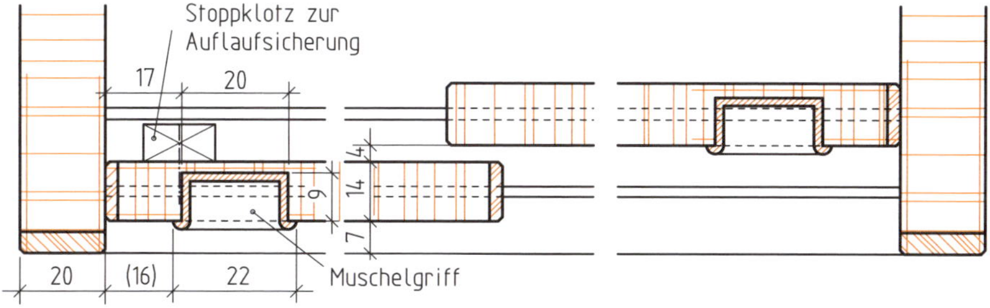

B 3.8-41 Seiten- und Mittenanschluss einfacher Schiebetüren. Die Türen stoßen stumpf gegen die Korpusseiten. Dadurch können Fugen am Anschluss der Türkante zur Korpusseite sichtbar werden. In die Türen sind Muschelgriffe eingelassen. Damit der Griff der hinteren Tür immer zu greifen ist, sind die Schiebetüren gegeneinander abgestoppt.

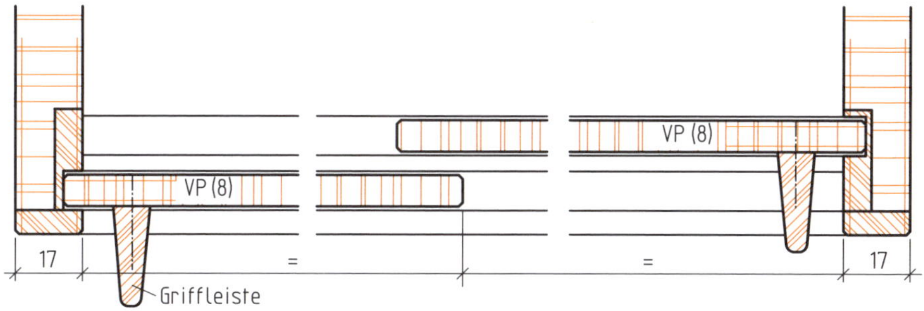

B 3.8-42 Kleine und dünne Schiebetüren mit aufgesetzten Holzgriffen laufen seitlich in Nuten. Dadurch sind die Anschlussfugen verdeckt.

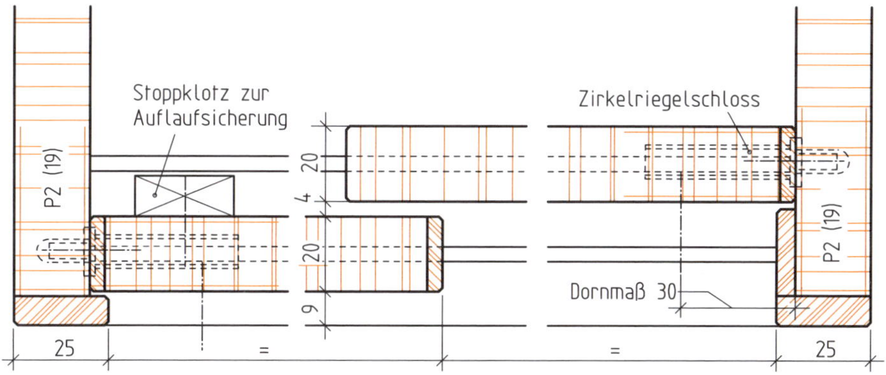

B 3.8-43 Schiebetüren sind seitlich durch Einsteck-Zirkelriegelschlösser verschlossen, Dornmaß 30 mm (Hä, Ju). Die seitlichen Anschlussfugen der Schiebetüren sind durch die auf die Korpusseiten aufgeleimten Lisenen abgedeckt.

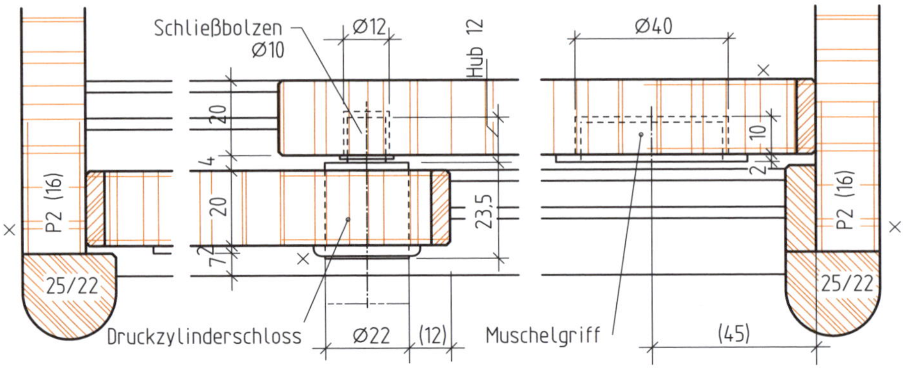

B 3.8-44 Schiebetüren sind in der Mitte, im Bereich der Überlappung, durch ein Druckzylinderschloss gegeneinander verriegelt. Der Schließzylinder ist in der vorderen Tür so eingelassen, dass bei geschlossenen Türen der Schließbolzen durch Eindrücken des Zylinders in die Schließbuchse der hinteren Tür fasst (Hä, Hu, Ju). Seitlich fassen die Türen hinter Profilleisten, die auf die Korpuskanten aufgeleimt sind.

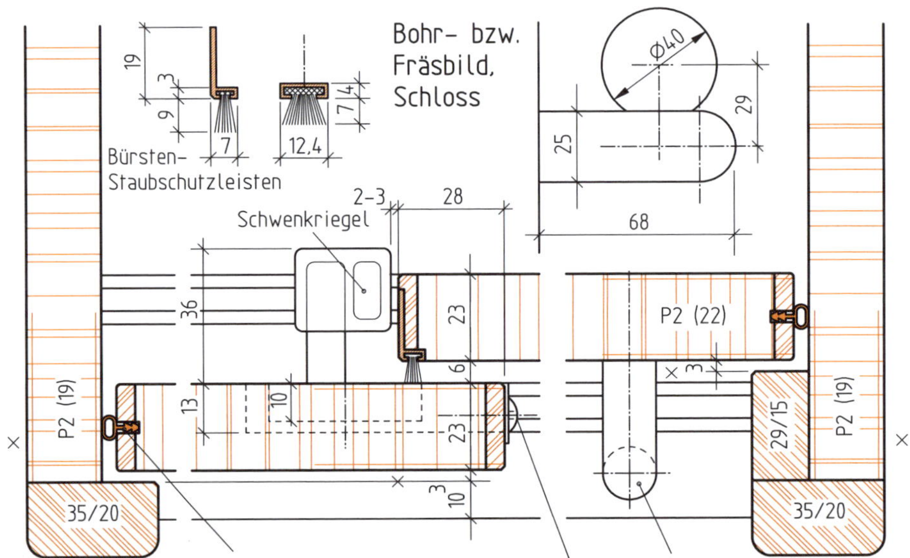

B 3.8-45 Schiebetüren sind in der Mitte durch ein Schwenkriegelschloss gegeneinander verriegelt, das in der Türkante der vorderen Tür eingelassen wird und somit in der Front nicht sichtbar ist. Zusätzlich ist in der Überlappung an der Türkante der hinteren Tür eine Staubschutzleiste eingebaut (Hä, Hu). Seitlich laufen die Kanten der Schiebetüren hinter Lisenen. Eine Schlauchdichtung bietet hier nicht nur Staubschutz, sondern auch eine Dämpfung der Schließgeräusche (Heb).

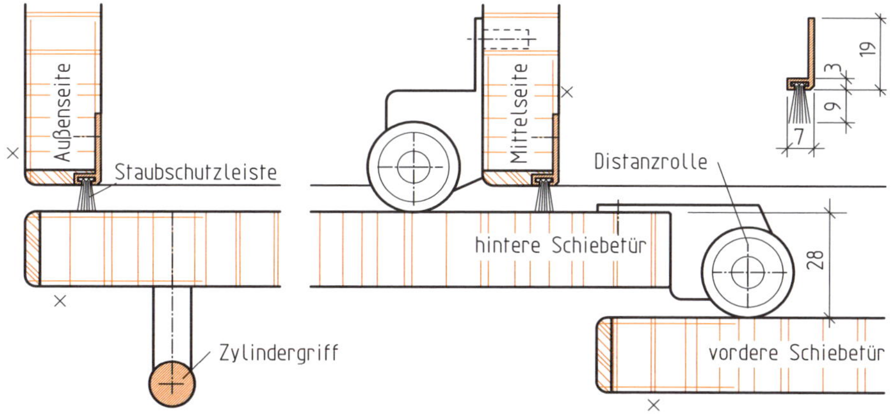

B 3.8-46 Hohe Vorfrontschiebetüren mit Distanzrolle und Staubschutzleisten (He, Hä).

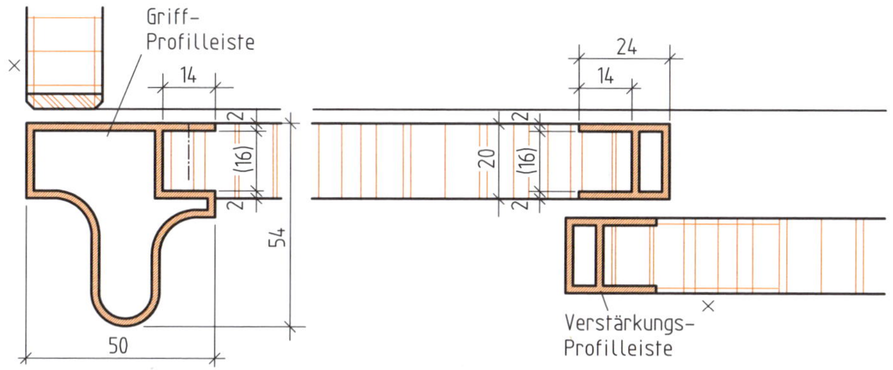

B 3.8-47 Vorfrontschiebetüren mit stabilisierenden Alu-Profilen (Hä).

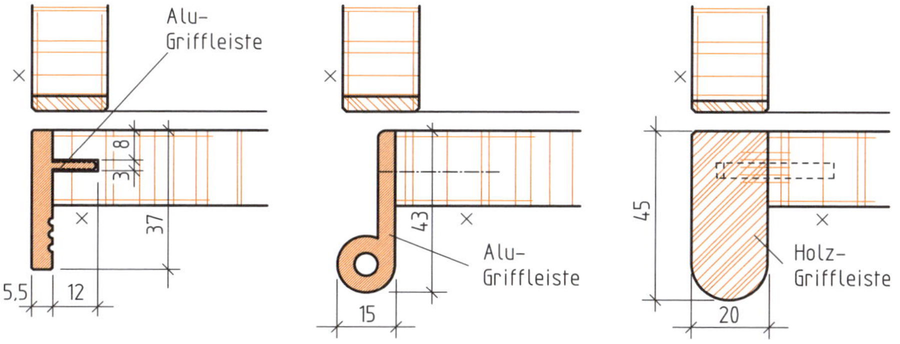

B 3.8-48 Griffleisten an Vorfrontschiebetüren.

3.8.6 Besondere verschiebbare Frontelemente

Die besonderen verschiebbaren Frontelemente weichen in wesentlichen Teilen und Funktionen von den normalen Schiebetüren ab. Sie benötigen in der Regel auch spezielle Beschläge, um zum Beispiel die flächenbündigen Schiebetüren, Faltschiebetüren, Drehschiebetüren, Winkelschiebetüren und Frontauszüge herstellen zu können.

3.8.6.1 Flächenbündige Schiebetüren

Bei flächenbündigen Schiebetüren liegen die beiden Schiebetüren im geschlossenen Zustand in einer Ebene. Aufwendige Laufbeschläge drücken die jeweils zu öffnende Schiebetür vor und ermöglichen dann ein seitliches Verschieben vor der auf dem Korpus aufliegenden anderen Tür. Der Hub beträgt je nach Beschlag ca. 60 mm, sodass je nach Türdicke noch 40 mm Luft im Lichten verbleibt. Genügend, um auf den Fronten Bügelgriffe oder Griffstangen zu montieren. Zur stabileren Führung besonders sehr breiter Schiebetüren dient ein Schwenkbeschlag, der an der Mittelseite montiert wird und in zusätzliche Schienen fasst, die an der Türinnenseite montiert sind (B 3.8-16 und B 3.8-49).
Einfache bündig liegende Vorfrontschiebetüren werden meistens zum Verschließen mittlerer Regalteile eingebaut. Sie laufen beim Öffnen vor die seitlichen Möbelteile und bedecken dann diese. In der Regel werden hier beide Schiebetüren synchron geöffnet und geschlossen (B 3.8-50 und B 3.8-51).

3.8.6.2 Faltschiebetüren

Faltschiebtüren werden beim Öffnen durch seitliches Verschieben zu kleineren Paketen zusammengefaltet. Der erste Flügel ist mit Scharnieren an der Korpusseite angeschlagen, die anderen an der Kante miteinander verbunden. An jeder zweiten Tür ist an der oberen Kante ein drehbarer Laufwagen montiert, der in einer Laufschiene läuft, die auf oder unter dem Oberboden des Schrankes montiert ist. Im Lot des oberen Laufwagens wird an der unteren Kante der Führungsbeschlag angeschraubt, der in einer Führungsschiene läuft, die unter dem Unterboden montiert ist. Je nach Schrankbreite kann die Front in zwei oder mehr Flügelpaare eingeteilt werden. Je nach Frontgewicht ist die Beschlagstärke auszuwählen (B 3.8-52 bis B 3.8-54).

3.8.6.3 Drehschiebetüren

Drehschiebetüren sind eine Kombination zwischen Drehtür und Schiebetür. In der Regel werden hier Drehtüren mit Topfscharnieren an seitlichen Auszügen so angeschlagen, dass sie sich nach einer Drehöffnung um 90° parallel zur Korpusseite einschieben lassen. Ein Zahngetriebe oder Diagonalgestänge sorgt für einen berührungsfreien leichten Lauf. Drehschiebetüren werden dann eingesetzt, wenn die Türen längere Zeit offen stehen bleiben wie bei Fernseh- oder Aktenschränken und dabei die geöffnete Tür nicht stören soll (B 3.8-55).

3.8.6.4 Winkelschiebetüren

Winkelschiebetüren können in L-Form oder in U-Form konstruiert werden. Die L-förmigen Winkelschiebetüren decken den Oberboden und die Front eines Möbels ab. Sie können übereinanderliegend gegeneinander verschoben oder auch flächenbündig, dann meisten synchron, über ein teils offenes Regal verfahren werden. Sie können je nach Beschlag maximal 1500 mm hoch, (800 mm) 1500 mm breit und 700 mm tief sein und dürfen höchstens 40 kg wiegen. Sie laufen auf Laufbeschlägen, die an der Unterkante des Frontteils montiert sind und werden an der Rückwand durch Führungsbeschläge geführt. Sind die Führungsbeschläge mit Dämpfungsbeschlägen gekoppelt, laufen die Winkelschiebetüren sanft und selbstständig in ihre Endstellung (B 3.8-56).

Die U-förmigen Winkelschiebetüren sind für freistehende Möbel geeignet; denn sie decken nicht nur die Vorderfront und den Oberboden ab, sondern auch die Rückfront. Die U-förmigen Winkelschiebetüren laufen auf den jeweils an den Unterkanten montierten Laufbeschlägen und werden in den oberen Ecken durch Führungsbeschläge stabilisiert. Vom Beschlaghersteller werden maximal Türabmessungen von 1200 mm in der Höhe, 1250 mm in der Breite, 700 mm in der Tiefe und ein Gewicht von 50 kg vorgeschlagen (B 3.8-18).

3.8.6.5 Frontauszüge

Frontauszüge werden vorwiegend bei Hochschränken angewendet. Hier lässt sich mit der Front der gesamte Schrankinhalt aus dem Korpus herausziehen, sodass man alle Gegenstände bequem erreichen kann. Frontauszüge werden besonders in Küchen, unter Treppenläufen, in Dachschrägen und im Ladenbau wie in Apotheken eingebaut. Unter dem Unterboden wird mittig der Laufbeschlag montiert, oben der Führungsbeschlag. Beim Einsatz von einem Laufbeschlag ist eine Belastung von 170 kg möglich. Werden zwei Laufbeschläge montiert, kann die Belastung auf 340 kg erhöht werden. Je nach Beschlag kann eine Einbautiefe von 385 bis 1085 mm gewählt werden. Für die Frontabmessung werden vom Beschlaghersteller in der Breite maximal 600 bzw. 800 mm und in der Höhe 2200 mm vorgeschlagen. Ein zusätzlich eingebautes Dämpfungssystem sorgt dafür, dass der Auszug leise schließt und sanft, kaum hörbar in seine Endposition gleitet (B 3.8-19 und B 3.8-57).

B 3.8-49 (Seite 266) Frontbündige Schiebetüren. Der aufwendige Beschlag rückt zum Öffnen eine Schiebetür unter 35° vor die am Korpus laufende Schiebetür, sodass nun bei beiden Schiebetüren wie bei Vorfrontschiebetüren verfahren werden kann. Beim Schließen federt die abgehobene Schiebetür wieder in die Ebene der am Korpus laufenden Schiebetür zurück. Die Kanten der gegeneinander verschiebbaren Schiebetüren müssen deshalb unter 35° abgeschrägt werden. An den Bodenkanten und an der Schräge der Türkanten können Staubschutzleisten eingebaut werden. Für Türgewichte bis 50 kg und Türdicken bis 28 mm (Hä).

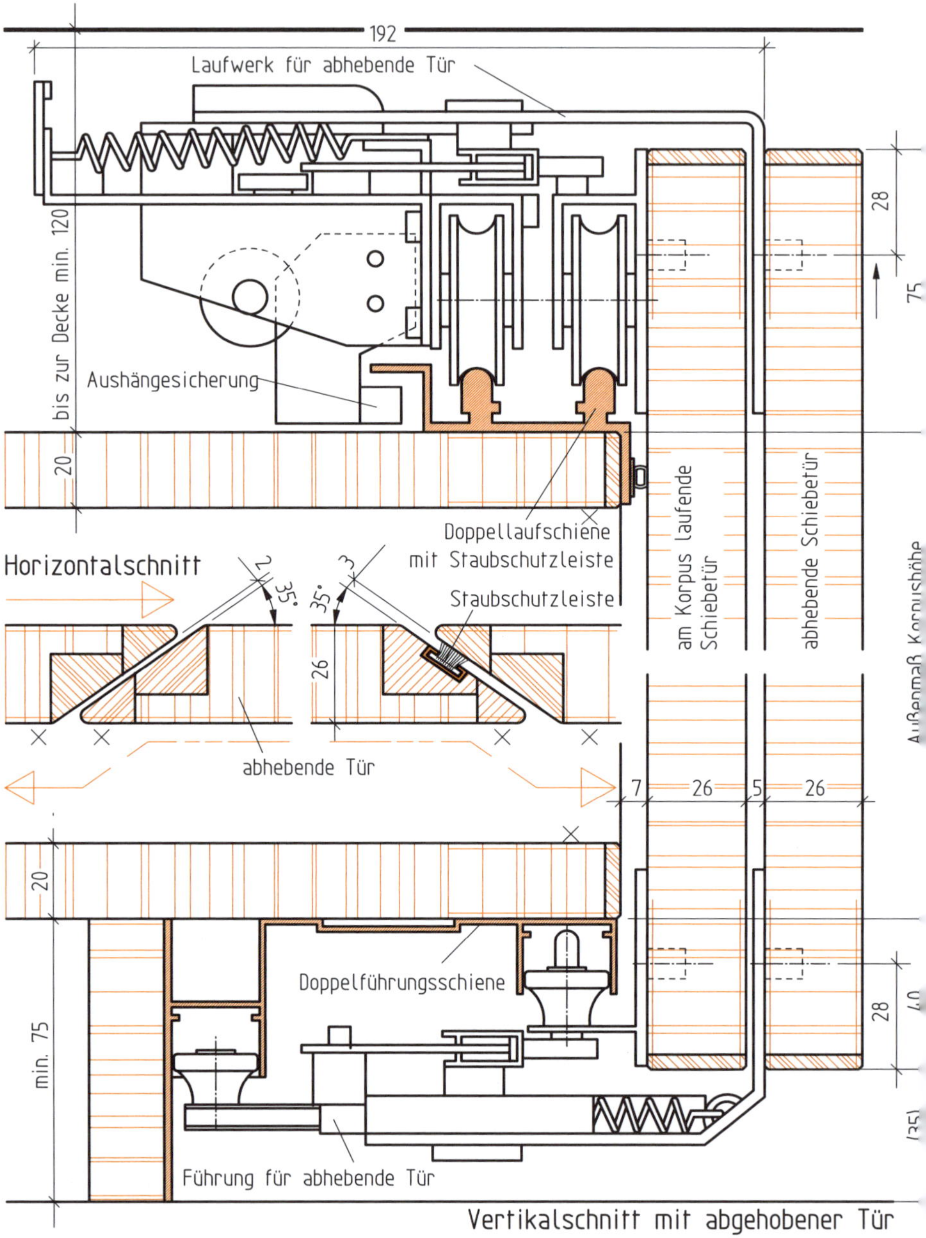

B 3.8-49 Frontbündige Schiebetüren (siehe Seite 265)

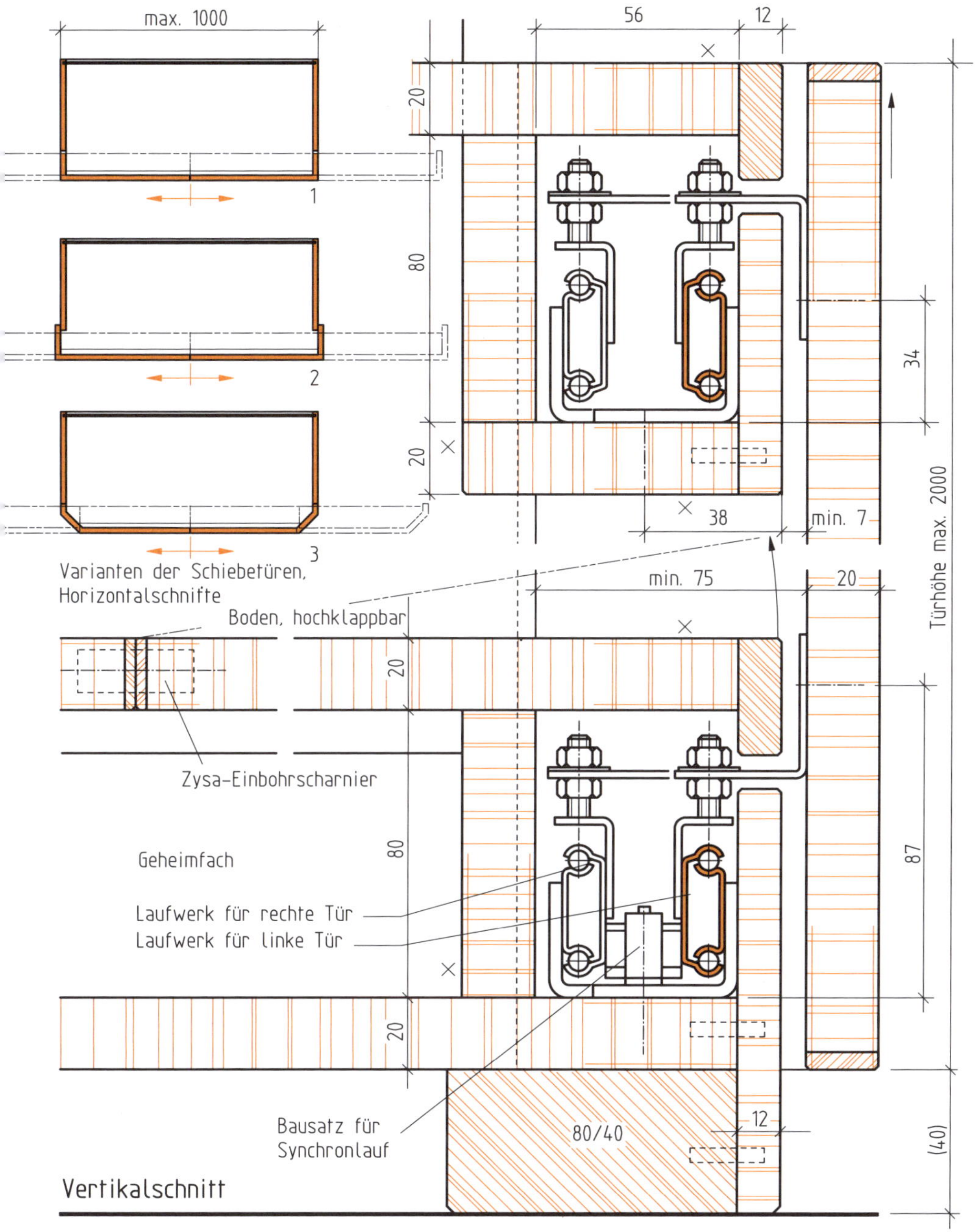

B 3.8-50 (siehe Seite 273)

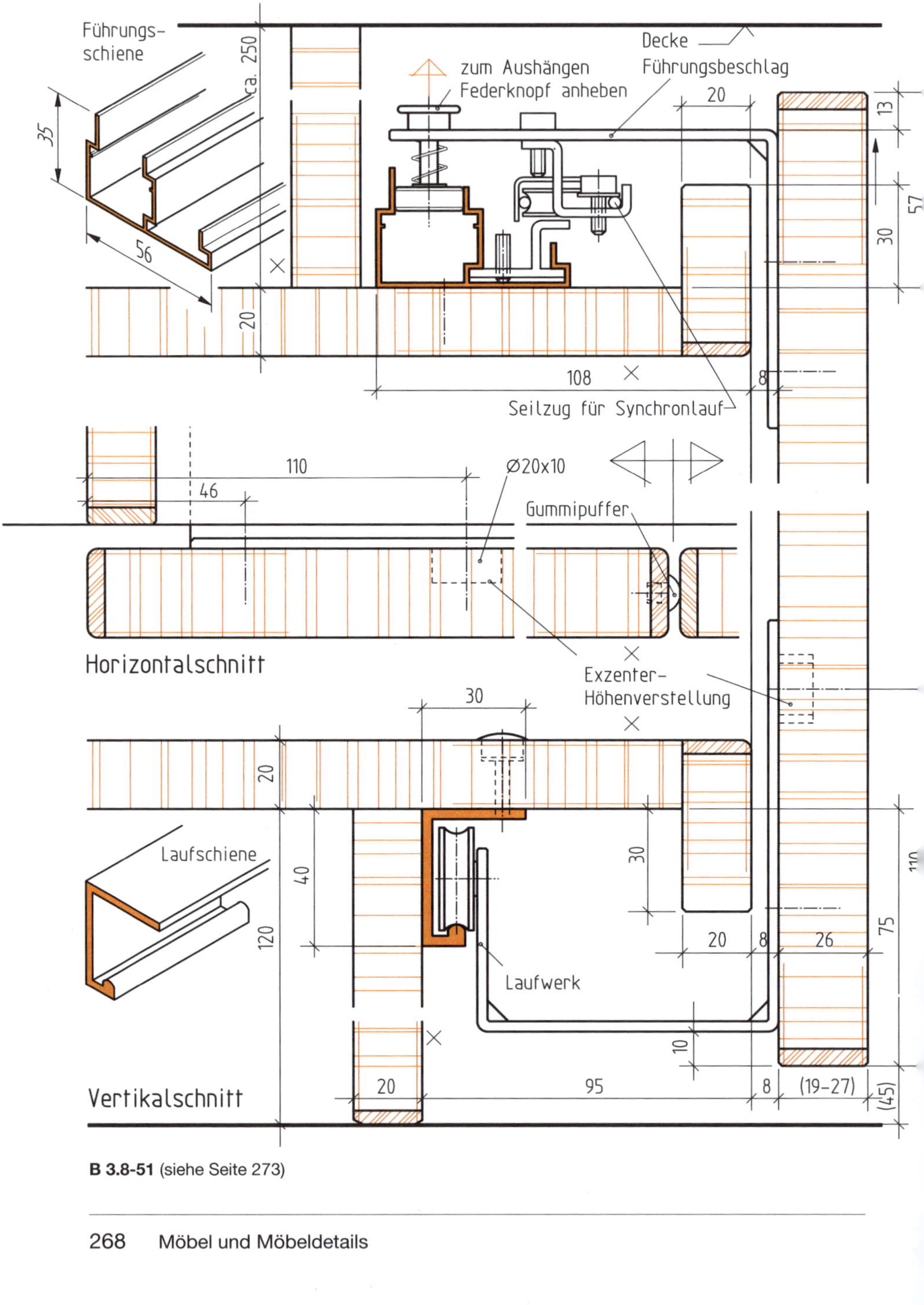

B 3.8-51 (siehe Seite 273)

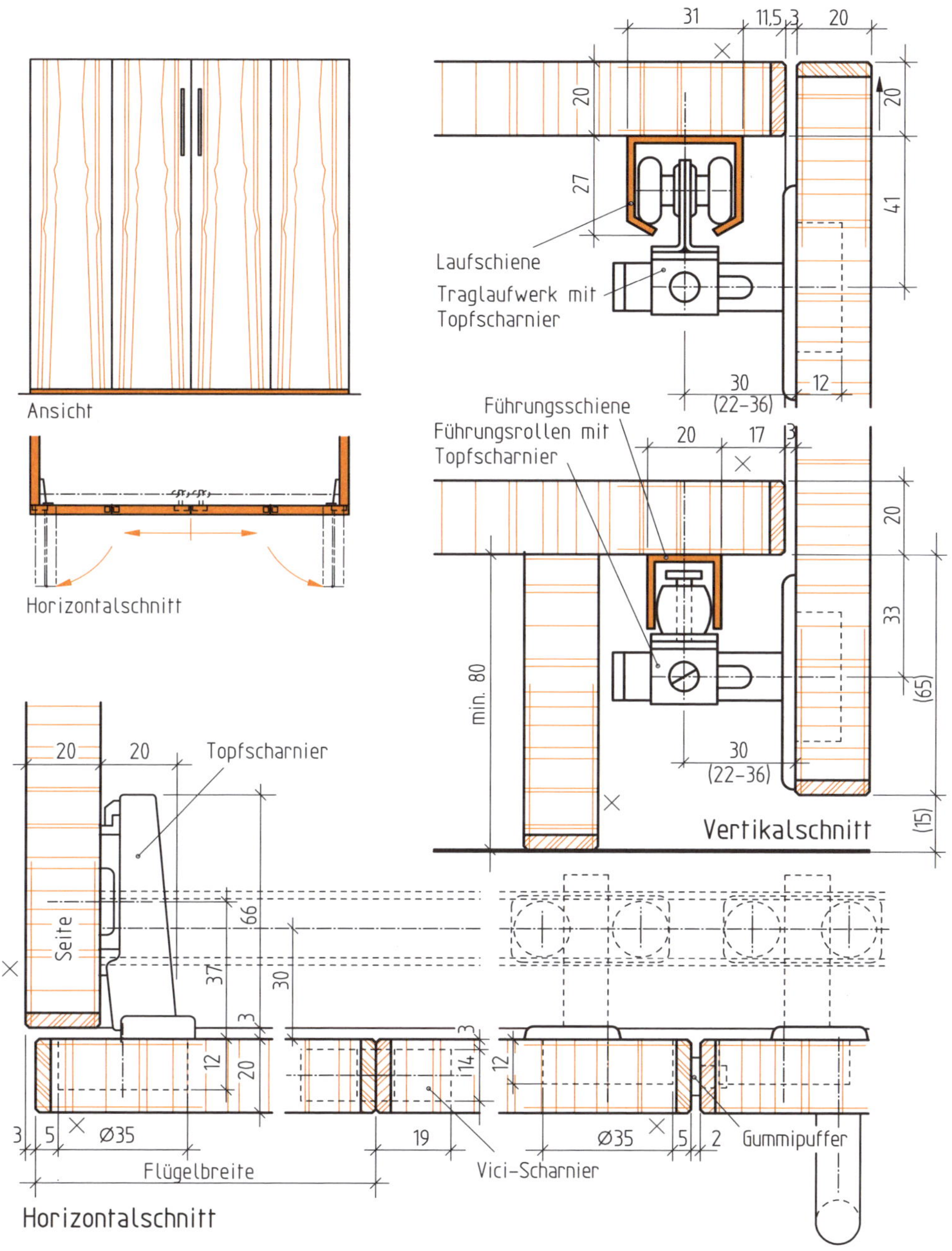

B 3.8-52 (siehe Seite 273)

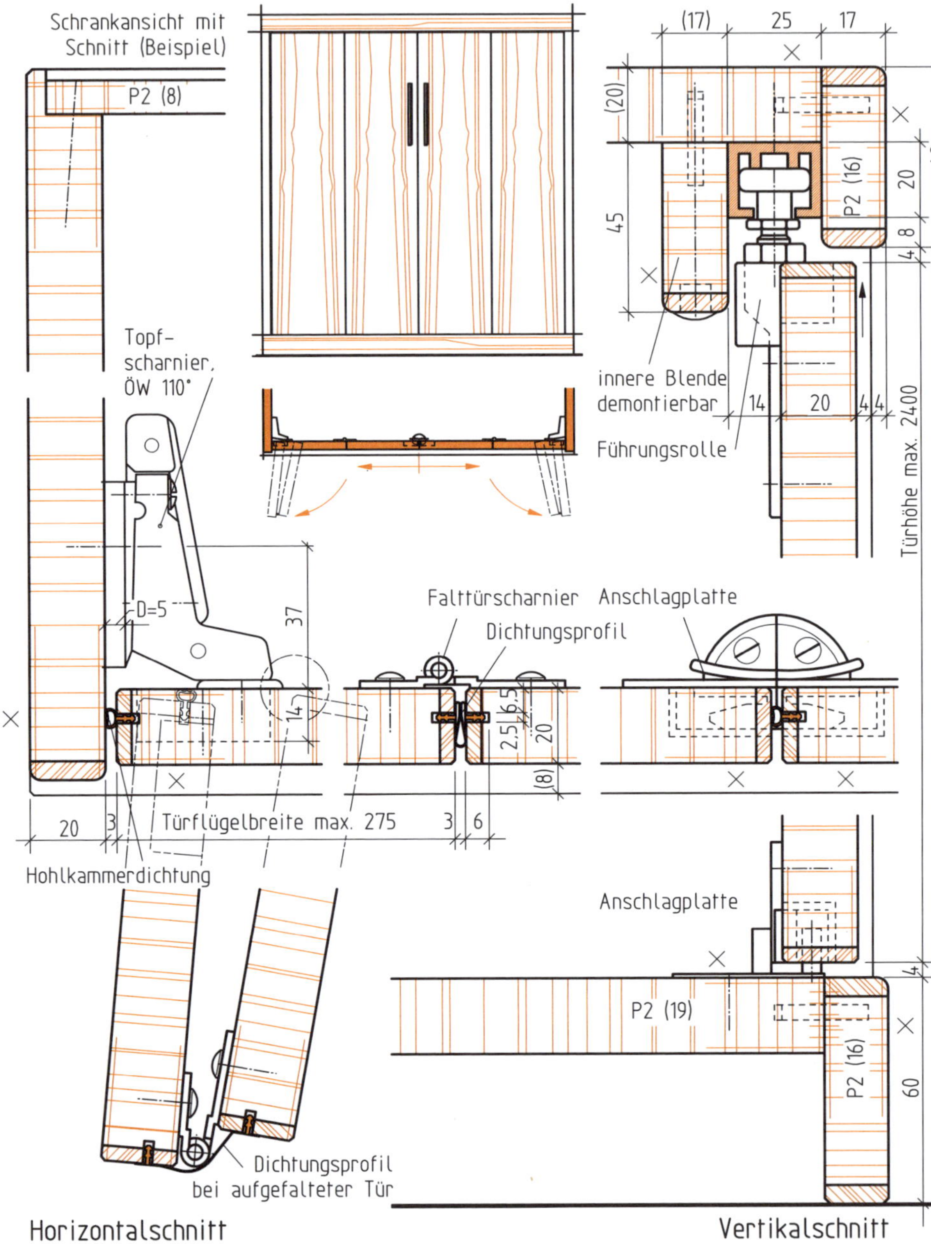

B 3.8-53 (siehe Seite 273)

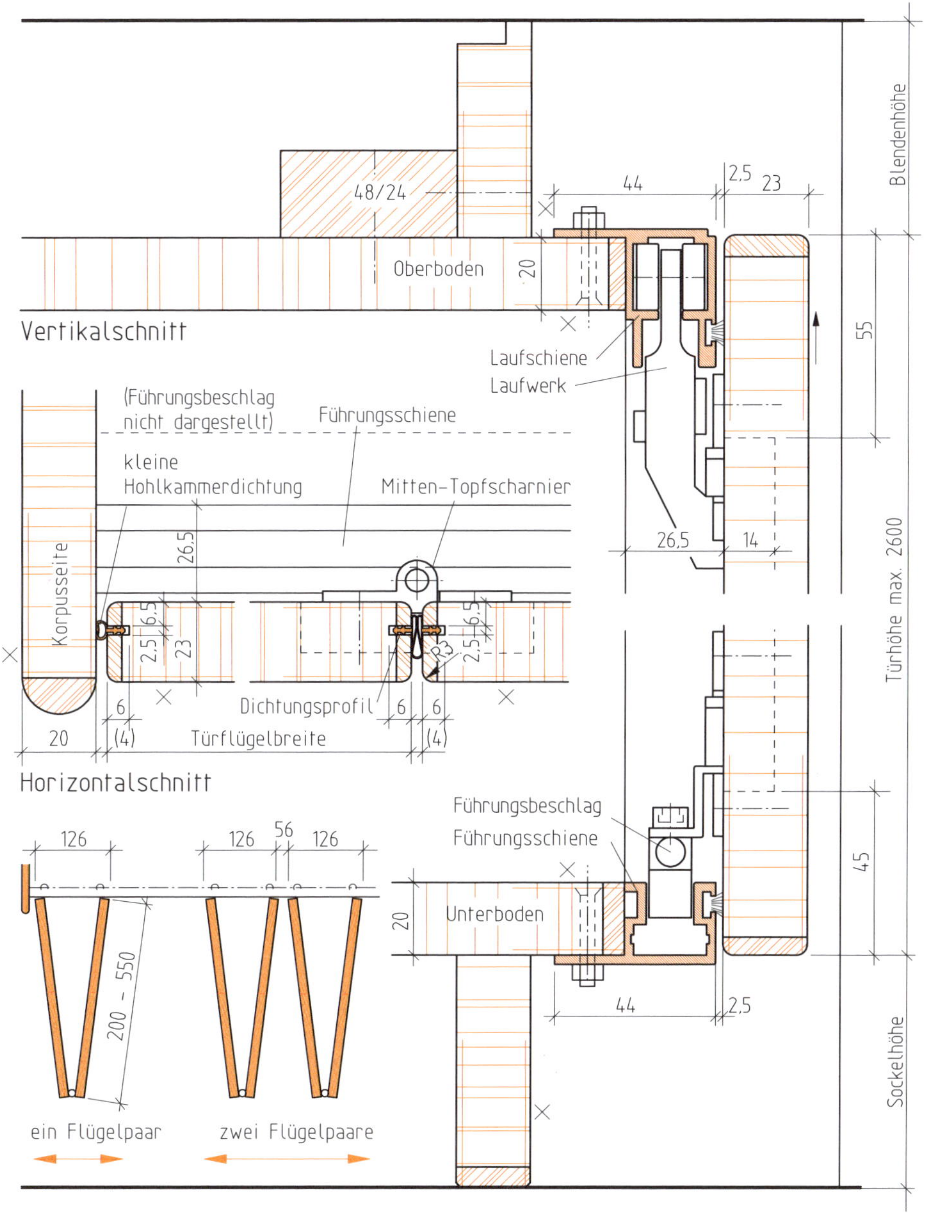

B 3.8-54 (siehe Seite 273)

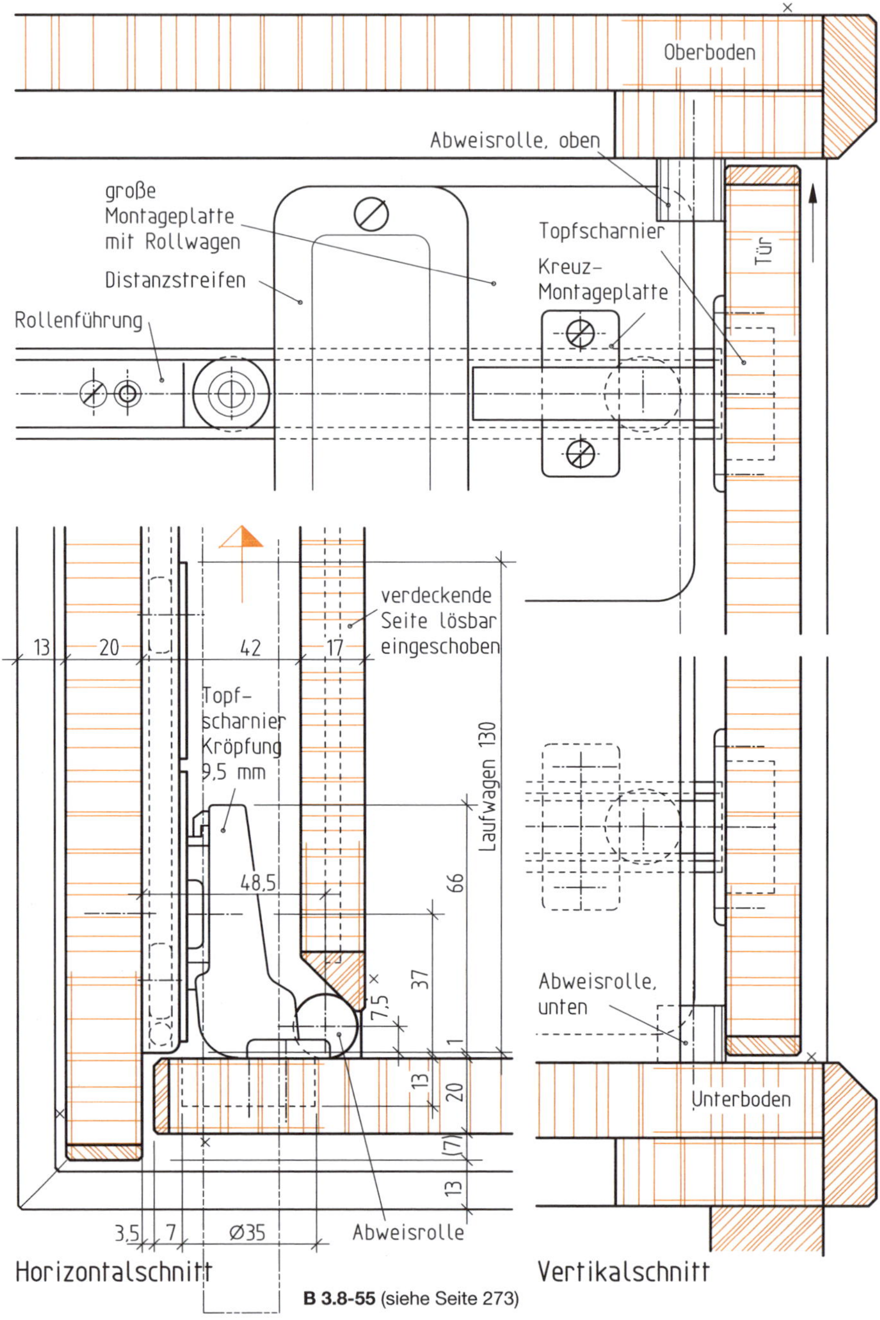

B 3.8-55 (siehe Seite 273)

B 3.8-50 (Seite 267) Flächenbündige, nach außen öffnende Schiebetüren. Die Beschläge sind weitgehend verdeckt montiert. Die Böden oder die Blenden müssen abnehmbar sein. Über einen Synchron-Bausatz, der im wesentlichen aus Zahnriemen und Umlenkrolle besteht, können die beiden Schiebetüren synchron geöffnet und wieder geschlossen werden. Das Türgewicht ist mit 35 kg, die Türbreiten auf 500 mm und die Türhöhen sind auf 2000 mm begrenzt (He, Hä sinngemäß).

B 3.8-51 (Seite 268) Flächenbündige, vor dem Korpus laufende Schiebetüren, die synchron zu den Seiten hin öffnen. Die Türen laufen auf einer Laufschiene, die unter dem Unterboden angebracht ist. Die Führungsschiene ist auf dem Oberboden montiert, und die Führungsbeschläge sind für den Synchronlauf der Schiebetüren durch einen Seilzug miteinander verbunden. Der Beschlag ist für hohe Schiebetüren bis zu einem Türgewicht von 60 kg und für Türdicken von 19 bis 27 mm geeignet (Hä).

B 3.8-52 (Seite 269) Einfache, vor dem Korpus laufende Faltschiebetüren. Durch seitliches Verschieben können die Türen paarweise aufgefaltet werden. Die äußeren Flügel sind mit Topfscharnieren mit Federzuhaltung an den Korpusseiten angeschlagen. Die mittleren Flügel hängen oben an einem Traglaufwerk und werden unter dem Unterboden in einer Führungsschiene geführt. Den herausfaltenden Drehpunkt übernimmt ein in den Türkanten eingelassenes, unsichtbares Scharnier. Trag- und Führungslaufwerk sind für rechts und links umstellbar und für Türgewichte bis 25 kg ausgelegt (Hä, He sinngemäß).

B 3.8-53 (Seite 270) Im Korpus laufende Faltschiebetüren. Die äußeren Flügel sind mit gekröpften Topfscharnieren für stumpf einschlagende Türen mit Federzuhaltung und einem Öffnungswinkel von 110° angeschlagen. Die mittleren Flügel hängen an einem Laufwerk. Beide Flügel sind durch besondere Falttürscharniere mit versetzten Drehpunkten miteinander verbunden. In die Flügelkanten sind Dichtungsprofile eingesetzt. Der Beschlag benötigt unten keine Führungsschiene. Die Türen schließen in der Mitte in eine im Unterboden eingelassene Anschlagplatte. Beschläge für Türgewichte von 5 kg, 10 kg und 18 kg, für Türhöhen bis 800 mm, 1600 mm und 2400 mm und Türbreiten von 450 mm, 500 mm und 550 mm (Ha, Hä).

B 3.8-54 (Seite 271) Vor den Böden laufende Faltschiebetüren, im Beispiel mit sichtbarer Seite. Die Türflügel sind nicht mit den Seiten verbunden und können paketweise, zu mehreren Flügelpaaren verbunden, frei vor der Front verschoben werden. In die Türkanten sind zur Geräuschdämpfung besondere Dichtungen und an den Böden zum Staubschutz Bürstendichtungen eingebaut. Bei Bedarf können die Faltschiebetüren mit Schubstangenschlössern verschlossen werden. Der Beschlag ist für raumhohe Türen bis 2400 mm Höhe, 550 mm Breite und einem Gewicht bis 40 kg geeignet. Bei Türdicken von mehr als 20 mm müssen die vertikalen Türkanten gerundet werden (Ha, Hä).

B 3.8-55 (Seite 272) Im Korpus liegende Dreh-Schiebetüren. Die Drehfunktion übernehmen Topfscharniere mit Federzuhaltung, die auf einer Montageplatte angeschlagen sind, die Schiebefunktion zwei Rollschub- oder Kugellaufführungen, die durch einen Distanzstreifen zum Synchronlauf gezwungen werden. Erst wenn die Türen bis 90° geöffnet sind, können sie seitlich parallel zur Seite eingeschoben werden. Im Beispiel wurde eine zusätzliche, verdeckende Seite eingebaut, in die auch Bodenträger für Einlegeböden eingesetzt werden können (Bl, Ha, Hä, He, Kr sinngemäß).

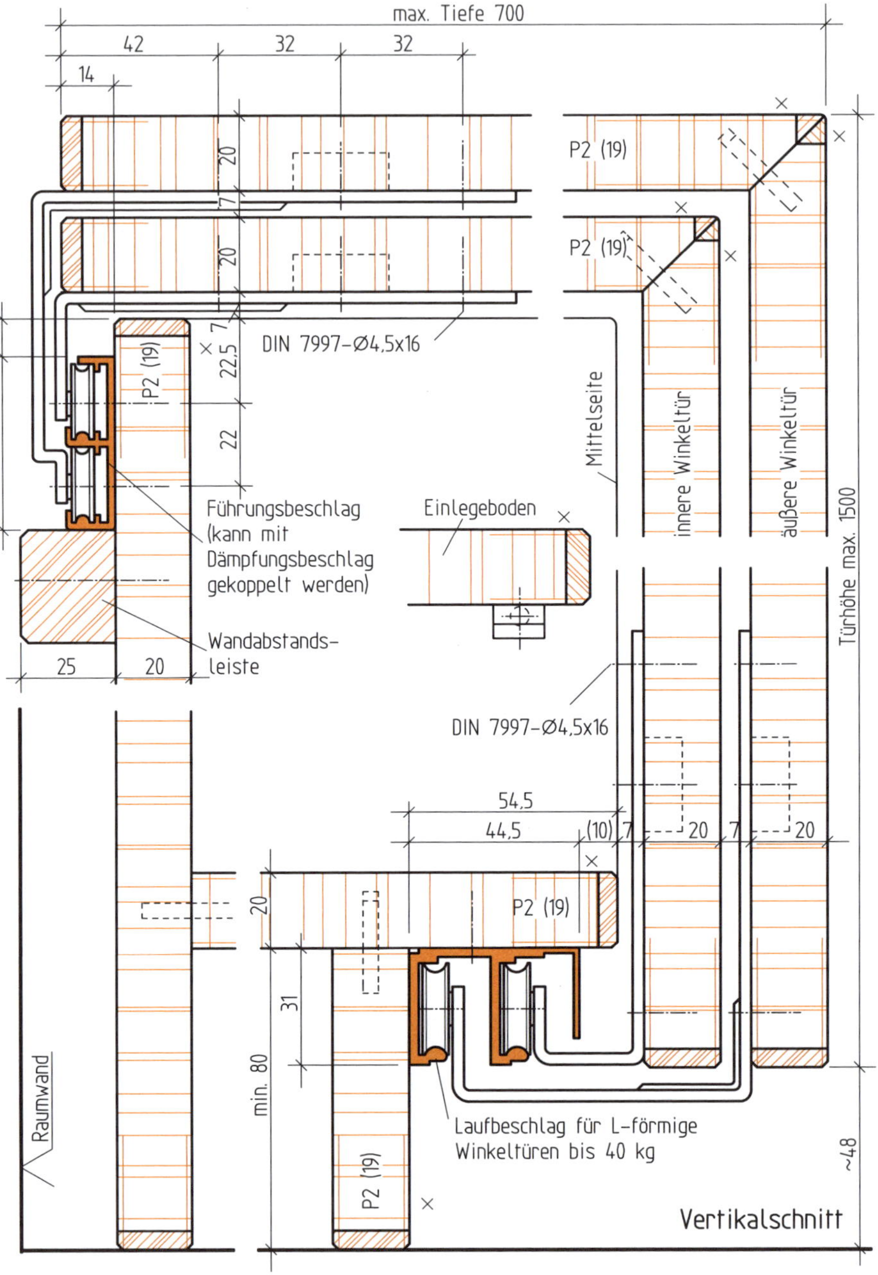

B 3.8-56 Vertikalschnitt durch eine Anrichte mit Winkeltüren in L-Form (Ek).

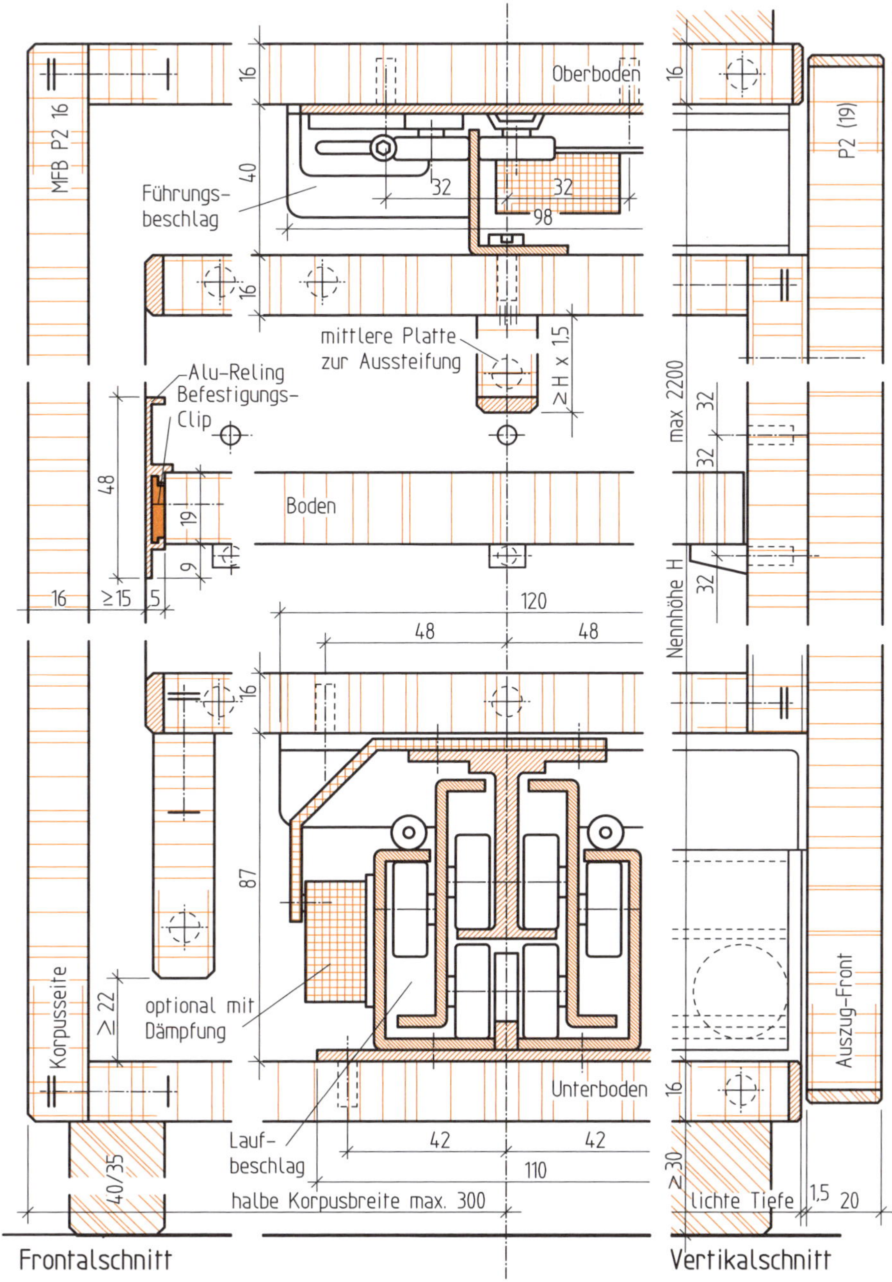

B 3.8-57 Hochschrank mit einfachem Frontalauszug bis maximal 170 kg Traglast (Ek).

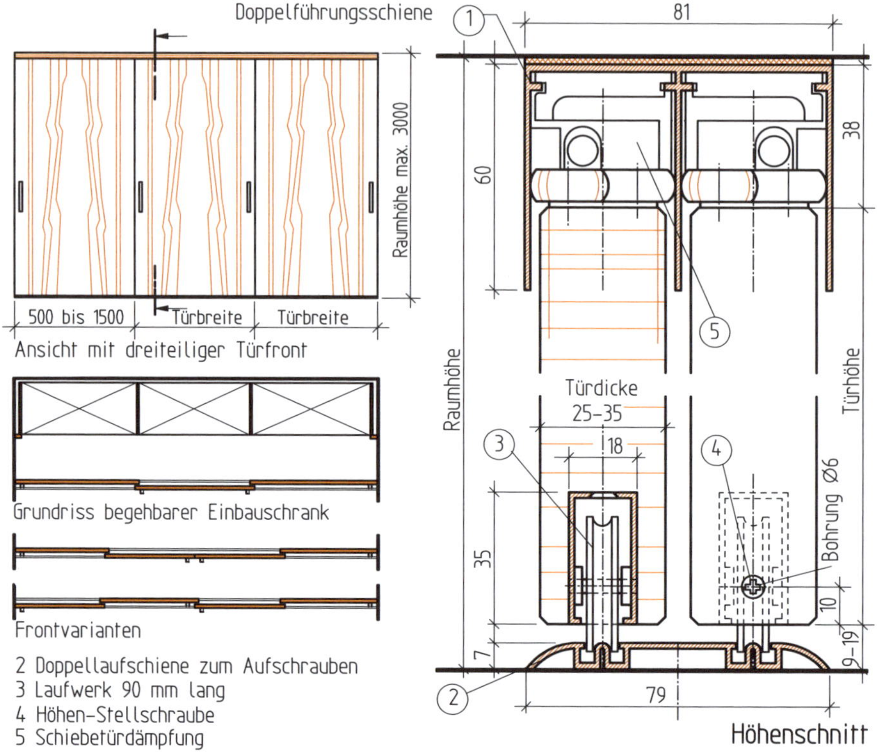

B 3.8-58 Raumhohe Schiebetüren sind unabhängig vom Schrankkorpus zwischen Fußboden und Raumdecke montiert. Je nach Bedarf bzw. Anzahl der geplanten Schiebetüren sind einläufige, zweiläufige oder auch dreiläufige Lauf- und Führungsschienen zu verwenden. Die stehend geführten Schiebetüren laufen auf einer auf den Fußboden geschraubten Laufschiene. Die Laufwagen sind in der Höhe verstellbar. Oben werden die Türen in einer tiefen Führungsschiene geführt (Hä, Ek, Rp).

3.8.6.6 Korpusunabhängige Schiebetüren

Bei den vom Korpus unabhängigen Schiebetüren werden die Lauf- und Führungsschienen nicht am Schrankkorpus befestigt, sondern an der Raumdecke und auf dem Fußboden. Dadurch sind großflächige, vom Fußboden bis zur Decke reichende Schiebetüren möglich, die jede Schrankgliederung dahinter abdecken. Die Schiebetüren können aus Holzwerkstoffen, Alu-Rahmen mit Füllungen oder auch aus Glas bestehen. Die Beschläge lassen Türgewichte von 80 kg bis 100 kg zu. In die oberen Laufschienen können zusätzlich Einzugsdämpfungen eingebaut werden, die ein sanftes und leises Schließen der Schiebetüren gewährleisten (B 3.8-58 und 59).

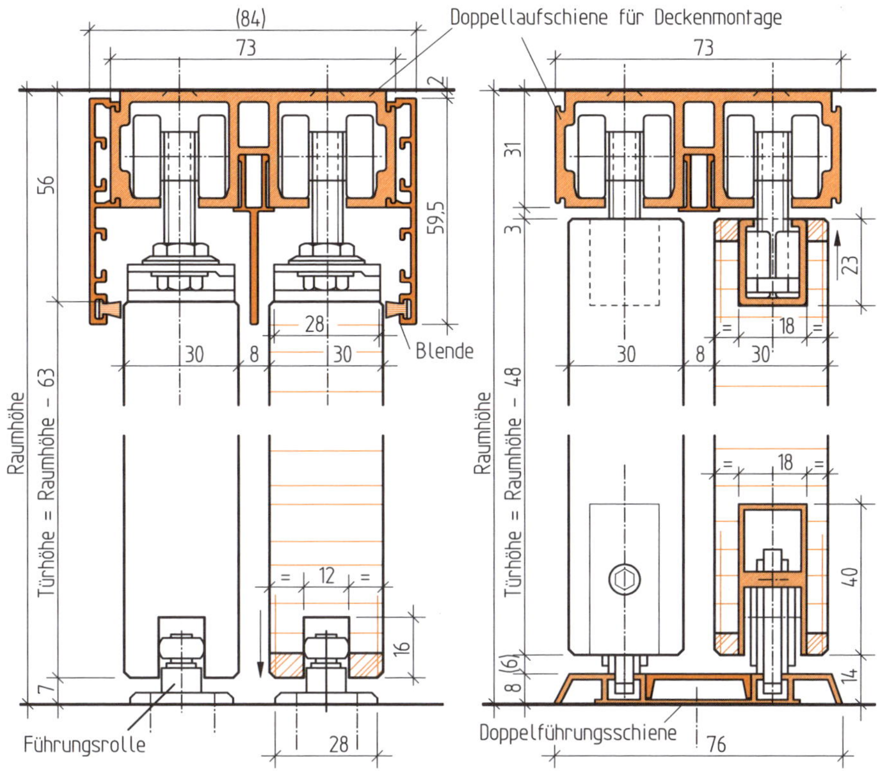

B 3.8-59 Korpusunabhängige Schiebetüren, oben an einer an der Raumdecke montierten Laufschiene laufend. Links: Laufwerk und Schiene sind beidseitig durch Alu-Blenden abgedeckt. Unten werden die Türen durch auf den Fußboden geschraubte Führungsrollen geführt. Rechts: Über 900 mm breite Schiebetüren werden sicherheitshalber an allen vier Ecken durch Beschläge geführt. Die unteren Führungsrollen sind federnd gelagert (Ek).

3.8.7 Vertikal-Schiebetüren

Vertikal-Schiebetüren sind Frontflächen, die in der Höhe verschoben werden können. Je nach Beschlag können sie im oder vor dem Korpus laufen. Man unterscheidet einflächige und zweiflächige Vertikal-Schiebetüren. Die einflächigen Vertikal-Schiebetüren können nach oben oder nach unten verschoben werden. Sie benötigen ein entsprechendes Gegengewicht, das entweder im Beschlag oder hinter der Rückwand unterzubringen ist. Zweiflächige Vertikal-Schiebetüren sind meistens so miteinander verbunden, das sie synchron öffnen und schließen. Dabei wird die untere Schiebetür meistens als Gegengewicht zur oberen eingesetzt. Durch die ausgewogenen Gegengewichte bleiben die Vertikal-Schiebetüren in jeder beliebigen Höhe stehen. Sie müssen aber in den Endstellungen arretiert werden (B 3.8-60 und 61).

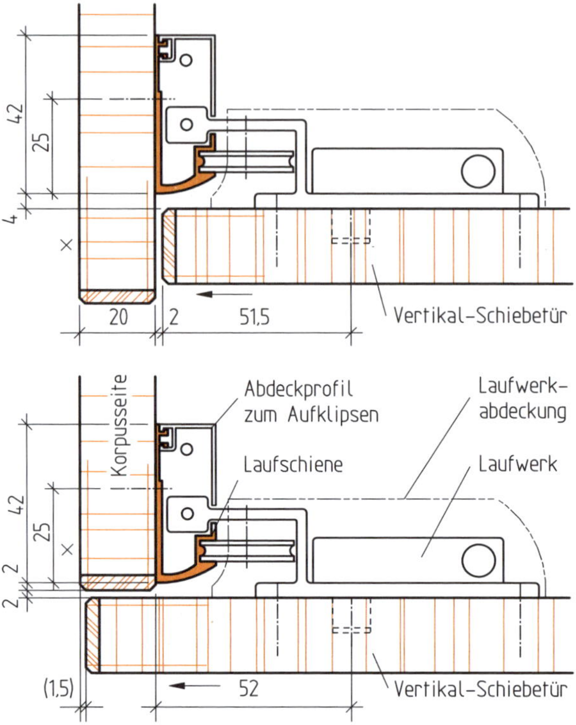

B 3.8-60

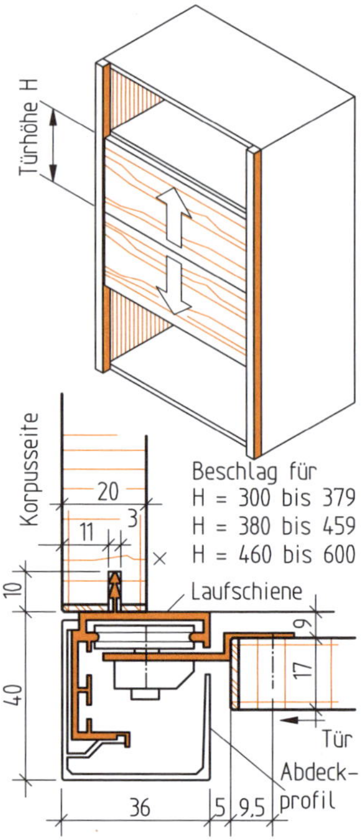

B 3.8-61

B 3.8-60 Vertikalschiebetürbeschlag, oben für im Korpus und unten für vor dem Korpus geführte Türen. Die Laufschienen werden innen an die Korpusseiten geschraubt. Bei zwei synchron öffnenden und schließenden Schiebetüren müssen beide Türen das gleiche Gewicht haben. Bei einer einfachen Schiebetür ist ein entsprechendes Gegengewicht einzubauen (Ek, Hä, He sinngem.).
B 3.8-61 Vertikalschiebetürbeschlag für die Montage auf den Korpuskanten (Hä, He sinngem.).

3.8.8 Stehend geführte Schiebetüren aus Glas

Stehend geführte Schiebetüren aus Glas oder Acrylglas laufen auf der Unterkante der Scheibe und werden an der oberen Kante geführt.

3.8.8.1 Beschlagsysteme

Die Wahl des Beschlagsystems hängt von der Größe, also dem Gewicht der Tür, der gewünschten Laufruhe und Leichtgängigkeit ab. Kleine und leichte Schiebetüren bis etwa 0,15 m² können in Holznuten oder Nutschienen aus Kunststoff oder Leichtmetall geführt werden, die im Boden eingelassen werden können. Für schwerere Schiebetüren bis 12 kg/m kann man für einen leichteren Lauf Kugelschiebetürbeschläge verwenden. Sehr schwere Schiebetüren bis zu 50 kg/m wird man in Laufschuhbeschläge setzen, in die zwei oder mehr kugelgelagerte Rollwagen eingebaut sind.

Oben werden stehende Schiebetüren in Holznuten oder Nutschienen aus Kunststoff, Messing oder Aluminium in der richtigen Lage geführt. In den oberen Führungsnuten und in den oberen Nutschienen muss genügend Raum zum Ausheben der Schiebetüren vorhanden sein. Um ein Klappern der Schiebetüren in den Führungsschienen zu vermeiden, kann man auf die Oberkante der Glasschiebetür einen Klapperschutz aus Kunststoff aufstecken. Schwere Schiebetüren in Laufschuhbeschlägen sind sehr leichtgängig und deshalb in den Endstellungen abzustoppen (B 3.8-62 bis 69).

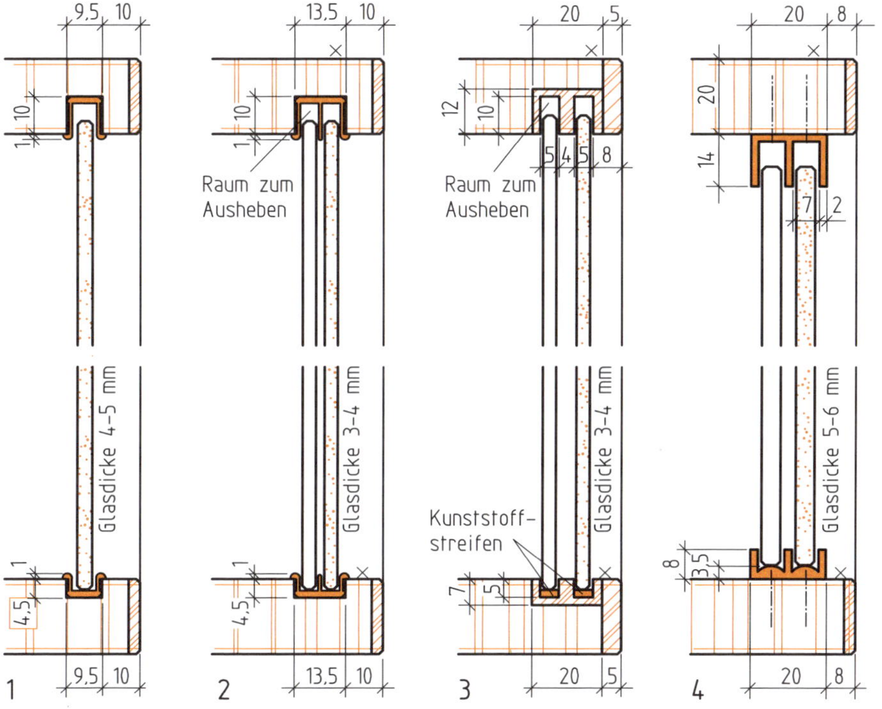

B 3.8-62 Führungsmöglichkeiten kleiner und leichter Glasschiebetüren. 1 Einteilige Glasschiebetür wird in U-Schienen aus Kunststoff geführt, die obere U-Schiene ist tiefer, damit die Glastür eingesetzt und durch Anheben wieder herausgenommen werden kann, 2 zweiteilige Glasschiebetüren laufen in Doppel-U-Schienen aus Kunststoff, 3 für die Führung der Schiebetüren sind in den Ober- und Unterboden Nuten eingefräst, zu diesem Zweck wurden in die Böden vor dem Furnieren Einleimer, möglichst aus Hartholz, eingeleimt, die unteren Nuten sind zum leichteren Lauf mit Kunststoffstreifen ausgelegt, 4 die Lauf- und Führungsschienen sind nicht in die Böden eingenutet, sondern nachträglich in den Korpus eingeklebt oder eingeschraubt. Die Flanken der U-Schienen sind dadurch in der Ansicht sichtbar (El, Hä, Hu, Ne).

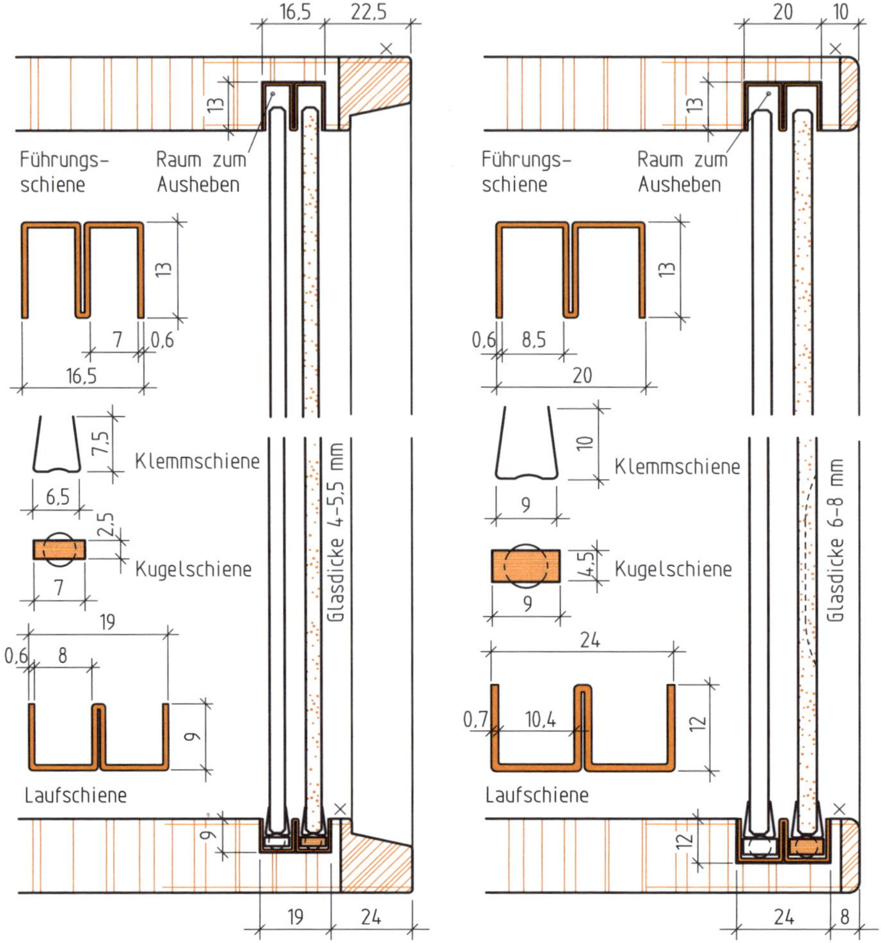

B 3.8-63 Glasschiebetüren werden im Kugelschiebetürbeschlag geführt, der in der Ansicht nicht sichtbar ist. Er besteht aus der unteren Doppellaufschiene, in die zum leichteren Lauf Kugelschienen mit Nylon- oder Stahlkugeln eingelegt sind. Die Kugelschienen sind ca. 70 % so lang wie die Laufschienen und laufen beim Verschieben der Glastüren kulissenartig mit. Zum Schutz der unteren Glaskante werden hier Klemmschienen aufgesetzt. Die obere Führung der Glasschiebetüren übernimmt eine tiefe Doppel-U-Schiene, die genügend Raum zum Ausheben der Schiebetüren bietet. Die Doppel-U-Schienen sind im Beispiel in die Böden eingelassen, sie können aber auch auf die Böden geschraubt werden. Links: Leichte Ausführung für Glasdicken von 4 mm bis 5,5 mm und Türgewichte bis 9 kg, rechts: Ausführung für Glasdicken von 6 mm bis 8 mm und ein Türgewicht bis 12 kg (Hu).

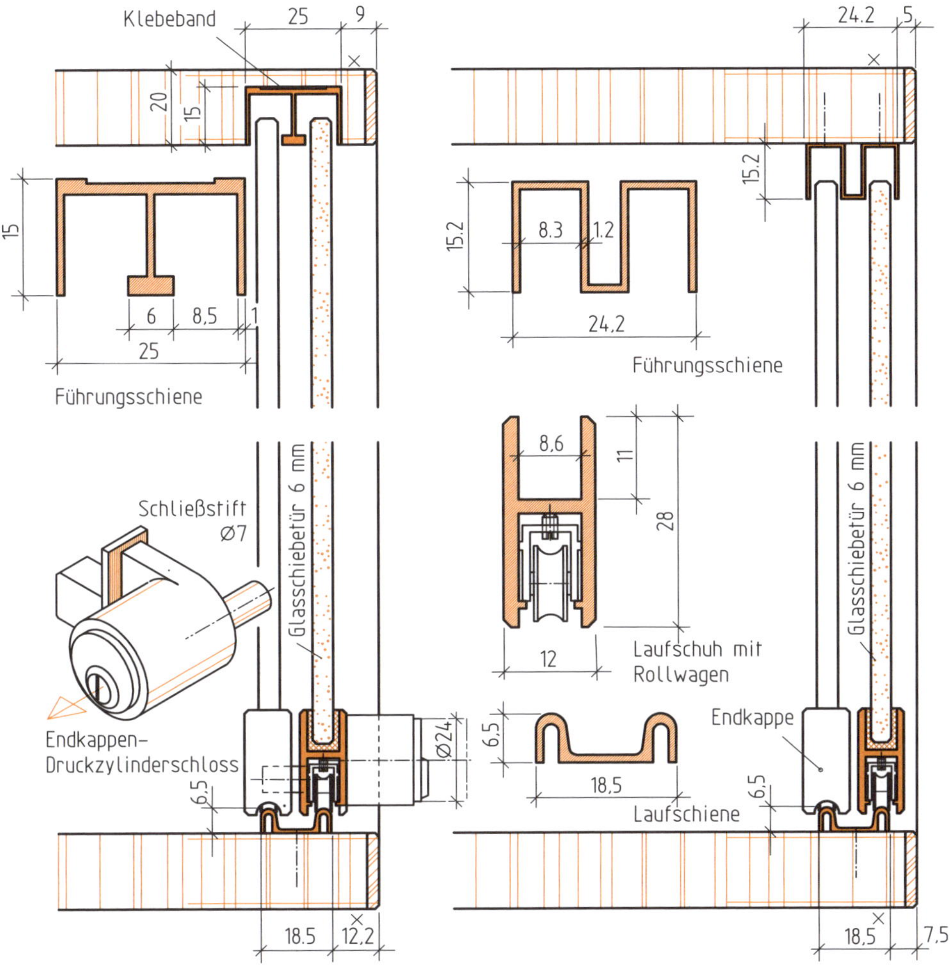

B 3.8-64 Laufschuh-Glasschiebetürbeschlag für schwere Glasschiebetüren. Er ist für Glasdicken von 6 bis 8 mm geeignet. Der Beschlag besteht aus der unteren Doppellaufschiene aus Aluminium oder Messing, den Laufschuhen mit den eingebauten, kugelgelagerten Laufrollen und der oberen Doppel-Führungsschiene. Die Laufschuhe sind etwa 1 mm länger zuzuschneiden, als die Glastüren breit sind. Die Glasscheiben werden in die Laufschuhe mit Glaskitt oder Klemmprofilstreifen eingesetzt und nach dem Einbau von Laufschuhen und Glas durch Endstücke verschlossen. Statt der Endkappe am vorderen Laufschuh kann auch ein Endkappenschloss eingebaut werden, das durch Eindrücken des Druckzylinders einen Schließstift in den hinteren Laufschuh führt und beide gegeneinander verriegelt. Links ist die Führungsschiene im Oberboden eingelassen, rechts unter den Boden geschraubt. Der Laufschuhbeschlag mit zwei Laufrollen ist für ein Türgewicht von 20 kg ausgelegt. Bei höheren Türgewichten können weitere Laufrollen in den Laufschuh eingesetzt werden (Hä, Hu).

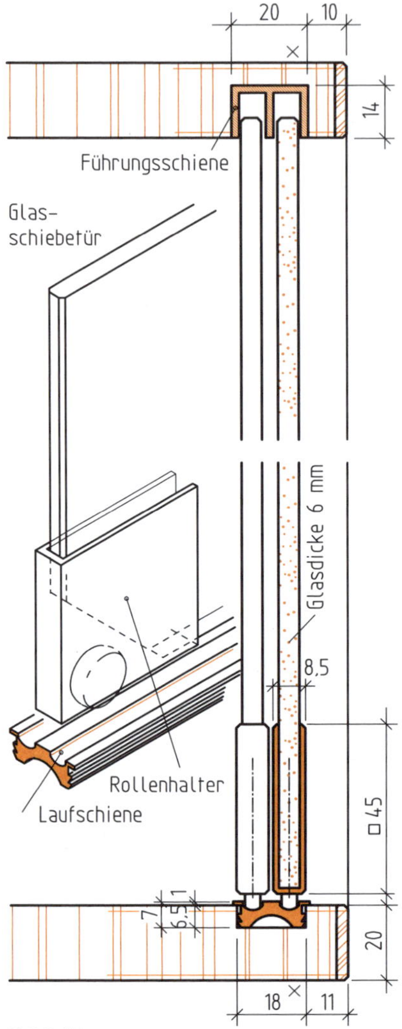

B 3.8-65

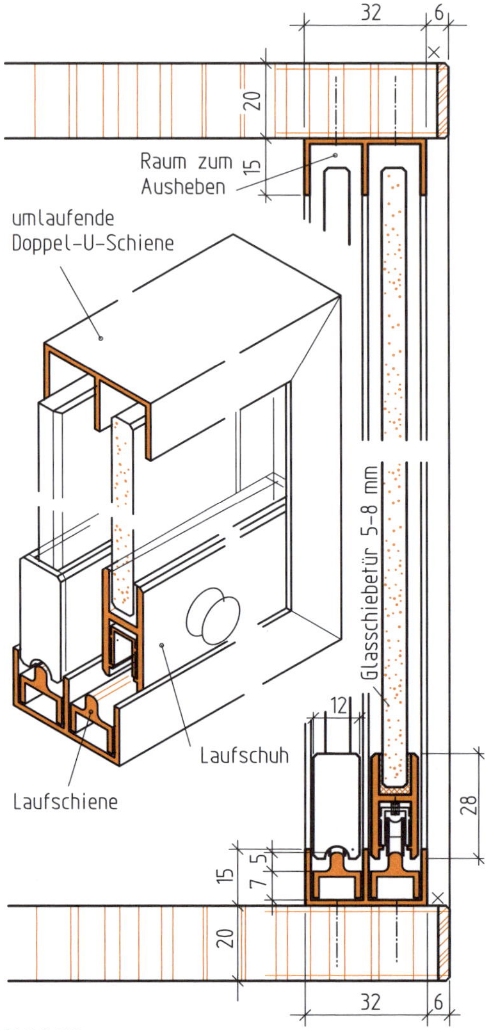

B 3.8-66

B 3.8-65 Glasschiebetür-Eckbeschlag aus vernickeltem Metallguss für 6 mm dicke Glastüren. Die Doppellaufschiene und die -führungsschiene bestehen aus Kunststoff und sind in den Böden eingelassen. Für den Laufbeschlag müssen die unteren Glasecken 30 mm auf 45° abgeschnitten werden. In einen Rollenhalter kann ein Schloss eingesetzt werden (Hu).

B 3.8-66 Rahmen-Glasschiebetürbeschlag für Glasdicken bis 8 mm. Er ist mit den Laufschuhbeschlägen (siehe B 3.8-64) vergleichbar, jedoch laufen hier die Doppel-U-Schienen im Korpus ringsherum, und in die untere Schiene sind besondere Laufschienen eingelegt (Hu).

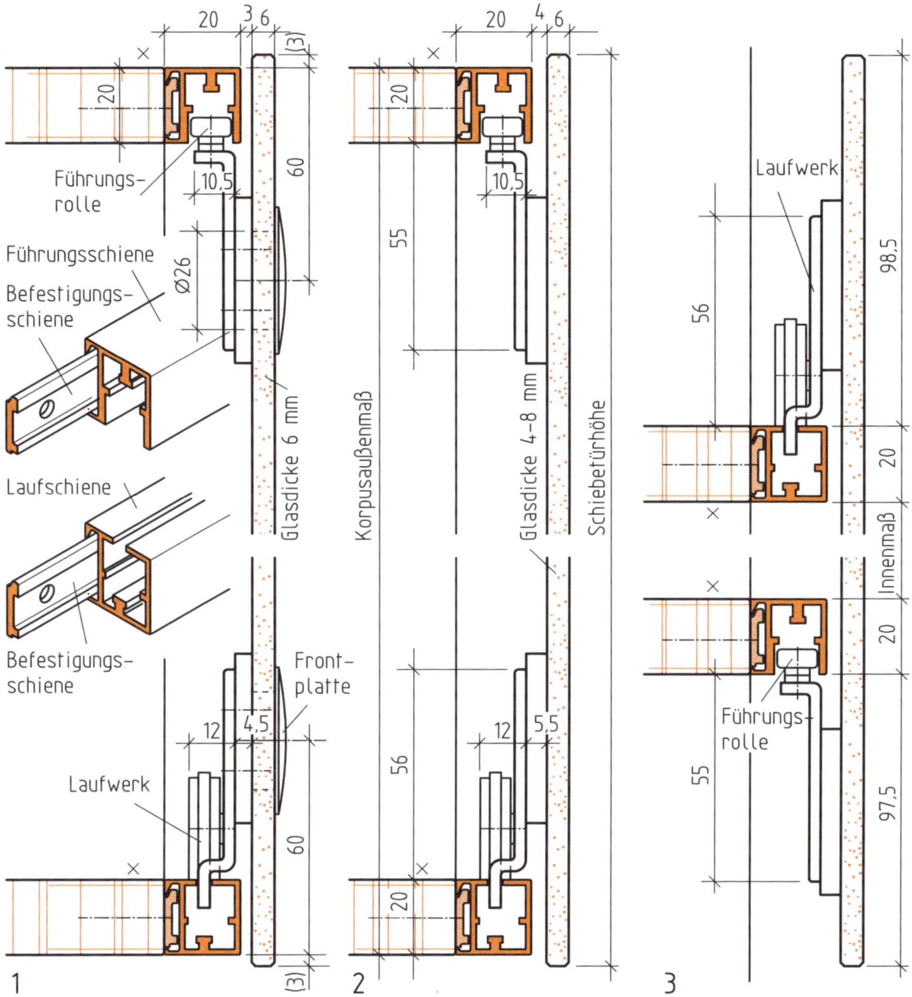

B 3.8-67 Einteilige vor dem Korpus laufende Glasschiebetür. Die Lauf- und Führungsschienen sind nur 20 mm dick und dadurch mit dem Boden bündig. Die Schienen werden mit einer besonderen Befestigungsschiene vor den Böden befestigt, ihre Enden durch Abdeckkappen geschlossen. Die Glastüren können mit Holztüren mit gleichen Beschlagselementen kombiniert werden (siehe B 3.8-31). 1 Die Schiebetür wird auf den Innenflächen der Böden geführt, die Beschläge sind in die Glasschiebetür eingebohrt, bei 2 sind die Beschläge rückseitig auf die Glastür geklebt, 3 die Glasschiebetür wird auf den Außenflächen der Böden geführt (Hä).

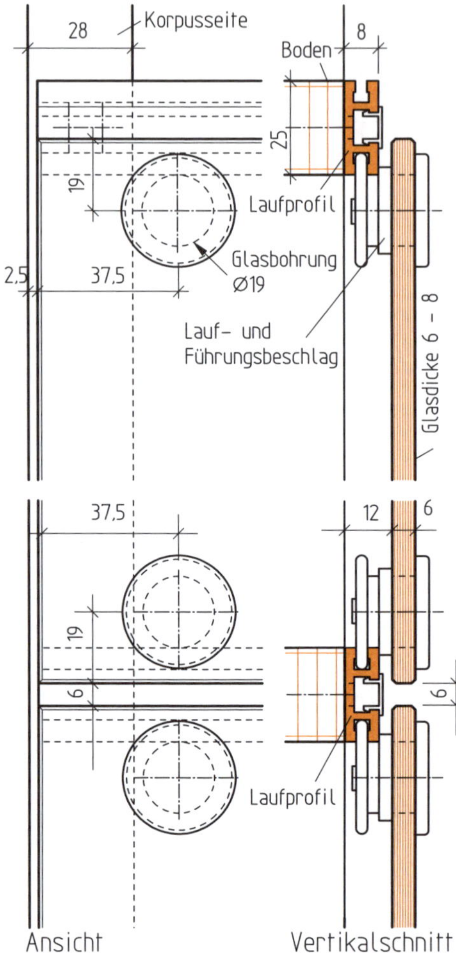

B 3.8-68

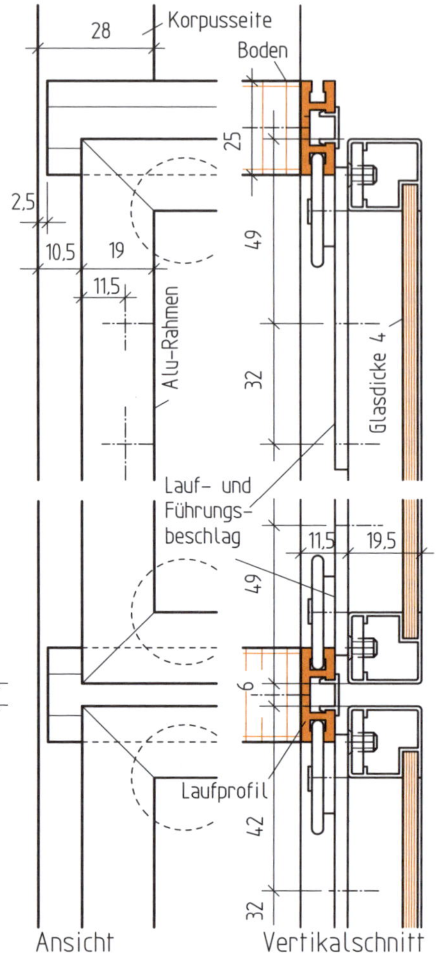

B 3.8-69

B 3.8-68 Einteilige vor dem Korpus laufende Glasschiebetür. Gewicht maximal 10 kg. Die Lauf- und Führungsschienen sind 25 mm breit und müssen auf die Bodenkante geschraubt werden. Die Befestigungsstellen werden durch ein eingeklippstes Kunststoffprofil abgedeckt. Die Böden sind ebenfalls 25 mm dick und sollten eine Spannweite von 700 mm nicht überschreiten, um die Durchbiegung so gering wie möglich zu halten. In die Enden der Lauf- und Führungsschienen sind Endanschläge und Endkappen einzubauen. Die Lauf- und Führungsbeschläge sind in die Glastüren einzubohren (He).
B 3.8-69 Schiebetürbeschlag für einteilige Glasschiebetüren wie links, jedoch mit Alu-Rahmen. Die Lauf- und Führungsbeschläge sind auf die Rückseite der Alu-Rahmen zu schrauben (He).

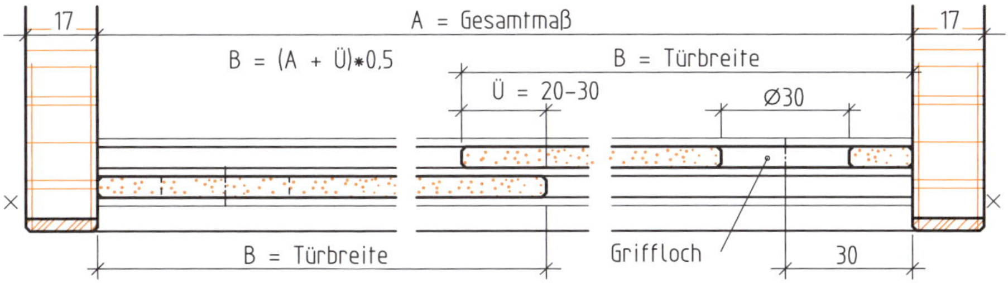

B 3.8-70 (siehe Seite 286)

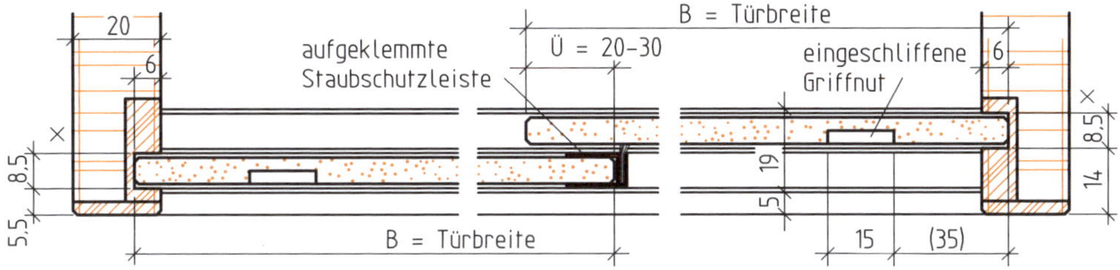

B 3.8-71 (siehe Seite 286)

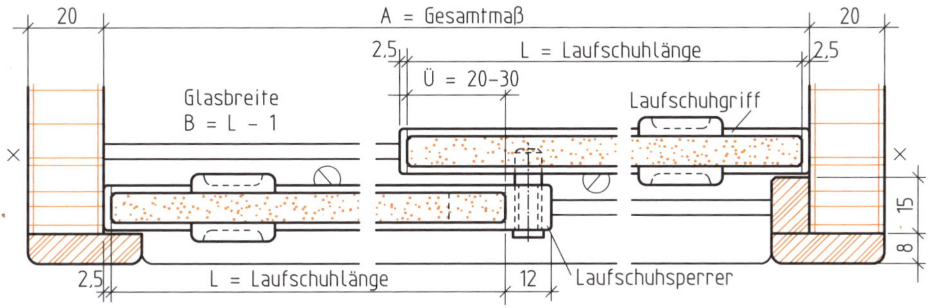

B 3.8-72 (siehe Seite 286)

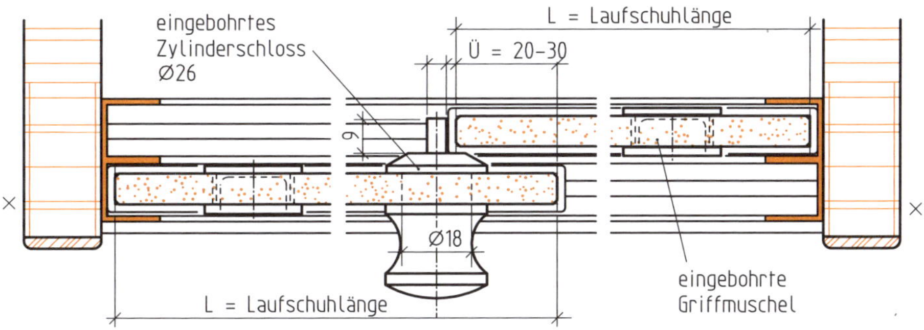

B 3.8-73 (siehe Seite 286)

B 3.8-70 (Seite 285) Kleine Schiebetüren laufen stumpf gegen die Korpusseiten. Zum Greifen sind in die Glastüren Grifflöcher eingebohrt.

B 3.8-71 (Seite 285) Schiebetüren laufen seitlich in Nuten. Die Griffmöglichkeit ergibt sich durch eingeschliffene Vertiefungen in den äußeren Flächen der Türen. Auf eine Türkante der Überlappung ist eine Staubschutzleiste aufgeklemmt.

B 3.8-72 (Seite 285) Schiebetüren in Laufschuhbeschlägen laufen hinter Lisenen. Auf die Enden der Laufschuhe sind Laufschuhgriffe und ein Laufschuhsperrer gesetzt (Dom, Hu).

B 3.8-73 (Seite 285) Schiebetüren in einem Rahmenbeschlag. Die Griffmöglichkeit ist durch eingebohrte Muschelgriffe aus Messing, verchromt, gegeben. Die Glasschiebetüren werden durch ein in die vordere Glastür eingebohrtes Druckzylinderschloss gegeneinander verschlossen (Dom, Hu).

3.8.8.2 Seiten- und Mittenanschlüsse

Glasschiebetüren können seitlich stumpf gegen die Korpusseiten laufen. Um die Anschlussfuge zwischen Türkante und Korpusseite zu verdecken, kann man die Schiebetüren in Nuten, hinter Lisenen oder Beistoßleisten führen. Zum Verschließen eignen sich Druckzylinderschlösser. Sie können in die Glastüren oder Laufschuhe eingebohrt werden oder werden wie die Endkappe auf den Laufschuh gesetzt. Beim Eindrücken des Druckzylinders wird ein Schließstift vorgeschoben, der in oder hinter den Laufschuh der hinteren Schiebetür fasst und somit beide Schiebetüren gegenseitig verriegelt.
Zum Greifen können an den Seitenkanten der Türen längliche Vertiefungen in das Glas eingeschliffen, Klemmprofile auf die Kanten gesetzt oder Grifflöcher in die Scheiben gebohrt werden. Beispiele der Seiten- und Mittenanschlüsse sind im Horizontalschnitt dargestellt (B 3.8-70 bis 73).

3.8.9 Hängend geführte Schiebetüren aus Glas

Hängend geführte Schiebetüren aus Glas laufen in der Regel auf Rollen in Laufschienen, die am Oberboden befestigt sind. Wegen des großen Gewichts der Glasschiebetüren ist der richtige Beschlag auszuwählen und die Montage sehr sorgfältig vorzunehmen. Das zulässige Türgewicht und die verwendbare Glasdicke sind von den Beschlagherstellern angegeben. Die Glasschiebetüren werden in obere Laufschuhe eingeklemmt oder eingeklebt. Für manche Beschläge müssen an der Glasoberkante besondere Bohrungen vorgesehen werden. Unten werden die Glasschiebetüren in Führungsnuten oder zwischen Führungsnocken geführt und in der richtigen Lage gehalten. Einige Möglichkeiten hängender Glasschiebetüren sind im Vertikalschnitt dargestellt (B 3.8-74 bis 77).

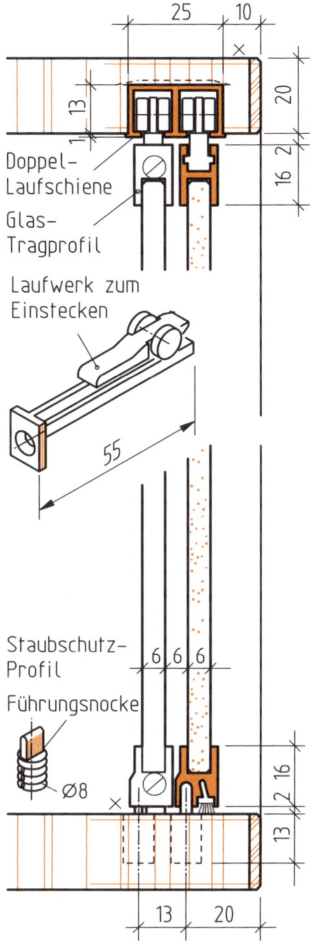

B 3.8-74

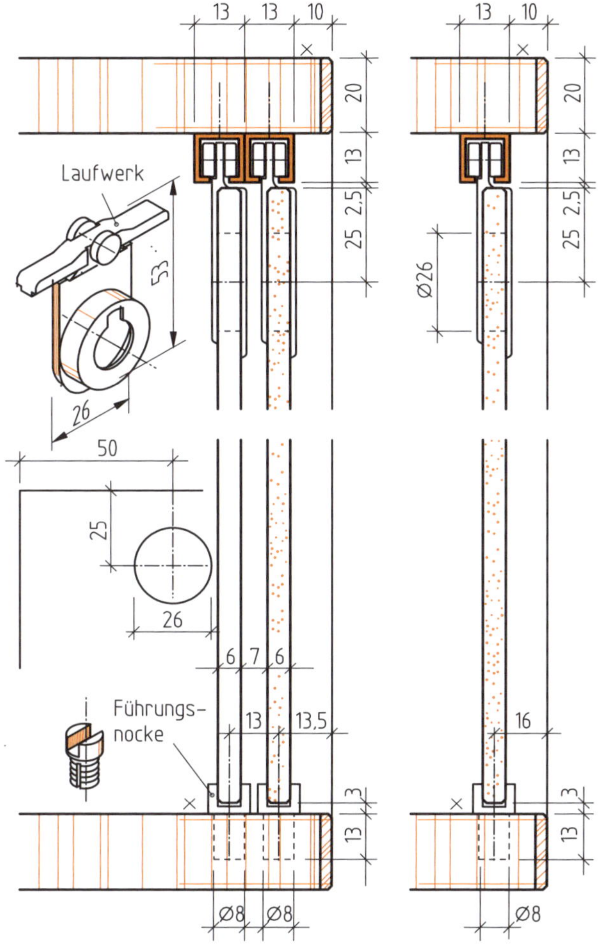

B 3.8-75

B 3.8-74 Hängend geführte Glasschiebetüren. Die Doppellaufschiene wird in den Oberboden eingenutet und hier durch einen Drehriegel arretiert. Die Laufwerke können vorher in die Laufschiene eingesetzt werden, weil man sie nachträglich in die Tragprofile, die auf die obere Glastürkante geklebt sind, einsetzen und mit diesen verschrauben kann. Unten werden die Glasschiebetüren durch eine Führungsnocke in einem Staubschutzprofil geführt (Ek, Hä).

B 3.8-75 Hängend geführte Glasschiebetüren in Einzellaufschienen, die unter den Oberboden geschraubt werden. Der Beschlag ist in die Glastüren einzubohren. An der Unterkante werden die Glastüren in U-fömigen Führungsnocken geführt.

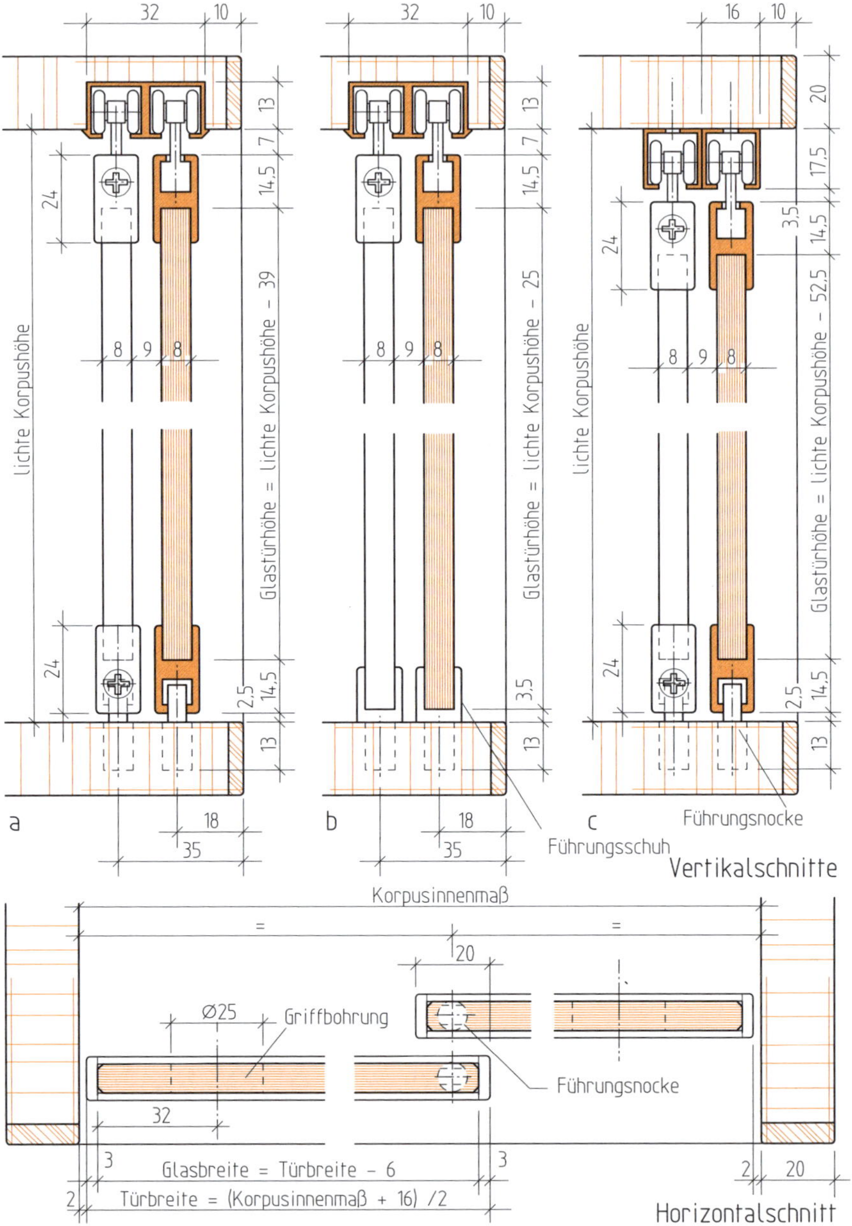

B 3.8-75a Oben laufende Glasschiebetüren (siehe Seite 289).

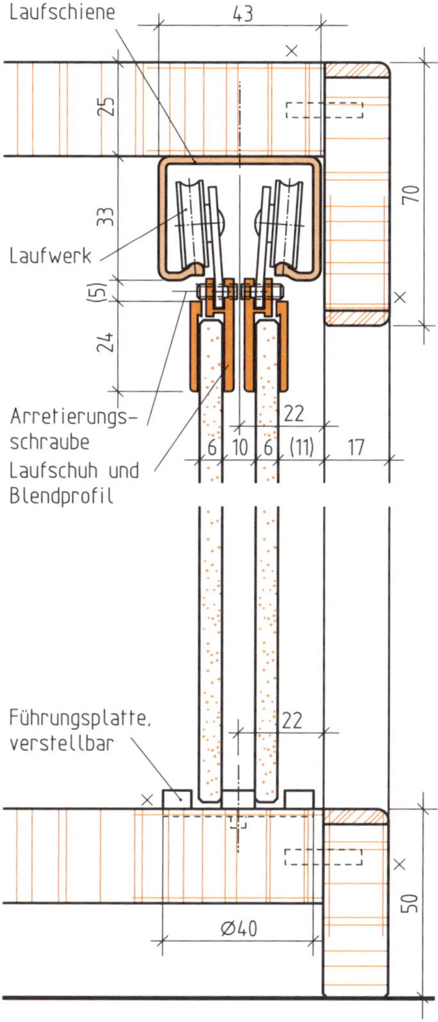

B 3.8-76

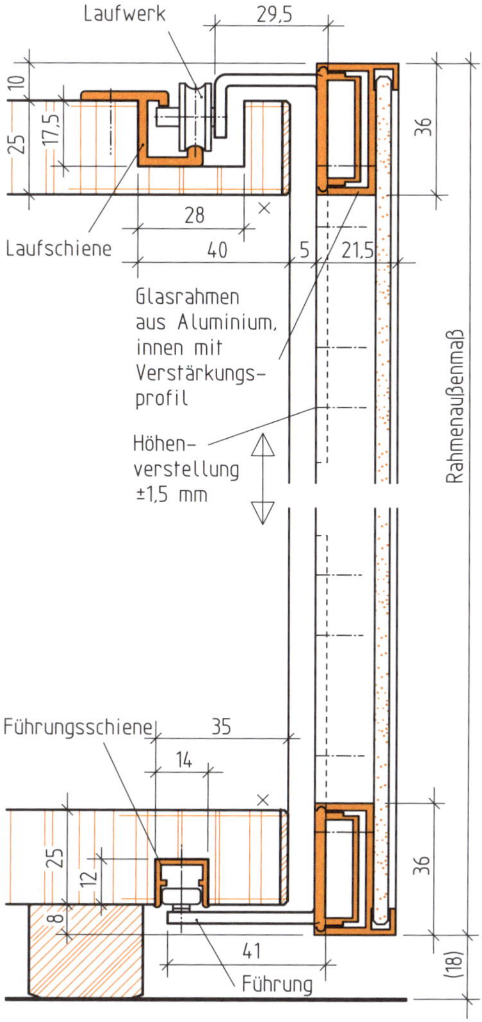

B 3.8-77

B 3.8-76 Hängend geführte schwere Glasschiebetüren für Glasdicken von 6 mm bis 10 mm. Der Laufschuh und das Blendprofil werden oben an die Glaskanten geklebt. An ihnen werden die Laufwerke befestigt. Sie laufen in einer Doppel-Laufschiene, die hinter einer Blende versteckt liegt. Die Führung übernimmt eine verstellbare, in den Unterboden eingebohrte Führungsplatte (Hu, Hä sinngemäß).

B 3.8-77 Hängend geführte, einteilige Glaschiebetür in einem Aluminiumrahmen (Hä).

B 3.8-75a (Seite 288) Oben laufende Glasschiebetüren. Die Glasflächen werden in die Lauf- und Führungsschienen eingeklebt. Dadurch entfallen Bohrungen und Ausklinkungen in den Glasflächen. Unten können die Schiebetüren auch in sogenannten Führungsschuhen geführt werden (Ek, Ha).

3.9 Möbelrollläden

Schränke können auch durch Möbelrollläden verschlossen werden. Sie laufen beim Öffnen und Schließen innerhalb des Möbels und beeinträchtigen dadurch nicht den Verkehrsraum vor dem Schrank. Verschlossen ergeben sie eine schlichte Möbelfront.

3.9.1 Arten der Möbelrollläden

Nach der Bewegungsrichtung sind vertikal und horizontal laufende Möbelrollläden zu unterscheiden (B 3.9-1).

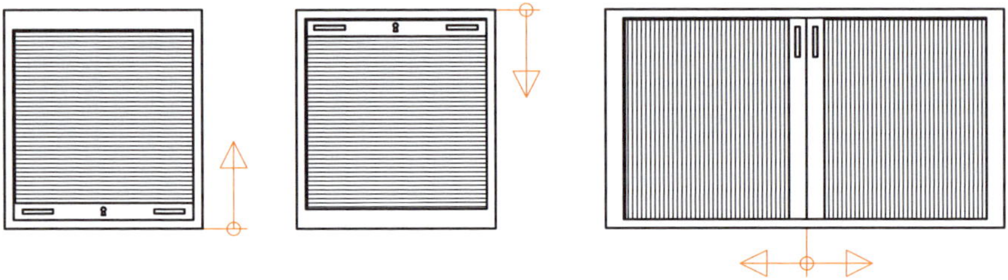

B 3.9-1 Bewegungsrichtung der Rollläden. Links: vertikal nach oben laufender Rollladen, Mitte: vertikal nach unten laufender Rollladen, rechts: horizontal laufender Rollladen.

Vertikal laufende Rollläden werden in Nuten oder Nutschienen geführt, die in die Korpusseiten eingefräst oder aufgesetzt sind. Man kann sie so einbauen, dass sie entweder nach oben oder nach unten zu öffnen sind. Entweder lassen sie sich hinter dem Schrank an der Rückwand entlangführen, dann geht vom Schrankraum in der Tiefe Platz verloren, oder sie können zu einer Schnecke unten oder oben im Schrank aufgerollt werden, dann wird hierfür ein Teil der Schrankraumhöhe beansprucht. Damit nach oben zu öffnende Rollläden nicht wie ein Schafott wieder herunterfallen, werden zusätzlich Gewichtsausgleichsbeschläge montiert, die den Rollladen in jeder Offenstellung halten (B 3.9-2 bis 9). Horizontal laufende Möbelrollläden werden in einer Nute im Oberboden und im Unterboden geführt. Dabei kann der Rollladen an der Korpusseite entlang bis hinter die Rückwand laufen oder seitlich in Rollladenschnecken aufgewickelt werden. Es sind einteilige, meist aber zweiteilige Rollläden zu unterscheiden, die nach rechts und links zu öffnen sind. Bei horizontal laufenden Möbelrollläden muss die Nute im Unterboden das gesamte Gewicht des Rollladens aufnehmen. Um den Reibungswiderstand zu verringern, werden Führungsnutschienen aus Kunststoff oder besondere Gleiter eingesetzt (B 3.9-10 bis 12). Nach der Materialart sind Holz- und Kunststoffrollläden sowie Rollläden aus Aluminium zu unterscheiden.

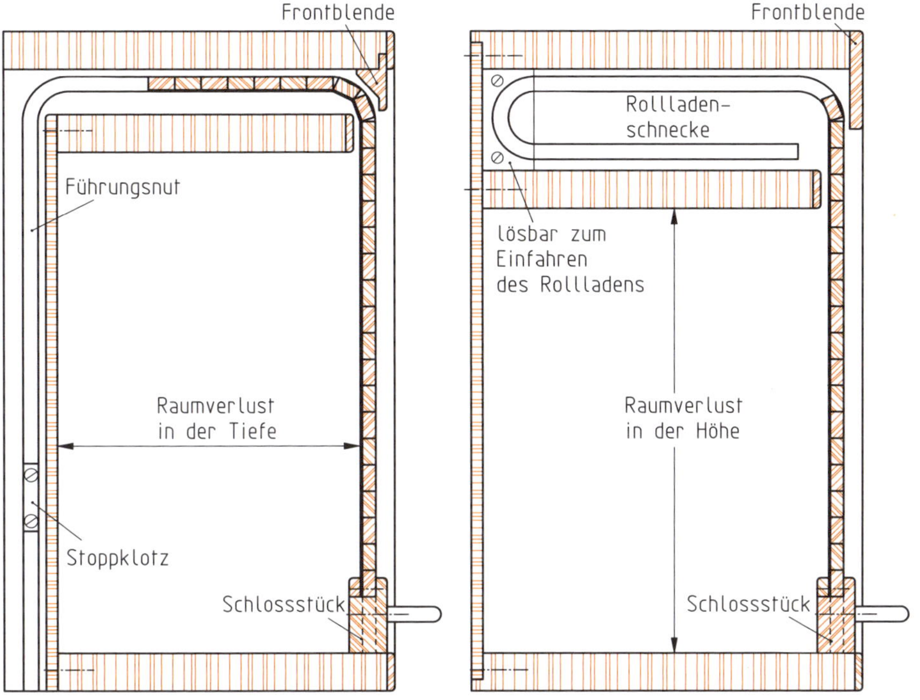

B 3.9-2 Systeme vertikal nach oben laufender Möbelrollläden. Links: nach oben laufend und hinter der Rückwand herumgeführt – Raumverlust in der Tiefe, rechts: nach oben laufender und in einer Schnecke aufgewickelter Rollladen – Raumverlust in der Höhe.

Holzrollläden werden aus Vollholzleisten (ca. 6 × 12 mm und 8 × 18 mm) zusammengesetzt und können für linear gegliederte Flächen mehr oder weniger profiliert werden. Die Leisten werden durch eine rückseitig aufgeleimte Drillichbahn, ein starkes Leinengewebe, zusammengehalten. Sie bildet gleichzeitig das Gelenk zwischen den einzelnen Stäben. Holzrollläden können auch aus Furnierlagen aufgebaut und furniert oder mit Metallfolien beschichtet werden. Für die serienmäßige Herstellung gibt es Rollladenstanzen, die dünne, furnierte Flächen bis zum Gewebe in die einzelnen Leisten durchstanzen.

Kunststoffrollläden bestehen aus Kunststoffprofilen, die ineinandergeschoben werden. Sie sind in vielen Farben und Dekorausführungen erhältlich. Meistens werden hier komplette Rollladensysteme mit Schlossstücken und Griffen, mit Führungsnuten und -schnecken sowie Aufwickel- und Gewichtsausgleichswellen auf Fixmaße vorgefertigt geliefert (Re, Hä, Ht und Ne sinngemäß).

Möbelrollläden aus Aluminiumprofilen sind denen aus Kunststoff ähnlich (Schü).

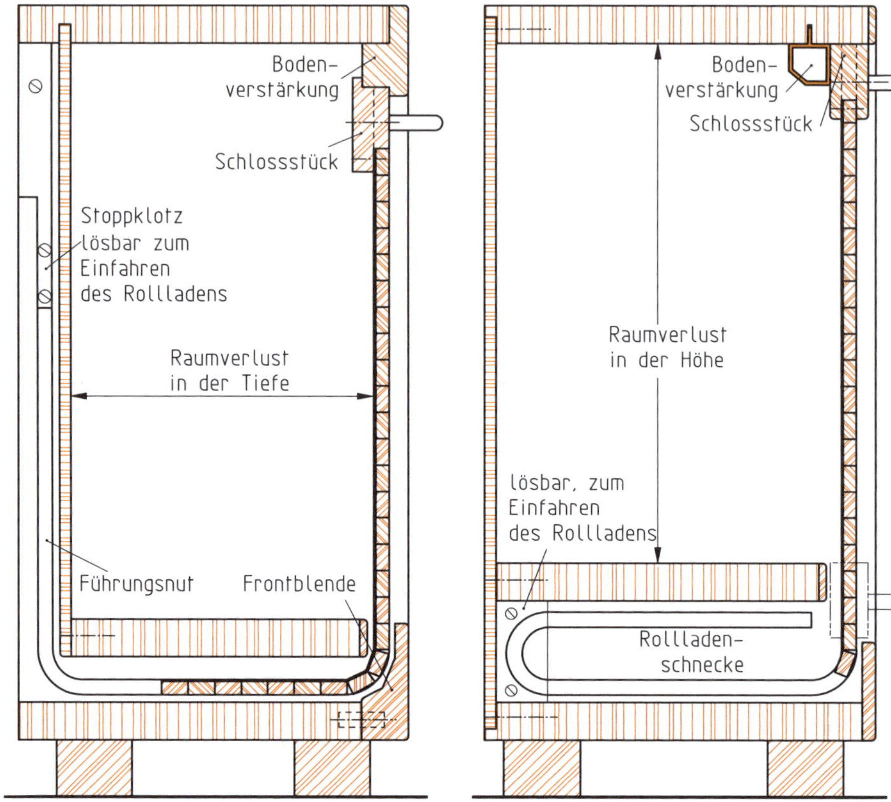

B 3.9-3 Systeme vertikal nach unten laufender Mobelrollläden. Links: hinter die Rückwand herumgeführt – Raumverlust in der Tiefe, rechts: nach unten in eine Rollladenschnecke unter dem Unterboden geführt – Raumverlust in der Höhe. Da das gesamte Gewicht des Rollladens am Oberboden hängt, ist dieser gegen Durchbiegen verstärkt.

B 3.9-4 (Seite 293) Systeme vertikal nach oben laufender Mobelrollläden mit Gewichtsausgleichsbeschlägen.
Links: Doppel-Seilzugrollen, die hinter dem Schrank befestigt sind. Das Seil ist unbedingt in der Mitte des Rollladens zu montieren. Für Rollladenbreiten von 216 mm bis 1000 mm und nutzbare Korpushöhen bis 1800 mm.
Rechts: Gewichtsausgleichbeschlag mit Torsionsfeder zur Montage auf dem Oberboden für Rollladenbreiten von 384 mm und Rollladenhöhen bis 1100 mm sowie ein Rollladengewicht bis maximal 3,5 kg (Hä).

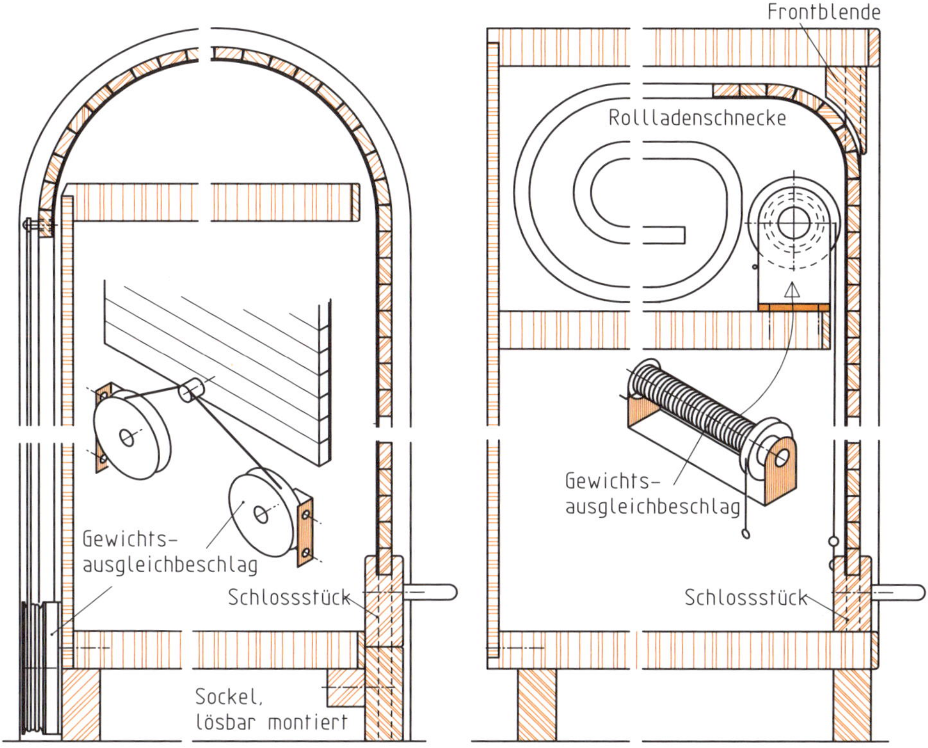

B 3.9-4 (siehe Seite 292)

3.9.2 Einbau und Konstruktion der Rollläden

Mobelrollläden bestehen aus dem Rollladen, der aus schmalen Leisten aufgebaut wird, sowie dem Schloss- und Griffstück. Bei Holzrollläden bildet eine rückwärtig aufgeleimte Drillichbahn oder Leinwand das Gelenk zwischen den Leisten. Hierfür sind elastisch bleibende Leime, also keine Duroplaste, zu verwenden. Der Rollladen muss am Schloss- oder Griffstück befestigt werden. In diesem größer dimensionierten Endstück lassen sich die Griffe und das Schloss unterbringen. Zum Verschluss von Mobelrollläden eignen sich Hakenriegel-, Zirkelriegel- oder Flügelriegelschlösser. Als Grifflösung können Muschelgriffe eingelassen oder Griffleisten sowie Bügelgriffe aufgesetzt werden. Rollläden und Schlossstück werden an ihren Seitenkanten in Nuten geführt. Diese werden in die Seiten eingefräst und zum besseren Lauf, besonders bei Seiten aus Spanplatten, mit Kunststoffschienen ausgeleimt. Zu den Laufschienen sind meistens passende Umlenkbögen oder Rollladenschnecken erhältlich. Bei horizontal geführten Rollläden sind die Lauf- und Führungsnut im Unter- oder Oberboden des Möbels einzufräsen. In besonderen Fällen können die Kanten des Rollladens auch genutet werden, damit diese auf vorstehenden Schienen laufen können. Bei schweren horizontal geführten Rollläden können Beschläge wie bei Möbelschiebetüren verwendet werden. Damit die Rollläden in fertig verleimte Möbelkorpusse eingesetzt und für Reparaturzwecke wieder herausgenommen werden können, müssen die Nuten an der Rückwand oder an der Vorderfront nach außen durchgeführt werden.

Rollläden muss man um Ecken herumführen oder zu Schnecken aufwickeln. Die Größe der Radien der Führungsnut wird von der Breite der Rollladenleisten bestimmt. Je breiter die Leisten sind, desto größer müssen die Radien sein. Die Krümmung des Rollladens wird in der Vorderfront meistens durch eine breite Lisene oder Frontblende abgedeckt. Zur besseren Stabilität des Rollladens sollte dieser an den Enden um den Radius herum und mit mindestens ein bis zwei Leisten wieder in die gerade Nut laufen. Dadurch entsteht ein Winkel, der die Rollladenfläche aussteift. Vertikal laufende Rollläden können wie ein Schafott herunterfallen. Nach unten öffnende Rollläden sind in der Endstellung abzustoppen, damit der Rollladen vom Schlossstück nicht abreißt, und nach oben öffnende Rollläden werden mit Gewichtsausgleichsbeschlägen in jeder Offenstellung stabil gehalten. Zum Verschließen eignen sich am besten Hakenriegel- Einsteckschlösser (Rollladenschlösser), für horizontal laufende Rollläden auch Zirkelriegel- und Flügelriegel-Einsteckschlösser (Hä, Hu, Ju).

B 3.9-5 (Seite 295) Detail eines nach unten laufenden Möbelrollladens. Das Schlossstück steift den Oberboden gegen Durchbiegen aus. Der Rollladen ist so abgestoppt, dass der Griff unten nicht auf die Blende schlägt. Der Unterboden ist so hoch angebracht, dass die Oberkante des Griffstücks im geöffneten Zustand des Rollladens mit der Bodenfläche abschließt.

B 3.9-6 Detail eines nach oben laufenden Möbelrollladens, der in Kunststoffschienen läuft. Der Rollladen ist vorgefertigt, in Buche, Esche, Eiche oder Alufolie beschichtet. Auch die Führungsleisten, Umlenkbögen oder Rollladenschnecken können hierzu bezogen werden. Rollladentiefe mindestens 344 mm, einschiebbare Rollladenlänge 960 mm, Länge der geraden Führungsschienen 1400 mm (Hä).

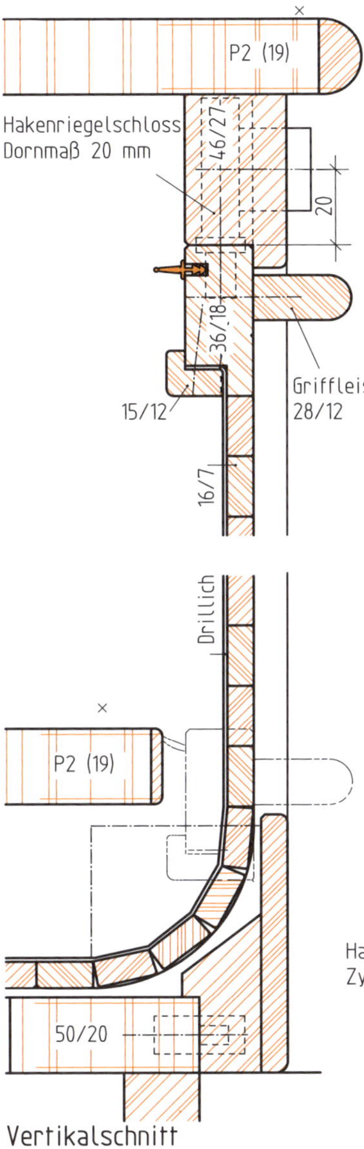

B 3.9-5 (siehe Seite 294)

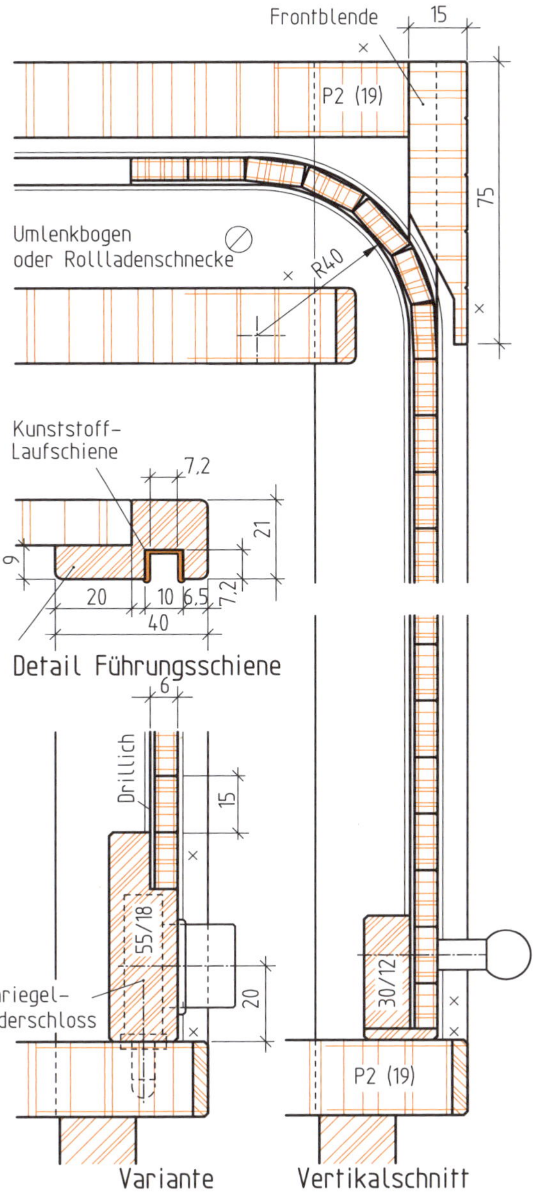

B 3.9-6 (siehe Seite 294)

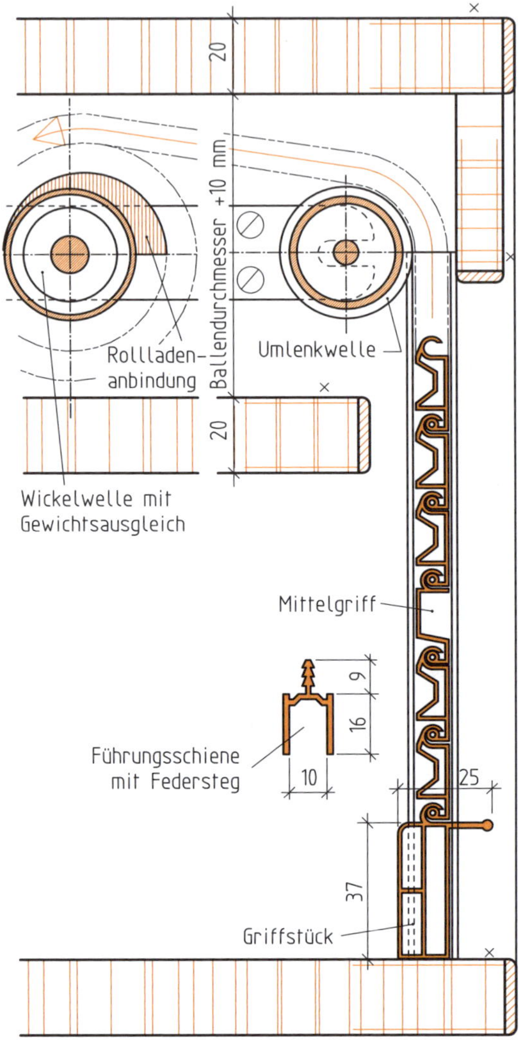

B 3.9-7

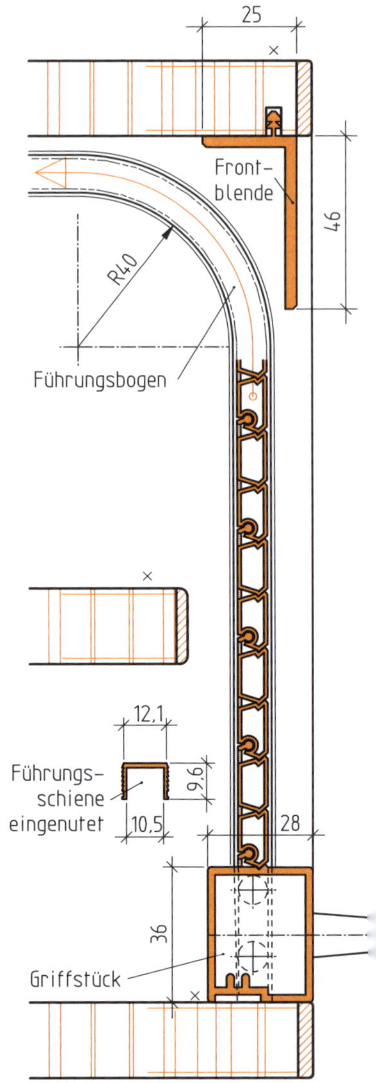

B 3.9-8

B 3.9-7 Detail eines Kunststoffrollladens im Holzgehäuse. Die Führungsschienen sind auf die Seiten aufgesetzt. Der Rollladen läuft über eine Umlenkwelle zur Wickelwelle, in die eine Torsionsfeder eingebaut ist, die gleichzeitig als Gewichtsausgleich dient. Bei sehr hohen Rollläden können in den Rollladen zusätzlich Mittelgriffe eingesetzt werden (Re).

B 3.9-8 (rechts) Detail eines Kunststoffrollladens im Holzgehäuse. Die Führungsschienen, Führungsbogen und Rollladenschnecken sind eingefräst. In das Griffstück kann auch ein zierliches Rollladenschloss eingelassen werden. Der Rollladenbogen wird durch eine Frontblende aus Kunststoff abgedeckt (Re, Ht, Ne, Hä).

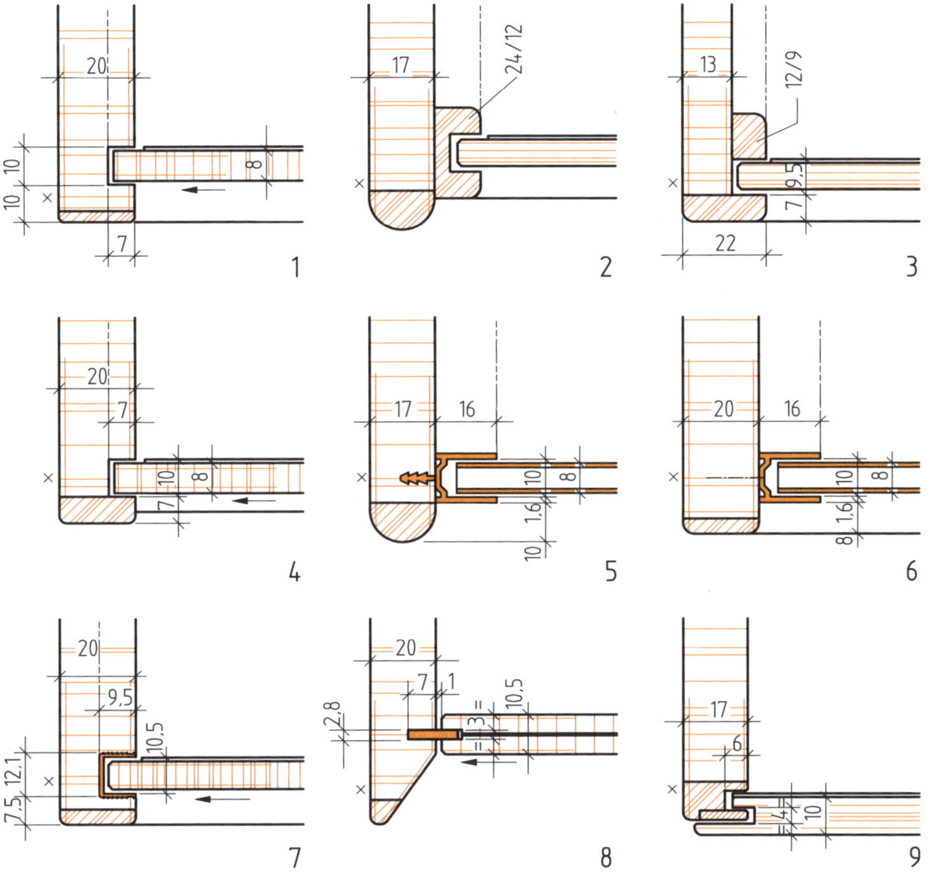

B 3.9-9 Ausbildung der Führungsnuten in den Korpusseiten. 1 In den Plattenwerkstoff, wie MDF-Platten oder Stabsperrholzplatten, eingenutet, 2 in eine auf die Seite geleimte Leiste aus Hartholz genutet, 3 Nute aus Leiste und Lisene gebildet, 4 Nute durch ausgefälzte Seite und Anleimer gebildet, 5 aufgesetzte U-Schienen aus Kunststoff mit Federsteg, 6 auf die Seiten geschraubte U-Schienen aus Kunststoff (Re), 7 eingenutete U-Schienen aus Kunststoff (Hä, Ht, Ne), 8 eingenutete Laufschienen aus Kunststoff, hierfür müssen die Rollladenkanten genutet werden, 9 vor dem Korpus laufender Rollladen, eine besondere Konstruktion. Die Laufleisten bestehen aus Metall oder Kunststoff.

B 3.9-10 (Seite 289) Systeme horizontal laufender Rollläden. 1 Rollladen wird zwischen der Innenseite und der Außenseite bis hinter die Rückwand geführt, der Rollladenbogen verschwindet hinter einer breiten Lisene, 2 Rollladen läuft um die Innenseiten herum bis hinter die Rückwand, in der Möbelansicht sind hier keine Korpusseiten sichtbar, 3 der Rollladen wird seitlich in eine Rollladenschnecke geführt. Der Rollladenbogen wird durch eine Lisene abgedeckt.

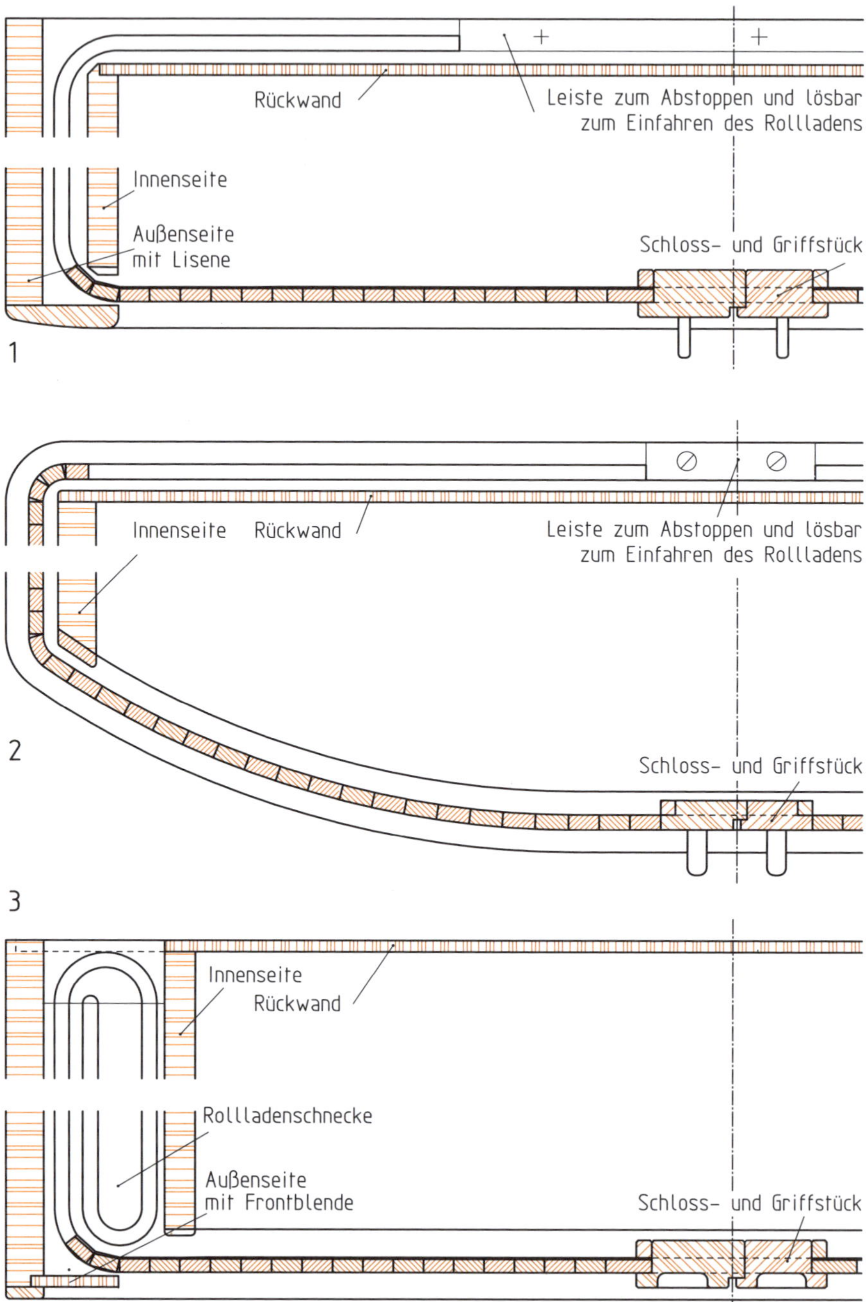
Rückwand
Leiste zum Abstoppen und lösbar zum Einfahren des Rollladens
Innenseite
Außenseite mit Lisene
Schloss- und Griffstück
1
Innenseite
Rückwand
Leiste zum Abstoppen und lösbar zum Einfahren des Rollladens
2
Schloss- und Griffstück
3
Innenseite
Rückwand
Rollladenschnecke
Außenseite mit Frontblende
Schloss- und Griffstück

B 3.9-10

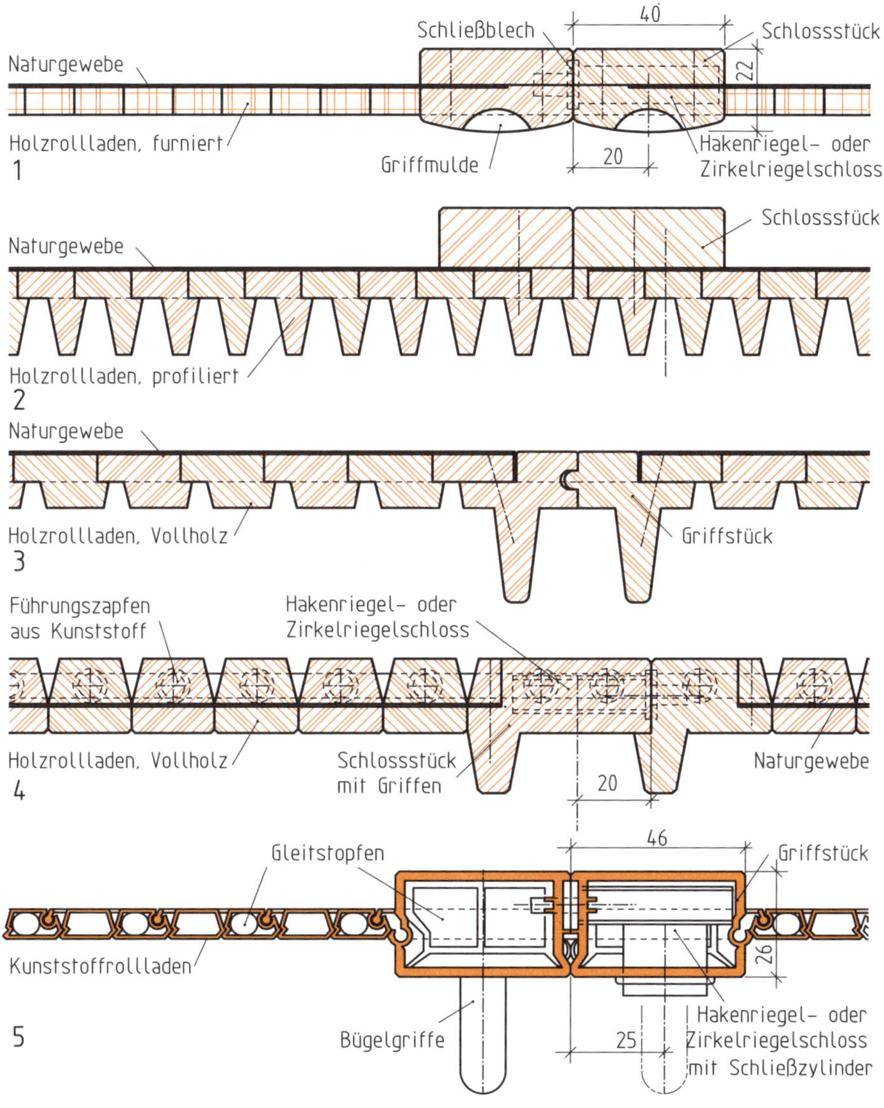

B 3.9-11 Details horizontal laufender Rollläden. 1 Schlichter Holzrollladen furniert oder mit Metallfolie beschichtet, Griffstücke mit eingenuteten Griffmulden, 2 stark profilierter Rollladen, für ringsum laufende Rollläden geeignet, 3 schwerer Rollladen, für hohe Schränke (bis 1600 mm) geeignet, 4 schwerer Rollladen mit besonderen Führungszapfen aus Kunststoff, die in U-Schienen aus Kunststoff laufen, 5 Kunststoffrollladen mit Schloss oder Griffstücken. In die Kunststoffhohlprofile werden zum besseren Lauf von unten Gleitstopfen eingesetzt (Re, Ht, Ne).

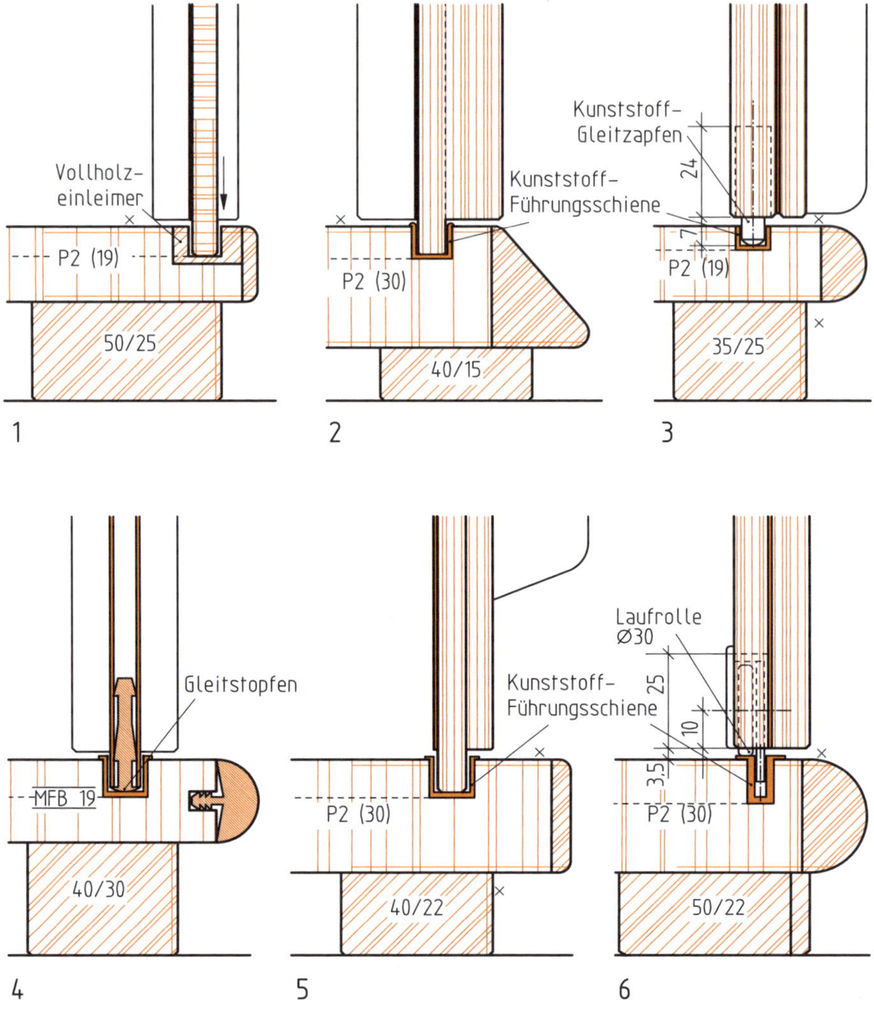

B 3.9-12 Ausbildung der unteren Führungsnuten. 1 Nut in Vollholzeinleimer, 2 Führung im Kunststoff-U-Profil, 3 Führung durch eingebohrte Kunststoffgleitzapfen in einer Kunststoff-U-Schiene, 4 Kunststoffrollladen mit Gleitstopfen läuft in einer eingenuteten Kunststoff-U-Schiene, 5 Holzrollladen läuft in einer eingenuteten Kunststoff-U-Schiene, 6 schwerer Rollladen wird mittels Schiebetürlaufrollen und -gleiter auf einer eingelassenen Kunststoffschiene geführt.

3.10 Klappen

Im Möbelbau kommen Klappen an Schränken, Truhen und Tischen vor. Sie werden an einer horizontal verlaufenden Kante angeschlagen und drehen sich um diese. Je nach Anschlag und Funktion sind stehende, hängende und liegende Klappen sowie die Tischklappen zu unterscheiden.

3.10.1 Stehende Klappen

Stehende Klappen sind an ihrer Unterkante angeschlagen und drehen sich um diese nach unten (B 3.10-1). Im geöffneten Zustand werden sie in horizontaler Stellung arretiert und können so als Schreib- oder Abstellfläche benutzt werden. Aus diesem Grund und um die Bänder durch das Gewicht und die auftretenden Kräfte nicht übermäßig zu belasten, sind Klappenhalter anzuordnen. Soll ein Herunterfallen beim Öffnen der Klappe verhindert werden, sind Klappenhalter mit mechanisch oder pneumatisch wirkenden Bremsen anzubringen (B 3.10-2). Je nach verwendetem Beschlag können Klappen wie Drehtüren stumpf aufschlagend, stumpf einschlagend und auch überfälzt konstruiert werden. Überfälzte Klappenanschläge ergeben allerdings große Fugen an den Bodenanschlüssen.

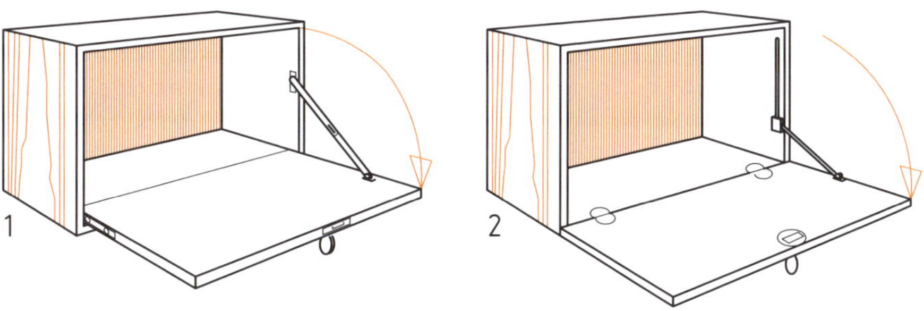

B 3.10-1 Stehende Klappen. 1 stumpf einschlagend, 2 stumpf aufschlagend.

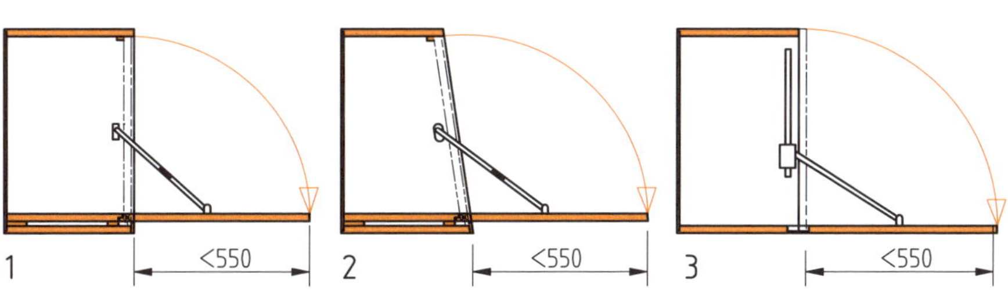

B 3.10-2 Stehende Klappen, 1 und 2 stumpf einschlagend mit Klappenscheren gehalten und 3 stumpf aufschlagend mit Klappenbremse. Die Ausladung der Klappen sollte 550 mm nicht überschreiten.

3.10.1.1 Stumpf einschlagende Klappen

Stumpf einschlagende Klappen liegen zwischen den Korpusseiten. Die äußeren Flächen der Klappen schließen mit den Korpuskanten entweder bündig ab oder springen gegenüber diesen vor oder zurück. Stumpf einschlagende Klappen werden in der Regel an den Seitenkanten mit Zapfenbändern angeschlagen. Damit die Klappen bei diesen seitlichen Anschlägen in der Mitte nicht durchhängen, sollten diese nicht breiter als 950 mm sein (B 3.10-3). Bei furnierten Klappen ist aus statischen Gründen das Stab- oder Stäbchensperrholz als Trägermaterial besonders geeignet. Der Übergang vom Boden zur Klappeninnenfläche kann bei diesen Anschlägen fugenlos, sogar bündig erfolgen. Wenn keine Zapfenbänder mit Arretierung verwendet oder besondere Klappenauflagen konstruiert werden, müssen die Klappen zusätzlich durch Klappenscheren oder -halter gesichert werden. Senkrecht stehende Klappen benötigen an ihrer Oberkante eine sichere Zuhaltung oder ein Schloss (Anschlagbeispiele im Vertikalschnitt B 3.10-4 bis 13).

3.10.1.2 Stumpf aufschlagende Klappen

Stumpf aufschlagende Klappen werden mit Scharnieren oder speziellen Klappenscharnieren am Boden angeschlagen. Durch die speziellen Klappenscharniere ist ein nahezu fugenloser und bündiger Anschlag bei geöffneter Klappe am Boden möglich. Je nach Klappenbreite ist die Anzahl der Bänder und Scharniere zu erhöhen (B 3.10-3). Bei allen stumpf aufschlagenden Klappen müssen Klappenhalter oder -bremsen vorgesehen werden. An ihrer Oberkante sind stehende Klappen durch stabile Magnetverschlüsse oder Schlösser zu verschließen (Anschlagbeispiele im Vertikalschnitt B 3.10-15 bis 24).

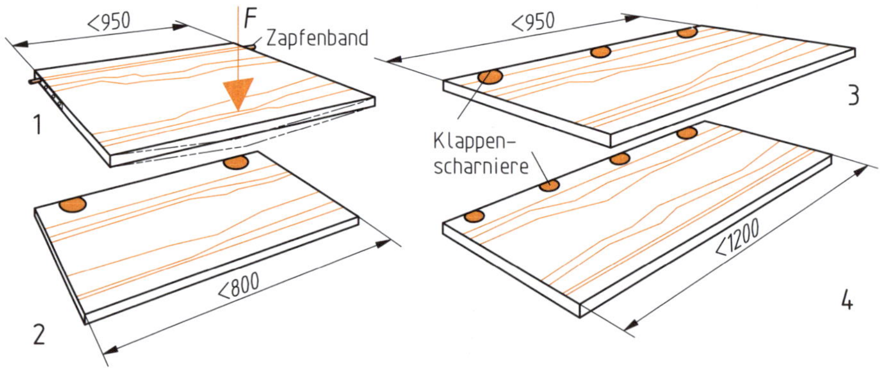

B 3.10-3 Zusammenhang zwischen Anschlagart und Breite der Klappen. 1 Bei Zapfenbändern sollte die Breite nicht mehr als 950 mm betragen, bei Verwendung von Klappenscharnieren kann die Anzahl bei zunehmender Breite erhöht werden.

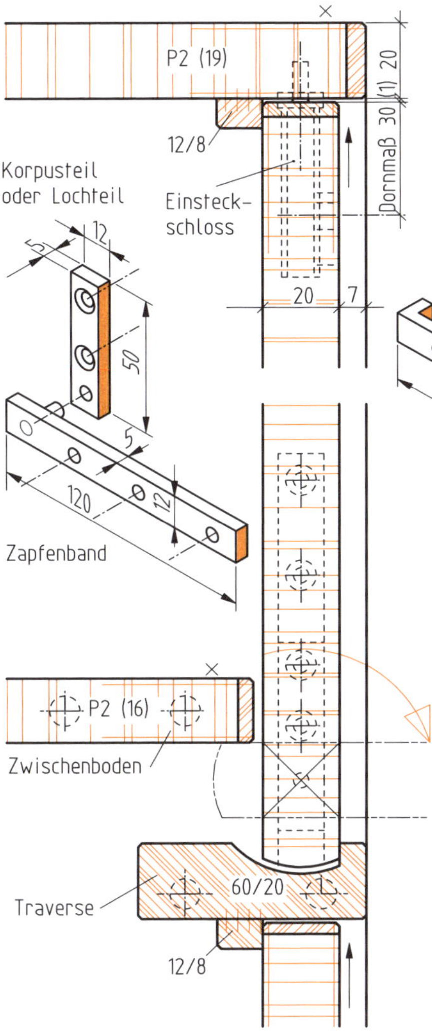

B 3.10-4

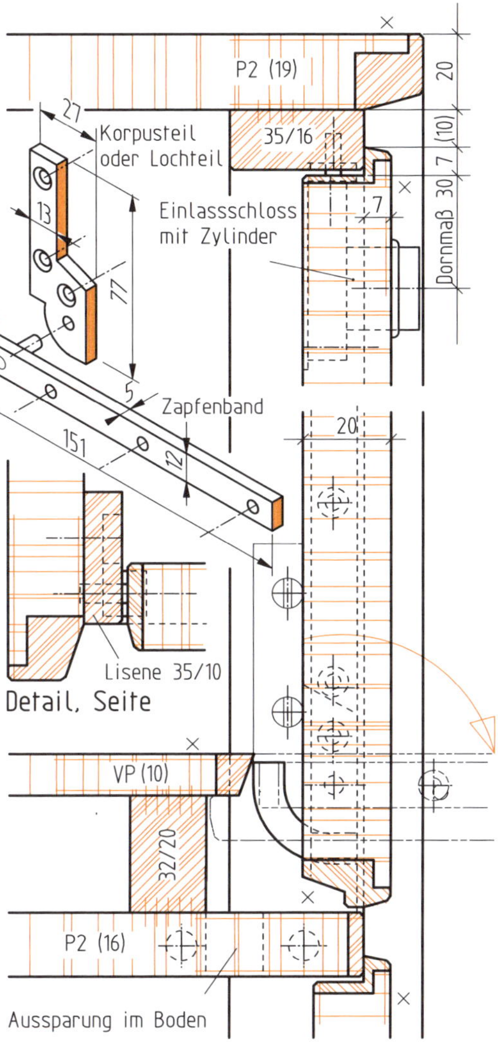

B 3.10-5

B 3.10-4 Die stumpf einschlagende Klappe ist mit einfachen Zapfenbändern (Hä) zurückspringend angeschlagen und mit einem Einsteckschloss (Hu, Hä, Ju) verschlossen. Die Klappe schlägt beim Öffnen unter den Zwischenboden.

B 3.10-5 Die stumpf einschlagende Klappe ist mit einem Sekretärband, das bei 90° arretiert, vorspringend angeschlagen. Auf eine zusätzliche Halterung kann aber nur bei leichten und kleinen Klappen verzichtet werden. Im geöffneten Zustand liegen Klappeninnenfläche und Zwischenboden bündig. Der obere Anschluss der Klappe ist überfälzt. Die Aussparung im Boden erlaubt das Entfernen hineingefallener Gegenstände (Zapfenband Hä, Schloss Dom, Hä, Hu, Ju).

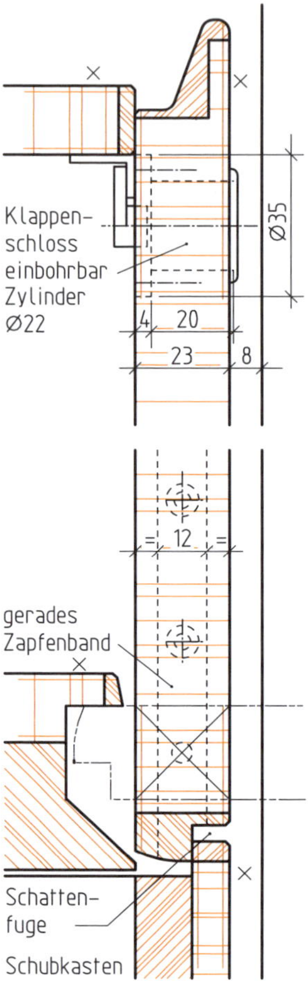

B 3.10-6

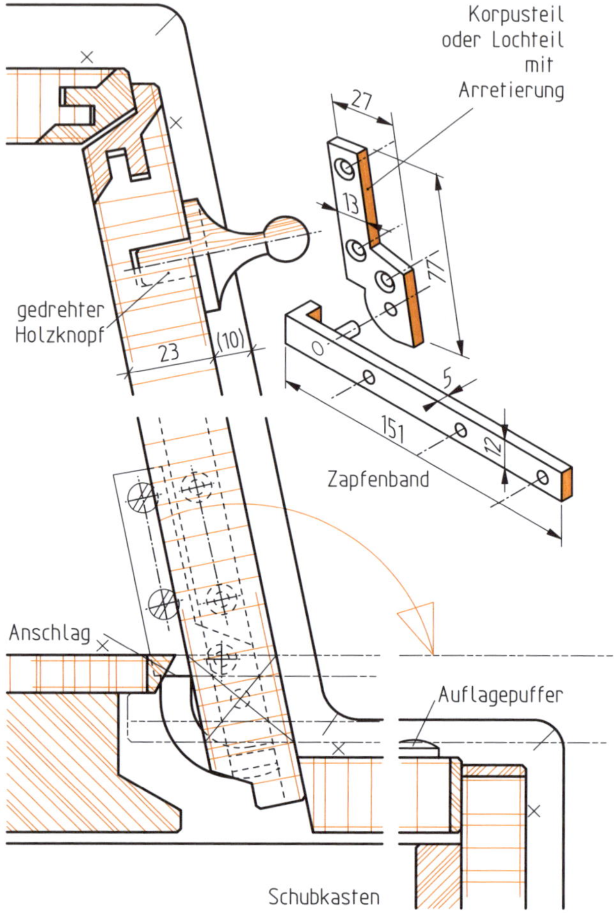

B 3.10-7

B 3.10-6 Zurückliegende, stumpf einschlagende Klappe und Schubkastenvorderstück sind nur durch eine Schattenfuge getrennt. Die Klappe, mit einem Zapfenband angeschlagen, schlägt unter den ausgefälzten Zwischenboden und wird durch ein einbohrbares Klappenschloss verriegelt (Zapfenband Hä, Schloss Dom, Hä, Hu).

B 3.10-7 Schräge, zurückliegende Klappe schlägt im geöffneten Zustand unter den Zwischenboden und ist durch entsprechende Ausfälzung mit diesem bündig. Die Klappe liegt auf dem Mittelboden auf und wird auch noch durch den Beschlag arretiert. Eine zusätzliche Klappenhalterung ist nicht erforderlich. Der obere Anschluss ist überfälzt.

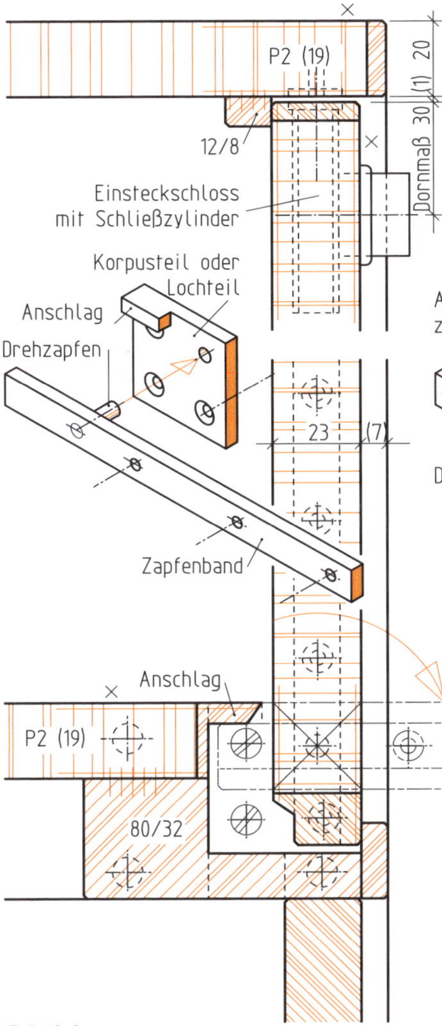

B 3.10-8

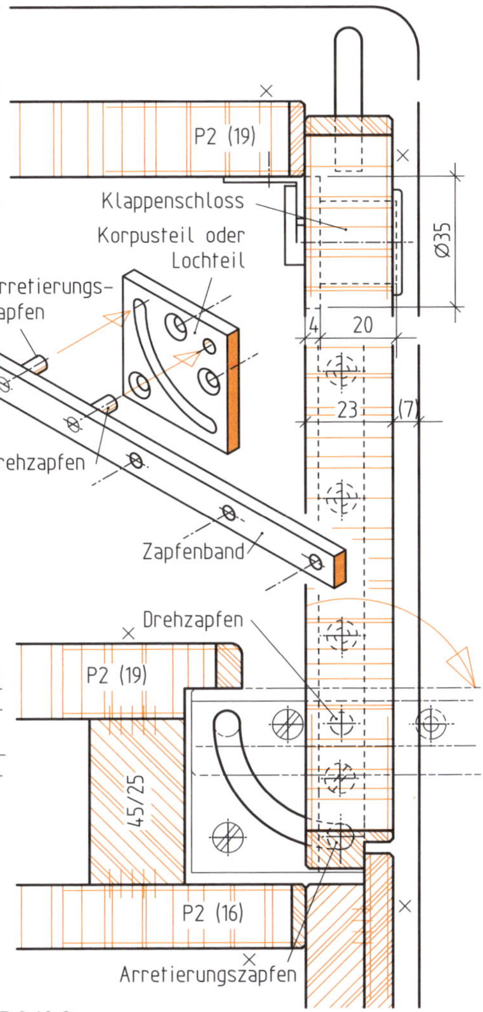

B 3.10-9

B 3.10-8 Zurückliegende, stumpf einschlagende Klappe mit schwerem Zapfenband und arretierendem Lochteil angeschlagen. Zwischenboden und Klappeninnenfläche sind bei geöffneter Klappe bündig. Für den Verschluss wurde ein Einsteckzylinderschloss gewählt.

B 3.10-9 Stumpf einschlagende Klappe mit schwerem Zapfenband mit Dreh- und Arretierungszapfen sowie dem entsprechenden Lager angeschlagen. Die geöffnete Klappe schlägt unter den ausgefälzten Zwischenboden. Klappe und Schubkastenvorderstück sind nur durch eine Schattenfuge getrennt. Der Verschluss der am Oberboden aufschlagenden Klappe erfolgt durch ein spezielles Klappenschloss (Dom, Hä, Hu).

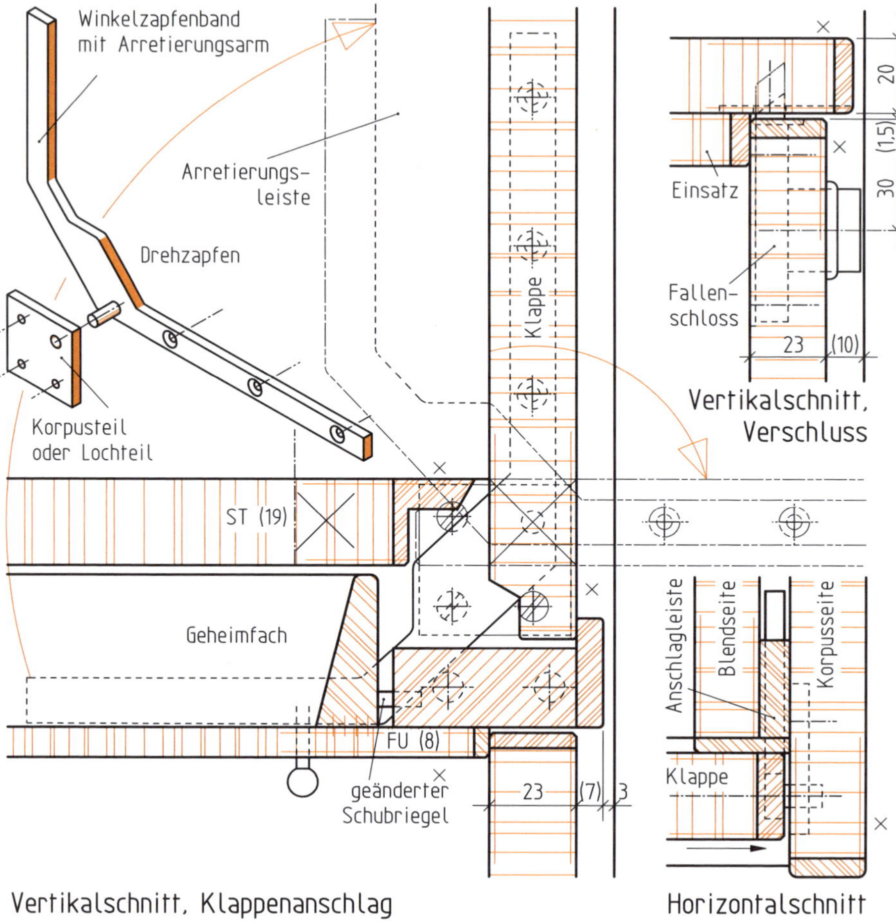

B 3.10-10 Stumpf einschlagende Klappe mit schwerem Winkelzapfenband angeschlagen. Das Zapfenband weist einen abschersicheren dicken Drehzapfen aus Stahl auf und einen Arretierungsarm, der hinter eine Leiste greift. Der Beschlag ist durch eine Blendseite verdeckt. Durch die Blendseite erhält die Klappe auch seitlich einen Anschlag. Eine zusätzliche Halterung durch Klappenscheren oder -bremsen ist nicht erforderlich. Die oben einspringende Klappe wird durch ein Einlass-Fallenschloss gehalten, das zusätzlich noch verriegelt werden kann (Ju). Der Zwischenboden ist mit der geöffneten Klappe flächenbündig. Der Raum unter dem Zwischenboden kann als Geheimfach genutzt werden.

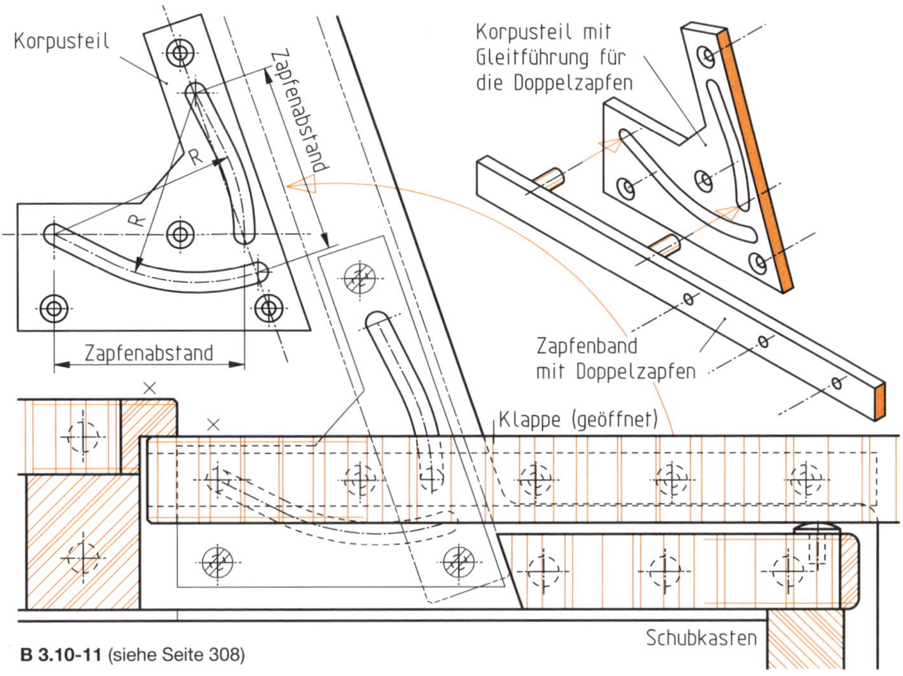

B 3.10-11 (siehe Seite 308)

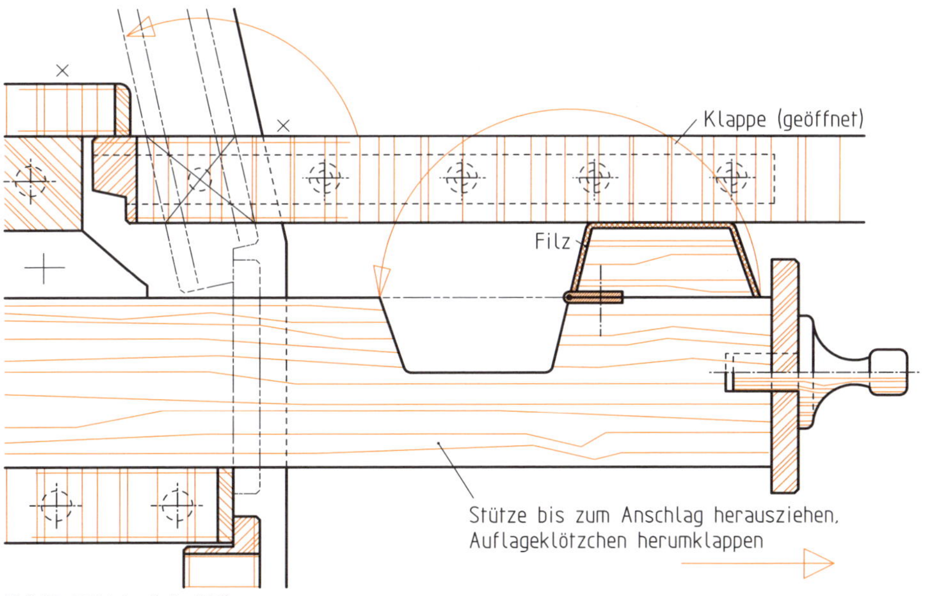

B 3.10-12 (siehe Seite 308)

B 3.10-11 (Seite 307) Stumpf einschlagende, schräg liegende Klappe. Sie ist mit einem Band mit Doppelzapfen angeschlagen, die in den Gleitbahnen des Korpusteils laufen. Die Klappe liegt zusätzlich noch auf dem vorstehenden Korpusboden auf.

B 3.10-12 (Seite 307) Stumpf einschlagende, schrägliegende Klappe ist mit einfachem Zapfenband angeschlagen. Zur Auflage der geöffneten Klappe werden seitlich Stützzargen mit herumklappbaren Auflageklötzchen herausgezogen.

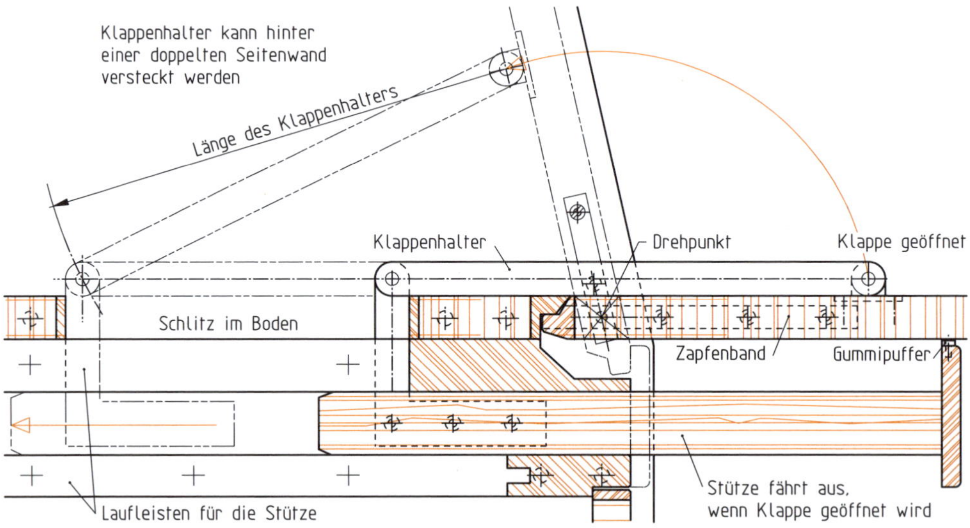

B 3.10-13 Stumpf einschlagende Klappe ist mit einem Zapfenband angeschlagen. Der Klappenhalter fährt beim Öffnen der Klappe die seitlichen Stützzargen selbsttätig heraus und beim Schließen wieder in den Korpus ein.

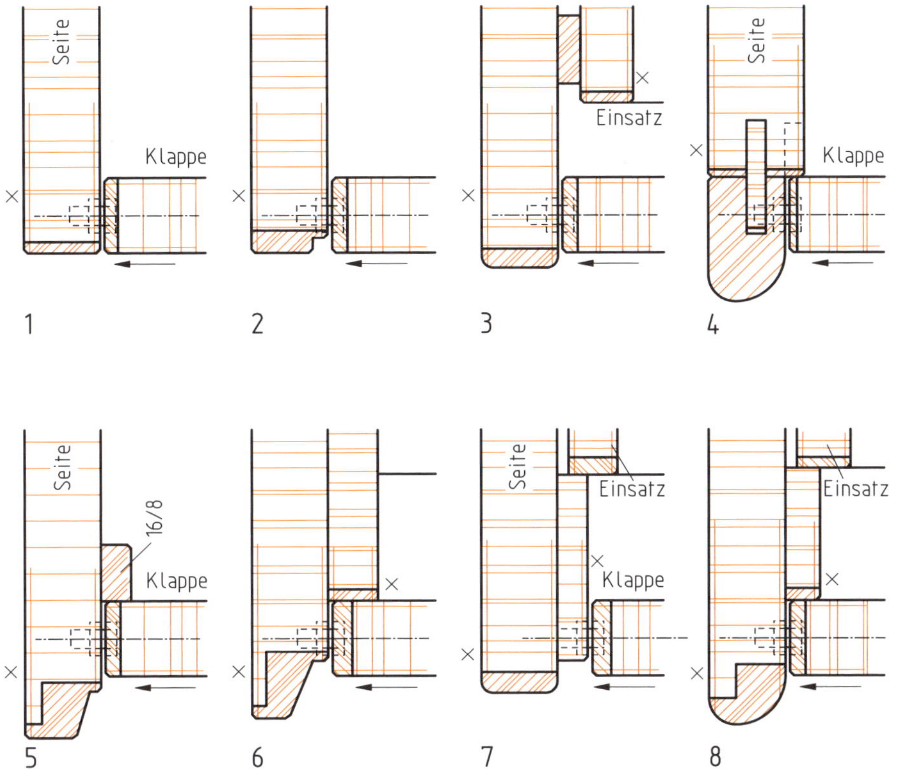

B 3.10-14 Möglichkeiten des Anschlusses stumpf einschlagender Klappen an den Korpusseiten. 1 Korpusseite und Klappe bündig, 2 Korpusseite und Klappe durch Zierfalz getrennt, auf den Beschlag ist Rücksicht zu nehmen, 3 Klappe gegenüber Seite zurückspringend, 4 Klappe erhält bei dieser Konstruktion seitlich einen Anschlag, 5 profilierte Korpuskante, sie steht weit vor und kann das Anschrauben des Zapfenbands erschweren, die Staubdichtung erfolgt seitlich durch eine Leiste, 6 profilierte Korpusseite, Anschlag durch Blendseite, 7 seitlich entsteht durch die Beistoßleiste eine Schattenfuge; der Einsatz kann hinter die Beistoßleiste geschoben werden, 8 die Beistoßleiste bildet die seitliche Staubdichtung (Darstellungen im Horizontalschnitt).

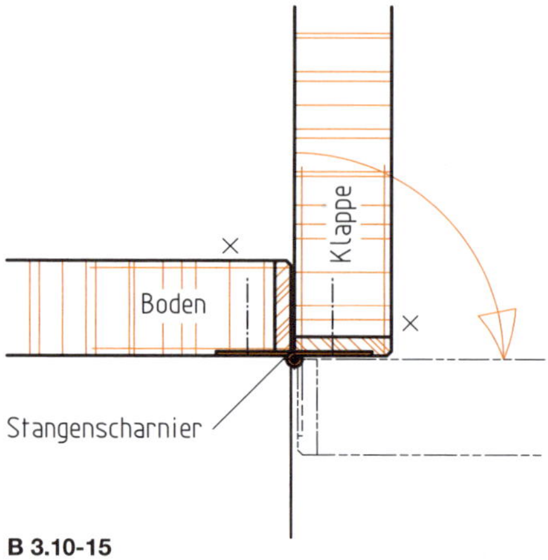

B 3.10-15

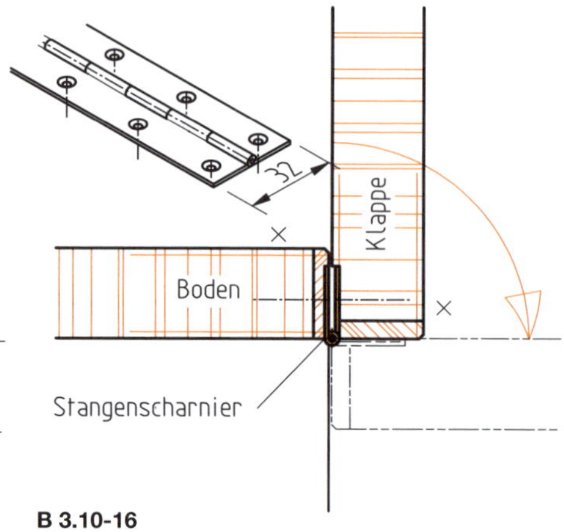

B 3.10-16

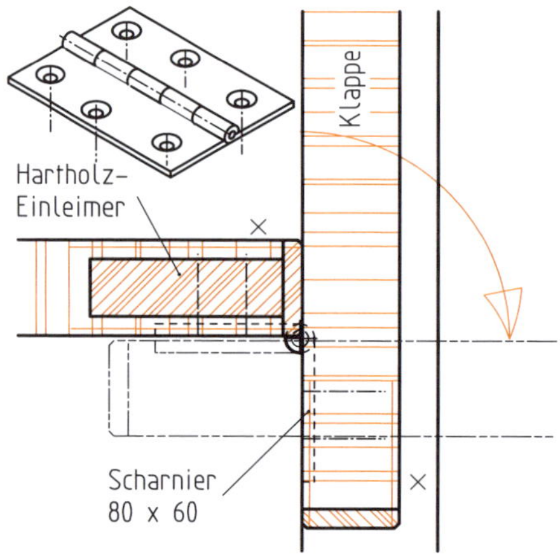

B 3.10-17

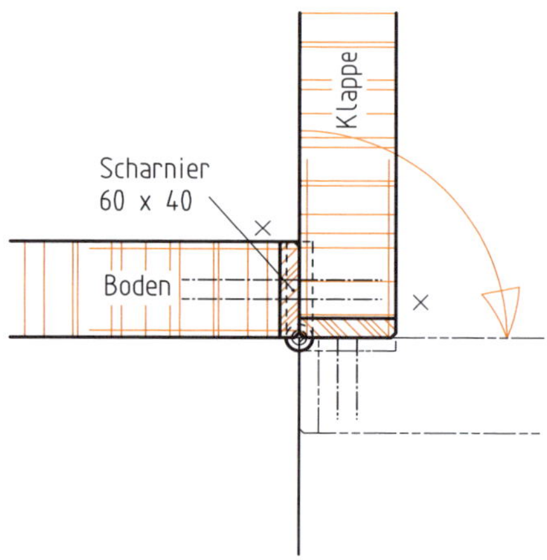

B 3.10-18

B 3.10-15 Stehende stumpf aufschlagende Klappe mit einem Stangenscharnier angeschlagen. Im geöffneten Zustand entsteht vom Boden zur Klappe ein Absatz. Das Stangenscharnier ist unter dem Boden und der Klappenkante sichtbar.

B 3.10-16 Anschlag wie vor mit Stangenscharnier, jedoch ist hier das Stangenscharnier bei geöffneter Klappe in voller Breite sichtbar.

B 3.10-17 Klappenanschlag mit Scharnieren. Im geöffneten Zustand entsteht vom Boden zur Klappe ein Absatz. Die Klappe kann zwar stumpf auf die Böden schlagen, muss aber zwischen den Korpusseiten liegen, weil ihr unterer Teil unter den Boden schlägt.

B 3.10-18 Die stumpf aufschlagende Klappe ist mit geraden Scharnieren angeschlagen. Bei geöffneter Klappe werden die Scharniere sichtbar, und es entsteht vom Boden zur Klappe ein Absatz (Hä, He).

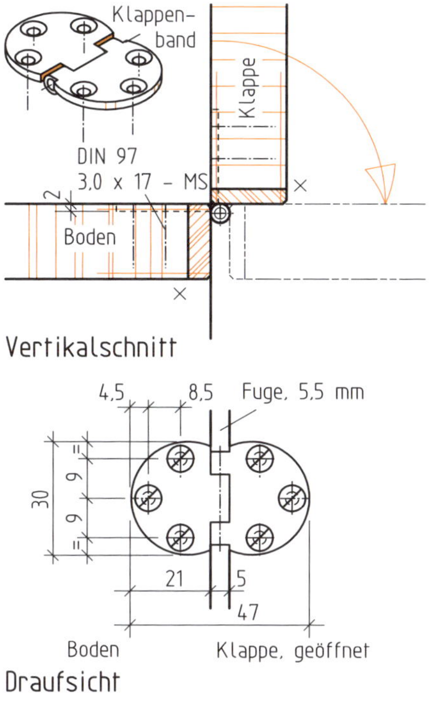

B 3.10-19

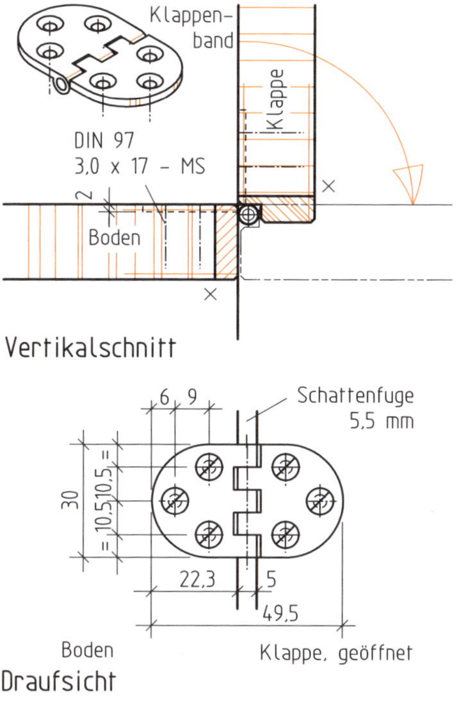

B 3.10-20

B 3.10-19 Stumpf aufschlagende Klappe ist mit Klappenscharnieren angeschlagen. Im geöffneten Zustand liegen Boden- und Klappeninnenfläche auf einer Ebene. Zwischen Klappen- und Bodenkante entsteht allerdings eine Fuge (Hä, He).

B 3.10-20 Anschlag sinngemäß wie vor, jedoch liegt die Rolle des Klappenscharniers in dem Zierfalz der Klappe (He).

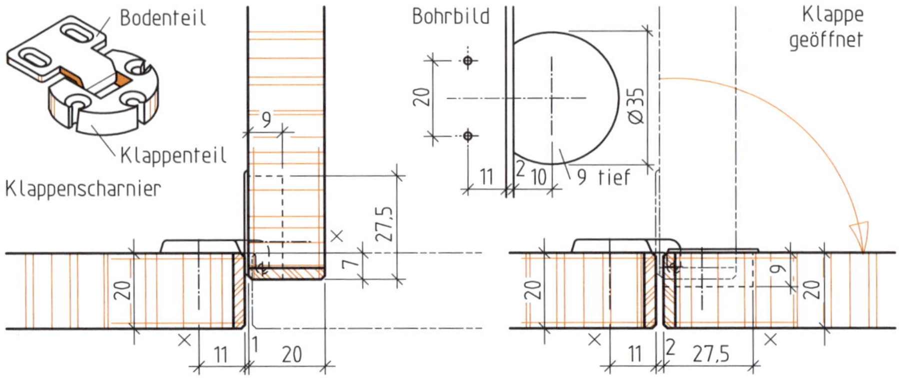

B 3.10-21 Klappenscharnier für senkrechte und bis 15° geneigte, stumpf aufschlagende Klappen. Boden- und Klappeninnenfläche sind bei geöffneter Klappe bündig. Der Topf des Scharniers wird in die Klappe eingebohrt, der Montagearm auf den Zwischenboden geschraubt (Ha, He).

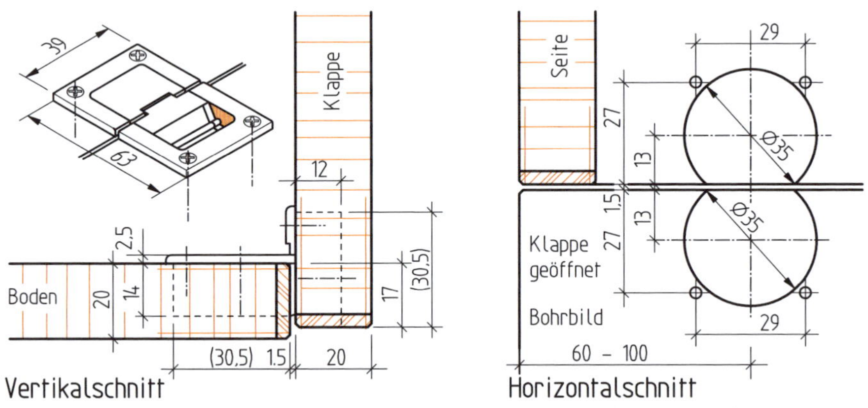

B 3.10-22 Stumpf aufschlagende Klappe mit Klappenscharnieren aus Ganzmetall angeschlagen. Sie werden in Klappe und Boden in gleichen Abmessungen eingebohrt und auf dem Boden und der Klappeninnenseite festgeschraubt. Das Band ermöglicht eine geringe Höhen-, Seiten- und Tiefenverstellung. Die Stellschrauben können durch Kappen abgedeckt werden (Gr, Hä).

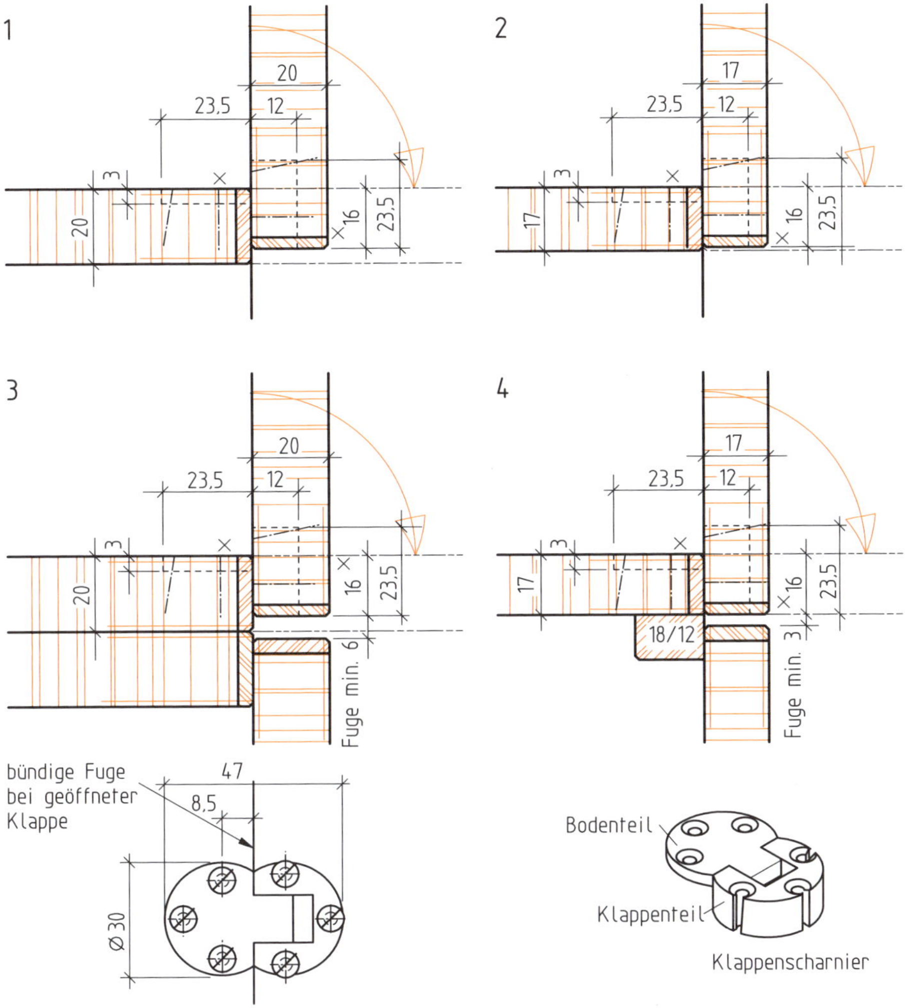

B 3.10-23 Stumpf aufschlagende Klappen mit einbohrbaren Klappenscharnieren angeschlagen. 1 Klappe und Boden sind 20 mm dick und bei 2 nur 17 mm dick, 3 bei 20 mm dicken Klappen muss eine 6 mm breite Fuge zur darunterliegenden Türkante verbleiben; 4 bei 17 mm dicken Klappen genügt eine Fuge von 3 mm (Hä, Me).

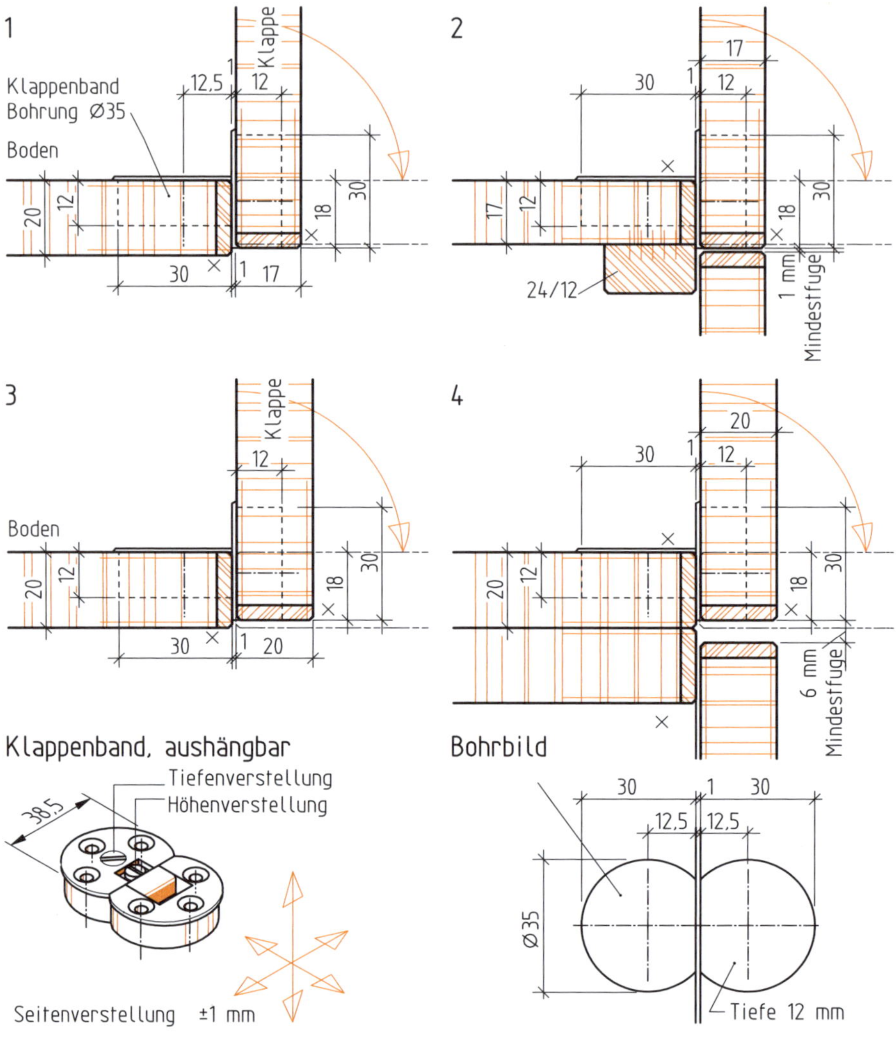

B 3.10-24 Anschläge stumpf aufschlagender Klappen mit besonderen Klappenbändern, die in die Boden- und die Klappenkante eingebohrt werden. Im geöffneten Zustand sind Boden- und Klappeninnenfläche bündig. 1 Boden 20 mm, Klappe 17 mm dick, 2 bei einer 17 mm dicken Klappe ist nur eine Konstruktionsfuge von 1 mm zwischen Klappenunterkante und Türkante erforderlich, 3 Boden und Klappe sind jeweils 20 mm dick, 4 bei einer 20 mm dicken Klappe ist eine Konstruktionsfuge zu darunterliegenden Kanten von 6 mm erforderlich (Hä, He, Gr).

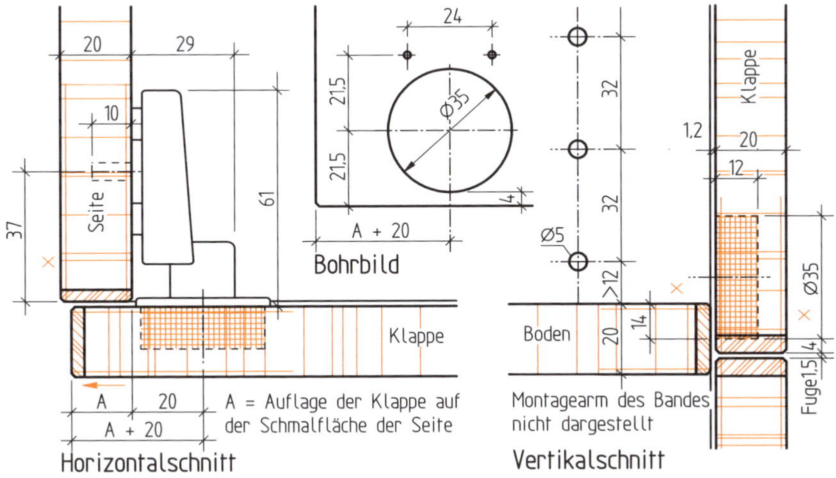

B 3.10-24a Topfscharnier für Klappen. Die Montageplatte für das spezielle Topfscharnier passt in die Reihenbohrung, das System 32. Die Klappe erhält die Topfbohrung zur Montage des Topfscharniers an der Klappe, und der Montagearm des Scharniers wird auf die Montageplatte aufgeschoben und darauf befestigt (Hä).

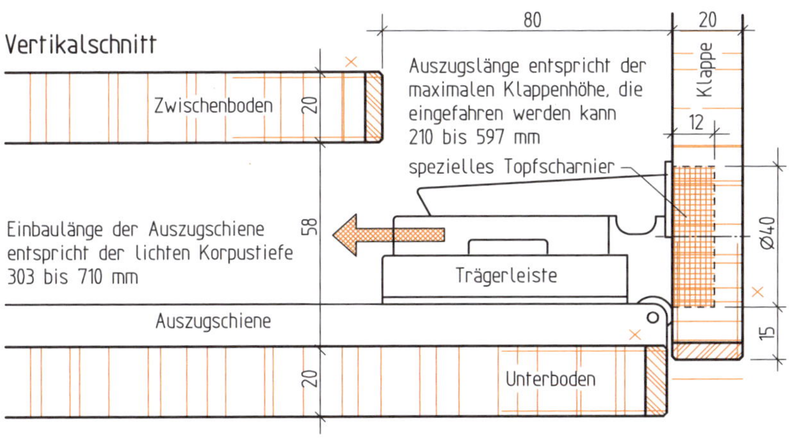

B 3.10-24b Klappe, die in den Korpus eingeschoben werden kann. Der Beschlag besteht aus dem Trägersystem und dem Klappenbefestigungsset. Das Trägersystem enthält zwei Auszugsschienen, die zur Parallelführung mit einer Schiene verbunden sind. Das Klappenbefestigungsset besteht aus den erforderlichen Topfscharnieren und den Montageplatten. Zum leichteren Lauf können die Trägerleisten mit einem Seilzug verbunden werden. Der Beschlag ist für unterschiedliche Einbautiefen erhältlich (Hä).

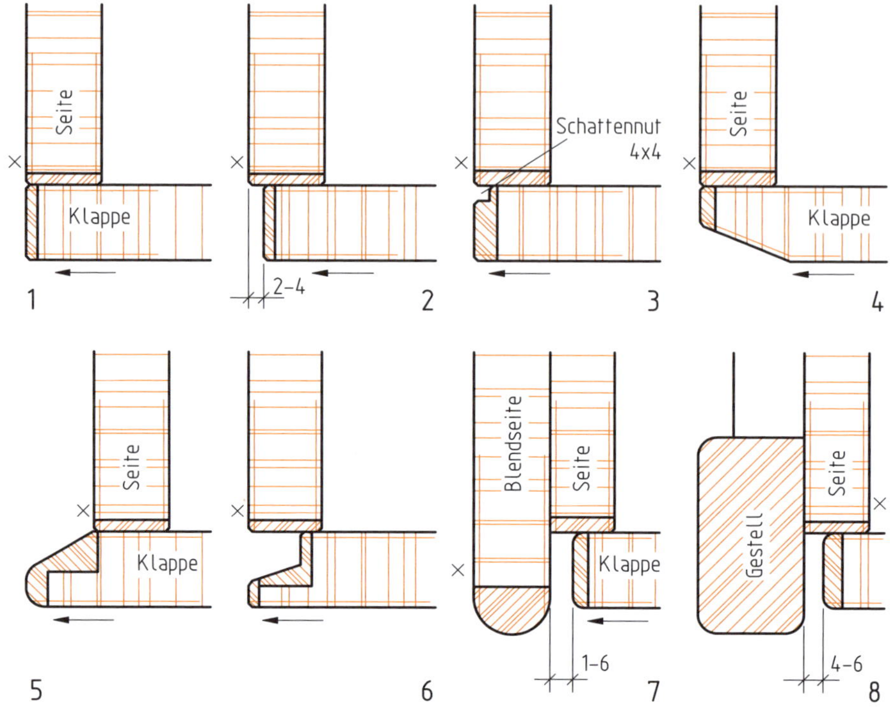

B 3.10-25 Ausbildungsmöglichkeiten der stumpf auf die Korpusseiten aufschlagenden Klappen (Darstellung im Horizontalschnitt). 1 Die Klappe ist mit der Korpusseite außen bündig, 2 die Klappenkante ist gegenüber der Korpusaußenfläche um 2 bis 4 mm zurückgesetzt, 3 der Übergang von der Klappe zum Korpus wird durch eine Schattenfuge betont, 4 die Klappenkanten sind seitlich abgeschrägt, 5 die überstehende Klappenkante ergibt eine seitliche Griffmöglichkeit, 6 seitlich an die Korpuskanten angebrachte Griffnuten, 7 und 8 zwischen Blendseite und Gestell und der Klappenkante entsteht eine Schattennut.

B 3.10-26 (Seite 317) Anschlagmöglichkeiten überfälzter Klappen. 1 Mit Zylinderbändern Kröpfung D, es ist jeweils ein Rechts- und ein Linksband zu verwenden, 2 Anschlag mit einem kleinen Scharnier, 3 Anschlag mit einbohrbaren Klappenscharnieren für überfälzte Klappen (Hä, He).

3.10.1.3 Überfälzt aufschlagende Klappen

Überfälzt aufschlagende Klappen decken durch ihre Überfälzung die Luft zwischen Korpusseiten und Klappe ab. Sie können wie überfälzte Türen mit Scharnieren oder Zylinderbändern mit der Kröpfung D angeschlagen werden. Bei Bändern sind jeweils ein linkes und ein rechtes Band zu verwenden, damit die Klappen nicht unbeabsichtigt ausgehängt werden können. Es gibt auch spezielle Klappenscharniere mit einbohrbaren Montagetöpfen und angearbeiteten Zierrollen. Bei allen Anschlägen ergeben sich zwischen Boden und geöffneter Klappe störende Fugen und Höhendifferenzen. Überfälzt aufschlagende Klappen müssen ebenfalls in geöffneter Grenzstellung durch Klappenhalter oder -bremsen gesichert werden. Zum Verschließen eignen sich die gleichen Schlösser und Verschlüsse, die für überfälzte Türen zum Einsatz kommen. (Anschlagbeispiele im Vertikalschnitt B 3.10-26).

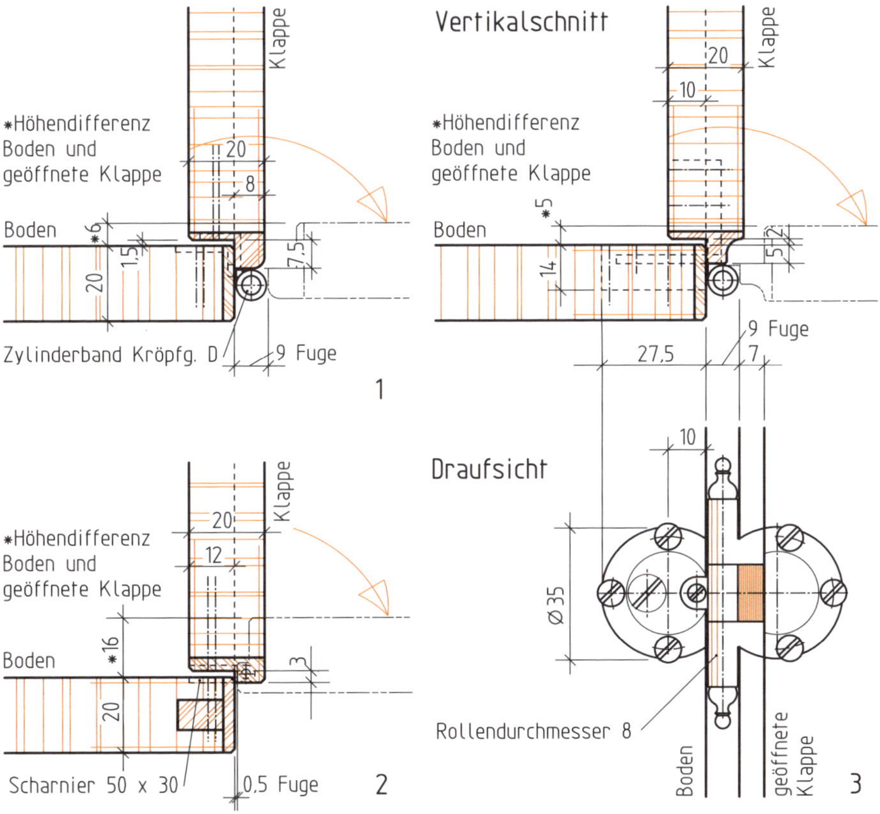

B 3.10-26 (siehe Seite 316)

3.10.1.4 Verschlussmöglichkeiten und Halterung der Klappen

Stehende Klappen müssen durch Schlösser oder auch durch Magnetverschlüsse gegen ein Öffnen und Herunterfallen gesichert werden. Damit Schlösser auf der Innenfläche der Klappe nicht stören, sollte man Einsteck- oder Einlassschlösser verwenden. Für stumpf aufschlagende Klappen gibt es besondere Zylinderschlösser mit versenkbarem Riegel und Zwangsschließung, d. h. der Riegel ist bei geöffneter Klappe mit der Innenfläche bündig, und der Schlüssel fällt nicht aus dem Schloss. Die meisten Schlösser können maschinell eingefräst oder eingebohrt werden (siehe B 3.10-4 bis 10 und B 3.10-33 bis 36). Dem Eigengewicht großer Klappen, dem Gewicht aufgelegter Gegenstände und der Belastung beim Schreiben auf der Klappe halten die Klappenbeschäge allein nicht stand. Zur Entlastung der Bänder wird man zusätzlich Klappenscheren, mechanische oder pneumatische Klappenbremsen einsetzen müssen. Sie werden so an der Korpusseite und Innenfläche der Klappe befestigt, dass Korpuskante, geöffnete Klappe und Klappenhalterung ein Dreieck bilden. Die Klappenhalterung wird dabei auf Zug beansprucht. Damit die Scheren oder Klappenbremsen im geschlossenen wie im geöffneten Zustand richtig sitzen, sind die Befestigungspunkte genau zu ermitteln. Für die mechanischen und pneumatischen Klappenbremsen werden die Befestigungspunkte vom Hersteller angegeben (B 3.10-27 bis 32).

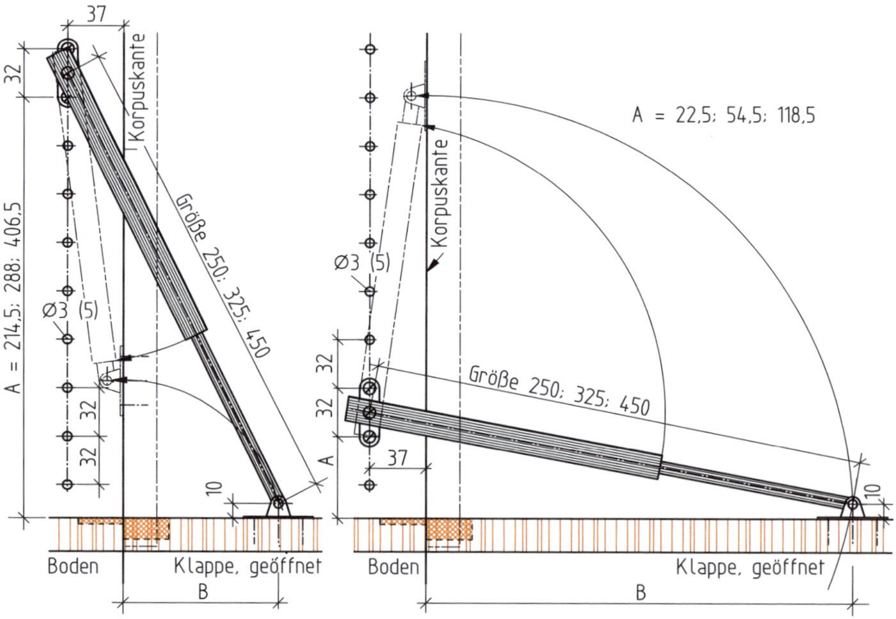

B 3.10-27 Klappenhalter mit Bremswirkung, links steil, rechts flach montiert (Hä).

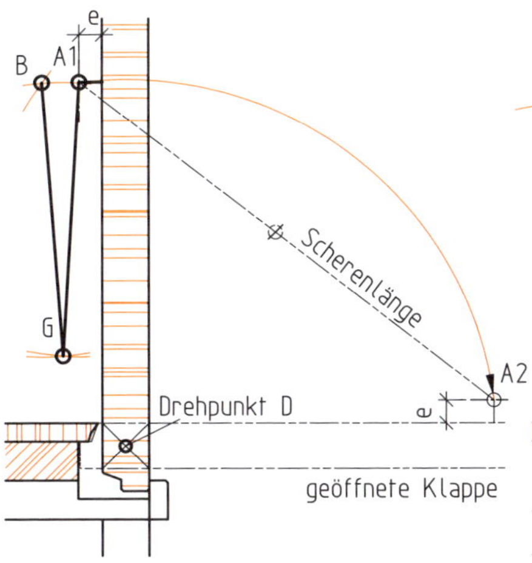

B 3.10-28

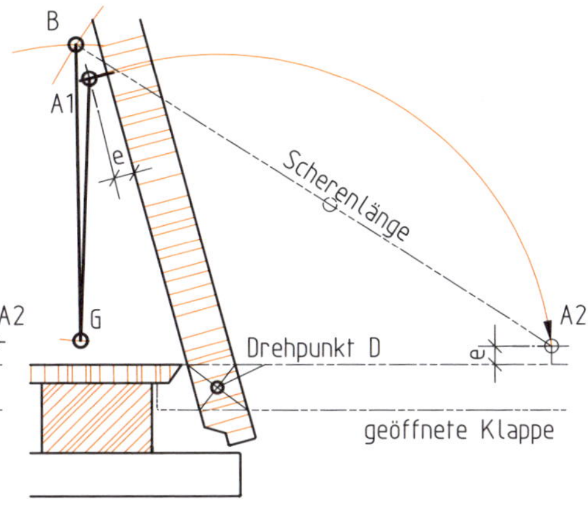

B 3.10-29

B 3.10-28 Austragen einer Klappenschere mit gleichlangen Scherenarmen an senkrecht stehender Klappe: 1 Drehpunkt D der Klappe ermitteln, 2 Punkt A an der Klappe festlegen (Abstand e = Fußgelenkhöhe, geöffnete Schere etwa 45°), 3 um D mit der Strecke DA1 einen Kreisbogen geschlagen ergibt den Punkt A2 im Abstand e, 4. um A2 mit gesamter Scherenlänge einen Kreisbogen schlagen, 5 von Punkt A1 die Armlänge der Schere nach unten abgetragen ergibt Gelenk G, 6 von Gelenk G einen Kreisbogen mit der zweiten Armlänge der Schere geschlagen ergibt den Schnittpunkt B. In diesem Schnittpunkt liegt der Befestigungspunkt der Schere an der Korpusseite. (Sollen die Punkte A1 und B dichter zusammenliegen, muss die Schere an A1 höher befestigt werden.)

B 3.10-29 Austragen einer Klappenschere mit ungleichen Scherenarmen an einer schrägen Klappe. 1 Ermittlung des Drehpunkts D, 2 Festlegen des Punkts A1 an der Klappe (Abstand e = Fußgelenkhöhe, Punkt G etwa 5 bis 10 mm über dem Boden), 3 um D einen Kreisbogen schlagen mit der Strecke DA1 ergibt A2 im Abstand von e, 4 von A1 aus die kurze Armlänge der Schere nach unten abgetragen ergibt das Gelenk G, 5 von Punkt G aus mit dem langen Scherenarm einen Kreisbogen schlagen, 6 von Punkt G aus mit dem langen Scherenarm einen Kreisbogen schlagen ergibt den Schnittpunkt B, der Befestigungspunkt der Schere an der Korpusseite.

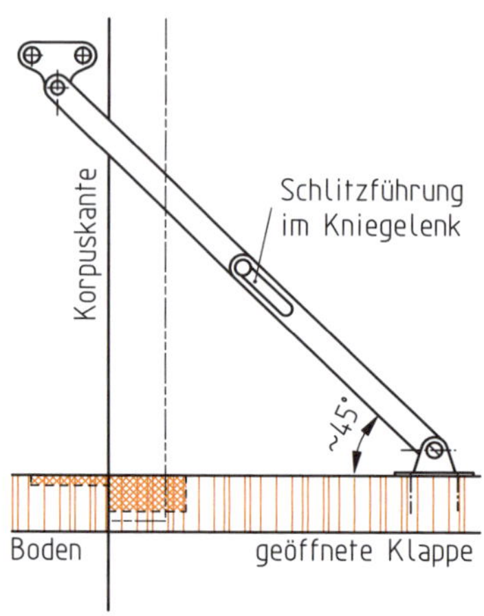

B 3.10-30

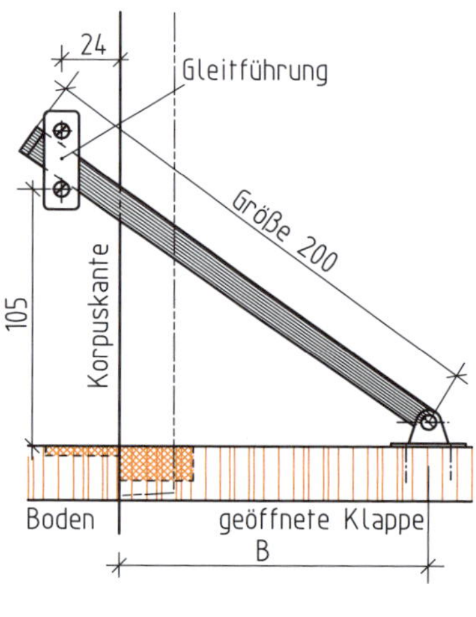

B 3.10-31

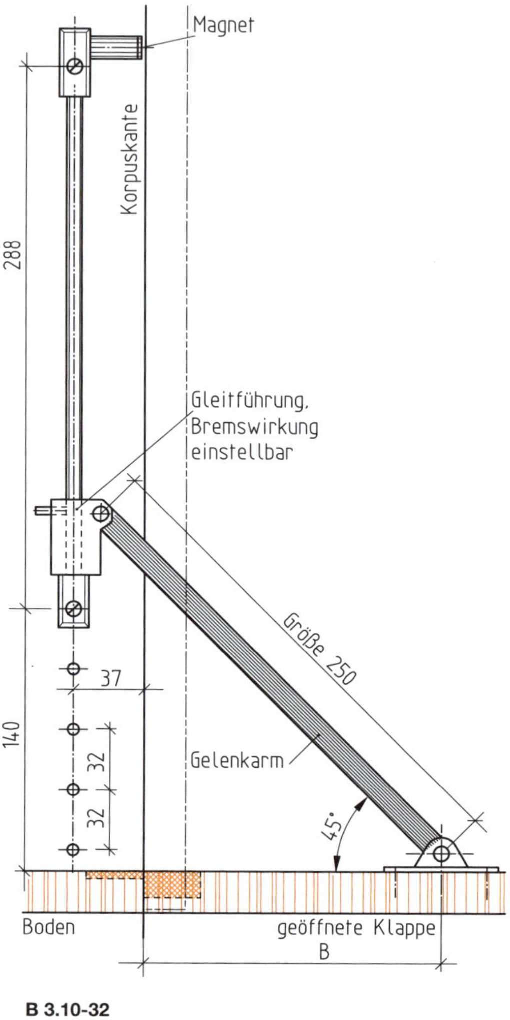

B 3.10-32

B 3.10-30 Klappenschere. Die Schlitzführung im Kniegelenk gleicht Ungenauigkeiten durch das Anschlagen der Schere aus (Hä, He).

B 3.10-31 Klappenhalter mit Gleitführung. Durch Anziehen der Schrauben an der Gleitführung kann die Bremswirkung erhöht werden (Hä, He, Sim sinngemäß).

B 3.10-32 Klappenhalter mit Gleitbremse und Magnet (Hä, He, Pr, Sim).

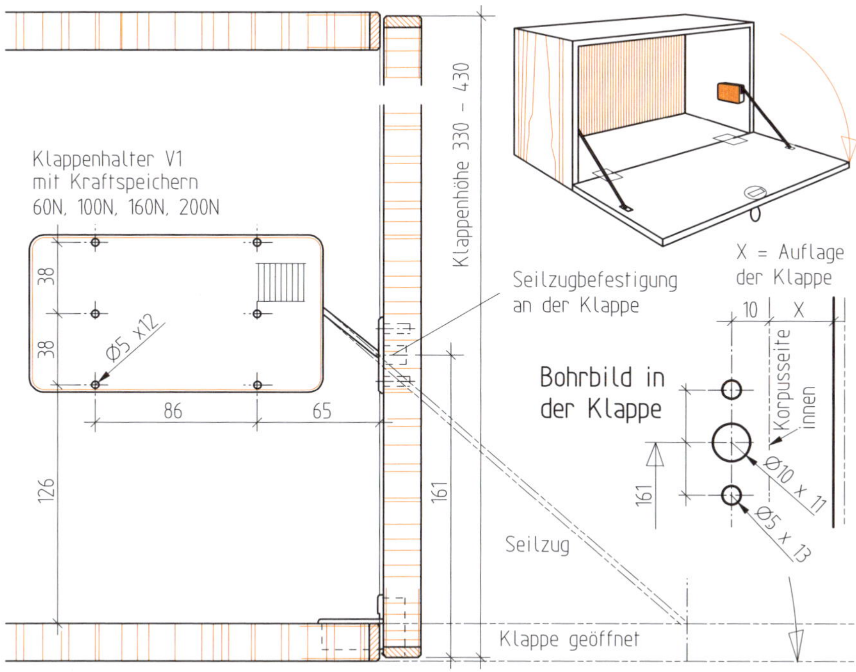

Vertikalschnitt mit Klappenhalter V1

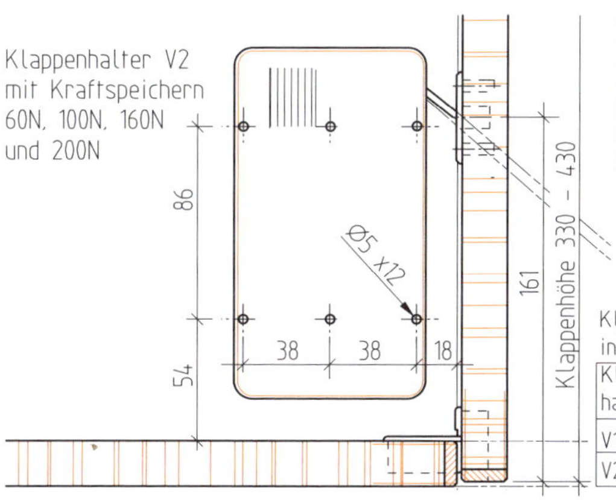

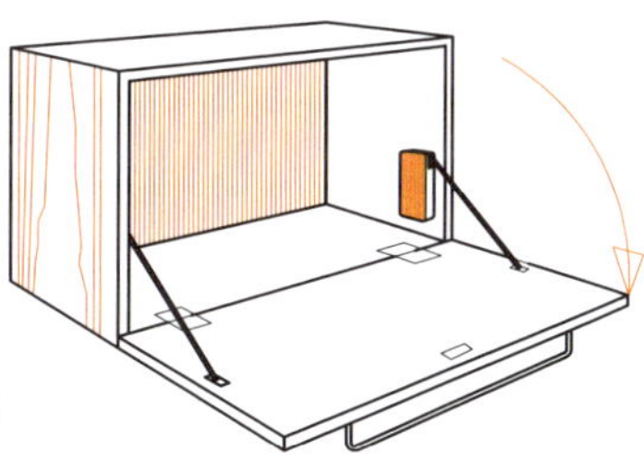

Klappengewicht
inkl. Griff und Schloss in KG (Beispiel)

Klappen-halter	Kraftspeicher 60N	100N	160N	200N
V1	4,5–6,1	5,7–7,3	8,5–10,1	10,9–12,5
V2	5,0–6,2	6,2–8,2	9,0–10,4	13,3–14,9

Vertikalschnitt mit Klappenhalter V2

B 3.10-32a Klappenhalter mit Seilzug. Je nach Klappengewicht und Klappenhöhe sind die geeigneten Klappenhalter auszuwählen. Bei breiten und schweren Klappen sind beidseitig Klappenhalter einzubauen. Die Öffnungs- und Schließkraft kann eingestellt werden. Sie sind für max. 12 kg schwere Klappen geeignet (Gr, Hä).

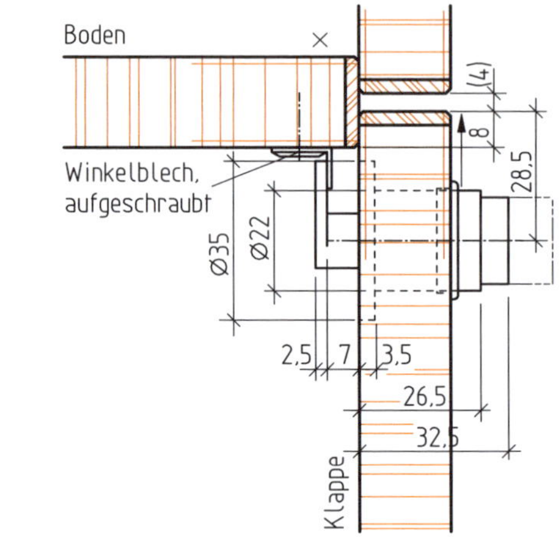

B 3.10-33

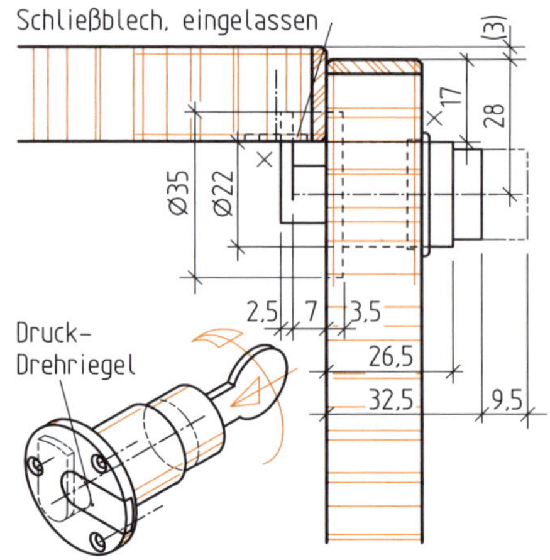

B 3.10-34

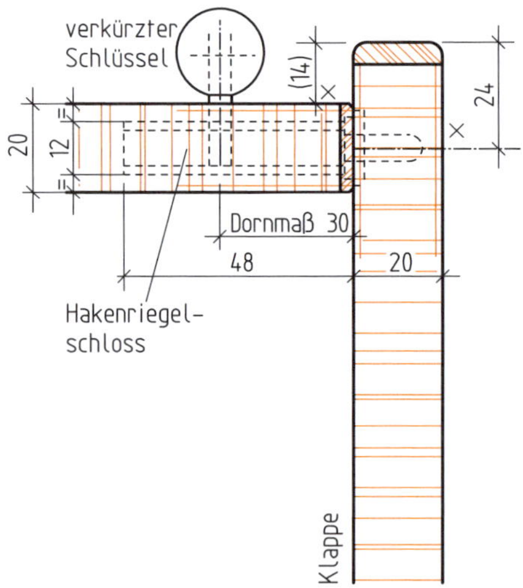

B 3.10-35

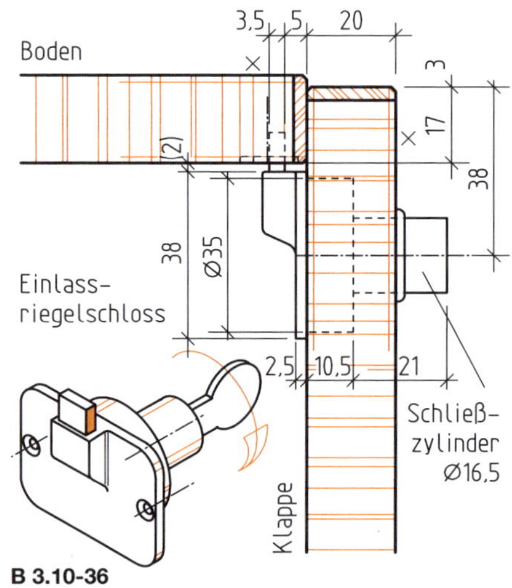

B 3.10-36

B 3.10-33 Verschluss stumpf aufschlagender Klappen mit einem einbohrbaren Klappenschloss. Der Riegel schließt hinter ein Winkelblech und ist beim geöffneten Schloss im Schlossboden versenkt (Dom, Hä, Hu, Ju).

B 3.10-34 Schloss wie vor, jedoch fasst der Riegel in ein Schließblech, das im Oberboden eingelassen ist.

B 3.10-35 Verschluss einer aufschlagenden Klappe durch ein Hakenriegelschloss (Rollladenschloss). Die Bedienung des Schlosses erfolgt vom Oberboden aus.

B 3.10-36 Verschluss mit einem teils eingebohrten und teils aufgeschraubten Schloss mit vorgekröpftem Riegel. Dieses Schloss steht vor und kann bei Schreibklappen nicht verwendet werden (Hu).

3.10.2 Hängende Klappen

Hängende Klappen sind an ihrer Oberkante angeschlagen und drehen sich um diese nach oben. Sie werden durch mechanische oder pneumatische Hochstellstützen oder Sonderscharniere offengehalten. Besonders komfortabel sind die Klappen zu bedienen, die mit elektromechanischen Beschlägen angeschlagen sind. Sie öffnen und schließen automatisch durch Berühren eines Sensors oder durch einen Funkimpuls (B 3.10-46).

Hängende Klappen wird man hauptsächlich an Oberschränken vorsehen. Sie können wie Drehtüren stumpf aufschlagend, stumpf einschlagend und überfälzt angeordnet werden. Man kann hier grundsätzlich die gleichen Bänder und Scharniere benutzen wie bei Drehtüren. Jedoch ist bei der Verwendung von Bändern mit Stift- und Lochteil darauf zu achten, dass immer ein rechtes und ein linkes Band zusammen an einer Klappe angeschlagen werden, damit diese nicht herausfallen kann. Für Klappen, die mit herkömmlichen Drehtürbändern oder -scharnieren angeschlagen sind, werden mechanische, pneumatische oder hydraulische Hochstellstützen erforderlich, die diese bei etwa 70° arretieren. Für stumpf aufschlagende hängende Klappen sind einige Sonderbänder und Beschläge im Handel,

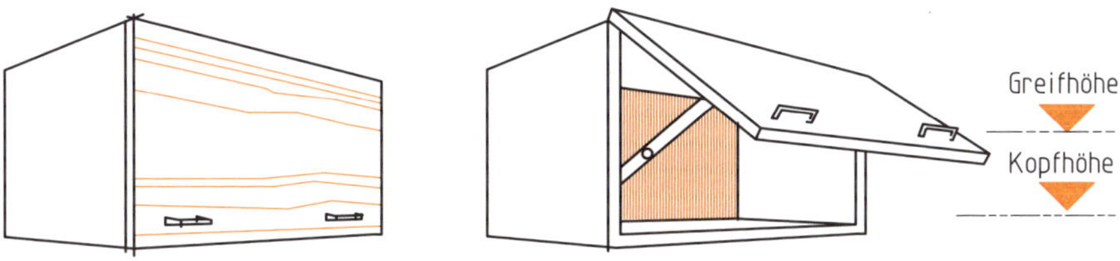

B 3.10-37 Hängende Klappen sind an der Oberkante angeschlagen und schwenken nach oben. Bei häufig benutzten Klappen sind Greif- und Kopfhöhe in geöffneter Stellung zu beachten.

die diese durch eingebaute Federn offenhalten. Grundsätzlich ist bei nach oben schwingenden Klappen die Kopfhöhe zu berücksichtigen und dass die Griffkante der Klappe auch im geöffneten Zustand noch zu erreichen ist (B 3.10-37). Anschlagbeispiele hängender Klappen sind im Vertikalschnitt dargestellt (B 3.10-38 bis 44). Sonderformen stellen die einschiebbaren hängenden Klappen, die Hochfalt- und Hochschwenkklappen dar. Die einschiebbaren Klappen sind stumpf einschlagende Klappen, deren Drehbeschläge, meist Topfscharniere, an Rollenführungen montiert sind. Die Klappen werden zunächst wie hängende Klappen nach oben geöffnet und dann in den Korpus eingeschoben. Der Griff sollte bei eingeschobener Klappe noch gut zu fassen sein. Die Hochfalt- und Hochschwenkklappen werden durch einen elektromechanischen Beschlag sanft geöffnet und wieder geschlossen (B 3.10-46 bis 47).

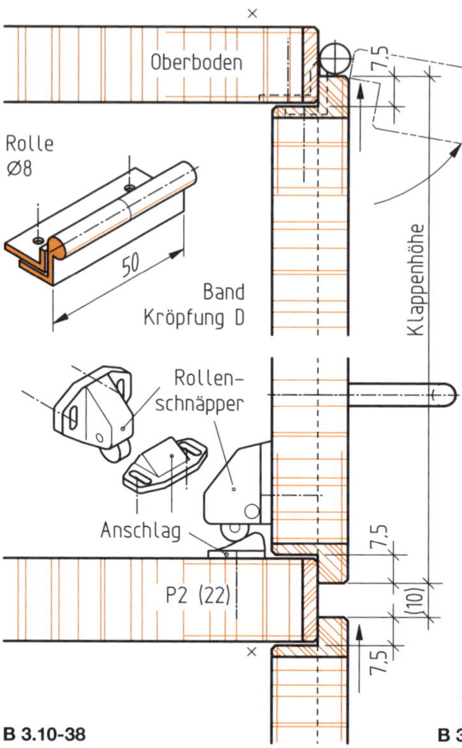

B 3.10-38

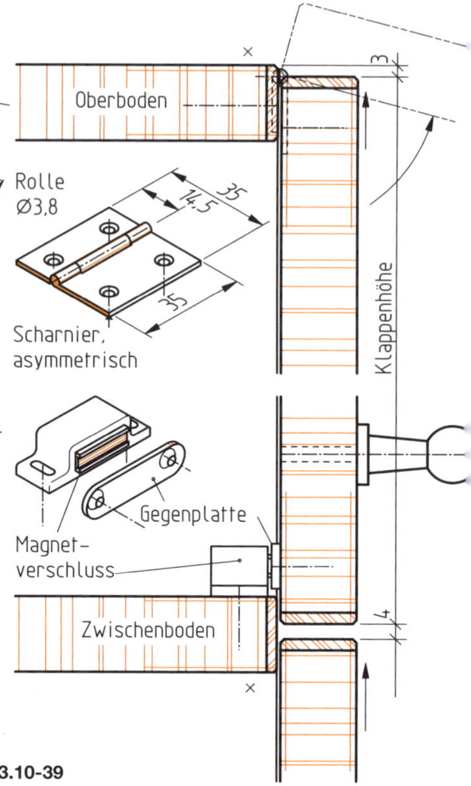

B 3.10-39

B 3.10-38 Überfälzt aufschlagende hängende Klappe. Sie wird mit einem linken und einem rechten Zylinderband, Kröpfung D, angeschlagen (Hä, He, Pr) und durch Rollenschnäpper verschlossen. Eine Hochstellstütze sollte zusätzlich angebracht werden (nicht dargestellt).

B 3.10-39 Stumpf aufschlagende, hängende Klappe ist mit Scharnieren angeschlagen und wird mit einem Magnetverschluss zugehalten. Die geöffnete Klappe steht am Oberboden über. Eine Hochstellstütze sollte zusätzlich angebracht werden (nicht dargestellt).

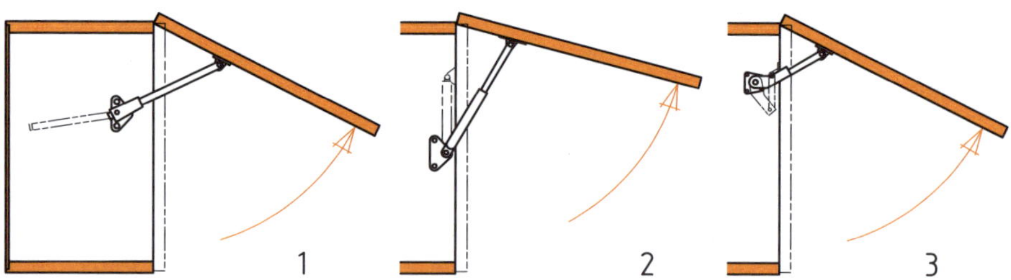

B 3.10-40 (siehe Seite 325)

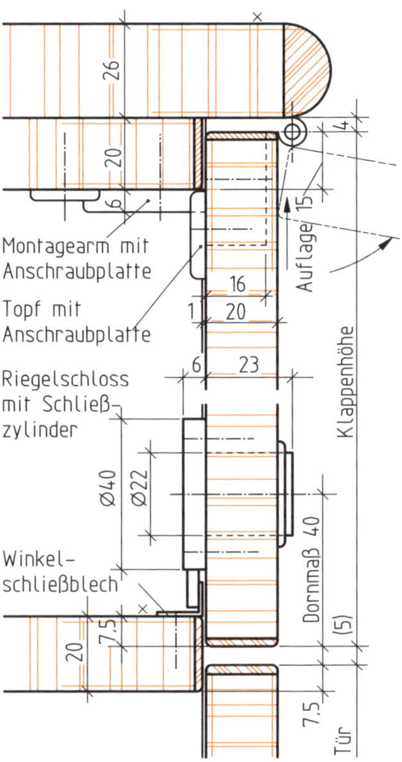

B 3.10-41

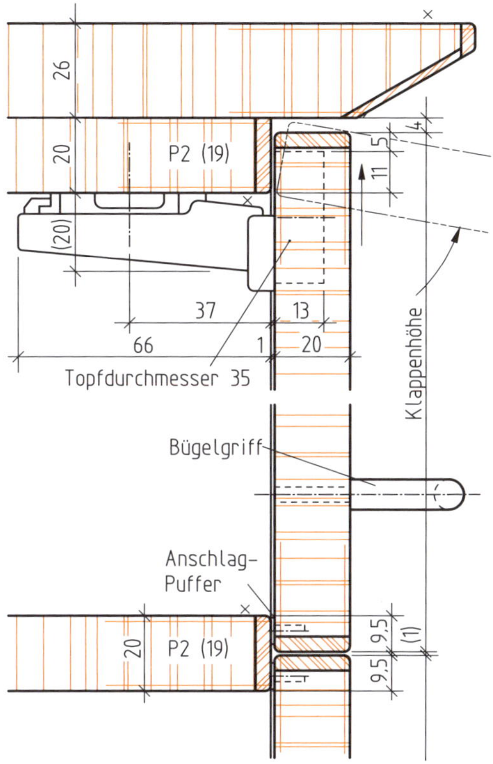

B 3.10-42

B 3.10-41 Stumpf aufschlagende, hängende Klappe mit Einbohrbändern mit sichtbarer Rolle angeschlagen (Hä, He, Ht, Pr) und aufliegendem Riegelschloss mit Schließzylinder verschlossen (Hä, Hu, Ju). Eine Hochstellstütze sollte zusätzlich angebracht werden (nicht dargestellt).
B 3.10-42 Hängende Klappe, stumpf aufschlagend mit Topfscharnieren angeschlagen. Die im Scharnier eingebaute Federzuhaltung hält die Klappe verschlossen. Zur Geräuschdämpfung sind an den Türkanten Anschlagpuffer vorgesehen. Eine Hochstellstütze sollte zusätzlich angebracht werden (nicht dargestellt).

B 3.10-40 (Seite 324) Hochstellstützen. 1 Mit automatischer Arretierung, die bei nochmaligem Anheben wieder ausrastet (Hä, He), 2 Hochstellstütze mit Bremswirkung (Hä), 3 Kniegelenk-Hochstellstütze mit einstellbarer Öffnungsgeschwindigkeit (Hä).

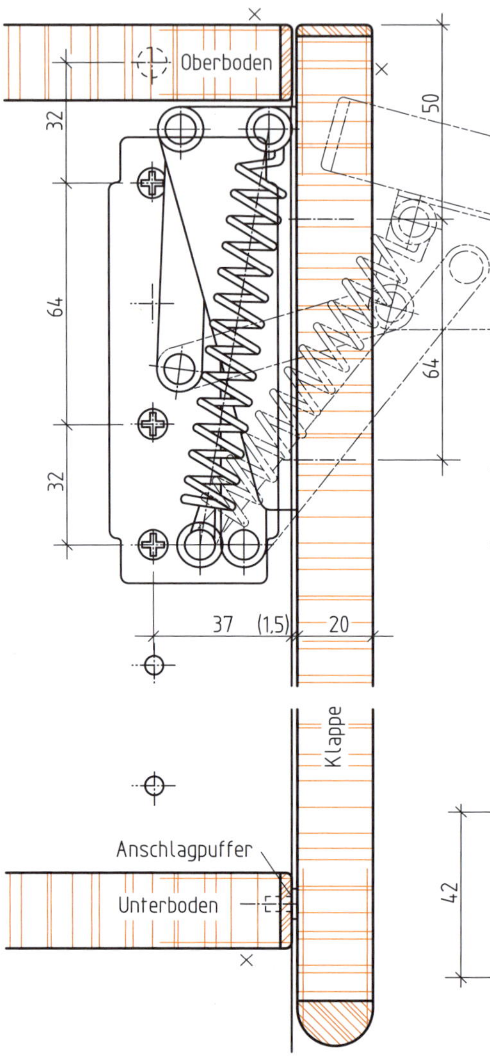

B 3.10-43

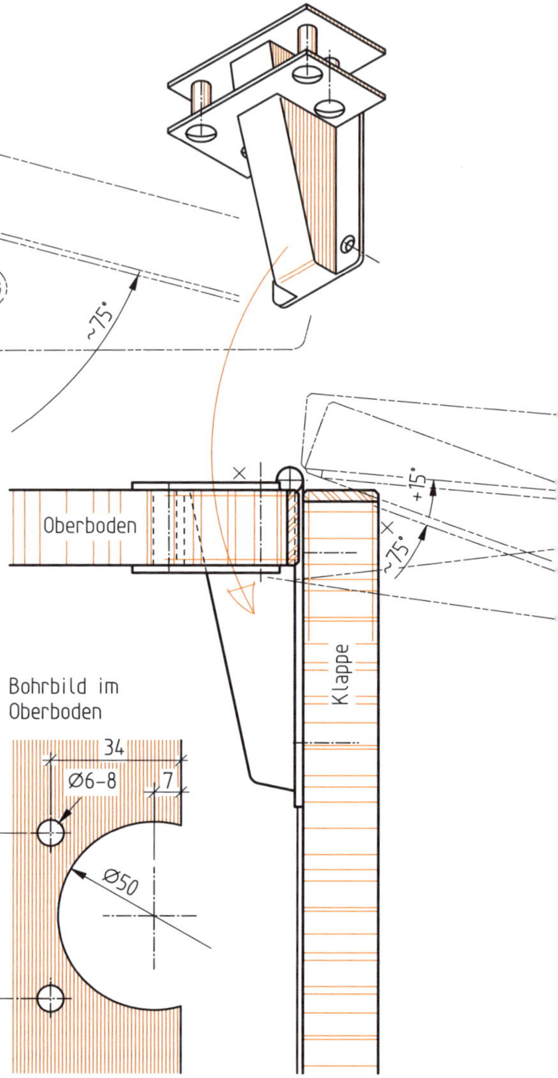

B 3.10-44

B 3.10-43 Klappen-Liftbeschlag. Durch Zugfedern und Hebelanordnung öffnet und schließt dieser Beschlag federnd. Zur Geräuschdämpfung sind auf der Korpuskante Anschlagpuffer angebracht (He).

B 3.10-44 Hängende, stumpf aufschlagende Klappen mit Klappenstützscharnier angeschlagen, das die Klappe in der Offenstellung hält. Durch nochmaliges Anheben der Klappe lässt sich diese wieder schließen. Maximales Klappengewicht 4,0 kg (Ht).

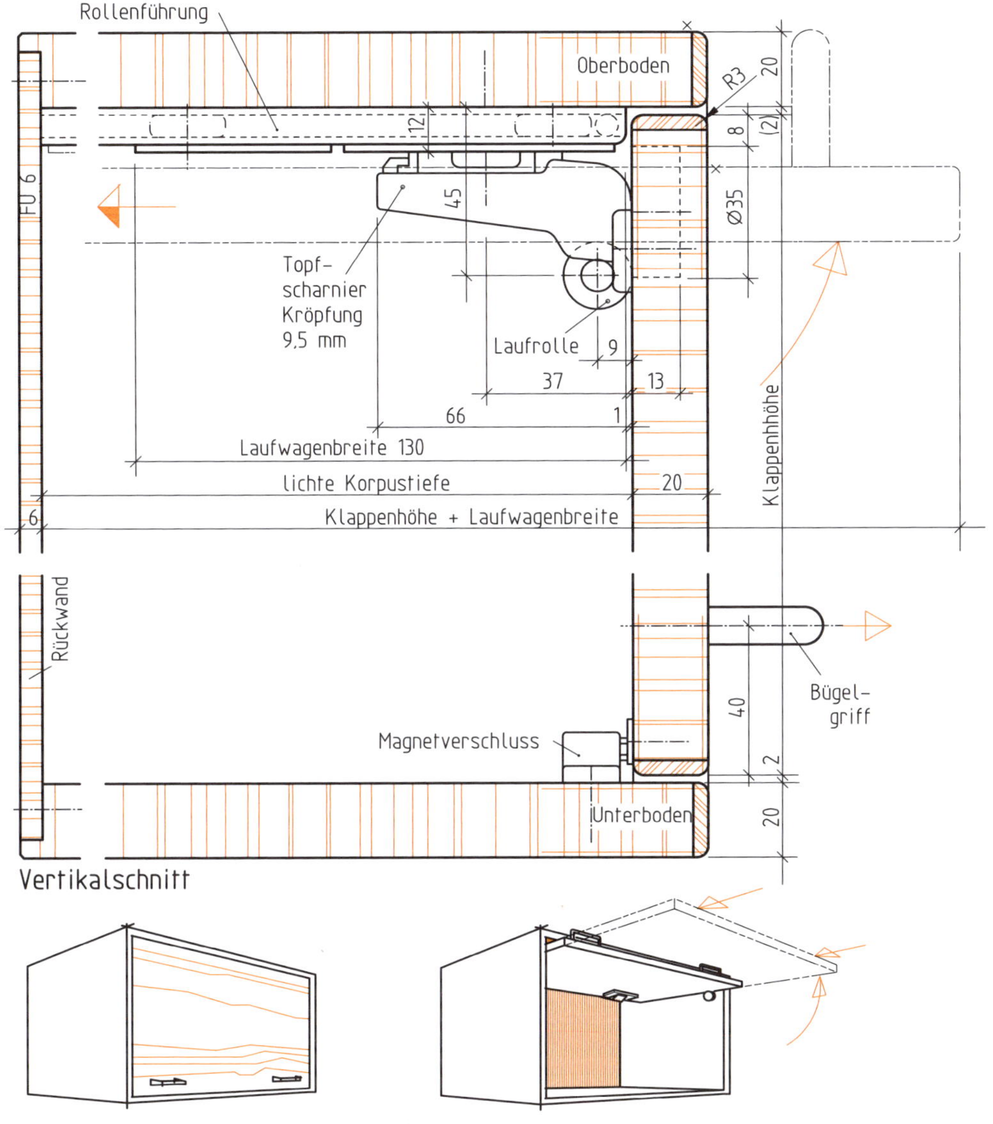

B 3.10-45 Einschiebbare hängende Klappe. Als Drehbeschlag werden Topfscharniere mit gekröpftem Montagearm verwendet, die auf einem Laufwagen befestigt werden. Im hochgeschwenkten Zustand kann die Klappe mit dem in der Rollenführung laufenden Laufwagen in den Korpus eingeschoben werden. Die Einschubtiefe der Klappe reduziert sich um die Laufwagenbreite (Bl, He).

3.10.3 Besondere Klappenbeschlagsysteme

Für Klappen an Oberschränken, besonders für Küchenmöbel, gibt es spezielle Beschlagsysteme, die ein leichtes, leises und sanftes Öffnen und Schließen selbst großflächiger und schwerer Klappenfronten ermöglichen. Die Federkraftunterstützung der Beschläge ist so einstellbar, dass die Klappen in jeder Position stehen bleiben, damit die Griffe für verschiedene Körpergrößen bequem erreichbar sind. Wichtig ist aber, dass die Beschläge immer auf das Gewicht der Front abgestimmt sind. Dies ist bei der Bestellung der Beschläge zu beachten.
Bei den Klappenbeschlagsystemen ist zwischen Dreh-, Falt-, Schwenk- und Lift-Klappenbeschlägen zu unterscheiden. Diese Beschläge können mit Federkraftunterstützung rein mechanisch öffnen und schließen oder mit elektrischen Antriebseinheiten gekoppelt bzw. betrieben werden. Je nach Frontgewicht sind eine oder zwei Antriebseinheiten pro Klappe erforderlich.
Jede wird über ein Netzgerät mit elektrischem Strom (74W) versorgt. Die Betätigung erfolgt drahtlos über Funk. In den Kanten der Korpusseiten eingebaute Schaltertasten öffnen durch Druck auf die Front und schließen wieder durch Berühren nur einer Schaltertaste. Beim Einsatz dieser Antriebseinheiten können Griffe auf der Klappenfront entfallen. Bei Stromausfall oder leeren Batterien in den Schaltertasten lassen sich die Klappen trotzdem manuell betätigen (Bild 3.10-46 und 47).

B 3.10-46 (Seite 329) Klappenbeschlagsysteme, die sich auch für grifflose Fronten eignen. Die Fronten werden durch Druck auf die Front geöffnet und durch Berühren der Schaltertaste wieder geschlossen. 1 Drehklappenbeschlag für Frontbreiten bis 1200 (1800) mm und Fronthöhen von 205 bis 600 mm; 2 Schwenkklappenbeschlag für Frontbreiten bis 1200 (1800) mm und Fronthöhen von 350 bis 800 mm; 3 Faltklappenbeschlag für Frontbreiten bis 1200 (1800) mm und Fronthöhen von 480 bis 1000 mm; 4 Liftklappenbeschlag für Frontbreiten bis 1200 (1800) mm und Fronthöhen von 300 bis 580 mm. In allen Fällen sind die Beschläge auf die jeweiligen Klappengewichte abzustimmen (Bl, Gr).

B 3.10-47 (Seite 330) Vertikalschnitt durch einen Oberschrank, der mit einer Faltklappe verschlossen ist. Sie ist am Oberboden mit 120°-Topfscharnieren ohne Federzuhaltung angeschlagen, der untere Klappenteil an den oberen mittels Topf-Zwischenscharnier. Der eigentliche Klappenbeschlag wird oben an die Innenflächen der Korpusseiten geschraubt, von dem jeweils ein Gelenkhebel bis zum unteren Klappenteil führt. Mindestens auf einer Seite, nur bei sehr breiten und schweren Klappen auf beiden Seiten, sitzt auf dem Klappenbeschlag eine Antriebseinheit, die den Klappenbeschlag bewegt. Durch Druck auf die Front werden die beidseitig eingelassenen Schaltertasten betätigt und die Klappe faltet nach oben. Durch nochmaligen Druck auf die Schaltertaste schließt die Klappe wieder. Die Kommunikation zwischen Schalter und Antriebseinheit erfolgt drahtlos über Funk. Die Antriebseinheit für die Betätigung des Beschlags benötigt 24 V Gleichspannung, die ein Netzgerät liefert. Je nach Korpushöhe und Klappengewicht sind die Antriebsstärken für die Beschläge auszuwählen sowie die Höhenlage der Beschlagsbohrung und die Größe des Überstandes der geöffneten Klappe über dem Oberboden zu bestimmen (Bl).

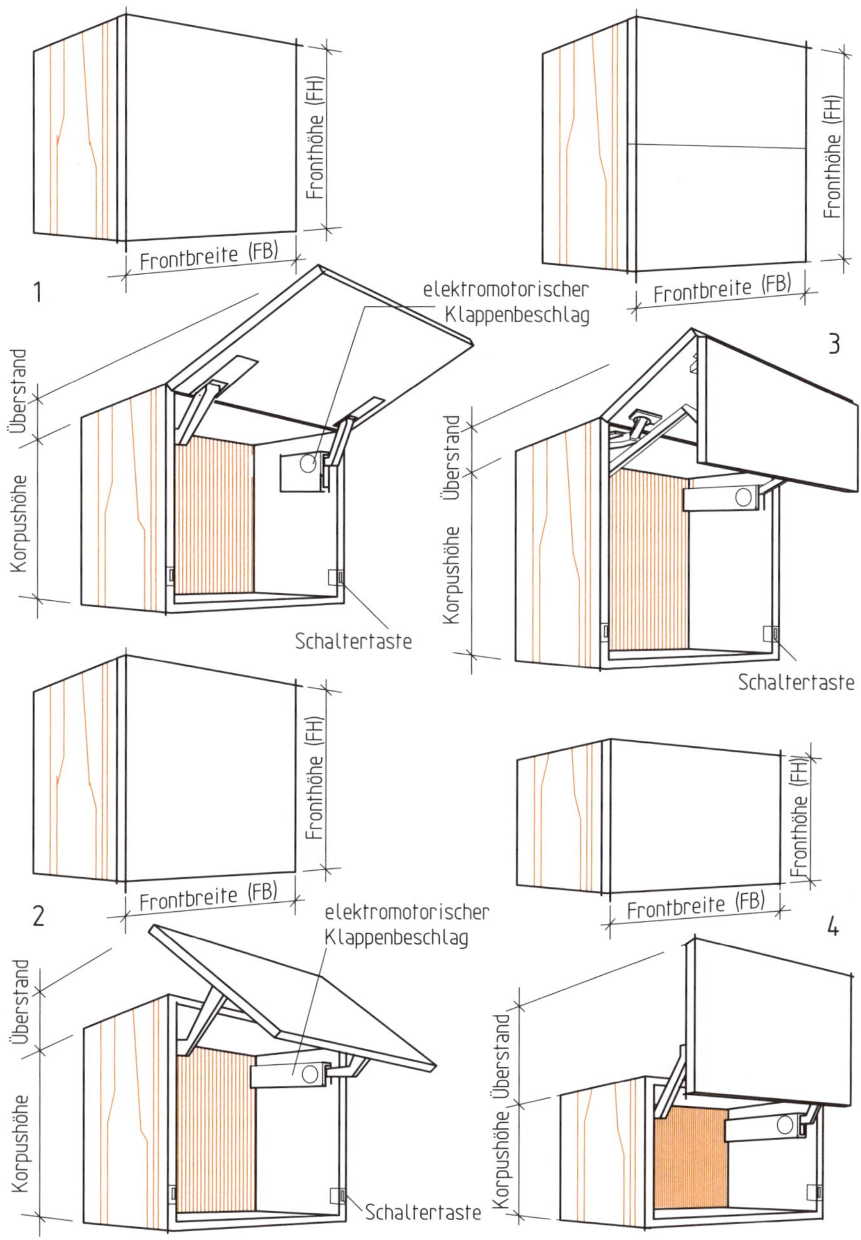

B 3.10-46 (siehe Seite 328)

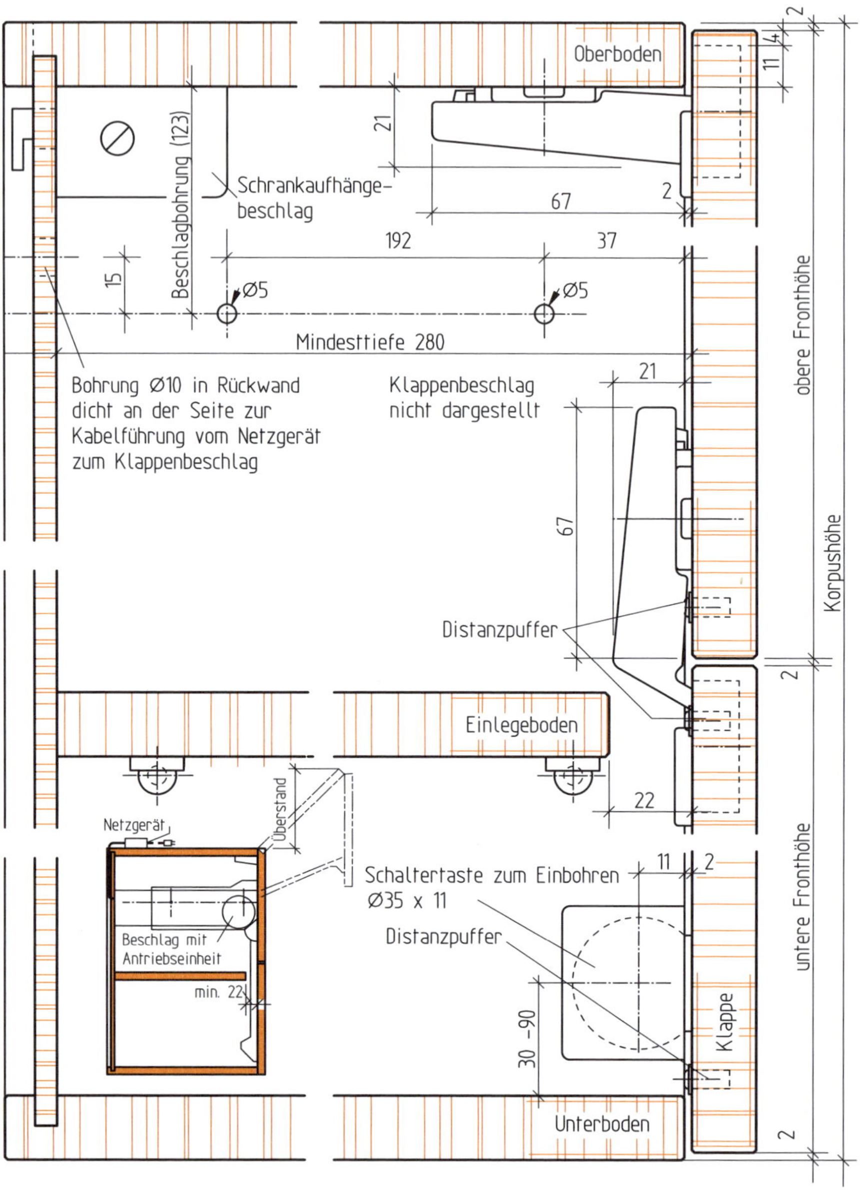

B 3.10-47 (siehe Seite 328)

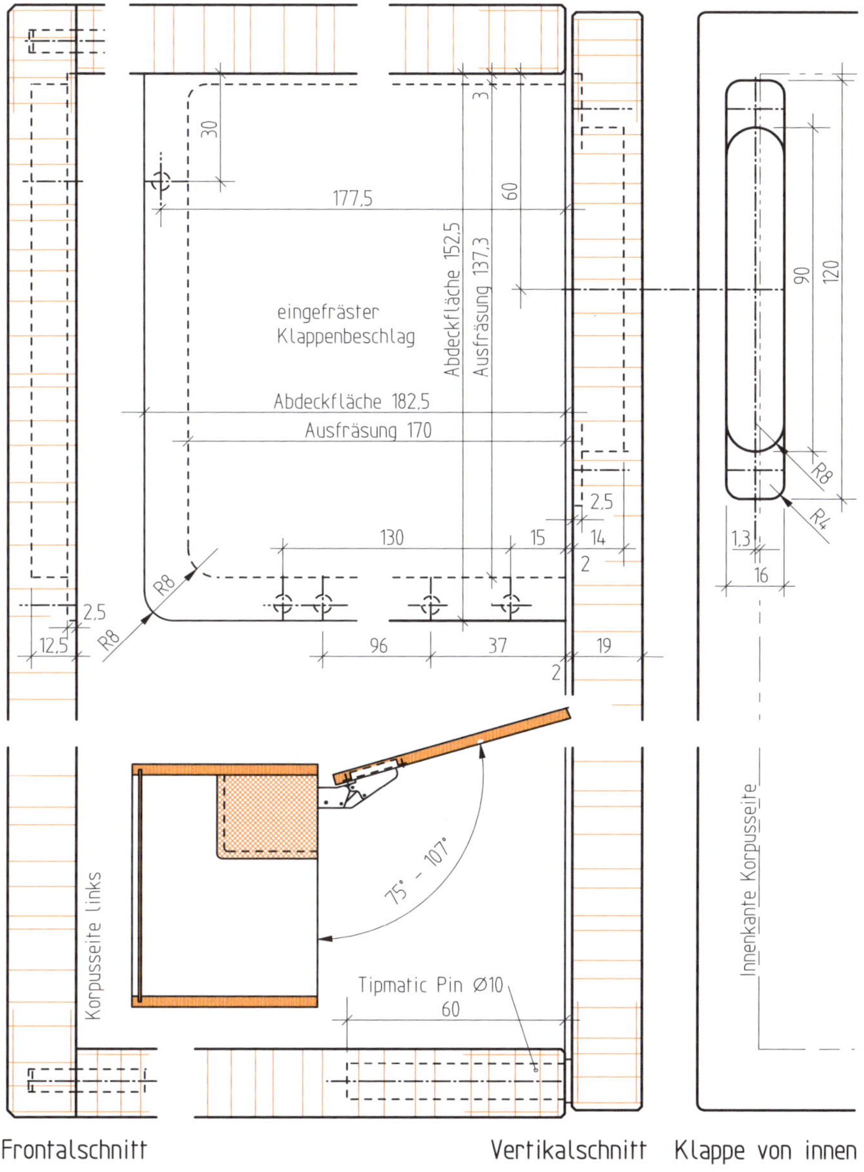

B 3.10-48a In die Korpusseite mit der Innenfläche bündig eingefräster Klappenbeschlag. Dadurch ergibt sich ein störungsfreier Schrankinnenraum. Die Federkraft ist bequem einstellbar, die Auflage der Klappe ist dreidimensional verstellbar (Gr).

3.10.4 Liegende Klappen

Liegende Klappen schließen den Korpus von oben ab, sind meistens zur Rückfront hin angeschlagen und drehen sich nach oben. Sie können mit sichtbaren oder von außen nicht sichtbaren Scharnieren oder Bändern angeschlagen werden. Liegende Klappen kommen bei Tonmöbeln, Frisiertischen, Truhen usw. zur Anwendung. Sollen die Klappen in geöffneter Stellung arretiert werden, können bei Öffnungen unter 90° mechanische oder pneumatische Deckelstützen und bei Öffnungen über 90° auch Klappenscheren eingebaut werden. Für liegende Klappen gibt es auch spezielle Bänder mit eingebauter Feder, welche die Klappe in jeder Lage geöffnet halten.

Liegende Klappen ruhen durch ihr eigenes Gewicht auf dem Korpus. Sie können aber auch durch Rollladenschlösser, Schatullen- oder Kistenschlösser sowie Flügelriegelschlösser verschlossen werden.

Anschläge, Verschlüsse und Grifflösungen sind im Vertikalschnitt dargestellt (B 3.10-48 bis 53).

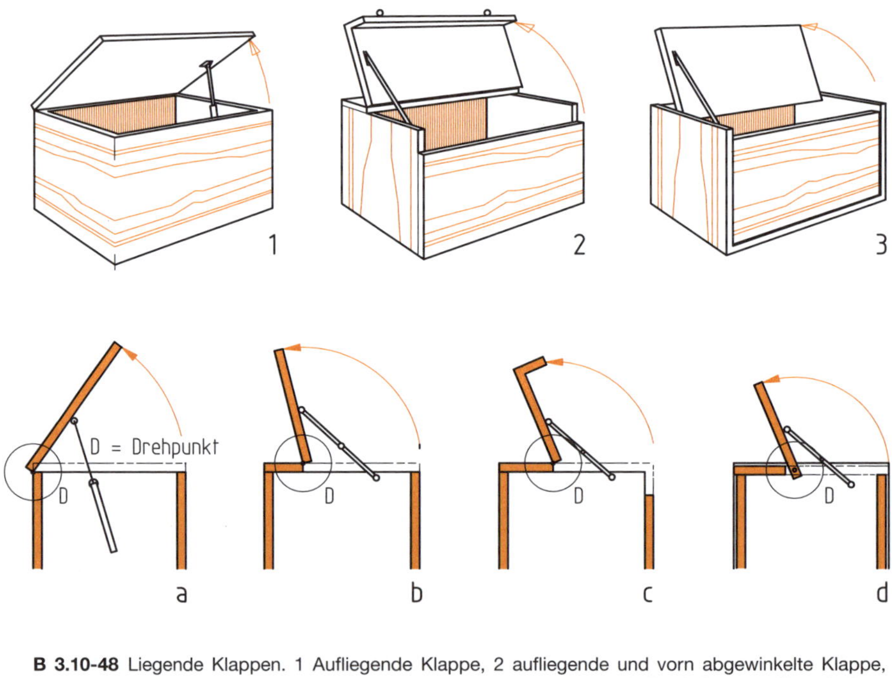

B 3.10-48 Liegende Klappen. 1 Aufliegende Klappe, 2 aufliegende und vorn abgewinkelte Klappe, 3 stumpf einschlagende Klappe; (a) Drehpunkt an der Rückfront, mit Deckelstütze offengehalten, (b) Drehpunkt in der Klappenfläche, Halterung durch Klappenschere, (c) abgewinkelte Klappe mit Drehpunkt in der Klappenfläche, (d) stumpf einschlagende Klappe.

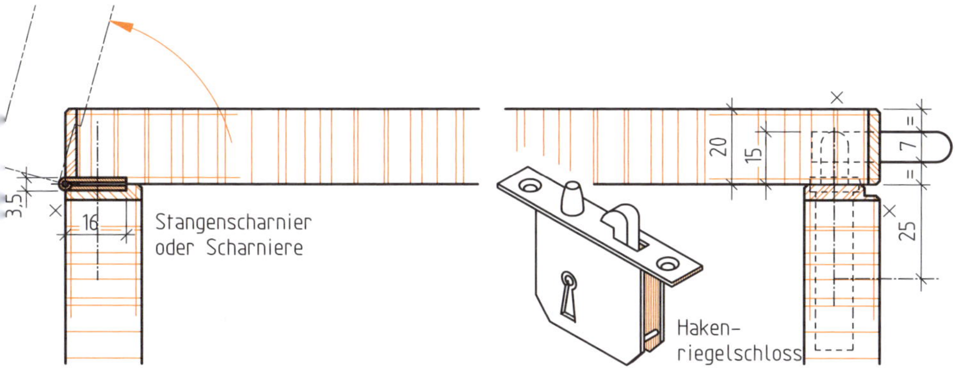

B 3.10-49

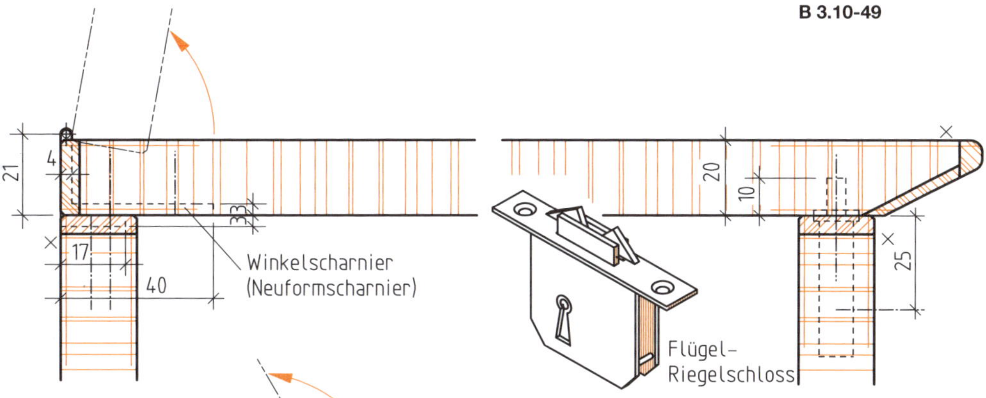

B 3.10-50

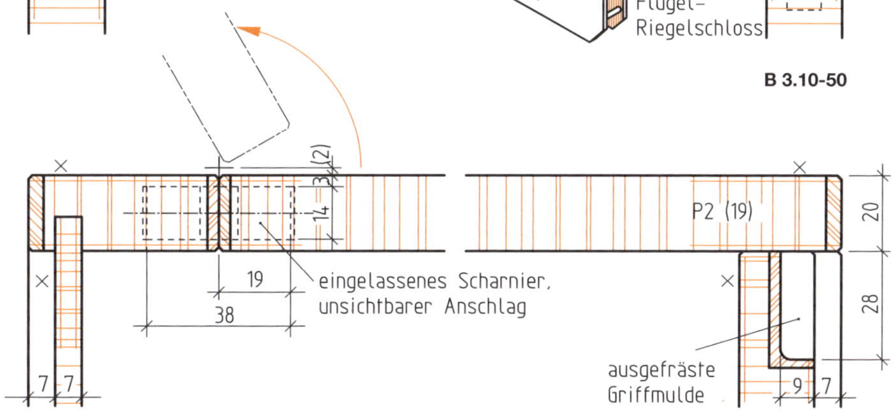

B 3.10-51

B 3.10-49 Stumpf aufliegende Klappe ist an der Rückfront mit einem Stangenscharnier oder Scharnier angeschlagen. Beim Öffnen dreht die Klappenkante an der Rückfront aus.

B 3.10-50 Aufliegende Klappe ist mit Winkelscharnieren (Hä, He) an der Rückfront angeschlagen und vorn durch ein Flügelriegelschloss verschlossen (Hä, Ju).

B 3.10-51 Stumpf aufliegende Klappe ist mit Vici-, Soss-, Stabilo- oder Sepa-Schamieren verdeckt angeschlagen (Hä, He).

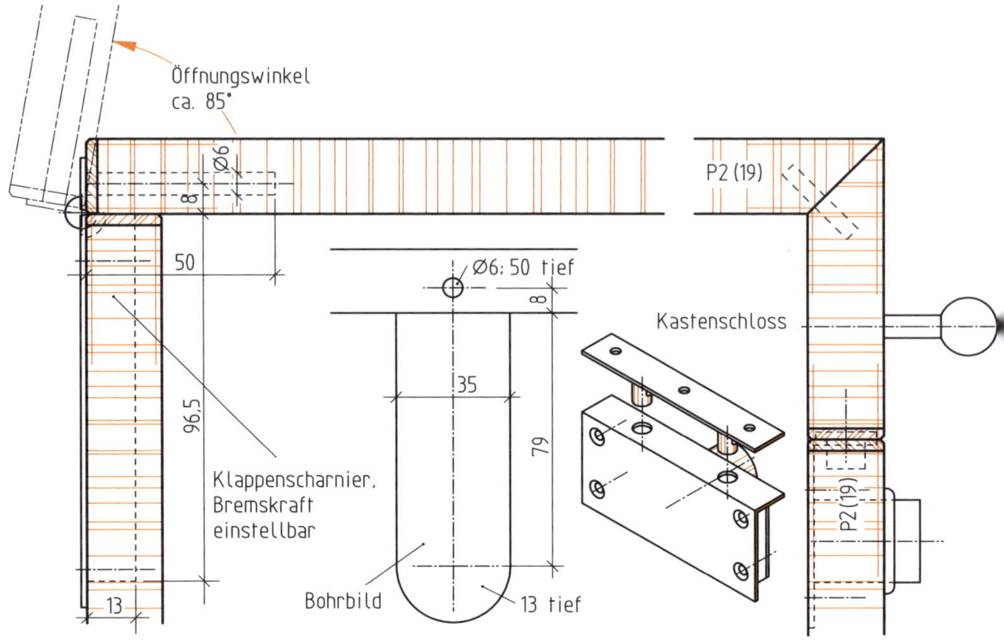

B 3.10-52 Klappenbremsscharnier hält die Klappe stufenlos in jeder Stellung bis 85° offen. Bremskraft ist auf Klappengewicht einstellbar (Ht). Die Klappe kann durch ein Kastenschloss verschlossen werden (Hä, Ju).

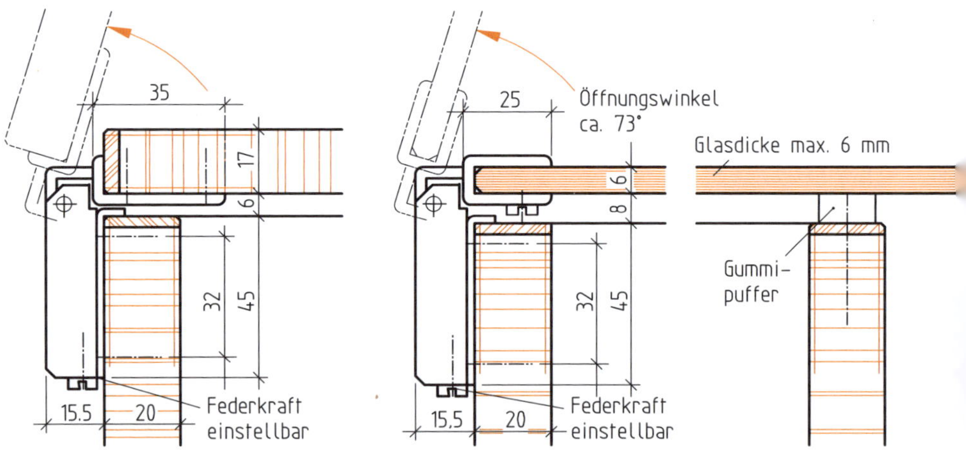

B 3.10-53 Klappenscharniere mit einstellbarer Federkraft, besonders für Phonomöbel geeignet, links für Holzklappen, rechts für Klappen aus Glas (Hä).

3.10.5 Tischklappen

Durch Tischklappen kann man Tischplatten vergrößern. Sie hängen entweder seitlich an der Tischplatte und können hochgeklappt werden, oder sie liegen aufeinander und müssen ganz herumgeklappt werden. Beim Hoch- oder Ausklappen der Tischklappen muss in der Regel die gesamte Tischplatte so verschoben werden können, dass der vergrößernde Klappenteil durch das Gestell mit unterstützt wird.

Die wichtigsten Ausziehtischsysteme siehe B 3.10-54 und 55. Einige Anschlagbeispiele sind im Vertikal- bzw. Frontalschnitt dargestellt (B 3.10-56 bis 62).

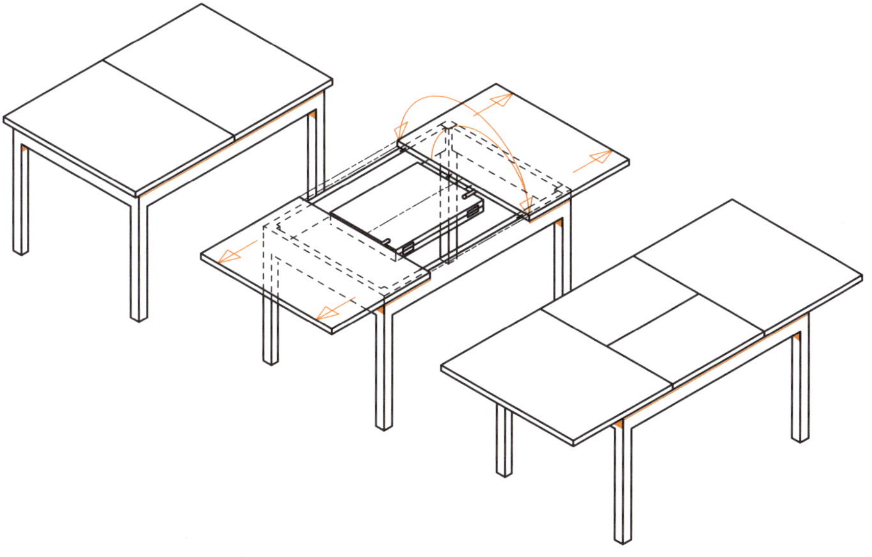

B 3.10-54 Klassischer Ausziehtisch. Die geteilte Tischplatte wird auseinandergezogen, die im Tisch liegende Tischverlängerung um- und aufgeklappt. Durch Metalldollen und Exzenterverschlüsse werden die Plattenteile arretiert (Hä, Si).

B 3.10-55 (Seite 336) Tischklappen, Ausziehtisch-Systeme. 1 Die an der Stirnseite des Tischs hängende Platte wird hochgeklappt, als Auflage dient das um die Hälfte schwenkbare Gestell, 2 die Tischplatte wird auf den Zargen verschoben, die Tischverlängerung eingesteckt, oder wie vor hochgeklappt, 3 die doppelt aufeinanderliegende Tischplatte wird um 90° gedreht und dann auseinandergeklappt, 4 doppelt aufeinanderliegende Tischplatte wird auf dem Gestell um die Hälfte verschoben und dann auseinandergeklappt, 5 durch Kulissen-Auszüge (Hä, Si) verbundene Tischteile werden auseinandergezogen und die Tischverlängerungen einfach oder mehrfach eingelegt. Die einzelnen Platten werden durch Metalldollen fixiert und durch Exzenter zusammengezogen und arretiert.

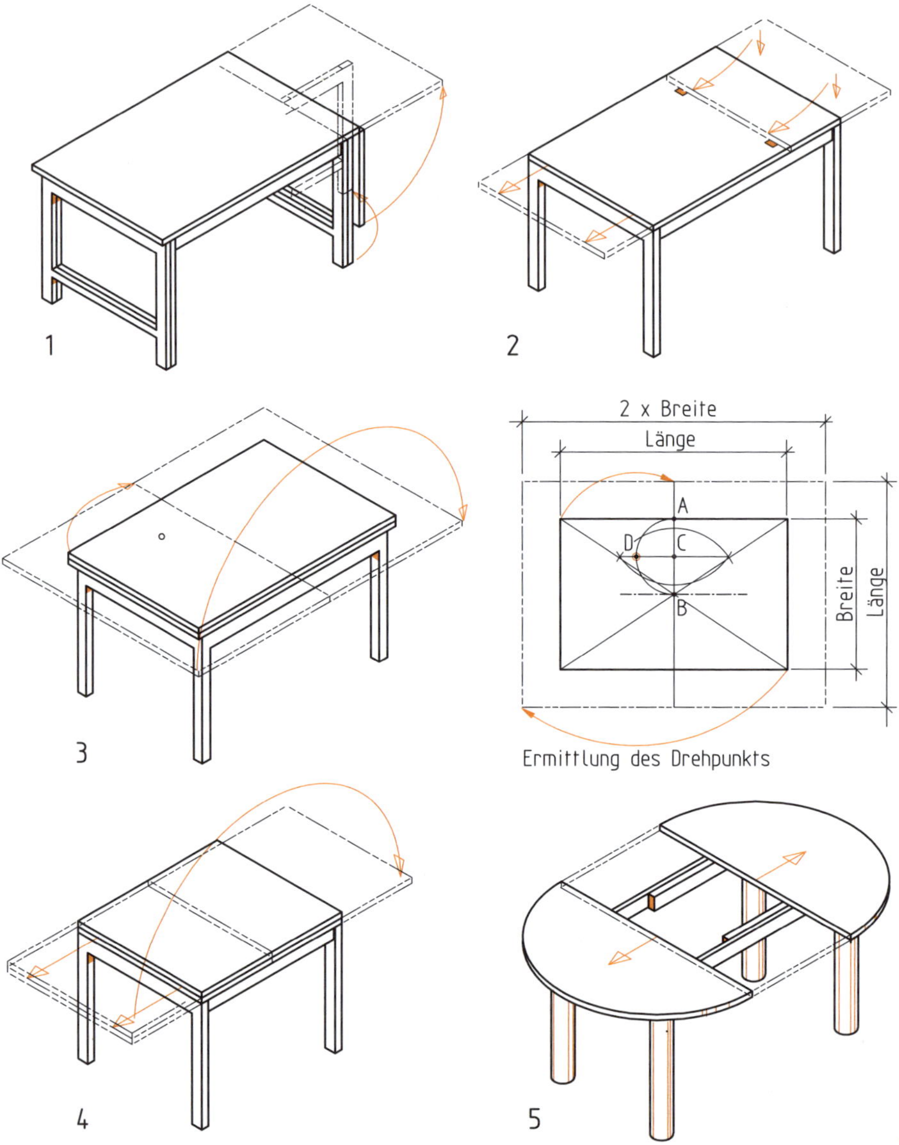

B 3.10-55 (siehe Seite 335)

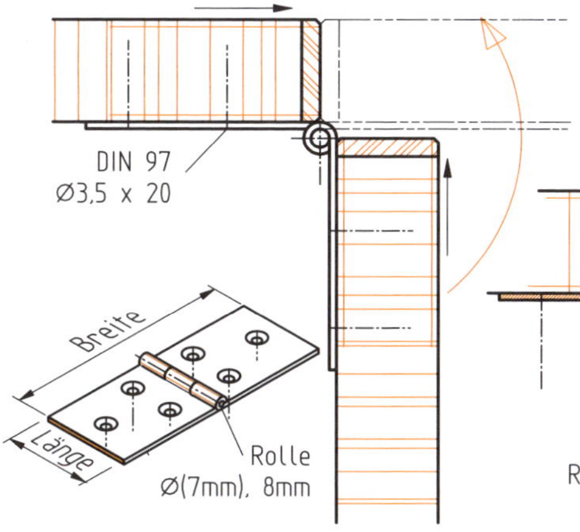

B 3.10-56

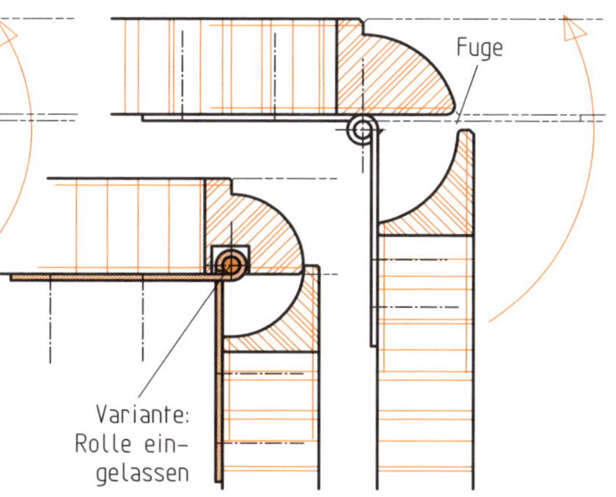

B 3.10-57

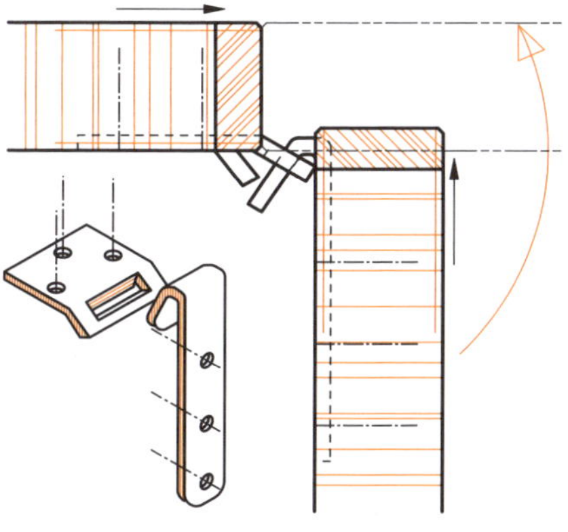

B 3.10-58

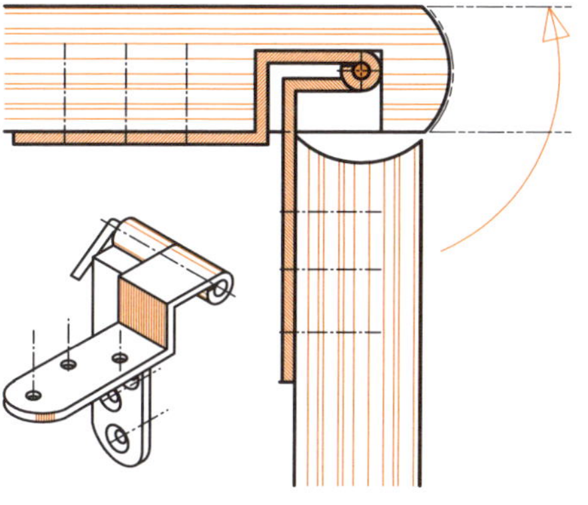

B 3.10-59

B 3.10-56 Tischklappe mit Tischscharnieren an der Tischplatte befestigt. Nach dem Hochklappen muss die Tischverlängerung unterstützt werden (Hä, He).
B 3.10-57 Tischplatte mit Profil. Die Tischklappe ist mit Tischscharnieren an der Tischplatte befestigt. Die Variante mit eingelassener Scharnierrolle ermöglicht am Profil eine dichte Fuge. Die hochgeklappte Tischverlängerung muss unterstützt werden.
B 3.10-58 Die Tischverlängerung ist in diesen Beschlag nur eingehängt. Man kann sie wie in einem Scharnier hochklappen aber auch aushängen, wenn sie stören sollte (Si).
B 3.10-59 Ein spezielles Tischklappenscharnier, das eine fugenlose Tischverlängerung bei diesem Profil zulässt. Es ist aushängbar und für 25–28 mm, 29–32 mm, 33–36 mm und 37–40 mm Tischplatten im Handel. Die hochgeklappte Tischverlängerung muss auch hier unterstützt werden (Si).

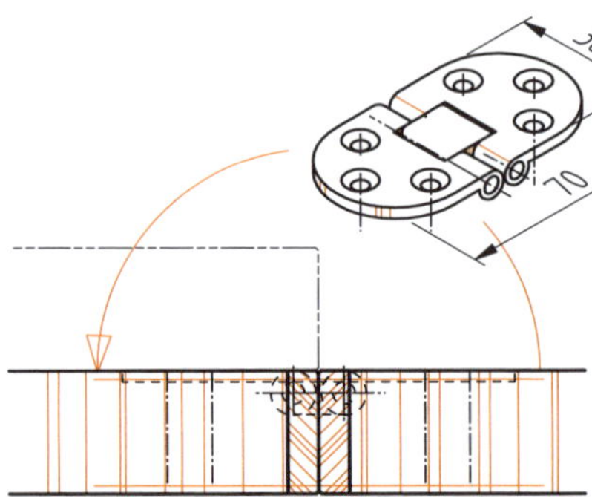

B 3.10-60

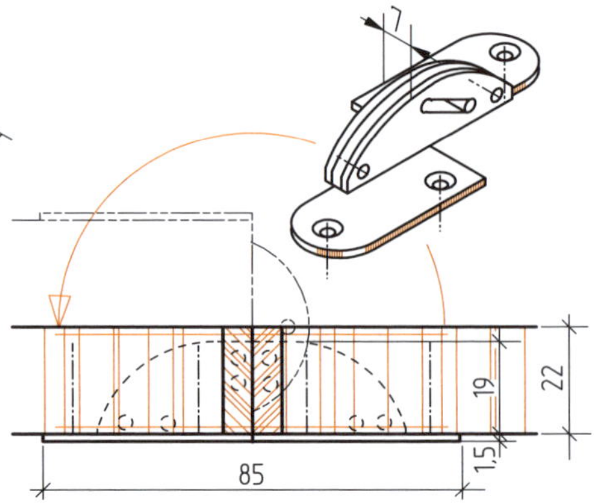

B 3.10-61

B 3.10-60 Tischklappe mit Klappen- oder Nähtischscharnieren angeschlagen. Sie werden in die Fläche bündig eingelassen und stehen bei aufeinandergeklappten Platten seitlich nicht über. Ausführung: Messing, poliert oder verchromt (Hä, He).

B 3.10-61 Tischklappe rückseitig mit eingenuteten Klapptischscharnieren angeschlagen. Sie sind bei aufgeklappter Platte in der Fläche nicht sichtbar. Ausführung für 16, 19, 22, 25, 28, 30 und 32 mm dicke Tischplatten (Hä).

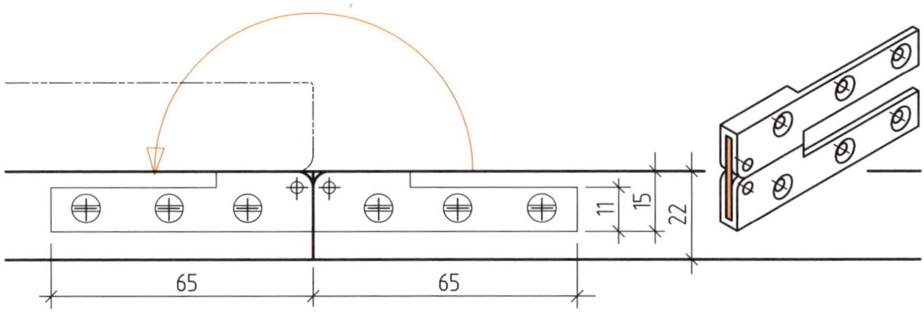

B 3.10-62 Tischklappe mit einem Spieltischscharnier mit zwei Drehpunkten angeschlagen. Die Bänder werden in den Plattenkanten eingelassen. Ausführung vernickelt oder vermessingt.

3.11 Schubkästen und Auszüge

Schubkästen und Auszüge kommen immer dann zur Anwendung, wenn man Gegenstände zweckmäßig, übersichtlich geordnet und leicht greifbar aufbewahren will. Sie sind darüber hinaus ein gestalterisches Element. Schubkästen lockern Möbelfronten auf und beleben sie.

3.11.1 Format der Schubkästen

Das Format des Schubkastens wird von den drei Ausdehnungen Breite, Länge oder Höhe bestimmt (B 3.11-1). Damit Schubkästen im Gehäuse leicht laufen und nicht ecken, sollte die Länge des Kastens größer als die Breite sein. Vollholz arbeitet bekanntlich, d.h. es quillt bei Feuchtigkeitsaufnahme und schwindet bei Trockenheit. Darum ist bei klassisch geführten Schubkästen aus Vollholz die Seitenhöhe auf 160 mm begrenzt.

Bei großen und schweren Schubkästen und Kästen mit ungünstigem Format sind mechanische Laufbeschläge wie Rollen- oder Kugelführungen als Teil- oder Vollauszüge einzusetzen. Diese ermöglichen in Verbindung mit zusätzlichen Beschlägen ein sanftes Verfahren der Schubkästen bis in die Endstellung. Schubkästen über 160 mm Höhe sind aus Holzwerkstoffen wie Sperr- und Spanholz oder Metallprofilen zu fertigen.

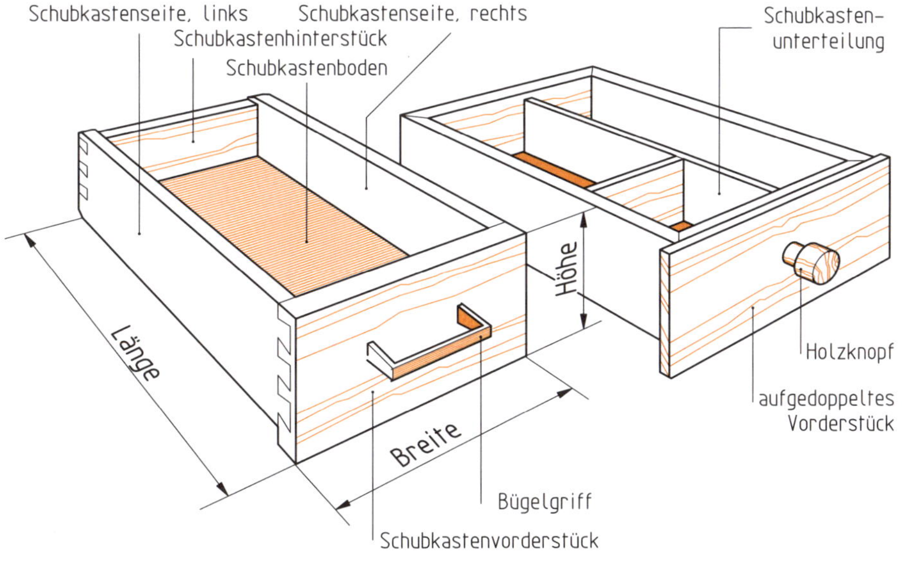

B 3.11-1 Teile des Schubkastens

3.11.2 Teile der Schubkästen

Schubkästen bestehen aus dem Vorderstück, den Seiten, dem Hinterstück und dem Boden. Am Vorderstück ist die Griffmöglichkeit unterzubringen (B 3.11-1). Schubkästen können auch mit Inneneinteilungen oder einer aufgesetzten Reling versehen werden. Die Schubkästen können handwerklich gefertigt oder als vorgefertigte Schubkastensysteme im Handel bezogen werden.

3.11.2.1 Schubkastenvorderstücke

Das Schubkastenvorderstück ist der sichtbare Teil des Schubkastens und muss daher ästhetisch in die Möbelansicht eingebaut werden. Es kann aus verschiedenen Materialien wie Vollholz, furnierter Span- oder Sperrholzplatte bestehen. Wird es aus Vollholz gefertigt, sollte die rechte Seite des Bretts nach außen zeigen, damit sich beim Verziehen die oberen Fugen der Eckverbindung nicht öffnen. Bei hohen Schubkästen, z. B. über 120 mm, sollte man bei der Verwendung von Span- und Sperrholz als Vorderstück vorsichtig sein, wenn diese mit Seiten aus Vollholz verbunden werden sollen; die Seiten können noch arbeiten, das abgesperrte Vorderstück aber nicht mehr. Es wäre dann besser, entweder alles aus Vollholz oder alles aus Sperrholz herzustellen. Man kann aber auch ein furniertes Vorderstück unverleimt auf den Schubkasten schrauben.

Für furnierte Vorderstücke sind Sperrholz- oder Spanplatten als Trägermaterial geeignet. Die Kanten müssen noch mit Anleimern versehen werden. Manche Eckverbindungen lassen Anleimer an den Hirnenden nicht zu, z. B. die halbverdeckte Zinkung. Konstruktion und Material sind aufeinander abzustimmen.

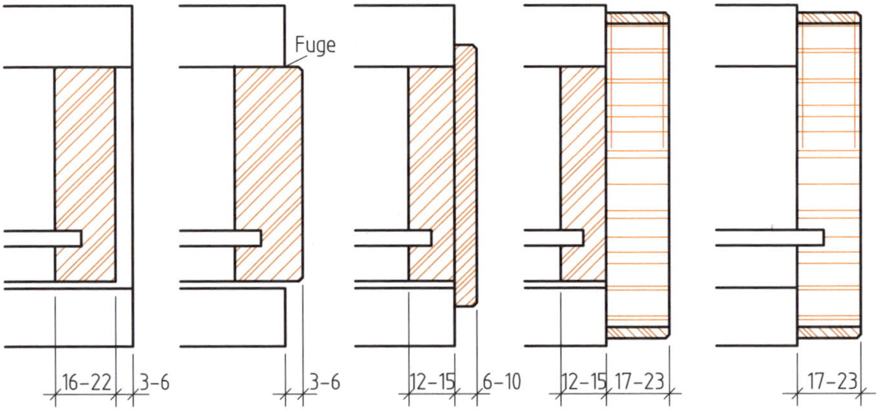

B 3.11-2 Arten der Schubkastenvorderstücke: stumpf einschlagend, zurückstehend und vorstehend, aufgedoppelt und stumpf aufschlagend.

Nach der gestalterischen Wirkung kann das Vorderstück unterschiedlich ausgebildet und konstruiert werden. Man unterscheidet im wesentlichen folgende Arten: das stumpf einschlagende und zurückstehende, das vorstehende und bündige Vorderstück, das aufgedoppelte Vorderstück und das stumpf aufschlagende Vorderstück. Sind Türen und Schubkästen gemeinsam in einer Möbelfront angeordnet, dann bestimmen häufig die Türanschläge auch die Form und Konstruktion des Schubkastenvorderstücks (B 3.11-2).

Stumpf einschlagende Vorderstücke

Bei stumpf einschlagenden Vorderstücken bleiben die Korpuskanten sichtbar. Sie wirken wie ein Rahmen, der die Vorderstücke einfasst. Die Vorderstücksfläche kann gegenüber den Korpuskanten zurückspringen, vorstehen oder mit diesen bündig sein. Weil bei bündigen Lösungen die Fugen und eventuelle Ungenauigkeiten sehr gut sichtbar werden, lässt man die Vorderstücksflächen besser 4 bis 7 mm gegenüber den Korpuskanten vor- oder zurückspringen.

Aufgedoppelte Vorderstücke

Mit einem aufgedoppelten Vorderstück kann man das Spiel zwischen Schubkasten und Gehäuse abdecken. Das Doppel ist eine zusätzliche Abdichtung gegen Staub und bietet eine verstärkte Arretierung. Solche Schubkästen passen gut zu überfälzten Türen. Es ist aber auch für die Fertigung und Montage eine vorteilhafte Lösung, da man erst den Kasten gut einpassen kann und erst später das Doppel aufzusetzen braucht. Bei dieser Konstruktion ist auf eine sorgfältige Werkstoffauswahl zu achten. Ist das Vorderstück des Kastens aus Vollholz, dann sollte auch das Doppel aus Vollholz sein. Ist es aber aus Sperr- oder Spanholz, dann muss auch das Doppel aus solchem Material bestehen. Werden Vollholz, Sperr- und Spanholz im Vorderstück zusammengeleimt, wäre das Massivholz einseitig abgesperrt, und es könnte sich verziehen. Man kann furnierte Sperrholz- oder Spanholzdoppel mit Vorderstücken aus Massivholz verbinden, indem man sie von innen zusammenschraubt.

Stumpf aufschlagende Schubkastenvorderstücke

Schlägt das Schubkastenvorderstück in voller Dicke auf die Korpuskanten auf, spricht man von einem stumpf aufschlagenden Vorderstück. Es deckt das Spiel und die Beschläge zwischen dem Schubkastengehäuse und dem Schubkasten völlig ab. Bei Möbeln mit stumpf aufschlagenden Türen und Schubkästen in einer Front wird man natürlich auch diese Konstruktion wählen. Damit Ungenauigkeiten durch das Spiel in den Schubkastenführungen nicht auffallen, lässt man das Doppel gegenüber den Seiten etwas zurückspringen oder ordnet hier eine Schattenfuge durch ein kleines Zierfälzchen an.

Konstruktion der Schubkastenvorderstücke

Die Vorderstücke müssen mit den Seiten verbunden werden. Hierfür sind folgende Holzverbindungen geeignet:

1. offene oder halbverdeckte Zinkung,
2. Nut- und Federverbindung,
3. Dübelung, außer der aufwendigeren Zinkung ist das Dübeln am haltbarsten,
4. gegratete Verbindung. Sie kann nur angewendet werden, wenn seitlich am Vorderstück genügend Holz übersteht. Die Gratung kommt selten und nur bei stumpf aufschlagenden Vorderstücken aus Vollholz zur Anwendung,
5. Auf Gehrung gefederte Ecken.

Die Vorderstücke sind in der Regel dicker als die Schubkastenseiten, bei klassischen Schubkästen ca. 1,5mal so dick wie die Seiten. Die gewählten Dicken hängen immer von der Größe und Aufgabe der Schubkästen ab. Wird der Schubkasten vorne durchgezinkt oder kommt noch ein aufgeleimtes Doppel davor, dann ist das Vorderstück genauso dick wie die Seiten auszuhobeln (B 3.11-3).

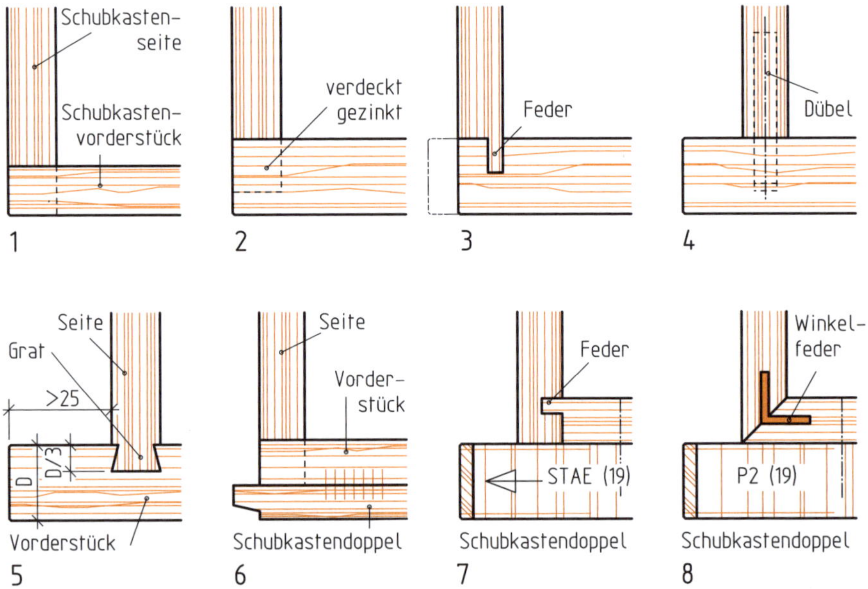

B 3.11-3 Verbindung der Seiten mit dem Vorderstück. 1 Vorderstück und Seite sichtbar durchgezinkt, 2 halbverdeckt gezinkt, 3 gefedert, 4 gedübelt, 5 gegratet, 6 gezinkt mit aufgedoppeltem Vorderstück, 7 stumpf gefederter Kasten mit dickem Schubkastendoppel und 8 auf Gehrung gefederter Kasten mit dickem Schubkastendoppel.

In das Vorderstück muss von innen der Schubkastenboden eingenutet werden. Bei Böden aus Furniersperrholz oder Hartfaserplatten beträgt die Nuttiefe etwa 6 bis 8 mm. Bei den selteneren Vollholzböden muss man die Nut etwas tiefer einfräsen, ca. 10 bis 12 mm, damit diese mehr Platz zum Arbeiten haben. Die Bodennut ist so hoch zu legen, dass das stehenbleibende Holz unter der Nut die Lasten im Schubkasten tragen kann, etwa 8 bis 12 mm. Steht das Vorderstück an der Unterkante aber gegenüber den Seiten vor, muss die Höhe der Nut im Vorderstück von der Höhe der Nut in den Seiten bestimmt werden. Wird der Schubkasten gezinkt, dann ist die Einteilung der Zinken so vorzunehmen, dass die untere Schwalbe an den Seiten die Bodennut im Vorderstück abdeckt. Bei anderen Eckverbindungen, besonders bei den aufgedübelten Vorderstücken, ist die Bodennut beim Fräsen auszusetzen, damit sie seitlich nicht sichtbar wird.

3.11.2.2 Schubkastenseiten

Der Schubkasten aus Vollholz läuft meistens auf oder an seinen Seiten, sodass diese einer gewissen Abnutzung durch Abrieb unterliegen. Deshalb sollte man zur Herstellung von Schubkastenseiten Harthölzer verwenden, wenn die Kästen keine besonderen Führungen erhalten. Die Dicke der Seiten richtet sich nach der Größe und Belastung der Schubkästen. Die Seitendicke D beträgt:

bei zierlichen Schubkästen 8 bis 10 mm,
bei normalen Schubkästen 12 bis 14 mm,
bei schweren und großen Schubkästen 15 mm und mehr.

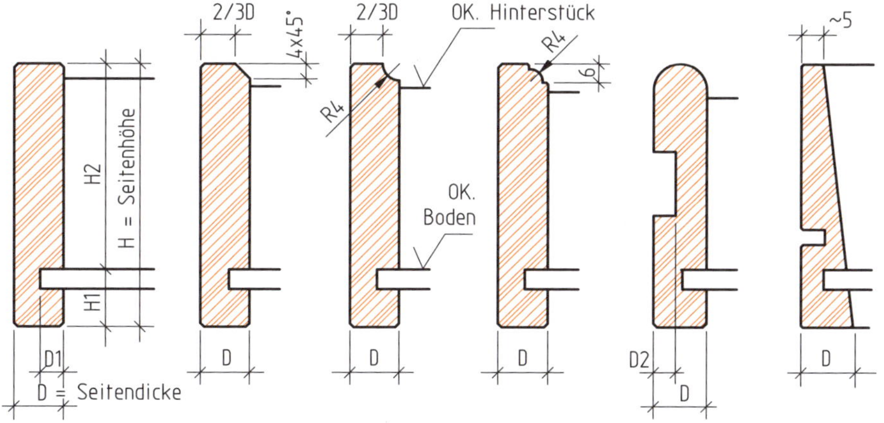

B 3.11-4 Schubkastenseiten aus Vollholz. Von links: kantige Form, mit abgefaster Oberkante, mit Hohlkehle, mit Profil, mit Rundung und nach oben verjüngter Form. Die Rundung ist nur bei aufgehängten Schubkästen anzuwenden. D = Dicke der Seiten, D1 = Nuttiefe, sie beträgt ca. 4/10 D, H = Seitenhöhe, H1 = Höhe Oberkante Bodennut, H2 = Lichte Schubkastenhöhe.

Das Holz aus Mittel- oder Herzbrettern ist für die Seiten am besten geeignet. Bei der Verwendung von Seitenbrettern sollte die rechte Seite des Holzes nach außen kommen. So bleiben die Eckverbindungen dicht, und die Schubkästen klemmen nicht in einer klassischen Führung. Für die Aufnahme des Schubkastenbodens werden die Seiten an der Unterkante genutet. Es ist darauf zu achten, dass noch genügend Holz unter der Nutwange stehenbleibt, denn dieser Querschnitt muss die Last des Schubkasteninhalts tragen. H1 beträgt etwa 15 mm oder 8 bis 12 mm + Bodendicke. Die Nuttiefe D1 darf nicht mehr als $\frac{1}{3}$ bis $\frac{4}{10}$ der Seitendicke D betragen, da sonst die Seite zu sehr geschwächt würde. Bei wertvollen handwerklichen Möbeln können die Schubkastenseiten an den oberen Kanten profiliert werden, damit sie in der Draufsicht nicht so dick erscheinen. Man muss aber beachten, dass die Schubkästen beim Herausziehen aus dem Gehäuse oben an der Kippleiste streifen und somit auch einem Abrieb ausgesetzt sind. Stark ausprofilierte oder abgerundete Seitenkanten sind bei klassisch geführten Schubkästen zu vermeiden (B 3.11-4).

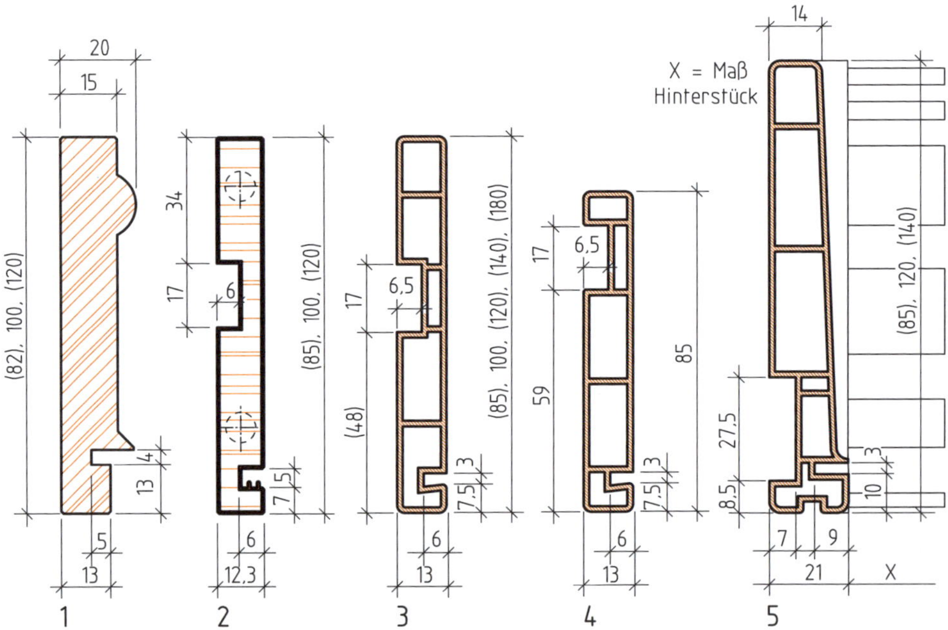

B 3.11-5 Handelsübliche Schubkasten-Seitenprofile. 1 Vollholzprofil (Hä), 2 Spanplattenkern mit nahtlos ummanteltem PVC und Toleranzlippen in der Bodennut (Hä), 3 und 4 Kunststoffhohlprofile aus Polystyrol als Stangenware oder in Fixmaßen werden an den Ecken mittels gesonderter Verbinder zusammengesteckt (El), 5 Kunststoffhohlzargen in Fixmaßen mit angeformten Verbindern für die Querzargen (El).

An den hinteren Ecken werden die Seiten etwas zugeschrägt, damit der Schubkasten leicht in das Gehäuse einläuft und nicht aneckt.

Die Schubkastenseiten werden aus Stabsperrholz, Furniersperrholz oder Spanplatte hergestellt, wenn die Schubkästen sehr hoch sind und ein Arbeiten der Seiten vermieden werden soll. Solche Schubkastenseiten erhalten oben und unten an den Schmalflächen Anleimer und sind furniert.

Schubkastenseiten aus Kunststoff-Hohlprofilen werden an den Ecken auf Gehrung so zusammengeschnitten, dass die Außenschicht unzertrennt durchläuft (Faltsystem) oder mittels besonderer Verbinder zusammengehalten. Entweder wird das Profil um alle vier Seiten des Bodens herumgekröpft oder nur an drei Seiten. Bei dreiteiligen Ausführungen muss das Vorderstück durch eingeklebte Kunststoffdübel auf den Seiten befestigt werden. Bei größeren Stückzahlen liefern die Herstellerfirmen bereits vorgefertigte Kästen nach Fixmaßen, die nur noch mit einem Vorderstück oder Doppel versehen werden müssen (B 3.11-5).

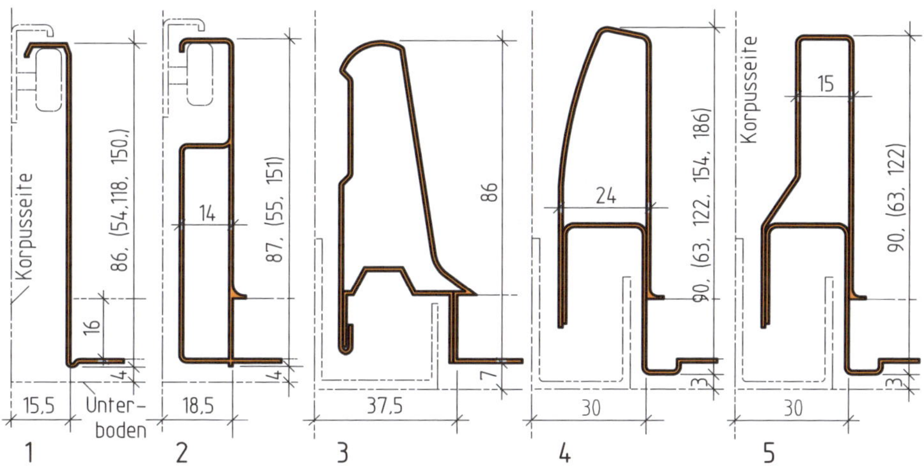

B 3.11-6 Beispiele von Schubkasten-Metallzargen. 1 Kunststoffbeschichtete Stahlschiene in den Längen von 270,350,400...550 mm, für mechanische Führungen mit Selbstschließtechnik, 25 kg belastbar (Bl, Hä), 2 Schubkastenzarge in Aluminium, Belastbarkeit und Längen wie bei 1, jedoch nur für Teilauszüge (Bl, Hä), 3 Schubkastenzarge in Edelstahl oder in Stahl, kunststoffbeschichtet, in Längen 350, 400...550 mm, für Voll- und Teilauszüge, 30 kg belastbar (Bl, Hä), 4 Stahlzargen kunststoffbeschichtet, mit Aluminium oder Holz kaschiert, für mechanische Teil- oder Vollauszüge für 30 (60) kg Belastung (Gr), 5 Schubkasten-Zargen in Stahl, weiß oder metallic pulverbeschichtet, für Teil- oder Vollauszüge für 30 kg (60 kg) Belastung (Gr, Hä). Schubkästen aus solchen Metallzargen können mit Relingsystemen erweitert werden.

Seiten aus kunststoffummanteltem Spanholz werden als Profilleisten geliefert, die man selbst zuschneiden, zusammendübeln und verleimen kann. Bei größeren Stückzahlen liefern die Firmen drei- oder vierteilige Kästen fertig nach Fixmaßen verleimt. Schubkästen aus Kunststoff oder kunststoffummanteltem Spanholz brauchen nicht mehr oberflächenbehandelt zu werden (B 3.11-5).
Vermehrt kommen, besonders im Küchenmöbel-, Büromöbel- und Labormöbelbau, Metallzargen zum Einsatz. Sie können pulver-oder kunststoffbeschichtet und furnierummantelt sein oder aus Aluminium oder Edelstahl bestehen. Sie kommen entweder als Schienen in den Handel und müssen für den Bedarf zugeschnitten werden oder in bereits zugeschnittenen Fixlängen. Die meisten Metallzargen benötigen einen 16 mm dicken Boden, an dessen Kanten die Zargen befestigt werden. Für die Eckverbindungen stehen besondere Verbinder zur Verfügung, die ein leichtes Montieren der Zargen zu einem dreiteiligen oder vierteiligen Kasten ermöglichen. Eine aufsteckbare Reling erlaubt die Konstruktion höherer Kästen, das Einhängen von Registraturmappen oder die Schaffung besonderer Einteilungen. Meistens sind diese Zargen mit mechanischen Laufbeschlägen gekoppelt und bieten neben einfacher Montage höchsten Komfort wie leichten ruhigen Lauf, einfaches Ein- und Aushängen der Kästen, Selbsteinzug der Schubkästen auf den letzten Zentimetern und mehrdimensionales Justieren der Kästen im Gehäuse oder der Schubkastenvorderstücke in der Front (B 3.11-6).

3.11.2.3 Schubkastenhinterstück

Das Schubkastenhinterstück schließt den Schubkasten zur Rückfront hin ab. Bei klassischen Konstruktionen ist es nicht so hoch wie die Seiten, damit es nicht an dem Schubkastengehäuse entlang schabt und die Luft hinter dem Schubkasten beim Hineinschieben entweichen kann. Da dieses Hinterstück auch keine Nut für den Boden enthält, reicht seine Höhe nur von der Oberkante Bodennut bis etwa 6 mm unter die Oberkante der Seite. An der Unterkante des Hinterstücks wird der eingeschobene Schubkastenboden befestigt. Bei moderneren Schubkästen in seitlichen Führungen werden die Hinterstücke genauso dick und hoch wie die Seiten gefertigt. Der Schubkastenboden muss hier beim Zusammenleimen des Kastens mit eingebaut werden. Bei Schubkasten aus Kunststoffhohlprofilen weisen die Hinterstücke ebenfalls die gleiche Form wie die Seiten auf. Schubkästen mit Metallzargen können Hinterstücke aus furnierten oder kunststoffbeschichteten Holzwerkstoffen erhalten (B 3.11-7, 9, 10, 11 und 54).

3.11.2.4 Schubkastenböden

Schubkastenböden können aus Vollholz, Furniersperrholz, hartem und kunststoffbeschichteten Holzfaserplatten, furniertem Stabsperrholz oder kunststoffbeschichteten Spanplatten bestehen.

Vollholz wird für Böden heute nur selten verwendet und wenn, dann ist bei der Konstruktion das Arbeiten des Holzes zu berücksichtigen. Die Holzfaser des Vollholzbodens muss parallel zur Schubkastenbreite verlaufen. Am Hinterstück steht der Vollholzboden über, damit man ihn nach dem Schwinden wieder vorklopfen kann.

Meistens werden die Schubkastenböden aus Sperrholz, Holzfaser- oder Holzspanplatten, furniert oder kunststoffbeschichtet, gefertigt. Sie bleiben plan und weisen nur eine geringe Flächenausdehnung auf. Sind die Platten unterschiedlich dick, können sie an den Kanten abgefälzt oder mit einer dünnen Säge eingeschnitten werden, damit sie stramm in der Bodennut sitzen. Nach DIN 18355 sollten bei Einbauschränken die Schubkastenböden über 0,25 m² Größe aus mindestens 6 mm dicker Furnierplatte bestehen.

Bei klassischen Schubkästen werden die Böden an der Unterseite des Hinterstücks mit Nägeln, Heftklammern oder Schrauben (bei Vollholzböden erforderlich) befestigt. Die Böden schließen, mit Ausnahme des Vollholzbodens, mit dem Hinterstück bündig ab.

Bei den moderneren Schubkastenkonstruktionen, besonders bei Schubkästen aus Kunststoff- oder Metallprofilen, wird der Boden vollständig vom Kasten umschlossen. Er muss beim Zusammenbauen des Kastens gleich mit eingebaut werden.

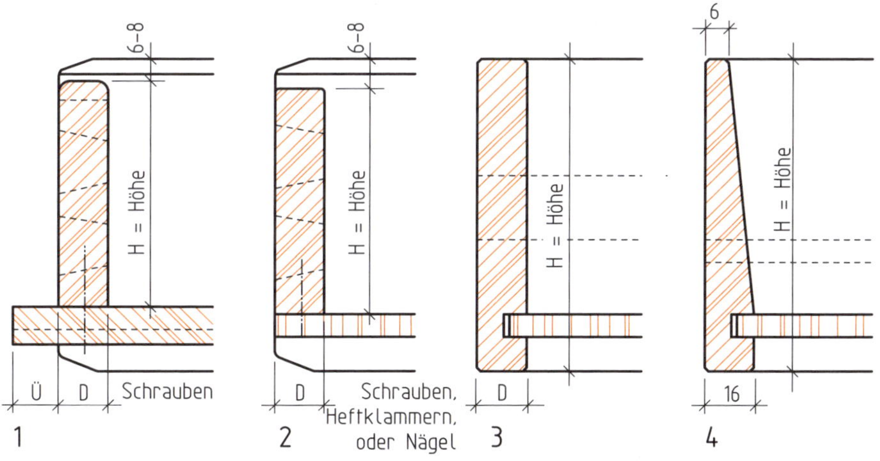

B 3.11-7 Bauarten von Schubkastenhinterstücken. 1 Bei klassischen Schubkästen mit Vollholzboden, Oberkante gerundet, Zinken abgesetzt. H = Höhe des Hinterstücks, hier von Oberkante Boden bis 6 bis 8 mm unter Seitenoberkante, D = Dicke (wie bei den Seiten), Ü = Überstand des Vollholzbodens. 2 Hinterstück bei klassischen, handwerklichen Schubkästen, der Sperrholzboden ist mit dem Hinterstück bündig; 3 und 4 Hinterstücke so hoch wie die Seiten.

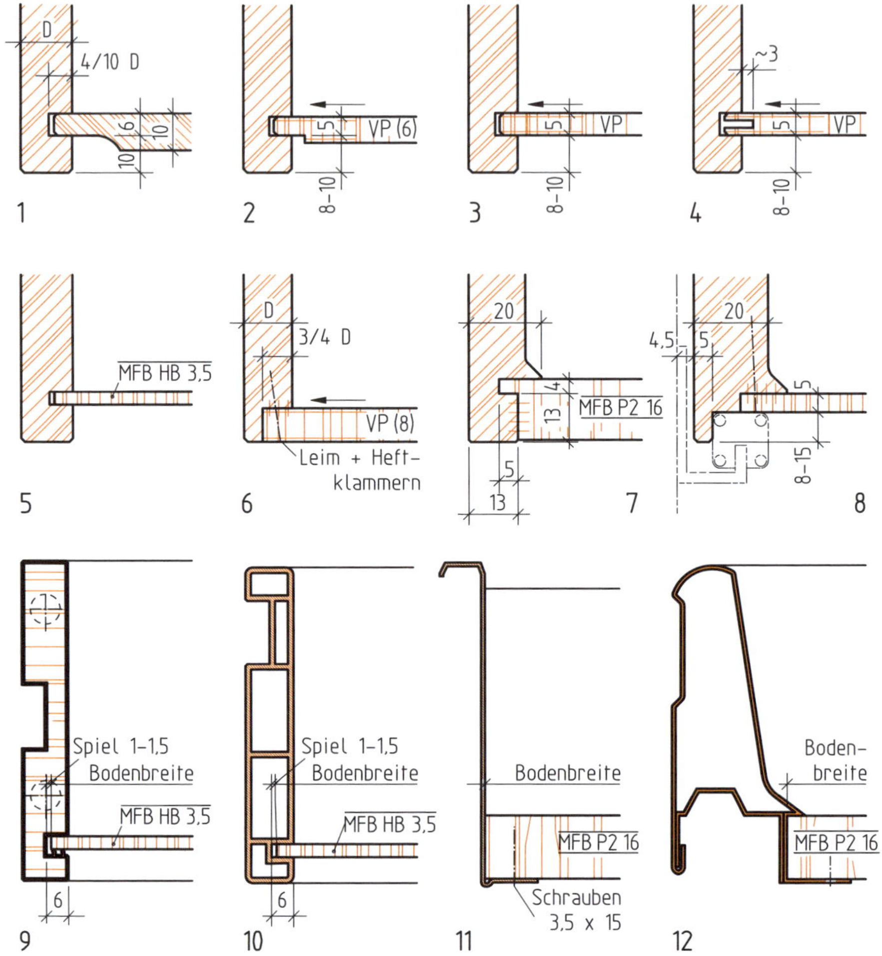

B 3.11-8 Schubkastenböden. 1 Aus Vollholz, 2 aus Furnierplatte, an den Kanten abgefälzt, 3 aus Furnierplatte, furniert, in ganzer Dicke eingenutet, 4 aus Furnierplatte, an den Kanten eingeschnitten, 5 aus dekorativer kunstharzbeschichteter Hartfaserplatte, 6 aus Furnierplatte, eingefälzt, 7 aus kunstharzbeschichteter dekorativer Spanplatte, eingefälzt und -genutet, 8 eingefälztes Furniersperrholz, 9 kunstharzbeschichtete Hartfaserplatte in kunststoffummantelter Spanholzzarge oder 10 in Kunststoff-Hohlraumzarge; 11 und 12 kunstharzbeschichtete Spanplatten in Metallzargen.

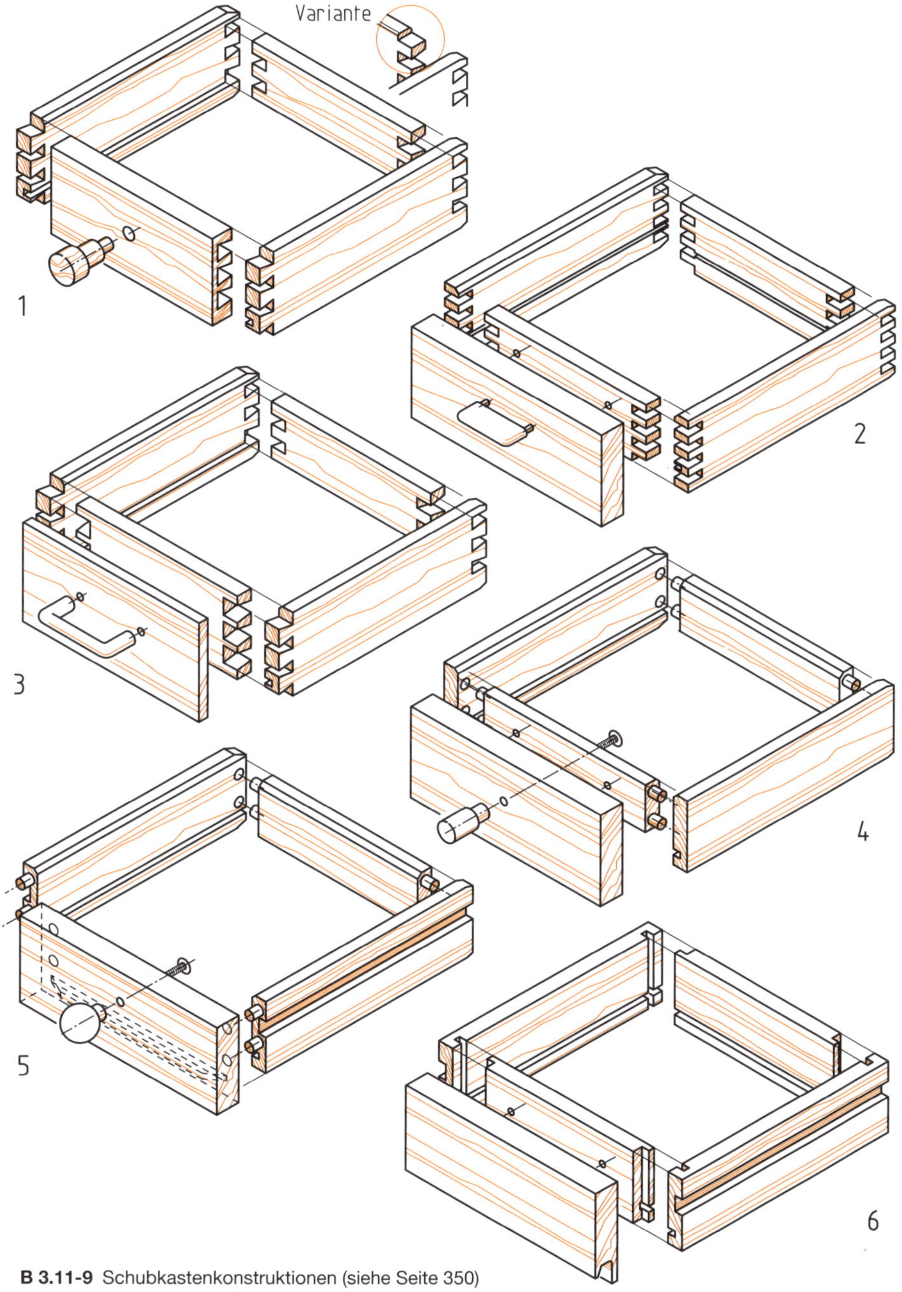

B 3.11-9 Schubkastenkonstruktionen (siehe Seite 350)

3.11.3 Schubkastenführungen

Jede Schubkastenführung sollte nach dem Grundsatz: »Reibungsflächen so klein wie möglich« konstruiert werden. Darum darf die Schubkastenseite nicht in voller Höhe an der Korpusseite entlangstreifen. Für die Schubkastenführung ist ein besonderer Einbau erforderlich. Die Führungsmöglichkeiten lassen sich in folgende Gruppen einteilen:

1. klassische (handwerkliche) Schubkastenführungen,
2. an den Korpusseiten aufgehängte Schubkästen,
3. unter Böden oder Arbeitsplatten aufgehängte Schubkästen,
4. mechanische Schubkastenführungen.

Bei der klassischen oder handwerklichen Schubkastenführung wird die Schubkastenseite in voller Höhe in eine Führung eingebaut, die aus der Laufleiste unter der Seite, der Kippleiste oberhalb der Seite und der seitlichen Streifleiste besteht. Die Führungsleisten sollten wie die Seiten auch aus Hartholz bestehen. Die Streifleisten und die Kippleisten brauchen nur bis zur Hälfte oder zwei Drittel in die Korpustiefe hineinreichen. Der Einbau dieser Führungsleisten ist aufwendig und verlangt ein genaues Einpassen des Schubkastens. Durch die Laufleisten zwischen den Schubkastenseiten geht für die Schubkastenhöhe Platz verloren. Diese Führung wird für stumpf einschlagende Schubkastenvorderstücke, weniger für stumpf aufschlagende Vorderstücke verwendet (B 3.11-12 bis 17).
Bei an den Korpusseiten aufgehängten Schubkästen müssen die Schubkastenseiten entsprechend den an dem Korpus befestigten Laufleisten ausgenutet werden. Gängig ist das Maß 17 oder 27 mm. Die Laufleisten haben die Funktion der Lauf-, Kipp- und Streifleiste zu übernehmen. Die sehr kleine Lauffläche ist allerdings einem hohen Abrieb ausgesetzt. Deshalb müssen die Schubkastenseiten und die Laufleisten aus Hartholz sein. Für dieses Führungssystem sind aber zahlreiche Kunststoffschienen und -gleiter im Handel, die einen noch besseren und leichteren Lauf gewährleisten. Mit diesen Laufschienen ist ein schneller, einfacher Einbau der Schubkästen möglich. Einpassarbeiten können entfallen. Diese Führungsart ist besonders für Schubkästen mit aufgedoppelten oder stumpf aufschlagenden Vorderstücken geeignet, welche die seitliche Luft zwischen Korpus-und Schubkastenseite abdecken (B 3.11-18 bis 29).

B 3.11-9 (Seite 349) Schubkastenkonstruktionen. 1 Handwerklich gezinkter Kasten, vorn halbverdeckt gezinkt, 2 Verbindung durch Fingerzinkung, Vorderstück aufgedoppelt, 3 handwerklich gezinkt, Vorderstück aufgedoppelt, 4 Kasten gedübelt, Hinterstück und Vorderstück gleich hoch und gleich lang, Vorderstück aufgedoppelt, 5 gedübelter Kasten, Vorderstück auf die Seiten gedübelt, 6 gefederter Kasten, Vorderstück aufgedoppelt.

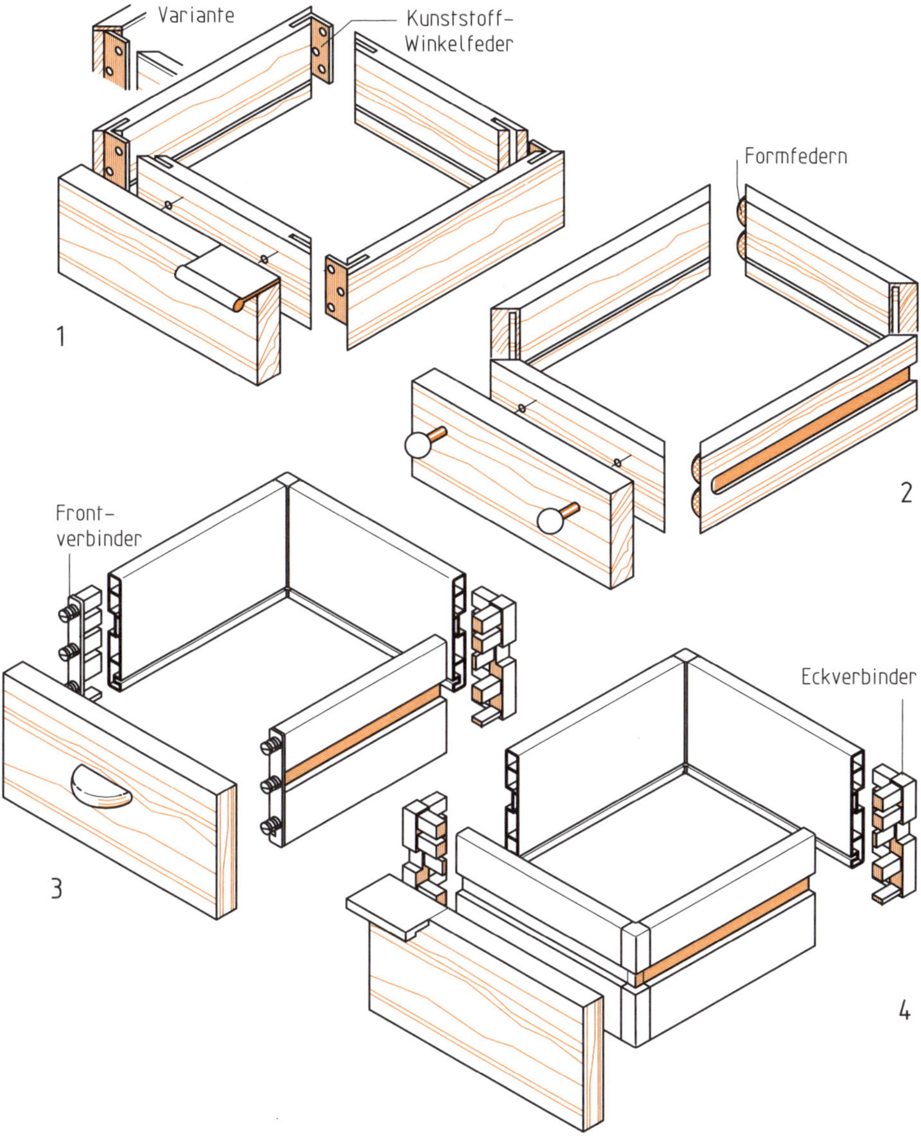

B 3.11-10 Schubkastenkonstruktionen. 1 Auf Gehrung mit Winkelfedern verbundener vierseitiger Kasten, Vorderstück aufgedoppelt, 2 wie 1 jedoch mit Formfedern verbunden, 3 dreiseitiger Kasten aus Kunststoff-Hohlprofilen, Vorderstück auf die Seiten gedübelt, 4 vierseitiger Kasten aus Kunststoff-Hohlprofilen mit aufzuschraubendem Doppel.

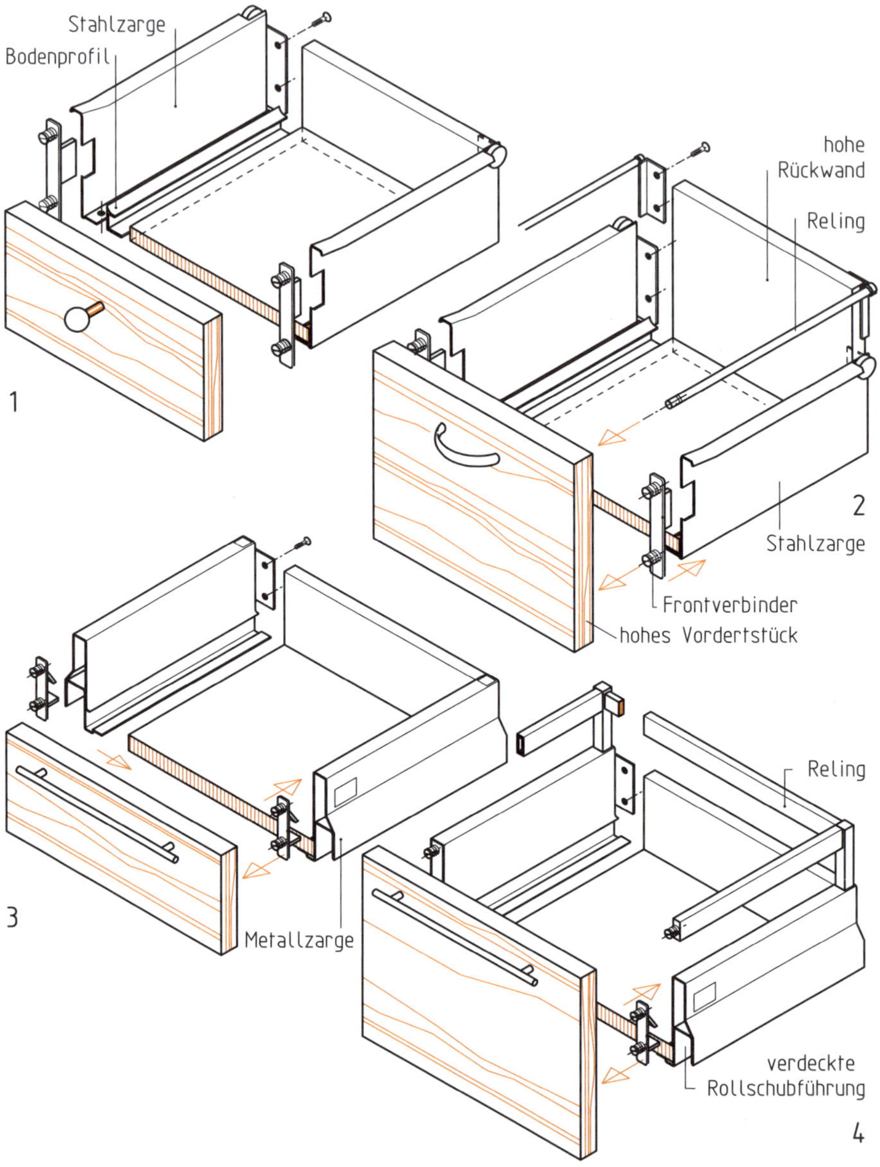

B 3.11-11 Schubkastenkonstruktionen aus Metallzargen. 1 Kunststoffbeschichtete Stahlzargen für mechanische Führungen, Boden und Rückwand aus kunststoffbeschichteter Spanplatte, Vorderstück aufgedübelt, 2 wie 1 jedoch mit höherer Rückwand, höherem Vorderstück und aufgesetzter Reling aus Rundstäben, 3 wie 1, jedoch mit hohlen Stahlzargen, die die mechanischen Führungen verdeckt aufnehmen, 4 mit aufgesetzter Reling aus rechteckigen Querschnitten.

Unter Böden aufgehängte Schubkästen laufen in Laufleisten, die unter den Boden geschraubt oder geleimt sind. Ein besonderes Gehäuse ist für den Schubkasten hier nicht erforderlich. Dieses Führungssystem wird hauptsächlich bei Schubkästen unter Arbeitsplatten oder unter Einlegeböden angewendet (B 3.11-30 bis 35).
Interessant ist die Kombination von Bodenträgerschienen oder Hülsen mit den Laufschienen für Schubkästen. Man hat dadurch die Möglichkeit, wahlweise Einlegeböden oder Schubkästen in beliebiger Höhe einzubauen. Ähnliche Vorteile bietet das System 32 (25), bei dem in der Höhe alle 32 mm eine 5-mm- Bohrung in der Korpusseite vorgesehen ist (B 3.11-36 und 37).
Für Schubkästen mit Metallzargen, für schwere Schubkästen und Schubkästen für schweren Inhalt oder wenn einfach nur ein sehr ruhiger leichter Lauf der Schubkästen erreicht werden soll, kommen mechanische Führungen zum Einsatz. Es sind mit Kugeln, Gleitlagern oder Kugellagerrollen bestückte Metallführungen. Je nach Befestigungsart der Führung erzwingt der Einbau entweder zwischen Korpusseite und Schubkastenseite oder unter dem Schubkasten einen Platzverlust.
Einige Führungen können aber auch in die Führungsnut der Schubkastenseite oder in den Hohlraum der Metallzarge platzsparend eingebaut werden. Sehr vorteilhaft sind die unter dem Schubkastenboden montierten mechanischen Führungen, die beim Herausziehen des Schubkastens nicht sichtbar sind. Sie zeichnen sich auch durch eine gute Seitenführung aus. Führungssystem und Schubkasten bilden heute vielfach eine Einheit und bieten hohen Bedienungs- und Montagekomfort wie gute Laufeigenschaften, Selbsteinzug des Kastens mit Einzugsdämpfung und Zuhaltung des Kastens im eingeschobenen Zustand, Auszugsarretierung, leichte Aufsetzmontage des Schubkastens auf die mechanische Führung oder leichte Einschubmontage durch Kupplungsbeschläge an den Führungen und dem Vorderstück, einfaches Justieren des Kastens im Gehäuse oder Ausrichten der Vorderstücke in der Front, hohe Belastbarkeit der Schubkästen usw.
Die Belastbarkeit der Schubkästen hängt von dem verwendeten Beschlag ab. Hiermit ist eine dynamische Belastbarkeit von 12 bis 150 kg möglich. Gemäß der Endstellung der mechanischen Führungen sind zu unterscheiden:

1. Teilauszug, mit bis zu einem Drittel Auszugsverlust,
2. Vollauszug, ohne Auszugsverlust und
3. Überauszug, ohne Auszugsverlust, hier steht das Schubkastenhinterstück gegenüber der Möbelfront vor.

Vollauszüge und Überauszüge sind immer dann erforderlich, wenn man den Schubkasteninhalt auch am Hinterstück bei herausgezogenem Schubkasten vollständig erreichen muss (B 3.11-40 bis 55).

Für Meisterstücke und Gesellenstücke werden Vollauszüge aus Holz gefertigt. Solche Konstruktionen bestehen aus dem Führungsteil, das an der Korpusseite zu befestigen ist, dem Führungsteil an der Schubkastenseite und der dazwischen frei beweglichen Kulisse. Durch Mitnehmer wird die Kulisse in den Führungen vor- und zurückgeschoben und der Schubkasten in der Endstellung abgestoppt. Diese selbstgefertigten Vollauszüge erreichen durch die gleitende Führung auf Holz nicht die Laufqualität der mechanischen Vollauszüge (B 3.11-53).

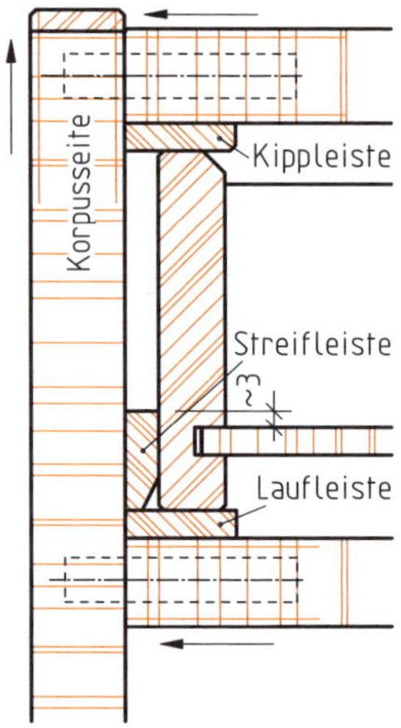

B 3.11-12

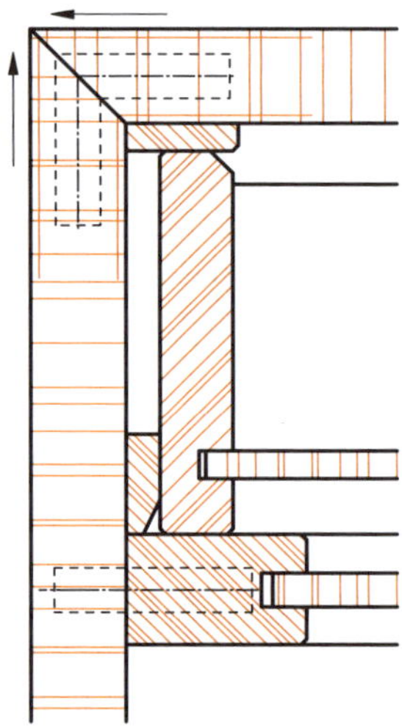

B 3.11-13

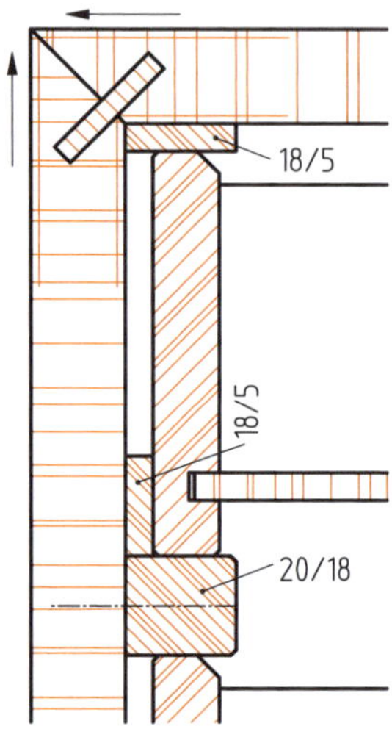

B 3.11-14

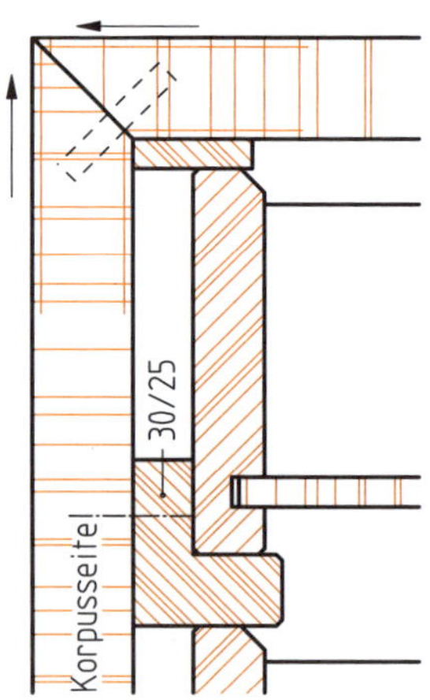

B 3.11-15

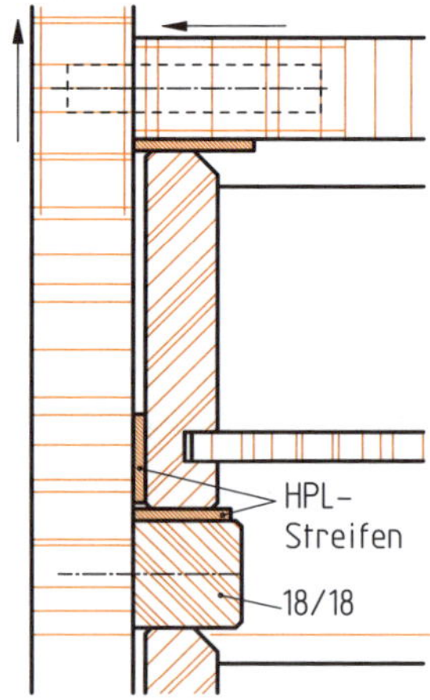

B 3.11-16

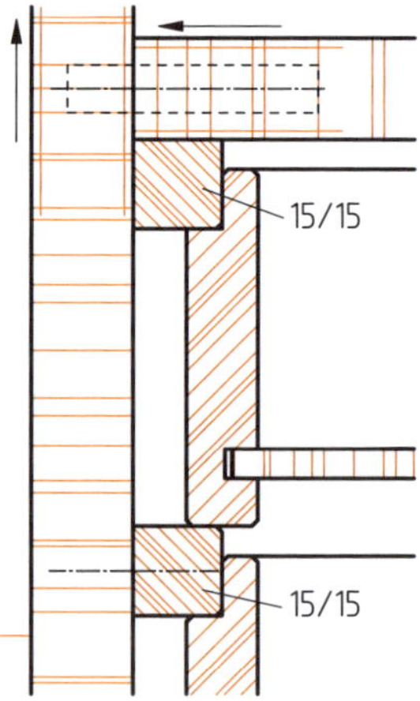

B 3.11-17

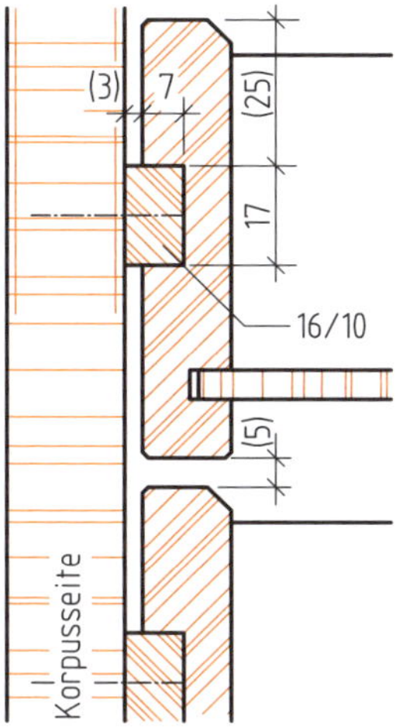

B 3.11-18

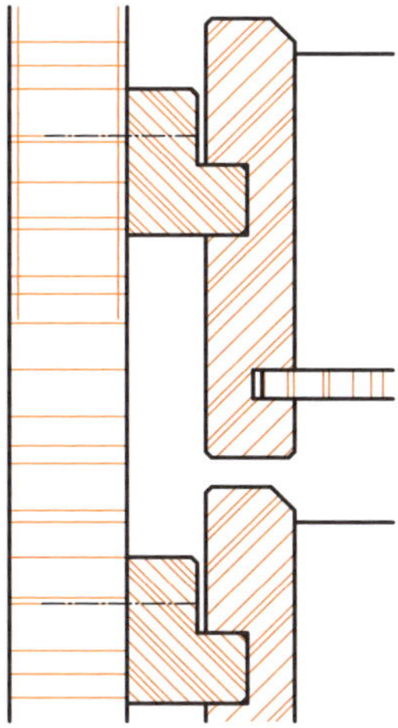

B 3.11-19

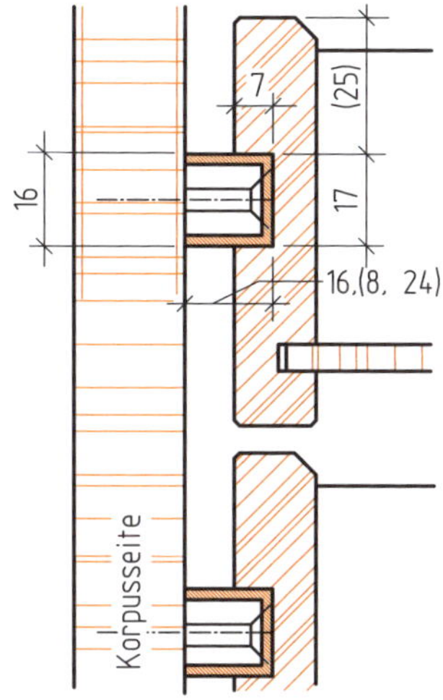

B 3.11-20

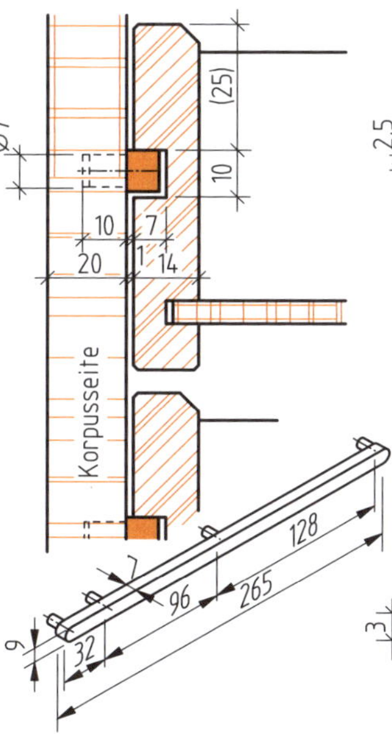

B 3.11-21

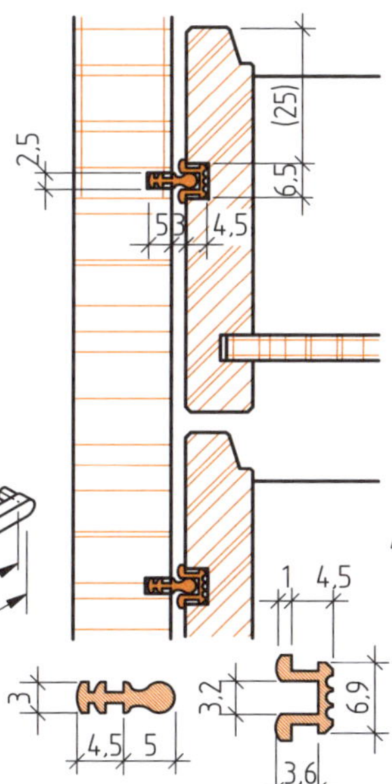

B 3.11-22

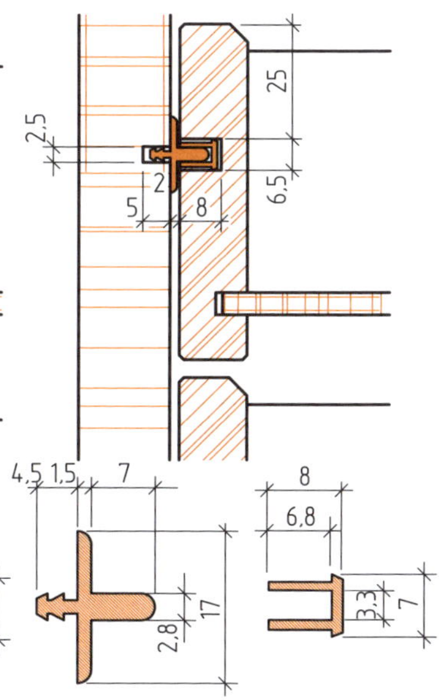

B 3.11-23

Bildlegenden siehe Seite 356

Bildlegenden Seite 354:

B 3.11-12 Klassische Schubkastenführung, mit Laufleiste, Streifleiste und Kippleiste. Die Streifleiste ist unten abgefast. Dadurch wird die Reibungsfläche kleiner.

B 3.11-13 Klassische Schubkastenführung, bei der unter den Kasten ein Laufrahmen eingebaut ist.

B 3.11-14 Klassische Schubkastenführung, bei der die Leiste zwischen den Schubkästen gleichzeitig die Laufleiste für den oberen und die Kippleiste für den unteren Kasten bildet.

B 3.11-15 Klassische Schubkastenführung. Die ausgefälzte Leiste bildet gleichzeitig Laufleiste und Streifleiste für den oberen Kasten und Kippleiste für den unteren.

B 3.11-16 Schubkastenführung, bei der Streif-, Lauf- und Kippleiste durch dünne HPL-Streifen gebildet werden.

B 3.11-17 Klassische Schubkastenführung, bei der versucht wird, die Schubkastenhöhe besser auszunutzen. Die Schubkastenseiten sind an der Oberkante zur Führung von außen ausgefälzt.

Bildlegenden Seite 355:

B 3.11-18 An den Schubkastenseiten aufgehängte Schubkästen. Laufleisten bestehen aus Hartholz.

B 3.11-19 Laufleisten sind ausgefälzt. Diese Konstruktion ist dann zu wählen, wenn der Schubkasten einen größeren Abstand von der Korpusseite haben muss.

B 3.11-20 Aufgeschraubte Laufschienen aus Kunststoff (El, Hä, He, Ku, Ne). Mit eingebauter Auszugsicherung (Ku).

B 3.11-21 Schmale Laufschiene aus Kunststoff mit Einbohrzapfen (El, Hä, He, Ku, Ne).

B 3.11-22 Schubkastenführung aus Kunststoffschienen. Die U-Schiene wird in die Schubkastenseite eingenutet, die Laufschiene mit Harpunensteg in die Korpusseite (Ne).

B 3.11-23 Schubkastenführung sinngemäß wie vor, jedoch für schwerere Schubkästen (Ne).

Bildlegenden Seite 357:

B 3.11-24 Kleine Führungsschiene aus Kunststoff zum Andübeln z. B. für kleine Innenkästen (Ku).

B 3.11-25 Führungssystem aus einer an die Korpusseiten gedübelten Laufschiene und einer U-Schiene aus Kunststoff, die in die Schubkastenseite eingenutet wird (Ne).

B 3.11-26 Laufschienen aus Kunststoff mit Dübel und Bohrungen zum Anschrauben an die Korpusseite. In die genutete Laufschiene kann ein Stopper zur Arretierung des Kastens eingebaut werden (El, Hä, Ku, Ne).

B 3.11-27 Die Führungsmöglichkeit wird an jeder Seite durch drei Führungsnocken aus Kunststoff gebildet, die in der Führungsnut in den Schubkastenseiten laufen. Zur Vorderfront hin sind zwei Führungsnocken dicht hintereinander zu setzen, damit sie das Kippmoment des Schubkastens aufnehmen können (Ku).

B 3.11-28 Schubkastenführung sinngemäß wie vor, jedoch bestehend aus Kunststoffrollen (Ku).

B 3.11-29 Die Schubkastenführung wird aus kurzen Kunststoffgleitern gebildet. Sie ist für kleine Innenschubladen geeignet (Ku).

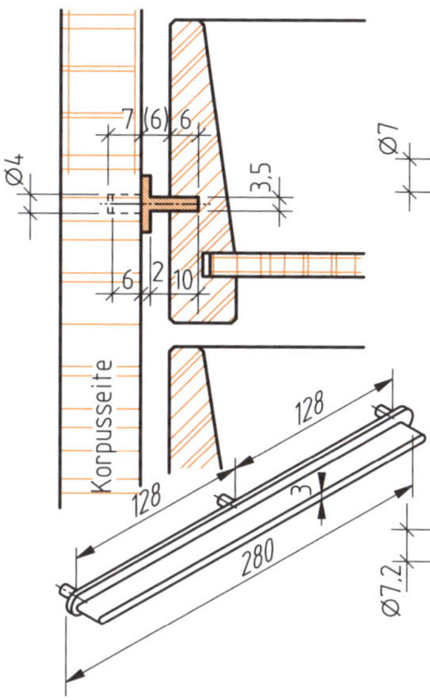

B 3.11-24

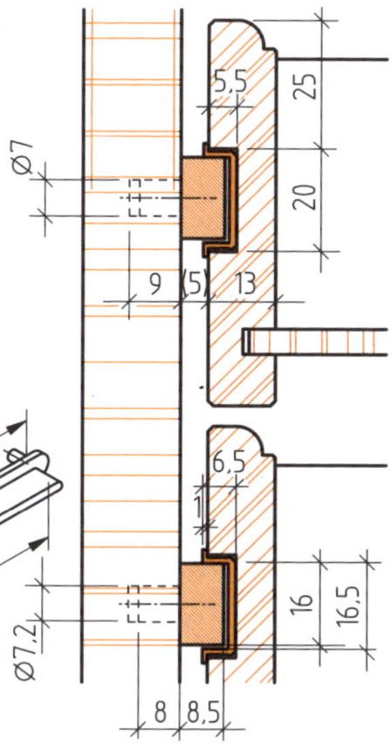

B 3.11-25

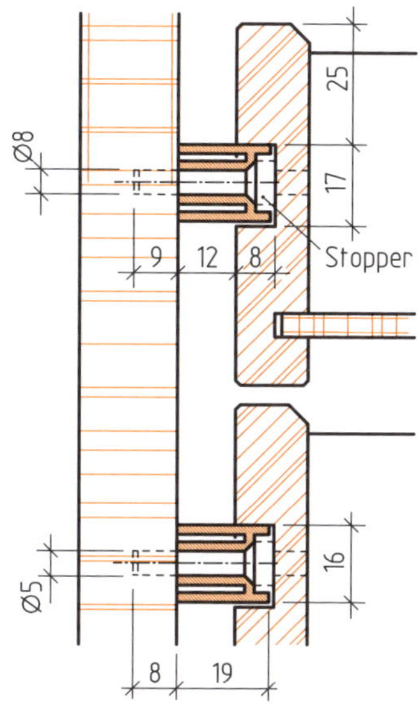

B 3.11-26

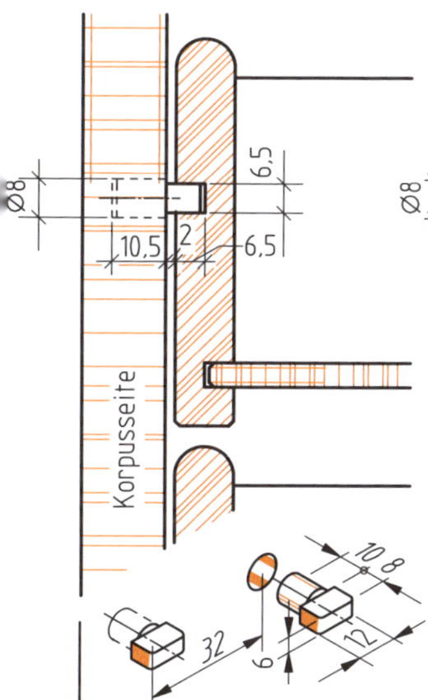

B 3.11-27

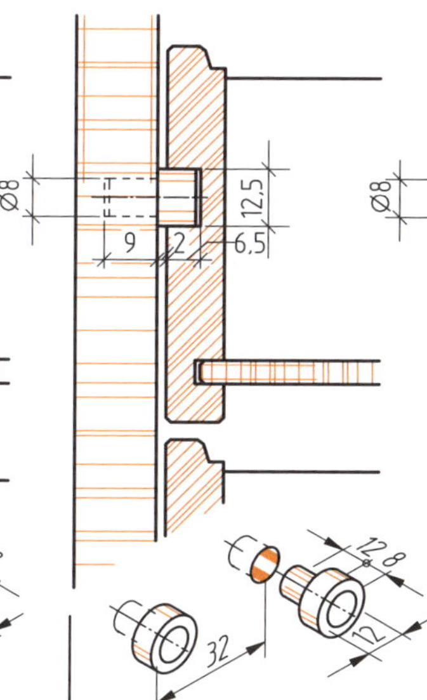

B 3.11-28

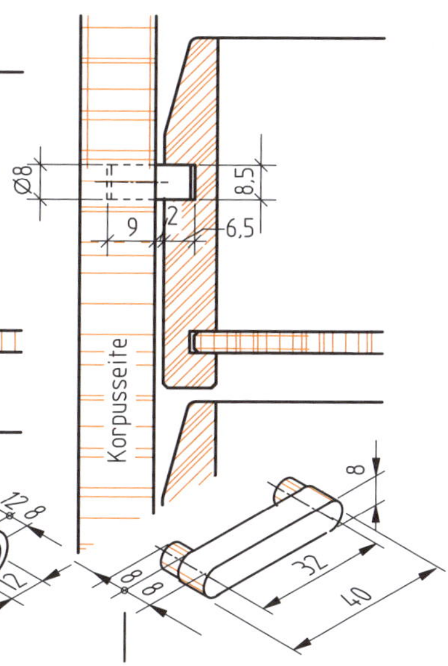

B 3.11-29

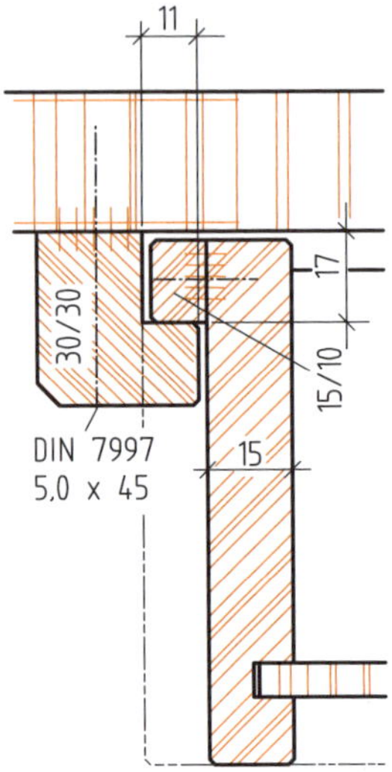

B 3.11-30

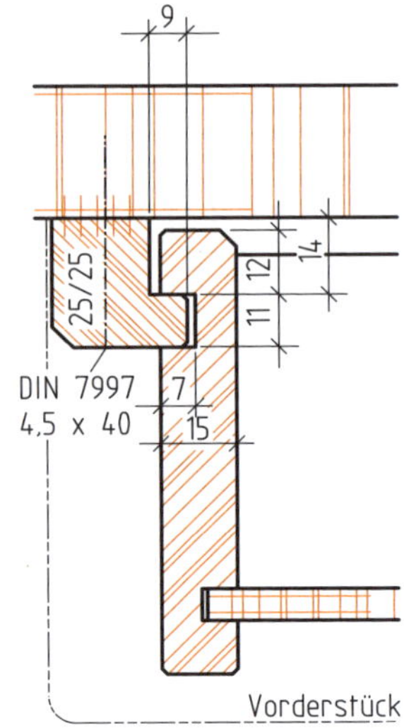

B 3.11-31

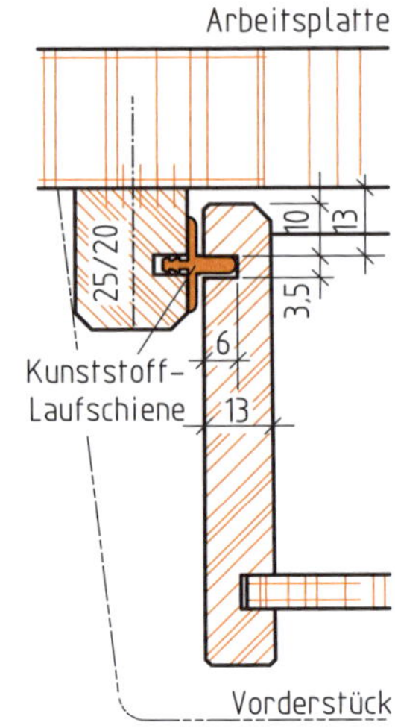

B 3.11-32

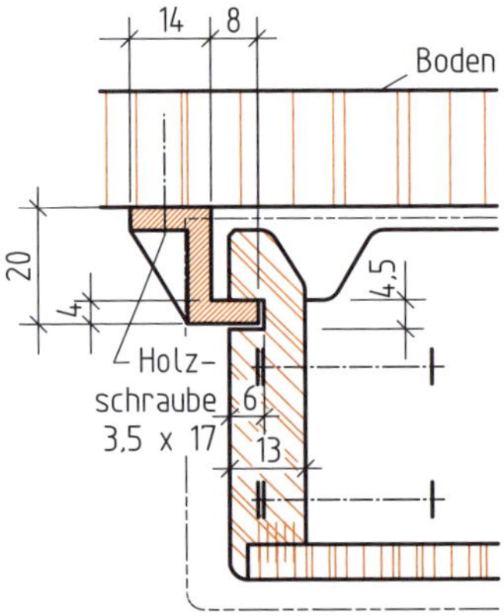

B 3.11-33

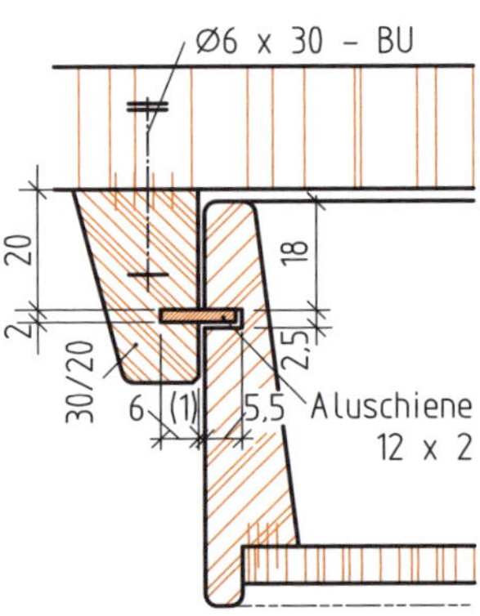

B 3.11-34

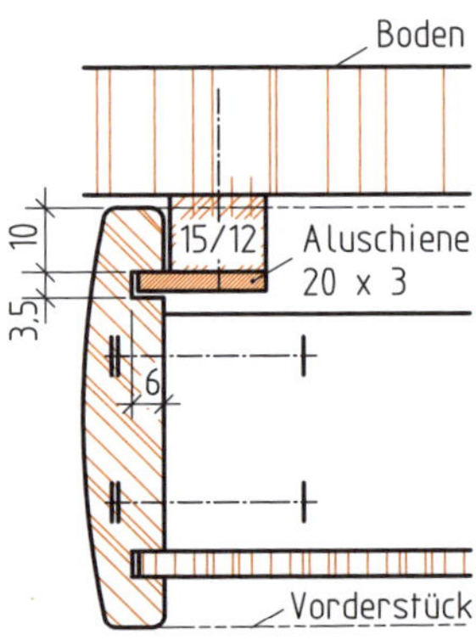

B 3.11-35

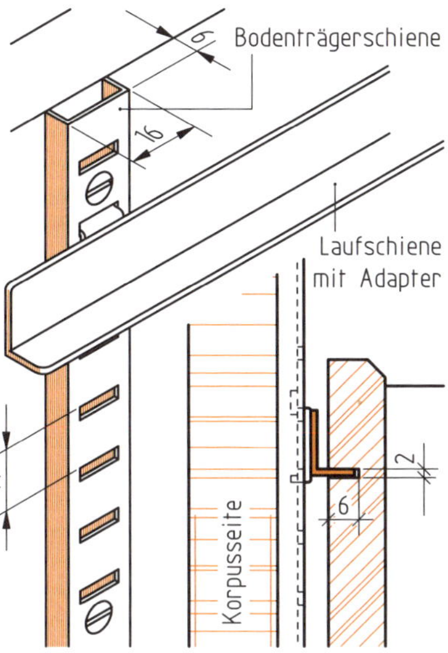

B 3.11-36

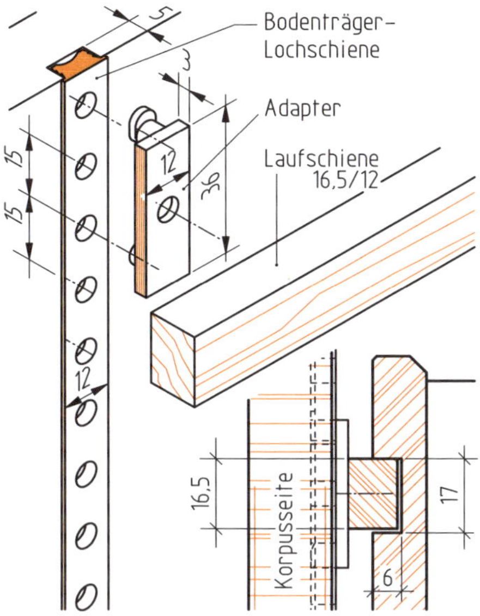

B 3.11-37

B 3.11-36 Bodenträgerschienen sind mit Schubkastenlaufschienen kombiniert. Ausführung in Stahl vernickelt. Die Schubkastenseite ist für die Laufschiene auszunuten (He).
B 3.11-37 Eingenutete Bodenträgerschiene mit Adapter für die Befestigung der Schubkastenlaufschiene (Ne).

Bildlegenden Seite 358:
B 3.11-30 Unter einer Platte aufgehängter Schubkasten. Eine ausgefälzte Laufleiste wird unter die Platte geleimt und geschraubt. Die Schubkastenseite ist an der Oberkante durch eine Leiste verstärkt, auf der der Kasten läuft.
B 3.11-31 Führungsleiste mit angefräster Feder wird unter den Boden geschraubt und geleimt. Die Feder fasst in die Führungsnut, die in die Schubkastenseite eingefräst wird. Breite Vorderstücke können die Führungsleiste abdecken.
B 3.11-32 Führungsleiste mit eingenuteter Kunststoffführung, die in einer passenden Nut in der Schubkastenseite läuft.
B 3.11-33 Kunststoffführungsschiene, die unter den Boden geschraubt wird, fasst in eine Führungsnut (El).
B 3.11-34 Führung für unter Böden gehängte Schubkästen durch eingenutete Aluschienen.
B 3.11-35 Führung für unter Böden gehängte Schubkästen durch eingenutete Aluschienen, die auf der Innenseite des Schubkastens angebracht sind.

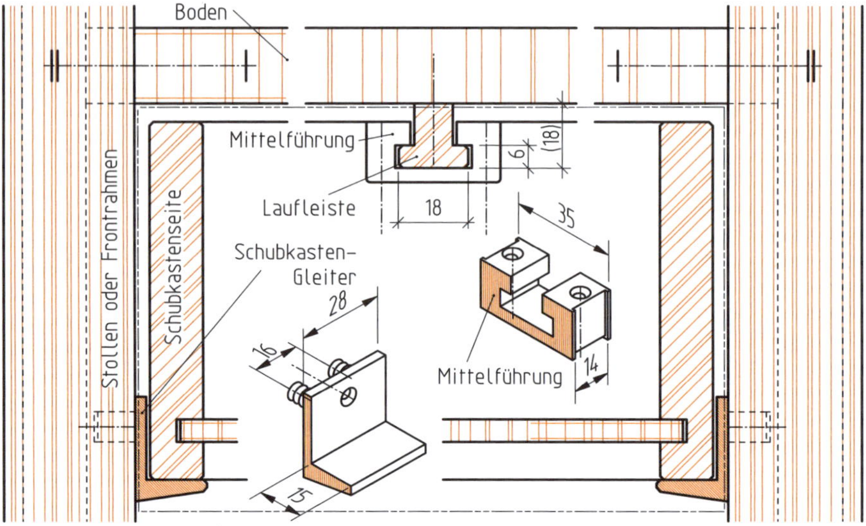

B 3.11-38 Schubkastenführung für Stollenmöbel oder Möbel mit Frontrahmen. Am Schubkastenhinterstück ist eine Mittelführung montiert, die auf der Laufleiste unter dem Boden läuft. An den Stollen und an den Innenkanten des Frontrahmens sind Gleiter angebracht, die den Schubkasten in stabiler Lage halten (Hä, Ne).

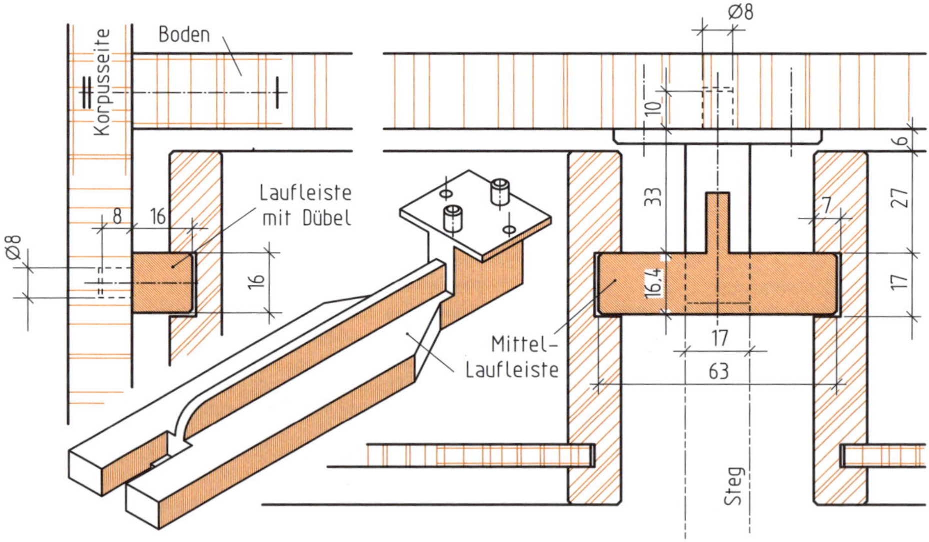

B 3.11-39 Schubkästen werden in der Mitte an einer gemeinsamen Mittellaufleiste aus Kunststoff geführt, die vorn in den Steg eingeschnitten und hinten unter die Platte geschraubt ist (El, Ne).

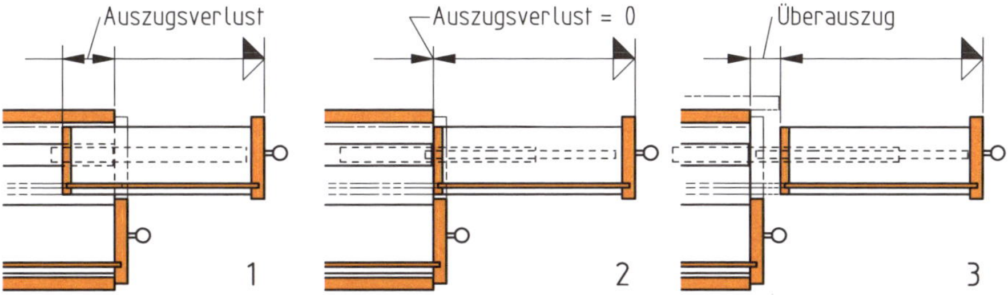

B 3.11-40 System mechanischer Führungen. 1 Teilauszug mit Auszugsverlust, 2 Vollauszug ohne Auszugsverlust und 3 Vollauszug mit Überauszug.

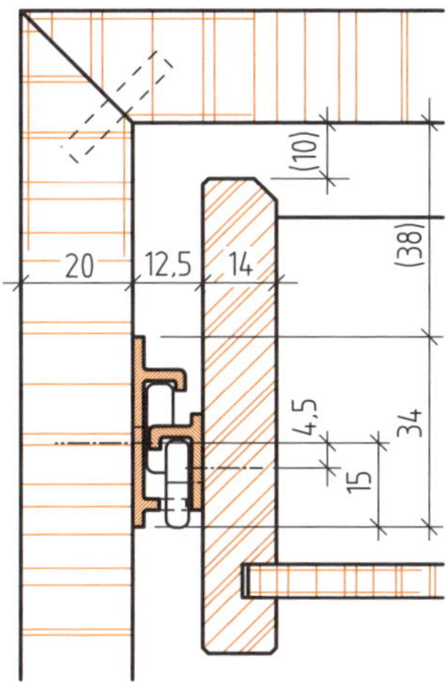

B 3.11-41

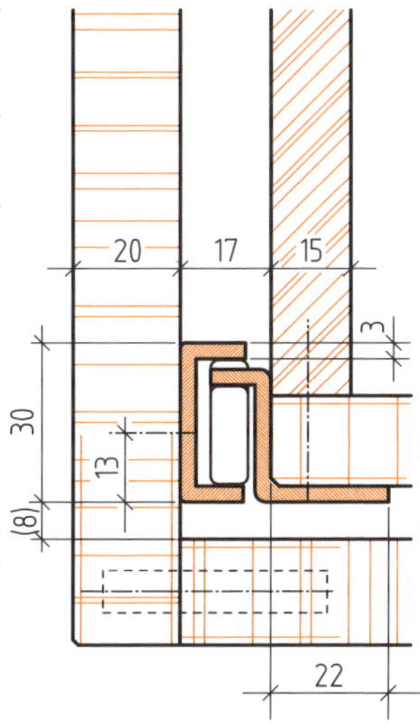

B 3.11-42

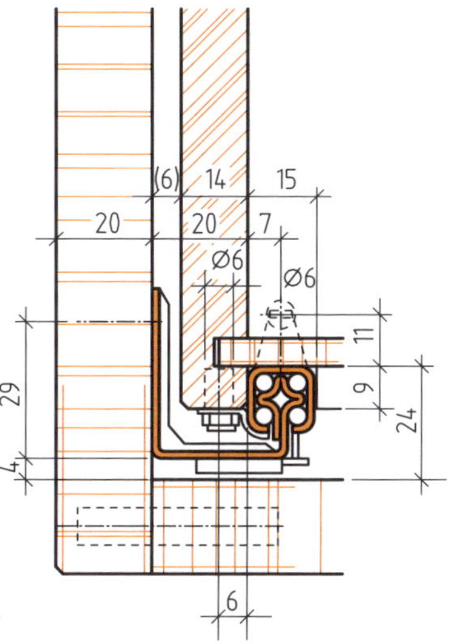

B 3.11-43

B 3.11-41 Mechanische Schubkastenführung, Teilauszug mit Präzisions-Kugellagern, die zwischen Korpusseite und Schubkastenseite zu montieren ist. In Längen von 300, 350, 400...700 mm. Ca. 20 % bis 25 % Auszugsverlust, Tragkraft 30 kg (Fu, Hä).
B 3.11-42 Mechanische Schubkastenführung für aufliegende Schubkastenmontage, Teilauszug, Längen von 300 bis 1000 mm, Tragkraft bis 100 kg (Fu, Hä, He).
B 3.11-43 Mechanische Schubkastenführung mit guter Seitenstabilität für verdeckte Montage, Längen von 250 bis 700 mm, Teilauszug mit ca. 20 % Auszugsverlust, Tragkraft 25 kg (He).

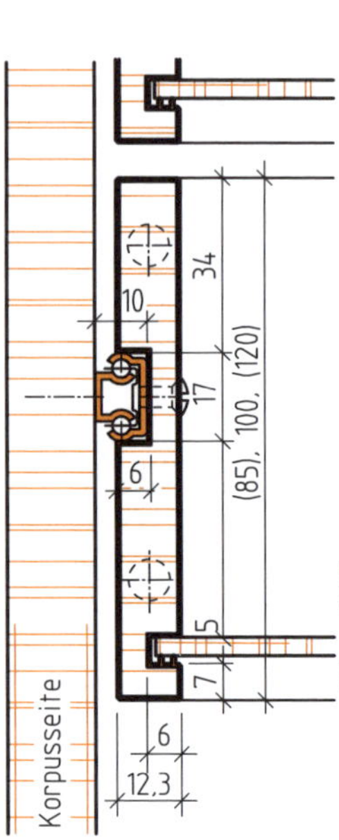

B 3.11-44

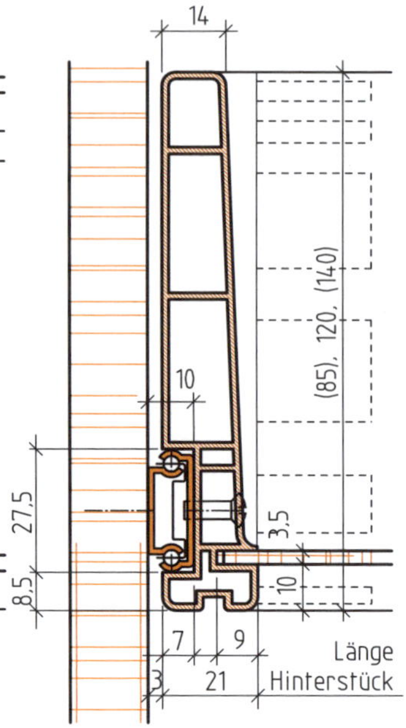

B 3.11-45

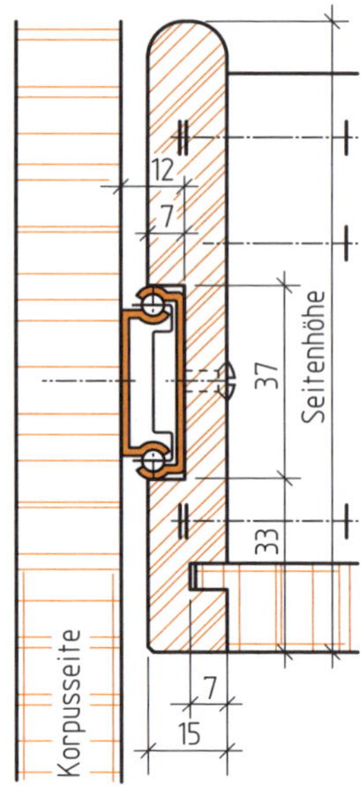

B 3.11-46

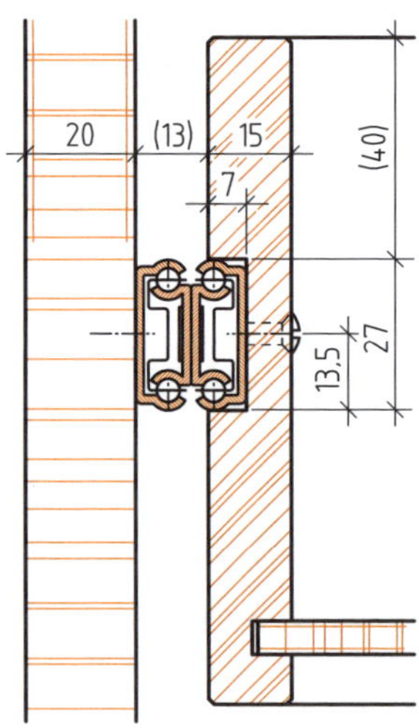

B 3.11-47

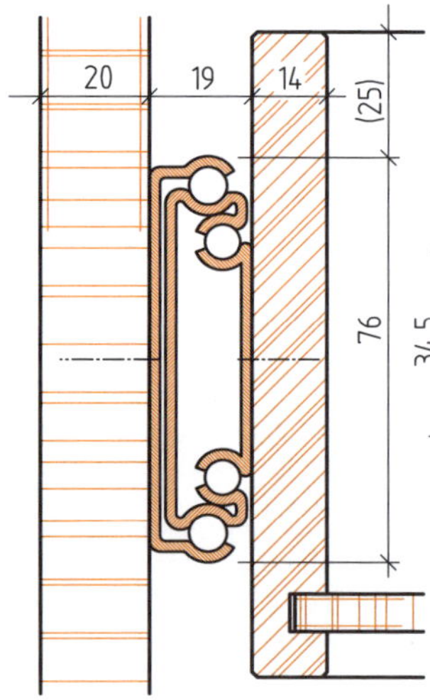

B 3.11-48

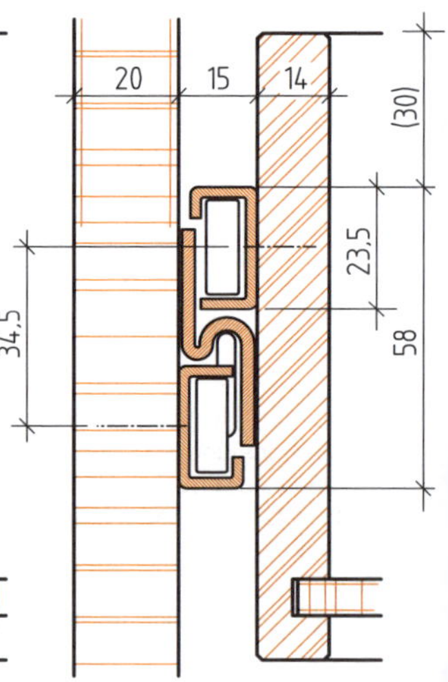

B 3.11-49

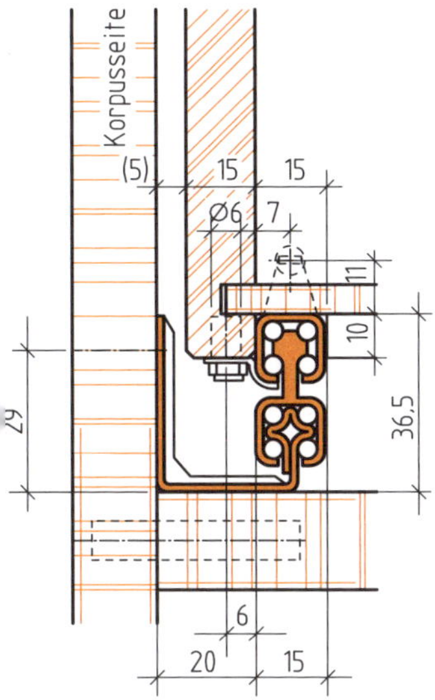

B 3.11-50

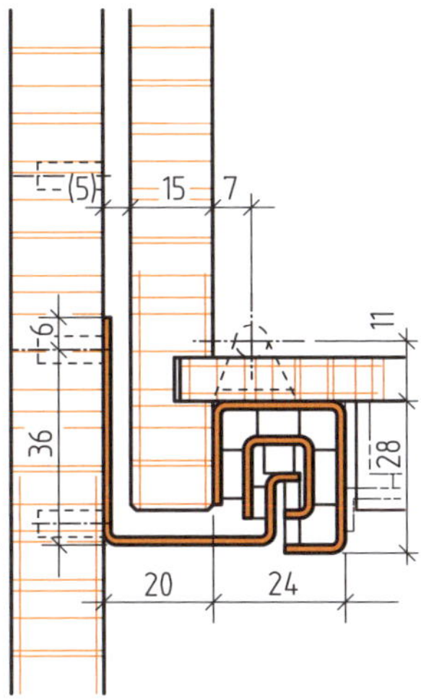

B 3.11-51

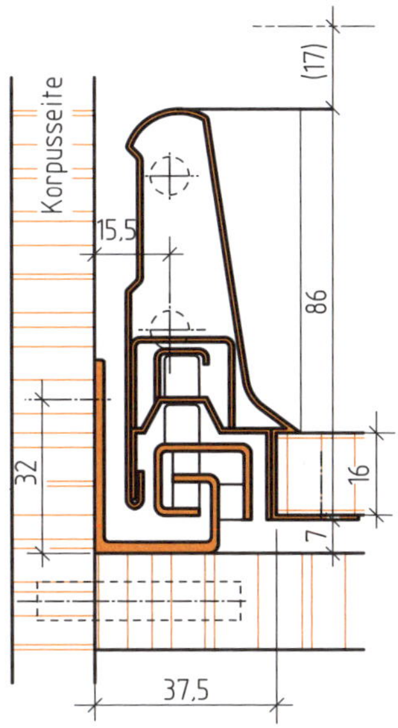

B 3.11-52

B 3.11-50 Kugelführung mit 25 mm Überauszug und hoher Seitenstabilität, Tragkraft 40 kg, Längen 300 bis 700 mm (He).
B 3.11-51 Vollauszug mit Walzenlaufwagen zur verdeckten Montage, Tragkraft 30 kg, Längen 300 bis 600 mm, Selbsteinzug und leichte Kastenmontage durch Kupplungsbeschläge (Fu, Hä).
B 3.11-52 Metallzarge aus Edelstahl mit Synchron- Laufwagensystem als Vollauszug, mit Selbsteinzug zur verdeckten Montage, Längen 350 bis 550 mm, Tragkraft 30 kg (Bl).

Bildlegenden Seite 362:
B 3.11-44 Zierliche Schubkastenführung mit Kugelkäfigen, die in die vorbereitete 17 mm breite Nut der kunststoffummantelten Spanholzzarge passt, Teilauszug mit 76 mm Auszugsverlust, Tragkraft 10 kg (Hä, He).

B 3.11-45 Kugelführung als Teilauszug für Nutmontage, 27 mm breit, Tragkraft 12 kg, 82 mm Auszugsverlust (Hä, He).

B 3.11-46 Kugelführung als Teilauszug für Nutmontage, 37 mm breit, Tragkraft 25 kg, 88 mm Auszugsverlust (Hä, He).

B 3.11-47 Vollauszug und Überauszug für Nutmontage, 27 mm breit,Tragkraft 20 kg, Überauszug 24 mm, Längen 300 bis 550 mm (Hä, He).

B 3.11-48 Kugelführung als Vollauszug für hohe Belastung zur Montage zwischen Korpus- und Schubkastenseite, Tragkraft bis 135 kg, Längen 350 bis 800 mm (He, Hä sinngemäß).

B 3.11-49 Rollenführung als Vollauszug zur Montage zwischen Korpus- und Schubkastenseite, Tragkraft 60 kg, Längen 300 bis 1000 mm (Fu, Hä).

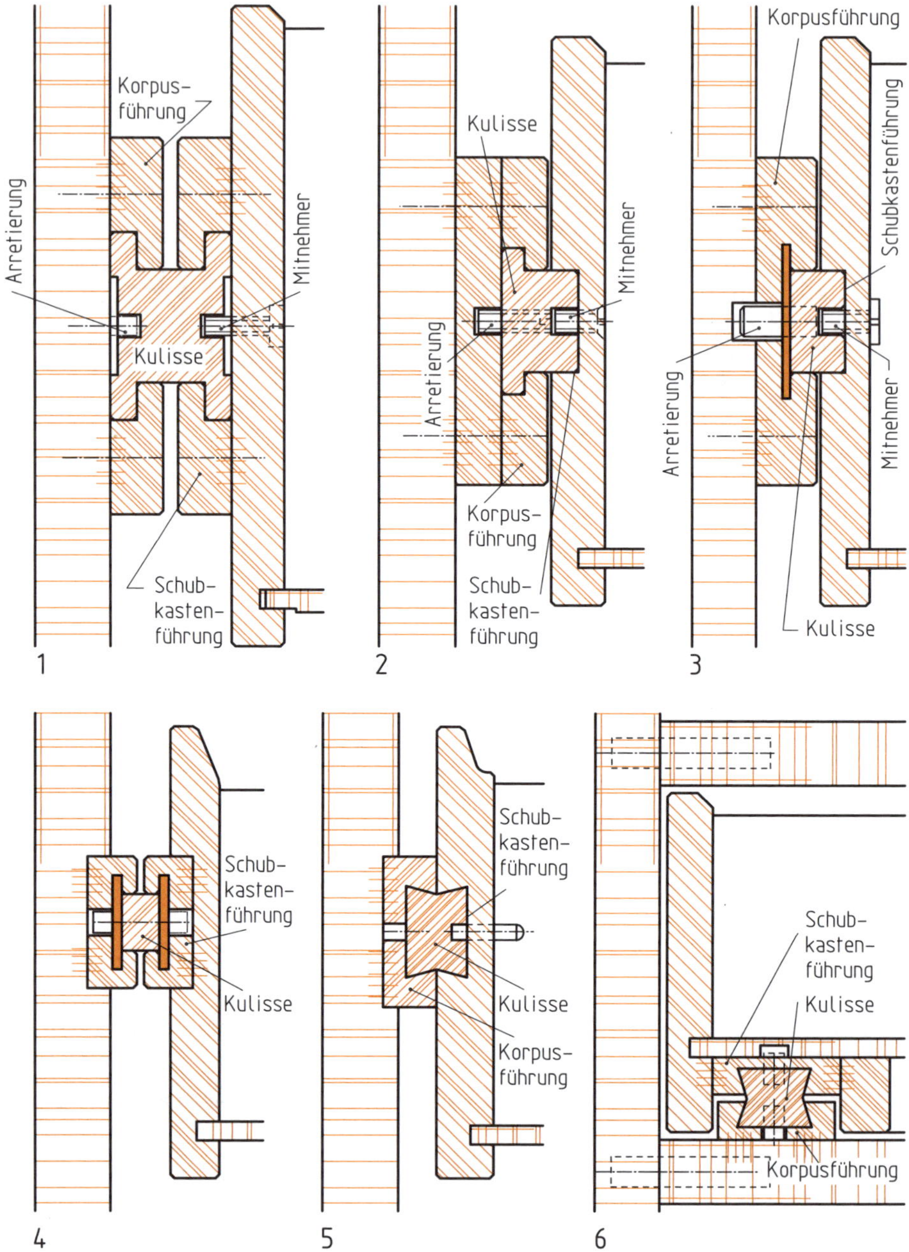

B 3.11-53 Einige handwerklich gefertigte Vollauszüge.

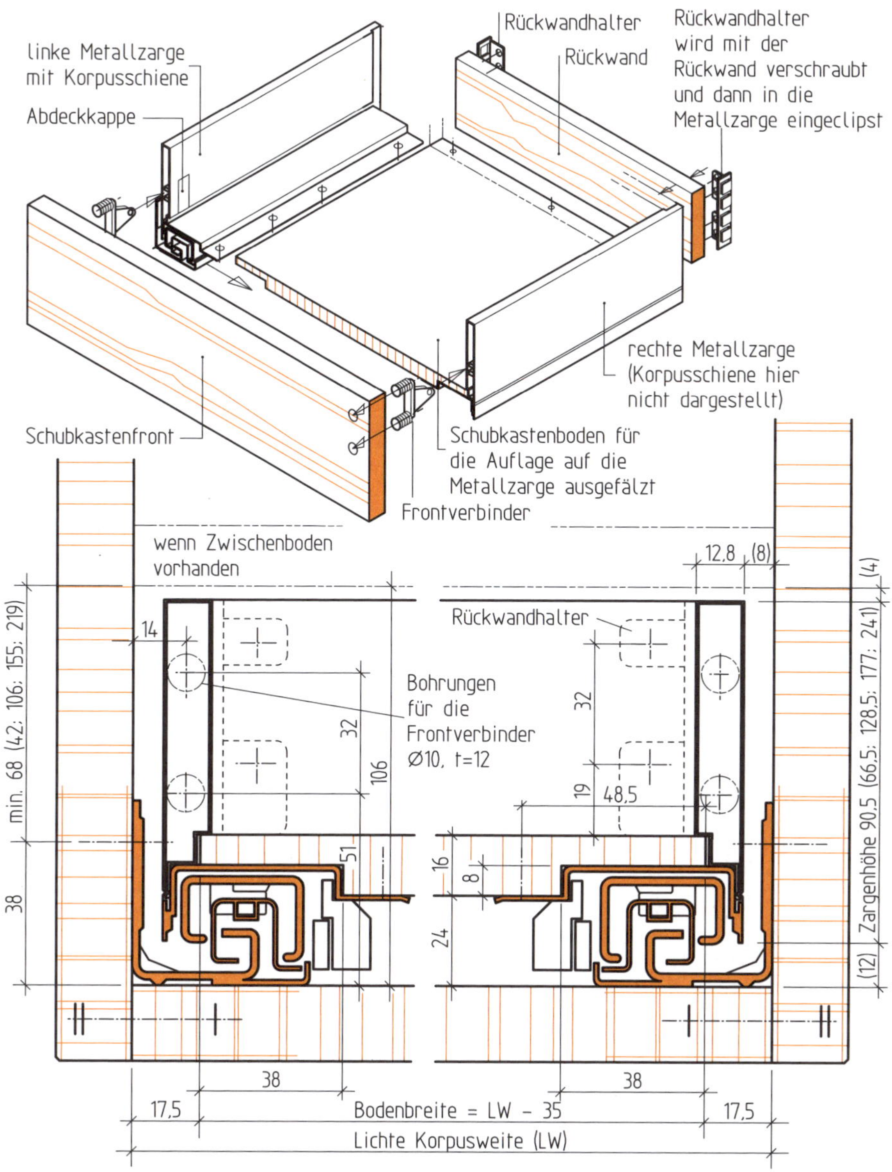

B 3.11-54 Schubkasten mit schlichten Alu-Zargen auf mechanischen Vollauszügen, die auf Antippen den Schubkasten oder Auszug, egal mit welcher Belastung, sanft und leise in die Endstellung fahren. Bei breiten Auszügen von 600 bis 1400 mm können die Korpusschienen synchronisiert werden (Bl).

3.11.4 Schubkästen im Gehäuse

Für die Schubkästen muss der Korpus innen je nach Führungsart vorbereitet werden. Klassisch geführte Schubkästen benötigen einen aufwendigeren Einbau als die seitlich in Laufleisten gehängten oder die mechanisch geführten Schubkästen. Die Nutzung des Schubkastens, ob für leichte oder schwere Gegenstände, ob oft oder wenig genutzt, ob leicht zugänglich bis zum Hinterstück sowie die Gestaltung des Möbels, ob stumpf einschlagende Schubkästen oder stumpf aufschlagende Vorderstücke, ob eine horizontale sichtbare Trennung durch eine Traverse oder ob eine Betonung der einzelnen Vorderstücke durch Profilierungen gewünscht wird, die Abstimmung zu den eventuell im gleichen Möbel vorhandenen Türen und vieles mehr beeinflussen den Einbau des Schubkastens im Gehäuse. Werden Schubkästen in Hochschränken eingebaut, muss der obere Schubkasten noch unter Augenhöhe liegen. Die hohen Schrankseiten können seitlich ausbauchen. Damit die Schubkästen immer sicher geführt werden können, muss hier in der Höhe ein fester Boden oder eine Traverse eingebaut werden. Einige Einbaubeispiele von Schubkästen sind in B 3.11-57 bis 69 dargestellt.

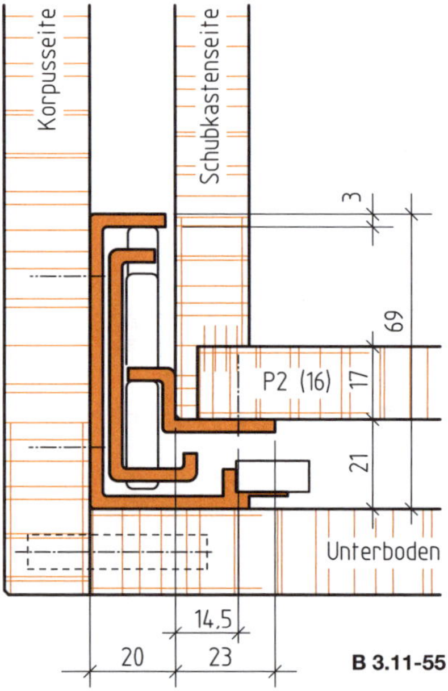

B 3.11-55

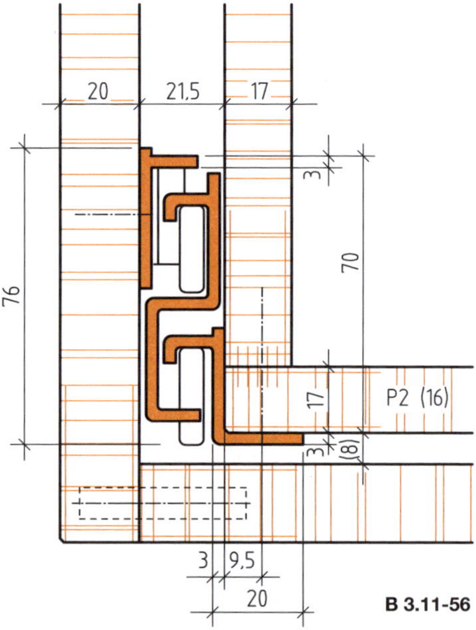

B 3.11-56

B 3.11-55 Differenzial-Vollauszug für aufliegende Montage und hohe Belastung, Tragkraft 100 bis 80 kg, Längen 400 bis 1000 mm (Fu, Hä).

B 3.11-56 Vollauszug für aufliegende Montage und hohe Belastung, Tragkraft 100 bis 120 kg, Längen von 400 bis 800 mm, gute Seitenstabilität (Hä).

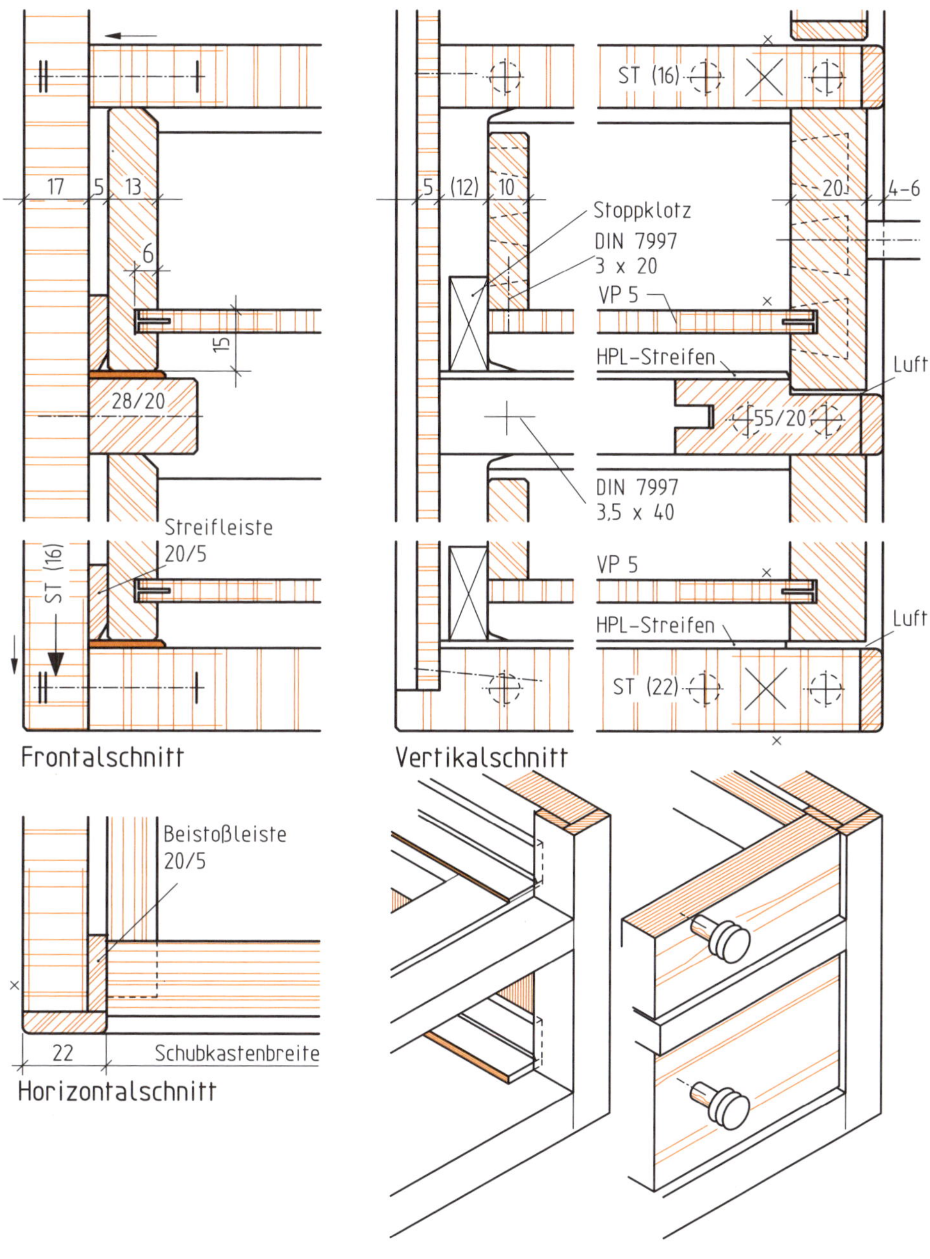

B 3.11-57 Klassischer Schubkasteneinbau mit Traverse zwischen den Schubkästen.

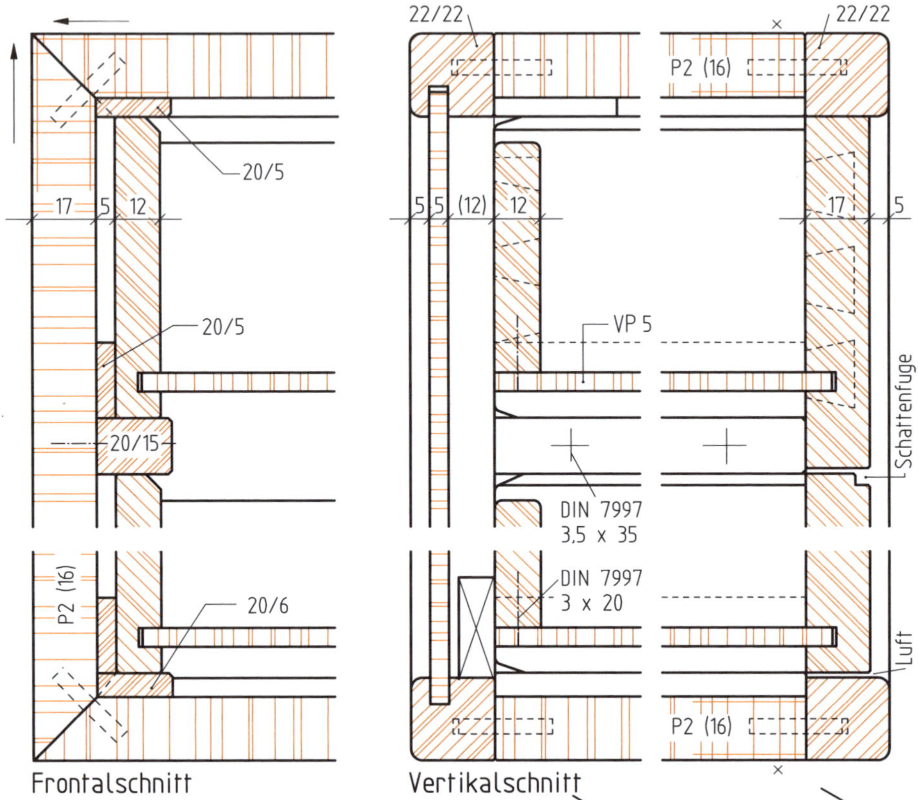

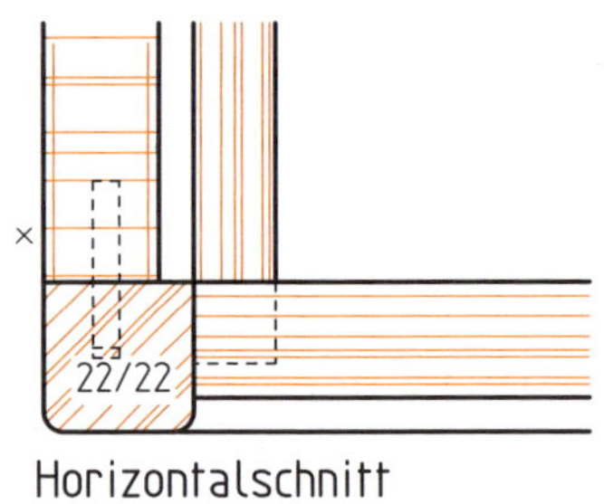

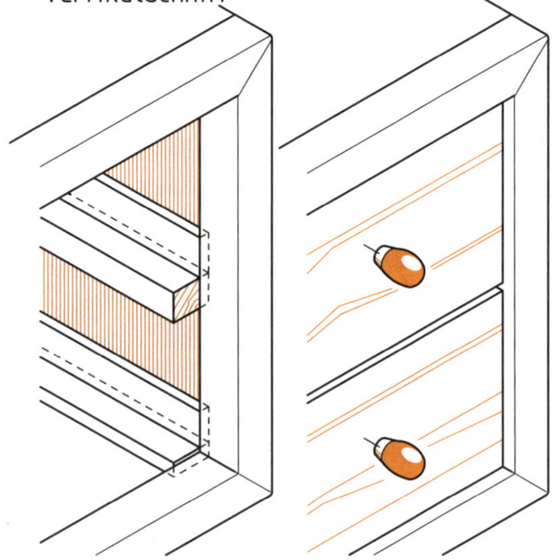

B 3.11-58 Klassischer Schubkasteneinbau ohne Traverse. Die Schubkastenvorderstücke sind durch eine Schattenfuge getrennt.

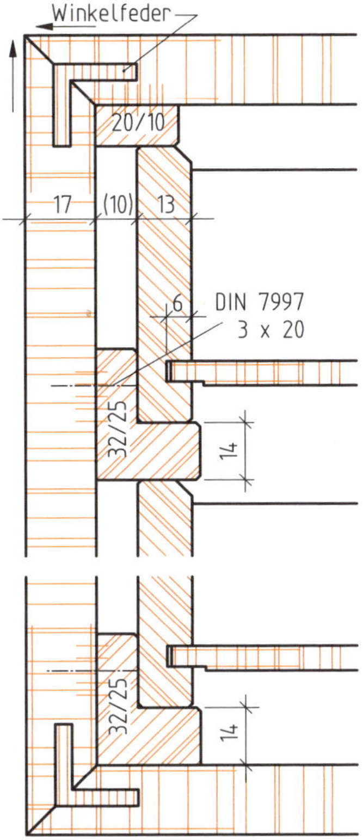

Frontalschnitt

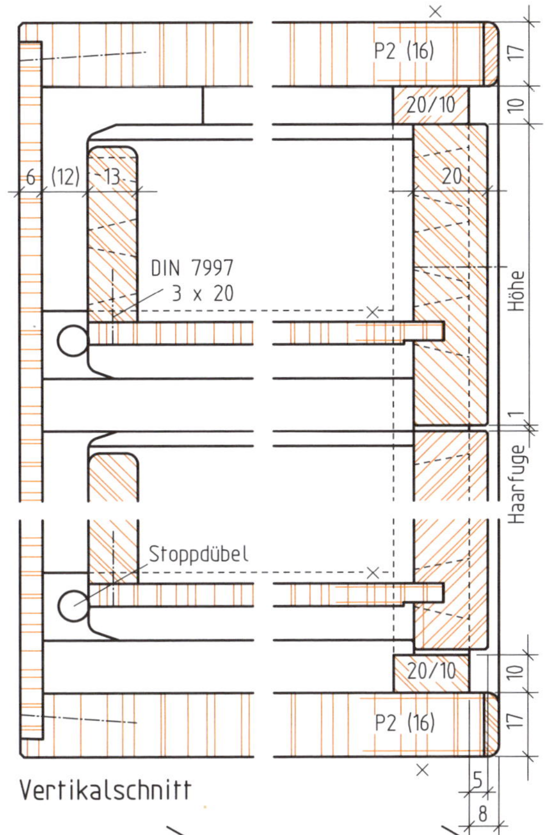

Vertikalschnitt

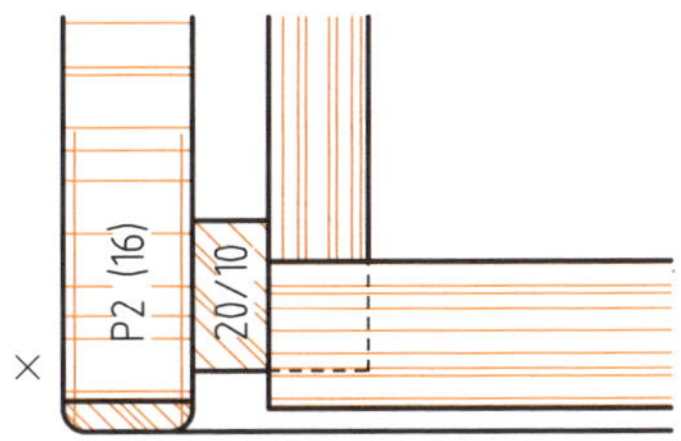

Horizontalschnitt

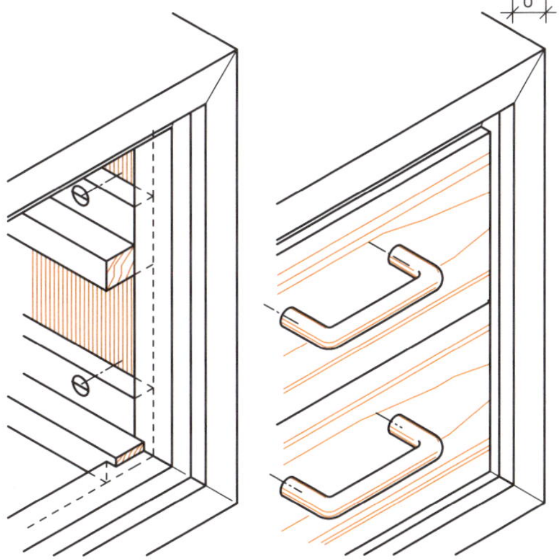

B 3.11-59 Klassischer Schubkasteneinbau mit sichtbaren Beistoßleisten. Die Schubkastenvorderstücke sind durch eine Haarfuge getrennt.

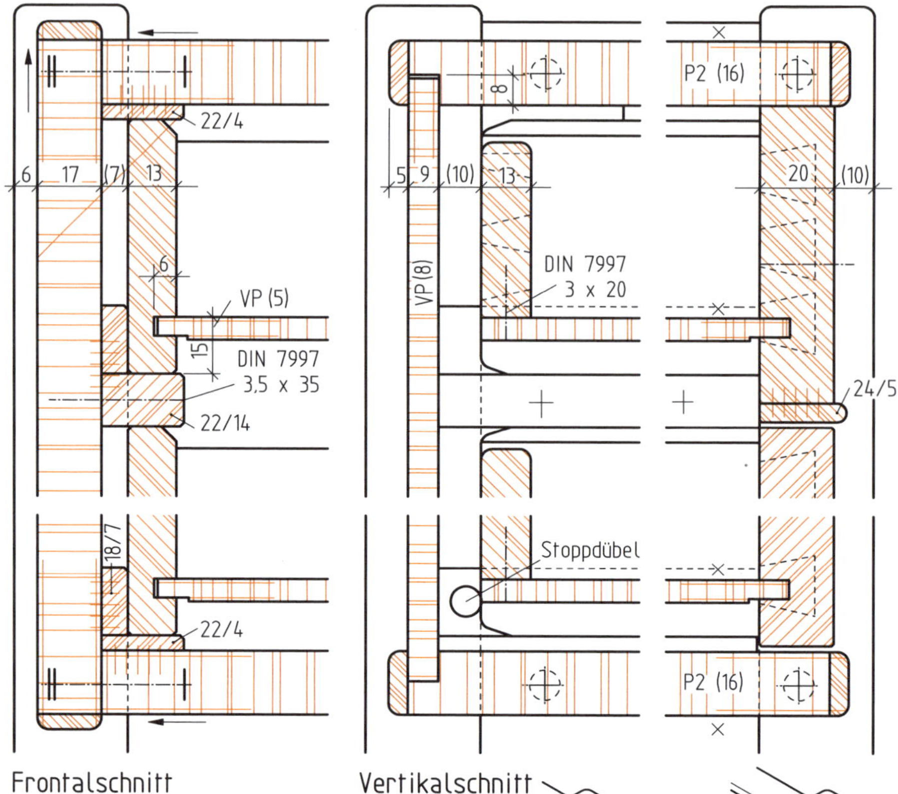

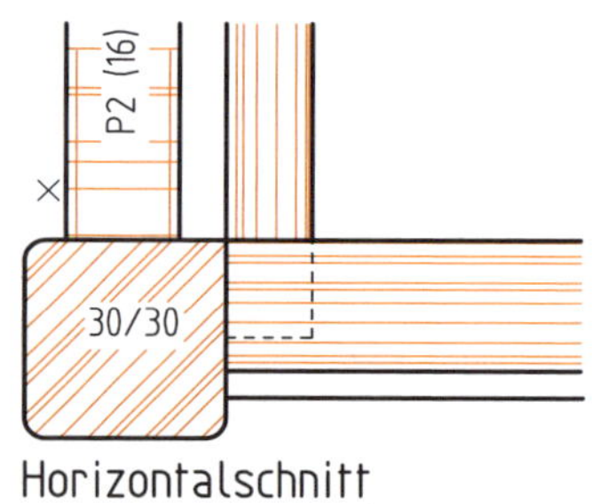

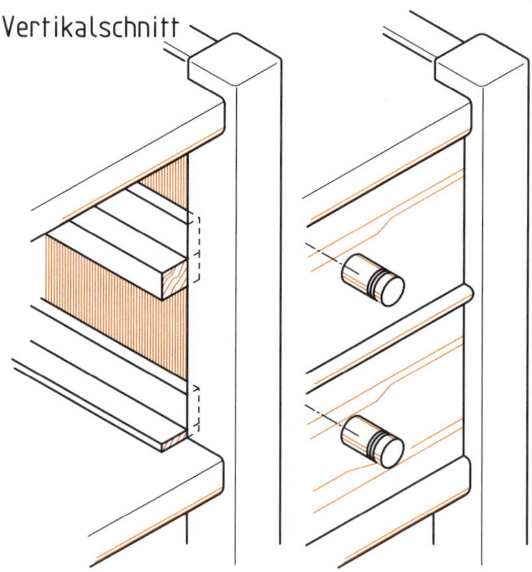

B 3.11-60 Klassischer Schubkasteneinbau in einem Stollenmöbel. Die Schubkastenvorderstücke werden durch eine Zierleiste getrennt.

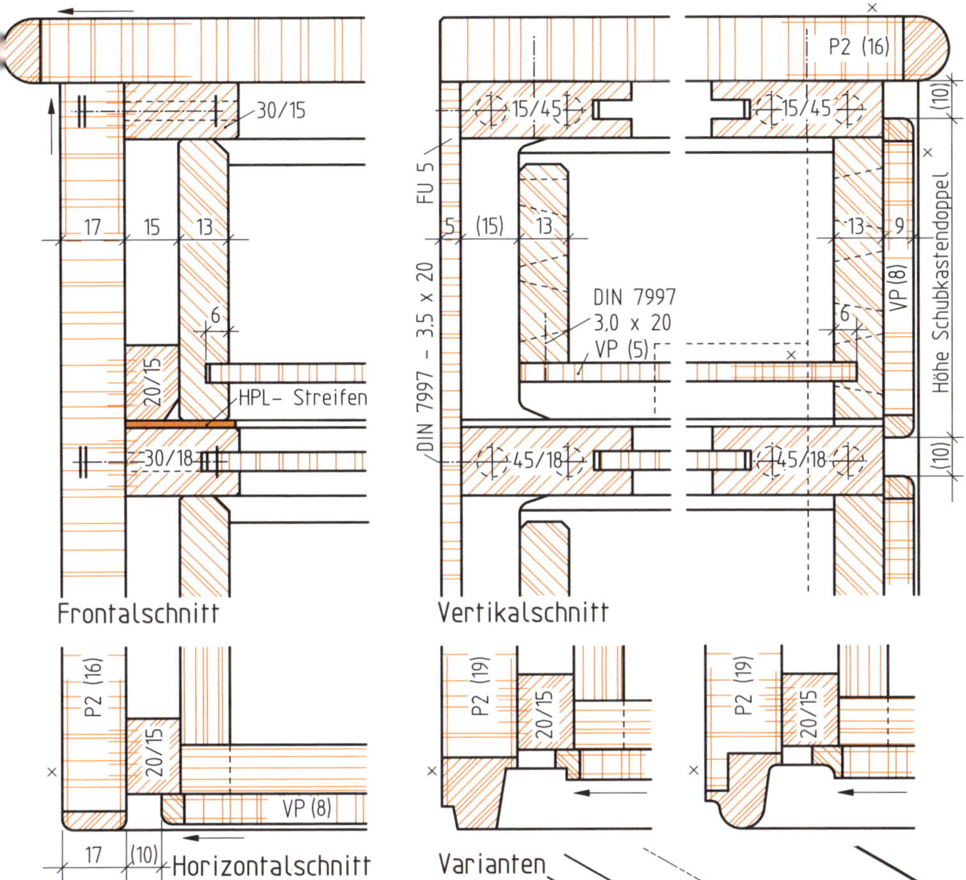

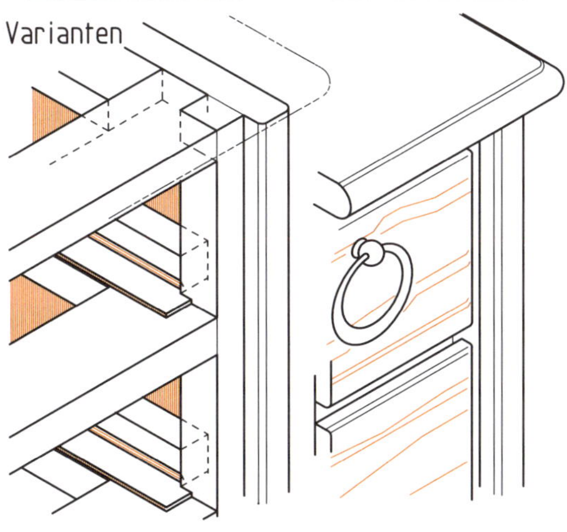

B 3.11-61 Klassischer Schubkasteneinbau mit Beistoßleiste und Travers-Rahmen, geeignet für eine ausgeprägte Profilierung. Die Schubkastenvorderstücke sind aufgedoppelt.

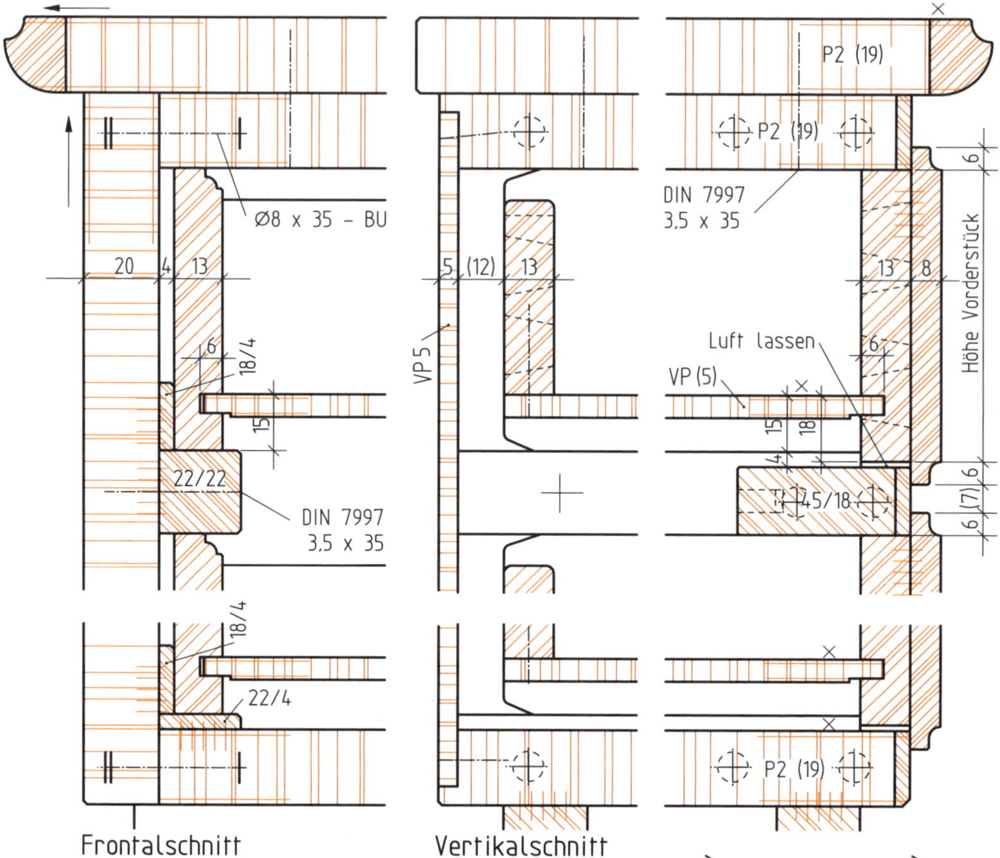

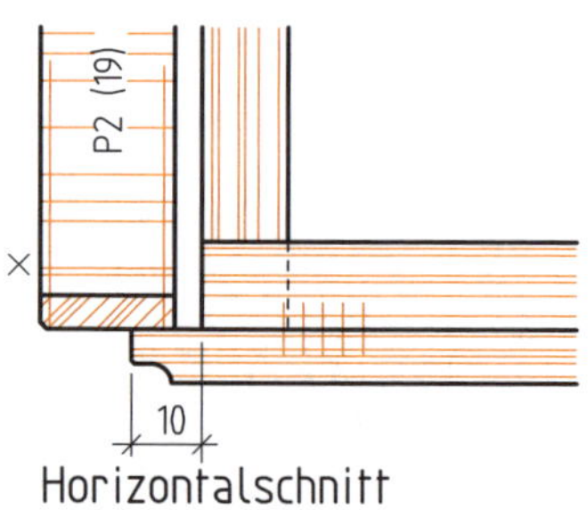

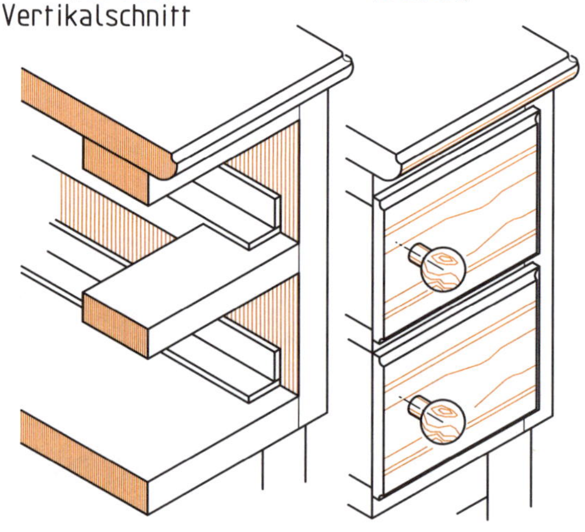

B 3.11-62 Klassischer Schubkasteneinbau mit Traverse. Die Schubkastenvorderstücke sind aufgedoppelt.

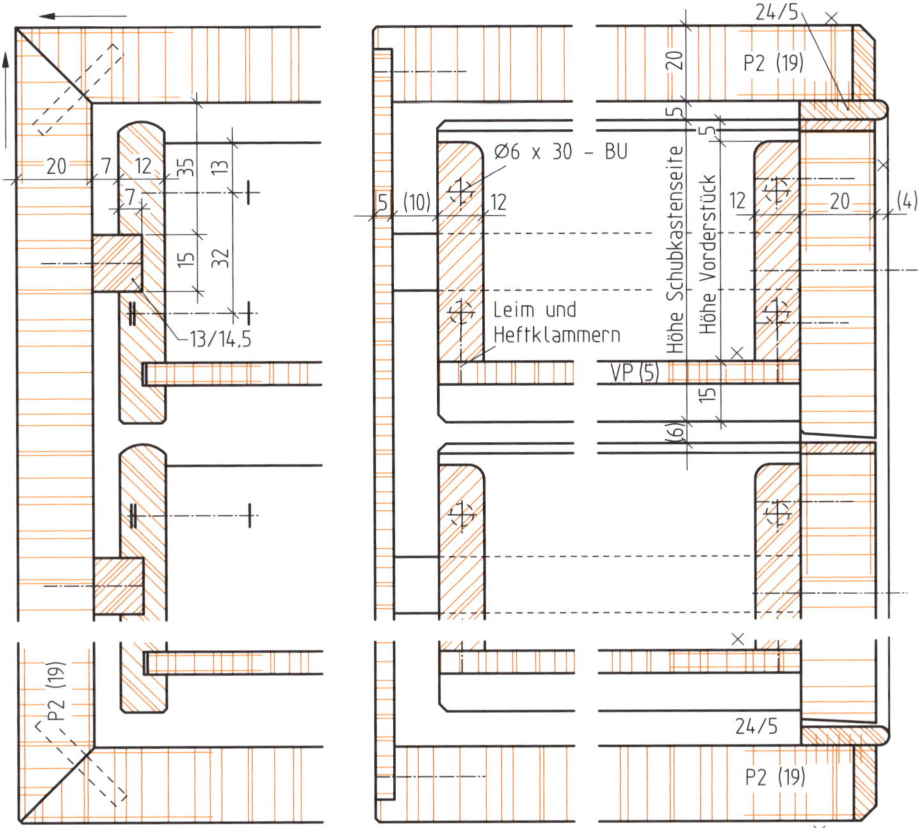

Frontalschnitt

Vertikalschnitt

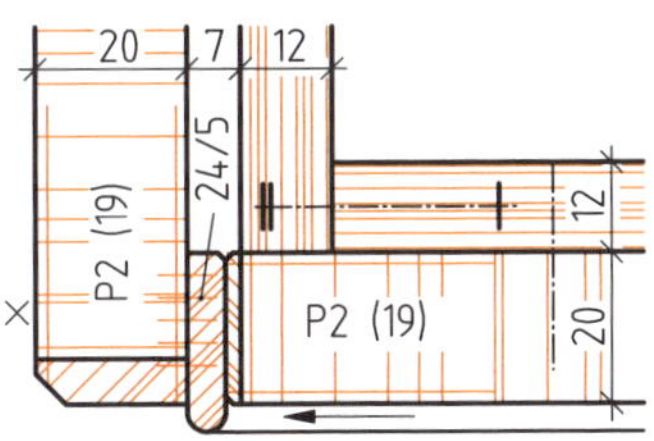

Horizontalschnitt

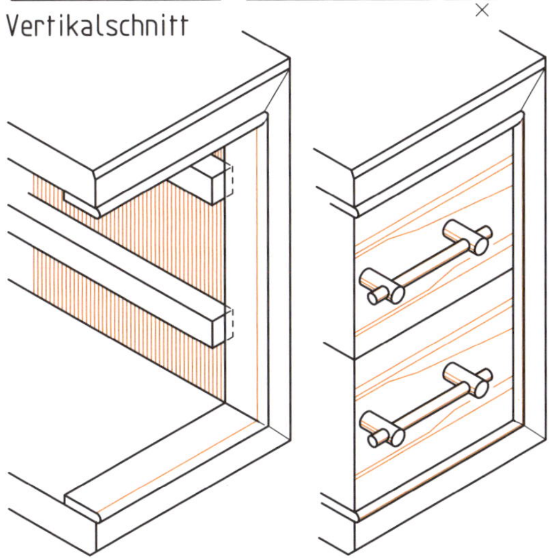

B 3.11-63 An den Seiten aufgehängte Schubkästen. Die Schubkastendoppel sind durch Haarfuge getrennt und werden durch feine Leisten eingerahmt.

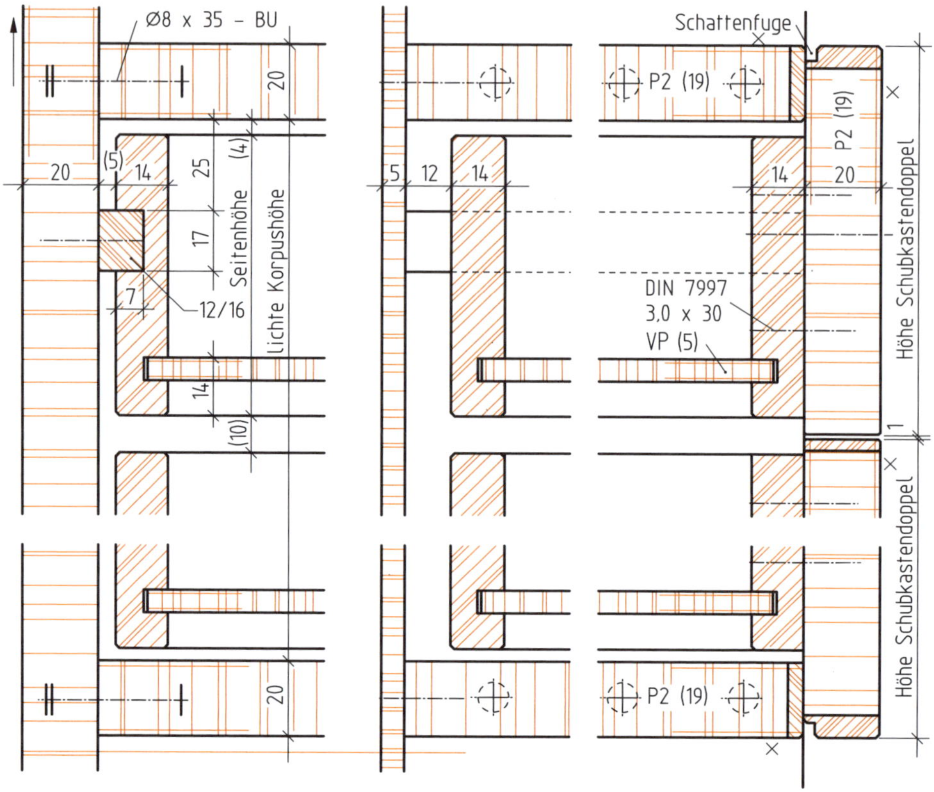

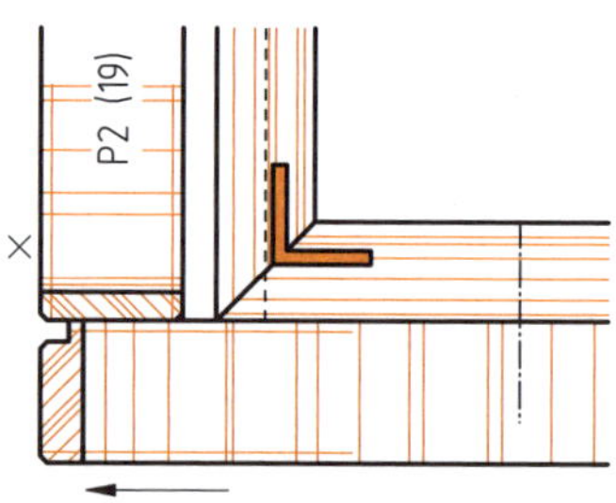

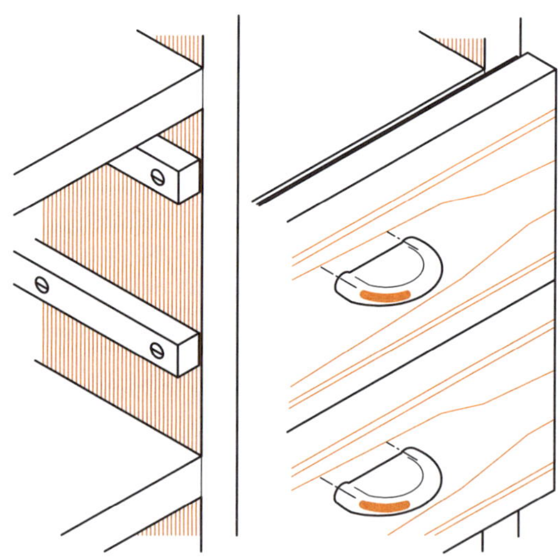

B 3.11-64 An den Seiten aufgehängte Schubkästen. Die Schubkastendoppel schlagen auf die Korpuskanten auf.

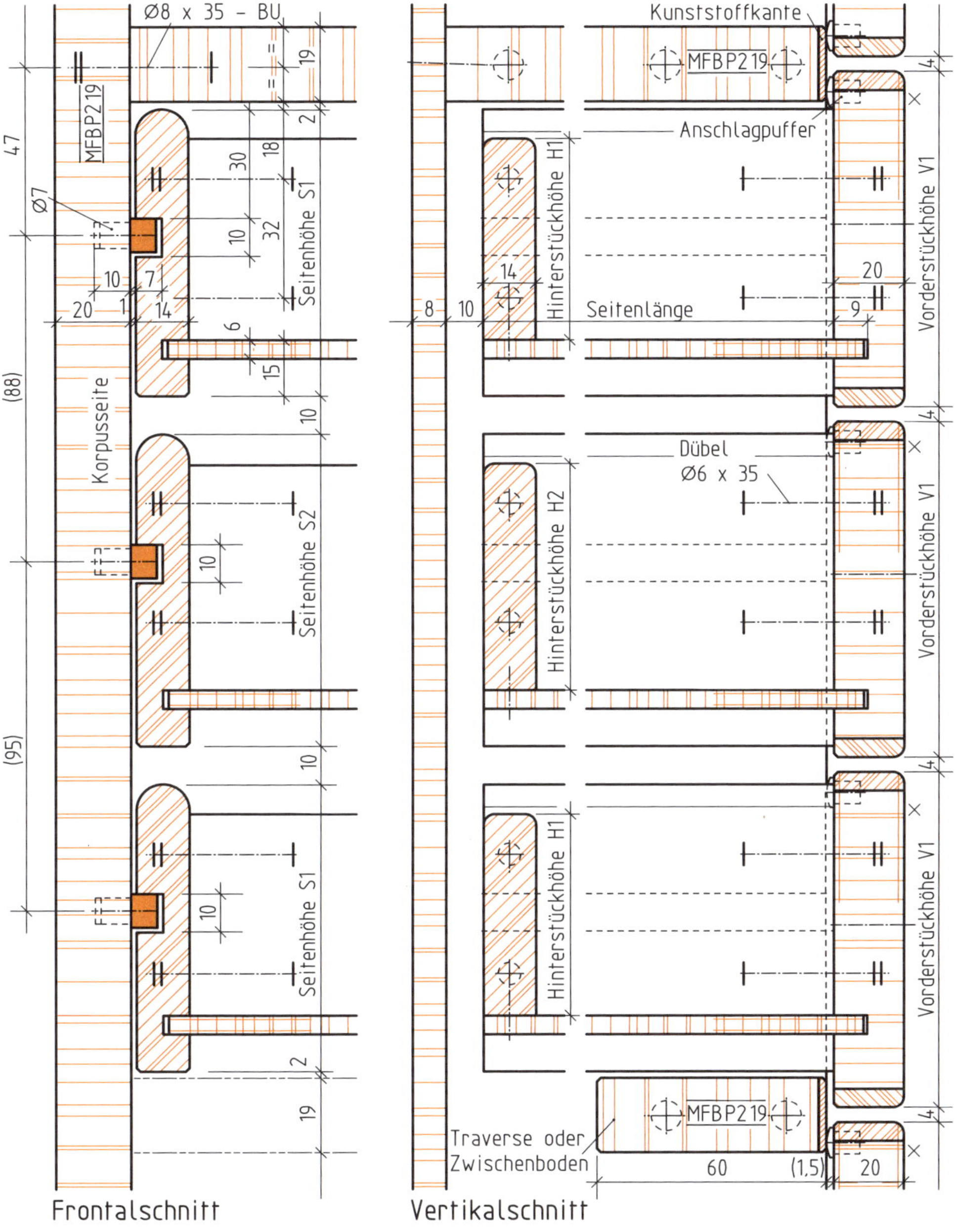

B 3.11-65 Seitlich mittels Laufschienen in Nuten geführte Schubkästen mit stumpf aufschlagenden Vorderstücken.

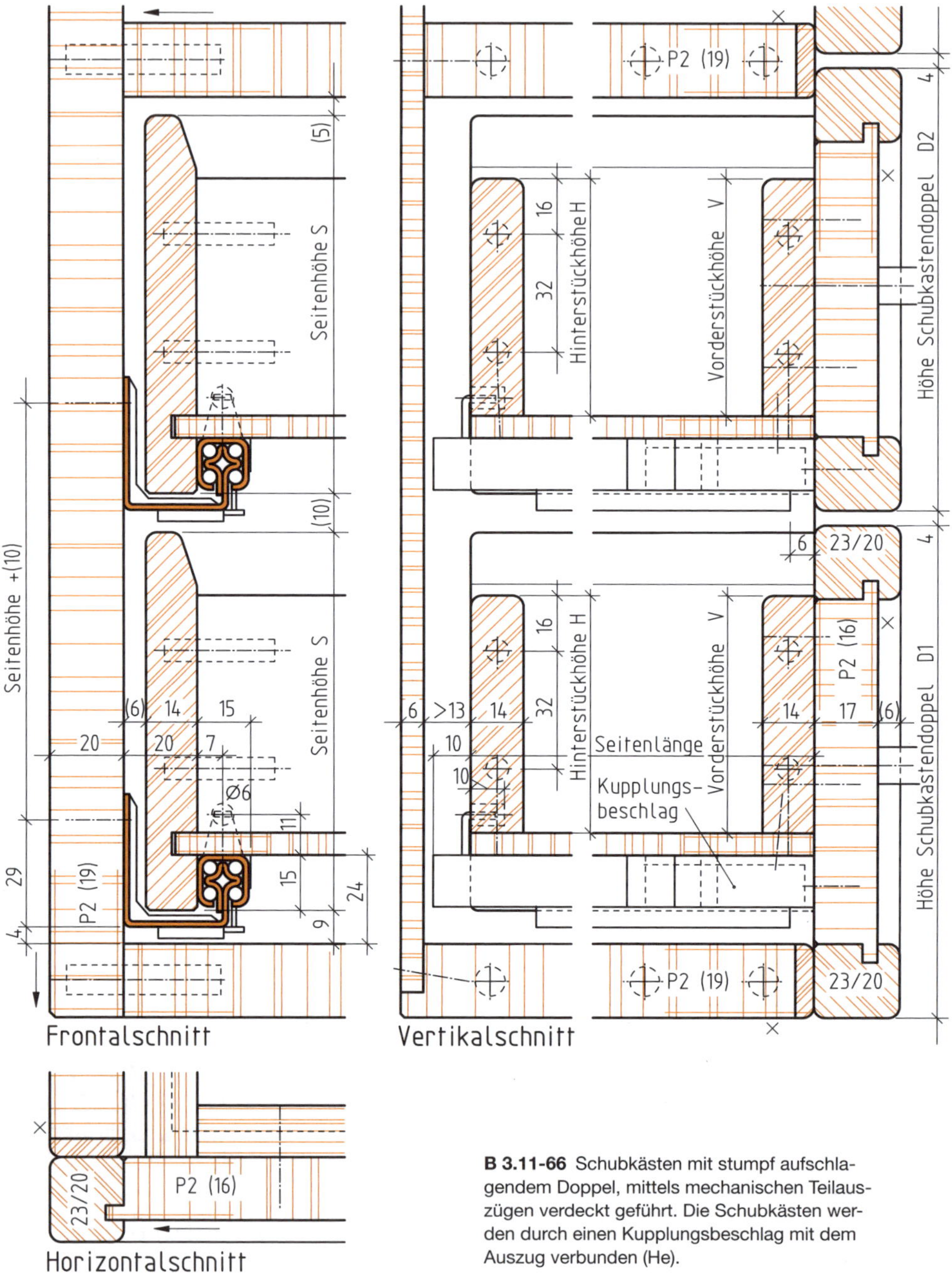

B 3.11-66 Schubkästen mit stumpf aufschlagendem Doppel, mittels mechanischen Teilauszügen verdeckt geführt. Die Schubkästen werden durch einen Kupplungsbeschlag mit dem Auszug verbunden (He).

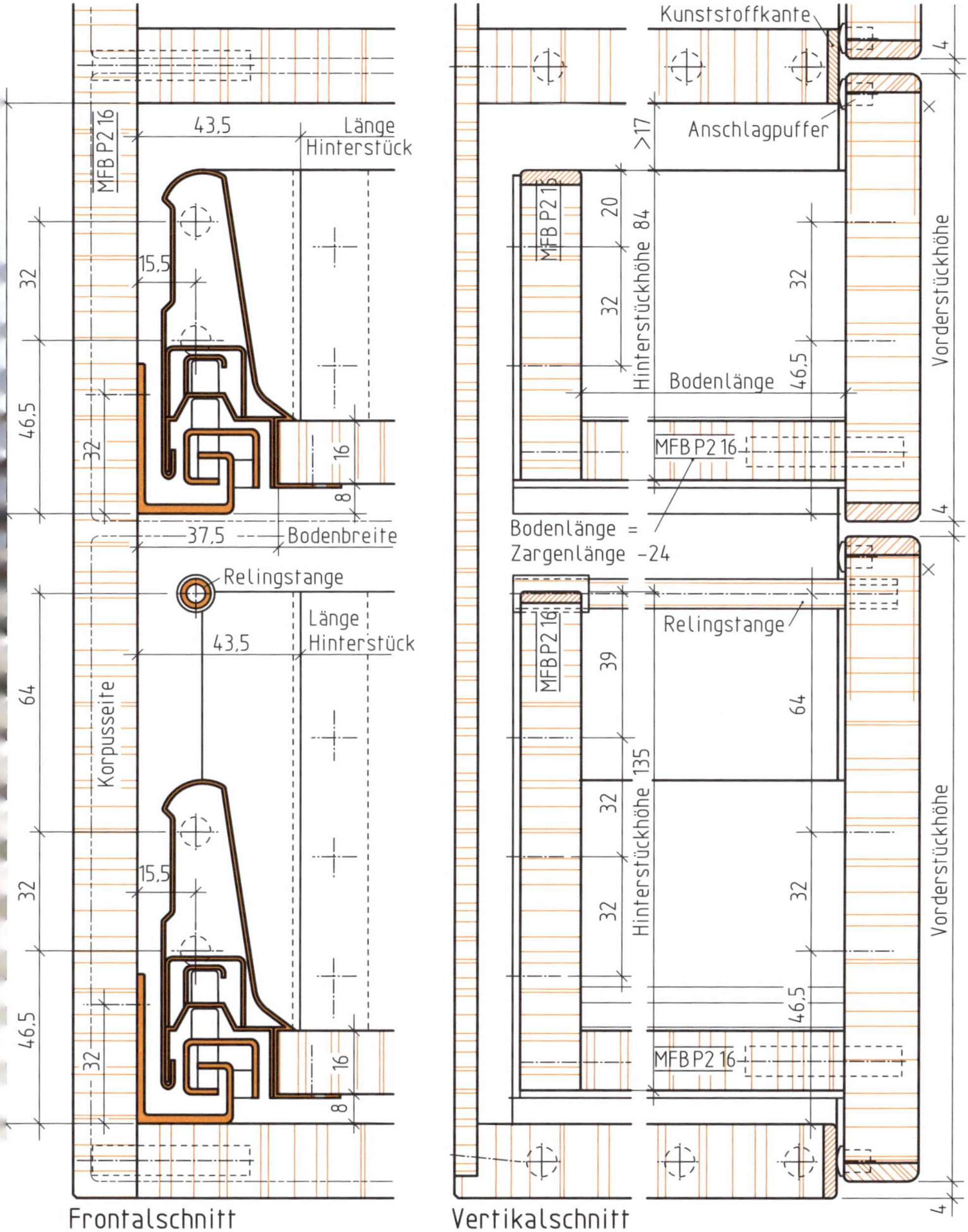

B 3.11-67 Schubkasten mit Metallzargen und verdeckten Vollauszügen. Unterer Kasten mit einem höheren Vorder- und Hinterstück und seitlich mit einer Reling versehen (Bl). Die Vollauszüge können mit Selbsteinzug gekoppelt werden.

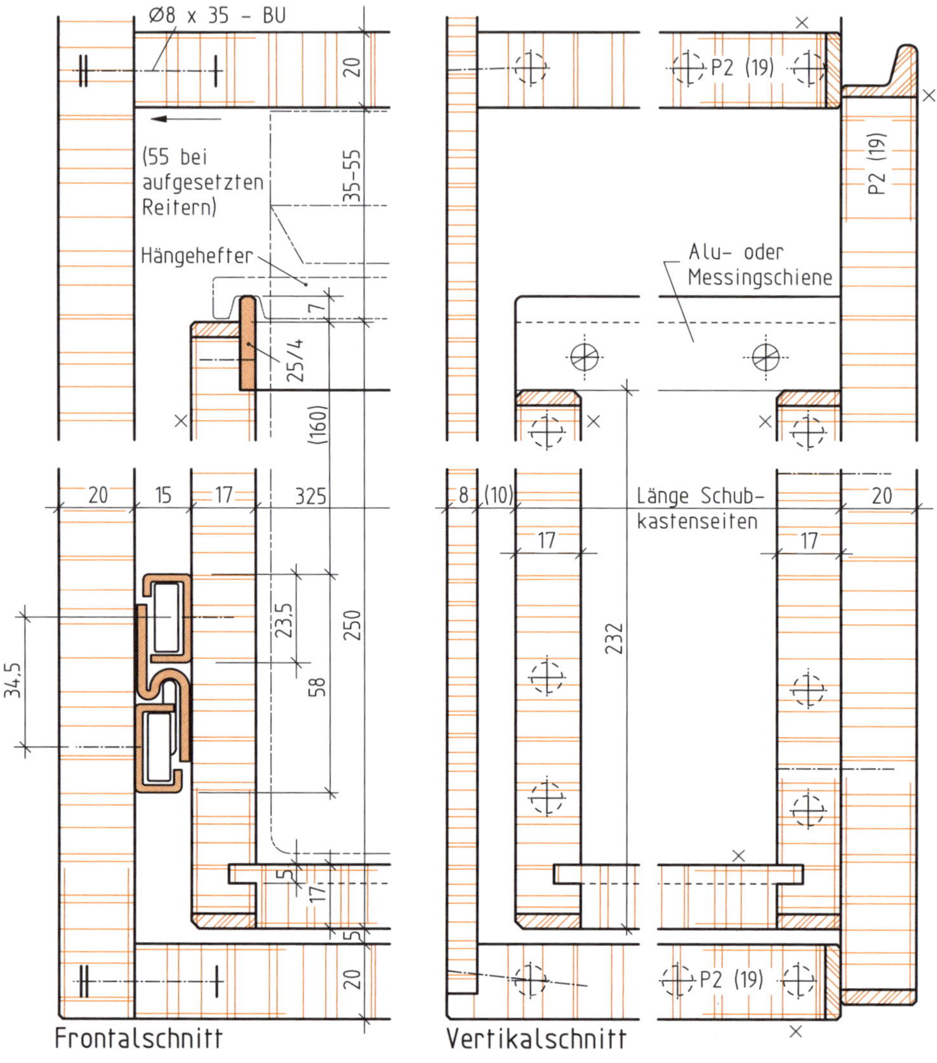

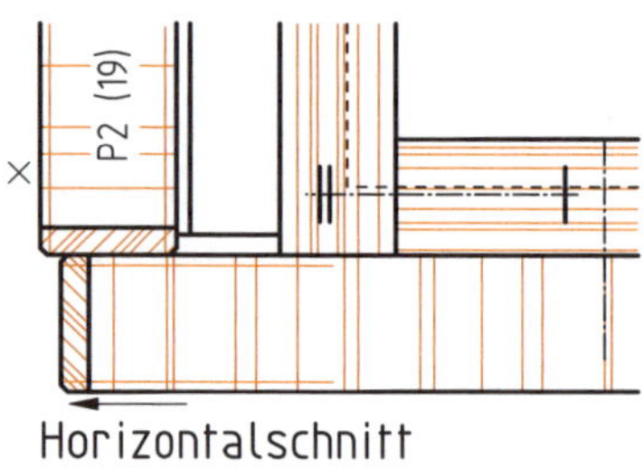

B 3.11-68 Schubkasten mit aufschlagendem Doppel ist mit einem seitlichen Vollauszug angeschlagen. Der Kasten ist für Hängeregistraturen ausgestattet (Hä).

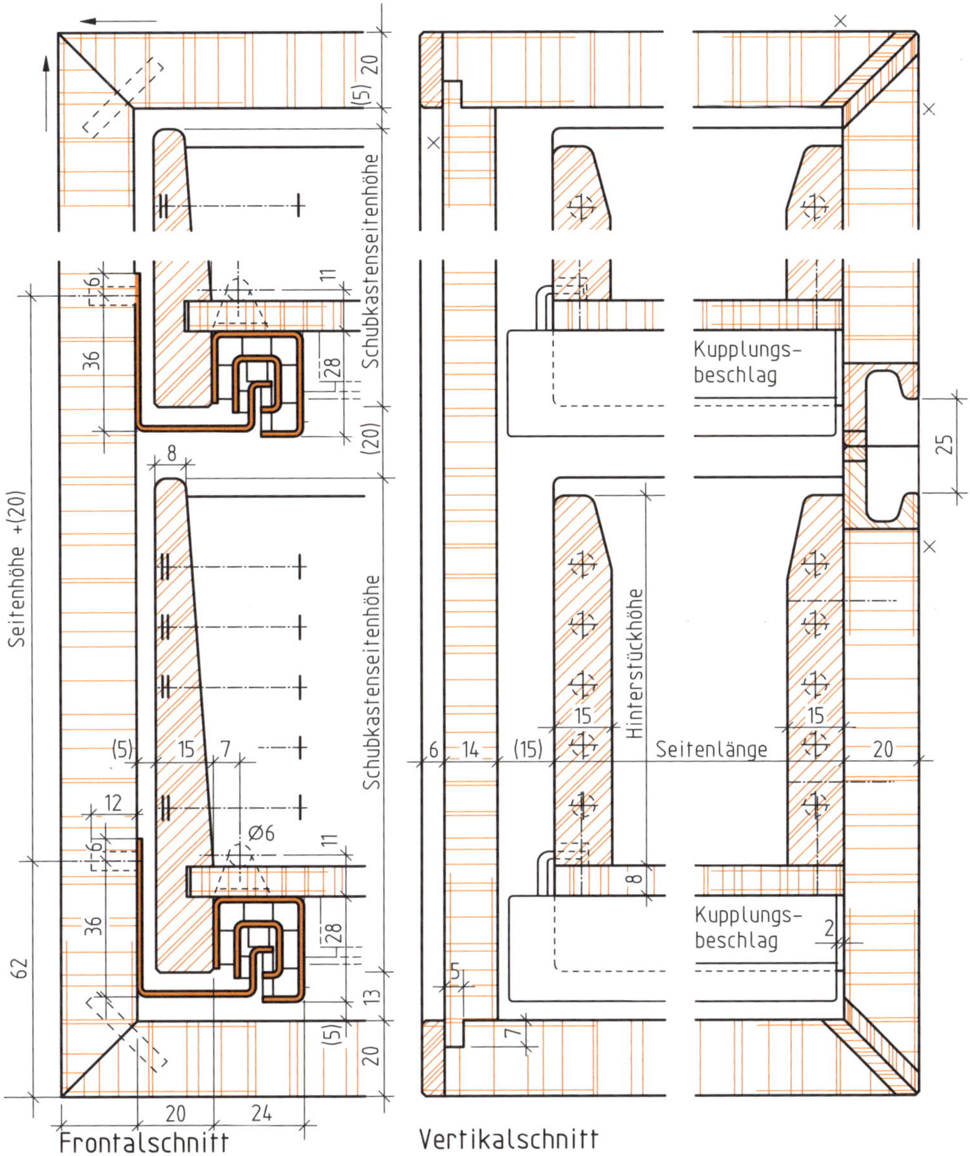

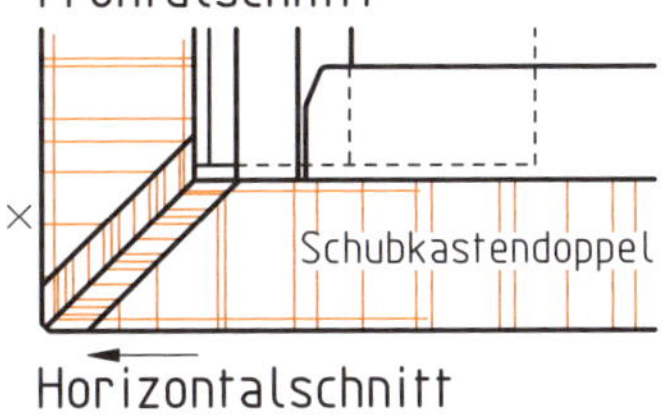

B 3.11-69 Schubkasten mit allseitig auf Gehrung einschlagendem Doppel wird mit verdeckt montiertem Vollauszug geführt. Dieser kann mit Selbsteinzug gekoppelt werden (Bl).

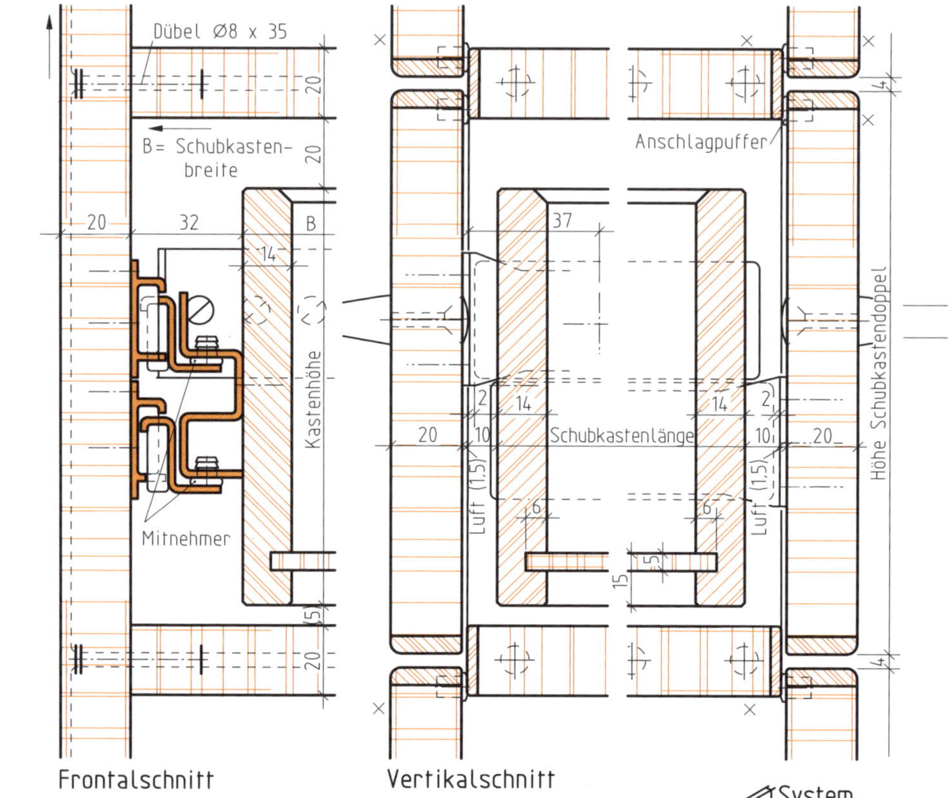

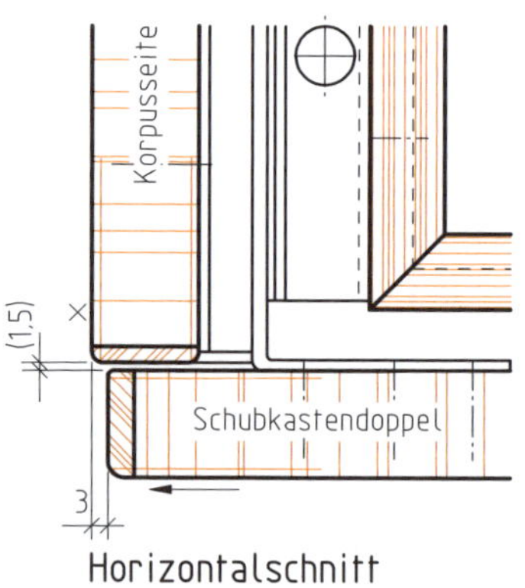

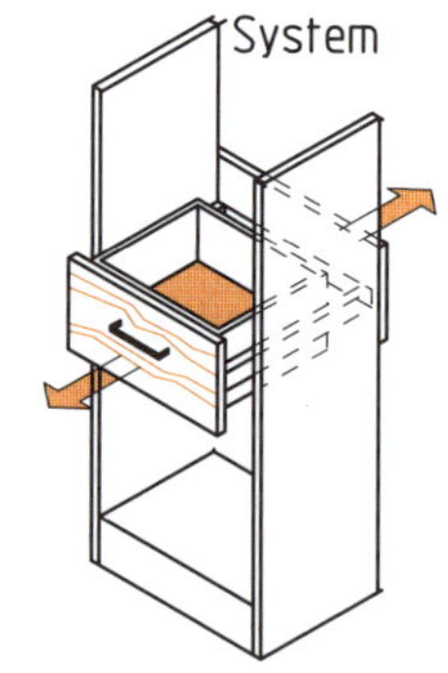

B 3.11-70 Schubkasten mit Rollenführung, die ein zweiseitiges Ausziehen des Kastens ermöglicht. Die stumpf auf die Korpuskanten schlagenden Doppel sind am Beschlag befestigt und nehmen jeweils den Kasten zur bedienenden Seite mit. Teilauszug, Länge 502 mm für Korpustiefen von 510 bis 600 mm, Auszugslänge 400 mm, Tragkraft 12 kg (Hä, He).

3.11.5 Schubkastensonderformen

Für die verschiedenen Zwecke können Schubkästen auch hinter Türen eingebaut werden. Man unterscheidet:

1. Englische Züge. Kästen mit niedrigem Vorderstück, das gleichzeitig als Griff dient. Sie werden als Hemdenauszüge in Kleiderschränken oder als Papierauszüge in Schreibtischen und Bücherschränken eingesetzt.
2. Innenschubkästen. Normale Schubkästen, die hinter den Türen angebracht werden.
3. Tablettauszüge. Tabletts, die übereinander in Geschirrschränke oder Anrichten eingeschoben werden und mit dem Geschirr zum Tischdecken herausnehmbar sind.

Für alle hinter Türen angebrachten Schubkästen oder Auszüge gilt die Forderung, dass sie bei 90° geöffneter Tür herauszuziehen sind (B 3.11-71 bis 78).

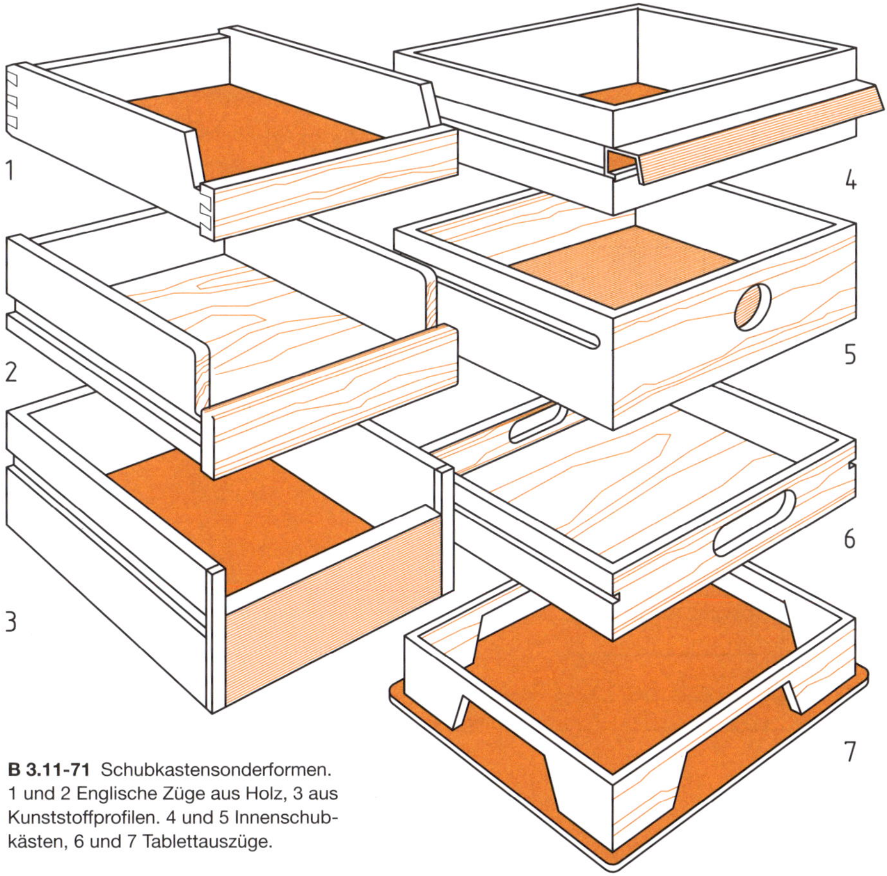

B 3.11-71 Schubkastensonderformen. 1 und 2 Englische Züge aus Holz, 3 aus Kunststoffprofilen. 4 und 5 Innenschubkästen, 6 und 7 Tablettauszüge.

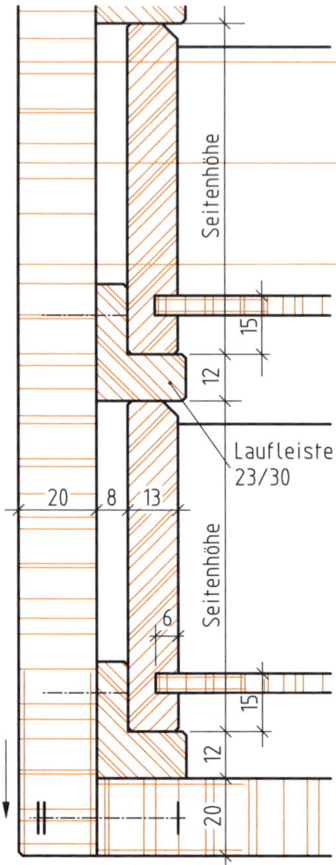

Frontalschnitt

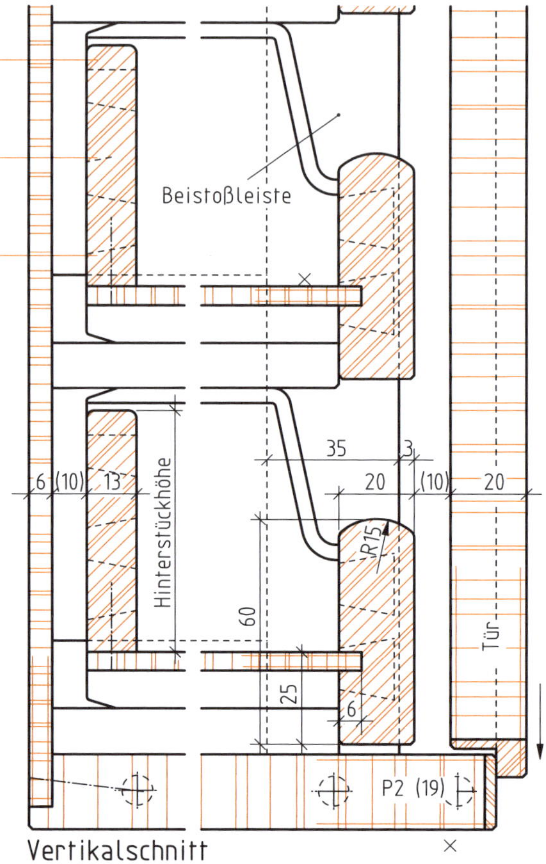

Vertikalschnitt

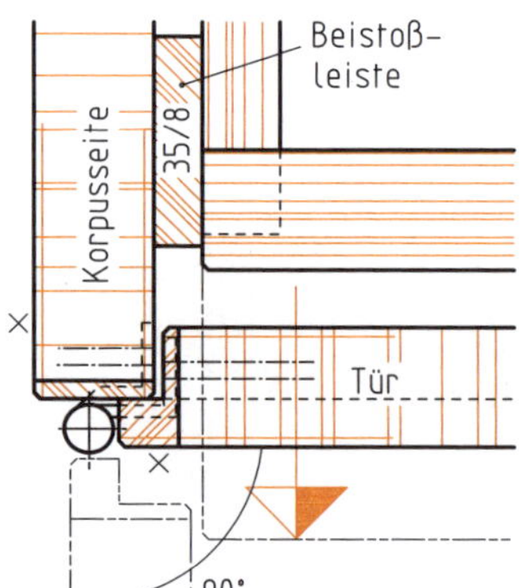

Horizontalschnitt

B 3.11-72 Englische Züge aus Vollholz, gezinkt, in klassischer Führung. Sie gleiten in ausgefälzten Leisten. Die Beistoßleiste muss so dick sein, dass die Züge bei 90° geöffneter Tür herausziehbar sind, und so breit, dass an der abgesetzten Schubkastenseite kein Loch entsteht.

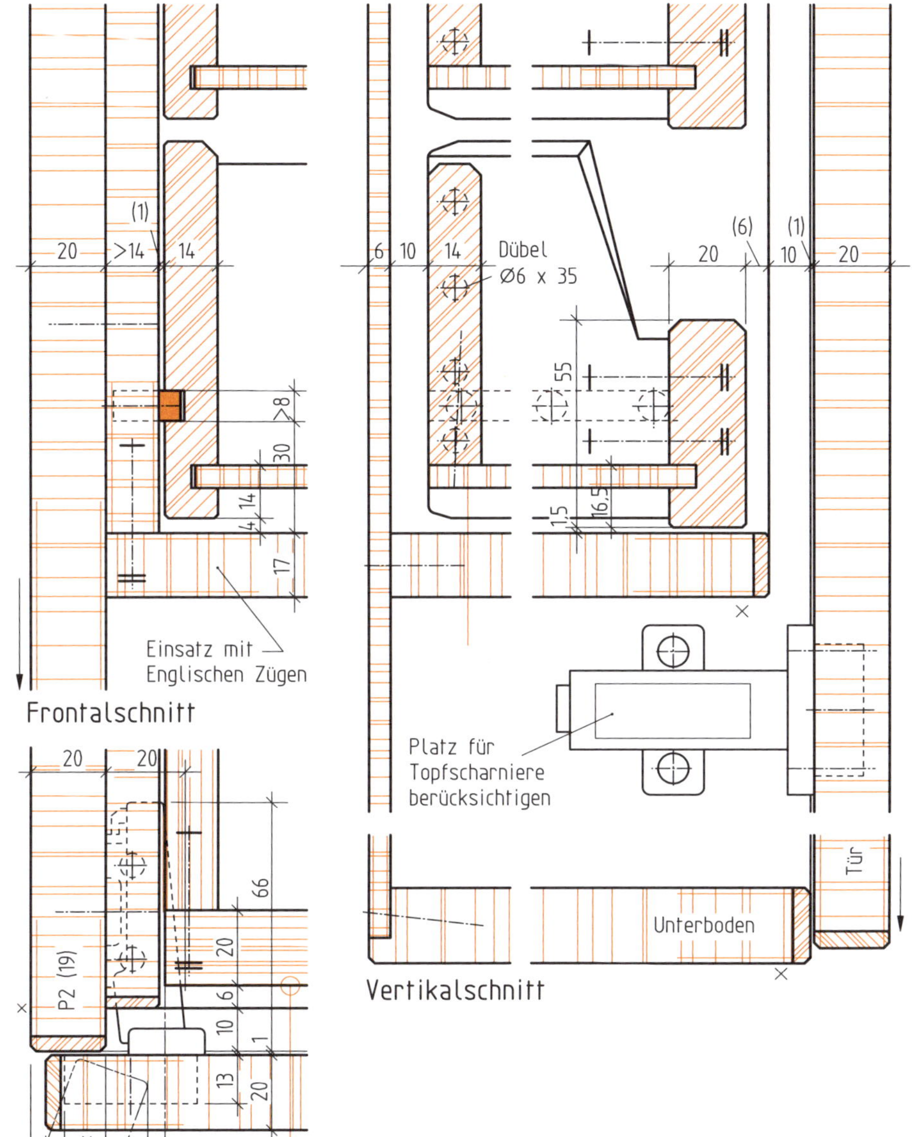

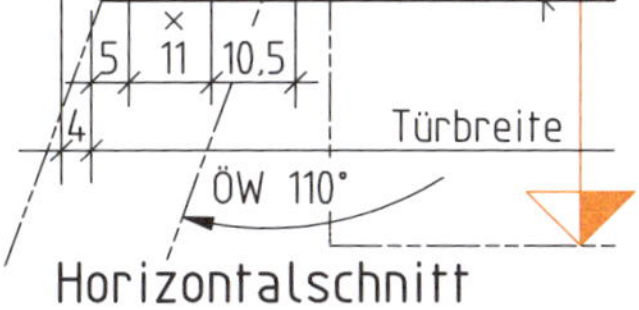

B 3.11-73 Englische Züge aus Vollholz, gedübelt, werden in Laufschienen aus Kunststoff geführt. Dübelung und Höhe der Nut sind aufeinander abzustimmen. Für die Auszüge ist ein gesonderter Einsatz gefertigt worden, der in der Höhe auf den Abstand der Topfscharniere Rücksicht nehmen muss.

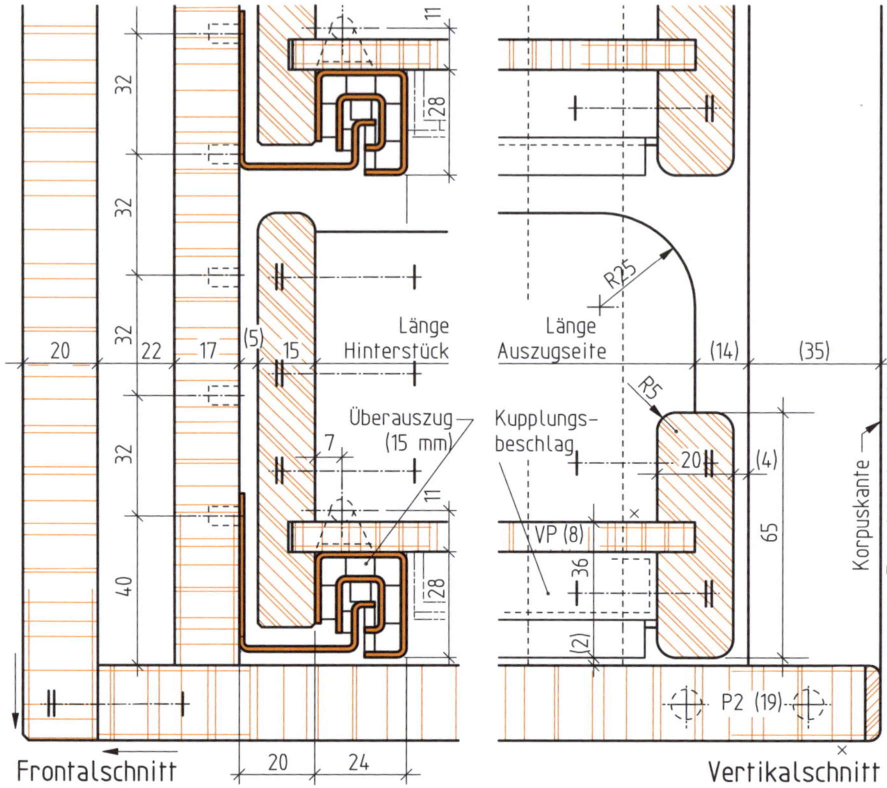

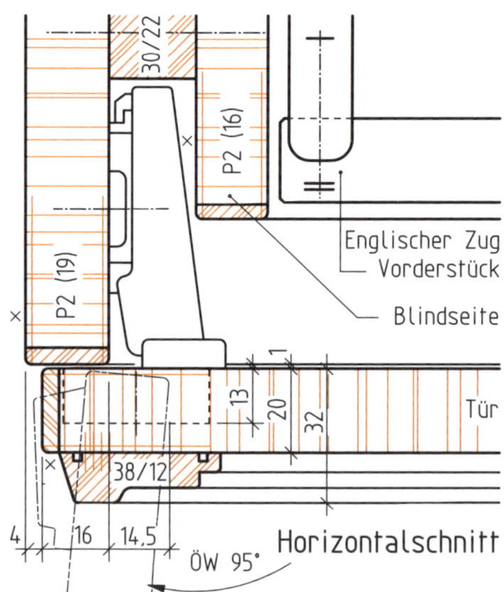

B 3.11-74 Englische Züge aus Vollholz, gedübelt, werden auf verdeckt angeordneten Vollauszügen (Überauszügen) geführt. Der Englische Zug wird auf die Laufbeschläge aufgeschoben, bis er in die Kupplungsbeschläge einrastet, die am Vorderstück unter dem Boden befestigt sind (Bl, Fu, Hä). Die Beschläge können mit Selbsteinzug gekoppelt werden. Durch den Anschlag der Türen mit Topfscharnieren wird für die Montage der Auszüge eine Blindseite erforderlich.

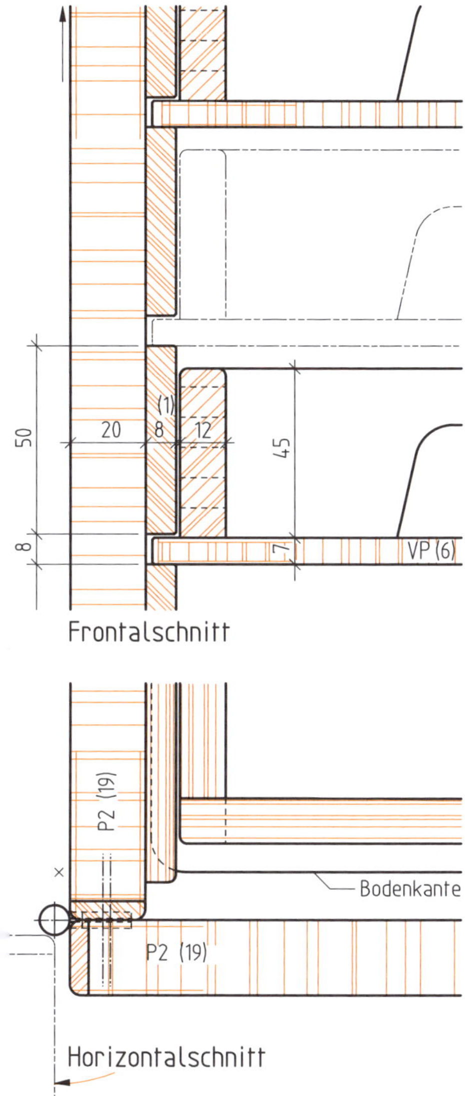

B 3.11-75

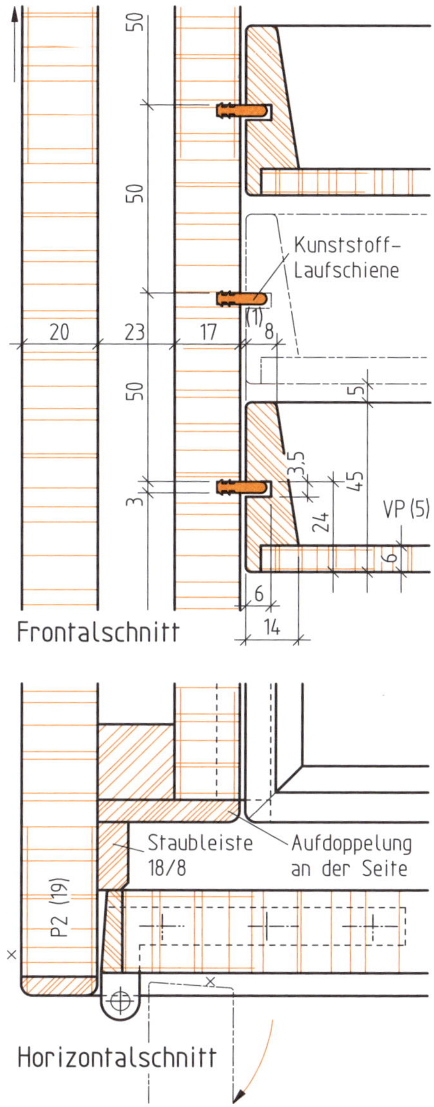

B 3.11-76

B 3.11-75 Tablettauszüge, die am überstehenden Boden geführt werden. Die Tabletts sind in der Höhe alle 58 mm verstellbar.

B 3.11-76 Die Tabletts sind seitlich genutet und werden auf Kunststoff-Laufschienen geführt. Eine Höhenverstellung ist möglich. Durch das weite Ausdrehen der Türkante muss die Seite aufgedoppelt werden.

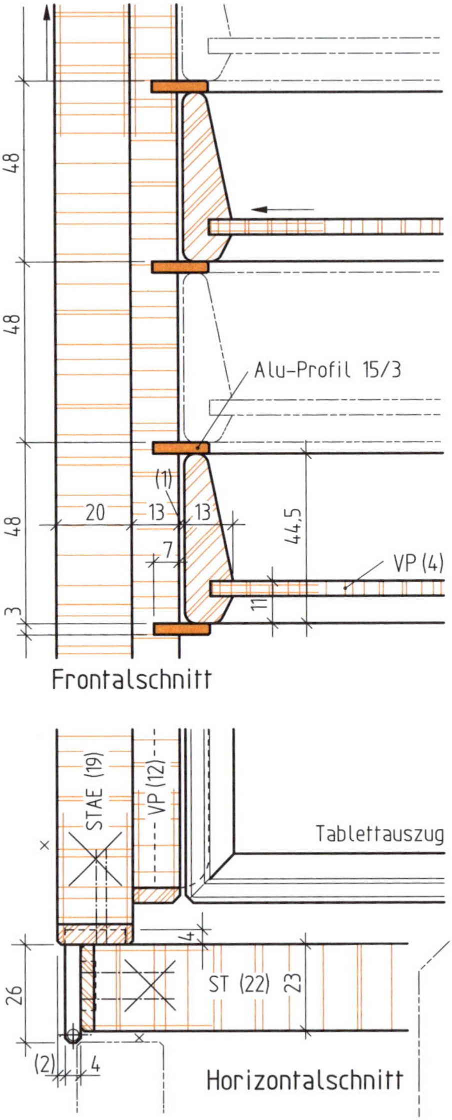

B 3.11-77

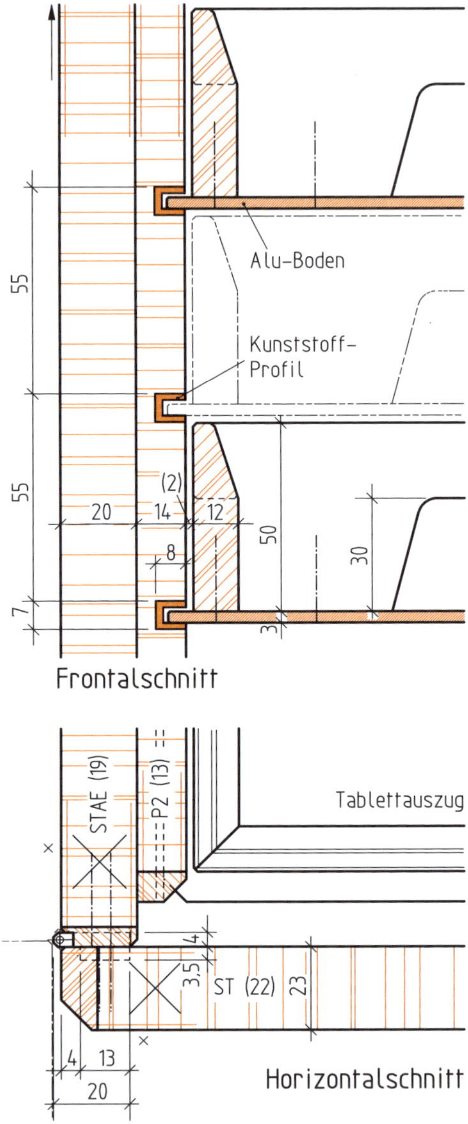

B 3.11-78

B 3.11-77 Tabletts mit zierlichen Randleisten werden zwischen Alu-Schienen geführt, die in eine aufgedoppelte Seite eingenutet sind. Sie können in verschiedenen Höhen eingeschoben werden.

B 3.11-78 Tabletts erhalten einen Boden aus 3 mm dickem Metallblech wie Alu oder Edelstahl. Die überstehenden Kanten des Bodens laufen in U-Schienen aus Kunststoff (Ne), die in einer aufgedoppelten Seite eingenutet sind.

3.11.6 Griffmöglichkeiten am Schubkasten

Um den Schubkasten bequem aus dem Gehäuse ziehen zu können, muss am Vorderstück eine Griffmöglichkeit geschaffen werden. Dies können Knöpfe aus Holz, Kunststoff, Glas Gummi oder Metall, aufgeschraubte oder eingelassene Griffe, Griffnuten, Griffleisten aus Holz, Leder, Kunststoff oder Metall und letztlich auch Schlüssel sein. Die Griffe müssen nicht nur griffsympathisch sein, sondern weil sie das Aussehen des Möbels entscheidend bestimmen, auch sensibel ausgewählt und richtig platziert werden (B 3.11-79 bis 81).

Bei Möbeln mit grifflosen Fronten müssen die Schubkasten mittels elektromechanischen Antrieben aus dem Gehäuse gefahren werden (Seite 390).

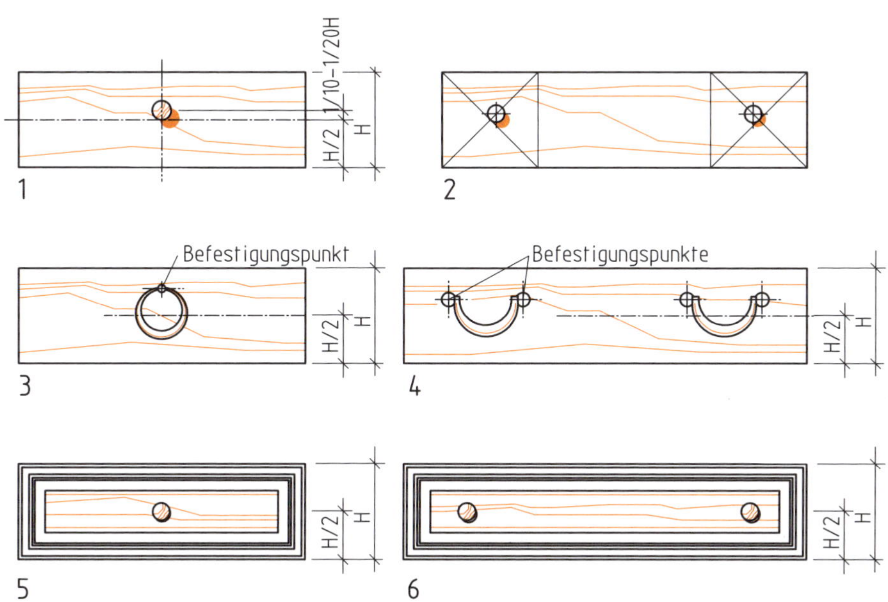

B 3.11-79 Anordnung der Griffe auf dem Vorderstück. 1 Knopf in die optische Mitte des Schubkastenvorderstücks gesetzt, 2 Anordnung von zwei Knöpfen auf dem Schubkastenvorderstück, 3 und 4 beim Bohren der Befestigungspunkte ist die Mitte der Ringgriffe oder der Hängegriffe zu berücksichtigen, 5 und 6 bei stark profilierten Schubkastenvorderstücken sind die Knöpfe in die mathematische Mitte zu setzen.

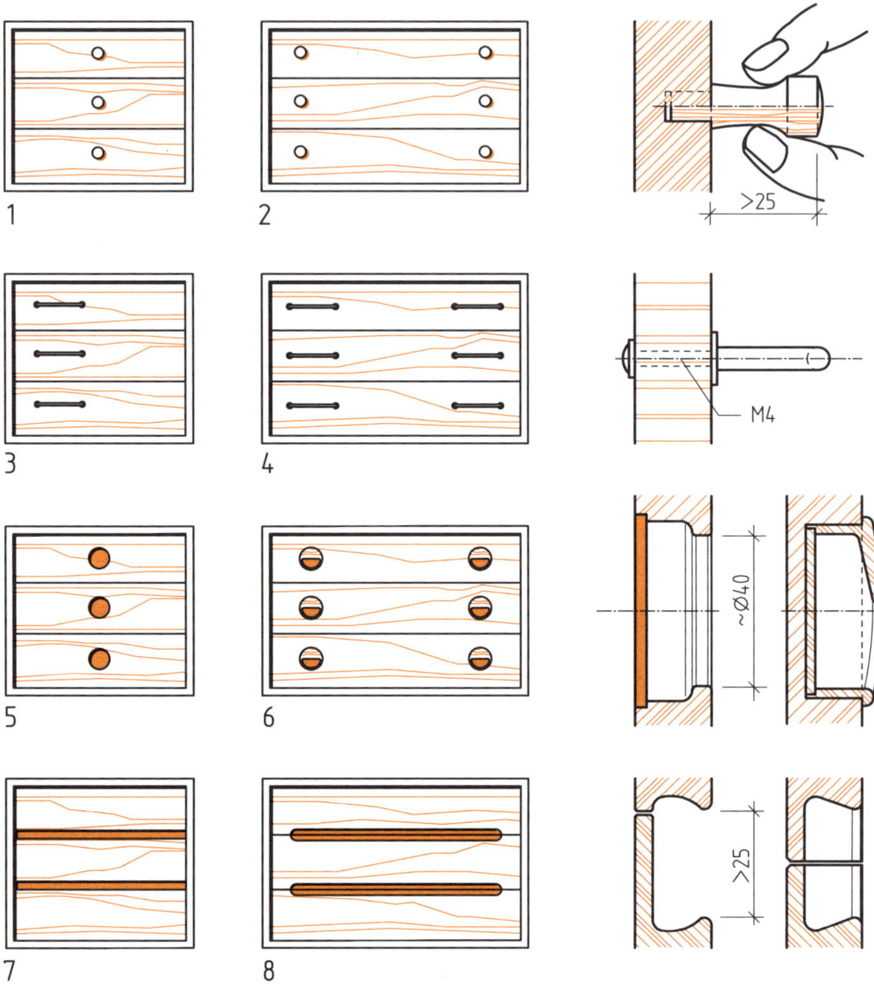

B 3.11-80 Griffmöglichkeiten bei stumpf einschlagenden Schubkästen. 1 Anordnung von Knöpfen bei schmalen und 2 bei breiten Schubkästen, auf ein gute haptische Ausformung der Griffe ist zu achten, 3 Bügelgriffe, einreihig und asymmetrisch angeordnet, bei 4 zweireihig angeordnet, 5 Grifflöcher mit Kunststoffboden und 6 runde Muschelgriffe, 7 durchlaufende Griffnuten zwischen den Schubkästen, 8 eingefräste nicht durchlaufende Griffnuten zwischen den Schubkästen.

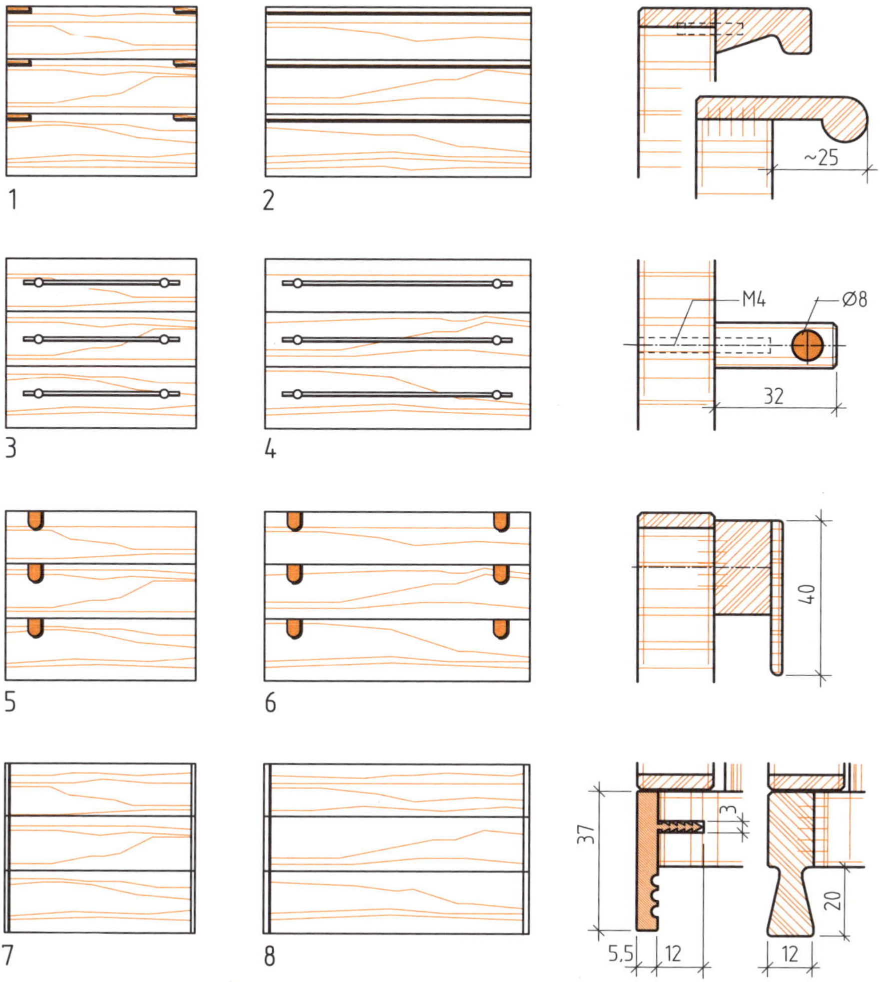

B 3.11-81 Griffmöglichkeiten bei stumpf aufschlagenden Schubkastenvorderstücken. 1 Vorstehende Holzgriffe, an den oberen Ecken der Vorderstücke angebracht, 2 Griffleisten auf die Oberkanten der Vorderstücke geleimt, sie können auch auf die Unterkante geleimt werden, 3 und 4 Griffstangen aus Edelstahl, 5 Griffanordnung, einreihig und asymmetrisch, 6 zweireihig, 7 und 8 seitlich an den Außenkanten angebrachte Griffleisten aus Metall (Schü) oder Holz.

B 3.11-82 (Seite 390) Elemente der Elektrifizierung der Auszüge, hier zum Einbau an der Rückwand. 1 Montageprofil rechts, 2 Montageprofil links, 3 Profilaufnahme oben, 4 Profilaufnahme unten mit Anschlusskabel, 5 Antriebseinheit mit Programmierknopf, 6 Verteiler mit mehreren Anschlussbuchsen, 7 Netzteil mit Anschlusskabel, 8 Blendenanschlagsdämpfer zum Einbohren in die Korpuskante und 9 zur Befestigung in die Korpusseite (Bl). 10 Synchronführung durch Antriebswelle (Gr).

3.11.7 Elektrifizierung der Auszüge

An modernen Möbeln werden aus ästhetischen Gründen, an Labor- und Küchenmöbeln auch aus zweckmäßigen Gründen grifflose Fronten bevorzugt. Hier müssen die Schubkästen und großvolumigen Auszüge elektromechanisch aus dem Gehäuse gefahren werden. Hierfür sorgen vor der Rückwand auf Montageprofilen befestigte Antriebseinheiten, die die Auszüge oder Schubkästen vorschieben, und mechanische Schubkastenführungen, die sie wieder sanft einziehen. Es gibt aber auch mechanische Schubkastenführungen, die mittels Antriebswelle beidseitig synchron ausgefahren und eingefahren werden. Ausgelöst werden die Antriebe durch einen Impuls, indem man gegen die Front drückt. Verantwortlich hierfür sind die Blendenanschlagsdämpfer, die entweder in die Korpuskante in eine passende Bohrung eingesetzt (nicht eingeleimt) oder innen an der Korpusseite befestigt werden. Natürlich können auch andere Sensoren eingebaut werden, die auf Berühren, Klopfen oder Funkwellen reagieren. Kollisionssicherungen sind vorgesehen, die ein Klemmen der Finger oder eine Störung durch klemmende Teile verhindern. Bei Stromausfall können die Schubkasten wie sonst mit der Hand geöffnet werden (dann wären aber Griffe sinnvoll). Schubkastenführungen und die Antriebe, in der Regel bestehend aus dem Netzgerät mit Anschlusskabel, dem Verteiler, den Antriebseinheiten sowie den erforderlichen Verbindungskabeln, müssen eine Einheit bilden und sind aufeinander abzustimmen. Kollisionssicherungen sind eingebaut (B 3.11-82).

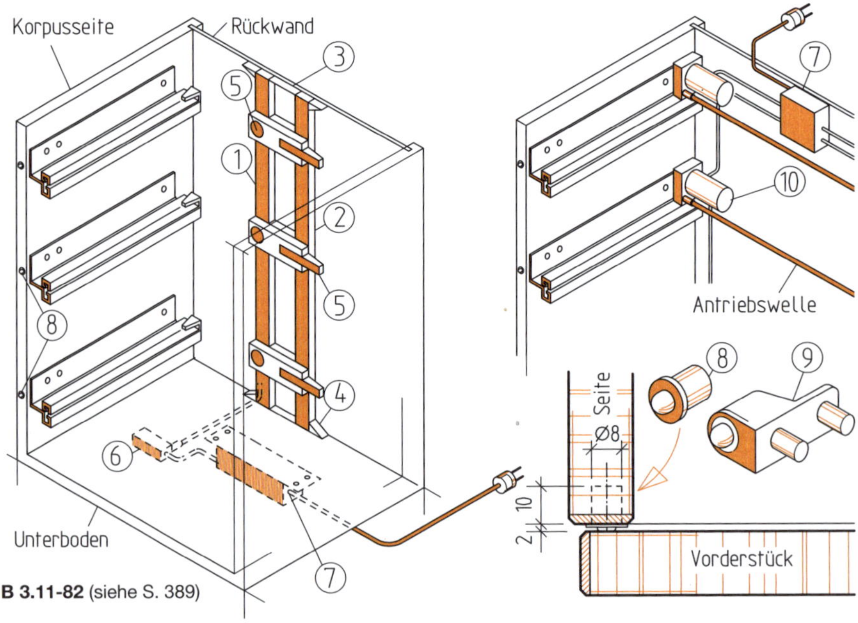

B 3.11-82 (siehe S. 389)

3.11.8 Verschlussmöglichkeiten von Schubkästen

Schubkästen können abgeschlossen werden. Je nach Bauart, Funktion und auch Qualität des Möbels kommen unterschiedliche Schlösser zur Anwendung: Aufschraubschlösser, Einlassschlösser und Einsteckschlösser mit Schlüsseln oder eingebauten Schließzylindern. Bei feineren Möbeln können zu den Schlössern besondere Zierschlüssel bestellt werden. Kommen Schließzylinder zum Einsatz, kann man diese, bei Großbüros z. B., in die bestehende allgemeine Schließanlage integrieren. Um mehrere Schubladen mit einem Schloss verschließen zu können, muss man Zentralverschlüsse einbauen. Es gibt Zentralverschlüsse, welche die Schubkästen links oder rechts und auch beidseitig verriegeln, deren Schließzylinder seitlich in der Fläche oder in der Kante und solche die im Oberboden in der Kante oder in einer besonderen Blende eingebaut werden (B 3.11-83 bis 93).

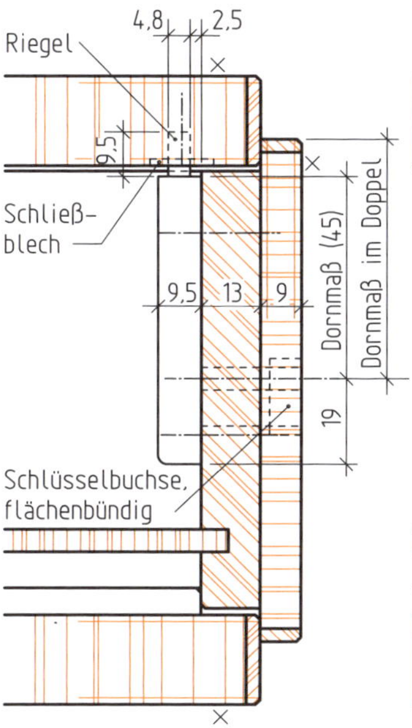

B 3.11-83

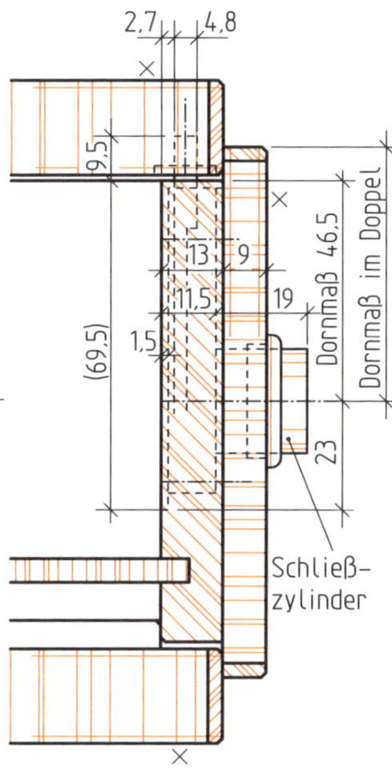

B 3.11-84

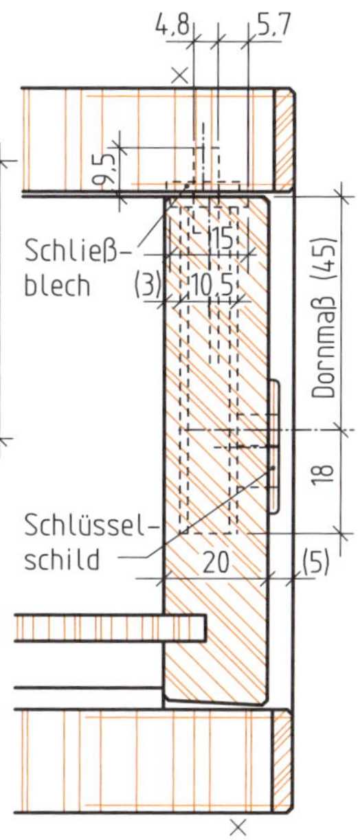

B 3.11-85

B 3.11-83 Aufschraubschloss am aufgedoppelten Schubkastenvorderstück. Dornmaße 15 bis 80 mm, alle 5 mm abgestuft. Es wird nur bei geringeren Möbelqualitäten verwendet. Auch mit Schließzylinder lieferbar (Ju, Hä, Hu).

B 3.11-84 Einlassschloss am aufgedoppelten Schubkastenvorderstück. Rückblech aus Messing. Dornmaße 16,5 bis 46,5 mm, alle 5 mm abgestuft (Ju, Do, Hä).

B 3.11-85 Einsteckschloss im stumpf einschlagenden Schubkastenvorderstück. Stulp aus Messing. Dornmaße von 15 bis 80 mm, auch mit Schließzylinder lieferbar (Ju, Do, Hä).

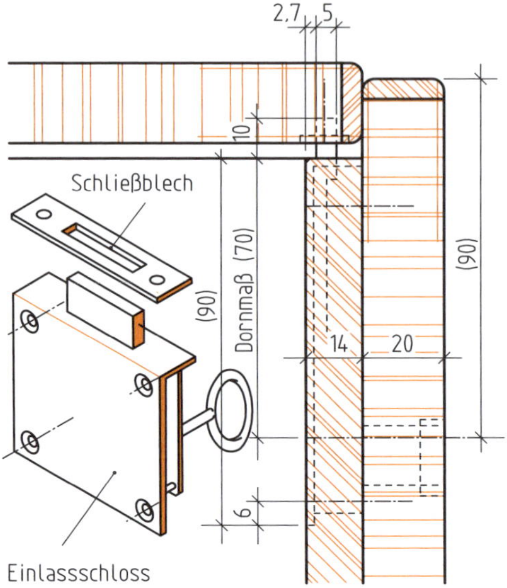

B 3.11-86

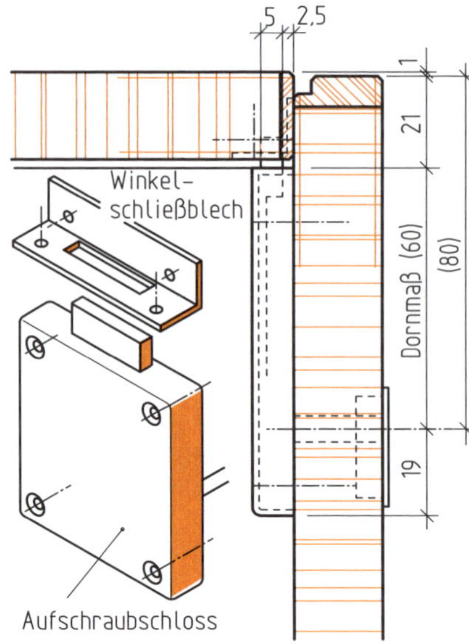

B 3.11-87

B 3.11-86 Einlassschloss am Schubkasten eines stumpf aufschlagenden Vorderstücks mit Zuhaltungsschlüssel. Dornmaße von 15 bis 80 mm, alle 5 mm abgestuft (Ju, Do, Hä).
B 3.11-87 Aufschraubschloss am stumpf aufschlagenden Schubkastenvorderstück. Der Riegel schließt in ein Winkelschließblech, Dornmaße von 15 bis 80 mm (Ju, Hä).

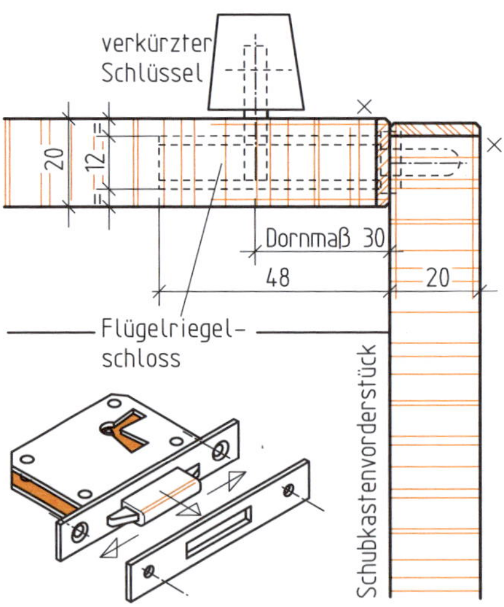

B 3.11-88 (siehe S. 393)

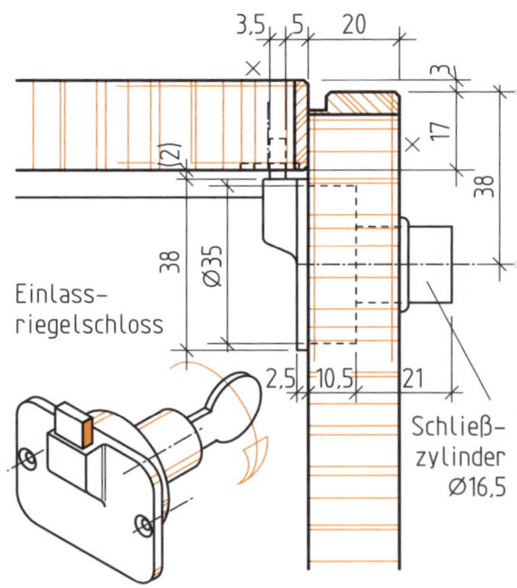

B 3.11-89 (siehe S. 393)

B 3.11-88 (Seite 392) Flügelriegel-Einsteckschloss zum Verschluss stumpf aufschlagender Schubkastenvorderstücke. Das Schloss ist im Oberboden eingelassen und muss von oben bedient werden. Stulp aus Messing, Dornmaße 25 bis 40 mm (Ju, Hä).

B 3.11-89 (Seite 392) Einlassriegelschloss, kann eingebohrt werden, Dornmaß 19 mm, Ausführung aus Metallguss, vernickelt (Hu).

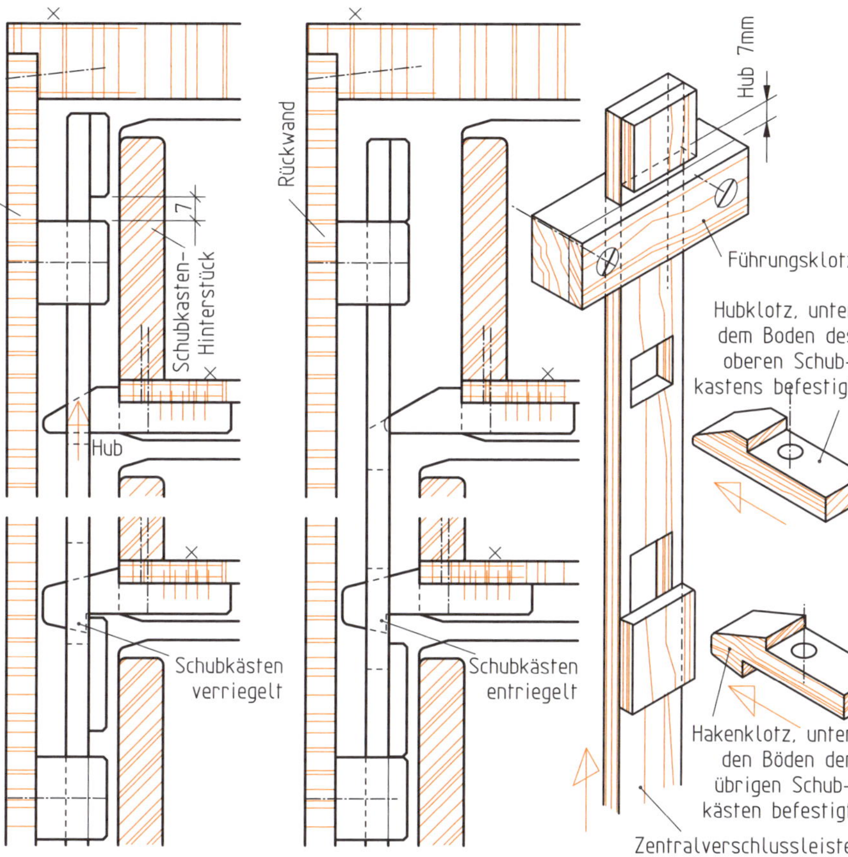

B 3.11-90 Handwerklich gefertigter Zentralverschluss aus Holz. Der oberste Schubkasten verriegelt oder entriegelt die übrigen Schubkästen. Nur dieser muss durch ein besonderes Schloss verschlossen werden.

B 3.11-91 (Seite 394) Zentralverschluss mit Drehzylinder, der in die Korpusseite einzubauen und seitlich zu bedienen ist. Die Verschlussstange wird beim Verschließen angehoben, sodass die Sperrdorne in die Aussparungen unter den Schubkastenseiten fassen. Die Sperrdorne müssen auf der Verschlussstange entsprechend montiert werden (Do, Hä, Hu, Ju).

B 3.11-92 (Seite 394) Zentralverschluss mit Dreh- oder Druckzylinder, der in die Korpuskante eingelassen wird. Er ist für stumpf einschlagende Schubkästen geeignet (Do, Hä, Hu, Ju).

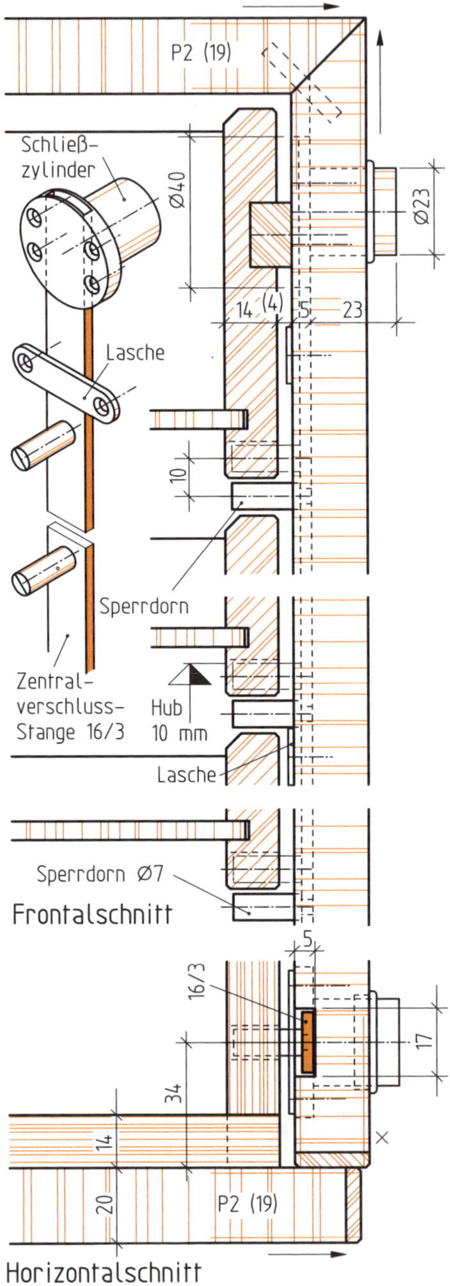

B 3.11-91 (siehe S. 393)

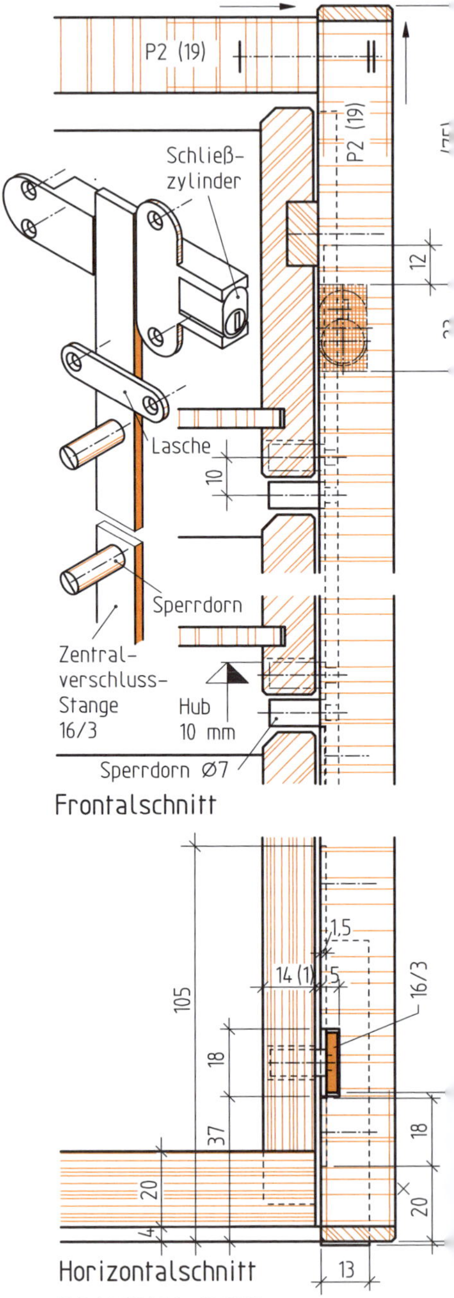

B 3.11-92 (siehe S. 393)

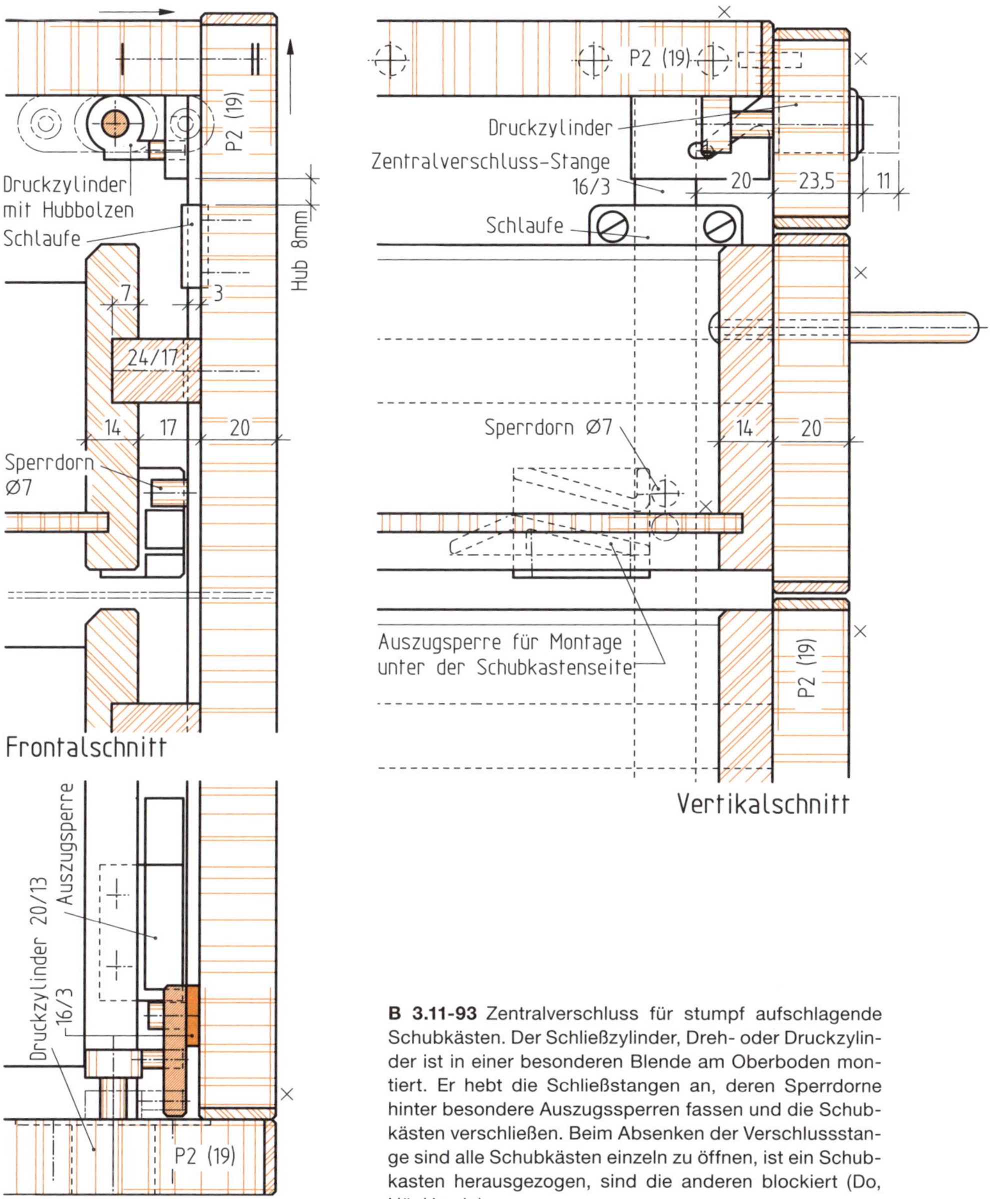

B 3.11-93 Zentralverschluss für stumpf aufschlagende Schubkästen. Der Schließzylinder, Dreh- oder Druckzylinder ist in einer besonderen Blende am Oberboden montiert. Er hebt die Schließstangen an, deren Sperrdorne hinter besondere Auszugssperren fassen und die Schubkästen verschließen. Beim Absenken der Verschlussstange sind alle Schubkästen einzeln zu öffnen, ist ein Schubkasten herausgezogen, sind die anderen blockiert (Do, Hä, Hu, Ju).

4 Einbauschränke

Einbauschränke sind in Gebäude fest eingebaute Schränke. Viele Elemente des Möbels wie Türen, Klappen, Schubkästen, Einlegeböden, Rückwände sind sowohl beim Möbel als auch beim Einbauschrank vorhanden. Deshalb können diese schon beim Möbel gezeigten Detailpunkte auch hier bei den Einbauschränken sinngemäß in gleicherweise übernommen werden. Die Aufhängemöglichkeit bei Hängeschränken, Anschlüsse von Arbeitsplatten und freien Seiten an die Wände, Wand und Deckenanschlüsse, Sockelausbildungen, die Montage- und Zerlegungsmöglichkeit der Schränke sind neu hinzukommende Konstruktionselemente, die in diesem Abschnitt besonders aufgezeigt werden sollen.

4.1 Wandschränke

Wandschränke sind Einbauschränke, meist Kastenelemente, die entweder stehend, liegend oder frei aufgehängt eine Wandfläche des Raums gliedern, ohne

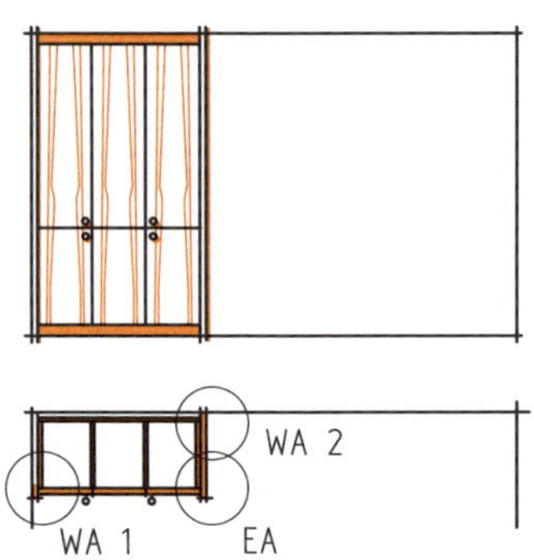

B 4.1-1

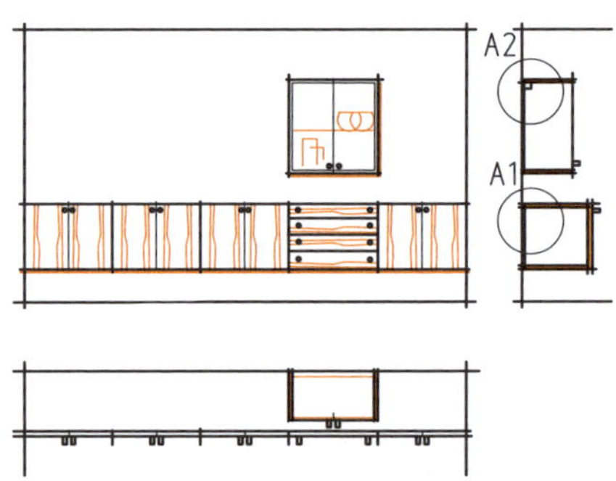

B 4.1-2

B 4.1-1 Wandschrank, vertikal stehend angeordnet. WA1 Wandanschluss an der Seite, WA2 Wandanschluss an der Rückwand, EA Eckausbildung, DA Deckenanschluss und FA Fußbodenanschluss sind im Detail dargestellt.
B 4.1-2 Wandschrank, horizontal liegend angeordnet. A1 Aufhängemöglichkeit unter Augenhöhe und A2 über Augenhöhe sind im Detail dargestellt.

sie ganz zu bedecken (B 4.1-1 und 2). Hier sind die Anschlüsse der freien und verdeckten Seiten, der Arbeitsplatten oder Ablageflächen sowie die Aufhängemöglichkeit der Schränke besonders zu betrachten.

4.1.1 Wandanschlüsse bei Wandschränken

Bei vertikal stehenden Wandschränken sind die freien Seiten an die Raumwand dicht anzuschließen. An der Rückwand überstehende Seiten können an die Raumwand angepasst werden, oder es werden besondere Passleisten verwendet. Als Abschluss können auch Blendseiten auf die freien Seiten aufgedoppelt werden (B 4.1-3).

Die Wandanschlüsse der verdeckten Seiten können wie die Wandanschlüsse bei den Schrankwänden ausgebildet werden. Für Wandschränke geeignete Beispiele sind in B 4.1-4 bis 7 dargestellt. Die Konstruktion der Außenecken und der Wandanschlüsse ist jeweils aufeinander abzustimmen (B 4.1-8 bis 11). Bei horizontal angeordneten Wandschränken ist die obere Platte oder das Blatt des Schranks dicht an die Raumwand anzupassen, oder es werden zusätzlich Leisten für den Wandanschluss angebracht (B 4.1-12). Bei Arbeitsplatten in Küchen bestehen die Anschlussleisten in der Regel aus Kunststoff (B 4.1-13).

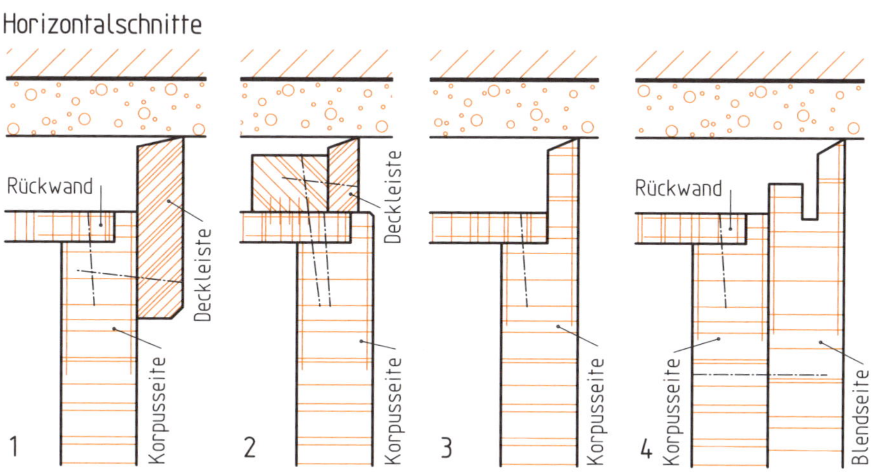

B 4.1-3 Anschluss freier Schrankseiten an der rückwärtigen Raumwand. 1 Die Luft zwischen Raumwand und Rückwand wird durch eine aufliegende Leiste und 2 durch eine zurückspringende Leiste abgedeckt, 3 die Seite ist breiter ausgebildet, als der Schrankkasten tief ist, der an der Rückwand überstehende Teil der Seite wurde an der Raumwand angepasst, 4 die aufgedoppelte Blendseite kann an die Raumwand angepasst werden.

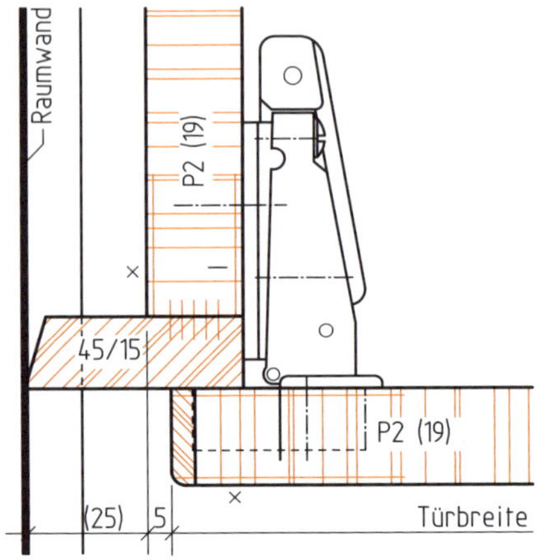

B 4.1-4

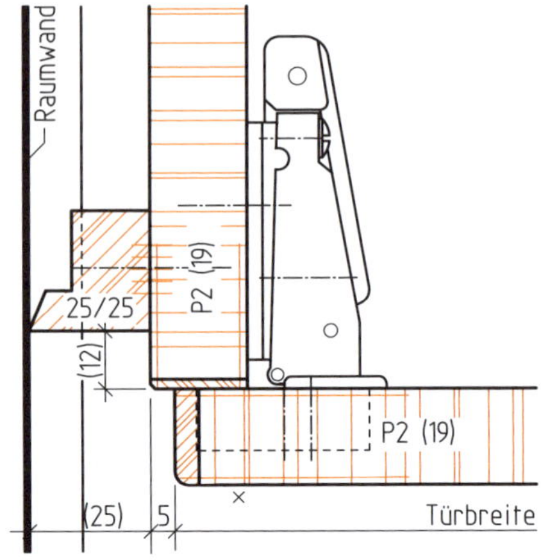

B 4.1-5

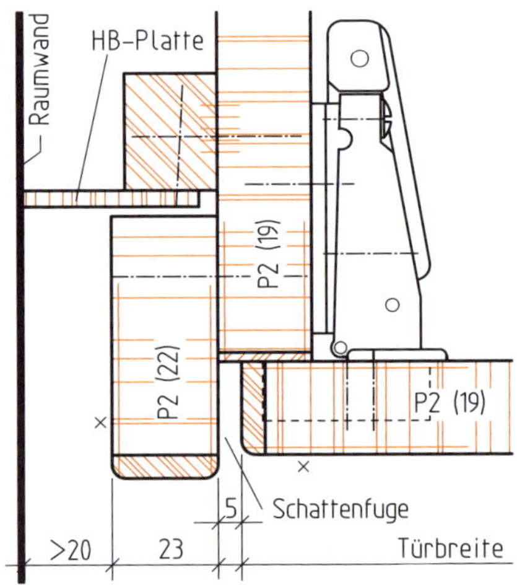

B 4.1-6

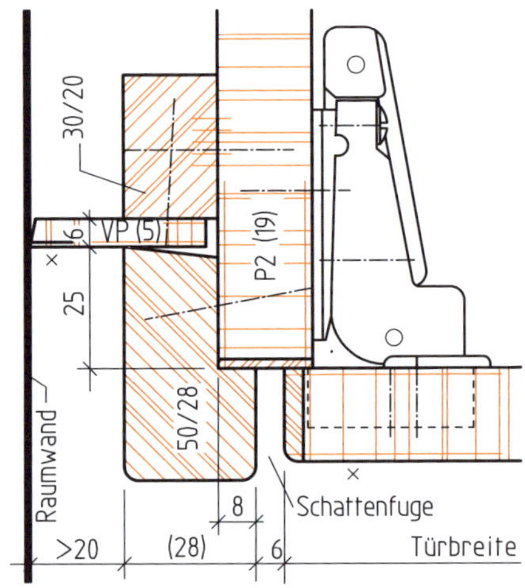

B 4.1-7

B 4.1-4 Die auf die Schrankseite aufgeleimte Lisene wird an die Raumwand angepasst. Für die durchlaufende Fußleiste wird sie ausgeklinkt.

B 4.1-5 Die außen auf die Schrankseite angeleimte Deckleiste muss an die Raumwand angepasst werden.

B 4.1-6 Der grob zugeschnittene Hartfaserplattenstreifen wird gegen die Raumwand gedrückt und auf die Leiste genagelt, die werkstattseits an die Schrankseite geleimt wurde. Eine kurze Blendseite deckt die Befestigungsstelle ab.

B 4.1-7 Ein Wandanschluss wie vor, jedoch bildet hier eine ausgefälzte Leiste den seitlichen Abschluss, die von innen gegen die Schrankseite geschraubt ist.

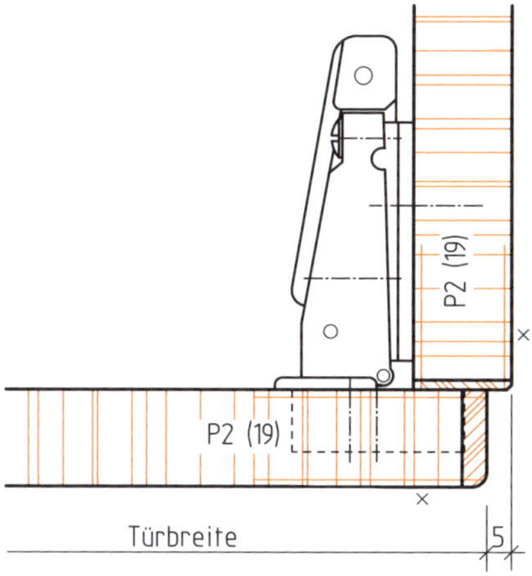

B 4.1-8

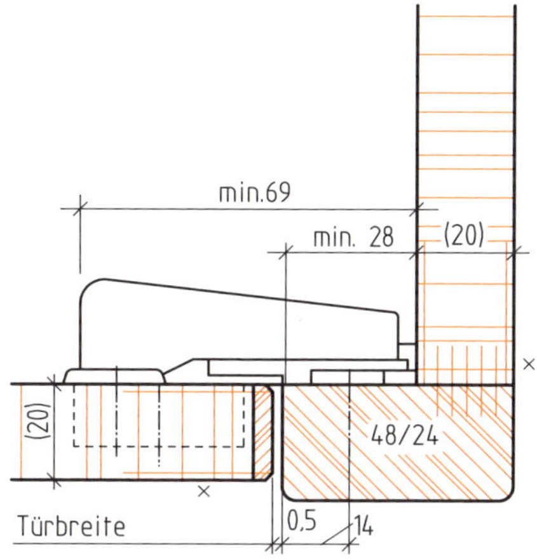

B 4.1-9

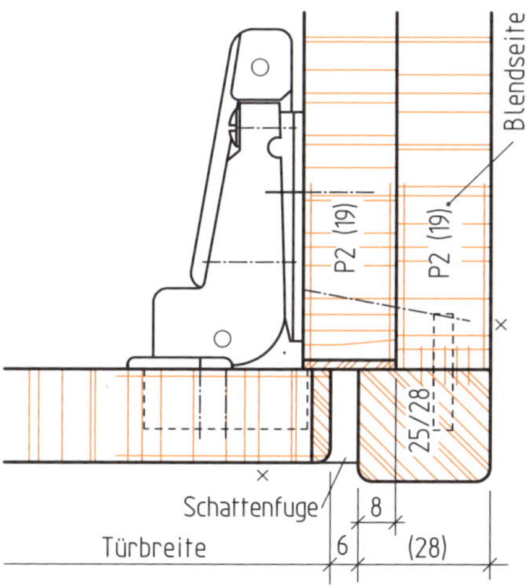

B 4.1-10

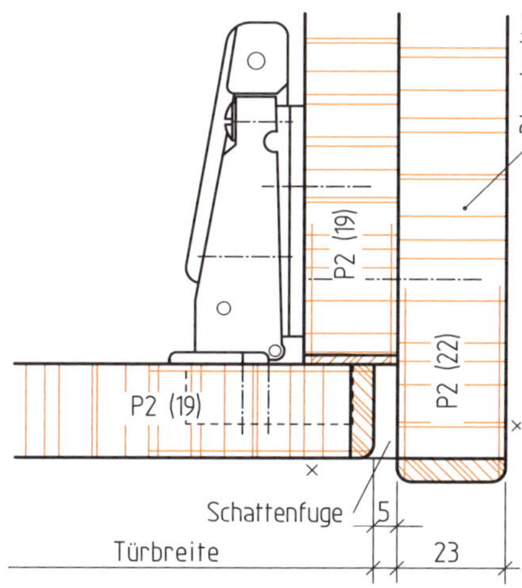

B 4.1-11

B 4.1-8 Einfache Eckausbildung bei einem Schrank mit stumpf aufschlagenden Türen, passend zu Wandanschluss B 4.1-4 und 5.

B 4.1-9 Schrank mit aufrechten Lisenen.

B 4.1-10 Freie Seite mit einer Blendseite abgedeckt, passend zu Wandanschluss B 4.1-7.

B 4.1-11 Freie Seite mit Blendseite aufgedoppelt, passend zu Wandanschluss B 4.1-6.

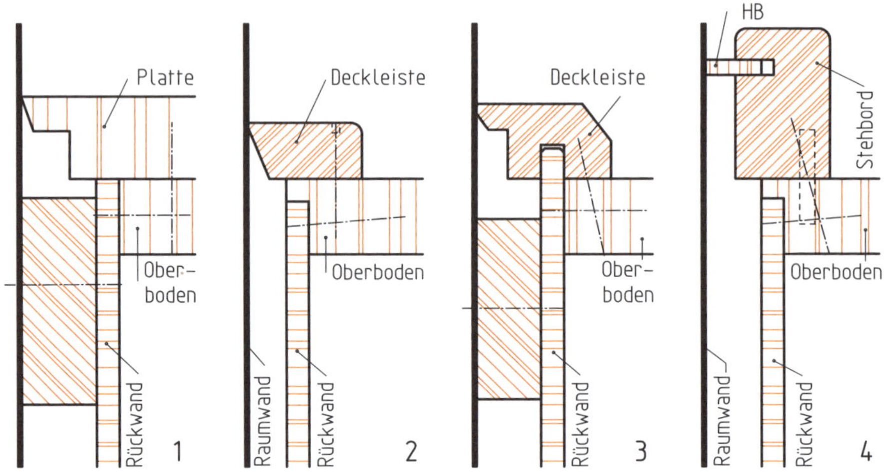

B 4.1-12 Wandanschlüsse der Platte unter Augenhöhe. 1 Platte oder Blatt der Anrichte wurde an die Wand angepasst, 2 Anschluss mit aufgenagelter Deckleiste, 3 Deckleiste ist unsichtbar befestigt, 4 Stehbord mit eingenuteter Dichtungsfeder.

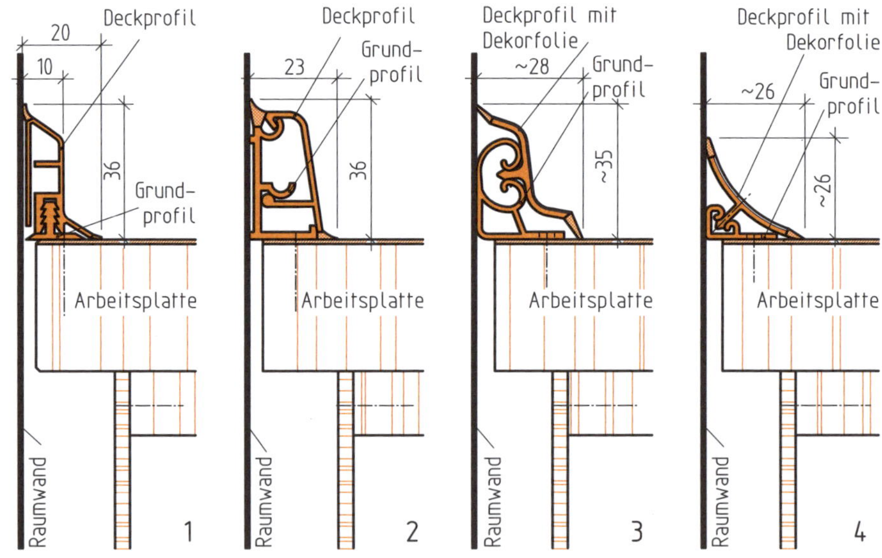

B 4.1-13 Wandanschlüsse bei Arbeitsplatten durch besondere Kunststoffprofile in Holz-, Aluminium- oder schlichtem Farbdekor. Die Wandanschlussleisten bestehen aus dem Grundprofil, das auf der Arbeitsplatte befestigt wird, und dem Deckprofil, das in das Grundprofil eingeklippst wird (1 und 2 Ne, 3 und 4 Re).

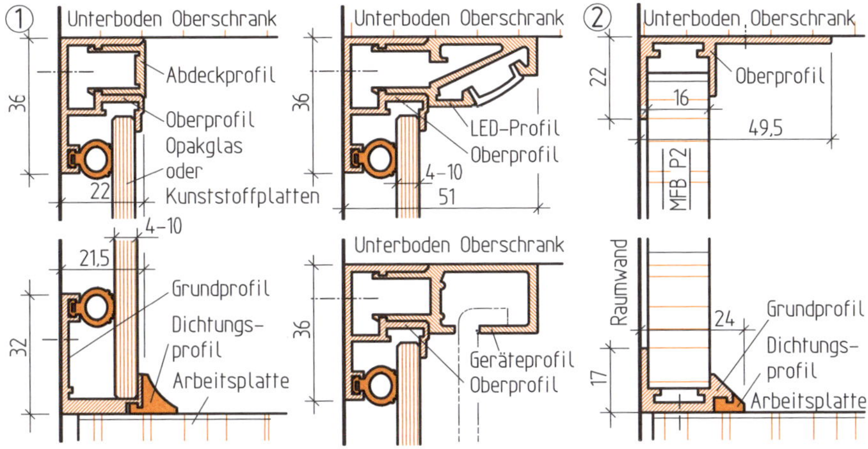

B 4.1-14 Verkleidungsmöglichkeit der Nische zwischen Arbeitsplatte und Oberschrank 1 mit Opakglas und 2 mit kunststoffbeschichteter Spanplatte (Hä).

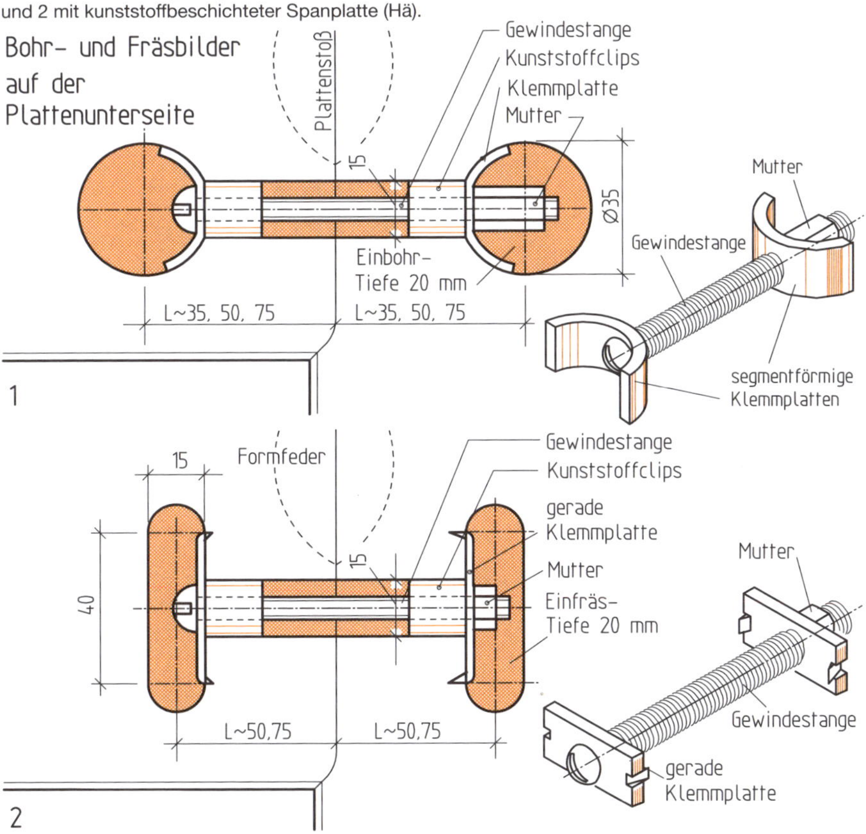

B 4.1-15 Arbeitsplattenverbinder, werden auf der Unterseite eingelassen (Hä, He).

4.1.2 Aufhängemöglichkeiten

Um unter den Schrankkörpern einen freien Raum zu behalten, werden Wandschränke an den Raumwänden aufgehängt. Bei Oberschränken ist die Aufhängung der Höhe wegen nicht sichtbar. Bei aufgehängten Anrichten zum Beispiel muss eine von oben unsichtbare Aufhängung gewählt werden. Damit die Aufhängevorrichtung aus statischen Gründen vorwiegend vertikal belastet wird, ist es zweckmäßig, wenn aufgehängte Wandschränke eine größere Höhe als Tiefe aufweisen. Darum wäre es auch falsch, aufgehängte Schränke an der unteren hinteren Kante zu unterstützen. Die verschiedenen Aufhängemöglichkeiten sind im Vertikalschnitt dargestellt (B 4.1-16 bis 23).

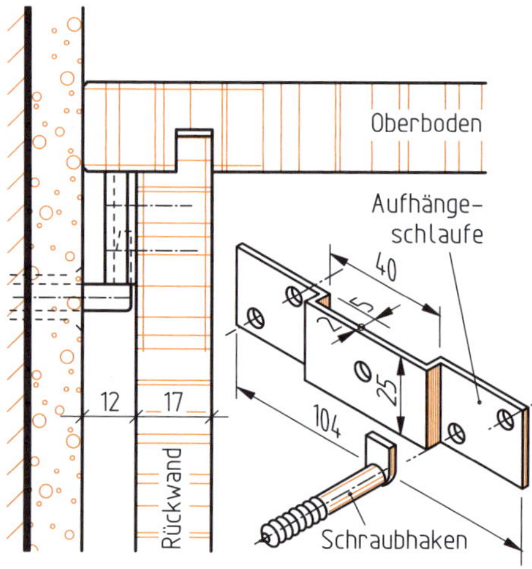

B 4.1-16

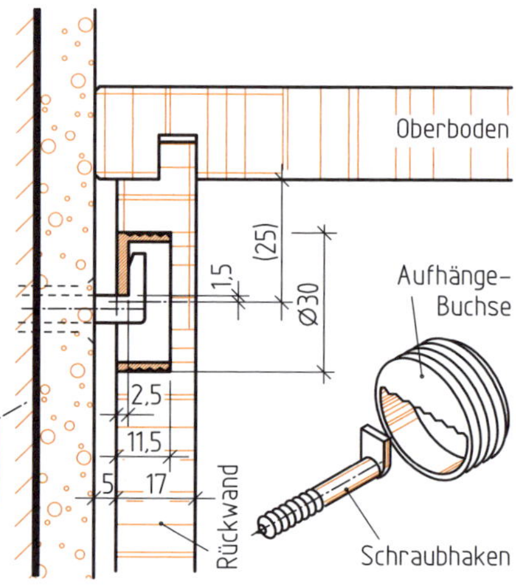

B 4.1-17

B 4.1-16 Schrankaufhängung durch Schraubhaken und Aufhängeschlaufe (Hä).
B 4.1-17 Schrankaufhänger muss in eine dicke Rückwand eingebohrt und eingeleimt werden. Eine geringe Seitentoleranz ist gegeben (Hä, He).

B 4.1-20 (Seite 403) Aufhängung durch ineinandergreifende Nutleisten. Die Aufhängung ist von oben unsichtbar.
B 4.1-21 (Seite 403) Schrankaufhänger zum Anschrauben mit 12 mm Höhenverstellmöglichkeit, 14 mm Tiefenverstellmöglichkeit und 12 mm Seitenverstellmöglichkeit. Tragfähigkeit 65 kg. Die Aufhängung fasst entweder in Schraubhaken oder in eine Aufhängeschiene (Hä, He).

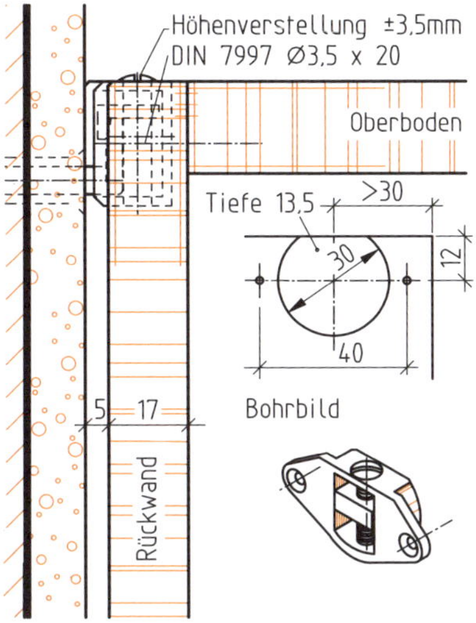

B 4.1-18

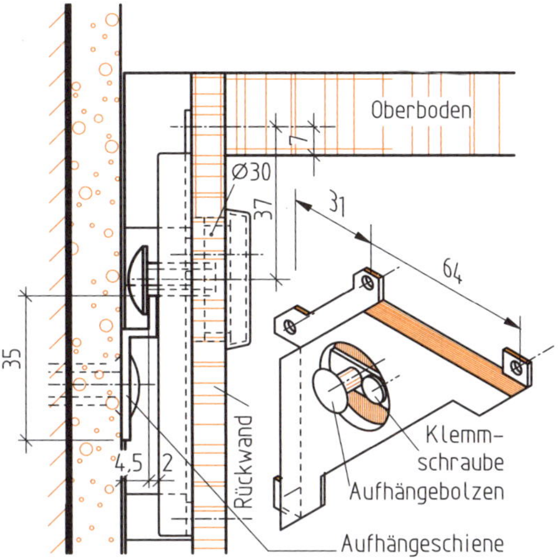

B 4.1-19

B 4.1-18 Schrankaufhänger zum Einbohren in eine dicke Rückwand. Höhenverstellung ist durch eine Stellschraube von oben möglich (He).

B 4.1-19 Aufhängebeschlag, der seitlich in die Schrankseite eingreift und in eine Bohrung in der Rückwand fasst. Der Aufhängebolzen fasst hinter die Aufhängeschiene, die an die Raumwand zu schrauben ist. Vom Schrankinneren her ist eine Höhenverstellung von 15 mm und eine Tiefenverstellung von 13 mm möglich. Die Stell- und Klemmschrauben werden durch eine Abdeckkappe abgedeckt. Tragfähigkeit je Beschlag 80 kg (He).

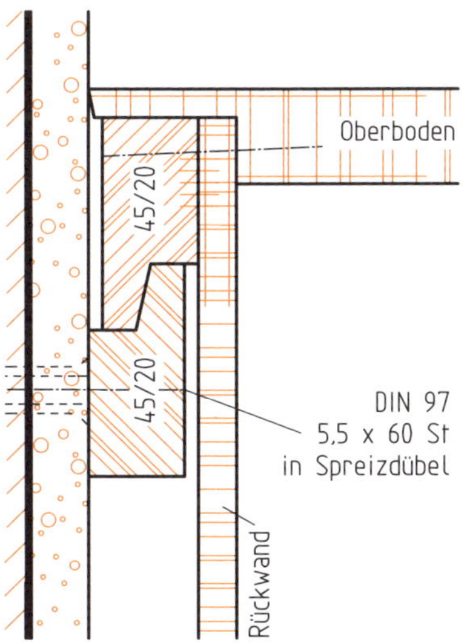

B 4.1-20

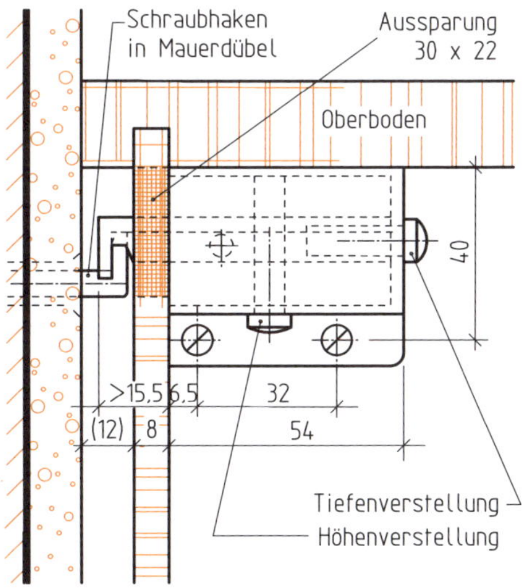

B 4.1-21

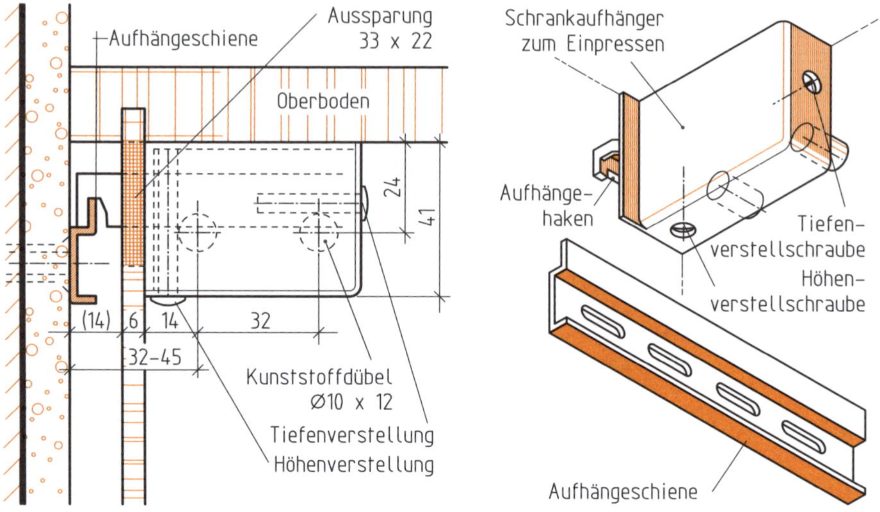

B 4.1-22 Schrankaufhänger wie vor, jedoch mit Kunststoffdübel zum Einpressen in die Schrankseite (Hä).

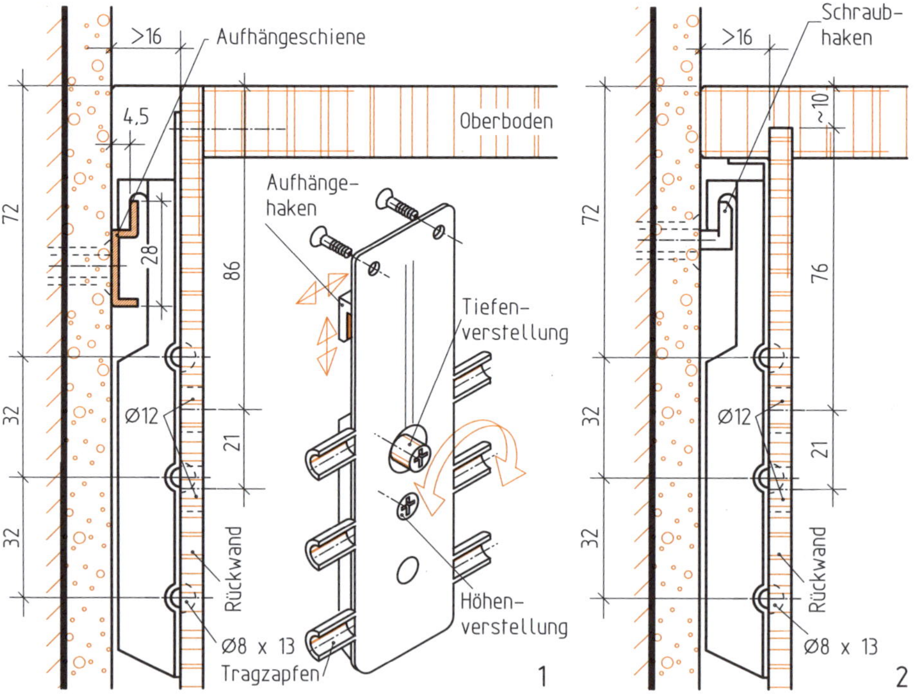

B 4.1-23

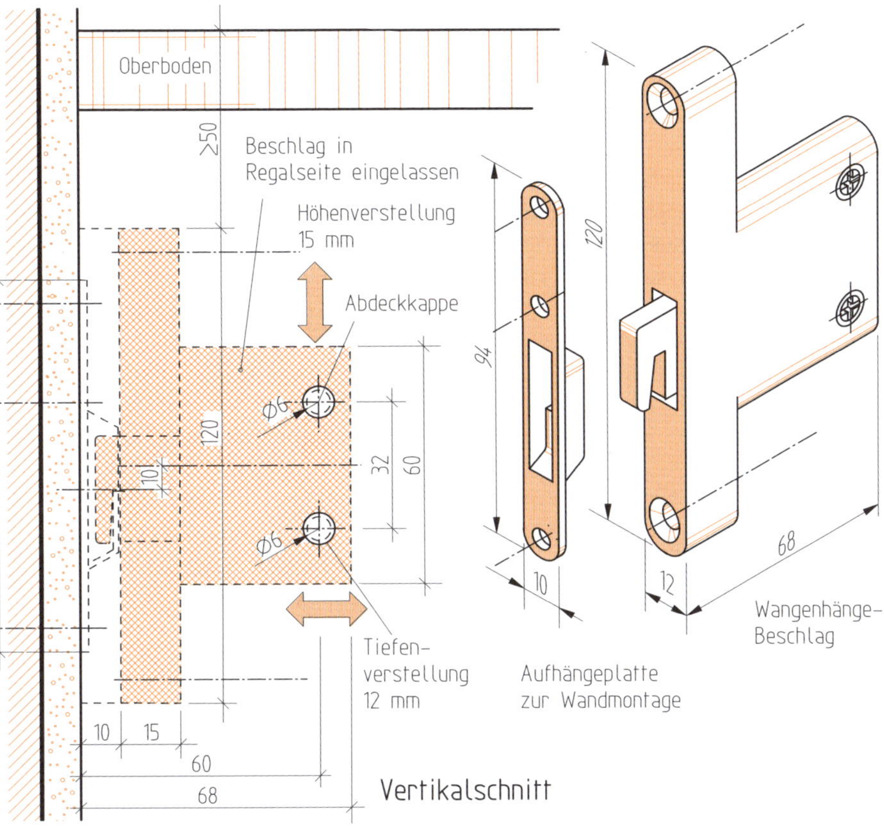

B 4.1-24 Verdeckt in die hinteren Schmalflächen der Korpusseiten eingelassene Schrankaufhänger. Im Schrankinneren sind jeweils nur die zwei Bohrungen sichtbar, durch die man die Stellschrauben zur Höhen- und Tiefenverstellung erreicht. Sie können durch Kunststoff-Abdeckkappen verschlossen werden. Die Tragkraft des Wangenaufhängers beträgt 100 kg/Stck. Die Einstellmöglichkeit beträgt in der Höhe 18 mm und in der Tiefe 12 mm. Für die Befestigung der Aufhängeplatte an der Raumwand gibt es besondere Montagehilfen (Hä).

B 4.1-23 (Seite 404) Schrankaufhänger für serienmäßig hergestellte Hängeschränke. Drei Tragzapfen des Beschlags fassen in die Schrankseiten, des lediglich im Oberboden durch Schrauben gesicherten Schranks. Die Verstellschrauben sind durch kleine Bohrungen in der Rückwand zu erreichen. Höhen- und Tiefenverstellung 18 mm. Die Aufhängehaken des Beschlags sind für Aufhängeschienen oder Schraubhaken geeignet (He, Hä sinngemäß).

4.2 Schrankwände

Schrankwände füllen eine den Raum begrenzende Fläche voll aus. Der Schrankraum kann bis zur Decke hin genutzt werden, sodass auf verhältnismäßig geringer Grundfläche sehr viel unterzubringen ist. Durch die Anschlüsse an die seitlichen Wände verbleiben keine Restflächen, tote Winkel oder Staubecken. Schrankwände können vor eine vorhandene Wand oder in eine Nische eingebaut werden oder selbst anstelle einer nichttragenden Trennwand treten. In diesem Fall darf die Schalldämmung nicht vernachlässigt werden.
Raumteiler, die zwei Räume nur teilweise voneinander separieren, können mehr oder weniger transparent ausgebildet werden und von beiden Seiten zugänglich sein. Sie bieten sich bei Trennungen zwischen Küche und Essraum oder Ess- und Wohnraum an.
In Schrankwände können Durchgangstüren eingebaut sein. Sie sind gestalterisch entweder in die Schrankfront einzubeziehen oder klar und bewusst von dieser zu trennen. Konstruktiv muss eine stabile Lage des Türrahmens erreicht werden.
Je nach Unterteilung der Schrankfront, vielleicht Türen im Wechsel mit Schubkästen oder offenen Fächern, lassen sich Schrankfronten unterschiedlich gestalten. So sind schlichte oder lebhafte Schrankfronten, markant vertikal oder horizontal gegliederte Schrankfronten zu unterscheiden (B 4.2-1 bis 4).

B 4.2-1 (Seite 407) Gestaltung der Schrankfronten. 1 Schrankwand mit in ganzer Höhe durchgehenden Türen. Schlichte Wirkung, die Türen müssen mit Schub- oder Drehstangenschlössern dreifach verriegelt werden, 2 Schrankfront in rhythmischer Gliederung, im Beispiel durch den Wechsel von Spiegel zu Holztür, 3 Schrank mit vertikal gegliederter Front, 4 durch die Schubkastengliederung wirkt diese Schrankfront eher horizontal gestreckt, 5 Schrankfront mit großformatigen Schiebetüren, 6 Schrankfront mit Schiebetüren in horizontaler Gliederung erfährt eine horizontale Ausdehnungstendenz, 7 Schranktüren mit Glas-, Korbgeflecht- oder Textilfüllungen, 8 Schrankfront mit betonten querlaufenden Elementen.

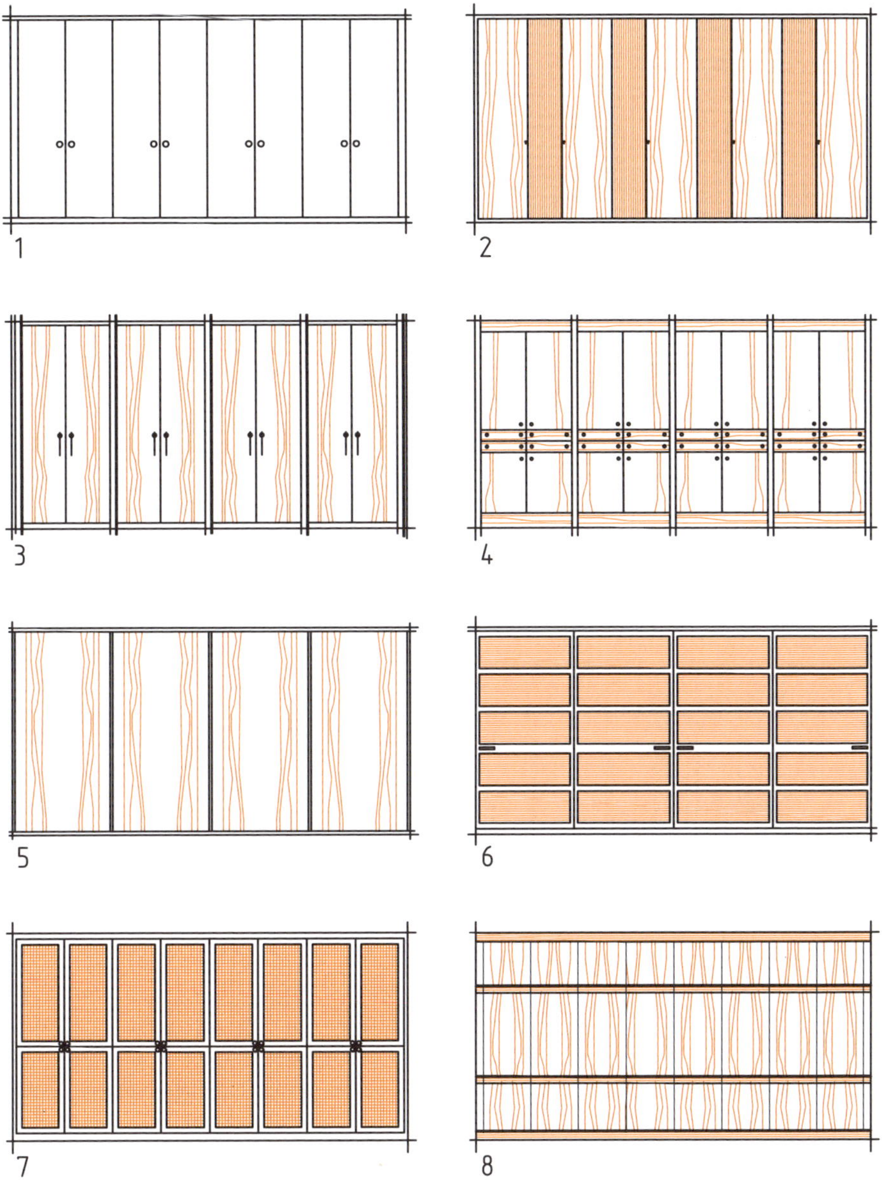

B 4.2-1

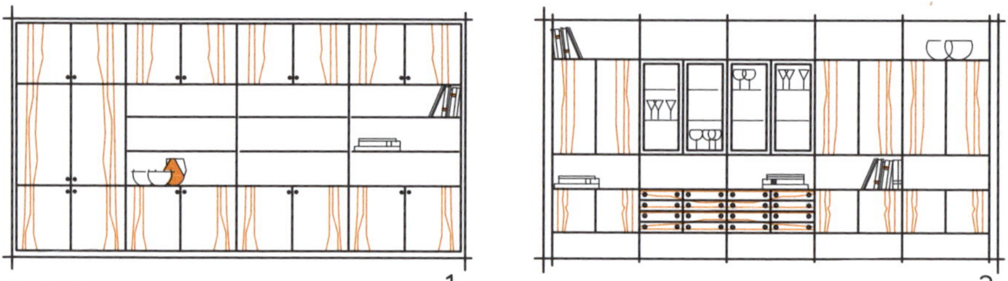

B 4.2-2

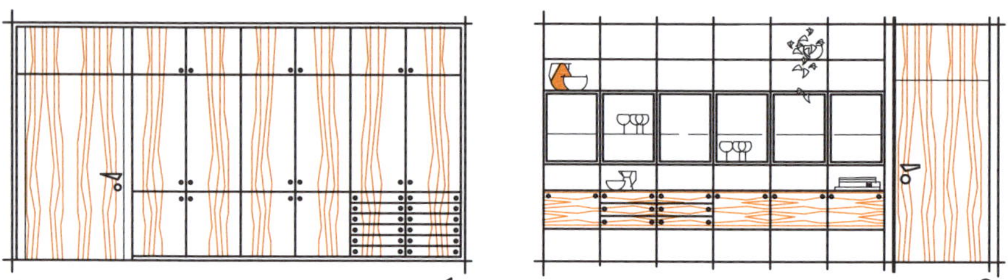

B 4.2-3

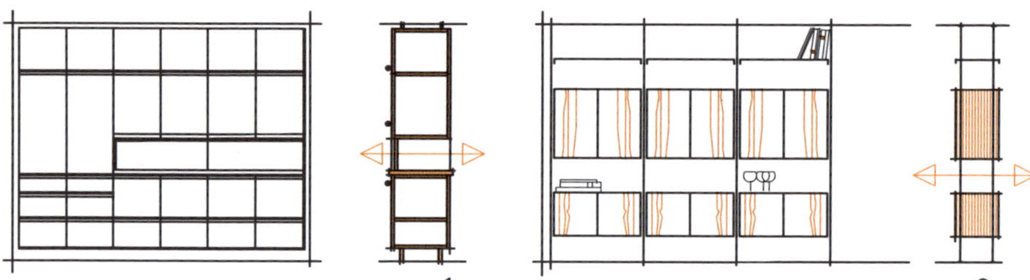

B 4.2-4

B 4.2-2 Schrankwände mit aufgelockerten Fronten. 1 Durch offene Fächer, 2 durch in Tragseiten eingehängte Schrankelemente.

B 4.2-3 Schrankwände mit Zimmertüren. 1 Zimmertür ist in Schrankfront integriert, 2 Zimmertür ist gestalterisch von der Schrankfront abgesetzt.

B 4.2-4 Raumteiler. 1 Zwischen Küche und Essraum mit Durchreiche, 2 transparent mit eingehängten Kastenelementen und Fachböden.

4.2.1 Aufbausysteme

Aus Gründen des Transports und einer leichten, einfachen Montage müssen Schrankwände aus Einzelelementen zusammengebaut werden. In jedem Fall muss eine Standsicherheit der Schrankwand auch bei geöffneten Funktionsteilen wie Schubkästen und Türen und eine einwandfreie Funktion dieser Teile gewährleistet sein. Die durch die Frontelemente gebildeten Fugen müssen fluchten und dürfen sich nicht versetzen. Einlegeböden dürfen nicht mehr als ¹⁄₂₅₀ der Stützweite durchbiegen, Konstruktionsböden, unter denen sich Schubkästen oder Türen befinden, nicht mehr als ¹⁄₃₀₀ der Stützweite. Rückwände müssen aus mindestens 6 mm dickem Furniersperrholz oder 8 mm dicker Spanplatte bestehen und sicher gegen Belastung vom Schrankinneren her befestigt sein. Im wesentlichen sind fünf verschiedene Aufbausysteme zu unterscheiden, die hier in Ansichten dargestellt sind (B 4.2-5 bis 9).

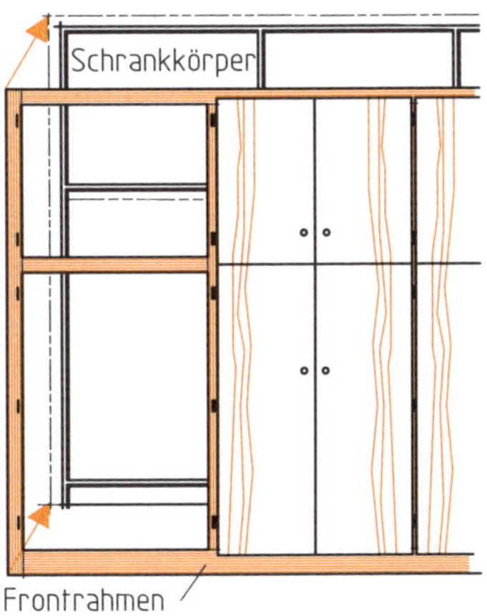

B 4.2-5

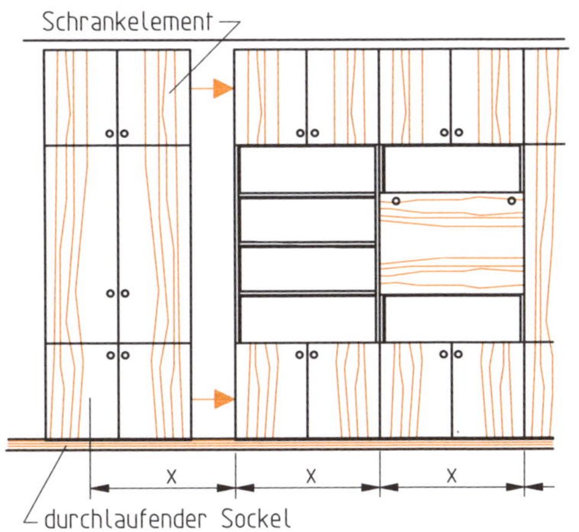

B 4.2-6

B 4.2-5 Der Schrankkörper wird gesondert aufgestellt. Er kann in einfacher Ausführung, sogar ohne Rückwand, hergestellt werden. Vor diesen Schrankkörper wird ein Frontrahmen mit den angeschlagenen Türen gesetzt.

B 4.2-6 Die Schrankwand wird aus hohen Schrankelementen zusammengestellt, die auf einen ausgerichteten Sockel gesetzt werden. Abschließend sind die Wand- und Deckenanschlüsse zu montieren. Achtung! Die Diagonale der Schrankseite muss kleiner als die Raumhöhe sein. Der Transport muss möglich sein.

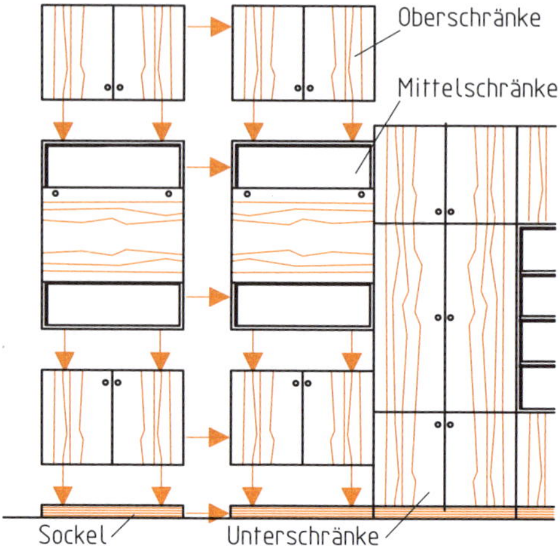

B 4.2-7

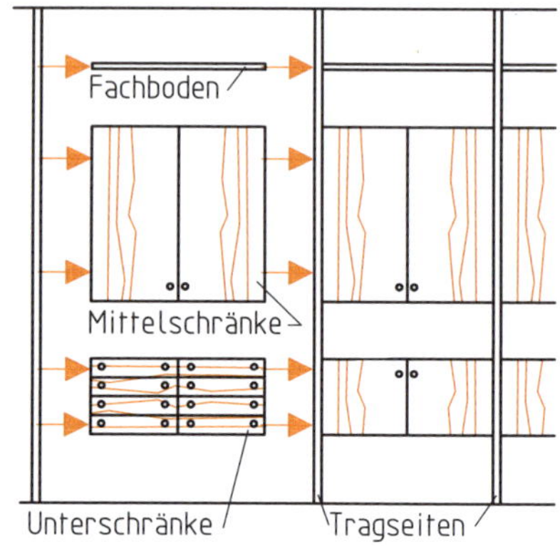

B 4.2-8

B 4.2-7 Aufbau einer Schrankwand aus einzelnen Kastenelementen, die miteinander verschraubt werden. Es sind Doppelseiten und zum Teil auch Doppelböden erforderlich. Eine einfache Montage und flexible Gestaltung ist hier gegeben.

B 4.2-8 Aufbau einer Schrankwand aus Kastenelementen und Fachböden, die in Seiten oder Gestelle eingehängt werden. Die Schrankwand hat keine Rückwand.

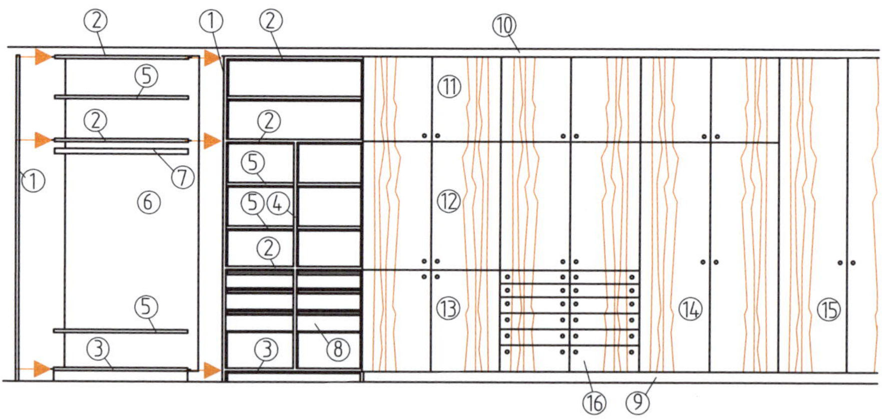

B 4.2-9 Eine aus Einzelteilen zusammengesetzte Schrankwand. Solche Konstruktionen sind durch besondere Schrankverbinder und durch das System 32 möglich. Vorteil: Sehr flexible Gestaltungsmöglichkeit der Wand. Doppelseiten sind nicht erforderlich. Nachteil: Aufwendige Montage. 1 Seite, 2 Konstruktionsboden, 3 Unterboden, 4 Mittelseite, 5 Einlegeboden, 6 Rückwand, 7 Kleiderstange, 8 Auszüge, 9 Sockelblende, 10 Deckenblende, 11 Oberschrank (-Türen), 12 Mittelschrank (-Türen), 13 Unterschrank (-Türen), 14 Hochschrank (-Türen), 15 Raumhohe Türen, 16 Schubkasten.

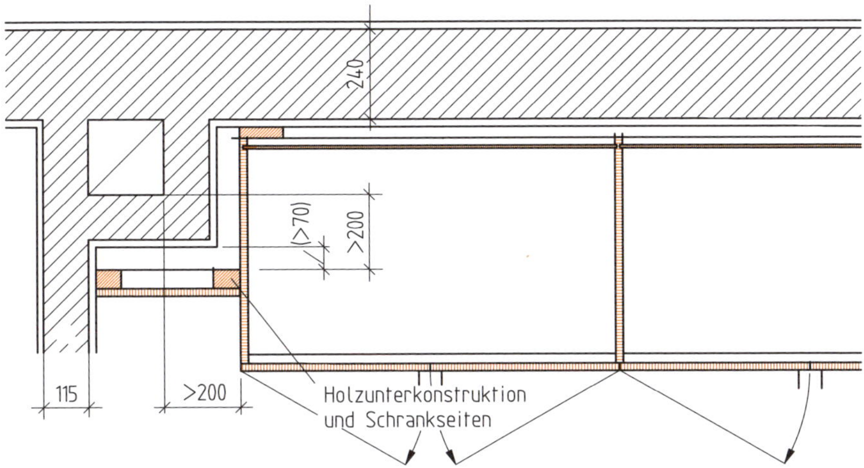

B 4.2-10 Abstand der Holzteile am Rauchrohr (Kamin). Hier sind die geltenden Bestimmungen der Landesbauordnung (LBO) und Feuerungsverordnung (FeuVO) zu beachten.

4.2.2 Mittelanschlüsse

Je nach Bauart der Einbauschränke können die Mittelanschlüsse unterschiedlich ausgebildet werden, als Doppelseiten, Einzelseiten oder Frontrahmen. Zwischen den Doppelseiten können profilierte Leisten die Vertikale betonen. Die Mittelanschlüsse sind im Horizontalschnitt dargestellt (B 4.2-11 bis 17).

4.2.3 Wandanschlüsse

Schrankwände dürfen weder mit ihrer Rückwand noch mit ihren Seiten dicht an die Raumwände heranreichen. Es muss hier ein Luftzwischenraum von mindestens 25 mm verbleiben. Werden die Schränke an Außenwände gesetzt, müssen gemauerte Wände unbedingt verputzt werden. Bei Schrankwänden an Außenwänden oder feuchten Innenwänden muss hinter dem Schrank ein Luftaustausch stattfinden können. Dann sollte der Abstand zur Wand mindestens 30 mm betragen. Bei ungenügend gedämmten Außenwänden können Heizrohrschlangen im unteren Bereich der Hinterlüftung eingebaut werden. Eventuell hinter der Schrankwand offenliegende Wasserleitungen sind gegen Kondenswasserbildung ausreichend zu dämmen. Befindet sich in der Raumwand ein Rauchrohr oder Schornstein, so ist aus feuerpolizeilichen Gründen mit allen Holzteilen ein Abstand von mindestens 200 mm von Innenkante Rauchrohr oder 75 mm von der Außenkante Schornstein einzuhalten. Bei nicht verkleideten Ofenrohren oder eisernen Kaminöfen beträgt der Abstand zu den Holzteilen 400 mm (B 4.2-10). Die Zwischenräume zwischen Raumwand und Schrankwand werden durch

Wandanschlüsse abgedeckt. Sie müssen auf die Gestaltung der Schrankfront abgestimmt sein und die Anschlüsse an der Decke und am Boden, eventuell auch den Anschluss der Fußleisten berücksichtigen. Einige Beispiele von Wandanschlüssen sind im Horizontalschnitt dargestellt (B 4.2-18 bis 41).

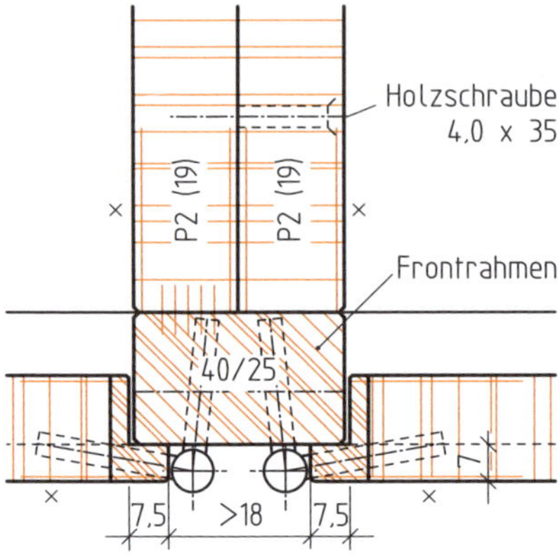

B 4.2-11

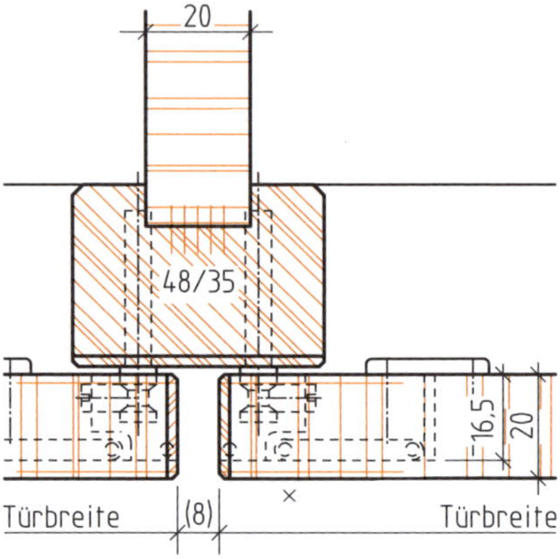

B 4.2-12

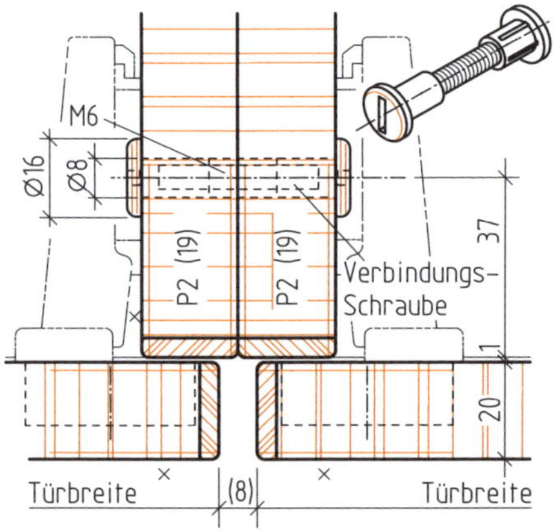

B 4.2-13

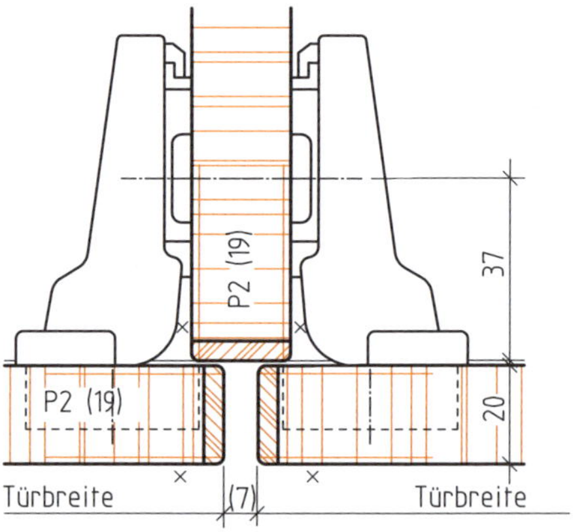

B 4.2-14

B 4.2-11 Mittelanschluss bei einem Einbauschrank mit Frontrahmen, überfälzten Türen und Doppelseiten.

B 4.2-12 Mittelanschluss bei einem Einbauschrank mit Frontrahmen, stumpf aufschlagenden Türen und einfacher Mittelseite.

B 4.2-13 Mittelanschluss bei einem Einbauschrank aus Kastenelementen mit stumpf aufschlagenden Türen. Sie werden mittels Verbindungsschraube miteinander verbunden.

B 4.2-14 Anschlag stumpf aufschlagender Türen an einer Mittelseite.

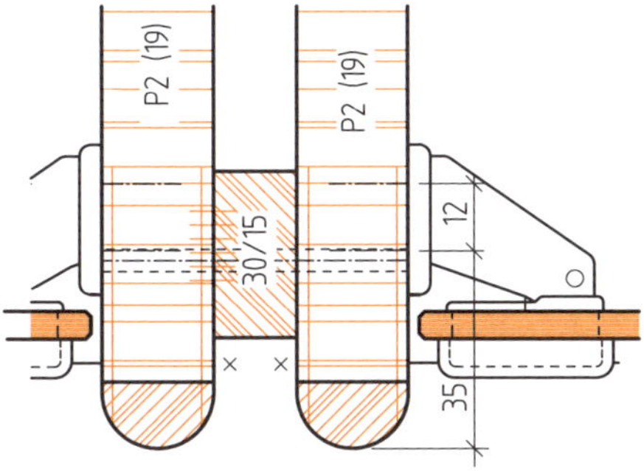

B 4.2-15

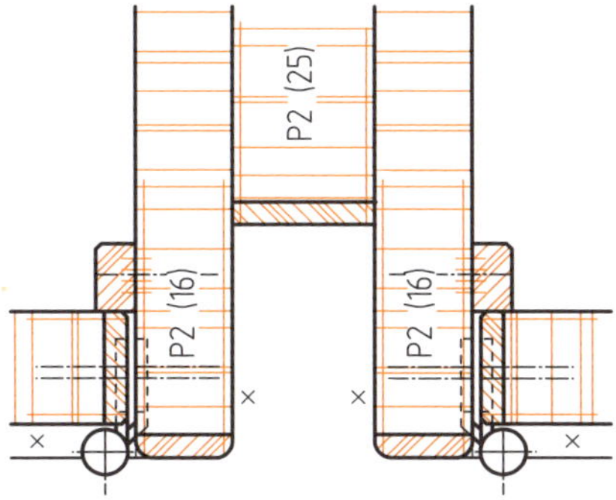

B 4.2-16

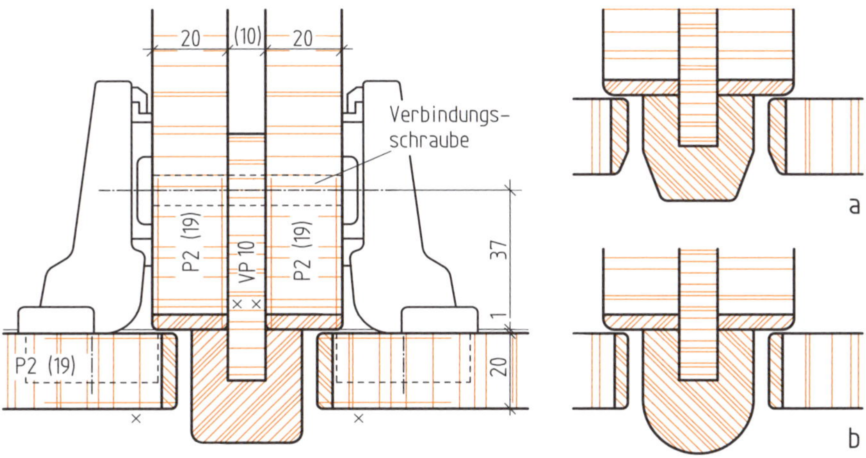

B 4.2-17

B 4.2-15 Mittelanschluss bei Kastenelementen mit profilierten Kanten.
B 4.2-16 Mittelanschluss bei Kastenelementen in gesonderten Tragseiten.
B 4.2-17 Mittelanschluss bei Schrankelementen, wenn die Trennfuge besonders betont werden soll.

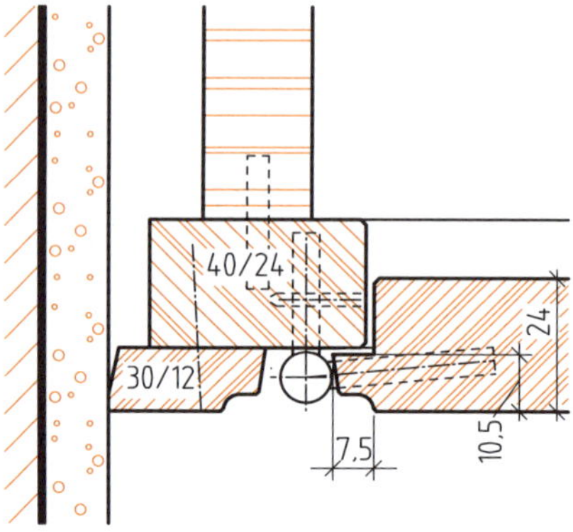

B 4.2-18

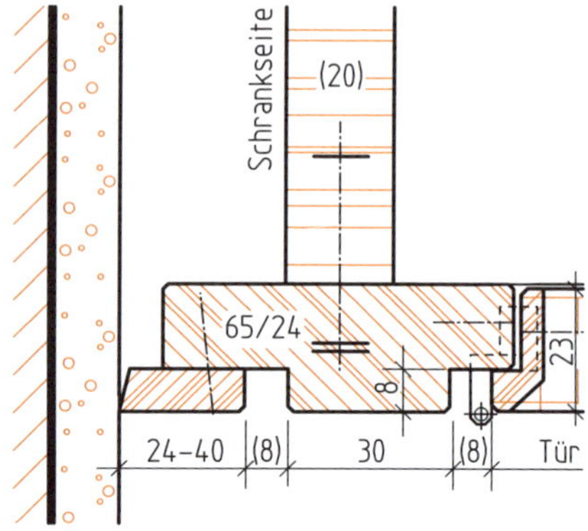

B 4.2-19

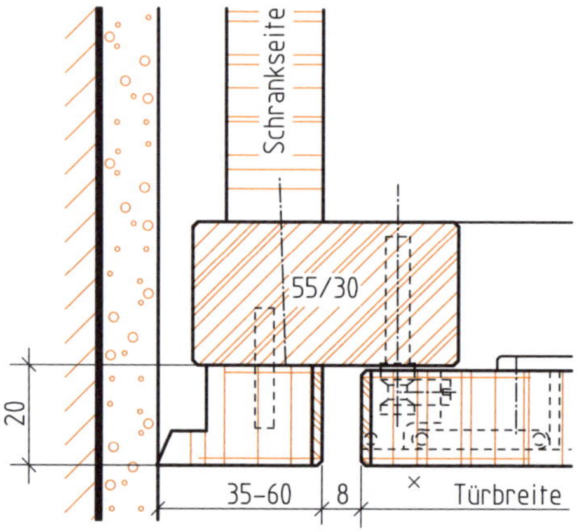

B 4.2-20

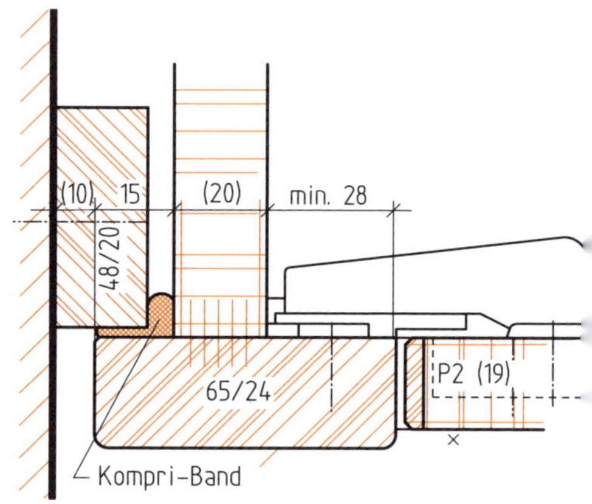

B 4.2-21

B 4.2-18 Wandanschluss bei Einbauschränken mit Frontrahmen durch eine aufgesetzte Deckleiste.
B 4.2-19 Der Frontrahmen ist für die Aufnahme der überfälzten Türen und der Deckleiste ausgefälzt. Dadurch ergeben sich doppelte Schattenfugen.
B 4.2-20 Wandanschluss bei Einbauschränken mit Frontrahmen und stumpf aufschlagenden Türen. Die Deckleiste ist so dick wie die Türen.
B 4.2-21 Der außen überstehende Frontrahmen schlägt gegen eine an der Raumwand befestigte Latte. Durch Einbau eines Kompri-Bands kann der Wandanschluss besonders gedichtet werden.

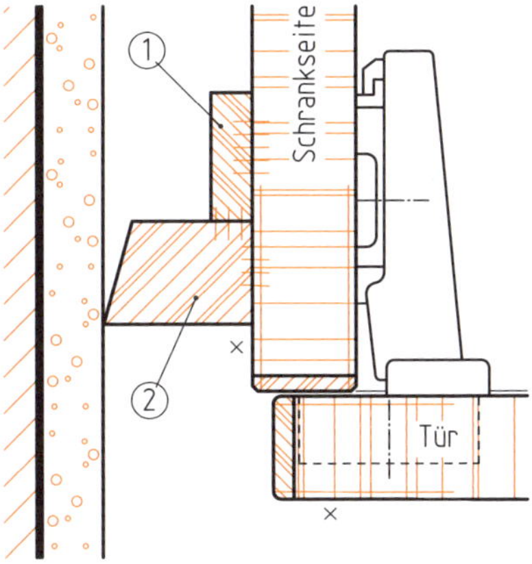

B 4.2-22

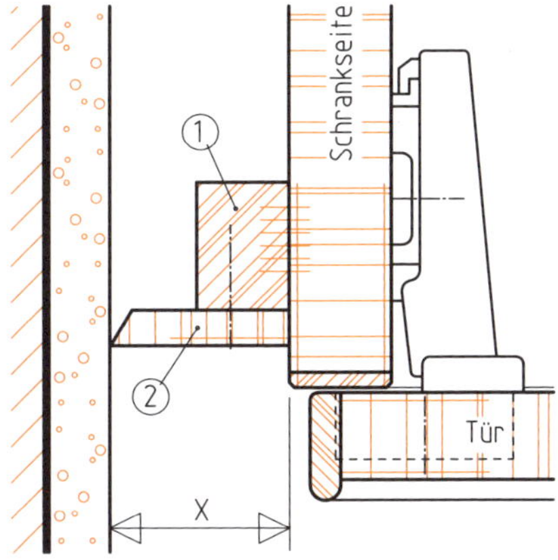

B 4.2-23

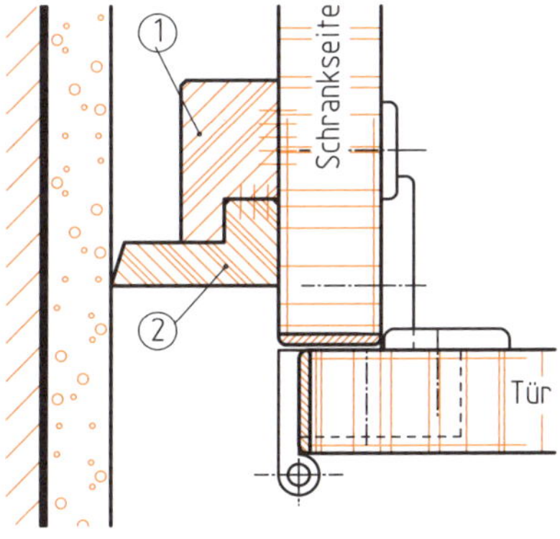

B 4.2-24

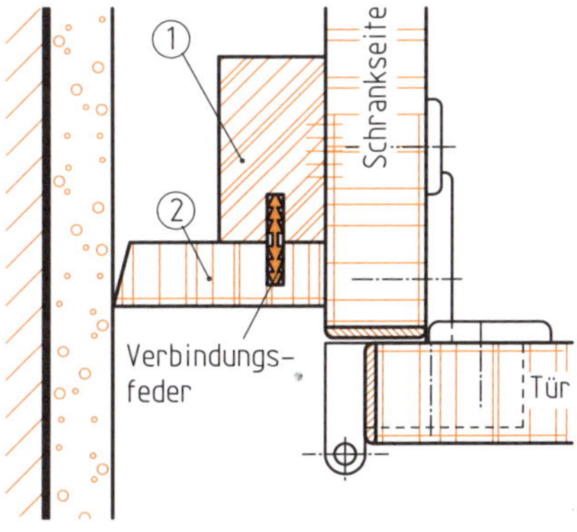

B 4.2-25

B 4.2-22 Wandanschluss durch eine eingeschobene Passleiste (2). Damit diese in der Tiefe arretiert wird, ist auf die Außenseite werkstattseits eine kleine Leiste (1) geheftet worden.

B 4.2-23 Wandanschluss durch eine eingepasste Leiste (2) aus Furniersperrholz, die auf eine an der Außenseite angebrachte Grundleiste (1) geheftet wird. Das Maß »x« muss so groß sein, dass man die Leisten bequem mit dem Hammer oder der Heftpistole aufheften kann.

B 4.2-24 Wandanschluss ohne sichtbare Befestigung. Die Grundleiste (1) ist ausgefälzt und wird vor dem Schrankeinbau auf der Außenseite befestigt. Die Wandanschlussleiste (2) ist so ausgefälzt, dass sie in die entstandene Nut der Grundleiste passt.

B 4.2-25 Grundleiste (1) und Wandanschlussleiste (2) sind so genutet, dass sie eine Verbindungsfeder (Ne) aufnehmen können. Nach dem Anpassen der Wandanschlussleiste wird diese auf die Verbindungsfeder gesteckt.

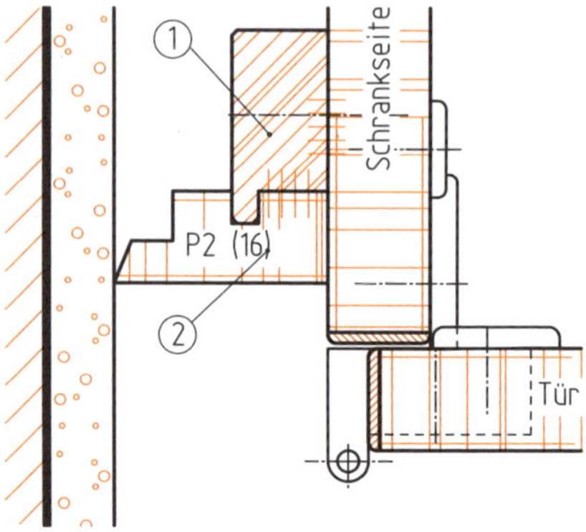

B 4.2-26

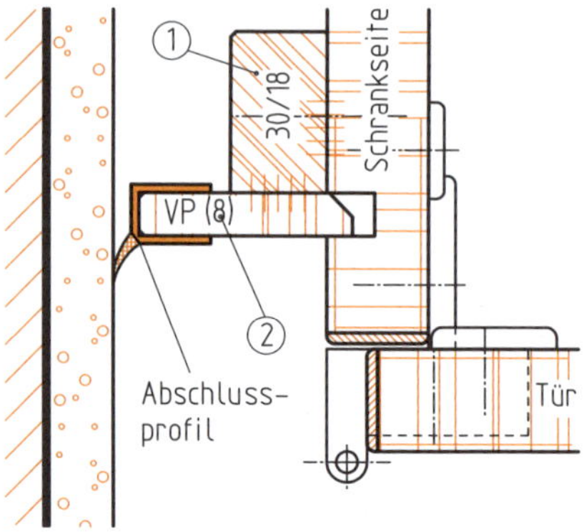

B 4.2-27

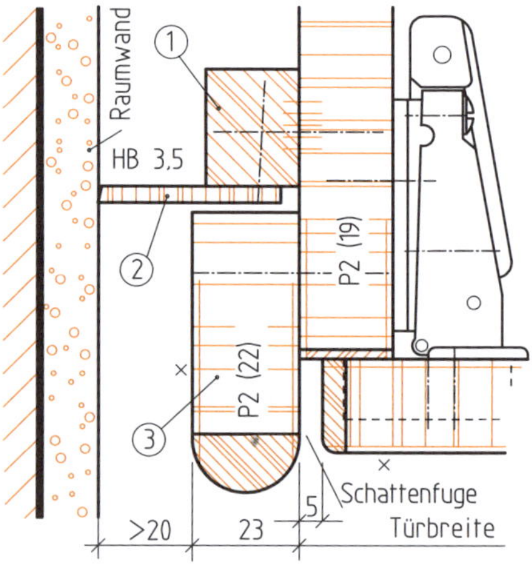

B 4.2-28

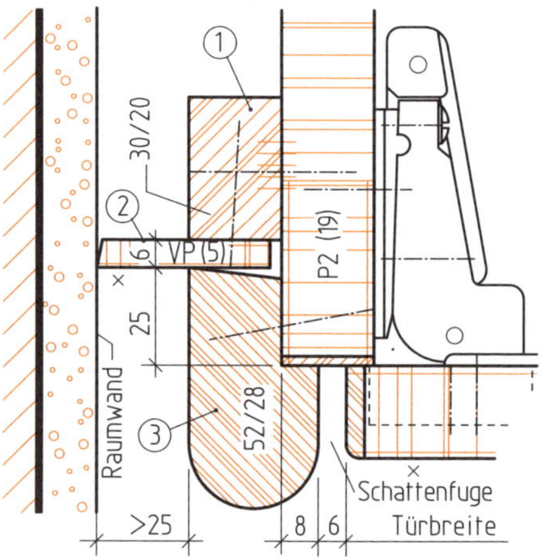

B 4.2-29

B 4.2-26 Wandanschluss ohne sichtbare Befestigung. Die Grundleiste (1) wird vor der Schrankmontage auf der Außenseite befestigt. Die Passleiste (2) ist genutet und kann nach dem Anpassen mit der Grundleiste zusammengefügt werden.
B 4.2-27 Durch das Kunststoffprofil auf der Wandanschlussleiste (2) kann ein kleinliches Anpassen entfallen. Sie wird mit Leim auf die Grundleiste (1) gedrückt.
B 4.2-28 Wandanschluss mit seitlichem Abschlussprofil. Die Passleiste (2) aus dünner Hartfaserplatte wird an der Wand angepasst und auf die Grundleiste (1) geheftet. Ungenauigkeiten deckt die lösbar mit der Schrankseite verbundene profilierte Lisene (3) ab.
B 4.2-29 Wandanschluss wie vor, jedoch ist die Lisene (3) ausgefälzt. Dadurch können die gleichen Topfscharniere wie an den Mittelseiten verwendet werden.

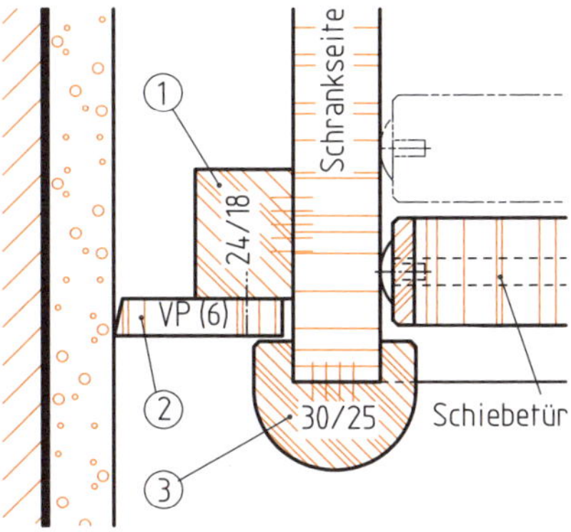

B 4.2-30

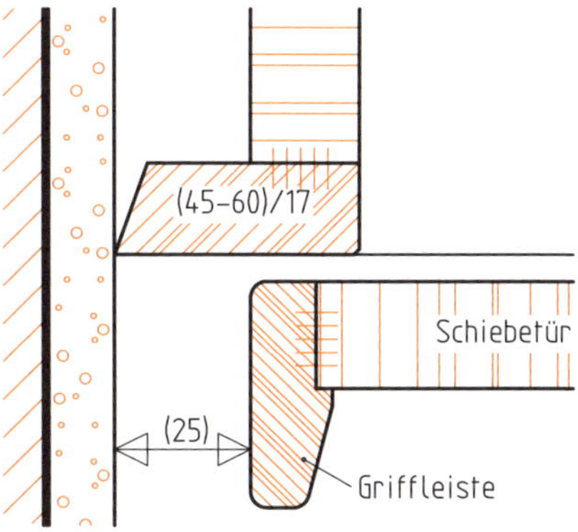

B 4.2-31

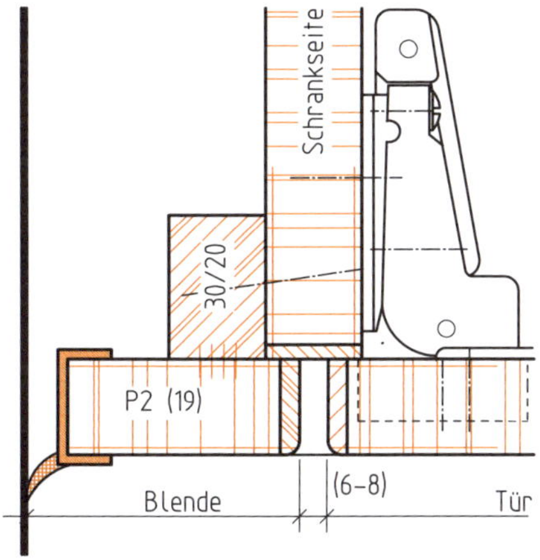

B 4.2-32

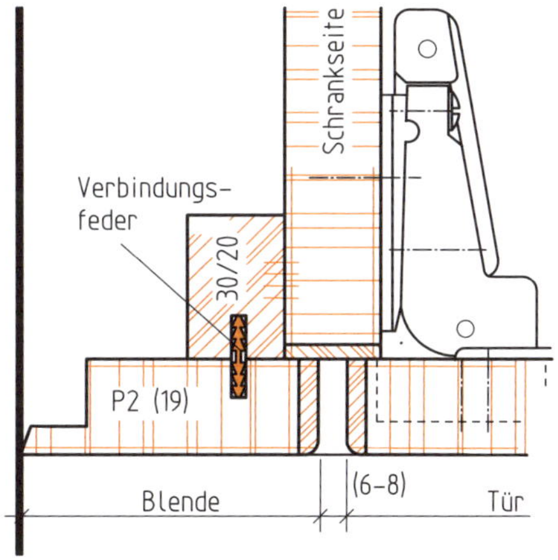

B 4.2-33

B 4.2-30 Wandanschluss bei Schrankwänden mit im Korpus laufenden Schiebetüren. Die Passleiste (2) wird auf die Grundleiste (1) geheftet. Das auf die Seite aufgeleimte Profil (3) deckt auf beiden Seiten die Fugen ab.

B 4.2-31 Wandanschluss bei Schrankwänden mit vor dem Korpus laufenden Schiebetüren. Die Schiebetür muss so abgestoppt werden, dass die Seitenkante der Tür noch einen Abstand von 25 mm zur Wand hat. Quetschgefahr der Finger!

B 4.2-32 Wandanschluss, der mit den Türen bündig ist. Das Wandanschlussprofil ist schon in der Werkstatt vorgefertigt worden. Es wird am Bau nur noch grob zugeschnitten und von der Innenseite des Schranks her festgeschraubt. Das auf die Außenkante der Deckleiste geschobene Kunststoffprofil kann Differenzen ausgleichen.

B 4.2-33 Die Wandanschlussleiste hat die gleiche Dicke wie die stumpf aufschlagenden Türen. Sie muss an der Wand angepasst werden, bevor sie auf die Verbindungsfeder aufgesteckt wird.

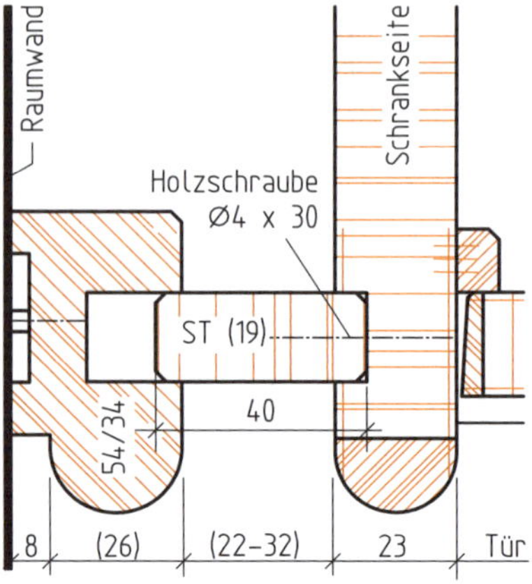

B 4.2-34

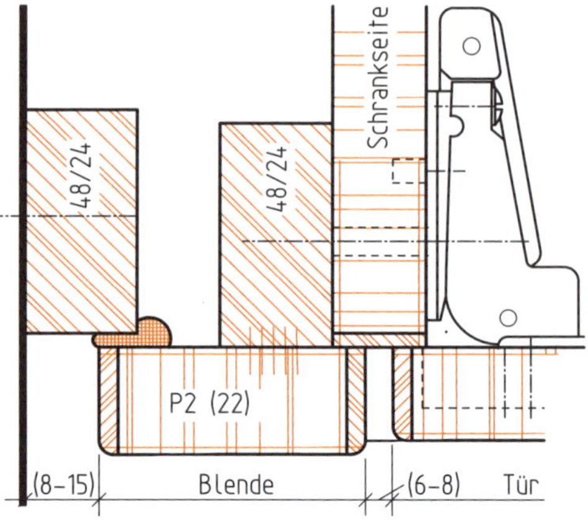

B 4.2-35

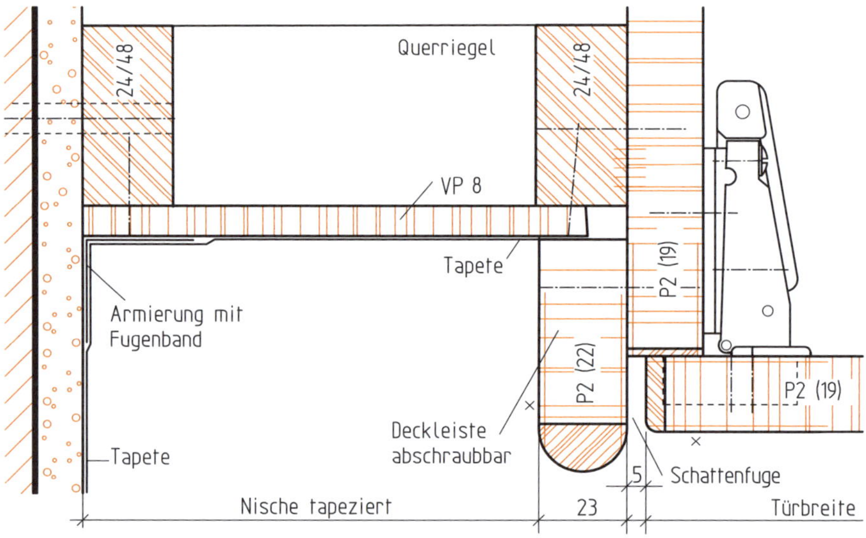

B 4.2-36

B 4.2-34 Wandanschluss mit breitem Schattenfries. Die genutete Wandleiste wird am Mauerwerk befestigt, die Passleiste tief in die Nut eingesteckt, dann wird der Schrank dazwischen eingebaut. Mit Schrauben wird die Passleiste an die Schrankseite herangezogen.
B 4.2-35 Die Wandanschlussleiste kann schon in der Werkstatt vorgefertigt werden. Die Schrankwand wird so weit eingeschoben, bis die Passleiste an der an der Raumwand ins Lot gesetzten Latte arretiert.
B 4.2-36 Tapezierbarer Wandanschluss. Der Übergang vom Putz zum Holz ist durch ein Fugenband armiert. Eine Deckleiste wird von innen gegen die Schrankseite geschraubt und kann bei wiederholten Tapezierarbeiten demontiert werden.

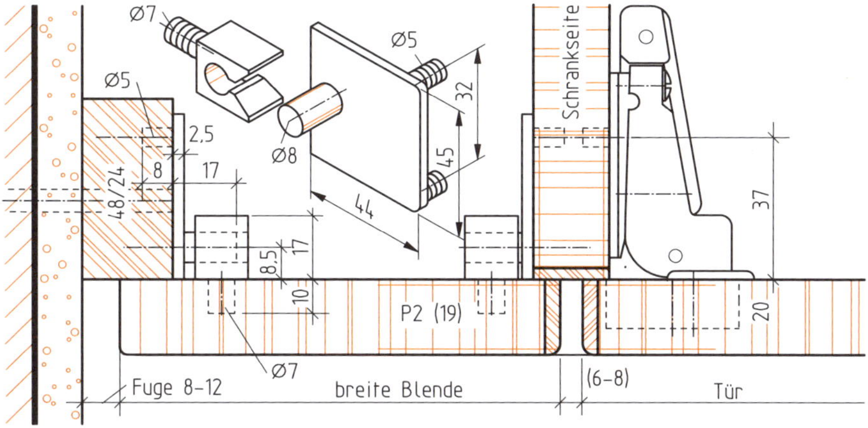

B 4.2-37

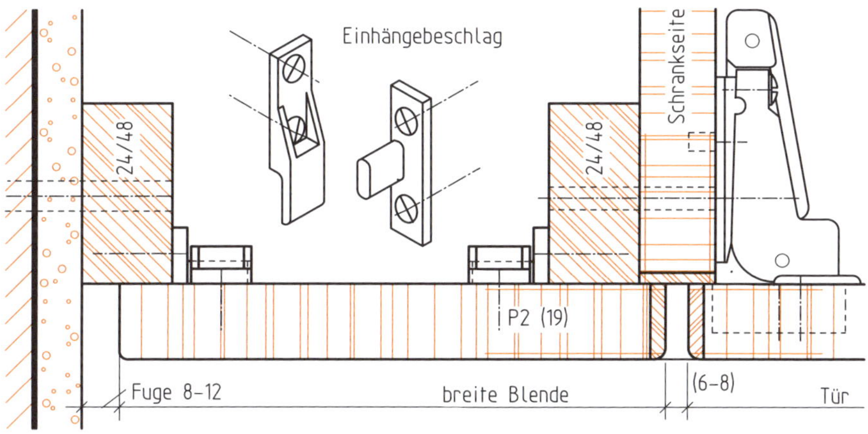

B 4.2-38

B 4.2-37 Breite Wandanschluss-Blende, die mittels Blendenträger auf die Wandleiste und Schrankseite aufgeklippst wird (Hä).

B 4.2-38 Eine breite Wandanschluss-Blende wird mittels Einhängebeschlag auf die Unterkonstruktion gehängt. Wichtig ist, dass die Blende bei diesem Beschlag oben ca. 20 mm Luft zum Ein- und Aushängen hat (Hä).

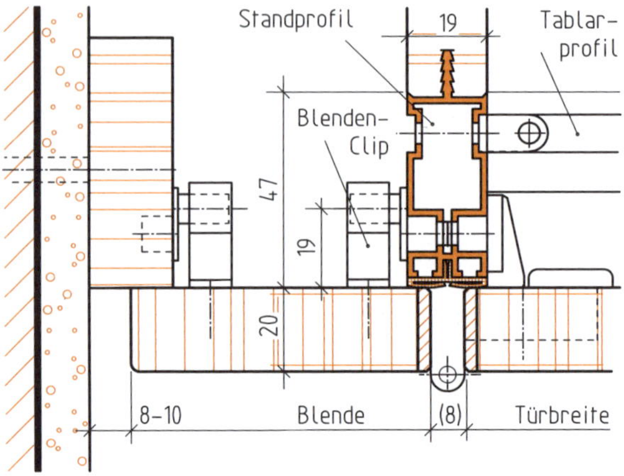

B 4.2-39

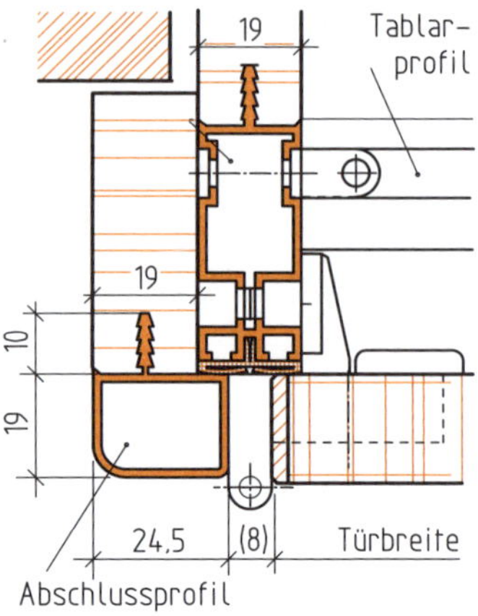

B 4.2-40

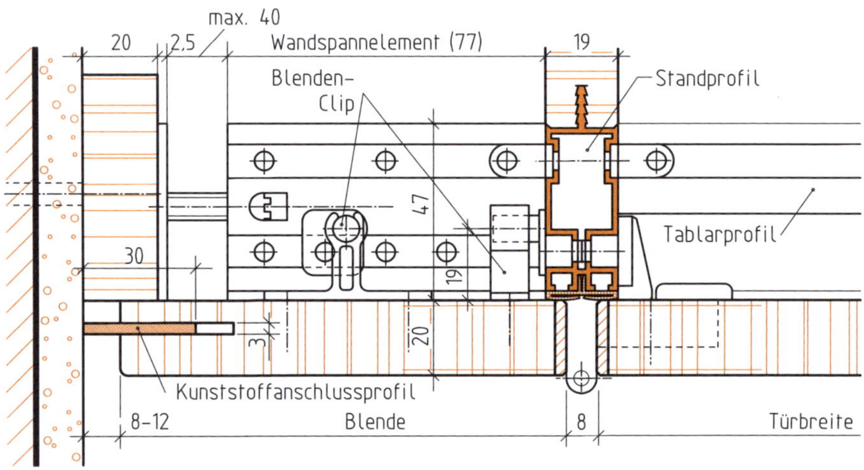

B 4.2-41

B 4.2-39 Wandanschluss bei der Verwendung von Alu-Schrankbauprofilen. In den Systembohrungen und an der Wandleiste lassen sich Blendenhalter befestigen, auf die die Wandanschlussblende geklippst wird (Hä, He sinngemäß).

B 4.2-40 Wandanschluss mit tiefer Schattenfuge bei der Verwendung von Alu-Schrankbauprofilen. Die Lisene mit einem Alu-Abschlussprofil deckt das Standprofil seitlich ab. Sie wird durch die Systembohrungen von innen befestigt (Hä, He).

B 4.2-41 Breiter Wandanschluss bei der Verwendung von Alu-Schrankbauprofilen. Seitlich ist an dem Standprofil ein Wandspannelement befestigt, auf dem die Blendenclips montiert werden können. An der Wand bleibt eine Schattenfuge, die durch ein besonderes Kunststoffanschlussprofil gedichtet wird (Hä, He).

4.2.4 Deckenanschlüsse

Deckenanschlüsse haben die gleiche Aufgabe wie die Wandanschlüsse zu erfüllen, sie sollen den Einbauschrank hier an der Decke des Raums dicht anschließen. Schrankwände an Außenwänden oder feuchten Innenwänden müssen an ihrer Rückwand entlüftet werden. Deshalb sind im Deckenanschluss zusätzlich Schlitze für die Luftzirkulation unterzubringen. Bei einem seitlich und oben um die Schrankwand umlaufenden Abschluss kann der Wandanschluss und der Deckenanschluss in ähnlicher Form konstruiert werden. Die Deckenanschlüsse sind im Vertikalschnitt dargestellt (B 4.2-42 bis 56).

4.2.5 Fußbodenanschlüsse

Schrankwände können auf Sockel gestellt werden. Die Sockel müssen vorher durch Unterlegen von Keilen oder durch Anpassen an den Fußboden genau in Waage ausgerichtet sein. Bei Einbauschränken mit bis zum Fußboden durchlaufenden Seiten werden Sockelblenden verwendet, die entweder zurückspringend zwischen die Seiten oder stumpf auf die Seiten gesetzt werden können. Um die Einbauschränke gut ausrichten zu können, sind verschiedene Höhenversteller im Handel, die durch Gewindeschrauben ein genaues Justieren ermöglichen. Bei großen Schrankwänden empfiehlt sich ein zusätzliches Unterlegen der Seiten und des Sockels mit Keilen, damit nicht das ganze Gewicht des Schranks auf den Stellschrauben sitzt. Außerdem kann bei hoher Belastung der Boden unter den Fußtellern der Höhenversteller durch Zusammendrücken des Fußbodenbelags oder der Trittschalldämmung nachgeben. Höhenversteller sollten bei kompakten Schrankwänden immer am oder unter dem tragenden Element wie Seite oder Sockelrahmen angebracht werden und nicht unter dem Unterboden. Um eine Luftzirkulation zu ermöglichen, können in den Sockel oder der Sockelblende Luftschlitze eingebaut werden. Einige Fußbodenanschlüsse sind im Vertikalschnitt dargestellt (B 4.2-57 bis 68).

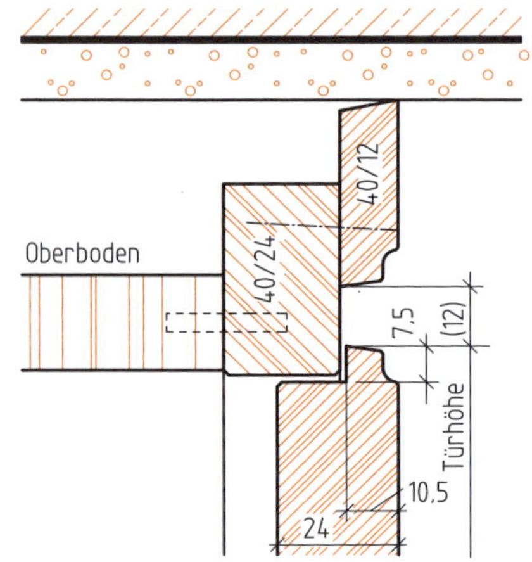

B 4.2-42

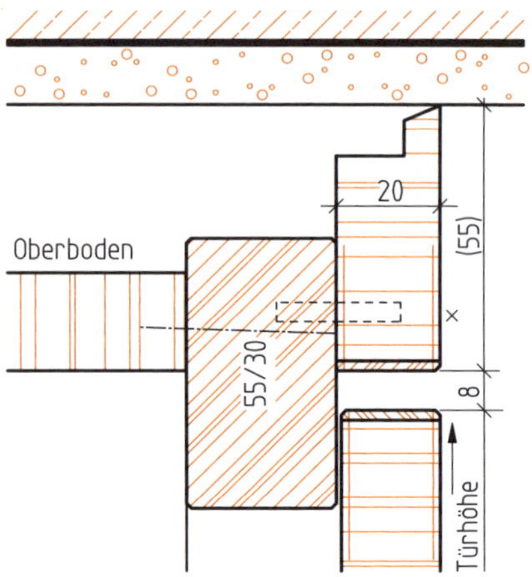

B 4.2-43

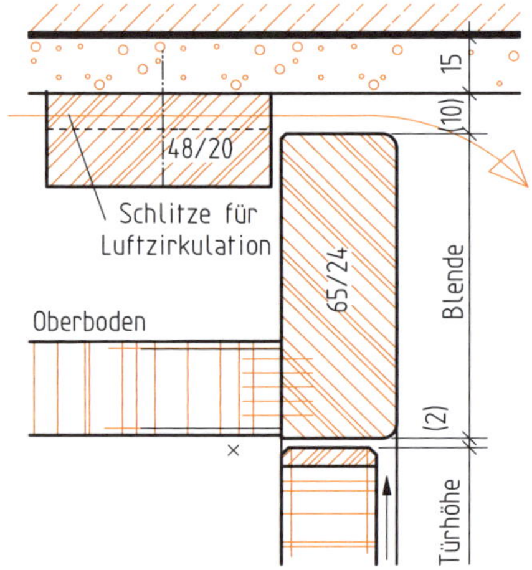

B 4.2-44

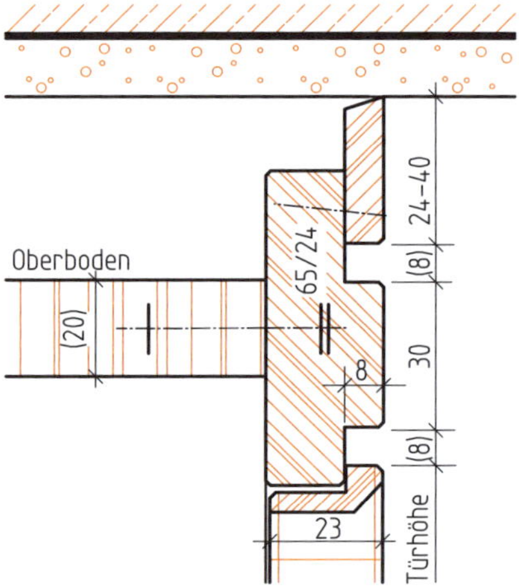

B 4.2-45

B 4.2-42 Deckenanschluss bei Schrankwänden mit Frontrahmen, zu Wandanschluss B 4.2-18 passend.
B 4.2-43 Deckenanschluss bei Schrankwänden mit Frontrahmen, zu Wandanschluss B 4.2-20 passend.
B 4.2-44 Deckenanschluss bei Einbauschränken mit Frontrahmen, zu Wandanschluss B 4.2-21 passend.
B 4.2-45 Schrankwand mit Frontrahmen. Deckenanschluss passt zu Wandanschluss B 4.2-19.

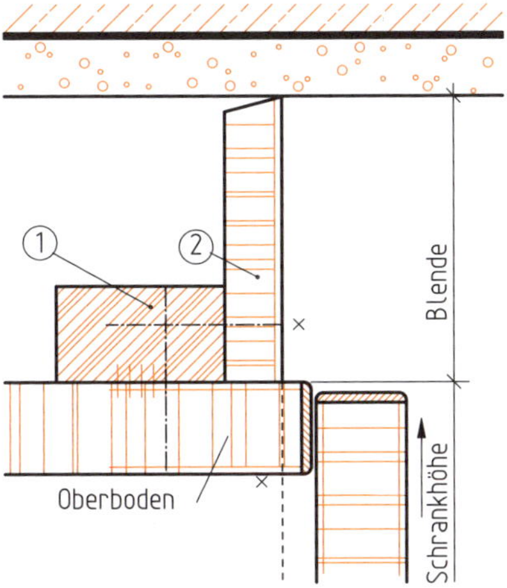

B 4.2-46

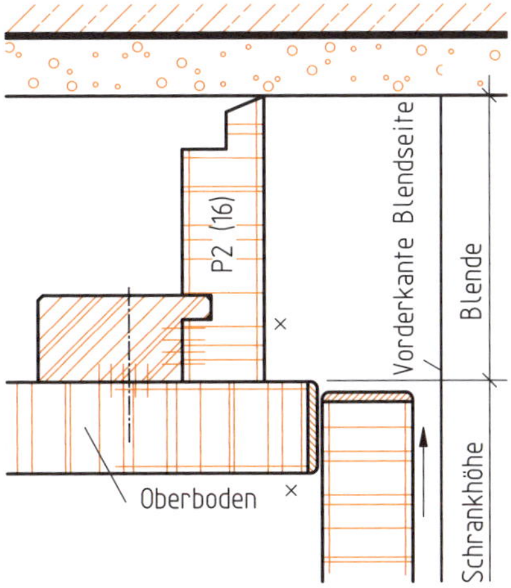

B 4.2-47

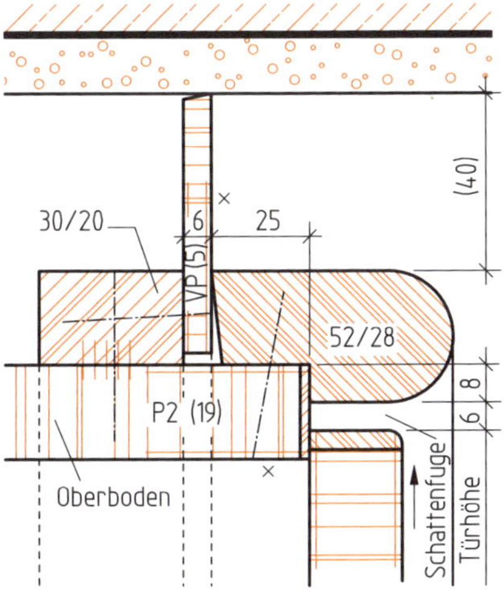

B 4.2-48

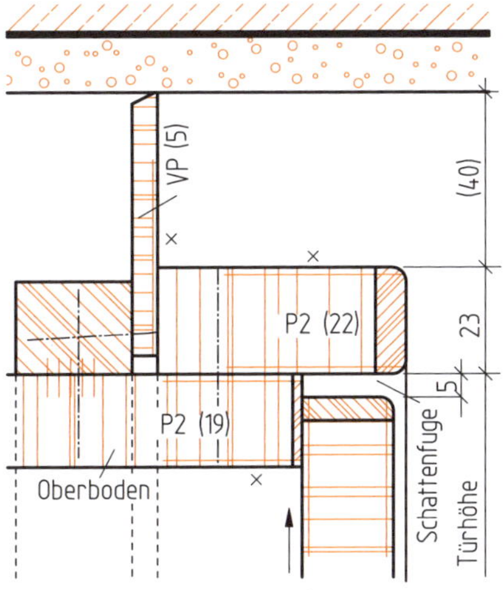

B 4.2-49

B 4.2-46 Zurückspringender Deckenanschluss. Auf dem Oberboden ist werkstattseits eine Grundleiste (1) montiert, gegen die auf dem Bau die Deckenblende (2) genagelt werden kann.

B 4.2-47 Zurückspringender Deckenanschluss. Die Grundleiste weist eine angefräste Feder auf, auf die die passend genutete Blende geschoben werden kann (siehe B 4.2-26).

B 4.2-48 Ein zurückspringender Deckenanschluss, der durch ein an den Außenseiten und am Oberboden umlaufendes Profil gebildet wird (siehe B 4.2-29).

B 4.2-49 Deckenanschluss wie vor, jedoch mit furnierter Lisene.

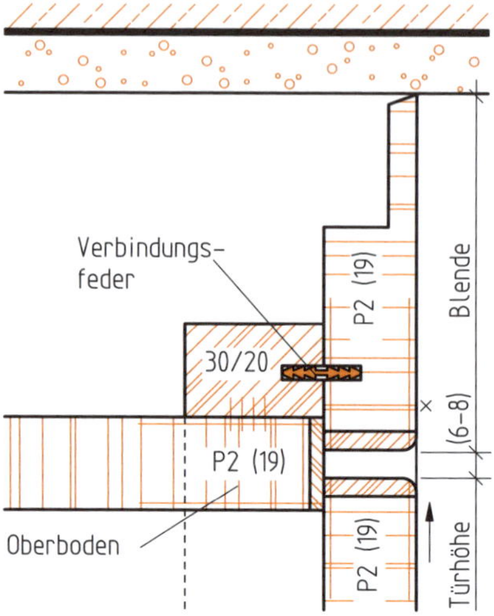

B 4.2-50 (siehe Seite 425)

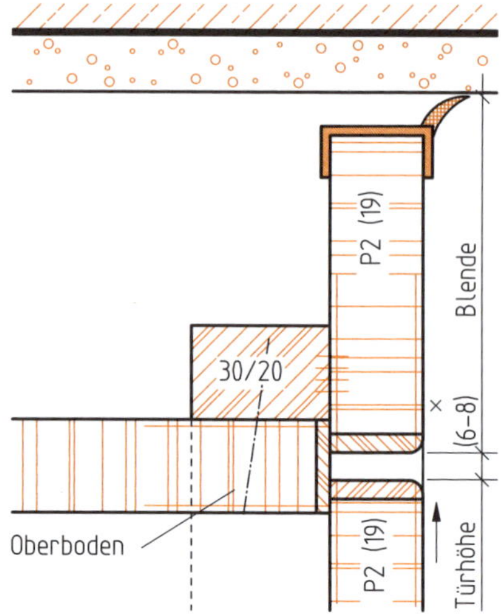

B 4.2-51 (siehe Seite 425)

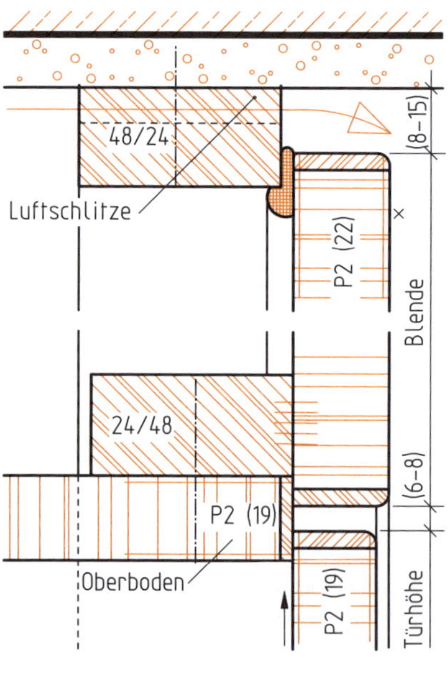

B 4.2-52 (siehe Seite 425)

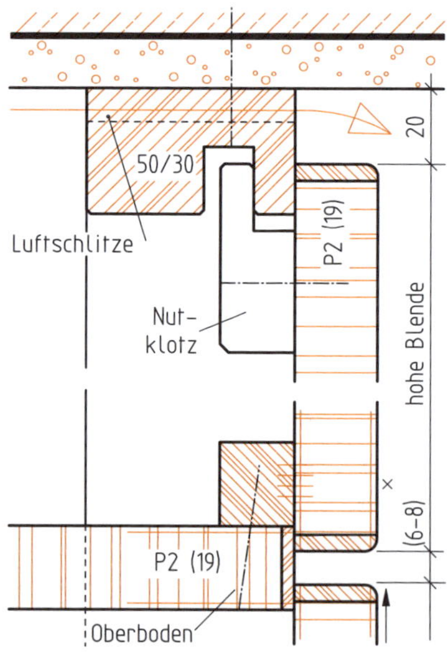

B 4.2-53 (siehe Seite 425)

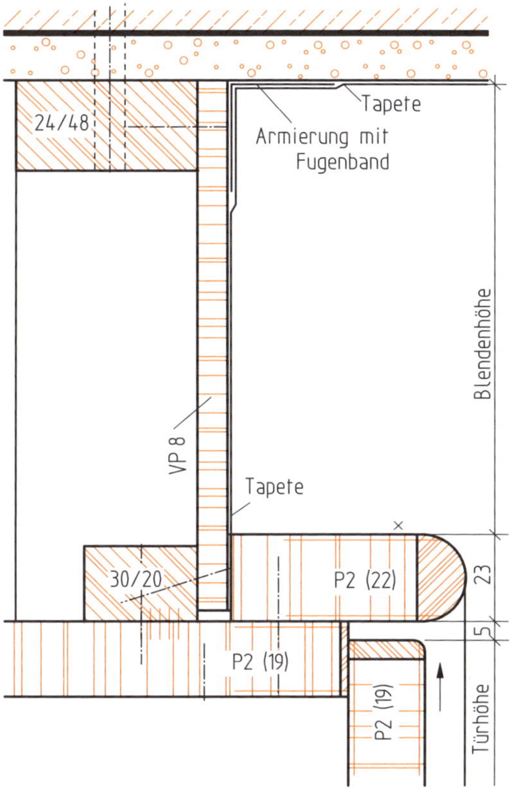

B 4.2-54

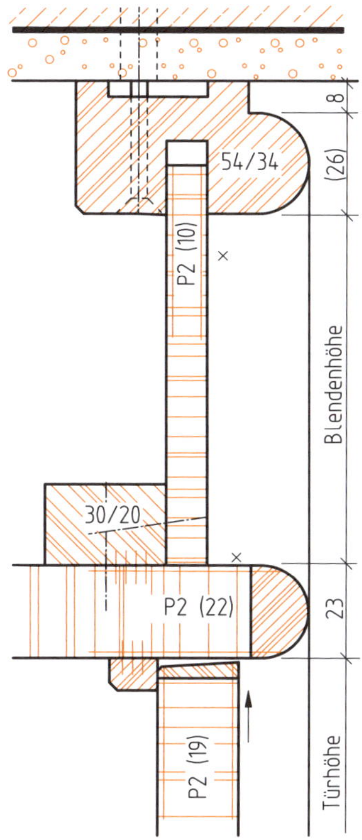

B 4.2-55

B 4.2-54 Deckenanschluss mit tapezierter oder gestrichener Schürze, zu B 4.2-36 passend.
B 4.2-55 Deckenanschluss mit breitem Schattenfries. Die Kanten der Schrankböden und -seiten sind profiliert, die Türen stumpf einschlagend.

Bildlegenden Seite 424:
B 4.2-50 Deckenanschluss, der mit den Türen in einer Ebene liegt (siehe B 4.2-33).
B 4.2-51 Deckenanschluss, der mit der Schrankfront in einer Ebene liegt. Das Kunststoffabschlussprofil muss auf Gehrung herumgeführt werden, wenn auch der Wandanschluss so konstruiert wird (siehe B 4.2-32).
B 4.2-52 Deckenanschluss mit hoher Blende. Sie ist dicker und steht gegenüber der Front vor. Die Latte an der Decke ist für eine Luftzirkulation stellenweise ausgeklinkt (passend zu Wandanschluss B 4.2-35).
B 4.2-53 Deckenanschluss mit sehr hoher Blende, auch Schürze genannt. Sie wird mit Nutklötzen in eine an der Decke befestigten Leiste geschoben und durch den Oberboden von innen mit dem Schrank verschraubt. In der Deckenleiste sind Lüftungsschlitze angeordnet.

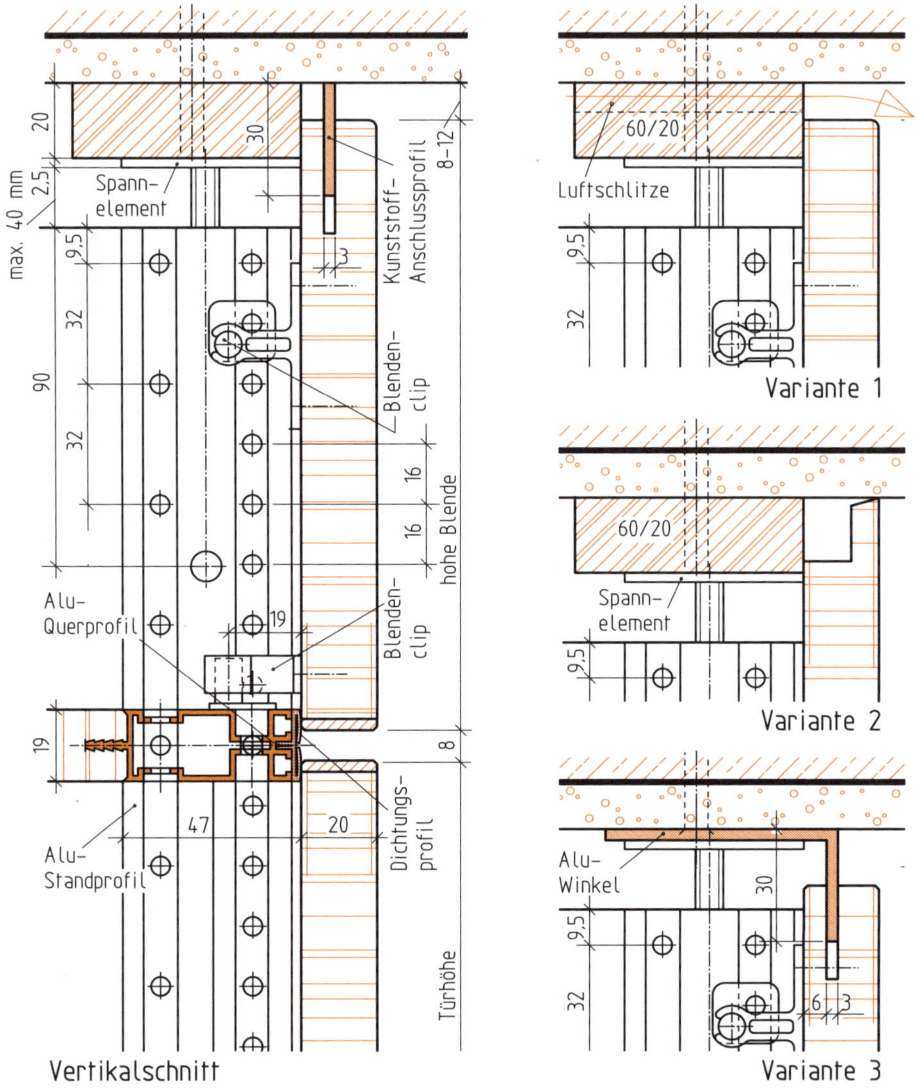

B 4.2-56 Deckenanschlüsse bei der Verwendung von Alu-Schrankbauprofilen. Die Standprofile werden in der Regel gegen die Decke verspannt. Die Blenden können auf die Profile aufgeklippst werden (Hä, He, Fe).

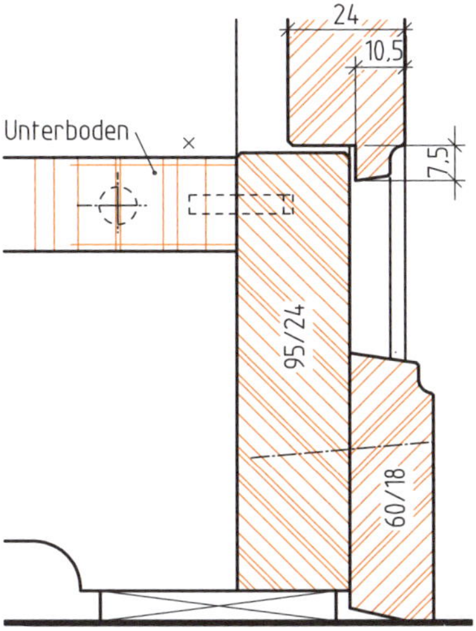

B 4.2-57

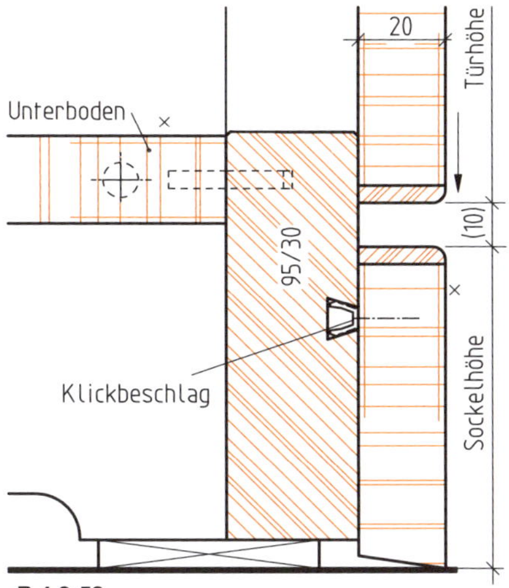

B 4.2-58

B 4.2-57 Fußbodenanschluss bei einem Einbauschrank mit Frontrahmen und überfälzten Türen, passend zu Wandanschluss B 4.2-18.

B 4.2-58 Fußbodenanschluss bei einem Einbauschrank mit Frontrahmen. Die Sockelblende ist so dick wie die Türen und wird auf den Rahmen aufgeklippst (Kn).

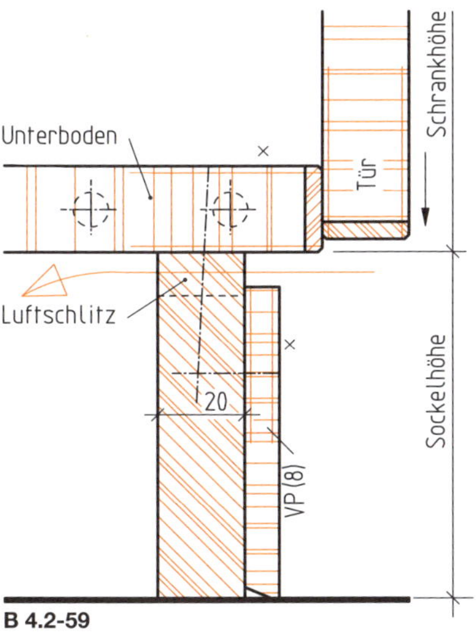

B 4.2-59

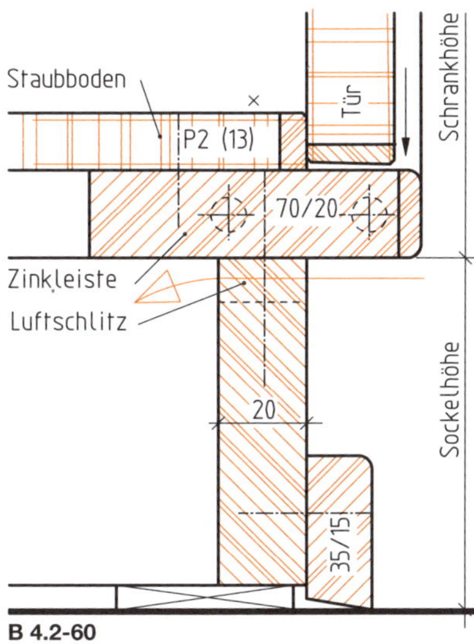

B 4.2-60

B 4.2-59 Umlaufender Sockel wird ausgerichtet und am Boden angepasst. Die Sichtfläche wird durch eine furnierte Blende verkleidet.

B 4.2-60 Umlaufender Sockel wird, bevor der Staubboden eingelegt wird, durch Keile unterlegt und ausgerichtet. Die Luft unter dem Sockel wird durch eine Fußleiste verdeckt.

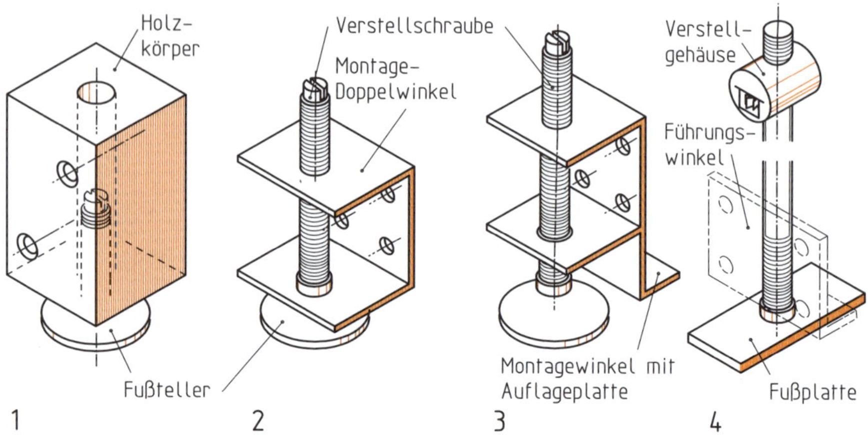

B 4.2-61 Sockelhöhenversteller. 1 Körper aus Holz zum Anleimen und Anschrauben an die Schrankseiten, innen befindet sich eine Einschlagmutter mit Gewindestange (Hä), Sockelhöhenversteller aus Stahl, 2 zum Anschrauben an die Seite (Hä, Gi), 3 zum Anschrauben und Einnuten, Tragkraft 130 kg (Hä, Gi) und 4 zum Einnuten in die Schrankseiten, mit zierlichem Verstellgehäuse (Hä).

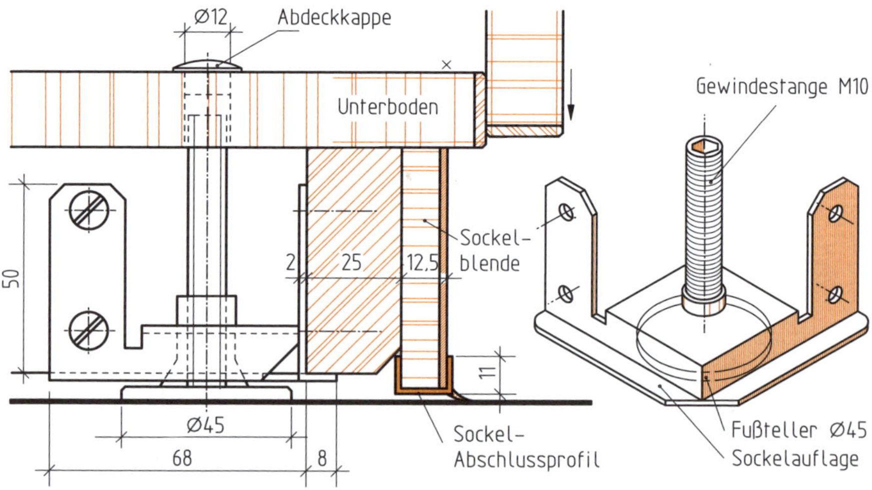

B 4.2-62 Höhenversteller mit Sockelauflage, Tragkraft 150 kg (Gi). Vor den Sockel wird eine mit HPL-Platten beschichtete Blende mit einem Sockelabschlussprofil gesetzt. Dies verhindert, dass Feuchtigkeit in die Plattenkante einziehen kann, und gleicht geringe Unebenheiten aus (Ht, Ne, Re).

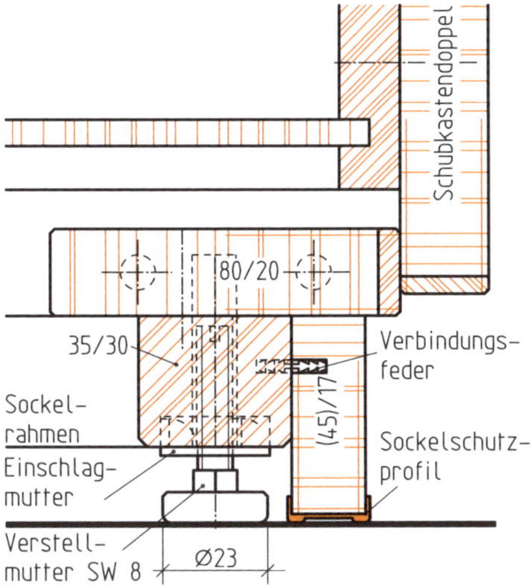

B 4.2-63 (siehe Seite 430)

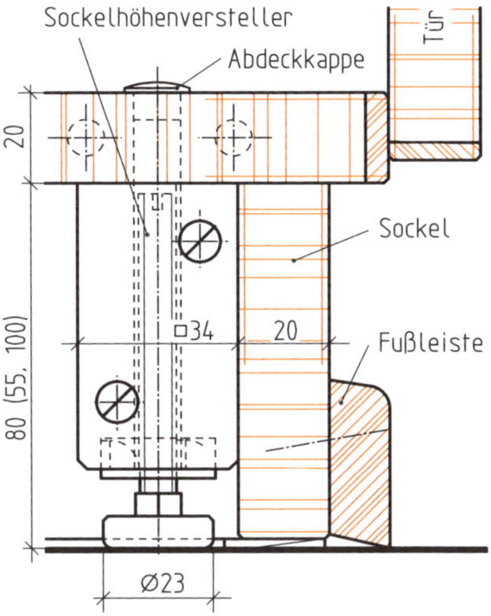

B 4.2-64 (siehe Seite 430)

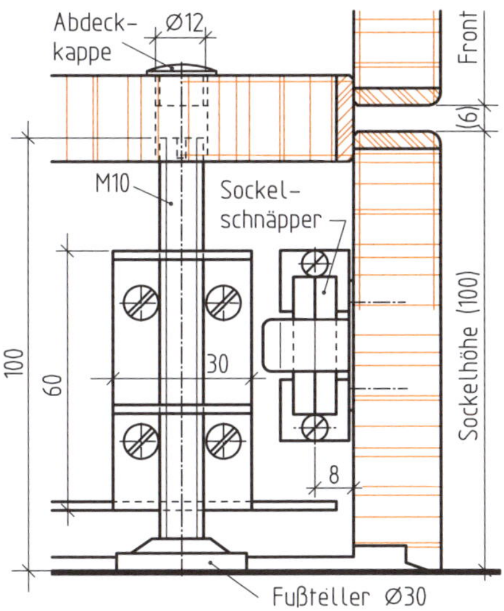

B 4.2-65 (siehe Seite 430)

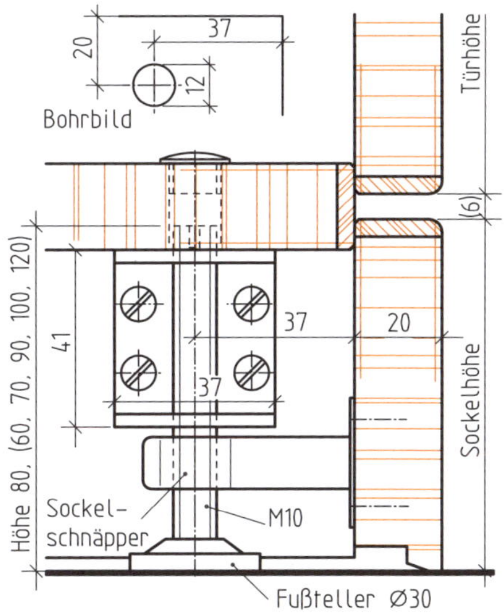

B 4.2-66 (siehe Seite 430)

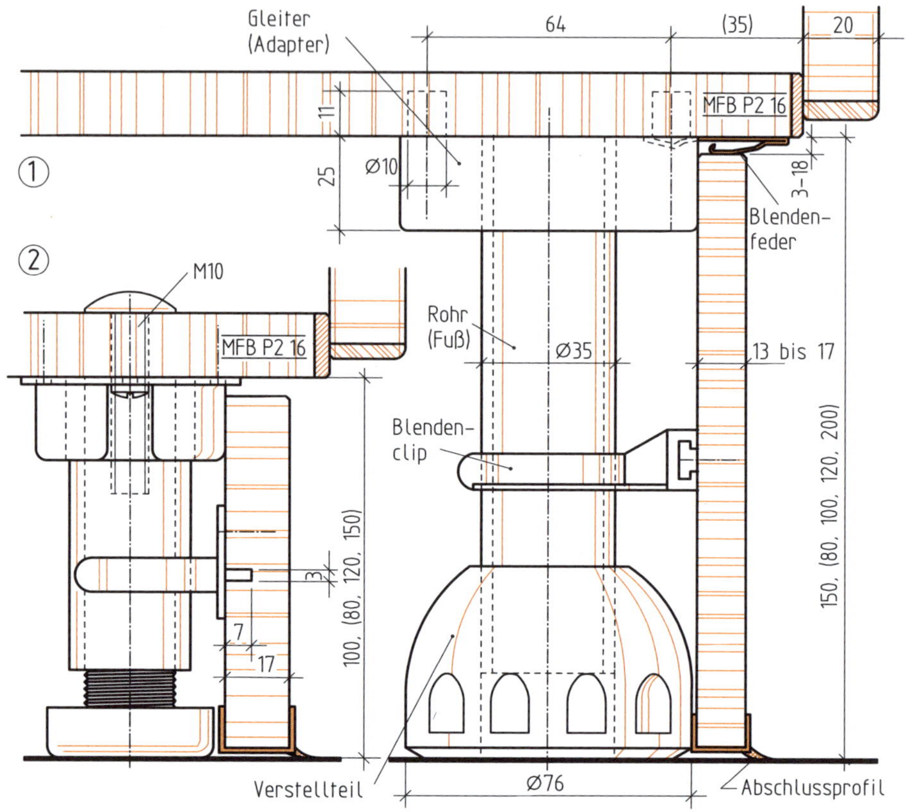

B 4.2–67 Die Sockelhöhenverstellfüße aus Kunststoff sind besonders für Küchenschränke oder Badezimmermöbel geeignet. Sie werden am Unterboden befestigt, weisen ein Höhenverstellteil auf und ermöglichen ein Aufklippsen der Sockelblenden. Verstelltoleranz in der Höhe ca. –10/+18 mm. Für sichtbare Füße gibt es auch zierlichere und formschönere Verstellteile (Hä, He, Re).

Bildlegenden Seite 429:

B 4.2-63 Höhenversteller ist im Sockelrahmen eingebaut. Die Höhenverstellung erfolgt mit einem Schraubenschlüssel SW 8. Die Sockelblende wird mit einer Verbindungsfeder mit dem Sockelrahmen verbunden (Hä).

B 4.2-64 Höhenversteller mit Holzkörper. Die Bohrung im Unterboden, die zur Verstellung der Gewindestange dient, kann durch eine Abdeckkappe verschlossen werden.

B 4.2-65 Sockelhöhenversteller, die an den Schrankseiten befestigt und hier mit einer Auflage eingenutet sind. Tragkraft 130 kg. Die Sockelblende ist mittels Sockelschnäpper auf die Seiten geklippst (Hä, Gi).

B 4.2-66 Sockelhöhenversteller wie vor, jedoch ohne Auflagewinkel. Der Sockelschnäpper greift über die Gewindestange (Hä, Gi).

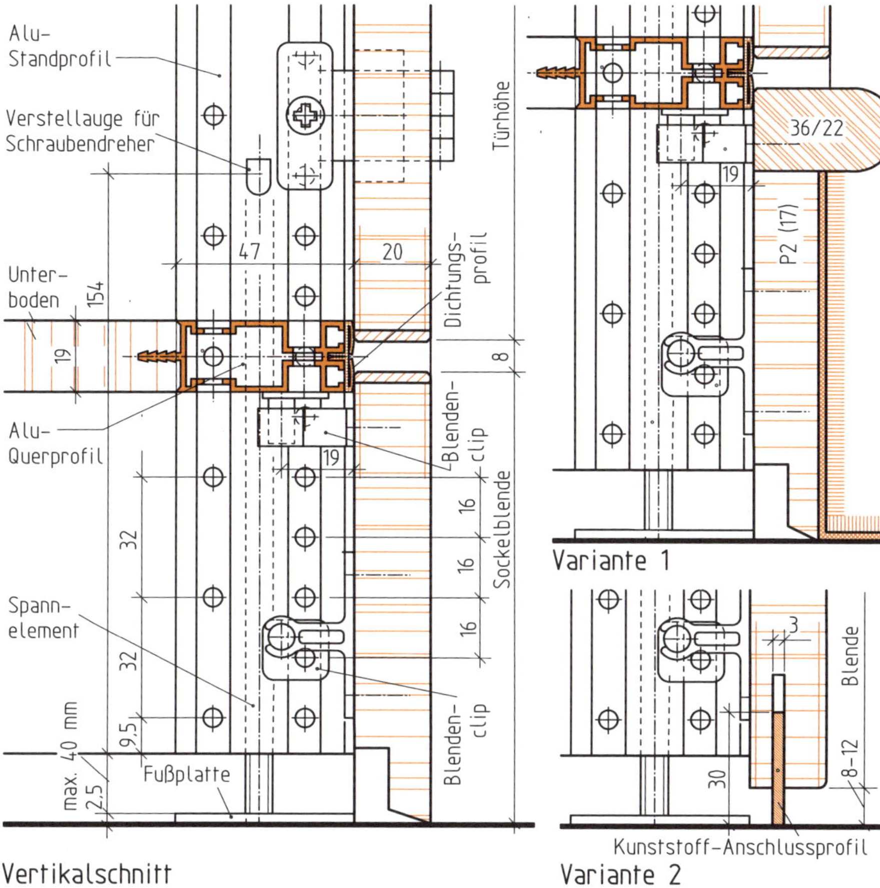

B 4.2–68 Sockelausbildungen bei Schränken, die aus Alu-Schrankbauprofilen hergestellt wurden. Das Spannelement kann in den Profilen vormontiert mitgeliefert werden. Die Höhenverstellung geschieht durch einen Schraubendreher am Verstellauge. Die Sockelblenden werden auf die Front aufgeklippst (Hä, He, Fe).

Bildlegenden Seite 432:

B 4.3-1 Besondere Rasterschienen zum Einsetzen der Tragkonsolen (Raster 37 mm) können an die Raumwand oder, wie hier, auf eine Unterkonstruktion geschraubt werden. Mittels Linsenkopfschrauben können darauf die Wandverkleidungsplatten eingehängt werden.

1 Seitliche Abschlussschiene, links, 2 einreihige Rasterschiene, 3 zweireihige Rasterschiene.

a) Bohrungen für die Wandmontage der Rasterschiene, b) Schlitzbohrungen zur Aufnahme der Verkleidungsplatten (Hä)..

4.3 Regalsysteme

Regalsysteme bestehen in der Regel aus Tragschienen oder -säulen, an denen die unterschiedlichsten Elemente wie Konsolen, Tragrahmen mit Kleiderstangen, Körbe usw. befestigt werden können. Meistens weisen die Schienen und Säulen hierfür ein- oder zweireihige Rasterlochungen auf. Somit lassen sich Regale und auch Raumteiler individuell und funktional für die verschiedensten Zwecke im Ladenbau und Wohnbereich gestalten. Die Ausführung der Metallteile ist meistens weiß, aluminiumweiß oder schwarz pulverbeschichtet.
Wichtig ist, dass die Regale und Raumteiler so montiert werden, dass sie die sicherheitstechnischen Anforderungen an Stand- und Kippsicherheit erfüllen (Bild 4.3-1 bis 4.3-3).

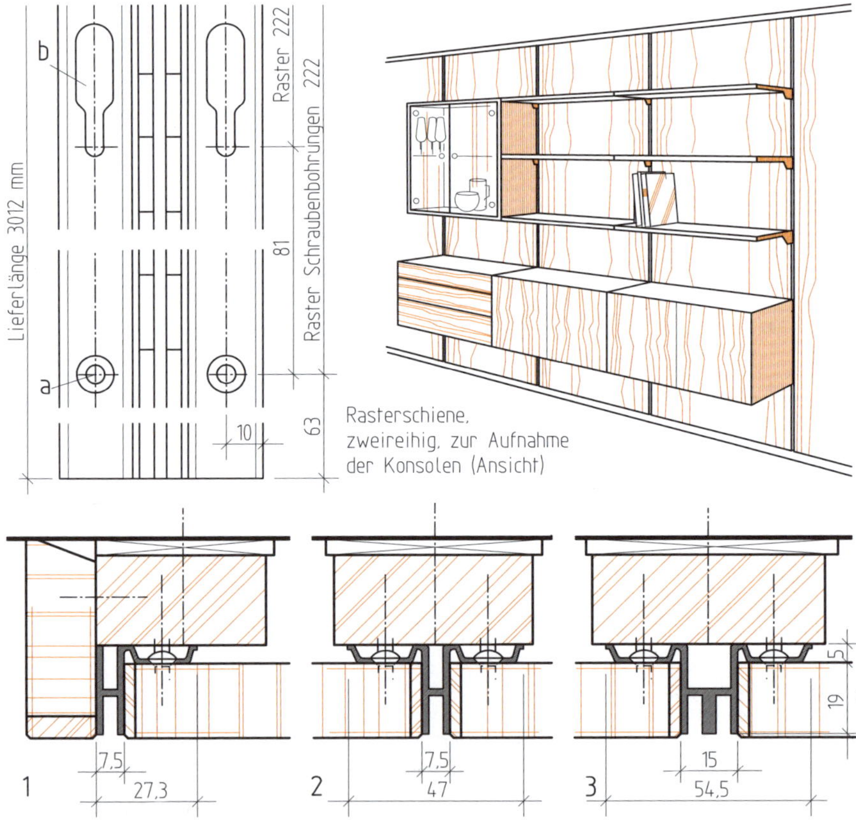

B 4.3-1 (siehe Seite 431)

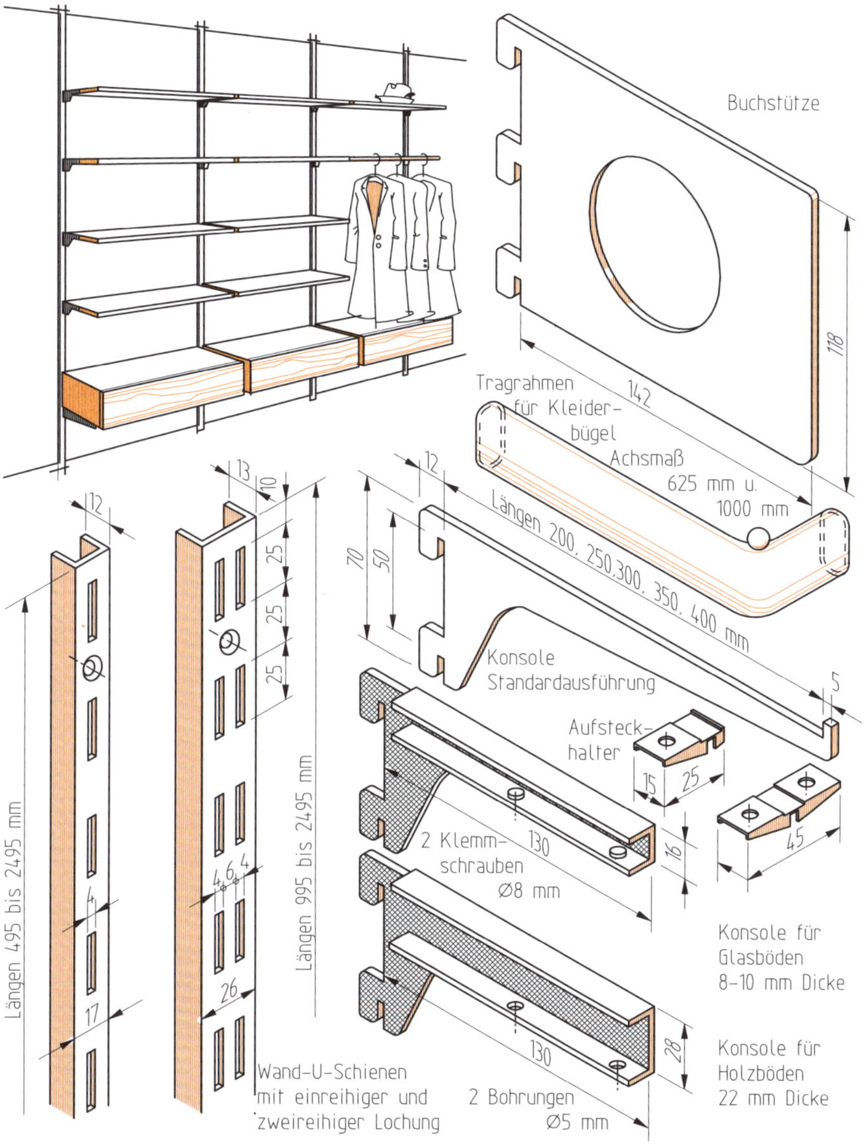

B 4.3-2 Regalsystem aus Wand-U-Schienen mit ein- oder zweireihiger Rasterlochung. Hier können die unterschiedlichsten Konsolen zur Aufnahme von Böden aus Glas oder Holzwerkstoffen, von ganzen Korpuselementen bis hin zu Tragrahmen mit Kleiderstange usw. eingehängt werden (Hä).

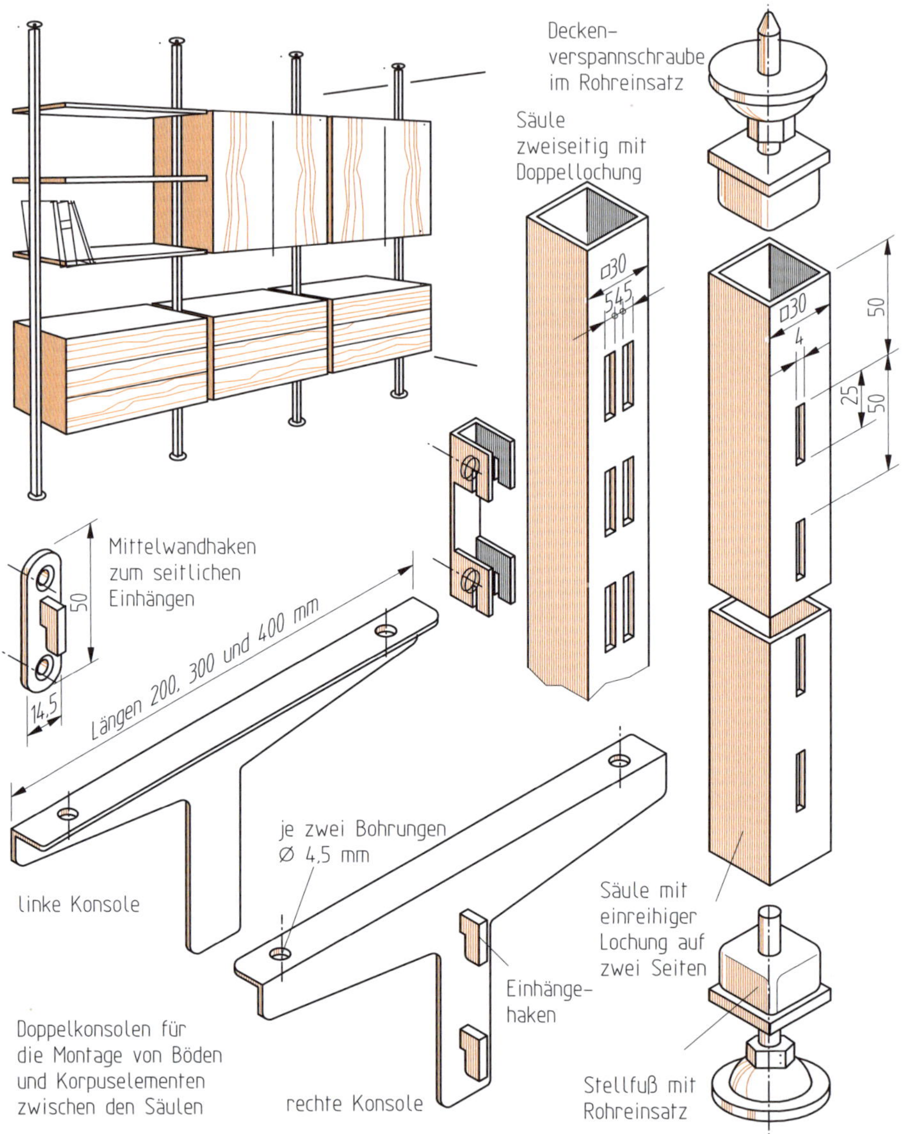

B 4.3-3 Regalsystem aus Säulen mit ein- und zweiseitiger Rasterlochung. Hier als Raumteiler aufgebaut. Die Säulen müssen zwischen Decke und Fußboden kippsicher eingespannt werden (Hä).

5 Beleuchtung in Möbeln

Zum Beleuchten der Möbel stehen verschiedene Leuchtmittel zur Verfügung. Im Wesentlichen sind es die Niedervolt-Halogenlampen, die Leuchtstofflampen und die LED-Lampen.

5.1 Niedervolt-Halogenleuchten

Halogenlicht wirkt wie natürliches Licht und überzeugt durch seine starke Helligkeit. Es lässt die in Vitrinen ausgestellten Gegenstände in Farbe und Glanz besonders brillant zur Geltung kommen. Halogenlicht wird außerdem für die Ausleuchtung größerer Flächen, zum Beispiel über Arbeitsplatten und vor Möbelfronten, bis hin zur Raumbeleuchtung eingesetzt.
Niedervolt-Halogenlampen benötigen nur 12 V Wechselspannung. Ein Transformator muss daher vorgeschaltet werden, der die Netzspannung von 230/240 V auf die benötigte Spannung herunter transformiert. Halogenlampen gibt es mit 10 W bis 50 W Leistung. Sie sind in der Regel innenverspiegelt und haben einen Durchmesser von ca. 45 mm. Sie können in vielfältig gestaltete Leuchten eingebaut, oder in flacher Bauweise in Einlegeböden oder Korpusflächen eingebohrt

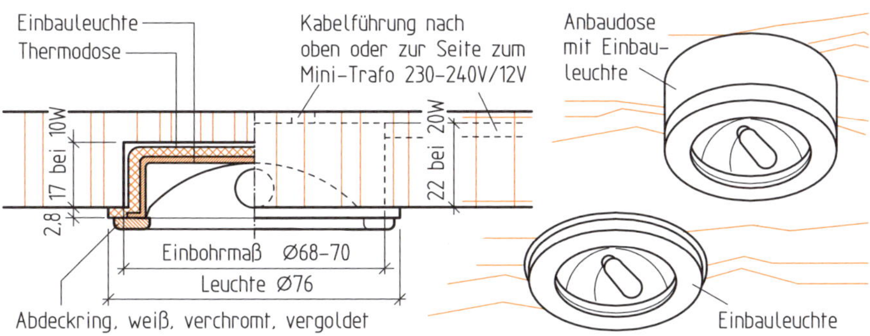

B 5.1-1 Halogen-Einbauleuchten, im eingebauten Zustand mit Thermodose, die ein Verfärben oder eine Rissbildung des Holzes verhindern soll. Rechts oben wurde die Einbauleuchte in eine Anbaudose gesetzt. Der Niedervolt-Transformator mit Steckverbindungen ist nicht dargestellt (He, Hä sinngemäß).

werden. Die Leuchten sind dimmbar. Durch die standardisierten Steckverbindungen ist die Installation relativ einfach. Die Lampen erzeugen Wärme, deshalb muss der vorgeschriebene Abstand zu brennbaren Gegenständen unbedingt eingehalten werden (B 5.1-1)

5.2 Leuchtstoffleuchten

Mit Leuchtstoffleuchten erhält man ein breit strahlendes, gleichmäßiges Licht. Sie sind besonders gut für die Ausleuchtung von Arbeitsflächen zum Beispiel in der Küche geeignet. Sie benötigen wenig Energie und sind besonders langlebig. Sie sind in den Lichtfarben kaltweiß und warmweiß erhältlich. Leuchtstofflampen benötigen ein elektronisches Vorschaltgerät, damit sie flackerfrei starten. Sie sind aber nicht dimmbar. Leuchtstofflampen sind in der Regel röhrenförmig, haben einen Durchmesser von ca. 20 mm und die Längen 600 mm (14 W), 900 mm (21 W) und 1200 mm (28 W). Es gibt aber auch Sondergrößen bis zur Miniröhre von nur 4 mm Durchmesser. Während die normalen Leuchtstofflampen meistens in kastenförmige Leuchten oder in Leuchtprofile mit Glasblenden eingebaut werden, können die Miniröhren an Bodenkanten, in Kleiderstangen, in Auszügen usw. eingesetzt werden und so die Schrankinnenräume ausleuchten. Leuchtstofflampen bleiben selbst bei langer Brenndauer kalt oder werden nur mäßig warm (B 5.2-1).

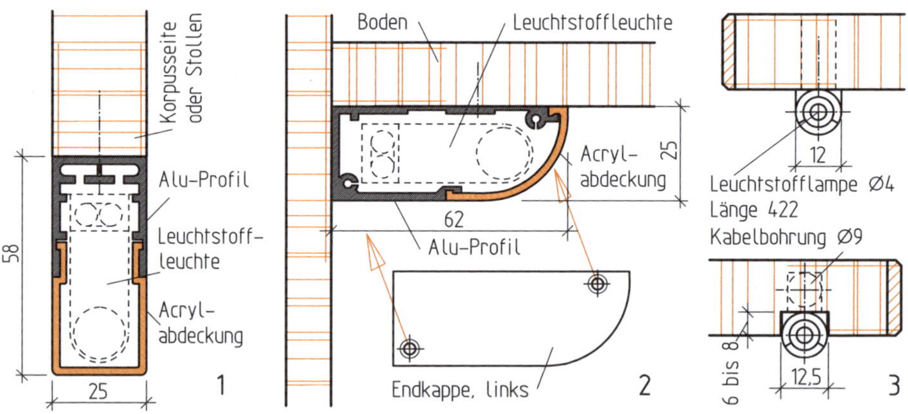

B 5.2-1 Leuchtstoffleuchten. 1 Einbau in Alu-Lichtschienen mit transluzenter Acrylabdeckung, die vor die Korpusseiten oder auch -böden geschraubt werden können. 2 Einbau in ein Alu-Profil mit einklippsbarer, transluzenter Acrylabdeckung zum Anschrauben unter Oberschränke um z. B. Arbeitsplatten auszuleuchten. Die Profile sind individuell kürzbar und können auch um Ecken herumgekröpft werden (He). 3 Mini-Leuchtstofflampen, ca. 420 mm lang, unter den Boden geschraubt oder in den Boden eingelassen. Mini-Leuchtstofflampen benötigen ein Vorschaltgerät (He, Hä, Hra).

5.3 LED-Leuchten

Die LED-Technologie ist das jüngste Kind unter den Leuchtmitteln. Sie zeichnet sich besonders durch den geringen Stromverbrauch bei größerer Lichtausbeute und langer Lebensdauer aus. Die einzelnen LED-Lämpchen haben nur geringe Abmessungen, sind relativ stoß- und vibrationsfest. Sie lassen sich deshalb und auch wegen der geringen Wärmeentwicklung gut in Möbel und Einbauschränke einbauen. Die LED-Lämpchen können zu LED-Lichtbändern hintereinander gereiht, zu Gruppen in LED-Leuchten zusammengefasst oder auch einzeln wahlfrei angeordnet werden. Sie können in sehr schmale Alu-Schienen eingesetzt, so in die Möbelflächen oder -kanten eingenutet, in Kleiderstangen eingelassen

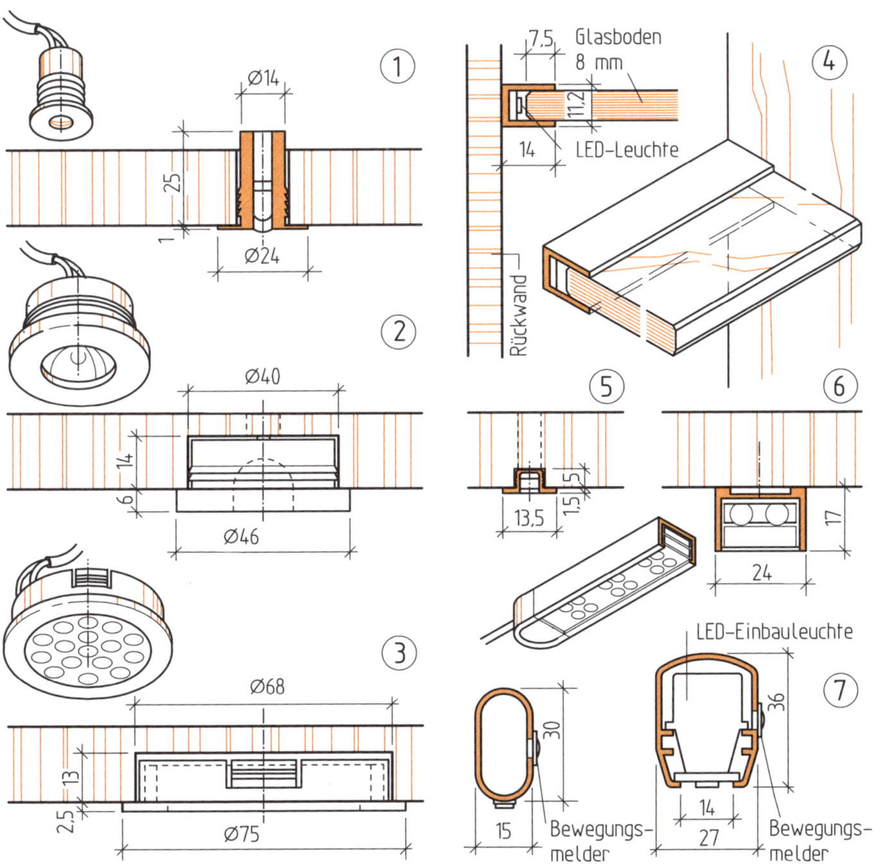

B 5.3-1

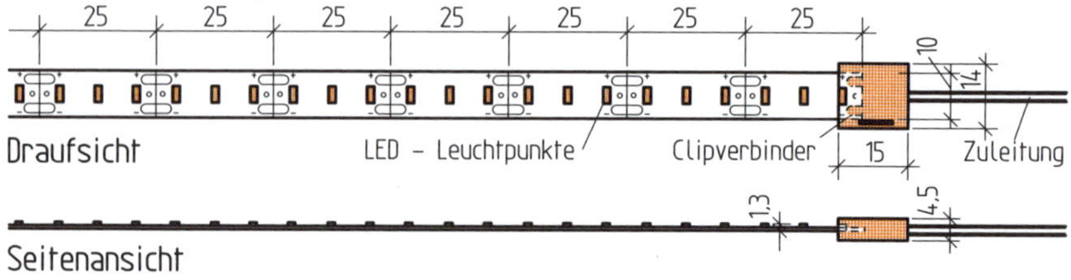

B 5.3-2 Lichtbänder mit LED-Leuchtpunkten. Abstände der Leuchtpunkte 25 mm, 50 mm und 100 mm. Die Lichtbänder werden aufgerollt geliefert. Sie können je nach benötigter Länge gekürzt werden. Der Anschluss erfolgt über eine Zuleitung vom Netzteil (Trafo) zum Clipverbinder (Hra).

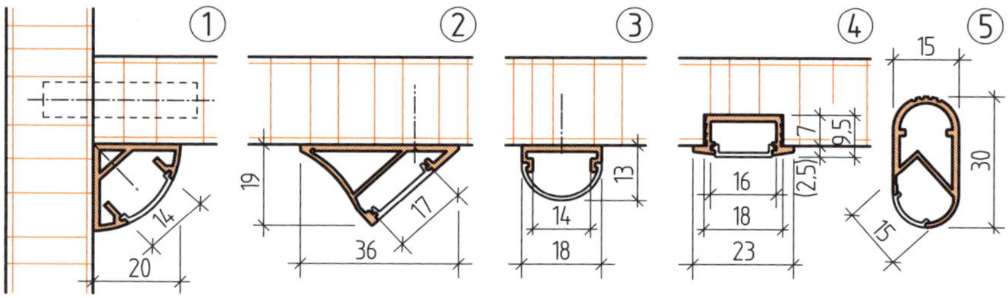

B 5.3-3 Alu-Profile für den Einbau von LED-Lichtbändern. 1 Eckprofil, 2 und 3 Aufschraubprofile, 4 Profil zum Einnuten und 5 Kleiderstangenprofil (Hra).

oder hinter Glasböden angeordnet werden, um deren Kanten zu beleuchten. Gruppenmäßig angeordnete LEDs bilden entweder kreisförmige, quadratische oder rechteckige Lichtfelder, die in LED-Leuchten als Einbau- oder Aufbauleuchten zusammengefasst werden. So ergeben sich zahlreiche Gestaltungs- und Beleuchtungsmöglichkeiten.

Die Lichtfarbe der LED-Leuchten ist normal kaltweiß, warmweiß oder auch blau. LED-Leuchten können gedimmt werden. Durch das Zusammenspiel von roten, gelben und blauen Lichtdioden kann jede erdenkliche Farbe vom warmen Rot, über leuchtendes Orange bis hin zum kühlen Blau erzielt werden.

B 5.3-1 (Seite 424) LED-Leuchten. 1 Kleine LED-Einbauleuchte zur akzentuierten Beleuchtung, 2 LED-Einbauleuchte mit Spotreflektor. 3 LED-Einbauleuchte mit guter Lichtverteilung bei geringer Einbautiefe. 4 LED-Anbauleuchte zum effektvollen Beleuchten der Glasbodenkante. Es wird eine weiße Glasscheibe mit mattierter Glaskante empfohlen. 5 LED-Lichtband zum Einnuten. 6 LED-Anbauleuchte, die auch eingebaut werden kann, in den Längen 188 mm bis 1124 mm. Mehrere Leuchten können durch flexible Verbindungsleitungen verkettet, durch ansteckbare Türkontaktschalter oder Druck- und Sensorschalter geschaltet werden. 7 Kleiderstangen mit LED-Leuchten mit eingebauten Sensorschaltern. Alle LED-Leuchten benötigen ein LED-Vorschaltgerät, das möglichst an nicht sichtbarer, aber doch zugänglicher Stelle angebracht werden sollte (Hra, He).

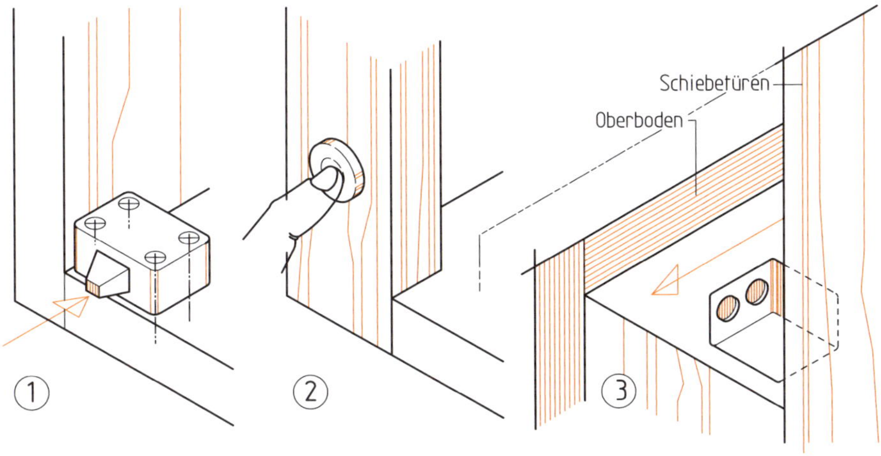

B 5.4-1 Schalter und Sensoren. 1 Türkontaktschalter, wird durch das Öffnen und Schließen der Tür oder auch des Schubkastens betätigt. 2 Berührungsschalter, schaltet durch Berührung, als berührungsfreier Sensorschalter genügt eine Annäherung von 0 bis 6 cm. 3 Sensorschalter für Schiebetüren. Beim Öffnen der Tür geht das Licht an, beim Schließen wieder aus (He, Hä).

Die LED-Leuchten benötigen in der Regel eine Betriebsspannung von 12 V, sodass ein Vorschaltgerät erforderlich ist. Dieses weist eine Zuleitung mit Netzstecker und mehrere Ausgänge für die Mini-Steckverbindungen zum Anschluss der LED-Leuchten auf (B 5.3-1).

5.4 Schalter und Sensoren

Alle Leuchten müssen aus- und eingeschaltet werden. Hierfür stehen normale Schalter wie Wippschalter, Taster, Fußschalter usw. zur Verfügung. Eleganter sind aber Berührungsschalter, berührungslose Schalter, Funkschalter und Türkontaktschalter, die mit oder ohne Sensoren ausgerüstet sein können. Beim Berührungsschalter genügt ein kurzes Antippen, damit das Licht an- oder ausgeht. Bei längerem Berühren kann das Licht gedimmt werden. Bei berührungslosen Schaltern ist ein Sensor eingebaut, sodass eine Annäherung auf wenige Zentimeter genügt, um das Licht an- oder auszuschalten. Funkschalter benötigen einen Funk-Handsender, der mehrere Schalter auf größere Entfernung kabellos betätigt. Türkontaktschalter können durch Öffnen und Schließen der Tür das Licht schalten. Bei Schiebetüren wird man vorwiegend berührungslose Sensorschalter einbauen, die durch die Bewegungen der Schiebetüren reagieren und beim Öffnen das Licht einschalten und beim Schließen ausschalten (B 5.4-1).

Register

Abkürzungen, Firmen

Al	Aluminium
An	Firma ANUBA, Heine & Sohn GmbH, D-78147 Vöhrenbach
Bl	Firma Blum GmbH, Beschlägefabrik, A-6973 Höchst
Dom	Firma DOM, Sicherheitstechnik, GmbH & CO, KG, D-50321 Brühl/Köln
Ek	Firma EKU-AG, Beschlägetechnik, CH-8370 Sirnach
El	Firma Elco-Kunststoffe, A. Elges GmbH, D-33275 Gütersloh
Er	Firma Erba Luigi, I-20053 Muggiö (Milano)
Fe	Firma Feco Innenausbausysteme, D-76139 Karlsruhe
Fes	Firma Festool AG & Co. KG, D-73240 Wendlingen
Fs	Firma F. Schumacher, D-42551 Velbert 1
Fu	Firma Fulterer GmbH, Beschläge, A-6890 Lustenau
FU	Furniersperrholz (heute VP für veneer plywoods)
Gi	Firma GICO-Beschläge, R. Gievers KG, D 33189 Schlangen
Go	Firma Karl Gold, Werkzeugfabrik GmbH, D-73447 Oberkochen
Gol	Firma Goll GmbH, Beschläge, D-88131 Lindau
Gr	Firma Grass AG, Beschlägefabrik, A-6973 Höchst
Ha	Firma HAWA, CH-8932 Mettmenstetten
Hä	Firma Häfele GmbH & Co, Beschlagtechnik, D-72202 Nagold
HB	Harte Faserplatten
He	Firma Hettich – Beschläge GmbH & Co, D-32602 Vlotho
Heb	Firma Briner Hebgo AG, Beschlägefabrikation, CH-4657 Dulliken-Olten
Her	Firma Herzig, mechanics, D-83052 Bruckmühl
Ho	Firma Hoffmann GmbH, Maschinenbau, D-76646 Bruchsal
Hra	Firma Hera GmbH & Co, KG, D-32130 Enger
Ht	Hetal-Werke, Franz Hettich GmbH & Co, D-72275 Alpirsbach
Hu	Firma Huwil, Möbelschloss- und Beschlagfabriken, D-53809 Ruppichteroth
Ju	Firma JuNie, Jul. Niederdrenk, Schlösser und Beschläge, D-42553 Velbert-Tönisheide
Ke	Firma Keso, Präzisions-Schließtechnik GmbH, D-22522 Hamburg
Kn	Firma Friederich Knapp GmbH, D-85591 Vaterstetten
Kr	Firma Robert Krause GmbH & Co, KG, D 73235 Weilheim/Teck
Ku	Firma Kuri, Kunststoffverarbeitung, D-53225 Bonn (Beuel)
La	Firma Lamello, CH-4416 Bubendorf
Le	Leigh-Vertrieb, Peter Hacker, D-83026 Rosenheim
Lei	Firma Gebr. Leitz GmbH & Co, D-73447 Oberkochen
Leu	Firma Leuco, Ledermann & Co, D-72160 Horb
Ma	Firma Magna GmbH, D-73237 Wendungen
MDF	Mitteldichte Faserplatte
MFB	kunststoffbeschichtete dekorative Platte
Ne	Firma Kunststoff KG Nehl & Co, D-32257 Bünde
Op	Firma Oppold, Werkzeuge, D-73447 Oberkochen
Os	Firma Ostermann, Kanten, D-46395 Bocholt
OSB	Langspanplatten
P2	Spanplatten für den Trockenbereich für Möbel und Innenausbau

Pfl	Firma Pfleiderer Industrie GmbH & Co, KG, D-92304 Neumarkt
Pr	Firma Prämeta, Beschläge, D-51085 Köln
Re	Firma Rehau AG & Co, Kunststoffe, D-91018 Erlangen
Rp	Firma Raumplus, D-28259 Bremen
Scheu	Firma Scheulenburg GmbH & Co KG, D-31737 Rinteln
Scho	Firma Schock-Metallform GmbH, D-73660 Urbach
Schü	Firma Schüco-design, Schüco-International KG, D-33326 Burgholzhausen
Si	Firma SISI A/S, Beschläge, DK-2840 Holte
Sim	Firma Simon, K. Simon GmbH & Co, KG, D-78733 Aichhalden
ST	Stabsperrholz (Tischlerplatten)
STAE	Stäbchensperrholz (Tischlerplatten)
Str	Firma Strenger, Riegel- und Beschlagfabrik, D-42579 Heiligenhaus
SWP	Massivholzplatten
VP	Veneer Plywood (Furniersperrholz)
Wü	Firma A. Würth GmbH & Co KG, D-74653 Künzelsau

Holzarten – Handelsnamen und Kurzzeichen

Deutscher Handelsname	Kurz-zeichen (DIN 4076)*	Botanischer Name	Code DIN EN 13556
Abachi	ABA	Triplochiton sceloxylon	TRSC
Afromosia	AFR	Pericopsis elata	PKEL
Afzelia	AFZ	Afzelia	AFXX
Ahorn, Bergahorn	AH	Acer pseudoplatanus	ACPS
Ahorn, Zuckerahom	AHZ	Acer saccharum	ACSC
Amarant	AMA	Peltogyne	PGXX
Amerikanische Weißeiche	EIW	Quercus alba	QCXA
Aningré	ANI	Aningeria	AQXX
Birke	BI	Betula papyrifera	BTXX
Bubinga	BUB	Guibourtia demeusil	GUXX
Buche, Rotbuche	BU	Fagus sylvatica	FASY
Douglasie	DG	Pseudotsuga menziesii	PSMN
Ebenholz, Afrikanisch	EBE	Diospyros	DSXX
Ebenholz, Macassar	EBM	Diospyros celebica	DSCL
Edelkastanie	EKA	Castanea sativa	CTST
Eiche	EI	Quercus petraea	QCXE
Erle, Schwarzerle	ER	Alnus glutinosa	ALGL
Esche	ES	Fraxinus excelsior	FXEX
Fichte	FI	Picea abies	PCAB
Hainbuche, Weißbuche	HB	Carpinus betulus	CPBT
Hemlock	HEM	Tsuga heterophylla	TSHT
Iroko, Kambala	IRO	Milicia excelsa	MIXX
Kiefer	KI	Pinus sylvestris	PNSY
Kirschbaum	KB	Prunus avium	PRAV
Lärche	LA	Larix decidua	LADC
Linde	LI	Tilia cordata	TIXX
Limba	LMB	Terminalia superba	TMSP
Makoré	MAC	Tieghemella heckelii	TGHC
Mansonia, Bete	MAN	Mansonia altissima	MAAL
Nussbaum	NB	Juglans regia	JGRG
Nussbaum, amerikan.	NBA	Juglans nigra	JGNG
Okoumé	OKU	Aucoumea klaineana	AUKL
Ostindischer Palisander	POS	Dalbergia latifolia	DLLT
Pappel	PA	Populus x canescens	POCN
Pitch pine	PIP	Pinus palustris	PNPL
Platane	PLT	Platanus x hispanica	PLXH
Ramin	RAM	Gonystylos bancanus	GYBN
Red pine	PIR	Pinus resinosa	PNRS
Rewood	RWK	Sequoia sempervirens	SESM

* DIN 4076, alte Norm

Deutscher Handelsname	**Kurzzeichen (DIN 4076)***	**Botanischer Name**	**Code DIN EN 13556**
Rio Palisander	PRO	Dalbergia nigra	DLNG**
Rosenholz, Bahia	RSB	Dalbergia decipularis	DLXX
Rüster, Feldulme	RU	Ulmus minor	ULMI
Sapelli, Mahagoni	MAS	Entandophragma cylindr.	ENCY
Sipo, Mahagoni	MAU	Entandophragma utile	ENUT
Tanne	TA	Albies alba	ABAL
Teak	TEK	Tectona grandis	TEGR
Wenge	WEN	Millettia laurentii	MTLR
Weymouth Kiefer	KIW	Pinus strobus	PNST
Zebrano	ZIN	Microberlinia bisulcata	MBXX
Zirbelkiefer	KIZ	Pinus cembra	PNCM

* DIN 4076, alte Norm

** geschützte Holzart

Der Autor

Wolfgang Nutsch, geb. 1935 in Hildesheim, ist Tischlermeister, staatlich geprüfter Techniker der Fachrichtung Holz und Diplom-Ingenieur Hochbau. Er leitete die Meister- und Technikerschule in Stuttgart und war als Gastdozent an der Berufsakademie in Mosbach und an der Export-Akademie Baden-Württemberg tätig. Wolfgang Nutsch ist als erfolgreicher Autor mehrerer Fachbücher im In- und Ausland bekannt.

Weitere Bücher des Autors

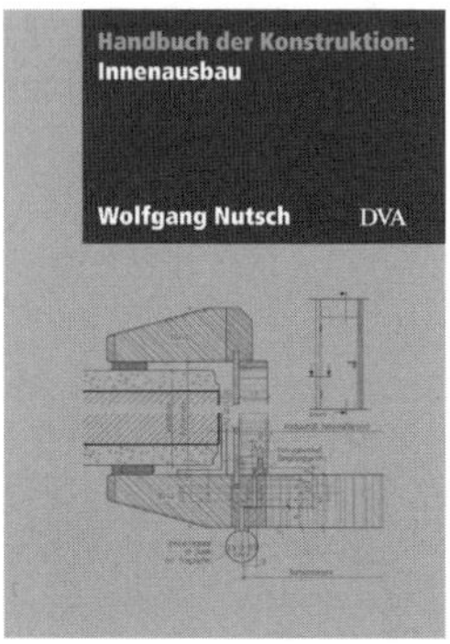

Wolfgang Nutsch
Handbuch der Konstruktion: Innenausbau
480 Seiten mit 500 farbigen Zeichnungen
978-3-421-04129-6

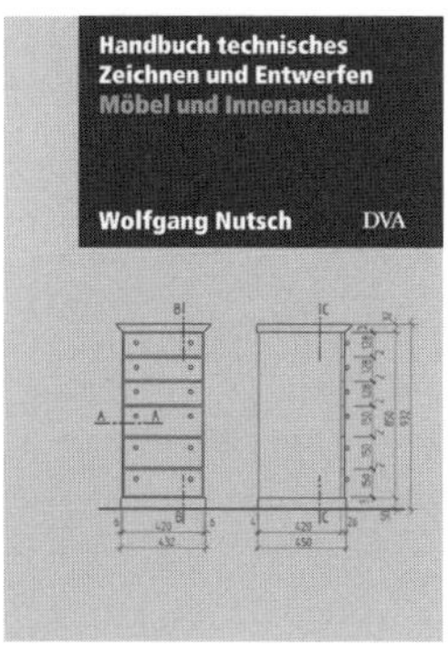

Wolfgang Nutsch
Handbuch technisches Zeichnen und Entwerfen: Möbel und Innenausbau
304 Seiten mit 946 Zeichnungen
978-3-421-04050-3